포유류의 번식–암컷 관점

포유류의 번식–
암컷 관점

버지니아 헤이슨 · 테리 오어 지음 | 김미선 옮김 | 최진 감수

뿌리와
이파리

제4부 인간

일러두기

1. 본문에 나오는 용어는 『수의산과학』(제1판; 한국수의산과학교수협의회 지음, 홍영사, 2010), KMLE 의학검색엔진, 「단어 하나가 생각을 바꾼다, 서울시 성평등 언어 사전」을 참고했다.

2. 원서에서의 동의어 conception과 fertilization을 구분하기 위해 각각 '수태', '수정'으로 번역했다. 본래 한국어로 수태는 "난자가 착상되어 임신이 시작된 것"을, 수정은 "남성과 여성의 생식세포가 결합하는 과정"을 의미하여 서로 뜻이 다른데 (KMLE 의학검색엔진), 여기서는 두 단어를 "하나의 완전한 유전체를 생산하기 위한 생식세포들의 융합"(본문 29쪽)이라는 같은 의미로 사용했다.

3. 저자가 인용한 외국 도서 중 우리나라에 번역·출판된 것이 있을 경우 그 번역서의 정보도 본문과 인용 문헌에 적었다.

4. 단행본, 장편소설, 정기간행물, 신문, 사전 등에는 겹낫표(『 』), 편명, 단편소설, 논문 등에는 홑낫표(「 」), 그 외 예술 작품, TV 프로그램 등에는 홑화살괄호(〈 〉)를 사용했다.

서문

갓난 포유류는 동전만큼 가벼울 수도 있고 오토바이만큼 무거울 수도 있다. 어떤 포유류는 며칠 동안만 젖을 먹는 반면에, 어떤 포유류는 몇 년 동안 수유를 한다. 인간은 전형적으로 한 번에 한 아기를 아홉 달의 임신 다음에야 갖게 되지만, 어떤 포유류들은 스무 마리도 넘는 새끼를 포궁胞宮 안에 품은 지 2~3주 만에 갖기도 한다. 이 믿기지 않는 다양성은 무엇에서 유래할까? 엄마가 더 우람하면 아기도 더 우람할까(크기가 중요할까)? 영장류가 다른 집단보다 더 오래 임신할까(유전자가 중요할까)? 물에 사는 동물에게는 특유의 패턴이 따로 있을까(서식지가 중요할까)? 포식자 사자는 한 번에 새끼를 많이 가지는 반면에 그들의 먹잇감인 초식성 영양은 대개 한 마리만 가지는 것일까(식성이 중요할까)?

이 책은 포유류에서 번식의 폭넓은 다양성뿐만 아니라 자연선택이 그 다양성에 영향을 주어온 방식까지 함께 다룬다. 우리는 한 암컷의 번식생물학에 초점을 두되 그의 환경, 짝, 자식, 그리고 다른 암컷들을 결부시킨다. 우리는 이러한 암컷 관점(뿐만 아니라 우리 자신의 관점)을 다양한 맥락 안에서 실지로 보여주는 것을 목표로 한다. 번식이란 유전자, 조직tissue, 환경, 그리고 진화의 창발적 성질이기 때문이다.

번식생물학은 넓게 갈라져 많은 분야를 뒤덮는다. 그것은 호르몬과 그 수용체 간의 복잡한 분자적 상호작용, 유전체 비교와 정교한 통계분석, 현지에 있는 포유류의 표지와 재포획, 멸종위기 야생동물에게 포획 환경에서 행하는 보조생식, 젖소의 식성별 산유량 분석, 기후변화에 따른 계절성 변화, 거식증과 연관된 무월경을 모두 포함한다. 조사 영역마다 자체의 방법론과 은어가 있다. 한 영역 안에 초점을 둔 학생들은 다른 영역에서 사실로 받아들여지는 연구 결과에 무지하기 일쑤일 것이다. 그처럼 넓은 영역을 망라하는 단행본의 단원들이란 특정 측면을 전공하는 사람에게는 지나치게 단순화된 듯 보일 것이고, 주어진 주제가 처음인 사람에게는 지나치게 난해한 듯 보일 것이다. 그렇지만 우리는 어느 정도는 용어를 사용하는 때 정의함으로써, 그뿐만 아니라 전문 용어들의 자세한 풀이를 포함시킴으로써 두 종류의 청중 모두를 위한 글을 쓰고자 노력해왔다. 우리의 언어도 전문가에게 관례적일 언어보다는 대화체에 더 가까울 것이다. 우리는 번식생물학의 영역 하나하나를 요약하며 가볍고 편안한 서술을 유지하고자 했으며, 이는 독자를 (그들의 배경과 상관없이) 사로잡을 것이다. 덤으로 곁들인 글들은 특정 영역에 관한 세부 사항을 제공하거나 특정 업적을 부각시킨다.

각 장은 어느 암컷 하이에나의 이야기로 시작된다. 카리스마 있고 잘 연구됐지만 우리 자신과 그 밖의 친숙한 포유류와는 겉보기에 너무도 다른, 심지어 질적으로도 다른 점박이하이에나spotted hyena(*Crocuta crocuta*)가 각 장의 소재를 위해 하나의 맥락을 제공한다.

책 전체에 걸쳐 한편으로 번식생물학 분야 과학자들의 중추적 업적을 부각시킨다. 우리는 본문에서뿐만 아니라 특별한 상자들에서도 그렇게 한다. 이 상자들은 우리의 번식생물학 이해에 크게 기여한 탐구자들의 예를 제공한다. 우리의 선택은 책의 관점을 반영할 뿐만 아니라, 번식생물학 분야에서 유색인종의 여성이 잘 나타나지 않는 불운을 반영하기도 한다. 미래의 책들은 여러 과학 분야에서 한결 더 큰 포용성을 반영할 것으로 우리는 낙관하며 기대에 차 있다.

좁은 의미에서 우리의 책은 동물과학자, 번식생리학자, 포유류학자, 생리생태학자, 진화생물학자, 동물행동학자, 보전생물학자와 아울러, 번식을 공부하는 탐구자 혹은 포유류의 번식을 하나의 응집력 있는 진화적·생태적 맥락 안에 배치하는 책이 필요한 탐구자를 위해 쓰였다. 그렇지만 우리는 포유류의 번식에 관한 더 높은 수준의 세미나와 학부 1학년 대상의 세미나 둘 다에서 본문을 성공적으로 사용해왔다. 게다가 이 자료는 "어머니와 타인들Mothers and Others"에 관한 어느 학제간 워크숍에도 성공적으로 편입된 바 있는데, 그 워크숍에는 예술, 문학, 사회학, 법 이론, 민족학, 여성학 분야의 교수단을 비롯해 비영리조직에서 나온 전문직 종사자들까지 포함되어 있었다. 따라서 전문가뿐만 아니라 교양 있는 제너럴리스트도 책에 접근할 수 있다.

범위와 구성

이 책은 암컷 포유류 번식의 리뷰일 뿐만 아니라 암컷 포유류가 사용하는 번식 전략의 다양성과 범위에 대한 리뷰이기도 하다. 이 점이 생리 기제를 상세히 열거하는, 혹은 가축화된 포유류나 실험실 포유류로부터 얻은 정보만 사용하는 교재들과 대비된다. 우리는 생물학에서 더 일찍이 이루어진 암컷 관점의 탐사들을 토대로 한다. 그런 탐사의 일례인 베티앤 케블스Bettyann Kevles의『종의 암컷들Females of the Species』(1986)은 모든 암컷 동물을 살펴본다. 어떤 면에서 우리 책은 케블스의 작업을 최신화하지만 초점을 포유류에만 둘 뿐이다. 반대편 극단에는 주로 혹은 오직 인간에만 초점을 두는 책들이 있다. 이 맥락에서 훌륭한 책들에는 에벌린 쇼Evelyn Shaw와 조앤 달링Joan Darling의『암컷의 전략Female Strategies』(1985), 메리 엘런 모벡Mary Ellen Morbeck 등이 편집한『진화하는 암컷: 생활사 관점The Evolving Female: A Life History Perspective』(1997), 그리고 세라 블래퍼 허디Sarah Blaffer Hrdy의 책 세 권, 즉 『여성은 진화하지 않았다The Woman That Never Evolved』(1991; 유병선 옮김, 서해문집, 2006), 『어머니의 탄생Mother Nature』(1999; 황희선 옮김, 사이언스북스, 2010), 『어머니와 타인들: 상호 이해의 진화적 기원Mothers and Others: the Evolutionary Origins of Mutual Understanding』(2009)이 포함된다. 우리는 번식의 생리와 생태에 관한 오랜 역사의 학문적 업적들도 토대로 한다. 시드니 애스델Sydney Asdell의 『포유류의 번식 패턴Patterns of Mammalian Reproduction』(1946), 리처드 새들리어Richard Sadleir의 『야생 포유류와 가축 포유류에서의 번식 생태The Ecology of Reproduction in Wild and Domestic Mammals』(1969), 아리 판 틴호번Ari van Tienhoven의 『척추동물의 번식 생리Reproductive Physiology of Vertebrates』(1983), 다양한 판이 있는 F. H. A. 마셜Marshall과 동료들의 『마셜의 번식생리학Marshall's Physiology of Reproduction』(1994), E. S. E. 하페즈Hafez의 『사육동물의 번식Reproduction in Farm Animals』(2000), 여러 권으로 된 C. R. 오스틴Austin과 R. V. 쇼트Short의 『포유류의 번식Reproduction in Mammals』(1982)이 그런 사례다.

이 웹 기반 검색의 시대에 포유류의 번식에 관해서도 거의 무한한 팩트가 범람하지만, 맥락 없는 팩트는 그다지 유익하지 않다. 팩트는 우리에게 어느 나무늘보의 임신기간(세발가락나무늘보three-toed sloth[세발가락나무늘보속Bradypus], 6~7개월; Hayssen 2009, 2010)을 알려줄 수 있지만, 그 임신기가 다른 나무늘보들에 비해 긴지 짧은지(두발가락나무늘보two-toed sloth[두발가락나무늘보속Choloepus]의 임신기간인 11~12개월의 약 절반; Hayssen 2011)는 알려주지 못하고, 임신기간에 있는 차이가 그 동물의 생활 중 다른 측면들과는 어떤 관계가 있는지도 알려주지 못한다. 나무늘보들에 관해 말하자면 낮은 대사율MR과 낮은 체온T_b이 느린 성장 속도로 이어져 긴 임신기를 낳을 수도 있다. 그렇지만 세발가락나무늘보와 두발가락나무늘보는 MR과 T_b가 모두 같기 때문에 임신기의 차이는 수수께끼로 남는다. 이 책은 다중적 수준에서 맥락을—그뿐만 아니라 나무늘보의 예에서 보았듯 특정한 사례들에 눈 돌릴 기회까지!—제공한다. 포유류의 번식에 관한 기존의 문헌에는 개별 분류군에 특정한 이야기가 많이 담겨 있지만, 그 이야기들이 종합 혹은 통합되지는 않는다. 여기서 우리는 다양한 분류군에서 개별 이야기들을 가져다 단 하나의 관점—암컷 포유류—안으로 집어넣는다.

책의 첫 번째 대단원은 개체 암컷의 밑그림을 그의 유전학, 해부학, 생리학 순서로 스케치하는 세 장을 포함한다. 우리가 생물학 비전공 학부생 및 교수들과 나눈 대화에서 이 세 장은 가장 만만치 않은 장이었는데, 생소한 술어가 여기에 가장 많아서였다. 개체 암컷들 내부가 어떻게 돌아가는지 탐사한 후, 두 번째 대단원에서 우리의 초점은 그 암컷을 따라 하나의 번식 주기(난자발생, 배란, 교미, 수태, 착상, 출산, 젖분비, 젖떼기)를 통과하며 암컷이 수컷 및 자식과 가지는 긴밀한 상호작용까지 함께 겨냥한다. 우리의 세 번째 대단원은 암컷의 번식 생활을 나머지 세계, 곧 비생물적 환경과 생물적 환경(동종과 이종 모두)이 공존하는 맥락 안으로 집어넣는다. 두 개의 소단원이 세 개의 대단원을 앞뒤에서 받쳐준다. 첫 번째 소단원은 암컷 관점(제1장) 및 포유류의 다양성과 번식적 진화(제2장)를 탐사한다. 두 번째 소단원인 책의 마지막 두 장은 인간적 관심사에, 다시 말해 14장은 보전에, 15장은 포유류로서의 여성에 초점을 둔다.

우리의 목표는 번식이 포유류의 생활에 어떻게 들어맞는가뿐만 아니라 포유류의 생물학이 그들의 번식 패턴에 어떻게 영향을 미치는가에 대해서까지 암컷 관점을 적용하는 것이다. 우리는 책의 제목인 '암컷 관점'의 탐사에서 출발한다.

감사의 글

책의 특정한 장들은 세라 케언스(뉴햄프셔 국가유산국, 임야과), 톰 에이팅(유타대학), 브록 펜턴(웨스턴온타리오대학), 케이시 길먼(매사추세츠대학), 앤슨 퀄러(멜버른대학), 페터 루르츠(독일 란데르자커), 에이미 스키비엘(오번대학)에게서 얻은 의견들로부터 혜택을 보았다. 앤절라 베어월드, 제니퍼 마셜 그레이브스, 세라 블래퍼 허디, 아일린 레이시는 자애롭게도 그들 각자의 인물탐구 난을 검토해주었다. 비슷하게 두 검토자는 익명으로 유용한 의견들을 내주었다.

아이다 헤이와 린다 쿠롭스키(다섯 대학의 서고), 크리스티나 라이언과 수전 데일리(스미스도서관 상호대출), 이사벨라 필딩, 애비게일 마이컬슨, 폴라 누년, 시오반 프라우트(스미스대학)는 값으로 따질 수 없는 조사 또는 그밖의 학문적 보조 업무를 맡아주었다. 캠린 매카시와 란이 정은 '포유류의 번식: 암컷 관점' 세미나 첫해인 2016년 가을에 학생들의 도움을 받아 주제별 찾아보기를 엮었다. 존스홉킨스대학출판부의 빈센트 J. 버크, 티파니 개스배리니, 미건 시케이는 책을 요리조리 몰아 편집의 미로를 통과하는 데 도움을 주었다.

엘리자베스 애드킨스−리건(코넬대학)은 프로젝트의 초기 단계들에서 귀중한 조언을 해주었다. 바버라 블레이크(노스캘리포니아대학 그린즈버러캠퍼스)와 킴벌리 해먼드(캘리포니아대학 리버사이드캠퍼스)는 반가운 지원과 격려를 제공했다. 마를린 주크(미네소타대학)는 암컷 관점에 관한 그의 많은 출판물을 통해 영감을 주었다. 퍼트리샤 브레넌(마운트홀리요크대학)과의 대화들은 통찰이 넘쳤다. M. 데니즈 디어링(유타대학)은 이 책의 나중 단계들 중 얼마를 통과하는 내내 (오어에게) 훌륭한 멘토 구실을 해주었다.

에밀리 푸스코(매사추세츠대학), 애비게일 마이컬슨(스미스대학), 제니퍼 웬(매사추세츠대학)은 책에 넣을 삽화들을 그려주었다. 앤절라 베어월드, 제니퍼 마셜 그레이브스(촬영: 미슐린 펠티에, 사진기획사: GAMMA), 케이 홀캠프, 세라 블래퍼 허디(촬영: 아눌라 자야수리야), 아일린 레이시, 비르피 룸마, 메릴린 렌프리는 사진들을 기증해주었다. 버크자연사문화박물관, 존 와일리 앤드 선스, 『번식과 가임력 저널Journal of Reproduction and Fertility』, 맥그로-힐 에듀케이션, mindenpictures.com, 왕립협회는 공개 자료가 아닌 이미지들을 사용하도록 허락해주었다.

칸연구소와 블레이크슬리 유전학연구기금(둘 다 스미스대학 소재)은 고맙게도 (헤이슨에게) 자금 지원을 승인해주었다. 이 책에 관한 작업에 매달려 있던 초기 단계들 동안, 오어는 연구비 번호 DBI-2971202871번 아래 국립과학재단 생물학 박사후연구장학금으로 지원을 받았다.

많은 학부생이 우리의 암컷 포유류 관점 이해에 기여했다. 우리는 이 귀중한 기여에도 감사의 마음을 전하고 싶다.

오어: 케이틀린 샌체스(캘리포니아대학 리버사이드캠퍼스), 젠 실바와 제니퍼 웬(매사추세츠대학).

헤이슨: 마리암 알리, 니콜 바틀렛, 소냐 바티아, 로런 브리지스, 앨리슨 코르보시에로, 다이앤 첸, 탈리아 데이비스-존슨, 이브 데로사, 캐서린 딕허트, 애비 플레밍, 세라 개프니, 킴벌리 가이슬러, 샤리 자이누딘, 란이정, 아르카디아 크라트키에비치, 조이 랍세리티스, 레슬리 래틴빌, 조시 리

틀, 준조 류, 캠린 매카시, 메건 매커스커, 카렌 메서슈미트, 애나 모레노-메사, 캐서린 모리스, 소피아 옹, 타린 페스탈로치, 카테리네 필마이어, 캐서린 래퍼제더, 서맨사 로스, 매기 소디, 자라 슐텐, 자라 조스, 캐스린 스타, 브리트니 스타인가드, 퀸 톰킨스, 알리시아 반데부세, 메리앨리스 워커, 줄리아 윤(모두 스미스대학).

오어는 가족의 지원에도 감사드리고 싶다. 그중에도 델버트 오어와 리오나 톰슨(결혼 전 성은 엘리엇) 두 분은 내게 자연에 대한 사랑과 더불어 사내아이가 할 수 있는 것이면 뭐든 나도 (어쩌면 더 잘) 할 수 있다는 가치관을 심어주셨다. 그것을 나는 온 집안에서 불리며 흥겹게 공유된 돌림노래 "나는 거들을 입고도 허들을 뛰어넘을 수 있거든"(어빙 벌린의 1946년 작 뮤지컬 〈애니여 총을 잡아라Annie Get Your Gun〉 중)을 통해 강화했다.

서론

- 암컷 관점
- 진화와 다양성

1
암컷 관점

[포유강Mammalia] 암컷에만 있는 한 특성에 특권을 부여함으로써…, 린네는 수컷을 만물의 척도로 보았던 해묵은 전통을 깨뜨렸다.

—시빙어Schiebinger 1993:393

아마 지구상의 생물 가운데 다른 어떤 계급class(혹은 강綱)보다 더, 암컷 포유류는 그들의 번식에 대해 비범한 통제권을 소유하고 있다. 짝짓기와 수태뿐만 아니라 자식의 생존, 성장, 발달 중 주요 측면들을 그들이 조절한다. 그들이 이 일을 하면서 조합해 사용하는 체내수태, 포궁내 발달, 젖분비(비유泌乳)기 모두가 포유류 암컷으로 하여금 번식성공도에 유례없는 영향력을 행사하게 해준다. 그런데도, 역사적으로 암컷 관점은 푸대접을 받아왔다.

우리는 다량의 지식을 수컷 관점을 사용해 학습해왔다. 우선 첫째로 정자는 교미 후에 도대체 어떻게 상호작용할까에 관한 생각이 교미후 성선택sexual selection이라는 발상으로 이어졌다. '눈에 확실히 보인다'는 사실 덕분에 수컷의 사출액은 과학자들을 인도하여 짝짓기후 상호작용을 생화학 수준에서 고려하게끔 했다. 주장하건대 수컷 관점은 그로부터 한동안 포유류의 번식을 연구해온 기반이었기 때문에, 누구든 우리가 지금까지 채집해온 거의 모든 정보는 이 관점에서 나왔다고 말할 수 있을 것이다. 그렇지만 생활사 분야에서는 초점이 정반대였다. 여기서는 암컷의 가치가 적응도 fitness 측정의 핵심적 측면으로서 오래전부터 인정되어왔고, 그래서 누구든 암컷과 '손녀'에 대한 언급을 흔히 마주친다(제3, 5장 참조). 다른 관점은 질문의 틀을 새로이 짜는 것을 가능케 한다.

> 과학적 탐구의 역점이 10여 년 전까지 수컷에 주어져 있었으므로, 주류 탐구의 추진력은 수컷의 행동을 뒤쫓으면서 암컷을 우연한 정자 저장소로만 취급했다. (Shaw, Darling 1985:3)

> 20세기 중반 이전까지, 진화에서 능동적 참여자로서의 암컷은 대체로 간과되었다. 동물 행동에 관심이 있는 과학자는 대부분 남성이었고, 그들은 암컷 동물의 생활에서 흔히 나타나는 미묘한 패턴들을 향해 때로는 편견을 과시하기도 했지만, 더 자주 보여준 것은 그에 대한 망각이었다(Kevles 1986:vii).

> 암컷 포유류는 생의학적 탐구에서 오래도록 무시되어왔다(Beery, Zucker 2011:565). [1993년에야 드디어, 미국립보건원은 여성을 인간 임상 시험에 포함시킬 것을 요구했다(Beery, Zucker 2011).]

이 책의 제목은 『포유류의 번식—암컷 관점』이다. 하지만 암컷 관점이란 무엇일까? 아마도 이는 일례로 답하는 게 가장 좋을 것이다. 캐스린 클랜시Kathryn Clancy가 스미스대학에서 2015년에 "난소 난포의 역동성에 대한 페미니즘적 관점A Feminist Perspective on Ovarian Follicular Dynamics"이라는 제목의 강연을 한 적이 있다. 교수진 사이에서 이 제목에 눈썹을 추켜세웠던 몇 사람은 클랜시의 설명을 들은 순간 당혹하기도 했고 안심하기도 했다. 이 맥락에서 페미니즘적 관점이란 방법론적 관점이었다. 비인습적인(다시 말해 여성에 초점을 둔) 렌즈를 통해 친숙한 주제 살펴보기 말이다. 클랜시에게 이것은 난소와 포궁의 기능을 시골 폴란드 여성들에게서 같은 나이의 도시 또는 교외 여성들의 것과 비교해 살펴보기를 의미했다(Clancy et al. 2009). 그의 초점은 황체기에 있었다. 포궁내막이 프로게스테론의 영향을 받아 두꺼워지는, 착상에 중요한 때 말이다. 시골 폴란드 여성들은 프로게스테론 수준이 훨씬 더 낮았고, 황체기 동안 포궁내막의 두께가 변했고, 그뿐만 아니라 황체기가 더 짧기도 했지만, 이 차이들이 가임력을 떨어뜨리지는 않았다. 실은 더 낮은 호르몬 수준이 더 높은 가임력과 연관되었다. 그 시골 여성 가운데 73퍼센트가 아이를 가진 데 비해 도시 표본에서는 아이가 하나도 나오지 않았기 때문이다. 이런 결과는 가임력 관리 체제에서 생리적 수준보다 더 높은 수준으로 호르몬을 투여하는 의학적 관행에 이의를 제기한다(Clancy et al. 2009). 이 사례에서 표준적 질문을 비표준적 표본에 던진 결과는 확립된 의학적 관행에 도전하는 것이었다.

이 장에서 우리는 암컷 관점 그리고 연관된 술어를 탐사한다. 우리의 목적이 임상 절차를 바꾸는 것처럼 고고한 건 아니다. 오히려 우리는 포유류 번식의 표준적 주제들을 돌아보지만 그것을 비표준적인, 암컷에 초점을 둔 관점에서 돌아볼 뿐이다. 또한 가축화된 종이나 실험실 종뿐만이 아니라 다양한 포유류에 초점을 둔다. 그렇게 하는 사이에, 분류군의 다양성 하나로부터 근본적 통찰들이 모일 수 있다는 사실을 인정한다. 이 접근법들을 가지고 우리는 포유류 진화에서 가장 중요한 측면, 다시 말해 그들의 성공적으로 번식하는 능력을 이해하기 위한 새 길을 열기를 희망한다. 포유류에서 번식의 성공은 거의 전적으로 암컷의 영지다. 수태, 초기 발생, 임신기, 젖 분비기는 주로 암컷의 통제하에 있다. 이것이 암컷 관점을 취하는 무엇보다 중요한 이유다.

암컷 관점 부연

이 단원에서 우리는 암컷 관점이 논의의 일부가 아닐 때 무슨 일이 벌어지는가를 탐사한다. 어떤 독자들은 우리가 여기서 논의하는 용어론과 쟁점들에 관심이 없을 수 있고, 그렇다면 정보가 풍부한 다음 장들로 건너뛰는 편이 나을 것이다. 그렇지만 우리는 많은 독자가 성편향된 술어 탐사에 호기심을 느끼리라 예상한다. 그런 독자들은 이 장의 나머지를 읽는 동안 문득문득 많은 생각을 하게 될 것이다. 암컷 관점 사용하기는 우리에게 훗날의 탐구를 위해 흥분되는 방안들을 선사한다. 따라서 우리가 당면한 생물학에 초점을 두는 다른 장들에서와 달리, 여기서는 주로 용어론과 더불어 방법론, 어법, 구성, 역점에서도 '암컷 관점'은 대개의 (흔히 수컷중심적인) 관점과 도대체 어떻게 다른가를 분명히 보여주는 몇몇 예를 탐사한다. 수컷 관점은 문헌에 너무나 단단히 자리잡고 있어서 누구나 거의 어쩔 수 없이 수컷중심적 용어를 사용한다. 검토자와 독자에게 혼란을 주지 않기 위해서다. 이 때문에 우리는 어느 한 사람도 그것을 사용한다고 해서 비난하지는 않을 것이다. 하지만 그런 사례들을 지적하는 것이 생각거리를 제공하기를 바란다.

남성중심적 용어론

수컷편향된 용어론의 무엇보다 현저한 측면 중 하나로, 성별이 애매한 특징에는 수컷의 이름이 주어졌을 것이다. 다음은 몇몇 예다. 배아의 생식결절 genital tubercle은 암컷과 수컷의 생식기 구조를 발생시키지만(제4장), 흔히 원시음경primordial phallus으로 일컫는다. 동등하게 원시음핵primordial clitoris이라고 부를 수도 있을 텐데 말이다. 비슷하게 전립샘prostate glands도 양성 모두에 있지만 암컷에 있는 것은 여성전립샘female prostate이라고 부른다. 그런가 하면 일부 암컷, 예컨대 점박이하이에나의 커진

음핵은 암컷음경female phallus이라고 부른다. 그 음핵은 커졌다enlarged 거나 두드러진다prominent고 묘사되는 게 아니라, 남성화되었다(masculinized or virilized)고 묘사된다. 제3장에서 보겠지만 성의 분화 과정은 암컷 혹은 수컷의 생식로 갖기보다 훨씬 더 복잡하다. 심지어 질만큼이나 여성적인 구조에도 남성 편향이 담겨 있다. 질vagina이라는 단어가 원래 '칼집'을 가리키는 라틴어에서 유래하는데, 이는 그것이 하는 다른 기능이 아닌 수컷 생식기와의 상호작용에 초점을 두어 만들어진 용어다. 딴 얘기지만 **정력적**virile이라는 단어도 흥미롭다. 그것은 성적인 힘과 에너지, 암컷과 수컷에 있는 긍정적 특질들을 특징짓지만, manly, masculine, male 등 남성을 수식하는 형용사와 동의어다. 여성의 성적인 힘과 에너지를 가리키는 대등한 단어는 무엇일까?

번식생물학 분야에서 공통언어가 가치판단을 싣고 있거나 암컷 관점을 고려하지 않을 수도 있다. 예를 들면 유산miscarriage이라는 용어는 태아를 유산한 책임이 (태아를 잘못 배달miscarriage한) 어머니에게 있음을 시사한다. 태아 자체에 결함이 있을 가능성이 더 크고 실제로 그런 때라도 말이다. 암컷 입장에서, 자신이 출산할 때까지 살아남지 않을 자식에게 추가의 자원을 소비하는 건 진화적 결과를 잠재시키는 값비싼 실수일 것이다. **배아 거부** embryo rejection가 유산보다 더 적절한 용어다. 그 밖의 의학용어에도 가치편향된(일반적으로 부정적인) 용어론이 실려 있다. **짧은 황체기**short luteal phase가 아닌 **황체기 결함**luteal-phase deficit도 그런 사례다. 클랜시의 연구를 상기하면, 그 폴란드 시골 여성들은 황체기가 짧았지만 분명 임신이 가능했고 따라서 결함이 있는 것은 아니었다. 또다른 예는 **조기 포궁경부 확장**early cervical dilation 대신에 **포궁경부 기능부전**cervical incompetence or insufficiency을 사용하는 것이다. 조기 포궁경부 확장은 배아 거부로 이어질 수 있고 이는 어머니에게 이로울 수도 있다.

암컷이 '성숙한' 때란 첫 배란이나 수태conception 시점일 수도 있고 첫 출산이나 짝짓기 시점일 수도 있다. 그렇지만 암컷의 성성숙은 흔히 수컷 관점에서, 이를테면 암컷이 수정될fertilized능력이 있는 때(Boness et al. 2002)라고 여긴다.

암컷의 성행동도 흔히 수컷 관점에서 묘사되는데 교과서의 지은이들이 그렇게 하려고 기를 쓸 수도 있다. 일례가 암컷의 성행동을 유인성at-tractiveness(일명 매력attractivity), 즉 "수컷에 대한 암컷의 자극값stimulus value"과 교태성proceptivity, 즉 "암컷이 교미를 유발하는 정도"와 수용성receptivity, 즉 "질내사정을 유도하기 위한 암컷의 자극값"으로 삼분하는 분류법(Nelson 2011:289)이다. "유인성"과 "수용성"의 성편향성은 분명하고 대안이 존재한다. 예컨대 암컷 관점에서 유인성은 유혹solicitation─잠재적 짝을 끌어당기기 위해 사용하는 행동과 큐(어떤 행동을 시작하라는 신호─옮긴이)─인 반면, 수용성은 촉진facilitation─암컷이 수태를 이루기 위해 사용하는 행동─이다. 교태성에도 강한 수컷편향이 담겨 있다.

성욕sex drive 또는 리비도libido가 보통 교태성에 해당한다고 가정되지만, 허디(2000:80; 인물탐구)가 지적하듯이, 임신시킬 잠재력이 있는 어느 수컷의 '성욕'을 배란기가 아닌 어느 암컷과 비교하는 것, 혹은 "짝지으려는 충동이 양성 모두에서 같은 '동기'에서 유래한다거나 같은 이유로 진화했다고 [가정하는 것]"은 생물학적으로 사과를 오렌지에 비교하는 것과 마찬가지다. 양성 모두 그들의 호르몬이 지시하는 때에 리비도가 높아져 있다. 수컷은 (흔히 무시되는 얼마간의 변동이 있기는 하지만) 더 꾸준하게 수준이 높은 테스토스테론의 지배를 받는 반면, 암컷에게는 호르몬의 더 명백한 최고점과 최저점이 있다. 발정난 암말의 리비도를 거세된 수말의 리비도와 비교하는 것도 마찬가지로 잘못 짝지은 병치일 것이다. 수컷 관점에서 비롯한 성행동 어법은 암컷이 짝짓기를 유혹하지도 않고 그 과정에 능동적으로 참여하지도 않는다는 암시를 풍긴다. 제6장에서 우리가 탐사하듯 암컷은 짝짓기에서 수동적 구경꾼이 아니다.

"어머니와 타인들"

세라 블래퍼 허디(1946~)

세라 블래퍼 허디는 영장류의 모성과 집단역학 연구로 유명한 인류학자이자 사회생물학자다. 그는 인간 외 영장류에 관한 탐구를 인간에 연관시키는 데 크게 기여했다. 특히 영아살해와 암컷의 성적 전략에 관한 이론들로 잘 알려져 있다.

박사학위를 뒤쫓는 동안 허디는 인도 아부산의 랑구르원숭이들 사이에서 영아살해의 진화적 원인을 조사했다. 그의 책 『아부의 랑구르원숭이: 암수의 번식 전략 The Langurs of Abu: Female and Male Strategies of Reproduction』(1977)은 논쟁을 불러일으켰다. 영아살해를 과밀이 촉발한 병적 행동으로 취급하는 대신에, 허디는 영아살해가 그것을 실행하는 수컷에게 이로운 일종의 적응적 전략이라는 의견을 내놓았다. 수컷 랑구르원숭이들이 기존 집단을 인수하는 때 그들은 젖을 떼지 못한 새끼를 죽일 것이다. 그러면 암컷은 이제 젖을 빠는 새끼가 없어서 더 일찍 배란하게 된다. 영아살해는 따라서 어미, 영아, 그리고 수컷 전임자를 희생해서라도 수컷의 번식성공도를 높인다.

허디는 또한 암컷 영장류가 영아살해를 방지하는 대응전략들을 개발했으며, 그 전략에 포함되는 게 상황의존적 성적 수용성 및 다수의 수컷 파트너 유혹이라는 가설을 세웠다. 수컷들은 자기가 아비일지도 모르는 자식을 거의 절대로 공격하지 않기 때문에, 어미는 수컷이 친자확인에 이용할 수 있는 정보를 조작해 자식을 보호할 것이다. 수동적 구경꾼은커녕 어미는 자기 일생의 번식성공도를 결정하는 데에서 능동적 행위자다.

『어머니의 탄생: 모성, 여성, 그리고 가족의 기원과 진화』(1999)에서, 허디는 가능한 모성적 본능들을 탐사했다. 그는 모든 포유류 암컷에 타고난 모성적 반응들이 있지만, 그렇다고 해서 어미가 자신이 낳는 모든 자식을 자동으로 양육하지도, 모든 자식에게 똑같은 정도로 헌신하지도 않는다고 지적했다. 인간에서 초기의 모성적 헌신은 다양한 요인, 특히 사회의 뒷받침에 대한 인식에 달렸다. 뇌가 비교적 크고 두 발로 걷는 속(genus, 屬)인 사람속Homo의 자식들처럼 비용이 많이 들고 아주 오래도록 부모의 돌봄에 의존하는 자식이 진화하기 위해서는 동종에게서 받는 도움이 동시에 진화했어야 한다고 허디는 주장했다. 이 발상은 "협동양육(협동번식) 가설the cooperative breeding hypothesis"로 알려지게 되었다.

『어머니와 타인들: 상호 이해의 진화적 기원』(2009)에서, 허디는 대행부모(유전적 부모가 아닌 집단 구성원)에 대한 오랜 의존성이 자식과 부모에 미치는 효과들을 살펴보았다. 발달하는 동안, 이미 영리한, 기초적 마음이론을 가지고 상대를 조종하는 어린 유인원들이 다른 유인원들의 의도를 읽고, 그들에게 호소하고, 그들의 배려를 이끌어 내도록 조건화됨에 따라 새로운 유인원 표현형들을 생산하게 되었다. 이 좀더 "남을 고려하는" 유인원 아이들은 차례로 남들의 심적 상태를 읽는 데 더 능한 아이들을 선호하도록 지향된 다윈론적 선택의 대상이 되었다. 이들이 돌봄을 받고 먹을 것을 얻음에 따라 살아남을 가능성이 가장 큰 아이들이 될 것이었다. 남들의 생각과 느낌에 관심을 두고 이런 남들의 관심을 끌어 환심을 사려는 유인원의 창발은 언어와 도덕성처럼 너무도 뚜렷하게 인간적인 역량들을 위해 인지적·정서적 기초를 놓았다. 이런 식으로, "어머니 대자연 Mother Nature"(다윈론적 자연선택을 가리키는 그의 은유) 쪽에는 남들의 의도를 읽고 공동 목표를 향해 그들과 협력하는 능력의 향상이라는 궁극적 이득에 관해 한 치도 내다볼 능력이 없을지라도, 호모 사피엔스로 이어지는 유인원 계통에 있던 기이한 육아 방식이 "인간적 특징이라는 영화 본편"에 앞선 "프리퀄" 구실을 했던 거라고 그는 주장했다.

허디의 업적은 모성과 젠더 역할에 대한 전통적 견해들을 해체시켰다. 영장류에서의 모성에 대한 그의 연구들은 인간이 우리의 친척들과 공유하는 많은 것과 아울러 우리가 진화한 방식들을 명확히 했다.

(사진은 세라 블래퍼 허디가 제공했다. 촬영자는 아눌라 자야수리야Anula Jayasuriya 박사고, 사진 속 아이는 박사의 딸인 샤니카다.)

짝짓기와 수태 사이에서, 여러 가지 흔한 관점들은 정자의 활동에 초점을 둔다. 독자들은 정자가 '수동적' 난자에 이를 때까지 암컷의 생식로를 따라 '경주한다'는 발상에 익숙할 것이다. 설사 70년도 더 전에 하트먼Hartman(1957:419)이 "정자의 운동성에는 난관을 통과해 올라가기 위한 일말의 값어치도 있을 법하지 않다"고 결론을 내렸을지라도. 2016년에도 여전히 홀트Holt와 파젤리Fazeli(2016:105)는 그들의 독자에게 "'정자 경주'는 이미 신빙성 있는 가설이 아님"을 상기시켜야 했다. 아무리 자주 회자되어도, 이 발상은 오해misconception다(말장난을 용서하시라; '잘못된mis 수태 conception'로 읽을 수도 있다—옮긴이). 암컷 생식로의 오르가슴적 수축과 그 밖의 수축이 정자를 적절히 추진하거나 저지한다. 암컷의 분비물들이 적당한 정자에 영양분을 공급하고, 정자를 저장하고, 정자를 생화학적으로 변화시킴으로써 수태를 가능케 한다. 일반적으로 일단 어느 암컷이 정자를 얻으면, 그의 생리가 정자의 활동과 기능을 관리한다(제6장). 대개의 경우 정자는 수동적인 수혜자다.

암컷은 환경이나 내분비 호르몬 주기에서 나오는 큐를 기반으로 배란할 것이다. 그렇지만 사람들은 성교와 음경 자극도 배란을 유도한다고 말한다.

여기서 음경 자극이란 음경을 자극하는 것이 아니라 음경이 질 또는 포궁경부를 자극하는 것을 일컫는다. 다시 한 번, 수컷이 하는 어떤 행동이 암컷에서 일어나는 무엇을 설명하는 데에 쓰인다. 이상하게도 암컷에 의한 음경 자극(예컨대 유혹하기 또는 사정 유도하기)은 짝짓기(또 하나의 수동적 암컷 과정으로 짐작되는)를 위해 중요한 것으로 기술되지 않는 반면, 질 또는 포궁경부 자극은 결정적인 (그리고 수컷 능동적인) 것으로 여겨진다. 엇나가자면 누군가는 사정이 암컷의 통제를 받는다고 주장할지도 모른다. 사정하려면 많은 경우 암컷 생식로(또는 그것의 대용물)의 자극이 일어나야 하니 말이다. 배란으로 돌아가 누군가는 음경 자극이 아니라 오르가슴이 조건배란동물에서 배란에 영향을 준다고 주장할 수 있을 것이다(제6장). 물론 인간 외 포유류, 특히 암컷에 적용되는 때, 오르가슴은 논쟁을 불러일으키는 주제다(Fox, Fox 1971).

흔히 용어론은 어느 특질이 암컷 대 수컷에서 일어나는 때 다르게 정의된다. 일례가 반대 성별의 구성원이 하나보다 많은 짝짓기, 말하자면 **일처다부**polyandry 및 **일부다처**polygyny를 위한 용어론이다. 해양 포유류에 관한 한 논문은 "성공한 경쟁자들은 하나보다 많은 암컷과 짝짓기하고 수정을 시킨다"라는 말로 일부다처를 정의한다(Boness et al. 2002:287). 이 어법을 쓰면, 새끼를 한 마리라도 배고 있는 모든 암컷은 설사 그가 다수의 수컷과 짝짓기를 하더라도 일처다부일 가능성이 없어진다. 따라서 일부다처와 일처다부가 일관되게 적용되지 못한다.

반드시 수컷편향의 한 측면이라 할 수는 없지만, 짝짓기 체계를 설명하기 위해 사용되는 분류 도식도 암컷 관점을 왜곡할 수 있다. 일부일처, 일처다부, 일부다처, 혼음은 흔히 쓰이는 범주로서 교미 파트너의 수를 확인한다. 하지만 자연선택 입장에서 번식의 중요한 성과는 후손이지 짝짓기가 아니다. 짝짓기의 수 및 서로 다른 짝의 수는 이 숫자들이 자식에 대한 유전적 기여와 직접적 상관관계가 있는 경우에만 의미가 있다. 통상적인 짝짓기 체계의 범주화는 그 주요 쟁점을 감안하지 않는다. 그에 따른 한 가지 결과로 범주의 수가 늘어왔다. 예를 들어 한때는 일부일처였던 것이 지금은 (1) 사회적 일부일처, (2) 성적 일부일처, (3) 유전적 일부일처라는 세 범주로 쪼개진다. 적응도에 핵심적인 것은 짝짓기가 아니라 번식 노력에 대한 유전적 기여다. 유전적 관계를 유추할 목적으로 짝짓기의 수를 사용하는 건 문제가 있다. 어떤 수컷이 짝짓기를 한다고 해서 자동으로 그가 친아비가 된다고 보장할 수는 없다. 수컷 관점에서는 짝짓기 체계가 그 자체로 중요할 수도 있지만 암컷 관점에서는 덜 그러하다. 관찰되는 교미 대신에 분자적 표지marker를 사용하면, 개체들의 일생에 걸쳐 후손에 유전적으로 기여하는 정도를 기반으로 한 범주화 체계에 이를 수 있을 것이다.

유사하게 성선택도 대개는 짝의 맥락에 집어넣지만 실은 성공한 수태와 그 결과로 생기는 자식에 의해 측정된다. 다시 말해 수컷들은 수태에 유전적으로 기여하기 위해 경쟁한다. 이것은 사실이다. 그렇지만 짝짓기 이후에도 암컷은 계속해서 성선택을 행사할 것이다. 예컨대 그의 생리가 어떤 정자를 수태에 사용할지 또는 어떤 배아가 착상할지를 선택할 것이다.

"관습적 성역할은 돌보는 암컷과 경쟁하는 수컷을 함축한다"(Kokko, Jennions 2008:919). 그 생물학적 기반은 다음으로 추정된다. 개개의 난자가 개개의 정자보다 훨씬 더 크니까, 암컷은 시작부터 번식에 더 많은 자원을 투입하며 따라서 계속 그렇게 한다는 것이다(다시 말해, 수태전에도 수태후에도 암컷이 더 높은 비용을 투자한다는 것). 이 결론에는 문제가 있다. 그것은 짝짓기마다 동등한 숫자의 생식세포gamete(정자 또는 난자—옮긴이)가 기부된다고 가정한다. 이는 몸밖에서 수태하는 성계한테는 타당할지 몰라도 포유류한테는 그렇지 않다. 체내수태에서는 짝짓기당 정자의 수가 난모세포(난자 전단계 세포—옮긴이)의 수보다 훨씬 더 많다. 포유류에서 정자의 수는 주어진 어떤 교미에서든 수백만 또는 수십억 개에 달한다(수퇘지의 경우 사정당 84,000,000,000개; Estienne et al. 2008). 따라서 수컷이 수태를 이루기 위해 치르는 실제 생식세포 비용은 암컷보다 아주아주 더 높지는 않을지 몰라도, 암컷과 대등하다. 더 중요한 한 가지 주장은 최적의 결정들이 미래에 대한 기대가 아니라 과거에 치른 비용에 달렸어야 마땅하다는 잘못된 가정에 초점을 둔다. 이 경우 이형접합anisogamy(대등하지 않은 생식세포들)이 돌봄 증가로 이어진다는 결론은 콩코드 오류(밑천이 아까워 투자를 그만두지 못하는 실수—옮긴이)를 저지른다(Kokko, Jennions 2008). 좋은 투자 결정은 과거사가 아니라 미래 득실의 확률을 내다보며, 미국 증권거래위원회가 모든 투자 사업설명서에 과거 실적은 미래 결과의 믿을 만한 지표가 아님을 언명하도록 요구하는 것도 그래서다. 전반적으로 짝짓기전 투자와 짝짓기후 투자를 연계하려는 시도는 논리적 난점투성이다(Kokko, Jennions 2008). 이형접합은 부모의 돌봄을 늘리기 위해서가 아니라 암컷이 커다란 생식세포의 낭비를 예방하기 위한 방법으로서 체내수태로 이어졌을 것이다. 귀엣말로 극체(84쪽 상자 4.1)는 엄밀히 말해 이형접합의 일례지만 이 맥락에서 결코 언급되지 않는다.

아리스토텔레스 이후로 수태의 학문에는 남성 편향이 내재해왔다. 난모세포와 정모세포의 융합은 대개 **수정**fertilization이라는 용어로 일컬어지면서, 수컷은 능동적이고 암컷은 수동적이라는 울림을 바닥에 깐다(fertilize에는 비료를 뿌려 토지를 비옥하게 한다는 뜻이 있다—옮긴이). 수태conception는 "하나의 완전한 유전체를 생산하기 위한 생식세포들의 융합을 가리키는 젠더중립적 비편향 용어다. 수정과 달리 수태는 난자와 정자라는 두 상호작용 파트너가 접합자 형성에 대등하게 기여하고 있음을 함축한다"(Chen 2014:9). 난모세포가 수태 중에 담당하는 역동적 활동과 기능은 1895년에도 시각적으로 명백했지만, 그 과정들은 80년 후까지도 연구되지 않았다(Schatten, Schatten 1983). 한 결과로 **수정**이라는 용어를 사용하는 게 번식 생물학 및 발달 분야에서는 변함없는 관례다. 그렇지만 **수정**을 사용하는 사이에 우리는 뜻하지 않게 수컷 관점을 제시한다. **수태**라는 용어는 수컷 생식세포와 암컷 생식세포의 연합(생식세포접합syngamy)을 가리킬 뿐 젠더 편향은 담고 있지 않다. 따라서 우리는 이 용어론 바꾸기에서 진전을 보고자 책의 나머지에서는 **수정** 대신에 **수태**를 사용한다.

암컷을 이해하려고 수컷을 사용하기

한 가지 이례적인 방법론적 왜곡에서는 수컷의 특질을 활용해 암컷의 행동을 측정할 것이다. 이상하게도 **난교**promiscuity라는 용어는 하나보다 많은 수컷과 짝짓기하는 암컷을 위해 흔히 사용되지만 반대로 쓰이는 경우는 드물다. 예컨대 구글스칼러Google Scholar는 '수컷 난교'라는 문구를 포함하는 제목들을 검색하자 논문 일곱 편을, 그리고 '암컷 난교'라는 문구에 대해서는 51건의 결과를 찾아냈다. 겉으로 제목만 봐서는 난교가 암컷과 연관될 때 더 주목을 받는다. 아니면 혹시 기본적으로 암컷은 일부일처고 수컷은 난교를 한다고 가정하는 것일까? 『성선택Sexual Selections』이라는 훌륭한 책에서도 이런 가정의 일부가 논의된다(Zuk 2002).

그 밖에도 다양한 사례에서 전적으로 여성적인 특질을 설명하기 위해 남성 관점이 사용될 것이다. 예를 들어 와서Wasser와 워터하우스Water-house(1983:23)가 편집한 다음의 남성지향적 설명들은 여성에서의 번식적 동기성同期性, synchrony, 연속적 수용성, 배란 은폐, 그리고 오르가슴에 대한 것이다.

일부다처 여성들은 각자의 독립적 주기들로부터 "모순적 정보"가 남성에게 밀려드는 일을 피하기 위해 그들의 월경주기를 동기화했다(Burley, 1979). 여성에서 발정이 사라진 것은 남성—남성 유대를 촉진하기 위해서였다(Etkin, 1963; Pfeiffer, 1969). 여성들 사이에서 발정 상실이 진화한 이유는 그것이 섹스의 대가로 고기를 제공하는 남성들에게 그들이 성적으로 매력적인 기간을 연장해주었기 때문이다(Symons, 1979). 배란 은폐는 인간에서 부성 확실성을 높여 남성에게 짝과의 유대를 강제하기 위해 진화했다(Alexander and Noonan, 1979). 여성의 오르가슴은 성교 다음에 남성의 정자가 질에서 새어나가지 않도록 여성을 정지시키기 위해 진화했다(Morris, 1967). 여성의 오르가슴은 "남성의 오르가슴을 선호한 선택의 부산물"로서 진화했다(Symons, 1979). (Wasser, Waterhouse 1983:23)

배란 은폐에 대한 이런 설명들이 완전히 버려진 적은 없지만, 그것들은 적절치 않을 것이다. 최신 조사는 여성들이 배란 무렵에 그들의 목소리, 냄새, 외모, 행동에 미묘하지만 측정 가능한 (그리고 관찰 가능한) 변화를 일으킬 수 있고 실제로 일으킨다는 것을 입증하기 때문이다(Haselton, Gildersleeve 2016). 따라서 배란이 은폐되어 있다고는 할 수 없을 것이다. 우리는 제15장에서 인간에게로 돌아온다.

언어

임신한 일시정지pregnant pause('의미심장한 침묵'을 뜻하는 은유) 그리고 정자적 쟁점seminal issue('영향력이 대단한 쟁점'을 뜻하는 은유)—그런 번식적 은유들은 일상에서 우리의 말에 좋은 효과를 덧붙인다. 이처럼 번식 용어가 은유를 통해 일상어로 넘어와 좋은 효과를 내고 있다고 해서, 반대의 경우가 늘 도움이 되는 것은 아니다. 예를 들면 수태에 관한 어느 글에서 베드포드Bedford 등(2004)은 마치 난포가 따 먹는 과일이라도 되는 것처럼 "익어가는 난포"를 들먹인다. 남성의 사출액에 들어 있는 생식세포에 대해서도 누군가는 '익어가는 정자'라고 말할까?

우리가 짧게 편집한 이러한 편향들은 하나의 표본일 뿐, 무수한 방식으로 암컷 관점은 포유류 번식생물학의 역사 또는 언어에서 배제된다. 암컷 관점을 포함시키기 위해 어조와 역점을 바꾸면 결국 모종의 어색한 어법에 다다를지도 모른다. 예컨대 우리는 '체외수정'이라는 말에 너무도 익숙해져서 '체외수태'를 사용하면 이상해 보일 것이다. 유사하게 '수정란' 대신에 '접합자'를 사용하는 데에도 노력이 들 것이다. 하지만 우리의 문화가 공공의 무대에서 더 젠더중립적인 언어에 갈수록 익숙해지고 있으므로, 아마 우리의 과학도 더 젠더중립적으로 만들 때가 왔을 것이다.

그 생각을 품고서 우리는 용어론과 젠더 관점의 세부 사항을 뒤에 남겨둔 채 우선 번식 과정에 있는 암컷 포유류의 탐사로 뛰어든다. 우리는 편향을 적절한 때마다 다시 논의할 테지만, 이 책의 초점은 암컷의 번식이지 젠더 편향만이 아니다. 본격적으로 출발하기 전에 우리는 다음 장에서 포유류의 진화와 분류학적 다양성을 돌아본다.

2

진화와 다양성

그가 언제나 오늘날 우리에게 보이는 그대로였던 것은 아니다. 그의 형태와 생리는 물론 그의 젖조차도 2000만 년이 넘는 진화의 결과다. 그렇지만 우리가 '하이에나'로 알아볼 형태를 띤 그의 조상들은 가까운 친척인 두 속 가운데 한 속(하이에나속*Hyena* 또는 점박이하이에나속*Crocuta*)의 일원들로서 최소한 마이오세 이후로 주위에 있어왔다. 마이오세 동안에 그의 치열에 생긴 특수한 변화들은 그가 뼈를 으스러뜨리도록, 그래서 어떤 식이에 전문가가 되도록 해주었다. 그는 개처럼 생겼다고 묘사될 테지만, 그 닮음은 수렴진화의 문제일 뿐이다. 오히려 고양이아목 Feliformia의 일원으로서 그는 개를 닮은 식육류인 개아목Caniformia(개, 곰, 아메리카너구리racoon 따위)에보다 사향고양이civet, 미어캣meerkat, 고양이에 더 가깝다. 그의 사촌 하이에나들 말고 그다음으로 그와 가장 가까운 친척은 땅늑대 aardwolf(땅늑대속*Proteles*)다. 그는 땅늑대와 많은 신체적 형질을 공유하지만, 곤충을 먹는 미각은 공유하지 않는다. 이어지는 장들에서 우리의 하이에나 암컷의 이야기가 그의 번식 생활 중 각 단계와 관련해 펼쳐진다. (Ferretti 2007; Fourvel et al. 2015; Mills 1982)

최초의 포유류는 누구였을까? 우리는 그들의 번식에 관해 무엇을 알고 있을까? 산란에서 출산으로 넘어가는 데에는 무엇이 영향을 주었을까? 진화적 관점에서 출산(태반생식)은 한 번 기원했을까, 아니면 두 번 기원했을까? 달리 말해 태반생식은 진수류에서도 일어나고 유대류에서도 일어나기 때문에, 우리는 다음 질문을 고려해야 한다. 이 두 계통은 태반생식의 진화 이후에 갈라졌을까, 아니면 이전에 갈라졌을까? 이 장에서 우리는 포유류의 진화를 돌아본 다음, 오늘날 포유류에서 주요 번식 방식들의 전형을 보여주는 핵심적 특징들의 기원과 변화로 초점을 돌린다. 3대 포유류 집단인 원수아강Prototheria, 후수아강Metatheria, 진수아강Eutheria은 번식의 차이들로 구별된다. 우리는 포유류로 이어진 계통의 초창기 역사와 아울러 포유류와 젖분비의 기원을 돌아본다. 포유류 암컷의 중추적인 진화적 변화는 태반의 유형 및 그것의 침습성侵襲性(몸을 뚫고 퍼지는 정도—옮긴이), 연관된 발달 패턴에서의 변화, 포궁·질·젖샘(유선泌乳)의 해부학적 변화, 그리고 궁극적으로 젖분비기를 포함한 모성적 돌봄 유형에서의 변화가 포함된다. 이 핵심적 변화들에 대해서는 관련된 다른 장 안에서(예컨대 제4장 '해부학', 제9장 '젖분비기'에서) 자세히 돌아본다. 여기서 우리가 돌아보는 포유류 진화의 핵심적 측면 중 일부는 이러한 측면에 덜 친숙한 독자를 위해 중요할 것이다. 이 특징들에 관한 상세한 예들은 역시 차후의 단원들에서 밝혀질 것이고, 따라서 노련한 독자는 이런 단원들로 먼저 건너뛰고 싶을 수도 있다.

이 장의 두 번째 부분은 포유류의 계통발생적 다양성을 탐사한다. 포유류 진화의 복잡성은 완전히 풀리지 않았으며, 그래서 포유류에 대한 계통발생론도 다수가 존재한다. 결과적으로 우리는 분류군 간의 특정 관계에 관해 깊이 들어가지 못한다. 계통발생론은 가설이며 가설은 거듭 최신화되고 달라진다. 여기서 우리의 목적은 독자에게 한 집단으로서의 포유류 이야기를 소개하고 암컷 관점을 위해 하나의 맥락을 제공하는 것이다. 그렇지만 실용적 목적을 위해 우리는 포유류 가운데 주요 집단 일부의 기초적 계통발생론을 제공하면서, 다만 이런 관계들은 분야가 진보함에 따라 바뀔 가능성이 크다는 조건을 덧붙인다.

포유류의 진화: 중대 사건들

포유류 진화의 이야기는 길고 복잡하며, 광범위하게 탐구되었음에도 아직 수수께끼들을 담고 있다. 화석들은 여전히 묻힌 채 남아 있고, 통용되는 현생 분류군 간 유연관계의 세부 사항은 끊임없이 갱신된다. 그럼에도 불구하고 오늘날 우리는 그 결과를 본다. 엄청난 다양성, 번식적 해부학·생리학·행동 면에서 특히 더 엄청난 다양성이 그 결과다. 많은 경우 번식적 변화는 단계적으로 진행되어왔고, 그래서 번식 형질들이 점점 더 조정되며 점차 쌓여가는 모습을 누구나 볼 수 있다. 예컨대 태반의 침습성에서 일어난 작은 변화는 어미에 대한 자식의 의존성에서 변화를 낳았고, 결과적으로 모성적 돌봄의 정도 또는 유형에서 변화를 일으켰다. 어떤 조상형 특징들은 아직까지 존재한다. 예컨대 산란은 오리너구리platypus(*Ornithorhynchus anatinus*)에 아직도 존재하지만, 오늘날 살아 있는 어떤 포유류도 진정으로 원시형이라고는 여길 수 없을 것이다(상자 2.1). 실제로 주머니쥐opossum(주머니쥐속*Didelphis*)의 것과 같은 일부 조상형 번식 방식은 수백만 년 동안 끈질기게 지속되어왔으며, 아마 어느 한 벌의 환경에 적응하는 방법으로서 다른 포유류들의 파생형 전략들보다 더 적합한 방식일 것이다. 포유류로서 우리 인간의 번식적 기원은 어디에 있을까? 3억 5000만 년 전부터 지금까지 암컷 번식의 이야기는 어떻게 펼쳐져왔을까?

육지 위에 알을 낳으며: (정말로) 먼 옛날
(3억 5000만 년 전~1억 5000만 년 전)

대략 3억 5000만 년 전 데본기에(상자 2.2) 척추동물들이 육지 위에서 살겠다고 대양에서 기어 나왔다. 이 사지동물들(그들의 발이 네 개여서 그렇게 불린다)은 지느러미 대신에 다리를 갖고 있었고, 그것이 활동적인 육상 생활

조상형/파생형 대 원시형/고등형

모든 개체의 표현형은 과거와 현재 둘 다의 사건들에서 비롯한 결과물이다. 우리는 우리의 부모로부터 받은 한 벌의 유전자, 그리고 우리의 어머니들이 가공한 후 포궁 안에서 우리에게 전해준 먹이로부터 지어진 하나의 몸을 가지고 태어난다. 출생 전에 우리의 어머니들은 우리를 위해 세계를 여과했다. 우리의 조상들은 그들의 유전자와 더불어, 모체가 제공한 그 집짓기 블록들을 사용해 손 또는 발굽, 살갗 또는 비늘, 지느러미 또는 발을 창작하는 법에 대한 지시들을 제공했다. 심지어 출생 시에도 우리는 아득히 먼 과거와 더 가까운 현재의 조합물이다. 우리가 현생 포유류에서 관찰하는 패턴 하나하나가 과거 환경을 그리고 조상형ancestral 유전체들의 산물이다. 개체에서도 계통에서도 과거가 미래를 구속한다.

어떤 두 개체도 동일하지 않은 것과 마찬가지로, 어떤 두 계통도 똑같지 않다. 따라서 번식 과정에도 차이가 있다. 구별되는 특징들은 흔히 특정 서식지·식성·사회적 상호작용에 유리한, 아니면 특정 포식자·기생충·질병 매개체에 불리한 특화다. 그처럼 구별되는 특징들은 파생형derived 형질이라 불리며 주어진 한 계통의 구성원들에 의해 공유된다. 예컨대 여성은 두드러진 젖가슴breast, 곧 인간적 번식의 파생형 특징을 가지는 반면, 암소와 암양은 젖통udder, 곧 반추동물의 파생형 특징을 가진다(107쪽 그림 4.6). 젖가슴과 젖통은 둘 다 젖을 생산하고 암컷과 그들의 새끼를 위해 지극히 잘 작동한다. 어느 한쪽의 해부학적 형태도 더 고등형advanced이 아니며, 어느 한쪽이 젖을 나르기에 더 나은 운송수단인 것도 아니다. 마찬가지로, 두드러진 젖꼭지나 젖통을 갖지 않은 종의 특색 없는 해부학도 그것이 조상형 조건일 수는 있을지언정 원시형primitive인 것은 아니다. 포유류 계통 하나하나는 이전 세대들을 위해 잘 작동해온 조상형 형질들 및 파생형 형질들의 특정한 조합이다. 이 한 묶음의 개성들은 원시형도 고등형도 아니며, 어느 한 번식 방식도 다른 한 방식보다 더 낫지 않다.

을 위해 더 효율적인 보행을 만들었다. 그렇지만 이 가장 초기 척추동물들의 알은 개구리, 도롱뇽, 무족영원류(통틀어 양서류)의 알이 그렇듯 변함없이 물에 묶여 있었다. 결과적으로 다음번 핵심적 혁신은 배아와 그것의 난황을 위한 보호막을 개발함으로써 자식의 발달을 습한 환경에서 해방시킨 것이었다. 껍데기는 건조를 크게 줄여서 사지동물이 내륙으로 더 이동하여, 번식까지 포함한 그들의 통상적 생활주기를 이행하는 것을 가능케 해주었다. 껍데기는 알이 육지 위에 예치되기 전에 생식로 안에서 예치된다(과거에도 그랬으리라 짐작된다). 껍데기의 진화와 더불어 조정된 배아 또한 새로운 모체 장벽의 한계 안에서 살아남도록 변화했다. 새로운 조직인 배외막(양막, 융모막, 요막)이 가스교환, 노폐물 수거, 보호를 위해 새로운 메커니즘을 조성했다. 껍데기에 싸인 알을 가지는 척추동물들을 통틀어 양막류로 일컫는다. 배아의 둘레에 껍데기를 형성한다는 것은 수태가 몸속에서 일어나야 함을 의미하기도 한다. 결과적으로 짝짓기 패턴이 바뀔 필요가 있었다. 체내수태는 비非사지 척추동물에도 있지만 드물다. 하지만 (양서류를 제외한) 사지동물에서 체내수태는 규범이 되어왔다. 따라서 껍데기에 싸인 알을 생산한다는 얼핏 단순한 변경이 모자 간 역학관계뿐만 아니라 암수 간 역학관계까지 변화시켰다. 껍데기는 발달 중인 배아를 암컷의 몸으로부터 격리시켰다. 모자 간의 모든 교신이나 영양분 전달은 더 어려워졌다. 신호든 영양분이든 이제 껍데기를 가로질러야 했기 때문이다.

알껍데기와 배외막 중 어느 쪽이 먼저 나타났을까? 이 새로운 적응을 가리키는 이름들도 그 의문을 해결해주지는 않는다. **폐쇄란**cleidoic egg이라는 용어는 모체의 껍데기를 강조하는 반면, **양막란**amniotic egg이라는 용어는 안쪽의 막을 강조하기 때문이다. 우리의 앞선 논의는 암묵적으로 껍데기의 진화를 앞에 두지만, 누군가는 다음과 같은 경위를 상상할지도 모른다. 배외막은 모자 갈등의 결과였을 수도 있으며, 아마도 그 막들은 배아가 엄마로부터 더 많은 자원을 얻거나 모체의 영향을 예방하는 한 방법이었을

변화하는 환경에서 진화하는 포유류

중대한 진화적 과도기마다 조상형 포유류들이 경험한 생태에서는 무슨 일이 벌어지고 있었을까? 기후적 또는 생물지리적 요인들은 초기 번식에 어떻게 영향을 미쳤을까? 여기에는 포유류가 발생하고 분기했던 기간과 관련한 약간의 세부 사항이 있다.

    고생대는 생물다양성의 급속한 다양화뿐만 아니라 대규모 대륙이동으로도 특징지어졌다. 해양생물이 지배했지만 여러 식물·곤충·척추동물이 육지 위로 이주하기도 했다. 고생대 말에 기후가 더 뜨거워지면서 트라이아스기 초에는 대기 이산화탄소 농도가 높은 국면을 동반했다(Kidder, Worsley 2004). 지구상 생물다양성이 급감했지만(페름기-트라이아스기 멸종), 포유류의 전신인

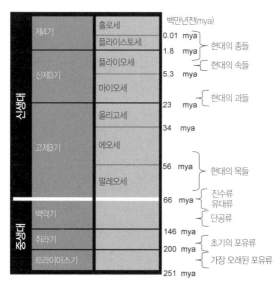

포유류 진화의 연대표. 포유류는 중생대에 생겨났고 산란 포유류가 될 조상들이 그 시대에서 모습을 드러낸다. 그렇지만 현대의 수류 목들은 신생대에서 초기에 처음으로 모습을 드러냈다. 현대의 과들은 약 2300만 년 전에, 현대의 속들은 약 500만 년 전에 출석하며, 현대의 종들은 아마 200만 년 전에 출석했을 것이다. 워싱턴주 시애틀 버크박물관에서 사용 허락을 얻어 테리 오어가 수정한 도표.

키노돈트cynodont가 출현했다. 따라서 포유류의 조상들은 고생대 말과 중생대 초라는 중대한 과도기에 출현했다.

중생대는 포유류 진화에서 매우 흥미로운 기간이다. 처음 5000만 년 동안의 트라이아스기는 주로 고온 건조했으며 알려진 가장 오래된 포유류들이 이 시기에 나온다. 처음 500만 년 내지 1000만 년 동안 열대는 기온이 육생 척추동물 대부분에게 치명적이어서 살 만한 곳이 못 되었을 것이다(Sun et al. 2012). 우리의 포유류 조상들은 이 치명적인 지역 양옆에서 따로따로 진화하고 있었을 것이다. 나중에 그 서식지의 많은 부분은 비와 습도가 늘어나는 기간이 몇 번 있는 사막과 같아졌다. 트라이아스기 말로 가면서 고생대의 초대륙(판게아)이 북에서부터 남으로 쪼개지기 시작했다. 그다음 5000만 년(쥐라기) 사이에 판게아는 분열을 거의 완료하여 오늘날의 큼직한 대륙성 지역들로 나뉘었다. 기후는 중습성中濕性에 더 가까워졌고 지배적인 육생 생물 형태는 공룡이었다. 공룡이 포유류 번식의 초기 진화에 영향을 주었을 것은 틀림없지만, 정확히 어떻게 영향을 주었는지는 알려져 있지 않다. 쥐라기는 후수류와 진수류의 분할이 일어났을 시기이기도 하다(Luo et al. 2011). 중생대의 마지막 부분, 백악기는 고온 다습했고 다양한 대륙성 땅덩어리들이 있었다. 많은 수의 새로운 생태적소가 꽃식물과 곤충의 다양화와 연계되었다. 오리너구리와 비슷한 백악기 화석 한 점은 단공류가 백악기 초까지는 확실히 다양화되었음을 시사한다(Archer et al. 1985).

신생대는 현대의 시기들 및 주요한 포유류의 다양화로 우리를 데려온다. 많은 주요 목의 대표자들이 에오세에, 주요 과의 대표자들이 마이오세에, 주요 속의 대표자들이 플라이오세에, 그리고 많은 종이 플라이스토세에 출석한다.

것이다. 만약 그렇다면 모체를 통해 생산되는 알껍데기는 자식을 향한 전달 또는 자식으로부터의 전달을 제한하는 한 방법이었을 테고, 따라서 육상 생활에 대한 일종의 선적응이었을 것이다. 껍데기와 막, 무엇이 먼저인가? 캐묻기 좋아하는 사람들은 정답을 알고 싶어하지만, 최소한 당분간 그 답들은 시간의 안개에 가려져 있다.

무양막류(어류, 양서류)가 물속이나 물가에 남아 있는 동안, 그 한 벌의 특성들(모체에서 유래한 껍데기에 싸인 알 그리고 수태산물에서 유래한 양막, 융모막, 요막)이 척추동물을 더 먼 내륙으로 광범위하게 방산放散하도록 해준 것만은 확실하다. 결국 양막류는 사막, 열대우림, 산지, 툰드라, 그리고 극지에까지 서식하게 되었다. 그들은 익룡, 박쥐, 새가 되어 하늘로도 날아올랐다. 플레시오사우루스plesiosaur, 고래, 바다거북과 같은 몇몇 양막류는 심지어 수생 환경으로 되돌아가기도 했다.

오늘날 살아 있는 양막류에는 포유류, 새, 악어, 도마뱀, 뱀, 거북이 포함된다. 이 집단들은 세 계통으로 분리되는데, 셋 모두 같은 무렵에 생겨났다. 이는 고생물학자들 사이에서 논의가 분분한 주제이긴 하지만, 한 계통(무궁강Anapsida)은 거북으로 이어졌을 것이다. 두 번째 한 계통(이궁강 Diapsida)은 도마뱀, 뱀, 악어, 공룡, 새로 이어졌다. 세 번째 계통(단궁강 Synapsida)이 포유류로 이어졌다. 이 삼분법이 의미하는 바, 파충류는 그 자체로 포유류의 조상이 아니며 거의 같은 시기에 생겨났을 뿐이다. 포유류의 전신前身을 묘사할 때에는 **포유류형 파충류**mammal-like reptile라는 용어가 흔히 사용된다. 그 계통의 최초 구성원들을 가리키는 더 정확한 하나의 용어는 **줄기포유류**stem-mammals 또는 **원포유류**proto-mammals일 것이다. 따라서 반룡류pelycosaurs(예컨대 페름기에서 출토되는, 등에 돛을 단 디메트로돈속*Dimetrodon*) 및 수궁류therapsids와 같은 화석군들이 조상의 혈통 중 포유류로 이어지는 부분이다.

단궁류는 고생대 후기(약 2억 6000만 년 전)에 그들이 처음 생겨났을 때에는 풍부했지만, 고생대와 중생대 사이에, 아마도 페름기–트라이아스기 대멸종 때 많은 수가 멸종되었다. 그다음에는 공룡이 중생대 풍경을 지배했다. 아마 트라이아스기에 속할 어느 시점에, 남아 있던 얼마 안 되는 단궁류 중 하나(또는 아마도 하나보다 많은 수)에 우리가 오늘날 포유류적 특징으로 인식하는 특징들이 생겨났다. 이 특징들은 무엇이었을까?

현재 표준적인 한 벌의 골격 특징이 화석을 포유류 계통에 할당한다. 단일한 뼈로 만들어진 아래턱, 세 개의 중이골, 위치도 모양도 저마다 다른 불균일 치아(앞니, 송곳니, 작은어금니, 큰어금니), 위턱에 난 이빨과 아래턱에 난 이빨의 정확한 교합이 이런 형질에 속한다. 화석과 분자적 증거는 포유류가 아마도 2억~2억 5000만 년 전에 수궁류로부터 처음 분기했을 것임을 시사한다(Lefèvre et al. 2010). 하나의 화석 포유류인 모르가누코돈속 *Morganucodon*이 이 형질들 중 대부분을 지니고 있다.

포유류의 기원(1억 5000만 년 전~오늘날)

젖분비는 포유류 번식의 품질보증마크지만, 그 밖에도 몇 가지 번식적 특징이 모든 포유류에서 발견된다. 하나가 배아 보유(임신)다. 비록 이것이 포유강에 독특한 특징은 아니지만 말이다. 배아 보유는 포유류의 기원보다 먼저 나타나 상어, 물고기, 도마뱀만큼 다양한 분류군에서 독립적으로 진화했다(Blackburn 2015). 배아 보유는 발달 중인 자식 그리고 자식의 성장을 진전시키기 위해 비대한 배외막을 사용하고 있는 엄마 간 접촉 기간이 길어지는 결과를 낳는다(Lombardi 1994). 배아 보유는 수류獸類에서 번식의 중심이 되지만, 알을 낳는 단공류에서도 일어난다. 제7장에 있는 더 많은 세부 사항에서 기술되겠지만, 단공류 어미도 발달 중인 배아에게 산란 전에 자원을 제공한다.

난자생식(산란)은 아마 포유류의 조상형 조건일 것이다. 껍데기에 싸인 알은 어미와 자식 사이에 장벽을 부과한다. 그 장벽에는 장점들이 있지만 단점들도 있다. 산란 전에 껍데기를 제거한다면 발달 중인 자식과 어미는 더 광범위하게 접촉할 수 있을 것이다. 접촉이 길어지면 결국 배외막은 비대해지고 모체 조직들이 덧붙어 각양각색의 복잡한 태반 구조들로 바뀔 것이다(Lombardi 1994). 알껍데기가 더이상 수태산물 둘레에 예치되지 않으면 산란 대신에 출산(태반생식)이 일어난다. 만약 숫자가 아무것이든 의미한다면, 거의 모든 포유류가 태반생식을 하는 만큼 출산에는 분명 장점이 있었다.

태반생식 포유류에서 임신기 중 태반기의 길이는 각양각색이다. 유대류 포유류(예컨대 주머니쥐, 코알라koala[*Phascolarctos cinereus*], 태즈메이니아데빌Tasmanian devil[*Sarcophilus harrisii*], 캥거루kangaroo[캥거루속*Macropus*])는 태반을 통한 교환의 지속기간이 제한적인 것으로 특징지어진다. 주의할 만한 점으로서 모든 유대류marsupial에 육아낭marsupium(주머니)이 있는 것은 아니며, 이 집단을 가리키는 공식 명칭은 후수아강Metatheria(후수류 metatherian)다. 여기서 우리는 **유대류**와 **후수류**를 구분 없이 사용한다. 이 집단에서는 임신기간의 범위가 2주 내지 5주인데 모체 크기와는 거의 무관하다. 예컨대 8킬로그램 코알라의 임신기가 35일로서, 26킬로그램 붉은캥거루red kangaroo(*Macropus rufus*)의 임신기 33일보다 약간 더 길다. 후수류의 임신기간은 흔히 짧은 것으로 특징지어지지만, 4주 임신하는 20~80그램 안테키누스속*Antechinus*은 비슷한 크기의 설치류, 이를테면 임신기가 약 3주인 생쥐보다 임신기가 더 길다(Hayssen et al. 1993). 따라서 후수류의 임신기가 항상 짧지는 않으며 거기에 지연(예컨대 착상 지연; 제7장)이 포함되면 심지어 상당히 길어질 것이다.

진수류 포유류에서는 복잡하고 광범위한 모체-태아 교환이 임신기의 대부분을 차지한다. 진수류는 우리에게 가장 친숙한 포유류로서 땅돼지aardvark(*Orycteropus afer*), 박쥐bat, 고양이cat(고양잇과Felidae), 듀공dugong, 코끼리elephant(코끼릿과Elephantidae), 그리고 죽 나아가 야크yak(보스 그루니엔스*Bos grunniens*)와 얼룩말zebra(말속*Equus*)에 이르기까지 알파벳 전체A to Z를 아우르기도 한다. 진수류의 태반 구조는 대단히 다양하며 제4장에서 다수의 변이를 묘사한다. 후수류도 태반을 갖고 있기 때문에 **태반포유류**라는 용어로 **진수류**를 일컬으면 사람들을 오도하게 된다(Renfree et al. 2013)는 점에 주의하라. 더욱이 후수류와 진수류는 둘 다 태반생식을 한다.

태반생식이 포유류에서 몇 번이나 생겨났는지는 알려져 있지 않다. 전통적 견해는 태반생식이 한 번 기원했다는, 그리고 유대류의 태반 번식 양식이 나중에 분기했다는 것이다. 하지만 어떤 증거는 유대류와 산란 포유류(단공류 또는 원수아강)가 서로에 더 가까운 친척임을 시사한다. 만약 그렇다면 태반생식은 유대류 포유류와 진수류 포유류에서 독립적으로 두 번 기원했음이 틀림없다(Sharman 1976). 판결은 아직 나오지 않았지만 통용되는 의견에서는 전통적인 단일 기원 견해가 우위를 차지한다(Blackburn 2015; Werneburg et al. 2016). 무른 조직은 잘 화석화하지 않음으로 이런 문제에 관해 명백한 데이터를 얻기는 어려울 것이다.

　많은 번식 형질의 진화는 한 가지 면에서 이례적이다. 보통 대부분의 포유류 형질(예컨대 몸 길이, 발가락 수, 위장 형태)은 개체들의 특성이며 자연선택은 개체군 안의 개체 하나하나에 독립적으로 작용한다. 하지만 임신기나 젖 조성 같은 많은 번식 형질에는 둘 이상의 개체가 관여한다. 예컨대 젖분비기간도 오로지 어미가 혹은 새끼가 결정하는 게 아니라 둘의 상호작용에 달렸다. 이런 경우 선택은 최소한 두 개체에 동시에 작용한다. 따라서 젖분비기와 같은 번식 특성은 개체 간 상호작용의 특성이지 단일 개체의 특성이 아니다. 번식 특성에 영향을 미치는 진화 과정들이 기술된 적은 없지만, 형질 집단 혹은 개체군간interdemic 선택이 중요할 수도 있다(Wilson 1979). 젖분비를(혹은 어떤 번식 형질이든) 오로지 분자, 세포, 혹은 개체 수준에서 연구하고 특징짓다가는 이 현상의 본질적·상호작용적·통합적 측면들을 놓치게 될 것이다. 짝짓기, 임신, 출산, 수유에 관한 한 선택은 한 쌍 또는 집단에 동시에 작용하고 있다.

젖분비의 기원

젖분비의 발달은 아마 포유류가 기원하는 데에서, 그리고 나중에 중생대와 신생대의 변화하는 환경에 성공적으로 적응하는 데에서 핵심적 특징의 하나였을 것이고, 그러니 트라이아스기 말보다 한참 전에 기능적으로 완성되었을 게 틀림없다.

—릴러그레이븐Lillegraven 1979:260

초기 포유류에는 어떤 부모 돌봄이 있었을까? 우리는 모른다. 뱀과 도마뱀은 알을 낳을 뿐 실질적인 차후의 모성적 돌봄은 없을 것이다. 그렇지만 포유류가 젖분비로 정의된다면, 바로 이 정의에 의해, 수유 형태의 모성적 돌봄은 있었을 것이다. 오늘날의 단공류는 젖분비 기간을 길게 갖지만 초기 포유류에서 젖분비가 얼마나 길었는지는 우리로서 알 길이 없다.

젖분비는 어떻게 기원했을까? 젖샘과 같은 연조직은 잘 화석화하지 않고 대부분의 행동은 (수유가 그렇듯) 아예 화석화하지 않는다. 따라서 고생물학자들이 (대개 머리뼈로부터 얻은) 골격 특성을 써서 화석 기록에 있는 포유류의 신원을 밝히는 동안, 진화생태학자는 흔히 빈손으로 남겨진다. 이빨은 포유류의 신원을 밝히는 데 핵심적이다. 그리고 뼈가 도달할 수 있는 한도 내에서, 누구나 첫눈에 예상할 분량보다 더 많은 이야기를 들려준다. 이빨과 연관된 특징들은 우리가 젖분비의 진화 패턴을 해석하는 데에도 도움을 준다.

모유를 먹이는 어머니라면 누구나 알고 있듯이, 젖먹이의 이빨은 아픔을 유발할 수 있다. 실은 너무 심하게 고통을 주어서 어머니가 수유를 그만두게 할 수도 있다. 치아 발달을 지연하면 젖분비기를 연장할 수 있다. 젖분비가 먹이를 깨물고 씹을 필요를 없애주므로 치아 발달 지연은 배고픈 신생아에게도 문제가 아니다. 결과적으로 신생아의 턱은 이빨이 필요해지기 전에 성장하며 강해질 시간이 생긴다. 이로써 이빨은 특화된 기능을 개발하고 그리하여 효율성을 높이는 게 가능해졌다. 도마뱀이나 상어와 달리 포유류의 이빨은 계속 빠지고 교체되지 않는다. 하지만 그 대신에 포유류는 한 벌의 유아용 이빨을 갖고 있다가 한 벌의 성체용 이빨로 교체한다—**이생치성** diphyodonty이라는 용어로 일컫는 일종의 타협안이다. 특화된 치열과 탈락치의 존재는 젖빨기의 존재를 추론하게 해준다(Luo et al. 2004). 따라서 모르가누코돈에 트라이아스기 말부터 쥐라기 초까지 이생치성이 있었다는 사실(Sánchez-Villagra 2010)은 이 시기에 젖분비가(아니면 최소한 수유가, 그리고 추리에 의해 젖분비도) 있었음을 시사한다. 포유류의 부차적으로 파생된 특징 중 하나인 이차 경구개(단단입천장)도 젖빨기와 연관되어 젖분비의 존재를 추론하게 한다(Maier et al. 1996). 하지만 젖분비가 기원하도록 몰아간 것은 무엇이었을까?

젖분비가 시작되려면 한 벌의 사건이 필요했다(Hayssen, Blackburn 1985). 우선 어미들이 알을 낳은 뒤 그 알과 같이 머물 필요가 있었다. 그런 근접성 유지의 이점은 덜 잡아먹히는 것일지도, 비바람을 막아주는 것일지도, 더 빨리 성장하도록 온기를 제공하는 것일지도 모른다. 만약 선택이 모종의 포란(알품기)을 선호했다면 그것은 어미의 복부에 특화된, 혈관이 분포된 조각보가 발달하는 쪽도 선호했을 것이다. 피부에는 땀샘과 기름샘을 포함한 다양한 분비샘이 가득하고, 그러니 이 샘들은 짐작건대 가상의 포란용 조각보에도 있게 될 것이다. 만약 그렇다면 모체의 분비액이 우연히 알에 흡수되거나 부화한 새끼의 목구멍으로 넘어갈 수 있을 것이다. 따라서 어미는 그때부터 수분이나 영양분, 또는 면역적 보호를 새끼에게 제공할 수 있을 것이다. 피부 분비액에는 많은 기능이 있고, 그러니 이 가운데 아무 기능 또는 모든 기능이 원시젖분비물의 조상형 기능일 수 있을 것이다. 예컨대 젖은 처음에는 알의 건조를 막기 위해 진화했을 수도 있고 세균이나 진균의 공격을 막기 위해 진화했을 수도 있다(Hayssen, Blackburn 1985). 젖을 구성하는 성분들의 기원을 살펴보면 이 쟁점에 해결의 실마리가 생길 것이다 (Oftedal et al. 2014).

포유류의 다양성: 3대 포유류

일단 최초의 포유류들이 있게 되자 그들은 다양화했다. 그리고 많은 경우 그들의 번식 측면도 달라졌다. 포유류의 초기 진화 중 많은 부분은 근본적으로 다른 번식 양식들과 관련해 기술된다. 그렇지만 이 양식들은 발전의 예가 아니라 특정한 맥락 안에서 잘 기능하는 다른 전략일 뿐이다. 어떻든지 우리는 논의의 편의를 위해 포유류가 번식의 세 가지 주된 범주 혹은 양식에 속함을 원수아강, 후수아강, 진수아강이라는 세 분류군이 입증한다고 간주한다.

포유류 안에서도 진화는 복잡해서 엄청난 다양성을 생성해왔으며, 번식적 생리와 행동에 관해서는 특히 더 그러했다. 번식과 관계있는 변화들은 점점 더 독특해지는 번식 패턴들이 점차 축적되는 결과로 이어져왔다. 그런 패턴 가운데 많은 면은 동시발생적으로 달라졌다. 예컨대 태반의 침습성에서 일어난 변동은 자식이 어미에 의존하는 방식을 변화시켰고, 자식의 의존성에서 일어난 변화는 모성적 돌봄의 정도를 바꾸었다. 자연선택은 이 특징들에 따로따로 작용한 게 아니라 어미와 자식에게 동시에 작용했다. 따라서 번식의 진화는 최소한 두 개체에 작용하는 선택의 결과다.

어느 한 패턴도 다른 한 패턴보다 낫지 않지만, 번식 특성들 한 벌 한 벌은 각각의 주위 환경에서 웬만큼 잘 작동한다. 예컨대 박쥐의 번식 생리가 고래에는 알맞지 않을 것이다. 우리가 상자 2.1에서 설명하듯이, **조상형**이라는 용어는 원시형의 동의어가 아니다. 유사하게 근래의(파생형) 패턴이 반드시 그것의 선행 패턴보다 더 고등하거나 더 나은 것도 아니다. 예컨대 산란은 번식의 조상형이겠지만, 수천 종의 새와 곤충도 알을 낳는데 그렇게 해서 불리해지는 것은 아니다. 오늘날의 단공류 그리고 그들의 번식 패턴은 수백만 년 진화의 성공적 결과다.

알을 낳는 단공류(단공목 또는 원수아강)

최초의 포유류들은 알을 낳았고, 오늘날 가시두더지echidna(짧은코가시두더지속*Tachyglossus*, 긴코가시두더지속*Zaglossus*)와 오리너구리는 여전히 알을 낳는다. 이 점에서 산란은 분명 조상형 형질이다(Wourms, Callard 1992). 우리는 단공류에서 관찰되는 산란의 생물학을 책에서 나중에(제8장에서) 자세히 다룬다. 산란이 조상형이긴 하지만, 산란하는 포유류의 번식생물학에 독특한 다른 특징들의 진화사는 덜 분명하다.

산란하는 포유류를 통틀어 단공목Monotremata으로 분류하며, 어원은 **단일한 구멍**을 가리키는 그리스어다. 이 이름은 총배설강의 존재에서 유래한다. 그 하나뿐인 구멍에서 번식과 배설(창자와 비뇨기)의 산물이 둘 다 몸밖으로 나온다. 총배설강을 가진 것은 조상형 형질로 짐작되는데 그 이유는 개구리, 거북, 도마뱀, 새가 그것을 공유하기 때문이다. 단공류가 아닌 다른 포유류에도 총배설강은 있다(제4장). 단공류는 충분히 발달한 젖샘과 복잡한 젖을 갖고 있지만, 여타 포유류와 구별되는 단공목의 두 번째 차이는 젖을 방출할 젖꼭지가 없다는 점이다. 그 대신에 단공류의 젖은 작은 구멍들을 통해 분비된다. 그래서 젖과 젖분비는 포유류를 정의하는 특징이지만, 젖꼭지의 존재는 그렇지 않다. 젖꼭지는 나중에 진화했다. 상치골上恥骨이라는, 골반에 연결되어 있지만 골반에서 먼쪽으로 튀어나와 있는 한 쌍의 뼈가 단공류에 (아울러 유대류에도) 있어서 복부에 주머니가 있는 것과 연관되곤 한다. 하지만 주머니는 가시두더지만 갖고 있다. 따라서 주머니는 상치골과 무관한 일종의 파생형 조건일 것이다.

단공목目은 원수아강亞綱에서 유일하게 살아남은 분류군이며, 그런 이유에서 진화적으로 더할 나위 없이 흥미롭다. 만약 단공류가 수류(유대류와 진수류)와 별개인 하나의 분류군을 대표한다면, 그 분할은 약 1억 6600만~2억 1000만 년 전에 일어났을 것이다.

탁월한 유대류(후수아강)

유대류를 묘사하는 데 사용되는 어떤 용어들은 번식용 해부구조에 기반이 있다. 예컨대 **유대류**marsupial는 **육아낭**marsupium(복부 주머니)을 가리킨다. 이름이 그런데도 많은 유대류는 주머니가 없다. 그뿐만 아니라 있다고 해도 주머니는 대단히 가변적이다. 예를 들어 물주머니쥐water opossum(*Chironectes minimus*)의 주머니는 암컷이 헤엄칠 때 안에 물이 차지 않도록 뒤쪽으로 터져 있다. 한 과科 안에서도 주머니는 엄청나게 다를 수 있다.

예컨대 주머니고양잇과Dasyuridae에서도 주머니는 비교적 납작한 경우와 없는 경우부터 깊고 폭넓은 경우까지 다양한 종류가 있다. 주머니는 후수류의 조상형 형질이 아니라 독립적으로 여러 번 진화해왔다(Hayssen et al. 1993).

아메리카주머니쥐American opossum는 주머니쥣과Didelphidae에 속하는데, '두 개의 포궁'을 의미하는 과의 명칭이 후수류 생물학의 또 한 특징을 묘사한다. 유대류에서는 거의 전 생식로가 쌍으로 되어 있다. 난소와 난관은 모든 포유류에 두 개씩 있지만, 대부분의 유대류는 그에 더해 포궁도 두 개, 포궁경부도 두 개, 질도 두 개(혹은 세 개)다.

유대류 번식의 가장 뚜렷한 특징은 다음과 같다. (1) 임신기 중 태반 교환 기간이 짧다. (2) 후각이 대단히 발달한, 앞다리가 잘 발달한, 그리고 그 밖의 해부학적 구조들은 싹수만 갖춘 신생아를 출산한다. (3) 젖분비기가 대단히 복잡하며 흔히 젖꼭지 부착 국면과 간헐적 젖빨기 국면으로 양분된다. 이 국면마다 젖 조성이 실질적으로 달라진다. 더더욱 경이롭게도 어떤 캥거루 암컷들은 한 젖꼭지에 붙어 있는 주머니 새끼를 위해 한 조성의 젖을, 그리고 인접한 젖꼭지에서는 주머니 바깥의 새끼를 위해 완전히 다른 조성의 젖을 동시에 생산할 수 있다(Hayssen et al. 1985; Graves, Renfree 2013). 유대류에서 관찰되는 젖분비의 생리적 통제는 지극히 파생적이다.

우리는 후수류에도 태반이 있는데 우리 자신을 태반포유류라고 부르는 데에 담긴 진수류 편향에 대해 이미 언급했다. 우리에게는 유대류 신생아를 몸밖으로 끄집어낸 배아로 생각하는 경향도 있다. 그렇지만 어떤 진수류 배아도 비슷한 발달 단계에서 남의 도움 없이 어미의 배를 기어올라가고, 젖꼭지의 정확한 위치를 찾아내고, 그런 다음 거기에 달라붙지는 못할 것이다. 전반적으로 "유대류는 진수류 포유류의 원시적 형태로가 아니라, 대안적 형태로 여기는 게 최선이다"(Hayssen et al. 1985:617).

진수아강

진수류는 포유류 가운데 가장 풍부하고 다양한 집단이다. 현생 목들은 8000만 년 전에서 5000만 년 전 사이에 매우 빠르게 서로서로 분기했다. 진수류는 임신기 중 태반 교환 국면이 길고 유대류에 비해 젖분비 생리가 단순한 게 특징이다. 진수류 번식 패턴의 다양성이 이 책의 내용 중 많은 부분을 형성하므로, 우리는 많은 집단을 그들의 분류학적 명칭으로 일컬을 것이다. 따라서 우리는 포유류의 분류법을 간략히 돌아볼 필요가 있다.

포유류의 다양성: 더 자세한 근연관계

이 세 가지 양식으로부터 생겨난 현대적 형태의 포유류는 대략 5400종에 달하며 대략 29목에 속한다(그림 2.1; Wilson, Reeder 2005). 분류법의 상세한 내용은 전문가들의 논쟁거리다. 그런 이유로 우리는 여기에 일반적인 계통발생론만 제시하면서 독자가 최근의 개관을 찾아볼 것을 권한다.

그 다양성의 몇몇 특징은 언급할 가치가 있다. 첫째, 모든 포유류 종의 약 42퍼센트는 설치류rodents(쥐목)다. 설치류는 실험실 쥐laboratory rat와 실험실 생쥐laboratory mouse, 그뿐만 아니라 청서squirrel(청서과 Sciuridae), 비버beaver(비버속Castor), 흙파는쥐gopher(흙파는쥣과Geomy-idae), 밭쥐vole(예컨대 밭쥐속Microtus, 대륙밭쥐속Myodes), 레밍lemming(예컨대 목걸이레밍속Dicrostonyx, 레밍속Lemmus), 햄스터hamster(예컨대 황금비단털쥐속Mesocricetus, 난쟁이햄스터속Phodopus), 게르빌루스쥐gerbil(예컨대 메리오네스속Meriones), 호저porcupine(아메리카호저과Erethizontidae, 호저과 Hystricidae), 친칠라chinchilla(친칠라속Chinchilla), 코이푸coypu/뉴트리아 nutria(Myocastor coypus), 카피바라capybara(Hydrochoerus hydrochaeris), 벌거숭이두더지쥐naked mole-rat(벌거숭이뻐드렁니쥐Heterocephalus glaber) 따위를 포함한다. 두 번째로 다양한 집단은 박쥐(박쥐목)로 모든 포유류 종의

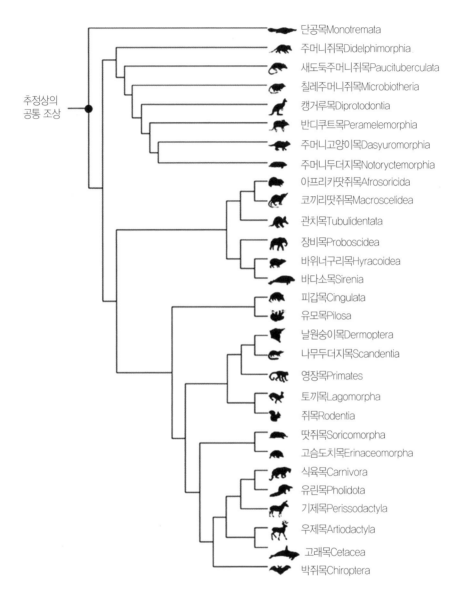

추정상의
공통 조상

단공목Monotremata
주머니쥐목Didelphimorphia
새도둑주머니쥐목Paucituberculata
칠레주머니쥐목Microbiotheria
캥거루목Diprotodontia
반디쿠트목Peramelemorphia
주머니고양이목Dasyuromorphia
주머니두더지목Notoryctemorphia
아프리카땃쥐목Afrosoricida
코끼리땃쥐목Macroscelidea
관치목Tubulidentata
장비목Proboscidea
바위너구리목Hyracoidea
바다소목Sirenia
피갑목Cingulata
유모목Pilosa
날원숭이목Dermoptera
나무두더지목Scandentia
영장목Primates
토끼목Lagomorpha
쥐목Rodentia
땃쥐목Soricomorpha
고슴도치목Erinaceomorpha
식육목Carnivora
유린목Pholidota
기제목Perissodactyla
우제목Artiodactyla
고래목Cetacea
박쥐목Chiroptera

그림 2.1 포유류 29목의 계통발생론. 점은 가장 근래(약 2억 1000만 년 전)의 공통 조상을 예시한다. 맨 위의 분지가 산란
포유류(단공목)를 표시한다. 그다음 일곱 분지가 유대류의 목들(후수아강)이며, 나머지 분지들이 진수아강에 속한다. 계통
발생론과 삽화들은 워싱턴주 시애틀 버크박물관에서 가져왔고, 허락을 얻어 사용했다.

21퍼센트를 차지한다. 오래도록 박쥐는 큰박쥐mega-bats(날여우박쥐flying foxes, 구세계과일박쥐old-world fruit bats; 큰박쥣과Pteropodidae)와 작은박쥐 micro-bats(나머지 전부)로 나뉘어왔지만, 현재의 계통발생론은 그 이분법이 더 까다롭다는 것을 시사한다. 박쥐 분류법에 관해 이 진영 또는 저 진영에 서는 대신에, 우리는 세분법(큰박쥐 대 작은박쥐 또는 음박쥐 대 양박쥐)의 사용을 삼가할 것이다. 어쨌거나 박쥐들 내부의 유연관계는 엄청나게 다양하 다. 박쥐와 쥐 이외에는 다른 어떤 진수류 계통도 포유류의 다양성을 10퍼 센트 이상 차지하지 않는다. 사실 일부 진수류 목들은, 이를테면 관치목(땅 돼지 1종), 날원숭이목(콜루고colugo[나무 위에서 생활하며 활강하는 동남아시아 출신의 포유류] 2종), 장비목(코끼리 3종), 바위너구리목(바위너구리hyrax 4종), 바다소목(듀공dugong과 매너티manatee 5종)처럼 종을 극소수밖에 포함하지 않는다(Wilson, Reeder 2005). 이 모든 명칭은 혼란스러울 수 있다. 우리는 그 쟁점을 상자 2.3에서 집중조명한다.

진화 회고

포유류는 약 2억 년 전에 단궁류 조상들로부터 생겨났고, 그 조상들 자신은 약 3억 년 전에 초기 사지동물들로부터 생겨났다. 화석 기록은 초기 포유류 의 번식과 연관된 수수께끼들을 쉽게 드러내지 않지만, 우리에게도 기초적 그림은 있다. 알을 낳는 포유류가 최초였는데 오늘날은 단공목 안에 두 종 의 가시두더지와 오리너구리가 살아남아 있다. 태반생식을 하는 수류는 현 재 진수아강과 후수아강(유대류)이라는 두 집단으로 나뉜다. 포유류는 오늘 날 거의 모든 대륙과 엄청나게 다양한 서식지에 성공적으로 서식한다. 이 서식지들에 대한 번식적 적응이 그 성공의 핵심이다.

　진화하는 암컷 포유류의 이야기는 진행 중이다. 오늘날 포유류의 진화 는 인간에서 유래한 환경 변화, 예컨대 지구온난화에서 비롯한 변화에 대한 적응을 포함한다(제14장). 포유류 번식의 진화사는 이 책의 나머지를 떠받치는 기초다. 따라서 "생물학에 속하는 어떤 것도 진화에 비춰보지 않고서는 이해되지 않는다"(Dobzhansky 1973:125)라는 예리한 말과 같은 선상에서, 암컷 번식생물학의 이 측면(진화)은 우리 본문의 핵심적 특징이다. 진화는 우리가 오늘날 포유류에서 보는 형태와 기능의 다양성과 아울러 암컷들이 서로와, 그들의 자식과, 짝과, 환경과 가지는 상호작용의 다양성까지 생성해냈다. 그 다양성의 탐사가 이 책의 나머지를 구성한다.

명칭에는 무엇이 담겨 있을까?

동물의 명칭은 중요하지만, 혼란스럽고 복잡하다. 포유류에 지금과 같은 학명을 붙이는 관행은 1758년에 린네로부터 시작되었다. 그때 이후로, 모든 포유류 하나하나에 이명법二名法에 따른 고유한 명칭이 주어져왔다. 호모라는 속명屬名과 사피엔스라는 종소명種小名으로 구성된 호모 사피엔스*Homo sapiens*가 일례다. 유감스럽게도 학명이 언제나 친숙한 것은 아니다. 예컨대 보스 그루니엔스 혹은 보스 무투스*Bos mutus*는 야크만큼 알아보기가 쉽지 않고, 토끼가 오릭토라구스 쿠니쿨루스*Oryctolagus cuniculus*보다는 더 명백하다. 불행히도 구어의 통속명은 여러모로 모호할 수 있다. 첫째, 통속명은 점박이하이에나spotted hyena처럼 특정한 종(점박이하이에나*Crocuta crocuta*)을 일컬을 수도 있고, 하이에나hyena처럼 더 큰 집단의 비슷한 포유류들을 일컬을 수도 있다. 예컨대 코뿔소rhino라는 명칭은 포유류의 한 과科인 코뿔솟과Rhinocerotidae를 일컫는데, 여기에 포함되는 네 속의 다섯 종(흰코뿔소white rhino[*Ceratotherium simum*]; 수마트라코뿔소 Sumatran rhino[*Dicerorhinus sumatrensis*], 검은코뿔소black rhino[*Diceros bicornis*]; 자바코뿔소 Javan rhino[*Rhinoceros sondaicus*]; 인도코뿔소Indian rhino[*Rhinoceros unicornis*])이 모조리 구어에서는 코뿔소로 알려져 있다. 둘째, 어떤 종에는 통속명이 하나보다 많다. 예컨대 순록*Rangifer tarandus*은 순록reindeer 또는 카리부caribou 둘 중 하나로 알려져 있고, 반면에 말사슴*Cervus elaphus*은 미국에서는 엘크elk 또는 와피티wapiti로 불리지만 유럽과 영국에서는 붉은사슴red deer으로 알려져 있다. 더 혼란스럽게도 같은 통속명이 다른 지역에서는 다른 종을 일컬을 수도 있다. 예컨대 엘크가 영국에서는 (미국에서 무스moose에 해당하는) 말코손바닥사슴종*Alces alces*을 일컫지만, 미국에서는 말사슴종을 일컫는다. 마지막으로, 통속명은 기만적일 수 있다. 예컨대 날여우원숭이flying lemur(필리핀날원숭이속*Cynocephalus*)는 훨훨 날지도 않고 여우원숭이lemur도 아니므로 차라리 콜루고로 부르는 편이 더 낫다. 따라서 학명은 익숙지 않고 통속명은 학명만큼 정확하지 않지만, 둘 다 쓸모가 있다.

본문에서 우리는 일반적으로 각 분류군을 각 장에서 처음 언급할 때 통속명과 학명을 둘 다 사용한다. 그다음에 그 장의 나머지에서는 모호함이 생기지 않는 한 통속명을 사용한다. 대개는 코끼리elephant(코끼릿과Elephantidae)처럼 통속명에 속 또는 과의 명칭을 연관시키지만, 우리가 제시하는 통속명이 한 종에 특정하다면, 아프리카코끼리African elephant(*Loxodonta africana*)나 아시아코끼리Asian elephant(*Elephas maximus*)처럼 완전한 학명을 제공한다. 이따금 가축 종을 언급하거나 우리 생각에 의미가 분명할 때에는 소, 여성, 오리너구리처럼 통속명을 학명 없이 사용할 것이다. 듀공dugong/듀공속*Dugong*, 기린giraffe/기린속*Giraffa*처럼 통속명과 학명이 동일하거나 거의 동일할 때에도 그렇게 할 것이다.

포유류학자들이 자주 쓰는 어떤 통속명이 그 분야 바깥쪽 사람들에게는 친숙하지 않을 수도 있다. 예컨대 **유제류**ungulates란 발굽이 있는 모든 포유류, 다시 말해 발가락 개수가 홀수인 유제류(기제목Perissodactyla)와 발가락 개수가 짝수인 유제류(우제목Artiodactyla)를 일컫는다. 기제목은 말(말과Equidae), 맥tapir(맥과Tapiridae), 코뿔소를 포함한다. 우제목은 돼지(멧돼짓과Suidae), 페커리peccary(페커리과Tayassuidae), 하마(하마과Hippopotamidae), 낙타(낙타과Camelidae), 사슴(사슴과Cervidae), 기린(기린과Giraffidae), 가지뿔영양pronghorn(가지뿔영양과Antilocapridae), 소(솟과Bovidae)를 비롯한 몇몇 다른 과를 포함한다. 근래의 연구 결과들로 생겨난 또 한 용어인 경우제목Cetartiodactyla은 고래류cetacean(예로 수염고래baleen whales[수염고래아목Mysticeti]와 이빨고래toothed whales[이빨고래아목Odontoceti])와 우제류의 근연관계를 인정하는 표현이다. 우제류 중에서도 사슴, 기린, 소를 비롯한 몇몇은 위장에 특화된 칸, 즉 식물에 들어 있는 섬유소의 소화를 돕는 반추위(反芻胃, rumen)가 있다. 이들이 한 분류군인 반추아목Ruminantia 또는 반추류ruminants를 형성한다. 섬유소를 소화하는 복합적 위장은 나무늘보(세발가락나무늘보속, 두발가락나무늘보속), 캥거루(속), 낙타 등에도 있고 이 동물들도 되새김질(반추)을 하겠지만, 이들은 종합적인 해부학이 사슴, 기린, 소의 것과 같지 않기 때문에 분류학적으로 반추류가 아니다. 비슷하게 모든 식이적 육식동물carnivore이 분류학적으로 식육류carnivores인 것은 아니다. 식육목Carnivora란 하이에나(하이에나과Hyaenidae), 개(갯과Canidae), 고양이(과), 족제비(족제빗과Mustelidae), 물개류seals(물갯과Otariidae, 물범과Phocidae), 사향고양이(사향고양잇과Viverridae), 바다코끼리(바다코끼릿과Odobenidae), 곰(곰과Ursidae), 아메리카너구리(아메리카너구릿과Procyonidae) 등을 포함한 포유류들의 목을 일컫는 공식 명칭이다. 따라서 이 포유류들은 모두 분류학적으로 식육류다(혹은 더 적절하기로는 식육목 동물carnivoran)다. 비록 대나무만 먹는 대왕판다giant panda(판다속Ailuropoda)도 분류학적으로는 곰이지만 말이다. 하지만 육식동물은 한 식이적 단계군(아래 참조), 즉 고기를 먹는 동물들을 일컫는 단어이기도 하다. 포유류에 관한 문헌에는 개미핥기anteater와 식충류insectivores에 관해서도 비슷한 쟁점들(분류군 대 식성의 모호성)이 존재한다. 일반적으로 포유류학자들은 하나의 공통 조상을 공유하는 종들의 집단을 **분기군**clade으로 일컫고, 반면에 하나의 공통 특성을 공유하지만 서로 유연관계가 없는 종의 집단에는 다른 용어인 **단계군**grade을 사용한다. 따라서 식육목이라는 분류군은 일종의 분기군이지만, 육식동물이라는 식이적 집단은 일종의 단계군이다.

몇몇 다른 명칭도 혼란을 일으킬 수 있다. 첫째, 호저류hystricomorph의 설치류는 쥐목의 아목으로서 호저, 캐비cavy(기니피그), 아구티agouti, 친칠라, 벌거숭이두더지쥐, 뉴트리아, 비스카차viscacha 등을 포함한다. 이 집단은 (호저가 연상시키는 온몸의 가시털이 아니라—옮긴이) 머리뼈에 뚜렷하게 (그리고 비밀스럽게) 붙어 있는 턱 근육으로 특징짓는다. 둘째, (우제목과 관련해 위에서도 논의한) 고래류는 식성에 따라 두 종류가 있다. 수염고래아목은 대양에서 플랑크톤과 크릴을 몇 톤씩 걸러 먹는 거대한 수염고래들이다. 이빨고래아목(돌고래dolphin[예컨대 큰돌고래속Tursiops], 쇠돌고래porpoise[예컨대 쇠돌고래속Phocoena], 범고래killer whale[범고래속Orcinus], 향고래sperm whale[향고래속Physeter])은 식이에 오징어, 물고기, 물개류가 포함되는 이빨고래들이다. 이 예들을 보면 알 수 있듯이 **고래류**whales라는 용어는 여러 분류학적 집단을 일컫는다. **물개류**seals라는 명칭도 쟁점이 되는 또 하나의 용어다. 그것은 조상이 매우 다른 포유류인 물범과(귀 없는 물개류earless seals)와 물갯과(바다사자sea lion와 물개fur seal을 포함하는 귀 있는 물개류eared seals)를 뭉뚱그린다. 분류학자들은 두 과가 한 조상을 공유한 게 지느러미발이 진화하기 이전인지 이후인지를 아직 결정하지 못했다(Uhen 2007). 바다코끼리walrus라는 또 한 집단은 아마도 물갯과의 친척일 것이다. 기각류pinniped 및 기각아목Pinnipedia이란 지느러미발이 달린 세 종류의 식육목 포유류 모두(물범과+물갯과+바다코끼리―옮긴이)를 일컫는다. 마지막 일례로 나무늘보라는 통속명은 완전히 다른 두 과의 포유류인 세발가락나무늘보(세발가락나무늘보속, 세발가락나무늘봇과Bradypodidae)와 두발가락나무늘보(두발가락나무늘보속, 두발가락나무늘봇과Megalonychidae)를 일컫는다.

우리는 통속명을 사용할 때마다 많은 경우 학명(대개 속명)을 제공한다. 그렇지만 학명을 모조리 나열하다가는 (당신도 알아차렸을 테지만) 본문의 문법 구조도 파악하기가 어려워질 것이다. 그래서 우리는 다양한 수준에서 현생(멸종하지 않은) 포유류 분류군의 찾아보기를 통속명용(가나다순)으로 한 벌, 학명용(알파벳순)으로 한 벌 따로 마련했다. 이 찾아보기에는 포유류의 단계군(예컨대 물개류seals)도 포함되고 분기군(예컨대 Otariidae물갯과)도 포함된다. 이런 찾아보기에는 이점들이 있다. 첫째, 특정한 분류군에 관심이 있는 독자들은 우리가 그 분류군을 일례로 사용하는 관련 부분들을 찾아볼 수 있을 것이다. 둘째, 특정한 집단이 생소한 독자들은 그 집단을 확인할 수 있을 것이다. 셋째, 우리가 장마다 도입부에서 우리의 점박이하이에나를 언급할 때 그러듯 어느 동물을 더 자세한 설명 없이 일컬을 때, 찾아보기에는 그 명칭이 더 많은 세부 사항과 같이 있을 것이다.

명칭이 편견의 영향을 받을 수 있다는 점도 언급할 가치가 있다. 포유류의 세 아강 명칭인 원수아강(原獸亞綱, Prototheria), 후수아강(後獸亞綱, Metatheria), 진수아강(眞獸亞綱, Eutheria)이 적절한 예다. '진(眞, eu)'은 '좋은good'을 의미하는 그리스어에서 유래하나 학명에서는 흔히 '진징한 true'으로 번역되고, '수류theria'는 들짐승을 일컫는다. 따라서 진수류가 '좋은' 또는 '진정한' 포유류를 의미하는 데 따르는 결과로 단공류와 유대류는 좋은 포유류도 진정한 포유류도 아니라는 의미를 함축하게 된다. 이 일반적인 진수류 편향은 후수아강을 '원시적' 포유류와 '진정한' 포유류 사이의 전이 단계로 보는 경우가 흔하다는 것을 뜻한다. 그래서 우리는 후수아강이나 원수아강을 일컬을 때 일반적으로 각각 유대류와 단공류라는 용어를 사용한다.

암컷 관점의 책을 쓰고 있다는 점에서는 여왕queen이니, 암여우vixen이니, 암캐bitch 같은 암컷에 특정한 통속명을 쓰는 게 적절할 것도 같았다. 그러나 이런 명칭은 주의를 딴 데로 돌릴 수 있어서 우리는 전반적으로 사용을 피한다. 그렇지만 어떤 경우는 암컷에 특정한 명칭을 사용하는 데에서 더 매끄럽고 더 의미 있는 문장이 나온다. 우리의 마지막 장 제목에서 **인간**human 대신에 **여성**woman을 사용하는 게 그런 예다. 따라서 **암양**ewe, **암말**mare, **암퇘지**sow, **암소**cow와 같은 단어를 특히 가축 종에 대해 완전히 내버리지는 않을 테지만, 암컷에 특정한 용어는 적절한 때와 분류학적 맥락이 분명한 때에만 삼가서 사용할 것이다.

제1부

번식하는 암컷

- 유전
- 해부학
- 생리학: 세포, 전신, 개체군, 그리고 생태학

번식은 개체 암컷에 의해 안쪽에서 바깥으로 구현된다. 그의 중심에는 자연선택의 대상이 되어 대대로 유전되어온 유전자가 있다. 이 유전자가 부호화하는 단백질이 조직을 구성하고 그 조직이 그의 구조적 해부학을 낳는다. 차례로 그의 해부학적 구조가 한 벌의 생리학적 과정을 겪는다. 유전과 형태학과 생리학이라는 이 구성요소 하나하나가 그의 번식에 핵심적이므로, 이 책의 제1부에서 우리는 각각을 차례로 다룬다.

이 변인들 간의 관계를 우리는 일련의 안긴 원들(그림 참조)로 대변한다. 우리는 제3장에서 이 대표 원들에 대한 우리의 탐사를 시작하면서 유전에 초점을 둔다. 번식의 해부학과 생리학은 거의 모두 유전적 토대를 갖고 있지만, 유전자에서 표현형에 이르는 경로는 믿기지 않을 만큼 복잡하다. 제3장은 암컷 번식과 관계있는 핵심적인 유전적 요인을 얼마간 요약한다. 유전자는 몸의 건축용 블록들을 부호화하므로, 당연한 순서로 우리는 해부학(제4장)─구조 및 구조와 기능이 어떻게 어울리는가의 학문─을 논의한다. 번식 중인 암컷의 경우 해부학적 특징의 범위는 난소와 포궁으로부터 젖샘을 거쳐 발달 중인 태아에 의해 형성되는 태반에까지 이른다. 우리의 번식하는 암컷 안쪽의 작업들을 결론짓기 위해, 우리는 해부학적 구조들이 생리학을 통해 어떻게 함께 기능하는가를 탐사한다. 생리학(제5장)은 세포 안의 기제로부터 기관 간의 상호작용을 거쳐 전 기관계에 걸친 통합에 이르기까지 많은 수준에서 작동한다. 따라서 암컷이 그의 환경과 어떻게 상호작용하는가를 밝히려면 생리학은 반드시 이해해야 한다.

3
유전

우리의 암컷 하이에나의 해부학과 생리학은 꺼져 있거나(침묵당했거나) 켜져 있거나(발현되었거나) 둘 중 하나인 바탕의 유전자들이 지시한다. 그의 유전물질 전부의 모음(그의 유전체)은 청사진과 유사하다. 그의 유전자는 단백질을 짓는 블록인 아미노산을 부호화한다. 단백질은 근육과 기관의 구조적 구성요소다. 효소와 호르몬으로서 단백질은 세포 안의 기구들이 여동적으로 돌아가는 데에도 핵심적이다. 단백질을 형성하기 위한 유전물질의 전사와 번역은 그가 수태된 순간에 시작된 이후로 마지막 숨을 내쉬는 순간까지 계속될 것이다. 그가 발달하는 동안에 성결정이 시작되었고, 사지가 형성되었고, 줄기세포들이 이주했고, 세포들이 마침내 분화해 조직과 기관이 되었다. 이 모든 과정이 바탕의 유전자 그리고 그것의 산물에 달려 있었다. 태어난 후 발달은 느려졌지만 성장과 성숙은 사춘기까지 내내 계속되었다. 성체로서 그가 겪는 호르몬 요동은 그가 지각하는 환경적·내부적 큐에 주도되며 번식과 연관된 변동은 특히 더 그러하다. 그렇지만 그의 호르몬이 생산되고 방출되려면 세포들 사이와 안에서 상호작용이, 그리고 가장 기본적 수준에서는 유전자 발현이 따라야 한다. 우리의 암컷 하이에나가 오로지 그가 받은 유전자의 산물인 것은 아니다. 그의 환경도 그를 빚기 때문인데, 이는 다른 단원에서 할 이야기다. (Drea et al. 1998; Frank et al. 1985; Glickman et al. 1987, 1998, 2005)

… 포궁내 발달은 태아 발달을 위해 안전한 환경을 제공해왔을 뿐만 아니라, 모체의 유전체가 지배적 역할을 하는 환경을 제공하기도 했다.

—케번Keverne 2015:6838

이 단원 출발점에 있는 도표에서 가장 안쪽의 원은 중심부의 유전물질을 대표하며, 성염색체와 성결정뿐만 아니라 암수 차이에 영향을 미치는 그 밖의 중심적 과정을 모두 포함한다. 유전정보는 몸에 있는 모든 세포에 중심일 뿐만 아니라 모든 개체의 발달에도 중심적이며, 그래서 결국은 개체군의 진화에도 중심적이다.

유전정보는 염색체 상에 거주하며, 염색체란 긴 DNA(데옥시리보핵산) 가닥을 말한다. DNA는 꼬인 사다리와 비슷한 복잡한 구조를 지녔다. 사다리의 가로대들은 아데닌(A), 티민(T), 구아닌(G), 시토신(C)이라는 염기들로 되어 있다. 이 염기들이 DNA 알파벳의 네 글자다. DNA 글자 세 개의 서로 다른 조합 64가지는 단백질을 짓는 블록인 아미노산들로 번역될 수 있다(예컨대 TAT는 티로신을 부호화하고, CAT는 히스티딘을 부호화한다). 이런 삼중자 코돈triplet codon들 가운데 특정한 몇몇은 한 유전자가 시작하는 때(ATG 등) 또는 끝나는 때(TAG 등)를 표시하기도 한다. 길다란 핵산 사슬은 타래가 지어지고 접혀서 더 단단한 구조인 염색체가 되는데, DNA의 긴 이중나선 한 가닥이 염색체 하나에 해당한다. 대부분의 염색체는 어미에게서 온 것 하나와 아비에게서 온 것 하나가 합쳐져 일란성 쌍둥이의 형태로 나온다. 쌍의 수는 각 종에 특정하다(인간은 23쌍, 그러므로 46개의 개별 염색체를 갖고 있다). 다만 한 쌍의 염색체, 곧 성염색체는 암컷과 수컷 간에 차이가 있는데, 이는 1905년에 네티 스티븐스Nettie Stevens에 의해 주목된 관찰 결과다. 모든 포유류가 같은 수의 성염색체를 가진 것도 아니므로, 이 장의 첫 부분에서는 성염색체에 있는 차이들을 돌아본다.

성염색체는 성분화性分化로, 다시 말해 개체가 번식력 있는 암컷 또는 수컷이 되는 발달 과정으로 연계된다. 나머지 염색체(상염색체)도 광범위한 각양각색의 형태학적·행동적 성차에 종 전역에 걸쳐 영향을 준다. 우리는 성결정의 기초와 그 과정의 차이 일부를 포유류 전역에 걸쳐 탐사할 것이다.

유전자란 DNA 가운데 흔히 단백질을 부호화하는 특정 구간을 말한다. 따라서 DNA 분자 하나하나(염색체 하나하나)에 그것의 길이를 따라 많은 수의 서로 다른 유전자가 있을 수 있다. 모든 염색체 상 유전자의 전체집합이 유전체를 구성한다. 유전체의 대부분은 암컷이나 수컷이나 똑같고 따라서 유전적 성차는 작다. 그렇지만 대부분의 암컷 포유류는 X염색체를 두 개 가진 반면 수컷은 하나밖에 없다. 만약 X염색체가 작다면, 그래서 유전자가 조금밖에 실려 있지 않다면, 암수의 작은 차이는 문제가 되지 않을 것이다. 하지만 X염색체는 대개 크고, 성차와 무관한 유전자를 많이 싣고 있다. 진수류에서 X염색체는 분류군 전역에 걸쳐 고도로 보전되며, 대개 반수체 유전체의 약 3~5퍼센트를 구성한다(Graves 1996). X염색체불활성화는 암컷과 수컷의 유전체를 동등화하는 과정이며, 우리는 그것을 어느 정도 자세히 기술한다.

유전자는 둘러싸고 있는 세포 물질과 상호작용해 단백질 합성을 편성하는데, 단백질은 그 자체가 혈액에서 머리카락에 이르는 우리의 조직 전부를 위한 기반이다. 어떤 단백질들이 합성되느냐, 언제 합성되느냐, 그리고 얼마나 빠르게 합성되느냐가 발달을 결정한다. 결과적으로 유전자는 포유류 생물학의 측면 대부분에서 중대한 역할을 맡고 있고, 이는 암컷 번식에 대해서도 틀림없는 사실이다.

수태 시에 거의 모든 세포 물질은 어미로부터 온다. 따라서 어미는 그들의 조상이 거쳐온 역사(유전자)뿐만 아니라, 지방, 단백질, 당, 무기질, 비타민, 그 밖의 물질까지 기여한다. 이 물질은 어미가 과거와 현재의 환경과 가지는 상호작용, 이를테면 식사를 통해서 나온다. 그래서 수태와 발달에 들어갈 유전적 입력물도 세포적 입력물도 모두 어미가 갖고 있다. 게다가 어미의 세포적 기여분에는 작지만 필수적인 세포소기관, 미토콘드리아가 포함된다. 미토콘드리아에는 40여 개의 유전자로 구성된 자체의 DNA가 있다. 수태 당시에 난모세포에는 이 미토콘드리아 및 그것의 DNA가 들어 있다. 따라서 암컷은 발달 중인 자식에게 유전물질을 미토콘드리아의 DNA로도 기여하고 세포핵의 DNA로도 기여한다. 미토콘드리아 DNA의 아주 작은 조각은 아비로부터 올 수도 있지만 부계 미토콘드리아가 기여하는 일은 드물다. 수컷 생식세포에 실린 미토콘드리아는 정자의 중편부中片部(정자 꼬리의 한 부위로서, 여기에 있는 미토콘드리아는 주로 정자에 운동할 에너지를 공급한다-옮긴이)에 한정되어 있어서 난자에는 그다지 가깝지 않기 때문이다. 드물게 부계 미토콘드리아가 어쩌다 난자로 들어가기는 한다. 그렇게 되면 미토콘드리아와 관련한 이상 증세가 생기곤 한다(Gyllensten et al. 1991).

유전자는 전 세대에 걸친 정보의 도관일 뿐만 아니라, 발현되면 개체의 표현형과 생리에 영향을 주기도 한다. 특정한 유전자에 있는 유전적 차이들(대립유전자 변이체들)은 진화의 수단으로도 이바지할 수 있다. 예를 들면 진화의 한 가지 정의는 시간이 가면서 하나의 딤deme(지역화된 개체군) 안에서 대립유전자 빈도에 일어나는 변화다.

대부분의 합성·성장·발달을 단백질이 조절하기 때문에, 번식의 거의 모든 해부학과 생리학에는 유전적 토대가 있다. 어떤 단계든 번식의 한 단계에 관여하는 유전자의 수는 어마어마할 게 틀림없지만, 어떤 유전자가 무엇을 하느냐 하는 세부 사항은 여전히 제대로 이해되지 않았다. 이는 달라질 것이다. 예컨대 실험실 생쥐에서 번식 실패를 일으킨다고 알려진 유전자는 1997년에 40개 이상이었으나(Rinkenberger et al. 1997), 겨우 5년 후에 그 총수는 200개 이상이 되었다(Matzuk, Lamb 2002). 소수 유전자는 생리학이나 해부학에 단 한 가지 국한된 효과를 미치기도 하지만, 많은 유전자는 다중적으로 효과를 미친다. 따라서 특정한 한 유전자의 기능도 몸의 다른 부분에서는 또는 생애 중 다른 때에는 달라질 것이다. 게다가 단일한 결과를 얻기 위해서도 많은 유전자가 협력하여 일할 필요가 있을 것이다. 유전자들이 어떻게 일하는가에 대한 우리의 이해는 배아기에 있다!

성염색체·성차·X염색체불활성화 이외에도, 이 장에서 한 가지 주제가 추가로 다뤄질 것이다. 바로 후성유전학이다. 한 장의 청사진처럼, 한 벌의 유전적 지시는 최종산물을 지을 일꾼과 자재가 없으면 아무것도 하지 못한다. 이 경우 유전정보는 적당한 자재(예컨대 아미노산이나 탄수화물과 같은 건축용 블록)뿐만 아니라 이 유전적 지시들을 이행할 세포소기관까지 갖춘 환경(즉, 세포) 안에서 번역된다. 이 환경은 그 자체가 최종산물에 영향을 줄 것이다. 달리 말해, 생물의 해부학 또는 생리학 변화는 유전자 자체 때문이 아니라 그 유전자가 위치한 환경 때문에 일어날 수도 있다. 다른 세포 환경은 특정 유전자를 끄고 다른 유전자의 번역을 촉진할 수도 있다. 게다가 단백실의 부호화는 유전자가 하는 반면에 그 단백질이 만들어지는 곳은 세포 안이므로, 단백질의 모양이나 크기는 세포 환경에 의해 변경될 것이다. 이런 과정을 넓게 **후성유전학**이라는 용어로 일컫는다. X염색체불활성화는 그런 과정의 하나일 뿐이며, 그 밖에도 많은 과정이 존재하고 번식에 영향을 미칠 수 있다. 우리는 후성유전학과 유전체각인에 대한 논의로 이 장을 마감할 것이다.

성염색체

염색체의 잘 알려진 특징은 성결정에 대한 중요성이다. 성염색체는 수류 포유류 대부분에 한 쌍밖에 없지만, 수류 포유류 전부에서 그런 것은 아니다. 유대류와 진수류 성염색체 상의 유전자들은 부분적으로 상동이며, 비슷한 것들은 조상형 XY 쌍을 대변할 것이다(Graves, Renfree 2013; 인물탐구).

유전체 사냥꾼

제니퍼 A. 마셜 그레이브스Jennifer A. Marshall Graves(1941~)

호주의 진화유전학자 제니퍼 A. 마셜 그레이브스는 라트로브대학(멜버른) 석학교수, 호주국립대학(캔버라) 명예교수, 캔버라대학 체류사상가, 호주학술원 회원, 로레알-유네스코 세계여성과학자상 수상자다. 이처럼 인정을 받는 이유는, 포유류 성염색체의 기원과 성결정 유전자에 관한 연구로부터 포유류 유전체의 조직화와 진화에 관한 작업에 이르기까지, 그가 번식생물학 분야에 중대한 기여를 했기 때문이다. 그의 캘리포니아대학 버클리캠퍼스 박사학위 연구는 포유류 세포에서의 DNA 합성 통제에 관한 것이었지만, 그는 먼 친척 관계인 포유류들의 유전자지도를 작성하고 염기서열을 분석해 비교하는 일로 옮겨간 초기 전향자였다. 그는 유대류 및 단공류 포유류 유전체의 염기서열 분석을 최초로 제안했고 캥거루유전체학센터를 지휘했다.

40년이 넘도록 그레이브스는 먼 친척 관계인 포유류와 파충류에서 성염색체를 비교연구하며 성결정의 진화를 연구해왔다. 그의 작업 중 많은 부분은 포유류 유전체, 특히 성염색체의 진화를 추적하기 위해 진수류·유대류·단공류 포유류 사이에서 차이를 확인하는 일에 초점을 맞춰왔다. 그는 인간 XY염색체 쌍이 진수류와 유대류(수류 포유류)에 공히 보존된 아주 오래된 부위를 담고 있음을, 하지만 진수류는 더 근래에 추가된 부위를 갖고 있음을 알아냈다. 이것이 결정적 단서가 되어, 그레이브스는 성결정 유전자의 첫 번째 후보가 Y염색체의 오래된 부분이 아니라 새로운 부분에 있음을 발견했다. 그의 연구는 그 성결정 유전자의 탐색을 촉발했으며, 그 유전자 *SRY*는 결국 그의 대학원생 중 한 명에 의해 발견되었다. Y염색체 상에 있는 *SRY*는 일종의 스위치로 작용해 핵심적인 정소결정유전자, 곧 *SOX9*이라는 하나의 상염색체 유전자를 활성화함으로써 결과적으로 배아에서 정소를 발달시킨다.

그레이브스는 X염색체와 Y염색체에 의해 공유된 많은 부위가 같은 유전자를 담고 있는 여러 유전체 부위에 의해 여타 동물들에서도 공유되었음을 발견했다. 이는 포유류의 X와 Y가 어느 조상형 상염색체의 후손임을 함축한다. 그는 *SRY*가 X염색체 상에 비슷한 염기서열을 가진 하나의 파트너 *SOX3*를 갖고 있음을 알아냈다. *SOX3*는 모든 동물에 보존되어 있으므로 그것은 *SRY*의 조상이다.

그레이브스는 성별과 성염색체가 어떻게 진화했는지를 이해하기 위해 캥거루와 오리너구리처럼 대개 '낯설다'고 여겨지는 포유류뿐만 아니라 새와 도마뱀까지 연구해왔다. 그는 정소를 만드는 유전적 통로가 고도로 보존되어 있음을, 그렇지만 이 과정에 시동을 거는 스위치는 서로 다른 여러 계통에서 독립적으로 진화해온 듯하다는 사실을 알아냈다.

산란하는 단공류 포유류 가운데 하나인 오리너구리는 나머지 포유류로부터 매우 일찍이 분리되었으므로 특별히 도움이 되어왔다. 오리너구리 성염색체는 (열 개나 되는데도!) 수류의 XY 쌍과 상동염색체를 하나도 공유하지 않는다. 오히려 보존된 수류의 X염색체는 오리너구리의 상염색체 하나와 상동이다. 이는 수류의 X 및 Y 염색체가 어느 공통 포유류 조상에 있었던 어느 평범한 염색체로부터 진화했음을 확실히 하면서, 수류의 X 및 Y 염색체의 기원을 약 1억 9000만 년 전 수류가 단공류로부터 분기한 시점에 배치한다. 따라서 인간의 성염색체는 우리가 생각했던 것보다 훨씬 더 젊다.

그레이브스는 포유류 Y 상에서 X 상에 파트너를 가진 그 밖의 수컷 특이적 유전자들을 발견하기도 했다. 이는 이 유전자들이 원래는 상염색체 상에 위치해 있었지만 수컷 특이적 기능을 진화시켰음을 함축한다. Y 상에 남아 있는 얼마 안 되는 유전자들(통틀어 45개)은 원래 1000여 개였던 유전자 중에서 남겨진 전부다. 그레이브스는 Y로부터 유전자가 손실되는 과정이 진행 중이라고, 그래서 인간의 Y는 약 500만 년만 지나면 자멸할 것이라고 예측한다.

그레이브스의 작업이 포유류 성결정의 수수께끼 중 많은 부분을 조명해온 덕택에, 그는 수컷을 결정하는 Y염색체의 정체가 퇴화되고 돌연변이된 X염색체의 한 형태라는 사실을 밝힌 인물로 주목된다.

(J. A. M. 그레이브스와 캥거루 새끼의 사진은 촬영자 미슐린 펠티에Micheline Pelletier/GAMMA의 허락을 얻어 사용.)

일반적으로 포유류 암컷은 동형배우자성homogametic sex이다(다시 말해 모든 생식세포[배우자]가 똑같은 성염색체를 갖고 있다. 이 경우 생식세포 하나하나가 X염색체를 갖게 될 것이다). 그리고 수컷은 이형배우자성heterogametic sex이다(다시 말해 수컷 생식세포 절반은 X염색체만 한 개를 가지고, 절반은 작아서 유전자가 빈약한 Y염색체를 가진다). 그렇지만 모든 포유류가 이 친숙한 유전적 구성을 갖춘 것은 아니다.

단공류(오리너구리와 가시두더지)는 성염색체를 한 쌍만 가진 게 아니라, 복잡한 한 벌의 성염색체를 갖고 있다. 암컷 단공류는 다섯 쌍의 성염색체를 가진 데 반해, 수컷은 네 쌍 내지 다섯 쌍을 갖고 있다(그림 3.1; Gruetzner et al. 2006; Ferguson-Smith, Rens 2010). 수류(유대류와 진수류)의 XY염색체는 유전적으로 단공류의 성염색체와 유사한 게 아니라, 단공류의 상염색체 중 특정한 한 쌍과 다소 유사하다(Veyrunes et al. 2008). 게다가 단공류와 유대류에는 X염색체 유전자 가운데 일개 부분집합만 전 분류군에 걸쳐 보존되어 있다(Graves 1996). 그러므로 수류의 XY염색체들은 대략 1억 6500만 년 전 수류가 단공류로부터 갈라진 이후에 한 쌍의 상염색체로

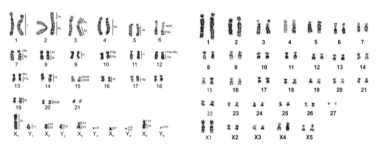

그림 3.1 단공류의 핵형. 왼쪽은 수컷 오리너구리*Ornithorhynchus anatinus*, 오른쪽은 암컷 짧은코가시두더지 *Tachyglossus aculeatus*, 두 종 모두 5쌍의 성염색체를 갖고 있다. 하지만 상염색체가 오리너구리는 21쌍인 반면, 가시두더지는 27쌍이다. 띠 무늬는 김자Giemsa, 곧 아데닌과 티민이 풍부한 DNA가 구아닌과 시토신이 풍부한 DNA보다 더 어둡게 보이도록 만드는 착색제로 체외 처리한 결과다. 출처: Rens et al. 2007(공개 자료).

부터 진화했을 것이다. 수류도 그들의 성염색체 안에 다양성을 갖고 있다.

성결정의 교과서적인 예들과 유사하게(인간 및 그 밖의 잘 연구된 포유류에서처럼), 대부분의 유대류도 통상적인 XX/XY 성염색체를 가진다. 그렇지만 네 가지 예외가 잘 알려져 있다. 긴코쥐캥거루long-nosed potoroo(*Potorous tridactylus*), 늪왈라비swamp wallaby(*Wallabia bicolor*), 빌비bilby(*Macrotis lagotis*)는 XX/XY_1Y_2 성염색체를 가지는데, 안경토끼왈라비spectacled hare-wallaby(*Lagorchestes conspicillatus*)는 $X_1X_1X_2X_2/X_1X_2Y$ 성염색체를 갖고 있다(Tyndale-Biscoe, Renfree 1987). 이 모든 변주곡에서 암컷들은 변함없이 동형배우자성이고 Y염색체를 가지지 않는다. 어쩌면 이 변종들이 어떻게 기능하는가와 그것의 진화사에 대한 연구에서 성과가 나올 수도 있을 것이다.

진수류도 몇몇은 통상적인 XX/XY 성결정 테마로부터 벗어난다. 한 변종은 YY 수컷이다. 이는 유라시아뒤쥐Eurasian shrew(*Sorex araneus*)와 인도문착Indian muntjak(*Muntiacus muntjak*)에서 나타난다. 이 XX 암컷/YY 수컷 변종은 늪왈라비의 XX 암컷/XY_1Y_2 수컷 변종과 유사하다(Wurster, Benirschke 1970; Wójcik et al. 2003). 두더지들쥐mole vole(남캅카스두

더지들쥐Ellobius lutescens, 북부두더지들쥐E. talpinus, 동부두더지들쥐E. tancrei)에서 찾아볼 수 있는 두 번째 변주곡에서는 암수가 둘 다 XX이고, 따라서 Y염색체는 완전히 실종된다(Bakloushinskaya et al. 2013; Just et al. 2007; Veyrunes et al. 2009). 이 두 가지 변종 모두에서도 암컷은 대개 그렇듯 동형배우자성이다. 그렇지만 두 가지 변주곡이 추가로 나타나는데, 여기서는 암컷의 핵형이 이형배우자성이 된다. 한 변주곡에서는 X염색체 하나를 삭제함으로써 양성 모두에서 이형배우자성이 나타난다(X0 암컷/XY 수컷). 이 핵형은 기는들쥐creeping vole(오레곤초원쥐Microtus oregoni)에, 그리고 암컷만다린들쥐mandarin vole(쇠갈밭쥐M. mandarinus)의 43퍼센트에 존재한다(Charlesworth, Dempsey 2001; Zhu et al. 2003). X0 암컷은 가시쥐spiny rat 두 종(류큐가시쥐Tokudaia osimensis, 도쿠노섬가시쥐T. tokunoshimensis)에서도 나타나는데, 이들은 Y염색체와 아울러 X염색체 하나를 버림으로써 양성 모두에 X만 한 개씩 남겨둔다(X0 암컷/X0 수컷). 관련 종인 오키나와가시쥐T. muenninki는 평범한 XX/XY 성염색체를 갖고 있다(Kobayashi et al. 2007). 그러는 대신에 일부 레밍lemming(북극레밍Dicrostonyx torquatus, 숲레밍Myopus schisticolor), 남아메리카밭쥐South American field mouse(남아메리카밭쥐속Akodon), 아프리카피그미쥐African pygmy mouse(Mus minutoides)에서는 암컷이 X염색체 하나를 Y염색체로 바꾸어 양성을 모두 XY로 남겨둘 수도 있다(XX 또는 XY 암컷/XY 수컷; Bull, Bulmer 1981; Fredga 1994; Veyrunes et al. 2009).

이는 성염색체 다양성의 고전적 예들이다. 그렇지만 염색체 자체가 성을 결정하는 게 아니라, 염색체가 싣고 있는 유전자가 암컷 또는 수컷을 창조하는 데에 적당한 지시를 제공한다. 따라서 모든 성결정 유전자는 상염색체로 전위(이전)시킬 수 있고, 그래도 여전히 똑같은 기능을 수행할 수 있을 것이다. 결과적으로 Y염색체가 없다는 사실로는 유전적 암컷을 절대적으로 식별할 수 없다.

성결정

성염색체가 성을 결정하는 기능을 하기 위한 수단은 다양하다. 대부분의 기제는 유전적 기제 대 환경적 기제의 연속선을 따라 어딘가에 있다. 환경적 기제의 일례는 알을 품는 온도가 성을 결정하는 일부 거북에서 나타난다. 그렇지만 포유류는 그 연속선의 반대편 극단을 대표하는 본보기로서 유전적 성결정을 전시한다(Beukeboom, Perrin 2014). 몇몇 이례적인 경우를 제외한 모든 경우에, 어느 개체가 번식적으로 암컷이 될 것이냐 수컷이 될 것이냐는 성염색체 상의 유전자가 결정한다. 실은, 성염색체 상 유전자가 영향을 미치는 것은 초기 배아의 생식융기가 난소로 발달하느냐 정소로 발달하느냐다. 생식샘이 일단 형성되면 그것이 성발달을 조직화하기 위한 호르몬들을 생산함으로써 그 개체의 성에 더 나아가 영향을 준다. 동기간의 호르몬 교환 또한 성발달에 영향을 줄 수 있다(제7장 '임신기' 참조). 성분화를 편성하는 유전적·분자적 통로들은 얼마간 밝혀져왔지만(Beukeboom, Perrin 2014) 대부분은 알려지지 않은 채로 남아 있다.

성결정에 관한 탐구는 대부분 수컷, 더 구체적으로 말하자면 정소결정인자(일명 *SRY*, 곧 Y염색체의 성결정 부위sex-determining region of the Y chromosome)에 초점을 맞춰왔다. 이 작업은 정소 발달이 없을 경우에 난소가 '기본default' 생식샘으로서 수동적으로 형성된다는 모형에 얹혀 있다. 이 모형은 능동적 수컷과 수동적 암컷이라는 고전적 고정관념을 부각시킨다. 그렇지만 "XX 생식샘은 성결정에서 무고한 구경꾼이 아니다"(Edson et al. 2009:632). 사실은 XX 생식샘이 생산하는 어떤 'Z' 요인이 난소 분화의 연쇄반응을 능동적으로 자극한다. 수컷에서는 *SRY* 또는 그것의 어떤 후속 표적이 그 난소 연쇄반응을 억제한다. 베타카테닌은 주요한 친난소 반정소 요인의 하나이므로 Z 요인일 수 있다(Edson et al. 2009). 만약 그렇다면 베타카테닌이 난소의 생산을 능동적으로 자극하지만 수컷에서 *SRY*가 이 연쇄반응을 억제할 뿐이다. 따라서 난소의 분화는 능동적 과정이지 수동적 과정이 아니다.

포유류에서 *SRY*는 대개 단일한 복사본, Y염색체 상에 위치한 수컷 특이적 유전자다(Fernandez et al. 2002). 이 유전자는 고도로 보존된 79개 아미노산 부위를 가지고 하나의 단백질을 부호화하는데, 양옆에는 고도로 가변적인 종 특이적 부위들이 배치되어 있다(Fernandez et al. 2002). 이 가변적 부위들은 접합 전 생식격리 기제를 풀어줄 가능성을 제시하지만, 이 발상은 아직 논란의 여지가 있다(Graves 1996). 여러 포유류 종은 *SRY*가 없고 따라서 다른 정소결정 기제를 사용해야만 한다. 예컨대 수컷 단공류는 Y염색체가 있지만 *SRY* 유전자는 없다(Ferguson-Smith, Rens 2010). 게다가 두 종의 진수류 가시쥐(류큐가시쥐, 도쿠노섬가시쥐)는 Y염색체도 없고 *SRY* 유전자도 없다(Kuroiwa et al. 2011). 한편 최소한 한 종, 카브레라밭쥐*Microtus cabrerae*에서는 암컷이 *SRY*의 복사본을 여러 벌 가지는데, 다만 이 복사본들이 활성화되지는 않는 듯하다(Fernandez et al. 2002).

일단 난소가 발달하면, 암컷 생식로와 젖샘 그리고 기타 암컷 조직의 계속되는 분화를 위해 난소 호르몬을 이용할 수 있다. 유대류에서는 *SRY*가 정소를 결정하지만 그다음에는 정소 호르몬들이 (진수류에서 하듯이) 나머지 수컷 특징의 발달을 통제한다(Graves 1996).

렌프리Renfree 등(2014)은 유대류에 초점을 두고 호르몬과 무관한 성 분화를 돌아보았다. 이 경우에는 생식샘 발달이 출생 후에 일어난다. 유대류에서는 비뇨생식기 구멍이 암수에서 동일하다. 그 구멍은 신관과 생식관 둘 다를 위한 종착역으로서, 각 관은 자체의 괄약근을 갖고 있다. 유대류는 생식샘 이외의 성적이형性的異形性 구조로 젖샘과 음낭을 갖고 있다(Graves, Renfree 2013). 이 두 구조는 내분비호르몬에 독립적으로, 달리 말해 에스트로겐이나 테스토스테론을 이용한 처리와 무관하게 분화하며, 이는 그 구조들의 발달과 분화를 유전자가 직접 통제함을 시사한다. 현재의 가설은 젖샘 대 음낭 스위치가 X염색체 상에 위치한다는 것이다. X0 암컷들은 난소와 음낭을 소유했지만 주머니가 없기 때문에, 그 스위치는 유전자량dosage에 의해(다시 말해 복사본이 둘이면 주머니와 젖샘을 만들고, 복사본이 한 개면 음낭을 만듦으로써), 또는 각인에 의해(주머니를 만들려면 부계 X가 요구됨으로써) 작동할 것이다(Graves, Renfree 2013). XXY 수컷들이 정소와 주머니를 소유하고 있지만 음낭이 없다는 사실은 유전자량 효과를 시사한다(Graves 1996).

전반적으로 성적이형성 구조의 발달과 진화는 단공류, 유대류, 진수류에서 차이가 있다. 단공류는 음낭이 없고 가시두더지 암컷만 주머니를 가졌다. 대부분의 유대류에서는 주머니-젖샘 대 음낭 발달이 상호 배타적이고 Y염색체와 무관하다. 진수류에서는 음낭이 가변적이고(많은 종에는 없고, 어떤 종에서는 음경 이전에, 다른 종에서는 음경 이후에 발달), 그러니 음낭 해부학은 아마 종 특이적 자연선택에 답하여 진화했을 것이다. 따라서 진수류와 유대류의 음낭은 암컷 해부학과 아무 연관도 없는 수렴진화의 결과일 것이다(Graves 1996).

X염색체불활성화

X염색체는 흔히 크며, 번식 이외의 중요 기능을 갖춘 유전자 다수를 싣고 있다. 인간에서 X염색체는 유전자를 1000~2000개 가진 반면, Y염색체는 100개도 갖고 있지 않다. 여성은 두 종류의 X염색체를 가졌다. 한 종류는 어머니로부터 받고 한 종류는 부계 할머니로부터(아버지를 통해) 받는다. 여성에는 둘이지만 남성에는 하나뿐인 X염색체의 존재는 나머지 유전체의 작동에 도전을 제기한다. 가능한 생산량이 남성에서보다 여성에서 두 배로 많은 X염색체 유전자들은 유전체의 나머지와 통합되기가 어렵다(Lyon 1961). 이 유전자량 차이를 보정하기 위해, 여성에서는 X염색체 둘 중 하나

가 발달 초기에 불활성화된다. X불활성화에 관한 유전자량 보정 가설(학계 용어로 **라이언가설**Lyon hypothesis, 또는 **라이언화**Lyonization)을 맨 처음 펼친 사람이 메리 라이언(Lyon 1961; 인물탐구)이다.

진수류에서는 X불활성화가 발달 초기에 두 번 일어난다. 첫 번째 X불활성화는 대략 2~4세포기(접합자가 체세포분열 과정에서 2~4개로 쪼개지는 단계—옮긴이)에 시작된다(Huynh, Lee 2003). 이 시점에 부계 X가 불활성화되어 난할 초기로부터 중기배반포 발달 단계까지 불활성을 유지한다(Huynh Lee 2003; Chuva et al. 2008). 중기배반포 단계에서 진수류 수태산물은 속이 빈 세포 공인데 한쪽 끝 안쪽에 세포 한 덩어리(속세포덩이)가 뭉쳐 있는 모양새다. 바깥쪽 세포 공은 태반(배외막)이 될 것인 반면, 속세포덩이는 배아 자체가 될 것이다. 속세포덩이에 속하는 세포들은 부계 X염색체를 재활성화함으로써 X가 잠깐 동안 둘 다 기능할 수 있게끔 한다(Mak et al. 2004). 24시간이 더 지난 후 실험실 생쥐에서는 이 배아 세포들이 X염색체 가운데 하나를 다시 불활성화한다. 하지만 이 두 번째 불활성화는 무작위다. 다시 말해 모계와 부계 둘 중 하나의 X가 침묵당한다(Chuva et al. 2008; Okamoto et al. 2004). 모든 세포가 유전자 구성이 똑같지만, 각 세포마다 발현이 달라 어떤 세포에서는 모계 X염색체의 유전자가 발현되고 다른 세포에서는 부계 할머니 X염색체의 유전자가 발현된다. 실험실 생쥐에서는 이 두 번째 불활성화의 타이밍이 수태후 약 5일째인데 대략 착상의 때이기도 하다. 배외 조직은 초기 불활성화를 고수함으로써 모계 X만 활성을 유지한다(Cheng, Disteche 2004). 결과적으로 부계 X는 접합자가 착상 전에 암컷 생식로 안에서 마음대로 돌아다니는 동안에 불활성이다. 착상전 X불활성화는 역동적 과정이며, 초기 배반포에서 유전자 발현의 성차로 이어질 것이다(Bermejo-Alvarez et al. 2010). 그런 초기 성차는 어미가 착상 전에 자식의 성별을 식별하고 따라서 출생 시 성비를 바꿀 수단을 제공한다. 착상 이후에도 부계 X는 모체의 난관 및 포궁과 가장 긴밀한 관계를 가

유전자를 침묵시킨 여자―라이언화

메리 라이언Mary Lyon(1925~2014)

메리 라이언은 영국에서 제2차 세계대전 중에 교육을 받았다. 여성이 공부하기에 쉬운 때는 아니었다. 교육적 포지션도 여성에게는 덜 개방되어 있었고, 여성은 남성과 똑같은 수업을 들었어도 명목상의 학위밖에 받지 못했다. 이 환경에서 메리 라이언은 거튼칼리지와 케임브리지대학을 둘 다 다녔고 발생학을 거쳐 유전학자가 되었다.

발생학에 대한 그의 관심이 C. H. 와딩턴Waddington(발생의 운하화canalization 모형으로 유명한 생물학자―옮긴이)의 업적에 의해 촉발되었던 때에, 유전학은 심지어 강의 과목으로 제공되지도 않았다! 그는 박사학위를 뒤쫓기로 결심하고 R. A. 피셔Fisher의 실험실에 들어갔지만 박사과정을 끝내기 전에 에든버러로 옮겨 D. S. 팰코너Falconer의 실험실에 합류한 후 거기서 학위과정을 마쳤다. 따라서 그의 학문적 족보는 유전학계 거인들의 인명록이다.

에든버러에서 그는 하웰에 있는 의학연구위원회의 방사선생물학 부서에 합류해 1962년부터 1987년까지 활발하게 일했다. 라이언의 탐구는 X염색체불활성화 발견을 통해 생물학에 막대하게 기여했다.

그가 얼룩덜룩한 돌연변이 생쥐를 이용해 교배 실험을 주의 깊게 시행하고 기재한 내용이 지금은 흔히 라이언화로 알려져 있다. 1961년에 『네이처』에 발표된 라이언의 「생쥐의 X염색체에서의 유전자작용Gene Action in the X―Chromosome of the Mouse(Mus musculus L.)」은 몸의 체세포 안에서 성염색체가 (대개) 하나만 발현되어 단백질을 부호화하고 나머지 X염색체는 침묵하고 있음을 실제로 보여주었다. 라이언은 자신의 발견(X불활성화)이 발달을 포함해 포유류 생물학의 다양한 측면에 끼치는 영향을 탐사했다. 그의 발견은 결국 그를 X불활성화의 역학관계와 그것의 진화를 이해하려는 평생 탐구의 길로 이끌었다. 그렇지만 그의 작업은 결코 이 주제 하나에만 국한되지 않았다. 라이언은 정자의 생물학도, 그리고 생식기관이 암수 배아별로 어떻게 분화하는가도, 그뿐만 아니라 염색체 발현의 다른 측면들도 연구했는데, 거기에는 다양한 품종의 생쥐에서 발현되는 비정상성도 포함되었다. 그의 작업 중 많은 부분은 방사선으로 유도한 돌연변이 생쥐를 대상으로 했다. 심지어 은퇴 후에도 그는 여전히 자신의 실험실에서 일했다.

메리 라이언은 1973년에 왕립학회 회원이 되었고, 영국유전학회는 그의 이름을 딴 상을 수여한다.

(사진 출처: Jane Gitschier 2010[공개 자료].)

지는 조직(태반)에서 불활성이다. 있을 수 있는 부계 항원 조직의 이 작은 불활성화조차도 암컷에 이로운 결과를 가져올 것이다.

발달에서 한참 더 나중에 X불활성화는 다시 반전되지만, 이번에는 원시생식세포PGC가 생식융기로 이주하는 동안에 그 세포 안에서만 반전된다(제6장 '난자발생에서 수태까지'). 원시생식세포란 배아가 성체가 되는 때에 다음 세대의 생식세포가 되도록 운명지어진, 배아 안의 세포다. 이 제한된 재활성화는 실험실 생쥐에서 수태후 9~11일경에 일어난다(Chuva et al. 2008). 이 재활성화는 생식융기 안의 세포에서 보내는 신호에 대한 응답이다. 따라서 원시생식세포가 아니라 체세포가 재활성화를 유도한다. 짐작건대 이후로는 두 X염색체가 모두 원시생식세포 안에서 활성을 유지함으로써 모든 생식세포가 활성 X염색체를 갖게끔 한다.

X불활성화는 진수류에 한정된 게 아니라 유대류에서도 일어나고 단공류에서도 일어난다(Graves 1996). 다만 생화학적 기제에는 차이가 있다. 유대류에서도 부계 X가 불활성화되지만, 완전히 불활성화되지는 않으며 모든 조직에서 같은 정도로 불활성화되지도 않는다(Graves, Renfree 2013). 다양한 유대류, 그리고 특히 단공류를 포함해 추가적 포유류 종에서 X불활성화에 관한 탐구가 이루어진다면 값질 것이다. 진수류에서 부계 X불활성화가 일찍이 일어날 뿐만 아니라 배외막 조직에서 부계 X불활성화를 유지한다는 사실은 부계 X불활성화가 조상형 조건이며 무작위 X불활성화는 파생된 상태임을 시사한다(Graves 1996).

후성유전학: 유전자 너머의 유전학

생물의 표현형은, 어느 정도는, 그 생물의 부모로부터 물려받은 유전정보를 반영한다. 종 사이에서 그리고 개체 사이에서 드러나는 많은 차이는 그들의 유전자 차이에 원인이 있다. 그렇지만 유전자가 효과가 있으려면(표현형을 낮으려면) 그것은 발현되어야만, 다시 말해 활성화되어야만 한다. 유전자들은 서로 다른 시간에, 가변적인 길이의 시간 동안, 서로 다른 정도로 켜지고 꺼진다. 생물들 사이에서 드러나는 변이의 일부는 서로 다른 유전자뿐만 아니라 차별적 유전자 발현에도 원인이 있다. 그렇지만 이조차도 지나친 단순화다. 심지어 발현 후에도 세포 환경이 유전자의 산물을 변화시킬 수 있다.

유전자는 잠재적 표현형을 위해 청사진을 제공하지만, 그 유전자를 둘러싸는 환경은 그 청사진의 어떤 부분이 실현될지에, 그리고 어느 정도는 구조가 어떻게 지어질지에도 영향을 미친다. 만약 이런 환경적 변화(뉴클레오티드 서열 변화시키기가 아니라 유전체의 일부 침묵시키기)가 다음 세대에 전해질 수 있다면, 전통적인 유전적 기제 바깥쪽에서 진화가 일어날 것이다. 넓게 말해 후성유전학은 환경이 개체 안에서 유전자에 미치는 효과와 환경이 세대를 넘어서 유전적 계통에 미칠 수 있는 효과를 둘 다 아우른다. 어느 경우든 후성유전적 현상은 환경이 어떻게 번식과 행동을 개체의 것뿐만 아니라 계통의 것까지 바꿀 수 있는가에 대해 한 벌의 분자적 기제를 제공한다(Champagne, Curley 2009; Dickins, Rahman 2012).

기원부모 유전자 발현—유전체각인

유전자 대부분에 관해서라면, 양쪽 부모로부터 받은 대립유전자는 그 개체의 생애 동안에 필요하면 둘 다 발현되고 필요치 않으면 둘 다 불활성이다. 그렇지만 유전자 가운데 작은 비율(인간에서 약 0.005퍼센트)에 관한 한, 한쪽 대립유전자만 늘 발현되고 그동안 반대쪽은 언제나 불활성이다. 대립유전자는 각 부모로부터 한 쪽씩 유래하기 때문에, 침묵당한 한쪽 부모 대립유전자에 담긴 유전정보는 '포장이 풀리지' 않는 한 세포가 꺼내 쓸 수가 없다. 달리 말해 이 얼마 안 되는 경우에는 유전자 발현이 기원부모parent-of-origin와 관계가 있어서 한쪽 부모로부터 유래한 변이체만 기능한다. 대립유전자는 한 개만 차단될 수도 있고, 단일 염색체 상의 대립유전자들이 그것의 조절 부위를 차단함으로써 뭉치로 침묵당할 수도 있다. 침묵당하는 대립유전자는 모계일 수도 있고 부계일 수도 있으며, 침묵시키기가 상염색체 상에서 일어날 수도 있고 성염색체 상에서 일어날 수도 있다. 드물게 한 조직에서는 모계 대립유전자가 차단되고 다른 조직에서는 부계 대립유전자가 차단될 수도 있다(Keverne 2014). 기원부모 유전자 발현의 가장 분명한 예가 바로 더 일찍이 논의한 부계 X불활성화다. 매우 초기 수태산물에 대한 부모의 유전적 기여가 동등하지 않은 그 밖의 예로는 다음이 포함된다. (a) X염색체 상의 유전자가 불활성화되지 않아서 유전자량이 두 배로 존재하는 경우(XX 수태산물에서만). (b) Y염색체 상에 존재하는 유전자가 X 상에는 존재하지 않는 경우(XY 수태산물에서만). (c) 정자에서 나온 물질이 수태 중에 접합자 안으로 전해지는 경우. (d) 난자 안에 존재하는 모계 세포질과 세포소기관.

발현이 기원부모를 따르는 유전자의 수는 주요 포유류 번식 계통 전체에 걸쳐 차이가 있다. 말하자면 진수류에는 약 100~150개가 있는데, 유대류에는 더 적고, 단공류에는 (현재까지) 하나도 없다(Renfree et al. 2013; Keverne 2014; Kusinski et al. 2014). 차단되는 자리는 고도로 보존될 것이고 차단되는 부모의 성별도 진화적으로 보존될 것이다. 예컨대 진수류에서는 실험실 생쥐에서나 인간에서나 차단되는 자리들이 똑같고, 이는 긴(최소한 9000만 년에 이르는) 역사를 시사한다(Tycko, Morison 2002).

이런 유전자 차단의 기능은 다양해서, 범위가 "단백질 유비퀴틴화(유비퀴틴 분자가 공유결합해 어느 단백질을 변형하는 과정으로, 주된 목적은 대상 단백질의 분해임—옮긴이)로부터 성장인자 철거를 거쳐 전사적 변형에까지 이르며, 여러 종류의 번역되지 않을 RNA 생산도 포함한다"(Tycko, Morison 2002:253). 학자들은 알려진 유전자들을 비교함으로써 이 기능을 식별하며, 따라서 암에 연관된 유전자처럼 생의학적 과학에서 중요한 유전자가 지닌 기능 쪽으로 편향된다. 그러므로 각인되는 유전자 다수의 기능은 알려져 있지 않으며, 기능적 유의미성에 기반해 각인의 선택적 이득을 추론하는 과정도 똑같은 생의학적 편향의 대상이 된다. 게다가 진수류에서는 태반, 뇌, 초기 배아에서 발현과 함께 각인되는 유전자들이 가장 많은 주목을 받아온 데 반해, 유대류에서는 태반과 젖샘에서 각인되는 유전자들만 달랑 뽑혀나오곤 한다(Graves, Renfree 2013; Renfree et al. 2013). 그 선별된 조직tissue들이 다시 한 번 해석을 편향시킬 수 있다.

기원부모 발현은 왜 진화했을까? 여러 가능한 이득이 이를테면 단성생식을 예방한다, 태반생식의 진화를 증진한다, 모계와 부계 유전체 간 갈등의 성과다, 모계와 부계 유전체 간 협동을 촉진한다, 어미와 자식이 공적응한 결과다, 가운데 어느 한 가설로서 제기되어왔다(kevern, Curley 2008). 말할 것도 없이, 각인되는 유전자가 전부 다 똑같은 적응 과정에 의해 선택될 필요는 없다. 따라서 이 가설들 하나하나가 서로 다른 유전자나 유전자 집합에 혹은 서로 다른 계통에 타당할 수도 있다.

아무것이든 대립유전자의 발현을 예방하는 똑같은 분자적 기제들(이를테면 DNA 메틸화와 히스톤 변형의 패턴들) 또한 기원한 부모에 기초해 일어난다. 그런 발현의 차단은 그 세포의 일생 동안 유지되며 모든 딸세포로 이전된다. 그 차단은 생식세포발생 중에 지워진다. 그리고 그다음에 수태 후 언젠가 기원부모 블록들이 새로이 창조된다. XY 수태산물에서는 모계 대립유전자가 차단될 것이고, XX 수태산물에서는 부계 대립유전자가 차단될 것이다. 각인imprinting(차단blocking)이 발달에서 매우 초기에 포궁 내에서 일어나고 어미로부터 물려받은 세포질의 효소와 세포소기관을 사용하는 한, 그 과정은 모계에 유리하게 편향되고 모계에 의해 조절될 것이다. 따라서 이런 유전자의 조절이라는 상호작용에서 주요 작용자는 어미와 자식이다.

유전학: 중심핵

유전자는 성공적 성분화를 위해서뿐만 아니라 그 후의 발달, 성숙, 그리고 궁극적 번식을 위해서도 핵심적이다. 고작 지난 30년 사이에 유전체각인(후성유전학)은 기재되어오는 동안 점진적으로나마 점점 더 깊이 이해되어왔다. 이는 활발한 연구 영역이므로 우리가 기제들(예컨대 무엇이 한 유전자를 우성으로 만들고 다른 유전자를 열성으로 만드는지)에 관해 더 많은 것을 알아가는 동안 훨씬 더 많은 것이 확정되기를, 현재 제대로 연구되어 있지 않은 비모형 분류군에서 특별히 더 그러하기를 우리는 고대한다. 한편 핵심적인 유전자를 전사하고 번역한 결과물인 해부학과 생리학에 관해서는 많은 게 알려져 있다. 다음 장들은 암컷의 몸 가운데 번식과 관계있는 구조와 기능으로 넘어간다.

4
해부학

암컷 하이에나 생물학에 관한 많은 탐구는 허리띠 아래에 초점이 맞춰져왔고, 음경형 음핵, 유사음낭, 유사음경 따위 수많은 남성중심적 용어가 그의 해부구조를 묘사하는 데 사용된다. 그는 남성화되었거나 성전환된 존재로 여겨진다. 인간의 관점에서는 이런 용어가 이해되고 강렬한 흥미를 일으키지만, 하이에나의 관점에서 그의 튼튼한 생식기는 자기 종의 암컷 형태를 전형적으로 보여줄 따름이다. 그럼에도 불구하고 그의 생식기는 예외적으로 파생된 것이다. 그의 음핵은 대단히 커질 뿐만 아니라 산도로 기능하기도 한다. 결과적으로 출산 자체도 직격탄 발사가 아니라 급커브를 수반한다. 하이에나의 해부학은 그 밖의 암컷 구조, 특히 음핵처럼 다른 많은 분류군에서 대체로 무시되어온 몇몇 구조를 살펴보기 위한 맥락을 설정한다. 우리는 암컷 대 수컷 구조 비교를 위한 우리의 근거에 관해 질문하는 데에도 하이에나 예를 사용할 수 있다. (Cunha et al. 2003; Frank et al. 1990; Harrison Matthews 1939; Neaves 1980)

그것은 모든 포유류가 만드는 첫 번째 기관이다.

—파워Power, 슐킨Schulkin 2012:1

이 장에서, 우리는 안에서 자식이 성장하고 발달하는 물리적 무대뿐만 아니라 그 과정에 필수적인 기타 조직과 기관으로 주의를 돌린다. 난소와 포궁은 명백한 구성요소다. 여기에서 난자가 형성되고, 난자와 정자가 상호작용하고, 수태가 일어나며, 착상과 배아 발달도 일어난다. 포유류mammals와 동명의 기관인 젖샘mammary gland도 명백하다. 암컷 해부학 중 번식에서 필수적 역할을 하는 그 밖의 특징으로는 질, 포궁경부, 음핵이 있다. 덜 명백한, 하지만 동등하게 핵심적인 것으로는 난모세포와 태반, 바로 암컷 발달의 출발과 연관된 구조들이 있다. 물론 그 밖의 해부학적 구조, 이를테면 골반(Tague 2016)은 성차가 있지만 특정한 번식기관이 아니다.

해부학적 구조를 통상적으로 취급할 때 나타나는 한 가지 편향은 그것을 정적인 구조로 바라보는 것이다. 해부에서 탄생한 많은 그림과 사진이 이 정체의 인식을 조장한다. 하지만 번식 구조들은 발달적으로 일생에 걸쳐서뿐만 아니라, 훨씬 더 짧은 기간 동안에도 모양, 배향配向, 크기에서 변화가 일어난다. 근섬유는 번식기관의 중요한 성분으로서 번식 중 특정한 때에 있을 단기적 굽힘, 늘임, 수축, 그리고 나선운동을 감안한다. 그것은 한 부분을 다른 부분에서 짜내거나, 생식세포 운송을 인도하거나, 조직파편을 씻어 내거나, 알 또는 자식을 내쫓거나, 젖을 빠는 새끼의 입에서 젖꼭지를 뽑아 낼 수 있다. 근육에서 비롯하는 이 단기적 역동성과 달리, 팽창과 성장으로부터는 더 장기적인 변화가 생긴다. 번식 구조들의 치수는 안정적인 게 아니다. 그리고 우리가 크기에만 초점을 두지 않도록, 예컨대 개코원숭이의 성피性皮(발정한 암컷의 외부생식기 피부─옮긴이)에는 빛깔 변화도 일어난다. 동적 변화는 끊이지 않는다. 예컨대 난소 세포들은 많은 경우 유동하고 있다. 난포가 커지거나 원래 크기로 돌아가는 동안 근처의 세포들도 위치를 바꿔야 하기 때문이다. 이 활동은 보통 난소 역동성의 일부로 여겨지지 않지만 틀림없이 난소 생리학의 한 요소다. 우리가 의지해온 이차원 사진들뿐만 아니라 우리가 역사적으로 구조를 탐사해온 살아 있지 않은 표본들도 해부학에 대한 우리의 전통적 시각에 있는 정적 편향으로 이어져왔다. 초음파 기록, 복강경 조명, 비디오의 도래는 이 활동하는 해부학의 역동적 기록을 공유할 전자적 수단과 아울러 구조의 사차원적 본성에 대한 더 완전한 이해로 이어져야 마땅하다. 그렇지만 이 탐사는 배아기에 있다. 따라서 이번 장은 동적 측면이 거의 이해되어 있지 않은 채로 해부학의 전통적인 정적 시각에 심하게 의지한다.

번식해부학을 기술하는 교재들(예컨대 Flowerdew 1987; Hafez, Hafez 2000)에 있는 두 번째 편향은 수컷에 발달적 유사물이 있는 구조들에 맞춰진 초점이다. 따라서 그 초점은 대개 생식샘과 아울러 한 쌍의 배아기 관(뮐러관과 볼프관)의 성분화에 맞춰져 있다. 뮐러관은 암컷의 생식로를 형성하고 수컷에서 위축되는 반면, 볼프관은 수컷의 생식로를 형성하고 암컷에서 위축된다(그림 4.1). 일반적인 학자들의 경향은 수컷의 구조들을 먼저 묘사한 다음에 암컷의 구조들을 수컷에 대비시켜 탐사하는 것이다. 따라서 대개 생식샘과 생식로에 관해서만 다루고 젖샘, 태반, 난모세포처럼 암컷에서 잘 발달된 구조들은 아예 무시하거나 별로 중요하지 않은 것으로 격하시키거나 둘 중 하나다. 암컷 번식해부학의 구성요소로서 포유류 번식의 대표 특징인 젖샘을 생략하는 까닭이 특히 궁금하다.

난모세포와 태반은 어떨까? 이 특징들의 생략은 발달 구조가 아니라 성체 구조에 주어져 있는 역점을 반영한다. 그렇지만 이렇게 해석하고 넘어가기에는 석연치 않다. 암수 해부학에서 비교의 근거로 강조하는 게 발달 차이기 때문이다. 누군가는 어쩌면 난모세포가 불완전해서, 유전체가 반밖에 없어서 배제되는 거라고 이해할지도 모른다. 하지만 그것은 정자도 마찬가지인데, 교재들은 흔히 정자의 구조와 분류학적 차이들은 논의하지만 난모세포의 구조와 차이들은 논의하지 않는다. 예컨대 노빌Knobil과 닐Neill의 "정자적" 『번식생리학Physiology of Reproduction』(Neill 2006) 제3판은 정충에 관한 장으로 시작하지만 난모세포에 관한 장은 하나도 없다. 그렇지만 제4판(Plant, Zeleznik 2015)은 난모세포에 관한 훌륭한 장을 포함하고 있다.

태반은 수태산물이 구축하는 첫 번째 구조다. 태반은 그것이 존재하는

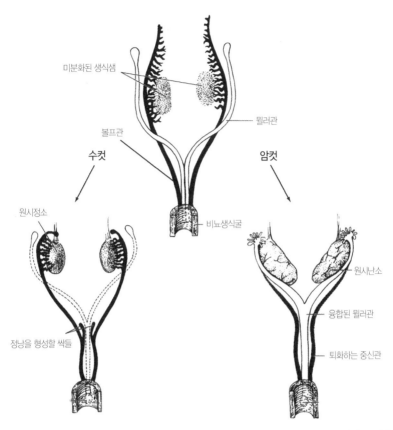

미분화된 생식샘

볼프관

뮐러관

수컷

암컷

원시정소

비뇨생식굴

원시난소

융합된 뮐러관

정낭을 형성할 싹들

퇴화하는 중신관

그림 4.1 진수류에서의 생식관 분화. 일반적으로 뮐러관은 암컷의 생식로를 형성하고 수컷에서 위축되는 반면, 볼프관은 수컷의 생식로를 형성하고 암컷에서 위축된다. Tanagho and McAninch 2008에서 가져다 허락을 얻어 사용.

동안에는 수태산물 가운데 가장 큰 기관이자 항상 폐기되는 유일한 기관이다(Power, Schulkin 2012). 그것의 해부학적 묘사는 대개 임신기의 논의에는 포함되지만 번식해부학의 논의에는 포함되지 않는다. 이 배치가 태반은 모체와 태아 둘 다의 조직으로 구성된다는 개념을 강화하는 반면에, 실제로 태반은 태아 조직이지 모체 조직이 아니다. 태반은 어미와 발달 중인 배아 간 물질 교환을 조정하며 둘 사이에서 여과장치로 작용한다. 태반은 우리의 수수께끼 같은 첫머리 인용문의 해답이기도 하다.

우리의 해부학 탐사는 대략 시간순으로 구성된다. 우리는 암컷 생식세포로 출발한 다음에 태반을 살펴본다. 그다음 순서로서 성체의 구조인 난소, 생식로, 외부생식기를 향해, 그리고 마지막으로 포유류의 본질적 특징인 젖샘까지 이동한다.

학문의 한 분야로서 기능형태학은 구조의 세부 사항을 적응적 이점과 짝짓고자 한다. 사지나 날개와 같은 외부 구조의 적응적 기능을 설명하는 것은 일상다반사다. 이 접근법이 번식해부학이라는 학문에서는 덜 흔하다. 가능한 곳에서 우리는 이 길을 탐사할 것이다.

딴 얘기지만 암컷 생식로를 다양한 포유류에서 끄집어내 해부학적으로 상세히 묘사하는 것은 최신 유행이 아닌데, 빈치목은 예외다(Favoretto et al. 2015; Rossi et al. 2011). 한 결과로, 정보를 찾으려면 우리는 훨씬 더 오래된 문헌에 기대야만 한다. 예컨대 하마*Hippopotamus amphibius*의 암컷 생식로에 대한 가장 근래의 해부학적 묘사는 H. C. 채프먼Chapman이 1881년에 쓴 논문이다. 게다가 고전적 문헌은 많은 경우 질이 뛰어난데도, 이런 자료는 찾아내기가 어렵다. 현재의 검색 엔진들은 삽입된 키워드가 없는 더 오래된 자료들을 찾아낼 준비가 되어 있지 않기 때문이다. 두 번째 쟁점은 초기 해부학 문헌의 많은 부분이 독어나 불어로 되어 있는데 현재의 검색 엔진은 대부분 영어 키워드를 사용한다는 것이다. 더구나 과학에서 역점을 두어 찾는 것은 대개 최첨단의 최근 자료이지, 그보다 훨씬 더 오래되었을 수도 있는, 가장 광범위하고 정확한 자료가 아니다. 그 쟁점은 특정성의 문제다. 더 오래된 문헌에 들어 있는 개별 논문들은 범위가 더 포괄적인 반면 오늘날의 검색은 초점이 특정하다. 따라서 '하마 포궁경부'로 검색하면 생화학적 신호 통로에 관한 글은 나와도 해부학적 묘사는 나오지 않는다. 우리는 가능하면 새로운 논문과 더 오래된 논문을 둘 다 사용함으로써 번식해부학에 대한 예전의 상세한 묘사들이 지닌 가치를 부각시키고자 한다.

난모세포/난자

겉으로는 단순한 형태학적 외모를 지녔음에도 불구하고, 난모세포는 고도로 분화된, 분자적으로 복잡한 생식세포발생의 산물이다.

—음탕고Mtango 등 2008:224

암컷을 위한 번식은 암컷 생식세포의 형성, 발달, 유지로 출발한다. 암컷 생식세포는 구조에서도 기능에서도 고도로 특화되어 있다. 그것은 새로운 개체를 형성하는 데 필요한 유전정보 절반을 담고 있을 뿐만 아니라, 배아기 발달을 개시하는 데 필요한 영양분 전부와 세포질 성분의 대부분까지 담고 있다(Lombardi 1998). 난모세포 형성의 최초 단계들은 암컷이 자기 어미의 포궁 안에서 발달하는 동안에 일어난다(제6장 '난자발생에서 수태까지'). 그렇지만 배란 또는 폐쇄(배란하지 않는 난포의 퇴화) 둘 중 하나로 이어지는 마지막 국면들은 성체의 난소 안에서 일어난다. 따라서 성체의 난소는 다양한 발달 및 분해 단계에 있는 생식세포들을 담고 있다.

암컷 생식세포(상자 4.1)는 대략 네 가지 나이 범주 중 하나로 묶일 수 있다. (a) 미성숙한, 배수체의, 일차난모세포, (b) 감수분열에 착수한 이차난모세포, (c) 성숙한, 반수체의, 배란 준비를 마친 난자, (d) 분해(폐쇄) 과정에 있는 난자. 범주 간 전이는 점진적이므로 범주와 범주 사이는 구분이 모호할 수 있다.

난모세포는 발달하면서 커진다. 예컨대 미성숙한 실험실 생쥐의 난모세포 크기는 약 12마이크로미터로부터 약 72마이크로미터까지 성장(여섯 배 증가)하는 반면, 인간의 난모세포 크기는 36마이크로미터로부터 약 120마이크로미터까지 성장(세 배 증가)한다(Griffin et al. 2006). 난자는 크다. 비교하자면 몸 세포(체세포) 대부분은 지름이 약 10~20마이크로미터이고 수컷 생식세포(길쭉한 정자)는 길이×지름이 ~10×6마이크로미터다. 대부분의 난모세포는 퇴화해 결코 배란에 도달하지 않는다. 따라서 난소는 퇴화 중인 난모세포들과 아울러 이전 단계의 불공평한 감수분열의 잔재인 극체 들도 같이 담고 있다(상자 4.1). 나이와 상관없이 암컷 생식세포들의 일반적 구조는 똑같다.

암컷 생식세포는 통상적인 세포의 성분들을 가진 단세포다. 그래서 광 범위한 세포질과 더불어 난자가 성숙함에 따라 개수와 크기가 커지는 다수 의 세포소기관을 갖고 있다. 세포질 및 세포를 이루는 소기관들(미토콘드리 아, 리보솜, 골지체, 소포체)은 모두 모체에서 기원하므로, 어미로부터 딸을 거쳐 손녀로 이어지는 모계 세습의 연속성을 제공한다. 난모세포는 성숙한 난자로 발달하는 동안 분자와 세포소기관을 축적하는데, 그것들이 수태산 물의 최초 발달에 요구되는 첫 번째 화학적 건축용 블록뿐만 아니라 에너지 비축분까지 모두 제공한다. 난모세포의 세포질은 정상 발달의 절대적 필요 조건이다(Krisher 2004). 따라서 모체는 다음 세대에 DNA뿐만 아니라 훨 씬 더 많은 것을 기여한다. 난모세포의 유전자 외 성분들은 결정적인 동시 에 통째로 모계를 따르는 한 형태의 유전을 구성한다. 난모세포의 세포질 조성에 있는 종 간 차이 식별하기와 그 차이를 그것의 기능적 결과와 연관 짓기는 열려 있는 한 분야다.

난모세포의 세포 성분이 생존에 중요한 만큼 그 성분들을 에워싸는 막 도 중요하다. 일반적으로 '세포cell'(어원은 작은 방을 가리키는 라틴어)를 세포 로 식별할 수 있는 이유는 그것을 다른 세포와 분리하는 막이 세포에 있기 때문이다. 난모세포도 다를 게 없다. 난모세포의 표면에는 **난자형질막**이라 는 그 자체의 이름이 있지만, 난자형질막도 다른 세포막과 마찬가지로 (a) 세포를 드나드는 물질의 운송을 조절하며, (b) 다른 세포들(이 경우는 상대편 난소의 세포들)로부터 오는 화학적 신호를 중계한다. 난자형질막에 특정한 점은 수태에서 담당하는 다면적 역할에 있다. 정자의 진입 조절하기, 일단 한 정자가 선택되면 부계 유전물질을 난자로 끌어들이기, 다른 부계 물질이

알이란 무엇일까? 알, 난자, 배아

실험실 용어로, 그리고 인쇄물에서조차 난모세포⋯, 난자, 접합자, 상실배, 배반포는 자주 무차별하게 '알'로 일컬어진다. ─페리Perry 1981:321

난원세포, 난모세포, 난자, 알, 도대체 뭐가 뭘까? 암컷 생식세포에는 이름이 많고, 그 이름들의 차이는 생식세포의 나이 또는 단계와 관계가 있다. 우리는 암컷 생식세포가 어떻게 창조되는가(난자발생)를 제6장에서 기술한다. 여기서 우리가 할 일은 이름들을 거명하는 것이다. 난원세포란 암컷 생식세포가 성숙해가는 도중에 가장 먼저 거치는 단계다. 난원세포는 태아 난소 안에서 아주 초기 발달 중간에 **원시생식세포**라 불리는 세포로부터 형성된다. 원시생식세포는 평범한 세포분열(체세포분열)에 의해 생겨난다. 그에 반해 난모세포는 특수한 세포분열인 감수분열에 의해 난원세포로부터 생겨난다. 감수분열(그림 참조)은 두 차례의 세포분열로 딸세포 네 개를 낳는 일련의 과정이다. 2부 과정 중에 암컷의 DNA는(미토콘드리아 안의 유전물질은 무시하고) 먼저 곱절이 되었다가 반분됨으로써, 끝에 가서는 딸세포들이 저마다 원조 난원세포의 DNA를 절반만 갖게끔 한다. 감수분열의 단계에 따라, 난모세포는 일차난모세포 또는 이차난모세포로 세분될 수 있다(그림 참조). 난모세포는 전단계 암컷 생식세포인 반면, 난자는 후단계 생식세포다. 난자발생은 딸세포 네 개를 낳으며 동등한 양의 DNA를 나눠주지만, 세포 내용물의 나머지는 불공평하게 나뉜다. 한 세포가 거의 모든 내용물을 얻고 나머지 셋은 아주 조금밖에 얻지 못한다. 이 가난한 세포 세 개를 극체라고 부르며 원래의 내용물 중 대부분을 가진 세포를 난자라고 부른다. 난자와 극체는 둘 다 정자와 융합할 수 있다. 하지만 세포 내용물이 수태산물의 발달에 중요하기 때문에 극체-정자 융합이 생육 가능한 배아를 낳는 일은 별로 없다.

알은 어떨까? 앞서 인용구에서 페리가 지적하듯이, 알이라는 단어는 모호하다. 그것은 그 자체로 암컷 생식세포를 일컬을 수도 있고, 암컷 생식세포 더하기 모체에서 유래한 조직들(예컨대 달걀)을 일컬을 수도 있으며, 아니면 우리가 포궁 안에 알이 착상한다고 말할 때처럼 초기 수태산물을 일컬을 수도 있다. 다시 말해 그 정의는 전적으로 맥락에 달렸다. 게다가 **수정란**이라는 표현은 제1장에서 논의했듯이 암컷은 수동적이고 수컷은 능동적이라는 어감을 불러일으킨다. 따라서 우리는 모호한 알의 사용을 삼가고, 그 대신에 일반적으로 **난모세포**를 써서 암컷 생식세포를 일컫고 **접합자**를 써서 최초의 수태산물을 일컫는다.

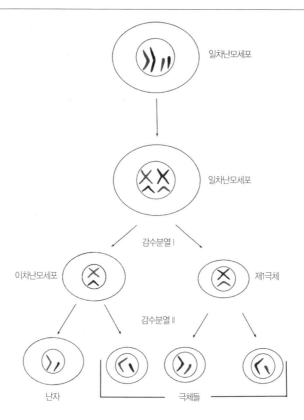

일차난모세포

일차난모세포

감수분열 I

이차난모세포

제1극체

감수분열 II

난자

극체들

감수분열과 극체의 탄생. 생식세포 창조는 배우자 네 개(난자 한 개와 극체 세 개)의 생산을 최종 목표로 세포분열을 두 번 요구한다. 염색체는 쌍을 이루어(각 부모로부터 한 개씩) 나오므로 모세포는 배수체다(염색체 두 쌍이 예시되어 있다). 생식세포는 저마다 원래 쌍이었던 모든 염색체를 한 개씩만 갖게 되고 따라서 반수체다. 딸세포가 저마다 똑같은 양의 DNA를 얻으려면, 유전물질은 먼저 곱절이 되어 각 염색체의 복사본 네 개를 만들어낸 다음에 두 번 나뉘어야 한다. 유전적으로는 네 개의 딸세포가 저마다 같은 양의 유전물질을 갖고 있지만, 한 딸세포가 원래의 세포 내용물 중 거의 전부를 받는다. 따라서 세포분열은 유전물질에 대해서는 공평하지만 세포질 내용물에 대해서는 매우 불공평하다. Abigail Michelson 그림.

난자로 들어오는 것을 제한하기가 그 역할에 포함된다. 이번에도, 막 구조는 전 포유류에 걸쳐 다양하고 막의 차이를 그것의 기능과 연관짓기는 열려 있는 분야다. 한 가지 특히 중요한 기능은 종 인식인데, 이로써 난자는 적절한 종의 정자하고만 융합하게 된다. 이 기능을 난자형질막 외부의 물질, 이를테면 배란 후 난모세포에 따라오는 난소 세포가 보조할 수도 있다. 그렇지만 이 단계가 필요하려면 암컷이 애초에 부적절한 종과 짝을 지어왔어야만 하는데, 이는 교미전 짝 선택을 위한 기제가 광범위함을 고려하면 있을법하지 않은 사건이다.

식물 및 세균의 세포와 마찬가지로 난모세포도 난자형질막 바깥쪽에 외부 피복coating을 갖고 있다. 투명대라 불리는 이 특화된 세포외기질은 주로 교차결합된, 황산화된 당단백질들로 이루어져 있다(Menkhorst, Selwood 2008). 투명대는 여러 기능에 이바지한다. 한 기능은 난모세포가 커지는 동안 다치지 않게 지켜주는 기계적 기능이다. 둘째, 난소에서 난모세포로 전달되는 물질을 여과함으로써 난자발생의 조절에 참여한다. 셋째, 투명대 단백질들을 통해 정자의 선택과 활성화(수태능획득capacitating)에 관여함으로써 수태를 허락하고 다정자수태를 예방한다. 넷째, 다른 종의 정자가 난자에 접근하는 것을 막음으로써 종분화(생식격리)에서 한몫을 한다. 투명대는 배란 후에도 끈질기게 지속되며 난관 또는 포궁의 분비물에 의해 수태 전에도 후에도 증강 또는 변형된다. 이때 추가되는 물질에는 조절 분자, 억제자, 성장인자가 포함된다. 이 추가 성분들은 수태와 초기 발달 둘 다에서 각양각색의 세포적 기능을 담당한다(Menkhorst, Selwood 2008).

포유류에서 수태후 피복(난막egg coat)의 규모와 발달은 주요 번식 집단(단공류, 유대류, 진수류) 전체에 걸쳐 제각각이다. 단공류는 복잡한 여러 겹의 껍데기로 싸인 알을 낳는다. 다른 포유류와 마찬가지로 단공류의 투명대도 수태산물을 직접 에워싼다. 투명대 바깥쪽에는 완충작용을 하는 알부민 단백질 층이 있다. 단공류 알은 아직 포궁 내에 있는 동안 크기가 대단히 커지는데, 투과성 껍데기가 산란 때까지 어미로부터 자식에게로 물질이 전달되는 것을 가능케 한다(Menkhorst, Selwood 2008). 이 투과성이 어쩌면 젖분비 또는 태반생식을 위한 전적응일지도 모른다.

투명대 외부에 덧붙는 물질은 수류에서도 나타난다. 유대류에서도 수태

후 피복은 두드러지지만, 단공류에 있는 것만큼 광범위하거나 복잡하지는 않다. 진수류 중에서는 토끼(굴토끼속)가 자식에게 유대류만큼 정교한 난막을 제공한다. 하지만 대부분의 진수류, 예컨대 설치류, 영장류, 유제류, 식육류는 투명대에 부가물이 한정되어 있다. 수태산물 또는 난모세포에서 유래한 투명대 안쪽 부가물도 있을 수 있는데, 예컨대 유대류, 유럽두더지European mole(*Talpa europaea*), 토끼, 실험실 생쥐, 개코원숭이baboon(개코원숭이속*Papio*), 인간, 고양이, 개, 유럽오소리European badger(*Meles meles*), 담비marten(담비속*Martes*), 얼룩스컹크spotted skunk(얼룩스컹크속*Spilogale*), 물개fur seal(북방물개속*Callorbinus*), 말에서 그러할 것이다(Denker 2000; Enders 1971; Enders et al. 1989; Menkhorst, Selwood 2008). 따라서 핵심 성분들이 구조적으로 비슷하고 진화사를 공유하더라도, 투명대의 변형은 다양하다.

변형된 투명대도 투명대의 보호 역할을 계속한다. 무엇보다 접합자가 초기 세포분열을 겪는 동안 수태산물이 분해되거나 쪼개지는 것을 기계적으로 예방한다. 이런 작용은 일란성쌍둥이가 생기는 것을 막아주기도 한다(상자 4.2). 이에 더해 투명대는 모든 짝짓기후 조직파편 및 그 조직파편을 깨끗이 치우고 있는 모든 면역세포로부터 수태산물을 격리하기도 한다. 면역과 관련한 두 번째 기능은 '이질적인' 수태산물을 모체의 면역계로부터 보호하는 작용일 것이다. 말할 것도 없이, 단공류의 경우는 알껍데기가 산란 후 외부 환경으로부터 배아를 보호한다. 보호 기능을 떠나 투명대는 초기 배아와 영양막(초기 수태산물 중 배외막이 되는 세포들)의 발달을 배향하는 데에서도 중요한 역할을 맡고 있을 것이다. 피복은 배반포들이 포궁 안에서 적절히 착상하고 간격을 잡도록 거들어준다(Menkhorst, Selwood 2008). 수류의 경우는 배반포가 결국 투명대로부터 '부화'해 포궁 안에서 착상하므로, 이 시점에 투명대는 분해된다. 투명대 분해는 난소 안에서 방출되지 않을 난모세포들에도 일어난다.

한배새끼수와 쌍둥이 낳기

한배새끼수란 단일한 임신에서 가지는 새끼의 수로서, 많은 종에서 한 마리로부터 출발해 벌거숭이두더지쥐에서 아마도 30마리에 이른다(그림 참조). 한배새끼수의 측량법으로는 난소의 황체, 만기 태아, 태어난 수, 출산 후(이를테면 유아가 굴이나 구멍에서 처음 모습을 드러내는 때) 처음 보이는 자식 수 가운데 어느 하나를 세는 방법이 포함되어왔다. 많은 포유류 종은 새끼를 한 번에 한 마리밖에 갖지 않으며, 외둥이 출산은 많은 계통의 특성이다. 캥거루, 쿠스쿠스phalanger, 바다소류, 고래류, 기각류, 천산갑pangolin, 코끼리, 땅돼지, 개미핥기(큰개미핥깃과Myrmecophagidae), 나무늘보와 아울러 대부분의 박쥐, 영장류, 반추류가 그런 계통이다. 설치류 중에서도 호저와 같은 일정 수는 외둥이를 출산한다. 나머지 종에는 한배새끼수가 복수인 경우가 더 흔하다. 예컨대 대부분의 식육류, 청서, 생쥐, 멧돼지, 땃쥐, 토끼, 바위너구리, 코끼리땃쥐가 그런 경우다.

난소는 많은 난포를 담고 있지만, 언제든 한 번에는 선별된 일정 수만이 끝까지 나아가 배란에 이른다. 난자를 한 개만 내보내는(일란성) 배란은 난해한 과정이다. 그렇게 하려면 반대편 난소에 있는 난모세포들의 발달을 중단시키는 과정(대측 억제)뿐만 아니라 해당 난소 안에서도 하나를 제외한 모든 난모세포의 발달을 막는 과정(동측 억제)도 필요하다. 동측 억제와 대측 억제를 둘 다 이루기 위한 생리적 통제에는 국소(한 난소 안에서의) 조절과 전신(순환을 통한 두 난소 사이의) 조절이 둘 다 필요하다. 일단 이 통제 기제가 마련되어야 다른 해부학적 변화가, 이를테면 포궁의 모양이나 젖샘 수의 진화가 일어날 수 있다.

일란성 종은 만약 환경이 변하면 불리해지고, 자식은 하나만이 아니라 여럿을 낳는 편이 번식 성공도를 높여줄 것이다. 그렇지만 일부 아르마딜로(아홉띠아르마딜로속*Dasypus*)는 용케 일란성으로 남아 있으면서도 한배새끼를 4~8마리나(큰긴코아르마딜로*Dasypus kappleri* 또는 일곱띠아르마딜로*D. septemcinctus*에서는 아마도 12마리까지) 낳아왔다(Hayssen et al. 1993). 이들은 일란성 네쌍둥이 혹은 여덟쌍둥이를 낳음으로써 그렇게 한다. 다시 말해 이들은 단 한 번의 수태로 자식을 여럿 만들어낸다. 본질적으로 복제동물을 창조해서 한배새끼수를 늘리는 것이다. 이 다배생식(뭇배아생식) 덕분에 암컷은 한 개보다 많은 난자의 배란을 막을지도 모르는 모든 생리학적 또는 해부학적 제약에서 벗어날 수 있다(Craig et al. 1997; Galbraith 1985).

말할 것도 없이, 한배새끼수가 복수인 종 대부분은 번식 사건 때마다 각 난소로부터 생식세포를 한 개보다 많이 방출한다. 이 조건을 다란성으로 일컫는다. 불행히도 **다란성**이라는 용어는 혼란스러울 수 있다. 그것은 난포 한 개에 난자를 다수 갖고 있음도 일컫기 때문이다. 아르마딜로는 한배새끼수가 복수인 일란성 종의 일례였던 반면, 낙타는 많은 난자를 배란하지만 외둥이를 낳는 많은 종 가운데 하나다. 낙타(낙타속*Camelus*)에서는 암컷의 12~19퍼센트가 난자를 다수 배란하지만, 쌍둥이를 출산하는 일은 극히 드물다. 게다가 그 한 마리 임신도 거의 언제나 왼쪽 포궁뿔에서 한다(ElWishy 1987). 난소는 둘 다 기능하기 때문에, 모종의 한배새끼수 감축에 더해 포궁을 통한 이주도 일어나야만 한다.

전 포유류에 걸쳐 종합하자면, 개체의 최종적 한배새끼수는 배란되는 난자의 수, 일어나는 수태의 수, 착상하는 배반포의 수, 거부되지 않는 배아의 수, 출산을 극복하고 살아남는 자식의 수의 함수다.

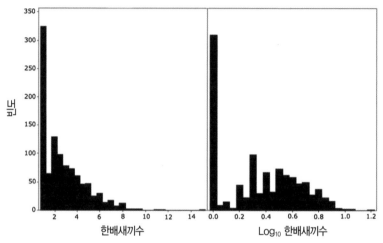

한배새끼수의 분포. 한배새끼수는 많은 포유류가 외둥이를 낳는 치우친 분포를 보인다. 십진로그(log₁₀)로 변환한 결과는 한배새끼수가 두봉우리 분포일 것을 시사한다. 다시 말해 모든 종이 한배에 새끼를 한 마리 낳거나 한 마리보다 많이 낳거나 둘 중 하나다. 외둥이 생산은 쌍둥이 생산보다 더 난해한 생리학을 요구한다(본문 참조). 1037종의 출처: Hayssen 1985, 2008a.

극체에 관해 한마디

난모세포의 감수분열 중에는 극체가 형성된다(상자 4.1). 감수분열이 (정자발생에서처럼) 동등한 크기와 구성의 세포 네 개를 산출하기는커녕, 난자발생에서의 감수분열은 불공평해서 세포질의 대부분을 가진 큰 세포 한 개와 아울러 **극체**라는 용어로 불리는 더 작은 세포 세 개를 산출한다. 극체들은 핵을 가졌지만 세포질이 거의 없어서 결과적으로 세포질 소기관도 조금밖에 갖지 못한다. 불공평한 세포분열이 난모세포와 극체 간의 유전적 차이로

이어진 후에 어느 난해한 과정에서 염색체 구조 변화로 이어질 수도 있다(De Villena, Sapienza 2001).

식물과 일부 동물에서는 극체가 번식에서 유의미한 역할을 맡고 있다. 하지만 대부분의 암컷 포유류에서는 극체가 퇴화하고 그 파편은 투명대 안에 갇힌다(Schmerler, Wessel 2011). 이따금 어느 한 극체는 퇴화하지 않을 텐데, 그러면 수태가 가능해져서 이란성쌍둥이가 생긴다. 딴 얘기지만 인간 가임력 전문가들이 이용해온 사실로서 극체들 가운데 적어도 한 개는 유전자 총량이 난자와 동일하기 때문에, 성숙한 난자를 사용하는 대신에 극체를 꺼내서 유전적 비정상성을 검사할 수 있다.

태반

태반은 아마 모든 포유류 기관을 통틀어 가장 가변적일 것이다.

—파워Power, 슐킨Schulkin 2012:16

태반은 태아 유전체와 동일한 유전적 구성을 지닌 복잡한 기관으로서, 발달 중인 태아와 연관되어 있다가 출산 또는 부화 시점에 폐기된다. 태반의 조상적 기원은 육생 척추동물의 양막란으로 시작했다. 양막란의 혁신은 양막, 융모막, 요막이라는 세 가지 배외막이 모두 하나의 보호용 껍데기 안에 존재한다는 데 있었다. 이 막들이 발달 중인 배아에게 가스교환(융모막), 보호(양막과 융모막), 노폐물 수집(요막)의 수단을 제공했다. 네 번째 한 막은 기원이 더 오래되었다. 이 네 번째 층, 곧 난황낭(난황막)은 모체에서 유래한 난황을 에워싼다. 배아를 둘러싸는 그 난황은 포유류보다 일찍 출현한 계통들, 예컨대 칠성장어, 어류, 상어, 개구리 따위에 존재한다. 난황은 배아의 초기 성장을 위해 자원(에너지와 영양분)을 제공한다. 포유류에서는 그 네 가지 배외막이 다양한 조합으로 융합해 태반을 형성한다. 예컨대 단공류와 유대류의 지배적 태반인 융모막난황태반은 융모막과 난황낭의 융합물인 반면, 진수류의 지배적 태반인 융모요막태반은 융모막과 요막의 융합물이다.

　태반은 (진화적으로 말해) 오래된 구조일 뿐만 아니라, 발달에서 매우 초기에 생겨나기도 한다. 수태산물 발달의 64세포 단계(체세포분열에서 세포 수가 두 배씩 늘어나 1, 2, 4, 8, …, 64개에 이른 단계―옮긴이)에 이르면, 배아가될 운명의 세포 13여 개(진수류에서는 속세포덩이)와 태반의 전구세포(영양막)가 두 겹으로 뚜렷이 구분되어 분열이 더 진행되어도 세포들을 교환하지 않는다. 이 구분이 포유류 발달에서 최초의 세포 유형 분화다(Gilbert 2000).

　태반 해부학은 당황스러운 다수의 전문용어로 가득하다. 용어론의 많은 부분은 관찰에 사용하는 도구에 달렸다. 맨눈으로 본 태반은 포궁에 붙어 있는 모양과 위치에 따라 퍼진/산재성diffuse태반, 태반엽/궁부성cotyle-donary태반, 띠/대상zonary태반, 원반/반상discoid태반(그림 4.2)으로 묘사할 수 있다. 현미경을 써서 조직학적으로 분석하면 태아 순환과 모체 순환을 가르는 조직 층의 수(그림 4.3)가 세분되는 결과로, **상피융모막**epithe-liochorial태반, **결합조직융모막**syndesmochorial태반, **내피융모막**endo-theliochorial태반, **혈융모**hemochorial태반과 같은 용어를 사용하게 된다. 이 현미경적 관점이 가장 오래된 태반 분류를 위한 기반이다(Grosser 1909, 1927). 더 근래의 관찰들은, 특히 모체―태아 깍지낌interdigitation(손가락 모양 돌기로 상호 연결됨―옮긴이)의 유형을 탐사하는 데에는 분해능이 훨씬 더 훌륭한 도구들을 사용한다. 이 새로운 관찰들도 태반 형태학을 위해 미로labyrinth 태반, 잔기둥trabecular 태반, 접힌folded 태반, 융모villous 태반, 컵cups 태반을 포함한 추가적 범주들을 제공한다. 특정한 세포 유형을 고려하면 이런 형태학은 더욱더 복잡해진다. 예컨대 어떤 동물들에서는 포궁으로부터 특화된 세포들(탈락막)이 태반과 긴밀하게 연관되게 되어 태반과 함께 폐기될 수도 있다. 이 모든 수준의 분석은 수의병리학자, 동물원 수의사, 계통발생학자를 위한 묘사 도구로서 대단한 가치가 있다(Carter

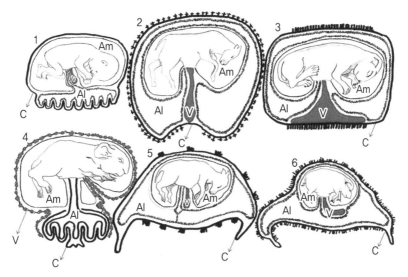

그림 4.2 여섯 종에서 서로 다른 배외막의 기여도를 보여주는 태반 유형들의 도표. 구조에 대한 열쇠: Al, 요막allantois(흐린 선, 기니피그를 제외한 전부; 굵은 선, 기니피그); Am, 양막amnion(가는 선); C, 융모막chorion(굵은 선); V, 난황vitelline(난황낭, 음영). 종에 대한 열쇠: 1, 사람(원반); 2, 말(퍼진); 3, 고양이(띠); 4, 기니피그(난황낭이 뒤집힌 원반); 5, 양(태반엽); 6, 돼지(퍼진). 출처: Fernandes et al. 2012에 인용된 Leiser, Kaufmann 1994(공개 자료).

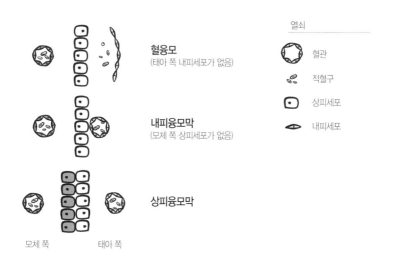

그림 4.3 태반의 분류. 태반의 한 범주는 어미와 자식을 가르는 조직 칸막이를 묘사한다. 여기에서는 상피융모막태반이 가장 두터운 칸막이를 제공하고 혈융모태반이 가장 얇은 칸막이를 제공한다. Jennifer Wen 그림.

2012; Carter et al. 2013). 하지만 그런 분석의 기능적 관련성이 늘 분명했던 것은 아니다(Capellini 2012).

한 가지 어려움은 태반이 정적 구조가 아니라는 데 있다. 태반은 임신기를 거치는 동안 변화한다. 초기의 태반 유형 분류는 만삭에 가까운 태반들을 살펴보는 데 의지했고, 태반 구조의 역동적 본성은 무시되었다. 두 번째 쟁점은 이 범주들이 모호해서 모든 태반에 적용되지 않는다는 데 있다. 확립된 관례를 따르지 않는 중간 조건들이 존재한다. 마지막으로, 태반의 기초 기능인 물질 전달은 분자적·생화학적 수준에서 일어나는데, 이 수준이 언제나 시각적 등가물을 가진 것은 아니다. 생화학 및 그 생화학의 유전적 조절에 대한 우리의 이해는 아직 영아기에 있다. 따라서 태반을 종별로 특징짓는 게 늘 가능하거나 기능적으로 유의미하지는 않다(Power, Schulkin 2012).

태반은 어미와 자식의 화학적 신호(호르몬 등), 영양분(포도당, 산소 등), 노폐물(요소, 이산화탄소 등) 교환을 위한 도관이다. 태반 구조가 태아 성장 속도, 태아 발달, 한배새끼수, 임신기간 따위와 어떻게 상관이 있는지는 제대로 이해되지 않았으며, 아마 상관이 있는지 없는지도 마찬가지일 것이다. 부분적인 이유는 태반이 생리적으로 동적이어서 구조가 변화되기 때문이다. 또한 모자 간 전달의 조절 일부는 태반 구조의 기능이 아니라 분자적 또는 세포적 과정(예컨대 태아 헤모글로빈)의 기능에 더 가까울 것이다(Carter 2012).

인간으로서 우리는 외둥이 출산이 많은 포유류에게는 규칙이 아님을 흔히 잊는다. 태반이 여럿인 다태출산은 임신기를 더 난해한 과정으로 만든다. 여러 자식이 동시에 포궁 안에 있으니 동기들은 모체의 자원을 두고 경쟁할 것이다. 따라서 자식들은 더 많은 영양분을 얻기 위한, 혹은 자기 동기들의 성장을 통제하기 위한 기제를 가질 것이다. 태반 구조가 이 과정에 관련될 가능성이 크다. 만약 그 여럿인 자식이 일란성이라면, 예컨대 일란성 네쌍둥이를 낳고 네쌍둥이가 단 하나의 태반을 공유하는 아홉띠아르마딜로 nine-banded armadillo(*Dasypus novemcinctus*)에서는(상자 4.2 참조), 동기 간 갈등이 아니라 협동을 위한 기제가 진화할 수도 있을 것이다. 엉뚱하게 일란성이 아닌 동기들이 단 하나의 융합된 태반을 공유할 수도 있다. 마모셋 marmoset(비단마모셋속*Callithrix*)의 세쌍둥이 자식들은 그렇게 한다(Stevenson 1976).

태반에 관해 특화된 두 가지 참고자료는 예외적으로 훌륭하다. 첫째는 전통적 단행본인 『인간 태반의 진화The Evolution of the Human Placenta』(Power, Schulkin 2012)다. 이 전공논문은 모든 포유류의 태반 구조를 망라한다. 둘째는 전자 자료로서 진수류 약 15목에 속하는 150여 종으로부터 얻은 태반들의 이미지와 설명문 수백 항목을 보유하고 있다. 이 보물창고는 K. 베니르슈케Benirschke가 샌디에이고동물원에서 수십 년에 걸쳐 탐구하는 동안 구할 수 있었던 태반들을 살펴본 결과물이다(http://placentation.ucsd.edu/).

태반은 많은 기능을 수행한다. 그 기능에는 영양분 및 면역 전달, 보호, 어미와 자식 간 타이밍 조정, 포궁내 교신이 포함된다(제7장 '임신기'도 참조). 모체 관점에서 태반은 배아 거부를 위한, 이를테면 이질적(즉, 부계) DNA의 존재 때문에 자식을 거부하기 위한 자리일 수도 있다. 수류 태반의 주된 기능은 어미와 그의 자식이 포궁 안에서 물질을 교환하도록 해주는 것이다. 이 물질은 영양분, 노폐물, 가스, 호르몬, 그리고 그 밖의 신호전달 인자들을 포함한다. 물질이 어미를 떠나 태아에게 닿으려면, 그것은 다수의 조직을, 그러니까 모체의 혈액 및 연관된 맥관구조, 포궁의 모체 구조 조직, 태반 조직 및 맥관구조, 태아 구조 조직 및 맥관구조를 통과한 후에야 마지막으로 태아 혈액 공급에 도달할 것이다. 이 별개의 층들이 언제나 또는 모든 종에 전부 다 존재하는 것은 아니다.

초기에는 모체의 순환과 태아의 순환을 분리하는 층의 수가 적을수록 더 고등한 태반이라고 가정했다. 바탕에 깔린 추리(그리고 두 번째 가정)는 어미와 태아가 하나의 협력 단위라는 것이었다. 따라서 교환의 효율을 높이는 구조나 생리적 과정은 어떤 것이든 유리하다고 가정했다. 이런 가정을 하고 있는 종이 인간임을 고려하면, 가장 적은 층을 가진 인간의 혈융모태반이 가장 고등한 것으로 여겨졌다. 그렇지만 두 가지 기본 가정 중 어느 하나도 완전히 타당하지는 않은 것으로 드러난다. 첫째, 태반 유형들의 진화는 침습적(내피융모막 또는 혈융모)태반이 실은 진수류에 대해 조상형임을 시사한다(Ferner et al. 2014). 따라서 인간은 파생형이 아니라 조상형 태반을 갖고 있다. 둘째, 우리는 이제 모체−태아 단위가 언제나 협력업체인 것은 아닐 수 있음을 이해한다. 어미와 자식은 서로 다른 선택압을 받을 것이다. 어미의 적응도는 그의 일생에 걸쳐 최대한 많은 자식을 성공적으로 길러냄으로써 커진다. 그의 현재 자식은 그 합산에 긍정적으로 기여하는 경우가 가장 많겠지만, 때로는 현재의 번식을 중단시키고 다시 시작하는 편이 멀리 볼 때 그에게 더 많은 손자를 제공할 수도 있다. 그런 경우 그 태아−모체는 협력 단위가 아니다.

전반적으로 이상적인 태반 구조는 임신기의 속도와 지속기간, 영양분 전달, 노폐물 교환에 대한 모체의 통제를 얼마간 감안할 것이다. 진화적으로 어미들은 자식의 성장을 통제하기를, 그리고 번식을 한차례 중단시키는 그들의 능력을 유지하기를 원할 것이다. 분명 배아 거부는 어떤 자식에게도 최선이 아니다. 따라서 태아 쪽에는 태아의 성장과 발달을 증진하기 위한 기제들이 마련되어 있을 것이다. 태아의 노력은 모체의 생리에 의해 한도가 정해진다. 만약 태아의 요구가 어미를 밀어붙여 일찍 죽게 하면 태아도 사라지기 때문이다.

우리는 태반에 관한 어떤 논의도 또다른 진수류 편향을 떠올리지 않고서는 떠날 수 없다. 태반포유류라는 명칭은 진수류만 태반을 가진다는 인상을 주지만, 더 일찍이 논의했듯이 유대류도 완전히 기능하는 태반을 갖고 있다. 유대류에서는 난황낭이 거의 완벽한 융모막난황태반을 형성한다. 그리고 소수 유대류, 예컨대 반디쿠트bandicoot(북부갈색반디쿠트*Isoodon macrourus*, 긴코반디쿠트*Perameles nasuta*)는 융모요막태반을 가진다. 모든 유대류가 임신기의 첫 절반 내지 3분의 2 동안 영양막과 포궁 사이에 추가로 투과 가능한 비세포성 피복을 갖고 있다. 유대류의 태반은 진수류의 태반보다 수명이 더 짧지만 그래도 유의미한 생리적 역할을 맡는다. 예컨대 타마왈라비 tammar(*Macropus eugenii*)의 태반은 호르몬과 성장인자를 생산한다(Renfree 2010). 따라서 수류, 곧 유대류와 진수류는 모두 다 태반포유류다.

난소

가장 초기의 번식용 구조들을 탐사했으니, 이제 우리는 성체 암컷의 구조를 살펴볼 것이다. 다기능 난소 및 그것이 양육하는 암컷 생식세포들은 번식에 필수적이다. 내분비기관으로서 난소는 프로게스토겐, 에스트로겐, 안드로겐과 같은 생식계 스테로이드도 생산하고, 아울러 성장인자와 같은 비스테로이드계 조절 화합물도 생산한다. 난소는 난자발생, 곧 암컷 생식세포의 성장이 일어나는 자리이기도 하다. 난자발생은 특화된 난소 조직의 뭉치 안에서 일어나는데, **난포**라 불리는 그 뭉치는 암컷 생식세포가 성숙함에 따라 특질이 변한다. 따라서 난소는 난포발생과 배란을 아울러 조절한다(제6장).

난소들은 위치가 제각각이다. 대개는 복강의 요추 부위에서 발견되는 한 쌍의 기관이다. 난소는 상대적으로 몸의 앞쪽에(예컨대 기니피그[기니피그 속*Cavia*]에서처럼 신장의 전반부 가까이에) 있을 수도 있고 뒤쪽에(예컨대 여성에서처럼 골반 부위에) 있을 수도 있다(Mossman, Duke 1973). 전 종에 걸친 그것의 정확한 위치는 자세에 따라서도 달라지고(직립 자세는 기관들을 더 뒤로 보낸다), 포궁의 길이와 모양에 따라서도 달라진다(포궁이 길고 곧을수록 난소는 더 앞쪽에 있다; Mossman, Duke 1973). 전반적으로 난소는 포궁 가까이에 자리잡고 있지만, 자식이 커지고 포궁이 늘어나는 동안 해를 입지 않도록 충분히 떨어져 있다. 난소는 난소를 체벽에 연결해주는 인대와 그 밖의 조직(난소간막mesovarium)을 통해 위치를 유지한다. 난소간막 안의 평활근이 제공하는 메커니즘은 난소가 다른 기관들에 상대적으로 얼마간 움직이기 위한 것도 되고, 난소를 예컨대 보행 중에 한 곳에 유지하기 위한 것도 된다.

난소와 난관은 서로 직접 연결되어 있지 않다. 오히려 둘 다 복강을 향해 열려 있다. 이 개방성의 흥미로운 결과로서 (a) 난자가 복막강을 가로질러 한 난소로부터 반대편 난관으로 이주할 수 있고, (b) 포궁외임신(배아가 포궁의 바깥쪽에 착상하는 임신)이 일어날 수 있고, (c) 정자 또는 다른 조직파편이 복강을 오염시킬 수 있고, (d) 복막수가 생식로로 흘러 들어갈 수 있다. 두 가지 진화적 해법이 이 잠재적으로 위험한 결과를 줄인다. 첫째, 난관이 난소의 한쪽 끝에 매우 가깝다. 난관의 이 부분은 깔때기처럼 생겼고 가장자리에 (난관채라 불리는) 촉수들이 달려 있다. 이 깔때기가 그 난소의 많은 부분을 에워쌀 것이고, 따라서 방출되는 모든 난자를 붙잡을 것이다. 둘째, 그 난소의 반대편 끝에서, 난소를 몸의 나머지에 부착하는 조직들이 각 난소 둘레에 하나의 주머니(윤활낭)를 형성할 것이다. 이 주머니에는 넓거나 매우 좁은 구멍이 있을 것이고 난관채들은 일반적으로 이 구멍 가까이에 놓이는 것을 넘어 구멍 안으로 꽂힐 수도 있다(Bedford et al. 1999). 종마다 난관채와 윤활낭의 서로 다른 조합으로 정교하게 난소를 에워싸지만, 기능적 결과는 똑같다. 복막강과 생식로 사이의 물질 교환을 줄이는 것이다. 차례로 이 얼핏 단순한 구조들은 성공적 수태를 촉진하는 데 핵심이다.

난소는 다양한 크기와 모양으로 나온다. 제1장에서 언급했듯이 익어가는 난자라는 은유는 난자가 과일과 같다는 형편없고 남성 편향된 유추의 결과물이다. 비슷하게 난소의 모양도 흔히 먹을 것에 비교된다. 암퇘지에서는 뽕에, 수염고래류에서는 포도송이에, 암양에서는 아몬드에, 암말에서는 콩팥(신장)에 비교되는 식이다. 난소는 고래에서조차 별달리 크지 않다. 번식 연령에 이른 인간 여성의 난소도 개당 3~10그램(Perven et al. 2014), 달리 말해 대략 미국 동전 5센트의 무게(5그램)밖에 안 된다. 실험실 생쥐의 난소는 천 배 더 작은 0.005~0.007그램 수준이다(Bhattacharya 2013). 다른 잘 알려진 포유류들의 난소 무게를 비교하자면, 토끼가 0.4그램, 말이 80~120그램, 조랑말 또는 아프리카코끼리가 ~40그램, 돼지가 7~20그램, 소가 3~18그램, 대왕고래blue whale(*Balaenoptera musculus*)가 30킬로그램이다(Aurich 2011; McEntee 1990; Miller et al. 2007; Zoubida et al. 2009). 흔히 난소는 성체 암컷 체중의 대략 0.01~0.03퍼센트이지만, 암소의 난소가 인간 여성의 난소와 대략 같은 크기이고 조랑말의 난소가 아프리카코끼리의 난소와 대략 같은 크기임을 고려하면, 몸집은 난소의 총 크기를 결정하는 유일한 요인이 아니다.

난소의 모양과 크기는 정적인 게 아니다. 난소는 나이, 계절, 번식 상태에 따라 모양과 크기가 모두 달라진다. 임신한 대왕고래의 난소 무게는 30킬로그램이지만, 임신하지 않은 암컷의 난소는 겨우 7킬로그램이다. 난소의 크기는 임신기에 걸쳐서도 달라진다. 고래의 난소는 임신한 동안 거대하지만, 암말의 난소는 임신기의 마지막 3분기 사이에는 활동을 멈춘 것처럼 보일 정도로 퇴행해 있다. 이에 더해 계절에 따라 번식하는 암컷들은 번식철이 아닌 동안 난소의 크기를 줄일 것이다(McCue 1998). 그리고 난소는 암컷의 번식 생활 끝에서도 줄어들 것이다. 오히려 태아의 난소가 임신기의 후기 단계들에서 성체의 난소에 대비해 같은 만큼 크거나 심지어 더 클 수도 있다(예컨대 아프리카코끼리는 40그램 대 60그램, 회색물범gray seal[회색물범속*Halichoerus*]은 10~14그램 대 18~29그램, 항구물범harbor seal(물범속*Phoca*)은 25~28그램 대 32~36그램; Allen et al. 2005; Amoroso et al. 1951; Glickman et al. 2005; Hobson, Boyd 1984). 태아가 성체보다 작음을 고려하면, 이 태아 난소의 큰 크기는 더욱더 두드러진다.

태아 난소가 큰 분류군들은 서로 가까운 친척이 아니지만 모두 한배새 끼수가 한 마리이고 임신기간이 길다. 나아가 이 분류군들의 수컷 태아 정소도 비슷하게 커진다. 태아 생식샘의 크기가 커지는 주된 원인은 일반적으로 스테로이드를 생산하는 조직이 비대해지는 데 있다. 따라서 어미가 아니라 태아가, 임신기의 후반부에 임신을 유지하기 위한 호르몬들을 생성하고 있을 수도 있다. 이 가설과 일관된 점으로, 이런 태아 생식샘은 일반적으로 출생 전에 퇴행한다(예컨대 말과科의 망아지들은 임신 250일령에 개당 25~50그램 대 출생 시에 개당 5~10그램; Hay, Allen 1975). 원인 또는 결과가 무엇이건 간에, 임신기를 통과하는 내내 태아 난소의 크기에 일어나는 변화는 포유류 난소의 역동적 본성을 보여주는 또 하나의 예다.

크기와 모양은 제각각이지만 난소의 일반적 구조는 전 종에 걸쳐 비교적 안정적이다. 난소 덩어리는 세포 뭉치(난포)들의 집합체로서 흔히 바깥 표면(피막capsule)에 의해 몸의 나머지와 분리되어 있다. 소형 포유류, 예컨대 삼림뛰는쥐woodland jumping mouse(*Napaeozapus insignis*)의 난소는 바깥 피막이 없을 수도 있다. 있다면, 그 피막에는 두 개의 층이 있다. 가장 바깥은 얇은 한 겹의 상피세포들인데, 대개 오해하기 쉽게 종자상피germinal epithelium라고 불리지만 거기서 원시생식세포가 생기는 것은 아니다. 이 바깥층이 더 두꺼운 한 겹의 섬유성 결합조직인 백색막tunica albuginea을 덮고 있다. 난소 덩어리는 이 바깥 피막 안에 있고, 발달 중인 난포들과 퇴행 중인 난포들(난포당 난모세포 하나와 함께) 및 지지조직을 담고 있다. 많은 종의 경우, 배란은 난소 표면의 대부분 위에서 일어날 수 있다. 그렇지만 암말은 난소에 배란오목ovulation fossa이라는 뚜렷한 한 부위가 있고 거기서 난자를 방출한다(Kimura et al. 2005). 친척인 맥과 코뿔소에는 이 오목이 없다(Lilia et al. 2010; Zahari et al. 2002).

난소의 구성은 흔히 영장류 편향을 토대로 묘사된다. 영장류에서는 난포 조직(난소 중 난포들이 나타나는 영역)이 비교적 작은 중심의 맥관부를 둘러싸고 있어서 혈관과 림프관, 인대와 그 밖의 지지조직이 중심에 있다. 이 영장류 조건에서 비롯한 용어로서 **피질**cortex(바깥쪽)은 난소의 난포 부위를 가리키고 **수질**medulla(안쪽)은 지지 부위를 가리키게 되었다. 포유류 전체에 걸쳐서 말하자면, 이 용어들은 일반적 의미에서만 유용하거나 전혀 유용하지 않다. 게다가 두 부위의 분리도 대개는 뚜렷하지 않을 뿐만 아니라 난소의 구성도 전 포유류에 걸쳐 철저히 다르다. 세 가지 예가 이 쟁점을 분명하게 보여줄 것이다. 첫째, 말과 아홉띠아르마딜로에서는 두 부위가 뒤집혀서, 지지조직이 난소의 바깥쪽 부위에 있고 난포가 중심을 구성한다(Kimura et al. 2005; Mossman, Duke 1973; McCue 1998). 둘째, 초원비스카차plains viscacha(*Lagostomus maximus*)에서는 지지조직이 크게 축소되어 있고 난소는 대단히 굴곡이 많은 해부구조를 가진다. 이 해부학이 번식 주기당 난자 400~800개라는 배란을 뒷받침할 것이다(Espinosa et al. 2011). 셋째, 일부 두더지(예컨대 별코두더지종*Condylura cristata*, 유럽두더지종)에서는 난포 조직이 난소의 한쪽 끝을 차지하고, 반대편 끝은 스테로이드생성 세포에 바쳐져 주로 테스토스테론을 생산한다(Bedford et al. 2004). 딴 얘기지만, 테스토스테론 생산은 양성兩性 난정소hermaphroditic ovotestis라는 오해하기 쉬운 난소의 범주화로 이어졌다. 그렇지만 (a) 난소는 정자를 생산하지 않는다. 그리고 (b) 테스토스테론과 그 밖의 안드로겐들은 암컷 포유류 대부분의 난소(그리고 부신)가 생산하는 정상적 산물이다. 편향된 용어론에 따르는 문제들과 상관없이, 성체 난소의 주요한 구조적·기능적 단위는 난포다.

난포의 해부학

가장 단순한 상태에서 난포는 하나의 난모세포를 둘러싸는 한 층 내지 많은 층의 모체 세포로 이뤄져 있다. 동심同心 층의 수, 그 층들에 속한 세포의 모양, 동심 층들 사이에 낀 비세포성 층의 특성 모두가 난포의 나이 및 상태

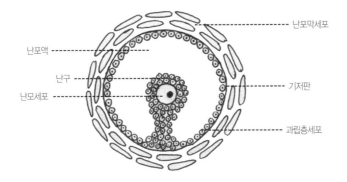

그림 4.4 난포의 해부학. 난모세포를 에워싸고 있는 동洞난포(배란전난포)의 주요한 세포성 성분(과립층세포, 난포막세포, 난구세포)과 비세포성 성분(기저판, 난포액). 출처: Edson et al, 2009, Abigail Michelson이 수정.

와 더불어 달라진다. 이 모체 세포의 층들은 난모세포에 대한 근접성 및 난포 성장의 단계에 따라 이름이 지어진다(그림 4.4). 과립층세포가 난모세포에 가장 가깝다. 과립층세포가 셀 수 없이 더 많아지게 되면 난포가 성장한다. 결국 난모세포에 가장 가까운 세포들은 난구세포로 불리고 모든 난구세포의 모음은 난구로 일컬어진다. 난포가 성숙하는 동안 기저에서 비세포성 층 하나(기저판)가 과립층세포들을 둘러싼다. 기저판 바깥쪽에는 난포막세포들이 있는데, 그것이 셀 수 없이 더 많아지게 되면 속난포막(기저판에 가장 가까운)과 바깥난포막으로 분화한다. 성숙한 난포 안에서는, 난구와 난모세포가 액체의 방안에 떠 있고 작은 한 무더기의 과립세포만이 그것을 난포의 나머지에 연결하고 있다. 난소 안에는 난포가 셀 수 없이 많이 있고, 그 난포들은 대개 많은 수의 서로 다른 발달 또는 위축(퇴행) 단계에 있다. 그렇지만 개별 난포들은 제6장에서 기술하는 하나의 확립된 성장(난포발생) 패턴을 따른다.

교과서에서 보여주는 성숙한 난포는 하나의 주머니로서 중심에 생식세포가 모체 세포의 줄기에 의해 난포의 나머지에 붙어서 액체로 가득한 방안에 둥둥 떠 있는 모습이다. 그렇지만 모든 포유류가 이 교과서 해부학에 들어맞는 것은 아니다. 첫째, 난포에 생식세포가 하나보다 많을 수도 있다. 그런 다란성 난포는 모든 가축 동물에서 이따금 나타나지만, 고양이와 개에서 좀더 흔하다(McEntee 1990). 가축 동물 치고는 이례적이지만, 텐렉 tenrec(텐렉속Tenrec)에서도 그런 난포가 풍부하며, 단일한 난포에 난모세포가 다섯 개까지 들어 있다(Nicoll, Racey 1985). 텐렉은 두 번째 차이점이 있다. 바늘고슴도치붙이속Setifer, 텐렉속 등의 난포는 방(중심의 빈 공간)이 없고 대신에 생식세포가 모체 세포들의 단단한 뭉치 안에 그대로 안겨 있다(Enders et al. 2005). 텐렉은 난모세포와 난구만 배란되는 게 아니라 난포가 통째로 배란된 후 난포 안에서 수태가 일어난다는 점에서도 이례적이다(Nicoll, Racey 1985).

생식로: 난소에서 외부까지

비범한 조합의 무한한 다양성이 포유류 전체에 걸쳐 각양각색의 생식로를 묘사한다. 태반만큼 지극히 가변적이지는 않지만, 암컷 생식로는 전 종에 걸쳐 모자 상호작용의 다양성을 수용하기 위해 수많은 방식으로 변형되어 왔고, 개체 암컷의 번식 생활 중에도 큰 차이를 전시한다. 기초적 패턴을 돌아본 후에, 우리는 이 다양성의 일부를 탐사할 것이다.

암컷 생식로의 조상형 구조는 한 쌍의 속이 빈 관으로, 관마다 난소에서 방출된 난자를 붙잡기 위해 앞쪽 끝에는 섬모가 난 깔때기가 달려 있다. 이 깔때기 다음에는 부위별로 변형된 근육 부분이 온다. 쌍을 이룬 두 관은 난소 가까이에서는 변함없이 떨어져 있지만, 많은 경우 융합해서 자식의 발달을 위해 더 큰 공간을 형성한다. 생식관은 곧장 몸 바깥쪽으로 나가면서 끝날 수도 있고, 요관과 연결되어 비뇨생식굴을 형성할 수도 있다(예컨대 코끼리땃쥐elephant shrew[코끼리땃쥣과Macroscelididae]). 일부 포유류(예컨대

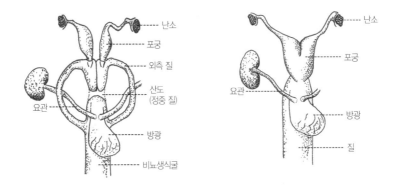

그림 4.5 유대류(왼쪽)와 진수류(오른쪽)에서 요관과 생식관의 상대적 위치. 유대류에서는 요관이 방광에 도달하기 위해 택하는 발달 경로가 생식관들 사이에 있어서 포궁의 융합을 막는다. Tyndale-Biscoe 1973에서 가져다 Abigail Michelson이 수정.

가시두더지, 텐렉)에서는 비뇨생식굴이 소화관의 말단과도 융합해 총배설강을 형성할 것이다. 생식로는 전체가 다 분비기관이지만, 어떤 물질이 분비되느냐는 부분과 종에 따라 다르다.

생식로의 여러 부위는 평범하게 식별된다. 난관, 포궁(포궁들), 질, 음문과 아울러 이 부위들 사이의 이행부위, 이를테면 포궁관경계와 포궁경부도 그런 부위에 속한다. 부위 하나하나가 각양각색의 기능을 수행하도록 변형되어 있고, 정자 저장, 수태, 단공류의 경우 껍데기 예치, 배반포 착상, 임신 인식, 영양분 공급, 물과 가스 교환, 조절 호르몬 및 인자의 생산, 조직파편 제거, 외부 영향에 대한 장벽 제공, 배아 거부, 배아 간격 잡기, 배아의 발달 개선, 알이나 배아 또는 태아의 방출, 출산 후 포궁 조직의 수선 또는 쇄신이 그런 기능에 포함된다(Wagner, Lynch 2005). 모든 기능이 모든 종에 똑같이 중요하지는 않으며, 그 결과로 모든 부위 또는 이행부위가 모든 종에 있는 것은 아니다. 우리는 생식로의 해부학을 간략히 돌아본 후에 그것의 분류학적 다양성을 탐사한다(그림 4.5).

난관

난관(일명 나팔관)은 액체가 채워져 있고 부분적으로 섬모가 난 근육질의 관으로서 난소로부터 포궁까지 연장되며, 대개 수태와 매우 초기 발달이 일어나는 자리다. 이 근육질 성분은 난관이 난소에 상대적으로 움직일 수 있도록 해주기 때문에 중요하다. 이 근육들이 구부리기, 당기기, 짜내기를 가능케 한다. 근섬유들의 배향(Hafez, Hafez 2000)이 난관과 일치해 생식세포와 접합자 운송에 기계적으로 영향을 미친다. 대개 한 쌍의 구조지만 일부 종(예컨대 일부 박쥐들)에서는 한 난관이 퇴화되거나 매우 축소되어 있다.

난관은 수동적 환경이 아니라는 게 핵심이다. 난자는 난소로부터 수태의 자리로 운송되고, 정자는 반대 방향으로 포궁으로부터 난관으로 운송된다. 짝짓기에서 정자는 난자와 생리적으로 융합할 능력도 없고, 도움을 받지 않고서는 수태의 자리에 도달할 능력도 없다. 난관의 액체들이 정자를 운송할 뿐만 아니라 정자에 수태 능력을 부여하기도 한다. 이에 더해 정자는 난관 안에 저장될 수도 있고, 거기서 적극적으로 파괴될 수도 있다. 마지막으로, 일단 수태가 일어났다면, 난관의 분비물은 수태산물을 위한 초기 영양분의 주요한 공급원이 된다.

난소부터 포궁까지, 난관의 네 부위에 (1) 깔때기, (2) 팽대, (3) 잘룩, (4) 포궁관경계라는 이름을 붙인다. 가장자리에 술이 달린, 깔때기 모양을 한 난관의 난소 쪽 끝(깔때기)은 난소를 부분적으로 에워싸는 반면, 포궁 쪽 끝(포궁관경계)에서는 난관이 포궁과 연속으로 이어진다. 두 끝 사이에 있는 팽대와 잘룩은 뚜렷할 수도 있고 뚜렷하지 않을 수도 있다. 길이가 몸집과 밀접하게 관련되지는 않는다. 예컨대 500그램의 네발가락고슴도치four-toed hedgehog(*Atelerix albiventris*)와 75그램의 아시아사향땃쥐Asian musk shrew(*Suncus murinus*)가 둘 다 ~7.5밀리미터 길이의 난관을 갖고 있다. 그렇긴 하지만 4~5그램 꼬마땃쥐least shrew(북아메리카꼬마땃쥐*Cryptotis parva*)의 난관 길이는 4~5밀리미터이고, 70그램 동부두더지eastern mole(*S-*

calopus aquaticus)의 난관 길이는 20~30밀리미터다(Bedford et al. 1997a, 1997b, 1999, 2004).

난관은 내부에 점액질 내벽(점막)을 가지고, 내벽에는 표면적을 늘려주는 접힌 부분(주름)이 풍부하다. 아시아사향땃쥐에서 포궁에 가장 가까운 난관의 주름들은 정자 보관을 위한 지하실로 기능한다(Bedford et al. 1997). 두더지(별코두더지종, 동부두더지종)에게 있는 비슷한 지하실들은 섬모가 나 있고 백혈구를 갖고 있다(Bedford et al. 1999). 이 또한 정자를 저장하는 자리일 수 있다. 백혈구는 여기서 조직파편이나 정자를 제거할 것이다.

난관은 전 종에 걸쳐 (a) 깔때기의 모양과 규모, (b) 관을 따라 일어나는 꼬임의 성격과 정도가 제각각이다(Lesse 1988). 깔때기에 있는 차이들은 앞서 난소 윤활낭과 함께 제시했다. 난관의 나머지도 같은 만큼 다채롭고 위상적으로 복잡하다. 난관은 고리형일 수도 있고(예컨대 곰[큰곰속*Ursus*], 청서[청서속*Sciurus*]), 나선형일 수도 있고(예컨대 돼지(멧돼지속*Sus*]), 굴절형일 수도 있고(예컨대 캥거루쥐kangaroo rat[캥거루쥐속*Dipodomys*], 밍크[밍크속*Neovison*], 주머니흙파는쥐pocket gopher[주머니흙파는쥐속*Geomys*]), 비교적 직선형일 수도 있다(예컨대 토끼[굴토끼속], 여성; Mossman, Duke 1973). 나선과 고리는 난관의 길이를 늘리므로 난자와 정자의 체류 시간에 영향을 미칠 것이다. 따라서 난관 길이의 한 기능은 배란과 짝짓기에 비교해 수태의 타이밍을 조절하는 것일 수 있다.

종 수준의 변이에 더해, 난관은 난관으로부터 포궁에 이르는 길을 따라서뿐만 아니라 시간 경과에 따라서도 특질이 변화한다. 점막 두께와 점막의 주름 수는 난소 가까이에서 가장 크고 포궁 가까이에서 줄어드는 반면, 근육 층은 포궁관경계 가까이에서 난관의 더 큰 비율을 차지한다(Lesse 1988). 섬모가 난 세포들은 난소 근처에서 더 눈에 띄는 반면, 분비 세포들은 포궁 근처에 더 풍부하다(Lesse 1988). 시간적 변동도 일어난다. 다양한 난관 세포의 비대와 위축은 번식 단계(예컨대 임신, 배란주위peri-ovulation)에 따라 달라진다. 그 결과로 난관 액체의 부피와 조성(전해질, 물, 산소, 호르몬, 당, 아미노산, 면역글로불린 따위)도 변화한다(Lesse 1988; Lesse et al. 2001). 요컨대 전 종에 걸쳐 난관의 기초적 관 구조는 비슷하지만, 난관의 형태학·조직학·생화학은 전 종에 걸쳐서뿐만 아니라 개체 안에서도 다른 나이에는 또는 다른 번식 단계에서는 달라진다.

포궁

포궁은 또 하나의 다목적 기관이다. 착상 전 배아 건강 유지, 난소와의 교신, 임신 인식, 태반 형성과 부착, 정자 운송과 저장, 자식과 태반의 임신 및 최종적 만출, 청소, 항균 모두가 포궁의 기능에 포함된다. 구조적으로, 관습적인 포궁 얼개의 범주화(단순simplex, 양분bipartite, 쌍각bicornuate, 중복 duplex; 그림 4.6)가 전 포유류에 걸친 포궁 해부학의 다채로움과 복잡성을 잘못 진달한다.

해부학적으로 포궁은 좌우 난관으로부터 출발해 질(또는 더 있다면 질

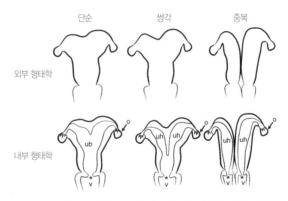

그림 4.6 포궁 모양이 언제나 첫눈에 명백한 것은 아니다. 윗줄은 복막강이 노출되면 드러나는 세 가지 주요 포궁 형태학(단순, 쌍각, 중복) 중 외부 형태학을 예시하는 반면, 아랫줄은 포궁이 절개되면 드러나는 내부 상태를 예시한다. 단순포궁과 쌍각포궁은 외부 형태학으로 구별되지 않을 수도 있다. 포궁 형태학은 외부 생김새가 아니라 좌우 포궁강의 융합도가 결정한다. 그림에서 ub는 포궁체uterine body, uh는 포궁뿔uterine horn, 별표(*)는 포궁경부, v는 질vagina, o는 난소ovary. Jennifer Wen 그림.

들)에서 끝나는 하나의 연속 구조다. 난관 쪽 끝에서는 포궁관경계가 난관을 포궁과 분리하는 반면, 질 쪽 끝에는 포궁경부가(또는 포궁경부들이) 있다. 좌우 난관은 결코 융합되지 않지만, 나머지 생식로의 내강 공간은 많은 경우 다양한 정도로 융합된다. 어떤 분류군에서는 좌우 내강이 결코 융합하지 않아서, 그 결과로 생긴 길에는 포궁경부를 포함한 모든 게 두 개가 있다. 이 중복 형태는 날원숭이류(콜루고), 일부 큰박쥣과Pteropodidae 박쥐류, 모든 토끼류, 일부 설치류(예컨대 기니피그속, 아프리카도깨비쥐속Cricetomys, 파카속Cuniculus, 아구티속Dasyprocta, 시궁쥐속Rattus)와 아울러 유대류와 단공류를 포함하는 갖가지 분류군에서 나타난다(Akinloye, Oke 2010; Favoretto et al. 2015; Hood 1989; Mayor et al. 2011, 2013). 반대편 극단에서는 포궁의 좌우 내강이 전체 길이를 따라 완전히, 다시 말해 포궁관경계로부터 하나뿐인 포궁경부와 질까지 융합될 수 있다. 이 융합된 (단순) 포궁은 영장류와 아홉띠아르마딜로에서 찾아볼 수 있다(Enders et al. 1958; Haig 1999). 부분적 융합은 매우 흔하고 **쌍각** 또는 **양분**이라는 용어로 일컫는다. 땃쥐류(땃쥣과Soricidae), 우제류, 기제류, 고래류, 식육류와 일부 박쥐류는 내강 융합이 어느 정도만 이루어진 포궁을 갖고 있다. 예컨대 암말은 큰 포궁체 하나와 함께 좌우 난관 가까이에 작은 뿔을 한 쌍 가진 반면, 암컷 개와 고양이는 작은 포궁체 하나와 함께 긴 뿔을 양쪽에 갖고 있다.

융합은 안쪽 내강에 관한 말이지, 바깥쪽 형태학에 관한 말이 아니다(그림 4.6). 예를 들어 겉으로 볼 때 Y자 모양인 포궁의 융합된 부분에 두 개의 포궁경관이 두 개의 포궁경부로 이어져 있을 수도 있다. 따라서 그 포궁은 겉으로는 쌍각포궁처럼 보이지만 실은 중복포궁이다.

그 밖의 배치들은 이 범주들로 쉽게 수용되지 않는다. 예컨대 갈색목세발가락나무늘보brown-throated, three-toed sloth(*Bradypus variegatus*)의 포궁은 포궁뿔이 하나도 없고 따라서 **단순**포궁이라는 용어로 일컬어질 테지만, 이것도 단일한 비뇨생식굴로 뚫려 있는 두 개의 포궁경부를 갖고 있다

(Favoretto et al. 2015). 비스워츠키Wisłocki(1928)가 나무늘보들에서 묘사한 단일한 포궁강은 하나의 질관에서 끝나는데, 포궁으로부터 더 멀리 가면 질관이 두 부분으로 나뉜다. 일부 영양antelope(예컨대 아닥스속*Addax*, 힙포트라구스속*Hippotragus*, 오릭스속*Oryx*)에서는, 아울러 누wildebeest(누속*Connochaetes*)에서도 반대의 일이 일어난다. 이들은 모두 포궁경부가 하나뿐인데 그것이 두 개의 포궁경관으로 갈라지고, 각각이 별개의 포궁뿔로 이어진다(Hradecky 1982). 따라서 내강 융합은 위에서 아래로(머리에서 꼬리로) 일어날 수도 있고 아래에서 위로(꼬리에서 머리로) 일어날 수도 있다(그림 4.6). 한 가지 극단적 조건은 유대류에서처럼 좌우의 난관으로부터 아래로 한 쌍의 질까지 완전히 이중으로 되어 있는 생식로다. 반대편 극단도 쌍을 이룬 난관을 포함하지만, 이 난관들은 포궁 안에서 단일한 내강으로 열려 있고, 포궁은 포궁의 꼬리쪽 끝에서 단일한 포궁경부로 이어진 후 외부로 통하는 구멍이 하나뿐인 단일한 질로 열려 있다(예컨대 세띠아르마딜로[세띠아르마딜로속*Tolypeutes*]; Cetica et al. 2005).

　포궁의 다른 특징들은 포유류 전체에 걸쳐 더 동질적이다. 포궁은 세 층으로 이뤄진다. 가장 바깥층인 장막은 복부의 복막 쪽 공간과 접촉하고 있다. 그것은 물질이 복강으로부터 포궁으로 넘어 들어가지 않게 막아주는 얇은 세포층이다. 게다가 복강에서 포궁을 지탱하는 인대들도 장막에, 특히 포궁경부 근처에 붙어 있다. 포궁의 중간 층은 포궁근육층이, 평활근이 안쪽에 돌림 방향으로 바깥쪽에 세로 방향으로 배열되어 있다. 이 근육 층들은 분만 중 수축뿐만 아니라 포궁의 일반적 움직임을 위해서도 핵심적이다. 마지막으로 가장 안쪽 층인 포궁내막은 가장 역동적이다. 포궁내막은 번식 상태에 따라 그리고 난소 호르몬에 응답해 달라진다. 특히 그것은 번식 때가 아니면 줄어들었다가 임신기 중에 또는 심지어 더 일찍이 수태산물 지원을 준비하는 사이에도 두꺼워진다. 안쪽 층의 두꺼워진 부분(일명 탈락막)은 주기적으로 벗겨져 나갈 수도 있고(월경) 출산 시에 태반과 함께 벗겨져 나갈 수도 있다. 포궁은 임신기 동안 커지고 늘어나기도 한다. 분만 후에는 그 포궁이 비임신 상태로 오그라든다. 이 과정은 급속할 수 있다. 예컨대 토끼의 포궁은 분만 직후 무게가 40~50그램인데, 이틀 후에는 20~30그램으로 내려간다(Zoubida 2009).

외부생식기: 총배설강, 비뇨생식굴, 포궁경부, 질, 음핵, 전립샘

[암컷의] 외부생식기는 근래 문헌에서 거의 언급되지 않는다.

—플뢴Plön, 베르나르트Bernard 2007:147

[음핵은] 뚜렷한 기능이 없는 흔적기관으로 여겨져왔다.

—토에스카Toesca 등 1996:514

수컷의 외부생식기에는 풍부한 강세가 주어짐에도, 암컷 생식로의 말단/꼬리 부분은 해부학적 묘사에서 그닥 관심을 받지 못한다. 그래도 암컷 생식로의 아랫부분은 필수적이고 대단히 가변적이다. 우리 인간의 관점에서 포궁은 포궁경부에서 끝나고, 포궁경부는 질로 통하고, 질은 바깥 세계로 통한다. 그렇지만 포궁경부를, 아니 질조차도 모든 종이 갖고 있는 것은 아니며, 소수 종은 각각을 두 개씩(캥거루의 경우는 세 개씩) 갖고 있다. 하지만 친숙한 것에서 시작하자.

　인간에서 포궁의 종점은 포궁경부, 곧 연조직에 감싸인 연골로 된 둥근 목으로서 (대개) 작은 구멍이 질을 향해 나 있다. 포궁경부는 암컷의 일생에 걸쳐 단기로도 장기로도 변화하는 동적 구조다. 발달 초기에는 포궁경부가 포궁 자체보다 훨씬 더 크다. 하지만 사춘기 동안에 포궁이 훨씬 더 빠르게 성장하고 성체 크기까지 커져서 포궁경부를 무색하게 한다(Ellis 2011). 포궁경부에 있는 점액 분비샘은 반복되는 난소 호르몬 변화에 즉각 대응하며,

뻣뻣하지만 구부러지는 고리를 구성하는 콜라겐도 마찬가지다. 꽉 닫힌 고리는 감염원에 대해 한 수준의 보호를 제공하지만, 분만 중에는 광범위하게 그리고 짝짓기 중에는 살짝 벌어져야만 한다. 포궁경부는 몸의 나머지와 가장 단단히 연결된 부위이기도 하다. 그러므로 포궁경부는 포궁이 앞쪽으로든 뒤쪽으로든 당겨질 수 있는 곳이다. 만약 완전한 포궁탈출이 일어나면, 포궁은 심지어 그 자체가 뒤집힐 수도 있다.

인간에서 질은 생식로를 바깥세상과 연결하는 근육질의 탄력 있는 도관이다. 난관 및 포궁과 같이 질관은 다양한 조직으로 이뤄진 동심의 원통형 층들을 갖고 있다. 가장 바깥 층은 상피조직과 약간의 구조적 결합조직으로 이뤄진 하나의 싸개다. 중간 층은 다양한 배향의 평활근 섬유들을 갖고 있고, 가장 안쪽의 내강 층은 접혀서 주름들을 이룰 것이다. 질에는 완전한 맥관구조와 신경이 주입되어 광범위하게 분포하고 있다. 이에 더해 질의 내강은 광범위하고 역동적인 하나의 미생물군계, 곧 생식로의 건강을 유지하는 데 도움을 주는 미생물들을 부양한다. 질구 및 동봉된 미생물군계는 동심의 피부 주름들(음순)을 통해 얼마간 보호를 받는다. 또한 질막vaginal membrane(처녀막hymen)이 있을 수 있다. 음순의 주름들 안에는 음핵, 곧 흥분한 때가 아니라도 혈관이 매우 발달해 있는 일종의 발기기관이 들어 있다(Şenayli 2011). 인간의 관점에서 그것들(포궁경부, 질, 음순, 음핵)은 기본이다. 하지만 이 구조들이 포유류 전체에 걸쳐서는 광범위하게 달라진다.

포궁에서 출발하는 게 아니라, 우리는 반대편 끝에서 가변성의 탐사를 시작할 것이다. 인간 암컷은 밖으로 통하는 구멍을 그들의 소화관용(직장과 항문), 방광용(요도), 생식로용(질과 음문)으로 따로따로 갖고 있다. 이 배치는 다른 많은 종의 암컷에도 존재하지만, 일부 암컷과 모든 수컷은 후자의 (비뇨와 생식을 위한) 두 구멍을 하나의 비뇨생식굴로 합친다. 한술 더 떠서 일부 암컷은 세 구멍을 모두 단 하나의 어귀(총배설강)로 쓸어 넣는다. 발달적으로 배아기 포유류는 모두 총배설강을 갖고 있다. 많은 포유류에서는 격막(회음)이 발달해 소화관을 비뇨생식로로부터 분리시킨다. 그 후에 많은 암컷에서 요도와 생식로가 한 번 더 분리된다. 일부 포유류는 총배설강을 보유한다(예컨대 단공류[짧은코가시두더지속, 긴코가시두더지속, 오리너구리속], 텐렉[작은고슴도치텐렉속*Echinops*, 줄무늬텐렉속*Hemicentetes*], 호저[캐나다호저속 *Erethizon*], 우는토끼pika[우는토끼속*Ochotona*]; Duke 1951; Marshall, Eisenberg 1986; Mossman, Judas 1949; Riedelsheimer et al. 2007).

총배설강과 비뇨생식굴은 지극히 복잡할 수 있다. 예컨대 작은고슴도치텐렉lesser hedgehog tenrec(*Echinops telfairi*)의 총배설강 안쪽에서는 괄약근이 창자 구멍의 개폐를 통제하고 두 번째 구멍 하나는 비뇨생식굴로 이어진다(Riedelsheimer et al. 2007). 반대로 나무늘보(세발가락나무늘보속, 두발가락나무늘보속)의 비뇨생식굴 안쪽에서는 굴의 생식 부분에 난 구멍이 임신한 동안에 밀봉되지만 다른 때에는 열려 있다(Wislocki 1928).

나무늘보에서 그렇듯 질 폐쇄(질막)는 질의 말단을 바깥쪽이나 비뇨생식굴, 또는 총배설강으로부터 분리시킬 것이다. 흔히 사춘기까지는 그런 막이 질관을 밀봉하고 그 후에는 질이 변함없이 열려 있다. 그렇지만 막의 위치와 구성은, 그뿐만 아니라 구멍의 지속기간과 규모도, 전 종에 걸쳐 제각각이다. 유럽두더지는 또다른 해부학적 반전을 갖고 있다. 이들의 질구는 번식 철 동안에 자연히 형성되지만, 그 해의 나머지 동안은 음핵과 항문돌기 사이가 말짱한 피부로 덮인다(Harrison, Matthews 1935). 소형 포유류, 예컨대 두더지, 밭쥐(속)에서는 질의 열림patency 여부를 사용해 이들의 번식 상태를 유공perforate(열림) 아니면 무공imperforate(밀봉됨)으로 특징짓는다. perforate의 정의는 찌르다, 침투하다, 뚫다 따위이므로, 이 용어의 사용에는 질을 열기 위해 어떤 행위(예컨대 짝짓기)가 일어난 적이 있다는 의미가 따라다닌다. 그렇지만 그 과정의 생리학은 알려져 있지 않으며 열림 여부는 호르몬에 의해 조절될 수도 있다.

비뇨생식굴로 돌아가, 나무늘보 이외의 다른 수류 암컷들도 비뇨생식주머니를 보유하지만, 그 주머니는 크기가 제각각일 수 있다. 예컨대 하마에서는 질관과 요도가 큰 굴을 가진 "비뇨생식어귀"로 뚫려 있지만(Chapman 1881:141), 코끼리땃쥐elephant shrew(코끼리땃쥐속*Elephantulus*, 짧은귀코끼리땃쥐속*Macroscelides*, 페트로드로무스속*Petrodromus*)의 비뇨생식굴은 얕다(Tripp 1971). 빈치목의 경우는 비뇨생식굴이 서로 다른 네 과의 속, 예컨대 작은개미핥기lesser anteater(작은개미핥기속*Tamandua*, 큰개미핥깃과), 나무늘보(세발가락나무늘보속, 세발가락나무늘봇과; 두발가락나무늘보속, 두발가락나무늘봇과), 아르마딜로(아홉띠아르마딜로속, 아홉띠아르마딜로과Dasypodidae)에 존재하며, 이는 비뇨생식굴이 그 집단의 특징일 수도 있음을 시사한다(Enders et al. 1958; Favoretto et al. 2015; Rossi et al. 2011; Wislocki 1928). 토끼목의 경우는 그렇지 않다. 토끼목에서 한 과인 토낏과Leporidae(솜꼬리토끼cottontail[솜꼬리토끼속*Sylvilagus*]와 산토끼hare[산토끼속*Lepus*])는 비뇨생식굴을 갖고 있지만(Elchlepp 1952; Hewson 1976), 친척 과인 우는토낏과Ochotonidae는 그것의 비뇨생식굴을 얕은 총배설강 안에 집어넣는다(Duke 1951). 유대류도 비뇨생식굴을 가지며(Kirsch 1977), 일부 진수류 계통의 암컷들, 예컨대 나무땃쥐tree shrew(투파이아속*Tupaia*), 황금두더지golden mole(암블리소무스속*Amblysomus*), 아르마딜로(예컨대 긴털아르마딜로속*Chaetophractus*), 빈투롱binturong(빈투롱속*Arctictus*), 코끼리(아시아코끼리속, 아프리카코끼리속), 하마, 점박이하이에나도 마찬가지다(그림 4.7; Balke et al. 1988a, 1988b; Cetica et al. 2005; Chapman 1881; Fuchs, Corbach-Söhle 2010; Kuyper 1985; Perry 1964; Story 1945). 그러므로 비뇨생식굴을 가진 분류군의 범위는 대개 조상형/기저형으로 여겨지는 일부, 예컨대 유대류, 아르마딜로, 황금두더지, 나무땃쥐뿐만 아니라 더 근래에 기원한, 식육류와 우제류와 같은 다른 일부까지 포함한다.

총배설강 또는 비뇨생식굴은 조상형 특징으로 여겨질지도 모르지만, 그처럼 다양한 분류군에 걸친 그것의 존재는 그것이 적응적 가치를 지녔을 것

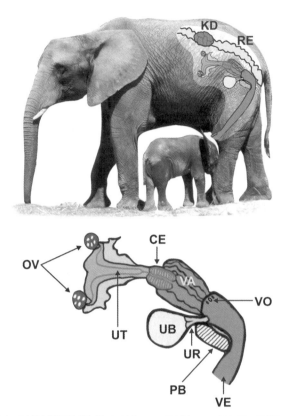

그림 4.7 아프리카코끼리에서 생식로의 위치. 위: KD, 신장kidney; RE, 직장rectum. 아래: CE, 포궁경부cervix; OV, 난소 ovaries; PB, 골반뼈pelvic bone; UB, 방광urinary bladder; UR, 요도urethra; UT, 포궁uterus; VA, 질vagina; VE, 어귀 (전정)/비뇨생식관vestibule/urogenital canal; VO, 질골vaginal os과 두 개의 막힌주머니blind pouch. Hildebrandt et al. 2006에서 허락을 얻어 사용.

임을, 그리고 파생형일 수도 있음을 시사한다. 하지만 다양한 외부 구멍의 가치란 무엇일까? 단일한 총배설강 구멍의 긍정적 결과는 병원체 또는 조직파편의 접근 지점 수가 줄어든다는 것이다. 부정적 결과는 단일한 구멍이 소화관으로부터 생식로 또는 요로 방향으로 오염이 일어날 여지를 넓힌다는 것이다. 두 번째 단점은 총배설강 개폐의 통제가 대변, 소변, 자식이라는 예외적으로 다른 출력물을 가진 세 가지 기관계의 요구사항을 동기화해야만 한다는 점이다. 구멍들을 분리하면 조절을 특화해 다양한 출력물의 특질과 타이밍을 맞출 수 있다. 이 장점은 커다란 새끼를 출산할 때 특히 중요할지도 모른다. 마지막 고려 사항은, 생식로는 짝짓기 중에 입력을 허락해야만 하지만 요도와 직장은 둘 다 그 기능을 수용할 필요가 없다는 점이다. 이런 생각은 모두 추측에 근거한 것이므로, 이는 연구를 위해 열려 있는 영역이다.

질

대개의 경우 질은 단순히 포궁의 연장선으로서 똑같은 관 모양과 조직학적 층들(외부 보호 층, 중간 근육 층, 내부 장액샘 층)을 갖고 있다. 질의 포궁 쪽 종점은 흔히 포궁경부의 근육 수축에 의해 표시된다. 하지만 (1) 예컨대 외뿔고래narwhal(외뿔고래속*Monodon*)가 그렇듯 포궁경부가 항상 존재하는 것은 아니다(Plön Bernard 2007). (2) 예컨대 초원비스카차가 그렇듯 포궁경부는 근육질이 아닐 수도 있다(Weir 1971a, 1971b; 인물탐구). (3) 예컨대 토끼가 그렇듯 만약 포궁이 완전히 중복포궁이면 암컷에 포궁경부가 두 개일 수도 있다(Bensley 1910).

포궁과 마찬가지로 질도 (인간에서처럼) 그것의 길이를 따라 처음부터 끝까지 융합되어 있을 수도 있고, 단공류와 유대류에서처럼 한 쌍의 구조로 남아 있을 수도 있다. 유대류에서는 두 개의 외측 관 사이에 세 번째 질관 하나가 형성되어 분만 중에 기능한다(그림 4.5). 질은 지극히 길 수 있다. 예컨대 유럽두더지의 질은 번식 철 동안 몸길이의 약 40퍼센트까지 길어진다(Bedford et al. 2004). 질 구조에 대한 우리의 지식에는 크기 편향이 있어서, 질 해부구조의 특징들은 주로 대형 포유류의 것이 알려져 있다.

내부 질의 얼개에는 주름이나 고리 혹은 깔때기도 있을 수 있다. 예컨대 아프리카코끼리와 아시아코끼리에는 세로 주름이 있고, 텐렉속에는 둥근 주름이 있고, 하마에는 가로로 맞물려 내부에 나선을 만들어내는 섬유질

과학자, 모험가, 편집자

바버라 J. 위어Barbara J. Weir(1942~1993)

경력 초기에 바버라 J. 위어는 런던동물학회 산하 웰컴비교생리학연구소에서 일하며 호저아목 Hystricomorpha 설치류의 번식생물학이라는 학문을 개척했다. 친칠라와 친칠라 친척들에 관한 그의 박사학위 논문 작업(케임브리지대학, 1968)이 이 집단에 대한 강렬한 매혹을 촉발했다. 여성 은 야외생물학자감으로 기대되지 않던 시절에 그는 이 동물들을 연구하기 위해 아르헨티나, 볼리 비아, 페루로 여러 차례 원정을 떠났고, 그들의 생물학에 관해 인정받는 권위자가 되었다.

일련의 논문에서 위어는 이 거의 알려져 있지 않은 종들의 암컷 번식 습관을 주의 깊게 기재했 다. 그는 야생 기니피그(브라질기니피그*Cavia aperea*)와 두 관련 종(노랑이빨캐비*Galea musteloi des*와 남부산캐비*Microcavia australis*)의 교배 생물학 비교연구를 실행했다. 당시 야생 기니피그에 관해서는 그들의 가축 친척에 비하면 거의 아무것도 알려져 있지 않았다.

암컷이 무슨 큐를 써서 발정의 때를 정하는가에 관한 위어의 발견은 1971년에 출간된 그의 다 음 논문인 「노랑이빨캐비종 기니피그의 발정 유발The Evocation of Oestrus in the Cuis, *Galea musteloides*」을 위한 토대가 되었다. 노랑이빨캐비의 친척 종들은 수컷이 없어도 발정 주기를 경 험한다. 위어는 왜 이것이 노랑이빨캐비에서는 적용되지 않는가를 탐사했다. 위어는 암컷 캐비들 을 다양한 수준의 수컷 호르몬과 냄새에 노출시켜 실험을 해보았다. 일부 암컷은 수컷과 완전히 격리되어 있었고, 일부는 이웃 우리에 있는 수컷의 모습을 보며 냄새를 맡을 수 있었고, 다른 일부 는 수컷과 그 수컷의 오줌똥까지 보고 냄새 맡을 수 있었다. 암컷들은 자연적 발정 기간이었던 몇 몇 드문 경우를 제외하면 이런 큐에 응답하지 않았다. 일반적으로 발정은 일단 암컷이 수컷과 직 접 접촉한 경우에만 시작되었다. 위어의 연구는 암컷 캐비가 발정 주기를 시작하려면 수컷과 신체 적으로 접촉할 필요가 있을 것임을 강하게 시사했다.

그의 1973년 논문 「친칠라의 배란 및 발정 유도The Induction of Ovulation and Oestrus in the Chinchilla」에서 위어는 자신의 발정 유도 연구를 긴꼬리친칠라long-tailed chinchilla(*Chin chilla lanigera*)에게로 확장했다. 위어는 암컷 친칠라에서 발정과 배란을 촉발하는 데 필요한 외인 성 생식샘자극호르몬의 투여량을 탐사했다. 이 탐구는 친칠라 사육자들이 친칠라를 1년 내내 번식 시킬 수 있게 해주었다. 정확한 투여량의 생식샘자극호르몬이 배란을 유도해 정상적 번식 철을 벗 어난 때에도 암컷 친칠라를 짝짓기에 수용적이게끔 만들 수 있었기 때문이다.

호저아목에 관한 그의 광범위한 작업 후에, 위어는 과학 편집 쪽으로 방향을 돌렸다. 그는 1973년부터 1991년까지 『번식과 가임력 저널』(지금은 『번식 저널』)의 편집자로 있으면서, 말의 번 식에 관한 중요한 여러 권을 포함해 50권 이상을 발행했다.

1973년 6월에 그를 기리는 국제 학술회의가 개최된 결과로 『호저아목 설치류의 생물학Biology of Hystricomorph Rodents』(Zoological Society of London Symposium No. 34, 1974)이라는 고전이 탄생했다. 수십 년 동안 건강이 상당히 나빴음에도, 그는 변함없이 과학에 헌신하며 생산적인 경력을 유지했다.

(사진은 『번식 저널』의 호의로 허락을 얻어 사용.)

능선들이 있다(Balke et al. 1988a, 1988b; Bedford et al. 2004; Chapman 1881). 고래류에서는 이런 주름이 "입이 포궁경부 쪽을 가리키고 있는 깔때기들이 연달아 늘어서 있는 것처럼 보인다"(Plön, Bernard 2007:148). 질에는 초원비스카차와 하마에 있는 것과 같은 곁주머니가 있을 수 있다(Chapman 1881, Weir 1971a, 1971b). 듀공에서는 널찍한 질에 각질화한 아치형 천장이 덮여 있다(Nishiwaki, Marsh 1985). 물개류에서는 질이 세로 주름을 갖고 있는데 그곳에 부여된 근섬유가 질관을 수축시킬 수 있다(Atkinson 1997). 질 얼개의 기능에 관한 추측에는 병원체로부터 포궁을 보호한다, 비바람에 장벽을 제공한다, 오르가슴, 짝짓기, 수태, 성적 갈등, 출산, 종 인식 따위를 촉진한다, 조직파편을 제거한다 따위가 포함된다. 이 가설적 기능들에 확실한 뒷받침이 있는 것은 아니다.

음핵

외부생식기를 떠나기 전에, 두 가지 다른 특징은 언급할 가치가 있다. 음핵과 전립샘이다. 암컷 생식로의 묘사에서 음핵을 예시하거나 포함시키는 경우는 드물다. 그래도 그것은 모든 포유류에 있으며, 짐작건대 뇌 변연계의 자극을 경유해 짝짓기에 긍정적 보상을 제공할 것이다. 음핵과 음경은 발생학적 기원이 같기 때문에, 포피의 존재, 발기 능력, 분비샘 일체, 뼈 심(음핵골)의 존재와 같은 특성 또한 공유할 수 있다. 많은 설치류의 음핵은 표면적으로 수컷의 비뇨 돌기를 닮았다(아니면 아마도 수컷의 비뇨 돌기가 음핵을 닮았거나). 일부 종(예컨대 고슴도치[고슴도치속*Erinaceus*], 두더지[유럽두더지속 *Talpa*], 거미원숭이[거미원숭이속*Ateles*], 그리고 물론 점박이하이에나[속])의 암컷은 눈에 띄는, 축 늘어져 대롱거리는, 그리고 발기하는 음핵을 갖고 있다.

음핵 크기의 묘사는 모호할 수 있다. 예컨대 코끼리(아시아코끼리속)의 음핵은 길이가 37센티미터에 달할 수 있다(Eisenberg et al. 1971). 하지만 '크다'고 묘사되는 하마(하마속*Hippopotamus*)의 음핵이 길이로 치면 고작 6.5센티미터다(Eltringham 1995:29). 유사하게 고슴도치속과 땅돼지속 *Orycteropus*(땅돼지)은 음핵이 크고 아이아이속*Daubentonia*(아이아이aye-aye)은 음핵이 짧다고들 말하지만, 측정치가 없는 한 이런 묘사는 도움이 되지 않는다(Hayssen et al. 1993; Pocock 1924). 반면에 유럽두더지의 음핵은 0.5센티미터 수준(Harrison, Matthews 1935)이어서 작은 듯하겠지만, 그것은 수컷 음경의 70퍼센트 크기이므로 상대적으로 큰 편이다. 인간 암컷의 음핵으로 환산하면 그 길이는 8.89센티미터에 해당할 것이다.

일반적으로 해부학자들은 인간의 음핵-음경 크기 차이를 잣대로 사용하는 것처럼 보인다. 만약 다른 종의 암컷이 인간을 기준으로 예상되는 것보다 더 큰 음핵을 갖고 있으면, 그의 음핵은 커졌다, 남성화되었다, 음경을 닮았다, 음경형이다 따위로 묘사된다. 두 번째 편향 하나는 음핵에 발기 조직이 있는데도 그것이 부어오르면 **음핵 발기**clitoral erection 대신에 **음핵 확대**clitoral enlargement라는 용어를 사용하는 것이다(Maurus et al. 1965). 결과적으로, '커진enlarged' 음핵은 모호하게 음핵 발기를 언급하기도 하고 그 기관의 축 늘어진 크기를 언급하기도 한다.

음핵의 크기는 나이와 함께 달라질 수도 있다. 예컨대 유아기 암컷 포사fossa(포사속*Cryptoprocta*)의 음핵은 성체의 것보다 더 크고, 더 큰 음핵골(안쪽의 뼈)을 갖고 있고, 각질화된 가시 형태의 장식물도 더 많다(Hawkins et al. 2002). 전반적으로 음핵의 구조는 대단히 다채롭다.

잣대와 상관없이, 점박이하이에나는 인상적인 음핵, 앞서 언급했듯이 많은 기능을 수행하는 음핵을 갖고 있다. 암컷은 소변보기도, 짝짓기도, 출산도 음핵을 통해서 한다. 따라서 그 구조 전체가 사실상 하나의 비뇨생식굴이다(Cunha et al. 2005). 이 조직은 발기성이어서 사회적 과시에도 쓰인다. 그것은 1~1.5킬로그램 새끼의 출산을 수용할 만큼 확대될 수도 있다. 이 적응, 그리고 그것을 둘러싼 사회적 역학관계는 이로운 게 분명하다. 점박이하이에나는 개체수가 사자*Panthera leo*, 표범*P. pardus*, 치타 *Acinonyx jubatus*를 능가하는, 아프리카 사바나의 우세한 포식자이기 때문이다.

'여성' 전립샘

암컷의 생식계 가운데 거의 언급되지 않는 또 한 성분은 질과 요도 사이에 위치한 하나의 분비샘이다. 이 요도곁샘은 양성 모두에 있지만, 알려지지 않은 이유로 암컷에 있을 때에는 스킨샘Skene's gland, 수컷에 있을 때에는 전립샘이라는 다른 이름이 주어진다. 양성 모두에서 샘은 똑같은 구조를 갖고 있다. 암컷에서 그 샘은 더 작지만 혈관이 잘 발달해 있고 분비세포도 풍부하다(Santos et al. 2003). 그것을 흔적기관 아니면 미숙한 기관이라고 여길 수는 없다(Santos et al. 2003). 이 샘은 여성과 암컷 솜꼬리토끼를 비롯해 일부 설치류(예컨대 민무늬풀밭쥐속*Arvicanthis*, 초원비스카차속*Lagostomus*, 메리오네스속, 프라오미스속*Praomys*, 시궁쥐속), 박쥐(예컨대 아프리카대꼬리박쥐속*Coleura*, 틈새얼굴박쥐속*Nycteris*, 무덤박쥐속*Taphozous*), 고슴도치(속), 텐렉(줄무늬텐렉속), 두더지(유럽두더지속)에도 있다(Elchlepp 1952; Flamini et al. 2002; Santos et al. 2006). 그것은 존재가 제대로 알려져 있지 않아 해부학 연구에서 흔히 무시되기 때문에, 이 목록이 시사하는 것보다는 훨씬 더 흔할 것이다. 여성에서는 그게 동시에 지스폿G-spot의 위치일 수도 있다(Eichel, Ablin 2013).

기능에 대해 말하자면, 샘의 조성이 외분비샘 역할과 내분비샘 역할을 둘 다 시사한다. 그 샘은 여성에서 짙고 희끄무레한 사출액을 방출하는데(Zaviačič 19878; Rubio-Casilla, Jannini 2011), 조성도 남성의 사출액과 비슷하다. 방출의 타이밍을 보면 짝짓기에서 한몫을 할 듯하지만, 구체적 기능은 불분명하다. 그 샘은 더 소량으로 물질을 분비해 근처 기관들의 활동을 조절하기도 한다. 이번에도 특정 기능에 관해 추측하기에는, 방출되는 특정 화합물에 관해서든, 분비의 타이밍에 관해서든, 그 분비물이 도대체 어떤 세포에 작용하는지에 관해서든, 알려진 게 너무 적다. 분명 전립샘은 암컷 번식과 관련해 더 많이 연구될 필요가 있다.

맥관구조, 문맥계, 신경분포

생식계는 산소와 영양분을 어떻게 받을까? 이 전달에 관한 해부학은 난소와 생식로의 복잡한 맥관구조와 아울러 젖샘과 같은 부속 번식 구조와의 교신을 포함한다. 맥관구조와 신경분포는 번식 중에 다양한 해부학적 부품들을 조정한다. 예컨대 젖분비는 대개 배란을 억제하는데, 일부 포유류에서는 임신이 젖 생산을 억제하기도 한다. 이런 작용의 일부는 국소 통제를, 다시 말해 뇌를 경유하지 않고 기관들 사이에서 직접 일어나는 교신을 수반한다.

물질의 국소 전달에는 흔히 세동정맥그물rete mirabile이라는 특화된 혈관 배열이 관련된다. 이 특화된 혈관계는, 그 안에서 동맥과 정맥이 서로에 나란히 효과적으로 달리지만 반대 방향으로 달림으로써, 역류교환이라 불리는 과정을 달성한다. 이것이 예컨대 스테로이드와 같은 물질을 체순환의 일부가 되지 않고 특정 부위에 국소화되게 해준다(Lesse 1988). 그 그물의 얼개는 또한 신호가 인접 기관에 직접 배달되도록 해준다. 혈관의 역류교환 구조가 난소에서 난소로, 난관에서 난소로, 난관에서 포궁으로, 포궁에서 난소로, 질에서 포궁으로의 통신을 가능케 한다(Einer-Jensen, Hunter 2005). 그 교환에는 정맥혈, 동맥혈, 림프, 세포간액체 중 어느 것이 관련될 수 있다. 예를 들면 모체의 임신 인식을 위한 배아의 신호가 포궁에서 난소로 직접 배달되어 임신을 유지할 수도 있고, 사출된 정액 안의 신호가 질에서 포궁으로 배달되어 정자 운송을 늘릴 수도 있다. 젖샘에서는 국소 통제가 수요와 공급을 맞추는 데 도움을 줄 수 있다(Knight et al. 1998). 따라서 맥관구조는 어미와 자식 간, 짝짓기 파트너 간, 암컷 생식계의 한쪽과 반대쪽 간 화학적 교신을 가능케 한다.

생식계는 또한 광범위한 신경분포와 림프관구조를 갖고 있다. 젖샘에서는 림프관이 젖으로 합성될 재료를 먼저 거른다. 난관과 포궁에서는 림프계가 짝짓기후 조직파편을 처리한다. 난관은 또한 구심성 신경(아래쪽 가슴신경들)과 원심성 교감 및 부교감 신경을 모두 갖고 있다(구심성 신경은 중추로 자극을 보내주고 원심성 신경은 중추에서 보낸 명령을 전달해준다—옮긴이)(Lesse 1988; Mossman, Duke 1973). 이 신경분포는 짝짓기와 배란을 조정할 수 있다. 생식계의 해부학적 세부 사항은 그 계통이 다양한 과정을 통제하고 조절하는 방안에 대한 단서를 제공하며, 그런 과정은 체액의 흐름으로부터 근육 수축과 한배새끼수를 거쳐 난자, 정자, 수태, 초기 배아 이주 및 발달의 면역적 또는 스테로이드기반 통제에까지 이른다. 종 대부분의 기초 해부학은 아직 더 묘사되어야 한다. 그리고 그런 조사는, 비록 최신 유행은 아니지만, 단순히 종 하나하나의 유전체 서열을 분석하는 것보다는 번식 과정을 더 실속 있게 이해시켜줄 가능성이 크다.

젖샘

번식에 성공하려면 젖을 생산해서 새끼에게 제공해야 한다. 기본적인 젖생산 세포는 전 포유류에 걸쳐 똑같다. 하지만 자식은 한 가지 크기로 또는 균일한 필요를 가지고 나오지 않는다. 결과적으로 이 젖분비세포lactocyte들과 둘러싸는 젖(유방) 조직의 구성은 전 포유류에 걸쳐 차이가 있다. 젖샘의 해부학은 자식들 자체만큼 다양하고 파생적이다.

무수한 작은 공간(꽈리)이 젖을 분비하는 세포들로 채워져 젖샘의 기능적 단위를 구성한다. 인접한 꽈리들은 소엽을 형성하고, 소엽에는 젖을 모으는 관이 달려 있다. 관은 영장류에서처럼 그냥 젖꼭지에서 뚫릴 수도 있고, 고래류나 반추류에서처럼 먼저 저장용 구유(유조乳槽) 안으로 들어갔다가 젖꼭지로 연결될 수도 있다(그림 4.8). 꽈리들의 수와 배열 및 그것들의 도관 조직뿐만 아니라 마지막 외부 배출구까지도 전 포유류에 걸쳐 다양하다. 예컨대 고래류에서는 관들이 합쳐져 더 큰 유조에 내용물을 비웠다가 유조에 저장된 젖을 요청이 있을 때 젖꼭지를 통해 방출한다(Plön, Bernard 2007). 반면에 단공류에서는 소엽의 관들이 젖꼭지 안으로 통하는 게 아니라 젖꽃판 부위 위로 따로따로 뚫린다(Griffiths et al. 1973). 이 단공류 형태학은 (가시두더지의 뾰족한, 또는 오리너구리의 납작하고 주걱처럼 생긴) 주둥이에 잘 맞춰진 듯한 데 반해, 신생아에서는 이 독특한 두개골 특징이 줄어든다. 따라서 젖꽃판 부위가 단공류 신생아의 해부학에 대한 적응일 가능성은 낮다. 여성에게도 구멍 15~20개가 젖꼭지 끝부분을 에워싸고 있는 젖꽃판 부위가 있다. 젖샘의 신경분포는 젖 방출이라는, 모자 간 교신이 관여하는 과정의 통제에 영향을 미친다.

대중적 가정과 달리, 젖은 신생아가 젖샘으로부터 끌어내지 않는다. 대신 신생아든 유축기든 어느 하나가 젖꼭지에 가한 자극이 뇌로 보내지면, 뇌가 뇌하수체 후엽으로부터 호르몬인 옥시토신을 방출한다. 옥시토신이 그다음에 순환을 통해 이동해서 젖샘에 도달하면, 거기서 꽈리들을 둘러싸고 있는 근섬유와 젖샘 안 도관들의 수축(젖내림)을 유발함으로써 젖을 신생아에게로 밀어 넣는다. 젖 방출은 이 신경−내분비 젖분출 반사milk-ejection reflex의 결과다. 신생아의 젖빨기는 젖 방출을 위한 자극일 뿐이며, 최소한 엄밀히 말해, 젖빨기 자체는 젖을 젖샘에서 끌어내지 않는다.

이 젖방출 반사의 본성은 꽈리와 관 이외에 젖샘의 다른 해부학적 측면도 중요함을 의미한다. 예컨대 근섬유의 배열은 꽈리들이 어떻게 쥐어짜일지를 결정하고, 맥관의 연결망은 샘의 서로 다른 부위가 호르몬 신호를 받

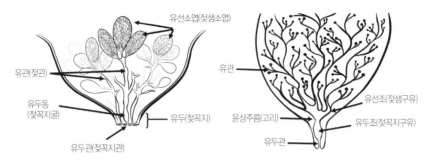

유선소엽(젖샘소엽)

유관(젖관)

유두동
(젖꼭지굴)

유두(젖꼭지)

유두관(젖꼭지관)

유관

윤상주름(고리)

유두관

유선조(젖샘구유)

유두조(젖꼭지구유)

그림 4.8 젖샘과 젖꼭지(왼쪽은 영장류, 오른쪽은 비영장류)의 형태학. 유조와 소엽의 개수 차이에 주목하라. Jennifer Wen 그림.

을 순서에 영향을 줄 것이다. 물론 신경분포의 패턴은 샘의 어떤 부분이 신생아의 신호에 대응할지를 결정한다. 근육, 맥관, 신경 관계망의 위치와 규모가 샘 안에서 종합적으로 젖 방출에 영향을 줄 것이다.

젖샘의 나머지 구성요소, 이를테면 힘줄과 인대 같은 결합조직에도 기능적 관련성이 있다. 이런 조직은 젖샘에 외형을 주지만, 더 중요하게는 그 샘을 몸에 붙잡아준다. 영장류에서 비교적 가벼운 유방 조직은 가슴근육에 달라붙는다. 하지만 젖소에서는 빈 젖통 무게만 25킬로그램쯤 나가고 가득 찬 젖통은 약 50킬로그램에 달하므로, 강한 인대가 젖통을 골반뼈에 직접 붙여준다(Cowie 1974).

젖샘의 수와 위치는 포유류에 따라 다양하지만, 그 젖샘들은 대개 짝수로 존재한다. 예컨대 작은갈색박쥐little brown bat(*Myotis lucifugus*)는 인간처럼 가슴에 한 쌍의 유방이 있지만, 카피바라는 일곱 쌍의 유방이 몸의 측면을 따라 두 쌍은 가슴에, 네 쌍은 배에, 그리고 한 쌍은 사타구니에 나뉘어 있다(Husson 1978). 한배새끼수가 젖샘의 수와 관계있으리라 예상될 것이다. 그렇다면 놀라울 것도 없이, 많은 포유류는, 특히 설치류는 젖샘의 수가 흔히 평균 한배새끼수의 두 배다(Gilbert 1986). 하지만 이는 매우 거친 추산이다. 예컨대 카피바라는 유방의 수(14)가 통상적인 한배새끼수(3~4)보다 훨씬 더 많은 반면, 벌거숭이두더지쥐는 평균 한배새끼수(11)가 통상적인 유방의 수와 같고 최대 한배새끼수(28)는 젖샘 수의 두 배다(Chapman 1999; Hayssen et al. 1993; Sherman et al. 1999). 벌거숭이두더지쥐처럼 주머니고양잇과와 주머니쥣과 유대류의 일정 수는 출산 시 한배새끼수가 젖샘 수를 넘어선다. 그렇지만 이런 종에서 한 젖꼭지에 달라붙지 못한 신생아들은 죽는 반면에, 벌거숭이두더지쥐 신생아들은 접근권을 공유할 수 있어서 대부분이 젖을 뗀다. 분명 한배새끼수는 한 종 안에서 더 가변적이며, 젖샘 수는 일반적으로 그렇지 않다. 유방의 수는 속 특이적 특질은 아니라도 종 특이적 특질인 경우가 많다(Hayssen et al. 1993). 이 점에서 올스틴갈색쥐Neotropical singing mouse(*Scotinomys teguina*)는 이례적이다. 이 암컷들은 지리적 서식지에 따라 유방의 수가 다르다. 북쪽의 암컷들은 유방이 세 쌍인 반면, 남쪽의 암컷들은 유방이 두 쌍뿐이다(Hooper 1972). 놀랍게도 한배새끼수는 그 범위 전체에 걸쳐 똑같다(Hooper, Carleton 1976).

대부분의 포유류는 젖꼭지가 몸의 표면에 붙어 있으며(그림 4.8), 사용되지 않을 때에는 털에 묻혀 있더라도 마찬가지다. 그렇지만 포유류 중 여러 집단은 그들의 젖꼭지를 주머니 안에 보관한다. 주머니 달린 포유류 중에서 그렇게 하는 것으로 가장 잘 알려진 집단은 캥거루와 캥거루의 친척들이다. 많은 유대류가 젖꼭지를 주머니 안에 갖고 있지만, 모든 유대류가 그런 것은 아니다. 알을 낳는 가시두더지들이 그들의 젖꽃판 부위를 주머니 안에서 보호하는 두 번째 암컷 집단이다. 주머니 달린 포유류 중 세 번째 주요 집단은 고래류다. 고래와 돌고래는 젖꼭지가 두 개인데, 생식기 출구의 양옆에 달린 작은 주머니에 하나씩 들어 있다. 그 젖꼭지들은 젖분비기 동안 튀어나오지만 다른 때에는 그 유방 틈새 안에서 머물러 있는다(Plön, Bernard 2007).

젖샘을 떠나기 전에, 우리는 일부 포유류가 비기능성 젖꼭지 혹은 유두

상돌기를 가졌음에 주목한다. 이것들은 젖꼭지처럼 생겼으니 젖꼭지에서 파생했을 것이다. 예컨대 위흡혈박쥣과Megadermatidae 및 관박쥣과Rhinolophidae의 박쥐들은 사타구니나 두덩에 젖꼭지처럼 생긴 한 쌍의 돌기를 갖고 있다(Hayssen et al. 1993; Simmons 1993). 새끼가 실려 다닐 때 이 돌기를 쥘 수 있는데, 유방의 젖꼭지들을 해치지 않으려는 듯 돌기에 매달리지는 않는다.

해부학: 아직 답이 나오지 않은 질문

암컷 해부학은 수천 년 동안 연구되어왔음에도, 우리의 조사는 지금껏 우리가 끌리는 종이나 구할 수 있는 종에 한정되어 있었다. 우리의 과학기술적 기량은 우리가 몸속을 볼 수 있게 해왔고, 현재의 발전은 머지않아 구조가 시간이 가면서 어떻게 변하는지도 관찰하고 측정하게 해줄 것이다. 구조 하나하나에 대해 많은 질문이 남아 있다. 난모세포의 경우, 구조는 종 인식 또는 배아 발달에 어떻게 관련될까? 태반의 경우, 구조가 어미와 자식 사이에서 혹은 자식들 사이에서 일어날 수 있는 교환의 종류를 지시할까?

　난소의 경우, 구조는 배란과 어떤 관계일까? 맥관구조에 가까운 정도가 중요할까? 스테로이드를 생산하는 난포 외 조직의 규모에도 기능적 의미와 시간적 가변성이 있을까? 결합조직과 근섬유의 위치는 난포파follicular wave(173쪽 그림 6.2 참조-옮긴이)의 발달 또는 배란될 난모세포의 선택에 관해 우리에게 무엇을 말해줄까? 외부 피막(윤활낭)의 형태학이 배란의 속도나 위치를 지시할까?

　난관의 경우, 내부 해부학은 생식세포 운송 및 저장과 어떤 관계일까? 부분적 꼬임의 양(또는 섬모의 지름이나 배열)이 운송의 타이밍을 변화시킬까? 앞서 난소를 이야기할 때 물었듯, 분비샘 조직의 위치와 규모에도 기능적 의미가 있을까? 근섬유의 위치와 배향은 난관 운동성의 유형, 정도, 방향을 어떻게 결정할까? 난관은 난자를 어떻게 수집할까?

포궁의 경우, 모양은 한배새끼수와 어떤 관계일까? 포궁 해부학은 배아들의 포궁내 간격 및 이주와 어떤 관계일까? 포궁의 모양은 배아들 간의 상호작용에 어떻게 영향을 줄까?

외부생식기의 경우, 내부생식기와 외부생식기의 형태학은 미생물군계, 짝짓기, 배아 보호, 출산, 사회적 행동 따위를 어떻게 변화시킬까? 전립샘의 기능은 무엇일까? 다양한 음핵들의 기능은 무엇일까? 생식기의 근육구조 및 맥관구조에 있는 차이는 기능 및 작용에 있는 차이에 관해 무엇을 시사할까?

이 질문들이 예시하듯, 해부학과 생리학은 구분이 모호하다. 우리는 해부학적 구조가 그것의 기능을 실행하는 동안 어떻게 변하는지를 볼 필요가 있을 뿐만 아니라, 생리학적 과정이 그런 변화를 어떻게 조절하는지도 이해할 필요가 있다. 결과적으로, 우리의 다음 장은 생리학적 조절의 주요소 일부에 대해 간략한 개요를 제공한다. 그 요소들이 암컷 번식에 영향을 미치기 때문이다.

5

생리학: 세포, 전신,
개체군, 그리고 생태학

어미로부터 독립하는 날에 도달하기까지는 곰에 비해서도 갯과에 비해서도 더 늦지만, 그 밖의 거의 모든 면에서 그는 중간 크기의 갯과를 닮았다(갯과와 그는 먼 친척일 뿐이다). 실은 지극히 육식성인 포유류인데도, 번식과 연관된 그의 생활사는 잡식성인 갯과나 곰의 생활사와 더 흡사하다. 그는 오래 임신한 끝에 큰 자식을 낳고, 그의 몸집으로 예상되는 것보다 더 오랜 기간에 걸쳐 젖을 먹인다. 그의 특징적 생식기는 독특한 내분비적(호르몬적) 프로필에 의해 형성된다. 튼튼한 음핵의 발달은 태아 난소에서 스테로이드 합성 능력이 탐지되기 한참 전에 일어난다. 외부생식기의 분화가 완료되면 비로소 태아 난소에서 실질적인 안드로겐 합성 능력이 발달한다. 안드로겐은 우리의 암컷 점박이하이에나 및 그의 수컷 상대 둘 다에서 성발달의 결정적 측면에 영향을 미칠 가능성이 크다. 음핵과 음경 발달은 둘 다 임신 30일령에 이르러 진전되며, 내부생식기 조직화에서의 성별 차이는 임신 45일령에 명백해진다.

호르몬에서 기인한 생리학적 변화는 형태학적 발달뿐만 아니라 신경생물학의 조직화에도 핵심적이다. 포궁내에서 호르몬에 노출되는 결과로 새끼들에서는 가변적 수준의 공격적 행동이 나타날 것이다. 임신 중에 암컷은 부적 되먹임 negative feedback(분비된 물질이 그 물질의 추가 분비를 억제하는 방식—옮긴이)을 통해 생식샘자극호르몬과 안드로겐에 통제력을 발휘하는 듯하며, 이는 최소한 다른 포유류에 비교하면 '변형된' 것으로 여겨지는 생리학이다. 또한 이들의 프로락틴(젖분비호르몬) 수준은 젖분비기 중에 비교적 낮다. (Licht et al. 1992, 1998; Lindeque et al. 1986; Conley et al. 2007)

하이에나가 간편한 실험실 동물이 아니라는 것은 불행한 일이다. 하이에나 생리학의 이 측면에 관해 실험적으로 작업한다면 상당히 흥미로울 것 같기 때문이다.

—해리슨 매슈스Harrison Matthews 1939:74

유전적 청사진(제3장)은 암컷을 구성하는 분자와 해부학적 구조(제4장) 창조를 위한 지시들을 제공한다. 생리학은 그런 부품들의 역동적 상호작용에 초점을 두되, 내적으로 기관 대 기관 및 조직 대 조직에만 초점을 두는 게 아니라, 암컷의 몸이 그의 환경에서 오는 자극에 반응하는 기제에도 초점을 둔다. 따라서 생리학의 연구 대상은 다중적 축척상에서 일어나며, 세포 간, 기관계 간, 개체 간, 개체와 환경 간 과정을 포함한다. 생리학은 다름 아닌 이 수준들을 통합하지만, 대부분의 생리학자는 그들의 초점을 한두 단계로만 국한시킨다.

세포생리학과 계통생리학은 동물과 인간의 의학 전부와 아울러 세포와 분자적 과정의 학문까지 포함한다. 자신을 '세포 또는 계통 생리학자'라고 부르는 탐구자들은 전 종에 걸친 공통성뿐만 아니라 개체 간 비정상성에도 초점을 둔다. 흔히 그들은 실용적 응용, 이를테면 질병의 치료나 생산의 개선을 기대하고 있다. 그리하여 그들은 한정된 수의 종을 연구한다. 다음이 그런 종에 포함된다. (a) 가축 포유류: 말, 돼지, 소, 양, 염소. (b) 반려 포유류: 고양이, 개, 기니피그Cavia porcellus, 골든햄스터Mesocricetus auratus, 게르빌루스쥐(몽골저빌Meriones unguiculatus). (c) 실험실 포유류: 생쥐, 쥐, 레서스마카크rhesus macaque(히말라야원숭이Macaca mulatta). (d) 사육되는 포유류: 토끼, 여우(붉은여우Vulpes vulpes, 북극여우V. lagopus), 밍크(아메리카밍크Neovison vison), 붉은사슴(말사슴종), 알파카alpaca(Vicugna pacos), 라마llama(Lama glama). (e) 상업적으로 살해되는 포유류: 고래, 돌고래(고래목). (f) 우리 자신 및 우리와 가장 가까운 친척들(대형유인원과 원숭이). 세포와 계통의 학문은 번식생리학의 토대를 제공하므로, 우리는 이 장에서 기초원리 가운데 일부를 돌아볼 것이다.

두 번째 생리학자 집합, 곧 생태학적 생리학자는 도전적 환경 또는 생활 방식에 직면하고 있는 포유류의 생리학, 이를테면 날기, 과일이라는 먹을거리, 사막 환경 따위에 대한 적응을 탐사한다. 역사적으로 이들의 초점은 번식에 맞춰져 있는 게 아니라, 특정한 외부적 도전과 직접 관계있는 특정한 과정—겨울잠, 물균형, 굶주림 따위—에 맞춰져 있다. 생리학적 생태학자는 흔히 비슷한 생태를 가진 포유류들의 총체, 이를테면 나무에 살면서 잎을 먹는 동물, 사막의 설치류, 날 수 있는 포유류(박쥐) 따위를 연구한다. 대안으로 그들은 특정한 적응들을 가진 개별 종, 이를테면 벌거숭이두더지쥐(종)를 연구하기도 한다. 이 책 전체에 걸쳐 우리는 이런 생리학자들이 번식에 관해 발견해온 것들을 탐사한다.

마지막으로 세 번째 생물학자 집합, 곧 생활사 이론가는 대개 생리학자로 인식되지 않지만, 실은 생리학적 계통을 연구하기는 한다. 그들은 포유류가 환경에서 취하는 기본 물질(에너지, 영양분, 물, 공기)을 어떻게 할당하는지, 그리고 그 물질을 성장, 생존, 저장, 번식처럼 때로는 경쟁하는 기능들로 어떻게 배분하는지를 탐사한다. 이 생리학자들은 개체의 몸안에서 일어나는 과정이 아니라 주로 전 종에 걸친 패턴에 관심이 있다. 흔히 이들은 그런 패턴을 찾기 위해 가능한 한 많은 포유류로부터 데이터를 취한다. 몸집의 영향(상대성장)은 특히, 조상의 영향만큼 중요하다. 우리는 이들의 작업 중 일부를 이 장의 뒷부분에서 다룰 것이다.

생리학의 우산 아래 들어가는 연구의 폭을 고려하면, 우리는 분명 전 분야를 망라하지 못하며 번식에 직접 연관되는 부분만도 다 망라하지 못한다. 그렇지만 어떤 기초 생리학적 기제들은 번식이 어떻게 작동하는가를 이해하는 데 중요하다. 따라서 이 장의 일부는 통합과 조정에 연관된 번식생리학의 기본, 다시 말해 호르몬과 호르몬적 기제를 탐사한다. 번식생리학의 세포 및 계통 면에 관한 더 많은 세부 사항은 철저한 검토서, 이를테면 노빌과 닐의 『번식생리학』(Plant, Zeleznik 2015)에서 찾아볼 수 있다. 덧붙여 생리학의 특정 측면들은 번식주기를 다루는 이 책 다음 단원의 장들로 통합된다.

우리의 바람은 생리학자가 번식생리학과 관련해 고심하는 쟁점의 다양성을 예시하는 것이다. 이 목적에 맞게 우리는 한 가지 주제와 세 가지 개념을 어느 정도 자세히 탐사한다. 우리가 선택한 주제는 모체의 임신 인식이고, 개념은 상대성장·에너지학·거래tradeoff다. 우리가 임신 인식에 초점을 두는 이유는, 기제의 생리학적·생화학적 다양성에 대해 우리가 상당한 비교종 식견을 보유하고 있는 얼마 안 되는 주제 가운데 하나가 바로 암컷이 자신의 포궁에 자식이 있음을 '알도록' 해주는 기제이기 때문이다. 우리가 상대성장·에너지학·거래를 선택한 이유는, 이 개념들이 번식에 주어지는 생리적 제약을 생활사 관점에서 밝혀주기 때문이다. 따라서 모체의 임신 인식이라는 주제는 생리학에 대해 분자적―세포적 접근법을 취하는 반면, 이 개념들은 생태학적―진화적 접근법의 전형을 보여준다.

출발하기 전에, 우리는 많은 수준에서 생리학 연구에 만연한 네 가지 어려움을 탐사할 필요가 있다. 다음이 그런 함정에 포함된다. (1) 범주화의 정도와 환원주의적 접근법, (2) 생리학 연구에서 번식을 무시, (3) 생리학 연구에 암컷 관점이 부재, (4) 인간 관점에 의지해 번식을 연구하는 데 연관된 문제.

네 가지 함정

전통적으로 생리학은 기능의 학문인 반면 해부학은 구조의 학문이다. 생리학의 맥락에서 기능을 할당하는 관행은 인간이 생명체와 살아 있는 계통에서 목적 찾기를 몹시 좋아하는 데에서 유래한다. 생리학을 범주화하는 관행에는 보건 과학에서 실용적인 요소도 있다. 어떤 이유로든 생리학은 호흡,

순환, 생식과 같은 기능적 범주로 분할되곤 한다. 그렇지만 이 범주들은 따로 놀지 않는다(그럴 수도 없다). 출산을 예로 들자. 횡격막은 보통 호흡을 위해 끊임없이 사용되지만 분만 중에는 태아를 밀어내는 데 결정적인 근육이기도 하다. 순환도 지장이 생기면 모체와 태반의 연락이 끊기기 때문에 핵심적이다. 따라서 출산에는 해부학적 생식계만이 아니라 호흡계, 신경계, 순환계, 근육계가 직접 관여한다. 간단히 말해 번식은 난소, 태반, 젖샘만이 아니라 전신의 생리학적 과정을 변화시킨다.

이 점이 두 번째 함정을 판다. 대부분의 과학자와 의사는 번식을 다른 신체 과정에 부차적인 것으로 취급한다. 다시 말해, 번식이 예컨대 순환이나 대사에 미치는 효과는 정상 기능의 일부로 여겨지지 않는다. 달리 표현하자면, 정상 기능이란 암컷이 번식 중이 아닌 때 벌어지는 무엇이라는 말이다. 그렇지만 성성숙 이후로 죽을 때까지, 대부분의 암컷은 번식과 연관된 상태에 있다. 더욱이 우리의 생리학적 계통들은 성공적 번식을 우선으로 진화해왔다. 번식은 자연선택의 대들보다. 암컷들이 대부분의 자손을 가지고 다음 세대를 빚는다. 자연선택의 한 측량법으로서의 생존은 오직 번식을 수반하는 경우에만 중요하다. 결과적으로, 자연선택에서는 번식이 일차적이고 생리학의 다른 면들은 부차적이다. 생리학적 기능은 번식의 필요들에 맞춰 주조되어야만 한다. 생리학적 기능에 작용하는 선택은 새끼를 낳는 암컷에 가장 강하게 작용하며, 자식과 수컷에는 덜 강하게 작용한다. 호흡, 소화, 대사, 순환을 연구하는 때 암컷의 번식 관련 상태를 무시하는 것은 이 계통들이 암컷의 생활로 통합되는 방식에 대한 이해를 심각하게 제한한다. 번식은 몸이 기능하는 방식에 주변적이 아니다. 번식은 생리적 통합에 중심적이다.

생리학적 탐구에 있는 세 번째 편향은 새끼를 낳지 않는 동물을 연구하는 데에서 나오는 결과다. 암컷의 생리학은 가변적 수준의 갖가지 호르몬 하에서 일어난다. 비교하자면, 수컷의 생리학은 비교적 일정한 높은 수준의 테스토스테론 하에서 일어난다. 불행히도 대부분의 생리학적 탐구는 수컷을 대상으로 시행되며, 표면적인 이유는 가변적인 호르몬들의 혼재 효과를 피하기 위해서다. 그 결과로, 수컷의 생리학적 계통(일정한 고테스토스테론)이 정상적인 생리학적 기능의 확립된 기준선이 되어왔다(Beery, Zucker 2011). 수컷의 생리학이 정상적 기준상태로 취급되므로 이는 분명한 수컷 편향이다. 이런 관점에서 암컷들은, 호르몬 수준이 가변적이므로, 정상에서 벗어난 개체들이다. 그렇지만 요동치는 호르몬 환경은 정상적 암컷 생리학의 기초다. 암컷의 생리학을 이해하려면, 과학자들은 암컷을 연구할 필요가 있다.

호르몬 환경에 더해, 암컷 생리학은 활동 일정도 다를 것이다. 양성은 모두 먹이를 찾고, 포식자를 피하고, 비생물적 환경을 극복할 필요가 있다. 그렇지만 이런 기초 활동에 가해지는 제약은 암수에 차이가 있다. 극단적으로 단순화해서 말하자면, 암컷의 하루는 자식 곁에서, 또는 자식을 데리고 다니기로 소비되는 반면, 수컷은 전형적으로 더 큰 공간적 면적을 어슬렁거리기, 암컷을 찾아다니기, 그리고 아마도 경쟁자 수컷과 싸우기로 하루를 보낸다. 암컷의 활동은 흔히 공간적 면적을 덜 차지한다. 그의 활동은 임신의 무게나 새끼 곁에 머물 필요에 의해 제한된다. 먹이 탐색, 포식자 회피, 비생물적 스트레스 수용을 위한 그의 활동 범위는 더 작은 맥락, 하지만 그에게 매우 친숙할 맥락 안에서 일어난다.

이 기초 사례에서 암컷과 수컷은 지구력과 근력의 필요량이 다를 것이다. 결과적으로 양성은 운동 또는 근육 활동의 기능이 달라질 것이다. 근래의 주장들이 시사하는 바로, 전력 질주 속력 또는 지구력과 같은 수행 형질 performance trait에 관한 탐구는 다음 각본을 살펴보면 유익할 것이다. 암컷 번식의 요구가 생리학적 매개변수의 한계를 설정할 것이다. 이를테면 임신 또는 젖분비의 수요가 체중부하 또는 영양분 회전율의 상한을 정하리라는 말이다. 따라서 암컷에서 번식의 요구로 선호될 형질들이 양성에서 수행력 증가를 가능케 한다. 게다가 젖분비기(제9장)와 같은 번식 형질은 그 자체가 수행 형질이지만, 이 맥락에서는 연구되어오지 않았다(Orr, Garland 2017). 수유를 위해 둥지 영역에 묶이면, 암컷은 그다지 먼 거리를 여행할 가능성이 없어진다(실은, 그렇게 하면 말썽이 될 것이다). 이에 더해 암컷은 이 영역 안에서 자원과 위험을 빈틈없이 알고 있어야만 할뿐더러 이 정보를 분석하고 보유할 정신적 역량도 갖고 있어야만 한다. 이와 달리 수컷은 돌아다니고, 새로운 영역에서 먹이와 자원을 찾아내고, 포식자로부터 멀리 달릴 수 있는데, 이 모두를 할 때 둥지 자리와 주린 입들로 돌아오지 않아도 된다. 이렇듯 매우 다른 생활방식의 대사적·근육적·에너지적·신경적 결과는 다른 생리학적 계통과 다른 행동적 선택 간의 거래상에 파문을 남긴다. 예컨대 암컷은 포식자를 앉아서 기다릴 수 있을 것인 반면, 수컷은 끼닛거리를 찾아 널리 돌아다닐 수 있을 것이다. 이는 암컷 생리학에 초점 맞추기가 어떻게 새로운 질문으로 이어지는가의 한 예다. 누군가는 심지어 이렇게 상정할지도 모른다. 수컷이 가지뿔과 같은 성선택된 형질의 증가된 중량을 견딜 수 있는 이유는 암컷의 생리학이 이미 무거운 자식의 추가된 무게를 견디는 데 적응되어 있었기 때문이다. 아마 더 크고 더 무거운 신생아를 선호한 애초의 선택이 그 후에 그 추가된 무게를 견딜 능력이 있었던 어느 생리학을 증진했을 것이다. 이것은 암컷의 생리학인데, 수컷이 그것을 나중에 자손이 아닌 가지뿔을 싣고 다닐 용도로 개조할 수 있었다. 물론 아기를 싣고 다니는 데 쓰이는 근육과 가지뿔을 싣고 다니는 데 쓰이는 근육은 상당히 다를 것이다. 아무튼지 간에, 암컷 번식의 요구에 초점을 맞춤으로써 우리는 포유류의 진화에 관한 질문을 다른 맥락에서 던져볼 능력이 생긴다.

마지막으로 인간은 번식 생리학을 살펴보는 때 네 번째 편향을 갖고 있다. 선진 세계에서 대부분의 인간 암컷은 끊임없이 임신하지 않으며 끊임없이 수유하지도 않는다. 그 대신에 그들은 반복되는 배란주기를 겪는다. 이 문화적 패턴도 비번식 생리학이 규범이라는 관념에 기여한다. 그렇지만 임신기 없이 반복되는 배란주기는 일반적인 암컷 포유류에게 정도를 벗어난 조건이다. 따라서 발정주기란 생물학적 타당성이 불분명한 인간적 개념이다. 흔히 측정되는 것으로서, 발정주기는 더 큰 번식주기와 다르다는 점에 주의하라. 번식주기는 배란에서 출발해 수태와 착상과 출산을 거쳐 젖떼기까지 갔다가 배란으로 되돌아간다. 발정주기는 배란에서 배란까지 또는 월경에서 월경까지로 측정되며 둘 사이에 수태는 한 번도 들어가지 않는다. 자연에서 암컷은 가능한 한 발정주기를 줄이고 번식주기를 늘린다. 인간을 제외한 암컷은 임신 중, 젖분비 중 아니면 새끼를 안 가진 상태로 양분될 뿐이다. 야생에서는 암컷이 중간에 수태 없이 배란에서 배란까지 주기를 반복하지 않으며, 만약 암컷이 그 주기를 반복하고 있다면 뭔가가 잘못된 것이다. 번식의 목적은 자식을 생산하는 것인데, 어느 암컷이 끊임없이 발정주기를 반복하고 있다면 그는 에너지를 낭비하고 있을 뿐이다. 만약 때나 조건이 새끼를 성공적으로 기르기에 적당하지 않다면, 암컷은 차라리 그의 생식계를 닫아걸었다가 조건이 나아지면 다시 꺼내는 편이 나을 것이다. 요컨대 끊임없는 발정주기는 그 자체가 포유류 번식의 특징인 게 아니라, 동물원과 그 밖의 포획되었거나 가축화된 환경에서만 나타나는 예외인데, 그게 측정하기가 쉬워서 번식생리학의 단골 특징이 되었을 뿐이다.

비슷한 쟁점은 번식생리학을 연구할 목적으로 가축 포유류, 반려 포유류, 실험실 포유류 따위를 광범위하게 사용하는 데 관한 것이다. 이런 종은 통상적인 생물적·비생물적 선택압에서 많은 세대 동안 풀려나 있었다. 따라서 우리가 문서화하는 생리적·내분비적 패턴은 큰 제약이 없는 조건에서 존재하는 패턴이다. 예컨대 이런 종은 포식에도, 굶주림에도, 경쟁에도 대상이 되지 않는다. 이런 선택압이 생리학을 변형시키는 한, 그 선택압들의 효과는 알려지지 않는다. 실험실 동물에 관한 데이터에서 나온 전통적 모형들은 오해를 낳을 수 있다고 스메일Smale 등(2005)은 강하게 주장한다. 전반적으로, 포유류에서의 번식생리학이야 아마 실험실 연구로 알려지는 것과 얼마간 닮은 점이 있겠지만, 실험실 결과가 야생에서의 번식과 정확히 얼마나 비길 만한지는 불분명하다. 이런 경고를 명심했으니, 우리는 이제 번식과 연관된 생리학의 기본 원리 가운데 일부를 살펴볼 수 있다.

번식생리학의 간략한 개관

암컷의 생리학은 성공적 번식을 위해 무엇을 달성해야 할까? 우선 그는 생육 가능한 생식세포 창조하기, 짝을 찾아내고 선택하기, 짝짓기에 알맞은 장소를 찾아내기, 짝짓기, 적절한 정자 선택하기, 병원체를 포함해 수컷에 의해 전달된 해로울 가능성 있는 물질을 제거 또는 분해하거나 사용하기, 수태 촉진하기를 해야만 한다. 그는 짝짓기 또는 착상의 때를 맞춤으로써 번식에서 나중에 필요한 것들이 이용 가능한 자원과 부합하도록 해야만 하고, 만약 환경적 조건이 형편없으면 생식계를 껐다가 조건이 나아지는 때 다시 켜야만 한다. 그는 건강한 배아나 미래의 자식을 양보하지 않고 결함이 있거나 수용량을 넘는 배아는 거부해야만 한다. 그는 자신과 발달 중인 배아 둘 다를 위해 먹이, 물, 그리고 그 밖의 자원을 구해야만 한다. 그는 자식의 출산을 위해 적당한 곳을 찾아내거나 지어야만 하는데, 그런 후에는 산후 조직파편을 치우거나 그 영역을 떠날 필요가 있을 것이다. 그는 적당한 양과 조성의 젖을 합성하고 그것의 가용성을 새끼의 필요와 동기화해야만 한다. 그는 자식의 젖을 떼어야만 한다. 그는 그 밖의 모성적 돌봄도 제공할 것이다. 이를테면 자식에게 무엇을 먹을지 또는 먹이를 어떻게 찾을지 가르치기도 하고, 만약 사회집단 내에 있다면 자식이 가능한 최고의 서열을 얻도록 돕기도 할 것이다. 이 모든 과제가 번식생리학의 기능인데 그 가운데 대부분이 조정coordination, 다시 말해 암컷의 번식을 환경과, 짝과, 자식과, 그리고 기타 생활의 요구들과 어울리도록 조정하기라는 표제 아래로 떨어진다.

과정들의 조정이 목표라면, 신호를 주고받는 교신은 그 목표를 달성하기 위한 기제다. 신경적 통로와 화학적 통로라는 두 종류의 신호 통로가 마련되어 있다. 신경 쪽에서는 말초와 중추의 신경계가 환경에서 뇌로 정보를 전달해 그 후의 활동을 조정한다. 예컨대 낮 길이라는 환경에서 받은 감각 정보가 번식의 타이밍 조정에 사용되는 게 그런 사례다. 감각 정보는 짝과 친자식 식별하기뿐만 아니라 짝짓기나 수유와 같은 번식의 사회적 측면 조정하기에도 사용된다. 외부 감각 정보는 신경을 경유해 뇌로 전달되어 통합된 다음에 시상하부의 특정한 통제 부위들로 먹여져 하루주기 리듬, 체온, 활동, 허기와 갈증, 번식, 부모노릇, 사회적 결속 따위를 조절한다. 신경 신호는 근육 작용, 이를테면 출산에 필요한 수축 따위를 통제한다. 신경계는 정보의 수신과 그 정보에 대한 반응 둘 다에 관련될 수 있다.

화학적 신호는 내부에서 사용되는 경우가 가장 흔하다. 호르몬들이 어미의 몸안에서 세포와 기관의 작용을 조정한다. 난소 호르몬이 배란, 수태, 임신에 앞서 포궁의 활동을 조정하는 게 그런 사례다. 물론 암컷의 특정 작용에는 신경과 호르몬이 둘 다 관여한다. 하지만 장기적인 내부적 조정은 주로 화학적 신호를 경유한다. 번식에 대한 화학적 신호의 중요성은 아무리 강조해도 지나치지 않으므로, 우리는 그게 무엇이며 어떻게 일하는지를 어느 정도 자세히 탐사할 것이다.

화학적 신호들은 페로몬, 호르몬, 신경호르몬, 신경조절물질, 신경전달물질과 같은 다양한 이름을 지녔지만, 모두 신체 활동을 통합하는 기능을 한다. 뒤따르는 통합은 흔히 간접적이다. 다시 말해 호르몬은 특정한 작용을 직접 촉발함으로써가 아니라 생리학적 계통을 조절하거나 점화prime함으로써 적당한 때에 적당한 결과를 촉진할 것이다(Adkins-Regan 2005). 따라서 화학적 신호는 임신기나 젖분비기와 같은 특정한 번식 단계의 지속 기간에도 영향을 줄 것이고, 서로 다른 표적을 여럿 갖고 있을 것이다. 옥시토신이 출산을 촉발하는 순간, 그것이 또한 임신기를 마감하고 젖내림을 경유해 젖분비기를 개시하는 게 그런 사례다.

화학적 신호는 효과를 국소에 미칠 수도 있고 전신에 미칠 수도 있다. 다시 말해 그것은 공간적 축척들의 연속체를 따라 작용한다. 그 축척별로 서로 다른 이름이 적용될 것이다. 가장 큰 축척에서, 페로몬이란 한 생물의 몸에서 방출된 후 환경을 통해 실려 가(기류나 수류를 경유해) 다른 생물의 행동을 바꾸는 화학적 전령이다. 생물 안에서, 호르몬은 몸의 한 영역에서 합성되고, 혈류 안으로 분비되고, 몸을 통해 순환된 후에야 마침내 합성 자리로부터 멀리 떨어진 그것의 표적 기관에 도달한다. 더 작은 축척에서, 주변분비호르몬은 합성 자리로부터 세포 간 영역 안으로 방출되어 근처 세포에 국소적으로 작용한다. 신경전달물질은 한 신경세포와 인접한 신경세포 또는 근육세포 사이의 연접부 틈 안으로 방출된다. 세포 안에서는 화학적 신호의 변형이 그 신호의 작용을 촉진하거나 억제한다. 예컨대 신경스테로이드(뇌 안에서 합성되는 스테로이드)는 합성이 일어나는 똑같은 세포 안에서 작용할 것이다(Adkins-Regan 2005). 분명 신경전달물질과 신경스테로이드는 신경적 신호전달과 화학적(호르몬) 신호전달의 경계선을 흐린다.

안드로겐과 남성적 형질 및 에스트로겐과 여성적 형질의 연관은 자연의 방식에도 제대로 들어맞지 않는다(Adkins-Regan 2005:6).

안드로겐이 에스트로겐으로 전환된다는 사실은 에스트로겐을 '여성' 호르몬으로, 안드로겐을 '남성' 호르몬으로 보는 일반적 시각이 틀렸음을 증명한다. (androgen이라는 이름은 '남성 인간'을 가리키는 그리스어 'andro'에서 유래하는 반면, estrogen은 '광란' 또는 '잔소리꾼'을 뜻하는 그리스어 'oestrus'에서 유래함에 유의하라.) 두 호르몬은 양성 모두에 있고, 둘 다 정상적인 번식 기능에 꼭 필요하다. 안드로겐이 세포 안에서 에스트로겐으로 전환되는 일은 아주 흔하고 양성 모두의 뇌 안에서 일어난다. 수컷 포유류의 뇌에서는 테스토스테론이 에스트로겐으로 전환된다. 따라서 에스트로겐이 수컷 행동의 많은 측면을 통제한다. 안드로겐도 암컷 번식에 중요하다. 간단히 말해, 안드로겐이 전적으로 남성호르몬인 것은 아니며 에스트로겐이 전적으로 여성호르몬인 것도 아니다.

호르몬들은 서로 다른 공간 축척(국소 대 전신)에서 일할 뿐만 아니라, 서로 다른 시간 축척에서 일하기도 한다. 다시 말해 많은 호르몬은 나이 특이적으로 또는 계절 특이적으로 효과를 미친다. 1960년대 중반에는 행동에 미치는 호르몬 효과를 이해하기에 극도로 생산적인 이분법이 구성되었다. 이 고전적 이분법은 호르몬이 두 가지 방식으로 일한다고, 첫째로는 행동을 발달적으로 조직화하며 둘째로는 성숙한 성체에서 행동을 활성화한다고 제안했다(Phoenix et al. 1959; Young et al. 1964). 초기 조직화 효과는 신경학적 계통과 해부학적 계통 둘 중 하나를 바꾼다. 이 맥락에서 호르몬이란 성체의 행동에 오래가는 효과를 미치는 성분화의 핵심 도구다. 성체에서는 호르몬이 성성숙 시점에, 혹은 비번식 국면에서 빠져나오는 순간에 신경계와 해부학적 계통을 활성화한다. 그리고 호르몬이 짧게 지속되는 효과와 길게 지속되는 효과를 둘 다 미칠 수 있다. 이 고전적 이분법은 지금껏 호르몬이 서로 다른 때 또는 발달 단계에서 미치는 다양한 효과를 분별하는 데에 예외적으로 귀중한 패러다임이었지만, 행동의 가소성과 유연성이, 신경 기질基質의 배아기 조직화는 성체기 중에 바뀔 수 있음을, 그리고 따라서 고정 불변이 아닐 것임을 시사한다(Adkins-Regan 2005). 그럼에도 불구하고 호르몬의 조직화 및 활성화 효과에 관해 생각하기는 새로운 계통 또는 종에 관한 질문을 짜거나 예측을 하기에 유용한 방법인 경우가 많다.

화학적으로 대부분의 호르몬은 스테로이드 아니면 단백질이다. 주요한 생식계 스테로이드인 에스트로겐, 프로게스토겐, 안드로겐은 콜레스테롤의 유도체다(코르티솔이나 알도스테론과 같은, 당질코르티코이드 및 광물코르티코이드도 마찬가지다). 코르티코이드는 부신에서 생산되지만, 스테로이드 생산은 광범위하다. 예컨대 안드로겐과 에스트로겐은 정소와 난소에서뿐만 아니라 부신에서, 간에서, 지방세포에서, 뇌조직에서도 합성된다. 이에 더해 난소 안의 황체에서뿐만 아니라 부신에서도 생산되는 프로게스테론은 다른 스테로이드 호르몬들의 전구체인 동시에 자체의 생리학적 작용들을 갖고 있다.

많은 호르몬은 각별한 내분비기관과(에스트로겐은 난소와, 프로락틴은 뇌하수체와, 프로게스테론은 황체와) 연관되지만, 각별한 호르몬의 부차적 출처가 핵심일 수도 있다. 때때로 우리는 어느 호르몬의 작용을 그 호르몬의 부차적 출처가 아니라 주된 출처의 탓으로 돌릴 텐데, 전신성 옥시토신은 일반적으로 뇌하수체에서 생겨난다는 말이 그런 사례다. 그렇지만 황체도 옥시토신을 생산해 그것을 난소−포궁 순환계 안으로 방출한다. 이 옥시토신의 국소성 분비는 일찍이 임신 인식의 단계들에도 관련되고, 나중에 출산을 위한 포궁 수축의 단계들에도 관련된다. 이 경우 임신에 미치는 옥시토신의 효과를 조절하고 있는 것은 황체이지 시상하부와 뇌하수체가 아니다. 여기서 얻을 교훈은, 어느 각별한 호르몬의 주된 출처가 조사 중인 작용을 위한 특정 출처는 아닐 수도 있다는 것이다. 호르몬의 출처와 화학 모두가 그것의 작용에 영향을 미친다. 스테로이드 대 단백질 호르몬의 화학적 특성은 그것의 작용 기제와 관계가 있다.

스테로이드는 지용성이고 비교적 작아서 세포, 핵, 또는 그 밖의 소포들 막을 구성하는 복잡하게 장식된 지방질 이중막을 통과할 수 있다. 스테로이드는 혈뇌장벽에도 침투한다. 특정한 스테로이드의 구조는, 설사 그 스테로이드의 기능이 대단히 다양하더라도, 폭넓은 다수의 척추동물 전체에 걸쳐 변화를 거의 보여주지 않는다. 예컨대 "테스토스테론은… 멸치anchovy, 아홀로틀axolotl, 살무사adder, 개미잡이새antbird, 땅돼지와 유인원에서 정확히 같은 분자다"(Adkins-Regan 2005:6). 그 밖의 작은 화학적 신호, 이를테면 도파민, 에피네프린, 노르에피네프린, 프로스타글란딘, 멜라토닌, 티록신 따위도 광범위한 종 집단 전체에 걸쳐 비슷하다.

크기와 기동성 덕분에, 작은 호르몬은 효과적인 전령이 된다. 고전적으로 그것의 작용 기제에는 시상하부 및 뇌하수체와 아울러 '표적' 기관, 다시 말해 부신(당질코르티코이드의 경우) 아니면 생식샘(생식계 스테로이드의 경우)이 관여한다. 하나하나 살펴보자면, 그 과정은 다음과 같이 작동한다. 뇌의 다양한 부위가 몸으로부터 화학적·전기적 과정을 경유해 감각 정보를 받고, 통합 후에 그 정보를 시상하부로 보낸다. 시상하부가 그 정보를 취합하고, 타당하다고 인정되면 뇌하수체로 신호를 보낸다. 뇌하수체가 적당한 호르몬을 순환계 안으로 방출한다. 마침내 그 호르몬이 그것의 표적 기관인 생식샘 또는 부신에 도달한다. 그 표적 기관이 그때 스테로이드를 순환계 안으로 방출하면, 그것이 다른 기관들 또는 조직들로 분산된다. 따라서 뇌하수체에서 생식샘 또는 부신으로 신호를 보내는 데에도, 그 후에 특정한 스테로이드를 다른 표적 세포로 보내는 데에도 다시 순환계가 사용된다. 설상가상으로 혈액 안에서는 스테로이드가 (스테로이드를 수송하는—옮긴이) 결합단백질에 붙을 텐데, 이 단백질도 표적 세포에서 이용할 수 있는 호르몬의 양에 영향을 미칠 것이다.

일단 표적 세포에 이르면, 스테로이드 호르몬은 세포막을 통과해 스테로이드 특이적 세포내 수용체에 붙을 것이다. 그 스테로이드 수용체는 DNA에 결합하고 그럼으로써 DNA가 단백질 합성을 개시하도록 유도한다. 포궁내막을 짓거나 허물기, 배란을 자극하거나 억제하기, 다른 호르몬을 합성하기 위해 다른 단백질을 만들어내기 따위의 작업은 단백질들이 한다. 스테로이드는 유전자를 직접 켜거나 끈다. 스테로이드 작용에 다단계가 관련된다는 사실은 스테로이드가 효과를 나타내는 데 걸리는 기간이 대개 시간 단위가 아니라 일 단위임을 의미한다. 중추신경계, 시상하부, 뇌하수체, 표적 기관 사이의 난해한 정적·부적 되먹임 고리들은 호르몬 방출의 매우 민감한 조절을 가능케 한다. 전반적으로 시상하부–뇌하수체–부신HPA 축과 시상하부–뇌하수체–생식샘HPG 축이 스테로이드 작용을 위한 고전적 신호 통로다. HPA 축은 주로 스트레스에 대한 반응을 조정하는 반면, HPG 축은 생식에 관련된다. 그렇지만 우리가 먼저 경고했듯이, 특정한 경우에는 스테로이드의 부차적 출처가 일차적 HPA 축이나 HPG 축보다 더 많은 영향력을 발휘할 수도 있다. 그뿐만 아니라 HPA 축에 일어난 변화가 HPG 축에 영향을 줄 수도 있고 그 반대도 마찬가지다(Toufexis et al. 2014).

단백질 호르몬은 화학, 합성, 작용 기제에서 스테로이드와 차이가 있다. 명백할 테지만, 화학적으로 단백질 호르몬은 아미노산들로 만들어져 있다. 함께 연결되어 흔히 긴 사슬을 이루는 이 아미노산들의 정확한 순서에 관한 지시는 DNA에서 직접 나온다. 다시 말해 단백질서열 구조는 유전적으로 결정된다. 단백질 호르몬 합성은 분자생물학의 고전적인 중심원리를 따른다. 핵이 DNA를 RNA로 전사한 다음, 리보솜이 RNA를 단백질로 번역한다는 말이다. 이와 달리 스테로이드 합성은 유전자에 간접적으로 연관된다. 이 간접적 연관은 스테로이드의 교통수단용 단백질, 스테로이드를 인식하는 수용체용 단백질, 스테로이드를 한 형태에서 다른 형태로 전환하는 효소용 단백질과 같은 단백질들을 경유한다. 단백질 호르몬과 유전자의 더 직접적인 연관성은 동시에, 단백질 호르몬에서는 가변성이 진화 과정에 의해 더 직접 영향을 받는다는 것을 의미한다.

단백질 호르몬을 구성하는 아미노산 사슬은 짧을 때도 있는데, 그런 경우는 단백질이 아니라 펩타이드로 일컬어질 것이다. 펩타이드 호르몬은 지극히 짧을 수 있다. 옥시토신의 경우는 아미노산이 9개, 알파엔도르핀은 16개다. 하지만 대부분의 단백질 호르몬은 아미노산 사슬이 길어서 정교하게 접힐 수 있다. 그 결과로 그런 단백질은 부피가 커서 도움 없이는 세포막을 통과하지 못한다. 암컷 포유류와 관련 있는 단백질 호르몬에는 부신피질자극호르몬ACTH, 생식샘자극호르몬방출호르몬GnRH, 프로락틴, 황체형성호르몬LH, 난포자극호르몬FSH이 포함된다.

단백질 작용은 스테로이드 작용보다 더 직접적이고 더 빠를 수 있다. 옥시토신이나 프로락틴은 뇌에서 방출되면 그것의 표적 기관까지 곧장 여행한다. 표적 세포에 도달하기만 하면 그 덩치 큰 단백질 호르몬이 세포막을 쉽사리 건너는 게 아니라 오히려 세포 표면상의 수용체(또다른 단백질)와 결합한다. 이 결합이 수용체에 모양 변화를 일으키면, 그 모양 변화가 세포 안에서 효과를 일으키는 다른 생화학적 변경들의 연쇄반응을 급속히 개시되게 할 수 있다. 따라서 단백질 호르몬은 유전자와 어떤 직접적 상호작용도 거치지 않고 더 빠르게 원하는 작용을 일으킬 수 있다.

세포 표면 수용체는 펩타이드 및 단백질 호르몬에 대한 친화도와 감수성에서 고도로 가변적이다. 예컨대 친화도는 같은 개체 안에서도 전 조직에 걸쳐 제각각일 수 있다. 이에 더해 시간이 가면 서로 다른 조직에서 수용체의 수와 가시성이 요동칠 수 있다. 또한 세포 안에서 수용체의 합성이 스테로이드 호르몬이나 다른 펩타이드 호르몬에 의해 달라질 수도 있다. 그 결과로 서로 다른 호르몬들의 상호작용은 극도로 복잡할 수 있다. 이 모두가 생화학적 수준에서 벌어지고 있는데, 전 포유류에 걸친 차이는 이 수준에서 잘 연구되어 있지 않다.

프로락틴은 호르몬의 구조·조절·기능 가변성의 특히 좋은 일례다. 포유류에서 프로락틴은 아미노산 약 200개의 단일한 사슬로 이뤄져 있지만, 단백질을 구성하는 20가지 아미노산의 서열은 전 종에 걸쳐 크게 차이가 있다. 예컨대 인간에서의 서열은 돼지, 양, 말에서의 서열과 약 50개 위치에서 다르고, 쥐에서의 서열과는 약 80군데에서 다르다. 달리 말해 인간과 말의 프로락틴은 80퍼센트가 동일하고(Lehrmann et al. 1988), 인간과 돼지의 프로락틴은 77퍼센트가 같으며, 인간과 양의 프로락틴은 73퍼센트가 동일하고, 인간과 쥐의 프로락틴은 60퍼센트가 같다(Shome, Parlow 1977). 서열에 변이가 있는 데 더해, 이 단백질은 만들어진 후에도 예컨대 거기에 당을 추가함으로써 또는 그것을 더 작은 조각들로 쪼갬으로써 변경될 수 있다. 그토록 차이가 많은데 왜 이 모든 변이체가 프로락틴으로 불릴까? 첫째, 종이나 서열이 어떻든 포유류의 프로락틴들은 비슷한 효과를 미치고, 따라서 당연한 일이지만, 비슷한 기능을 제공한다. 둘째, 그것들이 모두 프로락틴으로 불리는 이유는 그 변이체들에서 변화를 추적하면 그 단백질의 조상 형태로 거슬러 올라갈 수 있기 때문이다.

프로락틴이 어떤 변이체건 기능이 비슷하다는 말은 다소 솔직하지 못하다(또는 최소한 지나치게 단순한 일반화다). 왜냐하면 프로락틴은 알려진 역할만 300가지가 넘고, 몸안의 다수 출처—예컨대 뇌하수체 전엽, 뇌 안의 다양한 부위, 태반, 포궁, 젖샘, 젖, 림프구—에서 합성되기 때문이다(Freeman et al. 2000). 프로락틴의 기능 가운데 일부는 번식과 관계가 있다. 젖샘에서, 프로락틴은 젖샘의 발달과 성장, 젖 합성, 젖 분비에 영향을 준다. 난소에서, 프로락틴은 황체의 기능에 영향을 주는데, 자극적(황체자극) 구실과 억제적(황체용해) 구실을 둘 다 할 수 있다. 행동적으로, 프로락틴은 성적 활동의 빈도를 바꿀 수도 있고, 둥지 짓기로부터 수유에 이르는 모성적 돌봄에 영향을 미칠 수도 있다. 프로락틴은 항상성, 면역 기능, 삼투압 균형, 혈관발생 따위에서 비번식적 기능도 맡고 있다(Freeman et al. 2000). 한 호르몬이 어떻게 그토록 많은 역할을 이행할 수 있을까?

기능에 있는 가변성은 부분적으로는 호르몬 자체에 있는 차이들에서 기인할 뿐만 아니라 수많은 조절 분자에서 기인하기도 한다. 프로락틴에 대한 조절 호르몬의 긴 목록에는 도파민, 노르에피네프린, 에피네프린, 세로토닌, 히스타민, 아세틸콜린, 옥시토신, 바소프레신, 오피오이드, 갑상샘자극호르몬방출호르몬, 혈관작용장펩타이드, 성장억제호르몬, 감마아미노부티르산, 심방나트륨이뇨호르몬, 칼시토닌, 신경펩타이드 Y, 안지오텐신 Ⅱ, 갈라닌, P 물질, 봄베신유사펩타이드, 뉴로텐신, 콜레시스토키닌, 글루탐산염, 아스파르트산염, 산화질소가 포함된다(Freeman et al. 2000). 이 분자들은 프로락틴의 분비에 영향을 준다. 일단 방출된 프로락틴은 프로락틴–수용체단백질을 경유해 세포에 결합하는데, 이 수용체에도 변이체들이 있다. 이에 더해 프로락틴의 작용에 영향을 줄 수 있는 가용성 프로락틴결합단백질들도 존재한다(Freeman et al. 2000). 최종 결과는 이 단백질 호르몬의 작용을 조절하는 하나의 극도로 난해한 생화학적 계통이다. 프로락틴은 극단적 일례일 수도 있지만, 다른 호르몬들도 상당한 조절적 복잡성을 지니고 있다.

이 복잡성은 호르몬이 생리학 또는 행동에 한 가지 효과만 미치지는 않는다는 것을 의미한다. 호르몬은 엄청나게 가변적인 조합으로 작용해 다양한 생리학적 결과를 달성한다. 똑같은 호르몬 조합이 다른 조직에서, 다른 때에, 다른 성에서, 다른 종에서는 상승적 또는 억제적 효과를 미칠 수도 있다. 많은 면에서 호르몬의 다재다능함은 인정되는 것보다 훨씬 더 대단하며, 암컷이 소유한 호르몬의 총수는 그 호르몬들이 재촉하는 효과의 총수 근처에도 가지 못한다.

호르몬과 호르몬 작용의 다양성을 이해하는 것은 번식생리학의 작은 일부일 뿐이다. 더 큰 맥락은 어떤 생리학적 문제를 해결하기 위해 화학적 신호가 몸과 어떻게 상호작용하는가를 이해하는 것이다. 우리는 모체의 임신인식을 이 더 큰 맥락의 일례로서 탐사할 것이다.

모체의 임신 인식

모든 주어진 호르몬에 다수의 기능이 있는 것과 마찬가지로, 모든 주어진 생리학적 문제에도 다수의 해답이 있다. 암컷이 하나의 번식적 목표를 달성하기 위해 사용하는 다수의 난해한 기제들의 일례로, 우리는 다음 질문을 던진다. 어미는 자신이 임신한 것을 어떻게 알까? 다시 말해 무엇이 모체의 생리를 비임신 상태에서 임신 상태로 전환할까? 수태 직후 암컷은 자신이 임신한 것을 생리학적으로 인식하지 않는다. 그 정보가 전달될 수 있는 유일한 길은 수태산물이 자기가 있다는 신호를 보내는 길뿐이다. 임신에 관한 이 화학적 신호는 수태산물로부터 나와야만 하며, 가장 먼저 문서화된 모자 간 교신이다. 이 교신은 생육 가능한 태아를 보존하기 위해서뿐만 아니라, 만약 어느 배아에 결함이 있거나 건강한 배아가 너무 적게 착상되었다면 암 컷이 번식을 다시 시작할 수 있도록 보장하기 위해서도 필수적이다. 그 신 호는 그 밖의 결과도 가져올 것이다. 붉은사슴의 경우, 그 신호는 성적으로 이형성이고, 이 사실이 암컷에게 적당한 성별의 배반포만 받아들임으로써 아들 또는 딸을 '선택'할 수 있는 기제를 제공한다(Flint et al. 1997). 따라서 모체의 임신 인식은 원대한 효과를 미칠 수 있다.

어미에게 임신의 맨 처음 단계들은 비임신 상태와 구별되지 않는다. 배 란 후에 많은 암컷의 경우는 이제 속이 빈 난포가 내분비기관(황체, CL)으로 재구성되어 프로게스테론(황체호르몬)을 생산한다. 프로게스테론은 특수한 난소-포궁 맥관구조(그물)에 의해 포궁으로 전달되어 포궁벽을 증식하고 유지함으로써 착상, 초기 배아발생, 그리고 임신기의 나머지를 촉진한다. 황체는 진수류 포유류에서 임신의 필요조건이다(Flint et al. 1990). 각 종에 특정한 일정 기간 후에, 황체는 퇴화하고, 포궁내막은 떨어져 나가거나 흡 착되고(탈락막화라고 부르는 과정), 암컷은 배란을 위해 새 난포를 준비한다. 황체 유지하기(그럼으로써 프로게스테론 수준 유지하기)는 대개 임신기의 계속 을 위해 중요하다. 황체 퇴화시키기(프로게스테론 생산 줄이기)는 수태가 일 어나지 않으면 중요하다. 난소의 외부에서 추가되는 신호는 황체용해(황체 의 퇴화를 일으키는) 신호일 수도 있고 황체자극(황체의 성장과 유지를 일으키 는) 신호일 수도 있다. 임신기를 거치는 동안, 황체가 늘 핵심인 것은 아니 다. 오히려 프로게스테론 생산이 대개 핵심인데, 프로게스테론의 출처는 어 쩌면 황체일지도 모르지만, 프로게스테론이라면 태반이나 배아도 제공할 수 있다. 그 출처가 무엇이건 간에, 임신의 인식은 임신기에서 초기, 대개 착상 무렵에 일어난다(Flint et al. 1990). 따라서 **모체의 임신 인식**이란 황체 프로게스테론이 유지되게 하는 생리학적 기제를 가리킨다.

무엇이 황체의 수명에 영향을 미칠까? 이 점은 종별로 대단히 다르며, 그 차이는 비교생리학의 거의 모든 측면과 관계가 있다. 우리가 데이터를 갖고 있는 종은 일반적으로 인간과 얼마간 분명한 연관이 있는 종이다. 인간과 가축 유제류(소와 양)에 관해서는 꽤 많이 알고 있으므로, 우리는 그들에서 출발할 것이다. 그다음에 분류학적 차이를 탐사할 것이다. 유대류는 짧은 임신으로, 갯과는 이른바 거짓임신으로 특징지어지며, 그 밖의 예닐곱 가지 분류군에 대해서도 약간의 정보가 있다.

인간에서는 수태산물이 황체자극 신호를 분비하면 그 신호가 난소-포궁 순환계로 들어가 황체를 유지한다. 그 신호는 융모생식샘자극호르몬(CG; Bazar 2013), 많은 임신 탐지 검사에 사용되는 바로 그 물질이다. 수태산물에 의해 융모생식샘자극호르몬이 방출되는 시점은 대개 수태 후 약 6일째다. 융모생식샘자극호르몬은 단백질 호르몬의 일족(생식샘자극호르몬)에 속한다. 황체형성호르몬과 난포자극호르몬을 포함하는 이 일족은 뇌하수체 전엽에 의해 생산되어 번식 기능의 많은 측면을 조절한다. 특히 황체형성호르몬은 황체자극 신호이기도 하다. 사실상 인간의 수태산물은 어미의 뇌하수체가 맡은 역할을 탈취해 황체를 유지하는 셈이다.

암소와 암양은 다른 계통을 갖고 있다(그림 5.1). 황체자극 신호를 보내는 대신에, 새로운 수태산물은 모체의 황체용해 호르몬 분비를 예방한다. 수태산물이 없으면, 암컷의 포궁은 배란 후 정해진 시기에 황체를 퇴화시키기 위해 이 황체용해 호르몬을 난소로 보낸다. 수태산물은, 만약 있다면, 그 포궁 신호의 분비를 예방하고 따라서 황체는 유지된다.

명백할 테지만, 세부 사항은 지극히 난해하고 뇌하수체, 난소, 포궁, 수태산물로부터 여러 호르몬이 관여한다. 암소와 암양에서, 포궁이 박동하듯 프로스타글란딘PGF2α을 분비하는 것은 황체용해 신호다. 이런 분비는 또한 옥시토신에 달려 있다. 따라서 황체용해 신호란 옥시토신에 의존한 프로스타글란딘 박동의 방출이다. 프로스타글란딘의 합성은 또한 에스트로겐

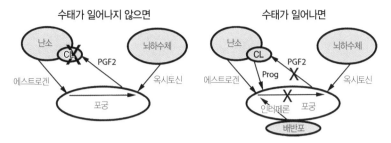

그림 5.1 가축 암소에서 일어나는 모체의 임신 인식(단순화한 도식). 임신을 유지하려면 프로게스테론Prog이 필요하다. 애초의 프로게스테론은 난소에서 황체CL로부터 나온다. 왼쪽: 수태가 일어나지 않으면, 뇌하수체에서 보낸 신호(옥시토신)와 난소에서 보낸 신호(에스트로겐)가 포궁에 도달해 포궁이 프로스타글란딘을 분비하게 하고, 프로스타글란딘은 황체의 퇴화(황체용해)를 촉발해 결과적으로 프로게스테론의 생산을 멈춘다. 오른쪽: 수태가 일어나면, 수태산물(배반포)이 포궁의 내부 신호전달을 방해하는 신호(인터페론)를 생산한다. 결국 프로스타글란딘이 방출되지 않고 그래서 황체가 유지되며 프로게스테론 생산을 계속한다. 따라서 암소에서는 인터페론이 임신 인식 신호다. Virginia Hayssen이 그린 도표.

에 얹혀 있다. 암소나 암양이 임신해서 생육 가능한 배아가 생기면 그 수태산물은 인터페론을 분비하고, 인터페론이 옥시토신과 에스트로겐의 수용체를 억제함으로써 프로스타글란딘의 합성 및 박동성 방출과 황체의 퇴화를 예방한다. 딴 얘기지만, 시험관 내에서 암컷 배반포는 수컷 배반포의 두 배 분량의 인터페론을 생산한다(Larson et al. 2001). 이 차이는 어미에게 자기 새끼의 성별을 선택할 수 있는 기제를 제공한다. 암소와 암양의 경우, 저마다 출처가 다른 네 가지 화학적 신호, 다시 말해 포궁 프로스타글란딘, 황체 옥시토신, 난소 에스트로겐, 수태산물 인터페론이 임신 인식에 관련된다(Bazar 2013). 이 패턴이 먼 친척 분류군에서도 지켜질까? 아마 아닐 것이다. 연구되어온 분류군이 거의 없기는 하지만, 몇몇 사례는 더 자세한 검토를 위해 이용할 수 있으며 똑같은 생리적 목표를 달성하기 위해 종이 사용하는 분자 기제의 다양성을 전형적으로 입증한다.

유대류는 어떨까? 유대류의 경우 임신 인식은 논란의 여지가 있는 문제처럼 보일지도 모른다. 황체의 자연적 지속기간이 배란과 출산 사이 구간과 일치하기 때문이다. 그렇지만 유대류에도 임신 인식이 있다(Renfree 2010). 그리고 최소한 일부에서는 황체가 아닌 태아─태반 단위가 포궁의 생리학에 영향을 준다. 배아가 아니라 난황낭이 그 인식 신호의 개연성 있는 기원이다(Renfree 2010; 인물탐구).

흥미진진하게도 어떤 진수류의 경우는 임신 인식이 불필요할 것이다. 예컨대 가축 개에서, 심지어 짝짓기가 일어난 적이 없고 그래서 자식이 없더라도, 황체는 정상 임신의 길이 동안 유지된다. 야생 상태의 자연에서 어느 암컷이 기꺼이 응하는 짝을 찾을 수 없는 경우는 드물 것이다. 하지만 많은 수의 가축 암캐는 수컷으로부터 떨어져 지내는 결과로, 짝짓기 없는 배란을 흔하게 만든다. 이런 암컷은 모성행동과 젖샘 발달을 포함해 임신과 연관되는 행동들을 드러낼 수 있다. **거짓임신**pseudo-pregnancy이라는 용어는 암컷이 임신한 것처럼 보이지만 임신하지 않은, 이 비교적 흔치 않은 조건을 설명하기 위해 만들어졌다. 미결 문제는 이것이다. 출산이 없는데 무엇이 결국 거짓임신 황체를 퇴화시킬까?

거짓임신이 일어날 수 있는 또다른 조건은 암컷이 불임 수컷과 짝짓기를 하는 것이다. 이 경우 짝짓기의 기계적 자극은 (가축 고양이나 실험실 생쥐에서처럼) 황체의 유지를 촉발하기 위한 충분조건일 것이다. 자연적 상황에서 이 유형의 거짓임신은 극도로 드물 것이다. 야생의 암컷은 십중팔구 가임 수컷과 짝짓기를 할 것이기 때문이다.

불행히도 **거짓임신한**이라는 용어는 황체가 착상후 끈질기게 지속되는 다른 상황에도 적용되어왔다. 다시 말해 이 용어는 암컷이 (가짜로가 아니라) 분명히 임신한 때에도 사용되며, 토끼에서(Nowak, Bahr 1983) 예를 볼 수 있다. 여기서는 자식이 착상된 후에도 황체의 통제권을 암컷이 보유한다. 따라서 토끼는 어미들이 임신에 대해 더 많은 통제력을 가지는 만큼 배아의 영향력은 더 적다. 커진 어미의 통제력은 (토끼에서 자주 일어나는 일로서) 임신 중에 한배새끼수를 줄일 여지를 줄 것이다.

갯과로 돌아가, 배란과 짝짓기는 일년에 한 번 일어나며 흔히 임신의 지속기간과 거의 같은 기간 동안 지속되는 하나의 황체와 상관관계를 보인

오즈에서 태어난 주머니쥐 여사

메릴린 렌프리Marilyn Renfree(1947~)

오스트레일리아(속칭 오즈-옮긴이) 토박이 메릴린 렌프리는 오스트레일리아국립대학을 졸업했다. 그는 휴 틴들-비스코Hugh Tyndale-Biscoe와의 협업으로 받은 그의 박사학위도 그곳에서 마쳤다. 포유류에서의 모체-태아 상호작용에 관한 그의 애초 작업으로부터, 렌프리의 탐구는 그와 같은 오스트레일리아산 포유류·유대류에 초점을 두고 번식을 일반적으로 이해하는 일로 확장되었다. 이 작업은 이를테면 배아 휴면과 같은 번식 지연을 조사하는 일로 이어졌다. 렌프리의 탐구는 유대류의 광범위한 생리학적 다양성을 탐사하는 오스트레일리아 르네상스의 일부였다.

박사학위를 마친 후, 렌프리는 풀브라이트 장학금을 받아 테네시대학에서 북아메리카 주머니쥐에 있는 포궁 단백질들을 조사했다. 그는 에든버러에서도 포드 장학금 수혜자로서 장기간 시간을 보냈고, 거기서 우리가 소개하는 또 한 명의 과학자, 앤 매클래런(169쪽 인물탐구 참조)과 함께 일했다. 실은 두 사람이 『네이처』에 실린 논문 한 편을 공저하기도 했다. 렌프리는 또한 유대류에서의 번식 통제, 성염색체의 진화, 그리고 번식의 다른 측면, 특히 배아 휴면을 문서화해왔다.

그의 작업 중 많은 부분은 타마왈라비(종)에 초점을 두었다. 그의 말로 "그들이 임신 중이 아닌 유일한 날은 출산하는 날"이기 때문이다. 그의 논문들은 포유류에서 번식의 근접 원인 및 진화적 적응을 둘 다 탐사한다. 월경은 렌프리가 광범위하게 탐구해온 또 하나의 주제다.

그의 최근 논문들은 현대의 분자적 방법을 써서 유대류의 생물학을 탐사한다. 또 한 명의 우리가 소개한 과학자, 제니퍼 A. 마셜 그레이브스(64쪽 인물탐구 참조)와 공저한 「유전체학 시대의 유대류Marsupials in the age of Genomics」가 그 예다. 하지만 그의 초점은 젖의 기원, 착상 및 태반형성에 연관된 젖샘에서의 유전자 발현, 암수 생식로의 분화, 아울러 생식샘의 발달과 생식세포 발생에 이르기까지, 번식생리학에 변함없이 맞춰져 있다. 그의 근래 작업은 어떤 유전자들이 유대류에서는 각인되지 않는다는 사실을 이용해 유전체 각인의 진화를 조사한다. 렌프리의 탐구는 늘 흥미로운 동시에 시류를 따른다. 근래의 출판물인 「캥거루에 관한 모든 것Everything About Kangaroos」도 그의 폭을 입증한다.

그의 학문적 고향인 멜버른대학에서부터, 렌프리는 국제적으로 유대류 생물학 및 번식생물학에 관한 선도적 전문가로서 인정받는다. 그는 1997년에 오스트레일리아학술원 회원으로 선출된 것을 포함해, 일련의 상을 받아왔다.

(사진은 메릴린 렌프리의 호의로 허락을 얻어 사용.)

다. 그러므로 갯과에는 포궁으로부터 나오는 황체용해 신호도 없고 수태산물로부터 나오는 황체자극 신호도 없다(Songsasen et al. 2006). 사실상 이들은 임신을 인식하지 않는다. 긴 황체 지속기간은 많은 갯과에서, 말하자면 코요테*Canis latrans*, 회색늑대*C. lupus*, 에티오피아늑대*C. simensis*, 갈기늑대*Chrysocyon brachyurus*, 아프리카들개*Lycaon pictus*, 너구리*Nyctereutes procyonoides*, 덤불개*Speothos venaticus*, 북극여우, 붉은여우, 페넥여우*Vulpes zerda*(van Kesteren 2011)에서 문서화되어왔다. 이들 중 최소한 둘, 아프리카들개와 에티오피아늑대의 경우는 협동번식이 일어난다.

협동번식 단위에서는 지배 암컷 한 마리가 자식의 전부 또는 대부분을 낳고, 나머지 종속 암컷들은 모성적 돌봄을 제공하는 데 도움을 준다. 이런 경우 비번식 종속 암컷들에서 지속기간이 긴 황체의 호르몬적 결과는 대행부모 돌봄을 촉진할 것이고, 협동해서 번식하는 에티오피아늑대에서 일어나는 것과 같은 대행수유(van Kesteren et al. 2013)도 그런 돌봄에 포함될 것이다. 다시 말해 임신하지 않은 암컷들도 호르몬적으로는 자신의 사회집단에서 영아들의 모성적 돌봄에 참여할 준비가 되어 있을 것이다.

갯과는 임신을 인식하지 않을지 몰라도 다른 진수류들은 인식한다. 그렇지만 황체를 부양하거나 끝장내는 분자는 전 종에 걸쳐 대단히 다르다. 다음의 (굵은 글씨로 문단을 시작한) 짧은 예들은 흥미로울 것이다. 특정한 번식적 목적을 충족시키는 데에서 분자적 기제들은 균일하지 않다는 것을 이 예들이 확인해주기 때문이다.

붉은사슴. 붉은사슴의 계통은 소나 양과 대부분의 면에서 비슷하다. 수태산물은 인터페론을 써서 옥시토신의 프로스타글란딘 유도를 멈춘다. 그렇지만 붉은사슴(미국에서는 엘크라 불린다)에서 모체 옥시토신의 출처는 황체가 아니라 뇌하수체일 것이다(Bainbridge, Jabbour 1999). 이는 행동이, 혹은 중추신경계의 다른 측면이 임신 인식에 영향을 미치기 위한 하나의 기제를 제공한다. 우리는 앞에서 임신 인식의 생리학을 이용해 자식의 성별을 선택하는 암컷 붉은사슴의 능력을 언급했다. 그 기제는 영양막에 의한 인터페론 생산에서 나타나는 성적이형성을 경유한다. 이는 어미의 사회적 우위에 기반을 둔 수컷 또는 암컷 영양막의 차별적 손실로 이어진다(Flint et al. 1997). 그 결과로 지배 암사슴한테는 종속 암사슴한테보다 아들이 더 많이 태어난다.

귀엣말로, 인터페론은 일반적으로 바이러스나 암세포와 같은 병원체에 대한 신체 반응 중 일부로 여겨진다. 그렇지만 임신의 맥락에서 수태산물은 포궁으로부터 난소로 신호가 보내지는 것을 예방하기 위해 인터페론을 사용하고 있다. 그 수태산물은 어미를 병원체로 취급하고 있는 게 아니며, 그 수태산물에 대한 모체의 면역 반응을 예방하는 것도 아니다. 생화학적으로 수태산물은 단순히 옥시토신이 프로스타글란딘 방출을 자극하는 것을 예방할 뿐이다. 따라서 인터페론은 특정한 분자의 생리학적 기능에 대한 우리의 일반적 이해가 번식 맥락에서 그것이 하는 기능과는 일치하지 않을 수도 있는 방식을 전형적으로 보여준다.

노루. 노루roe deer(*Capreolus capreolus*)는 번식적으로 다른 사슴과科와는 많은 면에서 다르다. (1) 이들은 1년에 한 번만 배란한다. (2) 다른 사슴과들은 가을에 짝짓기를 하는 반면, 이들은 여름에 짝짓기를 한다. (3) 배반포의 착상이 길면 5개월까지 지연된다. (4) 수태산물이 인터페론을 방출하지 않는다. (5) 배반포가 인터페론을 방출하지 않았더라도, 포궁은 프로스타글란딘의 박동을 방출하지 않는다. (6) 임신기 지연의 끝에서, 배반포는 독특한 단백질을 분비해 연쇄적인 생리학적 사건을 유발함으로써 착상과 배아의 발달을 허락한다(Lambert 2005). 따라서 노루에서는 임신 인식이 수태 후 여러 달이 지나서야 일어난다.

돼지. 암돼지(멧돼지속)의 경우는, 포궁의 프로스타글란딘이 또한 황체 용해 신호다. 그렇지만 수태산물은 인터페론이 아니라 에스트라디올을 분비하며, 그 분비물은 포궁뿔 하나하나에 배아가 최소한 둘은 있어야만 효과가 있다. 또한 에스트라디올은 프로스타글란딘이 포궁-난소 순환계로 들어가는 것은 막을지라도, 포궁강 안에서는 프로스타글란딘을 유지한다(Bazar 2013).

말. 암말(말속)의 경우 암소와 마찬가지로 포궁의 박동성 프로스타글란딘 생산이 황체용해 신호다. 프로스타글란딘 분비를 막는 신호는 불분명하지만, 수태산물의 이동 능력이 필수적이다(Klein, Troedsson 2011). 만약에 수태산물이 착상 전까지 움직이지 않으면 배아 거부가 일어날 것이다(제7장 '임신기' 참조).

생쥐와 토끼. 실험실 생쥐(생쥐속*Mus*)에서는 수태산물도 포궁도 황체를 유지하는 데 관여하지 않는다. 대신에 (짝짓기를 경유한) 포궁경부 자극이 뇌하수체에서 프로락틴의 급증을 유도하는데, 이것이 황체자극 신호다(Osada et al. 2001). 생쥐나 암퇘지와 마찬가지로 토끼(굴토끼속)는 자식을 한 번에 한 마리보다 많이 낳는다. 생쥐나 암퇘지와 달리, 토끼에서의 임신 인식은 1980년대 초중반 이래로 과학적 주목을 받지 못했다. 토끼는 임신 인식이 착상 한참 후에야 일어난다는 점에서 이례적이지만, 그 과정의 생화학은 알려져 있지 않다(Browning et al. 1980; Nowak, Bahr 1983).

아르마딜로. 아르마딜로(아홉띠아르마딜로종)에서는 태반이 프로게스테론을 생산해 임신을 유지한다(Buchanan et al. 1956).

이 예들의 특정한 세부 사항들은 한 가지를 강조하는 구실을 한다. 교량들이 많은 유형의 자재로 지어질 수 있어도 모든 경우에 강을 가로지르는 것과 마찬가지로, 서로 다른 종에 의해 사용되는 분자적 과정들도 폭넓게 다를 수 있지만 똑같은 번식적 목표를 완수한다. 암컷들에게 특정한 목표는 모체의 임신 인식이지만, 더 일반적인 번식의 결과는 그들 조상들의 유전자 총량을 계승하는 자식을 생산하는 것이다. 따라서 분자적 기제들은 각양각색이지만 그 목표는 같다.

생활사 생리학: 하향적 관점

이때까지 우리는 수의사, 분자생물학자, 동물 과학자의 작업에 중심적인 주제들에 초점을 맞춰왔다. 생태학자와 진화생물학자 또한 번식생리학에 관심이 있지만 흔히 다른 관점에서 관심이 있다. 고전적으로 생리학의 이 측면은 개체군의 생활사(상자 5.1)를 변화시키는 형질들에 관심을 둔다. 진화생태학자는 대개 암컷은 그가 임신한 것을 어떻게 아는가를 묻는 대신에, 몸집은 임신기의 길이에 어떻게 영향을 미치는가를 묻는다. 그들은 무엇이 출생전 사망을 초래하는가를 묻는 대신에, 배아 거부는 개체군 성장을 어떻게 변화시키는가를 묻는다. 그들은 배란이 어떻게 외둥이 아니면 쌍둥이를 생산하는가를 묻는 대신에, 한배새끼수가 신생아 수에 미치는 영향은 무엇인가를 묻는다. 이 관점들에 있는 차이는 무엇일까? 극도로 단순화하자면, 생활사 이론가의 초점은 개체들의 생리학이 어떻게 그들의 번식 잠재력을 변화시키는가, 그리고 이 패턴들이 어떻게 개체군 수준 패턴을 낳는가에 맞춰져 있다. 이 맥락에서 우리는 번식 잠재력에 있는 차이를 전 종에 걸쳐 이해하는 데 중요한 몇 가지 주요 주제를 돌아본다. 바로 상대성장, 대사 혹은 에너지학, 거래 혹은 자원배분이다.

상대성장의 학문은 어느 동물의 생물학을 이루는 여러 측면, 이 경우는 생리학에 미치는 몸집의 영향을 기술한다(Schmidt-Neilson 1984). 예컨대 더 큰 포유류에는 세포가 더 많으므로 만약 서로 다른 두 동물의 세포들이 대략 같은 크기이고 비슷한 속도로 성장한다면, 큰 동물이 작은 동물보다 성체 크기에 도달하는 데에 더 오래 걸릴 것이다. 그렇다면 더 큰 동물은 임신 및 수유 기간이 더 길 것으로 예상할 수 있다. 따라서 다른 모든 것이 동등하다면, 어느 대등한 성숙 단계로 성장하는 데에는 더 큰 동물이 더 오래 걸려야 한다. 만약에 두 가지 변인이 둘 다 같은 속도(1:1)로 달라진다면, 그 관계는 **동형성장**isometric(iso=같은, metric=척도) 관계라는 용어로 불린

개인사 대 생활사 대 진화사

번식은 개체, 종, 계통lineage이라는 여러 축척에서 이해할 수 있다. 개체로서 우리 각자에게는 개인적인 번식사(첫 월경, 첫 섹스 파트너, 월경주기의 길이 따위)가 있다. 인간으로서 우리의 집단적 개인사는 우리의 개체군 그리고, 만약 전 세계적으로 고려한다면, 우리의 종이 구사하는 번식적(생활사) 전략들을 결정한다. 예컨대 인간으로서 우리가 경험하는 생활사의 구성요소에는 40주의 임신기간, 대개 하나인 한배새끼수, 10~14세에 일어나는 성성숙(사춘기, 초경), 45~55세에 일어나는 번식적 노쇠(완경)가 포함된다. 이 요소들 중 일부, 예컨대 초경과 완경은 다소 인간에 특이적이다. 그 밖의 생활사 변인, 예컨대 한배새끼수나 임신기간은 그렇지 않다. 어떤 경우든 포유류에 관해 흔히 평가되는 종 특이적 생활사 매개변수는 한배새끼수litter size, 신생아중량neonatal mass, 임신기간gestation length, 젖분비기간lactation length, 젖떼기중량weaning mass, 연간 출산수litters per year, 성성숙나이age at sexual maturity다. 개인사와 생활사 이외에, 우리는 진화사를 다른 포유류와 공유한다. 우리의 번식 형질 가운데 일부는 이 공유된 역사를 반영한다. 예컨대 수류 포유류로서 우리는 산란을 하는 대신에 출산을 한다. 훨씬 더 멀리 거슬러 가면, 우리는 우리의 새끼를 젖으로 키운다는 특징적 형질을 모든 포유류와 공유한다.

관심 있는 질문에 따라, 다양한 축척은 더 유의미하거나 덜 유의미할 것이다. 의사는 당신의 개인사를 알고 싶어한다. 생태학자와 보전생물학자는 종 특이적 생활사가 관심사인 반면, 조상형 패턴을 이해하고자 하는 과학자들은 번식의 진화사를 이해하는 게 소원이다. 이 책에서 우리는 주로 후자의 두 선택지, 곧 종 특이적 생활사와 그 역사가 어떻게 진화했는가에 관심을 둔다. 우리는 전 포유류에 걸쳐 번식에 있는 차이들과 더불어 그 차이가 어떻게 이 포유류들이 경험한 특정 환경의 도전에 대한 적응일 것인가, 또는 그 차이들이 과거의 유물인가 아닌가를 탐사한다. 자연선택은 포유류에서 서로 다른 생활사(번식 패턴)가 생겨나게 한 주된 과정이다. 암컷은 번식을 하므로, 자연선택은 우리가 암컷 포유류를 다루는 데에 특히 중요하다.

다. 한 변인이 다른 변인과 함께, 이를테면 임신기간이 몸집과 함께 일정한 방식으로 크기가 바뀐다는 뜻이다. 그렇지만 상황이 흥미로워지는 때는, 생물계에서 흔히 그렇듯, 이것이 이렇지가 않은 경우다. 예컨대 대왕고래(종)의 임신기간(11개월)은 코끼리(아시아코끼리종)의 임신기간(22개월)의 절반이

지만, 대왕고래는 암컷 코끼리보다 100배는 더 무겁다. 고래는 그들의 임신기를 1년 단위의 환경적 패턴에 맞추는 결과로 임신기간을 예상되는 것보다 더 짧게 가진다. 이 경우 임신기간은 상대성장적allometric(allo=다른, metric=척도)으로 크기가 바뀐다. 다시 말해 체중에서 측량되는 일정한 증가가 임신기의 지속기간에서 측량되는 비슷한 증가와는 관계가 없다. 코끼리들이 왜 그토록 긴 임신기를 가지는지는 변함없는 하나의 수수께끼지만 그들의 장수에 작용한 선택과 관계가 있을 것이다(Lee et al. 2016).

몸집은 단순한 기하학과도 관계가 있다. 어느 물체가 커지는 동안, 그것의 표면적(바깥쪽 피부)과 그것의 부피(몸 자체)는 둘 다 증가하지만 서로 다른 속도로 증가한다. 부피가 표면적보다 더 빠르게 증가한다는 말이다. 따라서 대형 포유류는 몸 내용물에 상대적인 피부를 소형 포유류보다 더 적게 갖고 있다. 유사하게 아기들은 몸집이 더 작아서 부피에 대한 표면적의 비가 더 크기 때문에, 어미보다 훨씬 더 빠르게 열을 잃고(식고) 어미가 저체온이 되기 한참 전에 저체온이 될 것이다. 인간 신생아가 지닌 더 짧고 더 통통한 팔다리의 한 가지 이점은 표면적 줄이기일 것이다. 부피 대 표면적 관계는 체온조절 및 그 결과로 발생하는 에너지 예산에 결정적이다. 따라서 체온조절은 신생아 발달에 영향을 주고 신생아 발달은 임신기의 길이에 영향을 준다. 체온조절은 한배새끼수에도 영향을 미친다. 더 많은 수의 한배새끼가 모여서 웅크리면 결과적으로 부피 대 표면적 관계가 더 유리해지기 때문이다. 전반적으로 몸집은 직접적으로든 간접적으로든 번식에 큰 영향을 미친다.

어떤 경우 몸집은 특정한 번식 형질에 있는 거의 모든 변이를 설명한다(Charnov 1991). 예컨대 신생아중량에 있는 변이의 90퍼센트 이상은 청서(과), 사슴(과), 박쥐(목)처럼 폭넓게 다양한 전 분류군에 걸쳐 암컷의 체중 탓으로 돌릴 수 있다(Hayssen 2008b, 2008c; Hayssen, Kunz 1996; Jabbour et al. 1997). 그렇지만 암컷의 중량은 이 똑같은 집단들에서 임신기 또는 젖분비기 길이에 있는 변이의 약 50~60퍼센트밖에 설명하지 않는다. 어미중량은 개별 자식에 대한 에너지적 입력(다시 말해, 신생아중량)의 강한 결정요인인 데 반해, 시간적 측면(다시 말해, 번식의 길이)을 설명하는 데에는 다른 요인들도 최소한 같은 만큼 중요하다. 우리는 이 나머지 요인을 번식 주기의 특정한 부분들에 관한 이 책의 제2부에서 탐사할 것이다.

몸집과 관련해 대사(에너지학)는 번식에 기본적으로 영향을 미치는 생리학의 한 측면이다. 번식에는 흔히 많은 에너지가 든다. 임신한 암컷과 수유 중인 암컷은 자신이 먹는 음식물을 소화하고, 소화된 음식물을 젖으로든 조직을 짓기 위한 블록으로든 재구성하고, 그런 다음 이 제품을 자식에게 배달해야만 한다. 따라서 그 공정은, 그리고 그 제품도 에너지를 요구한다(Cretegny, Genoud 2006).

번식에 관심이 있는 과학자들은 흔히 대사율을 측정함으로써 번식에 입력되는 에너지를 평가하지만, 적당한 비율을 측정하기는 간단치 않다. 기초대사율basal metabolic rate(BMR)이라는 개념은 전 종에 걸쳐 대사를 비교하기 위한 표준 척도다. 실험적으로, 기초대사율에는 기술명세가 있다. 말하자면 그것은 건강한 성체(성장하고 있지 않은 개체)가, 휴식 중인(하지만 잠들지는 않은), 정신이 맑은, 공복인(먹이를 소화하고 있지 않은), 스트레스를 받지 않는, **번식 중이 아닌**, 편안한 체온인(체온이 온열중성대thermoneutral zone에 들어 있는), 그리고 그 종의 일주기 가운데 평온한 국면에 들어 있는 때의 산소 소비량이다(Speakman 2013). 야생 포유류가 결코 이 상태에서 존재하지 않는다는 것은 과학자들도 이해하지만, 이 측정법은 많은 수의 각종 포유류 전체에 걸쳐 믿을 만하게 반복해서 수행할 수 있는 결과로 광범위하게 사용되어왔다. 번식 노력을 추산하기 위해 기초대사율을 사용하는 데 따르는 핵심 쟁점은 번식이 대사를 변화시킨다는 점이다(Stephenson, Racey 1995). 번식 중에는 대사가 정상적으로 증가한다. 예컨대 땅속 설치류의 일종인 탈라스투코투코Ctenomys talarum에서, 젖분비 중인 암컷에서는 번식 중이 아닌 암컷에서보다 대사율이 151퍼센트가 더 높았다(Zenu-to et al. 2002).

그 밖의 요인도 대사에 영향을 미쳐서 번식의 에너지학을 변화시킬 것이다. 첫째, 대사는 체온과 함께 증가한다. 이는 포유류가 악어나 거북보다 사는 데 에너지가 더 많이 필요한 부분적 이유다. 나무늘보는 원숭이보다 체온이 낮고, 따라서 번식도 나무늘보에서 더 느릴(또는 에너지가 덜 들) 것이다. 둘째, 대사율은 몸집과 관계가 있다. 그램당 측정치를 기초로 말하자면, 더 큰 동물은 작은 포유류보다 대사율이 낮다. 하지만 전반적으로, 더 큰 포유류는 작은 포유류보다 에너지가 더 많이 필요하다. 그렇지만 더 큰 포유류는 열을 더 잘 보유하고(앞에서 논의한 부피 대 표면적의 기하학), 대사적으로 덜 활발한 조직(예컨대 뼈)이 몸에서 차지하는 비율도 다르며, 이는 우리를 세 번째 쟁점으로 데려간다. 다른 조직은 대사율이 다르다. 결과적으로 다른 조직들의 상대적인 양이 종합적 대사에 영향을 미칠 것이다. 예컨대 뇌가 큰 동물은 대사율이 더 높은 경우가 매우 흔하며, 다량의 비계나 뼈를 유지하는 동물은 대사율이 더 낮을 것이다. 설상가상으로 식성도 흔히 대사에 영향을 준다. 예컨대 개미핥기와, 나뭇잎을 먹고 사는 동물은 일반적으로 대사율이 더 낮다(McNab 1986). 그뿐만 아니라 대사에는 계통발생적 요소도 있을 것이다. 전반적으로 번식에 미치는 서로 다른 대사의 효과가 언제나 간단한 것은 아니다. 예컨대 땃쥐(땃쥣과)에서 증가된 대사는 더 짧은 임신기, 더 큰 한배새끼수, 더 빠른 태아 성장 속도와 연관되지만, 친척 과인 텐렉(텐렉과Tenrecidae)에서 대사는 탐사된 여덟 가지 번식적 변인 가운데 어떤 것과도 상관관계를 보여주지 않는다. 이 이례적 관찰 결과에 대한 한 가지 설명은, 텐렉에서 상승된 대사율은 번식량을 늘리는 게 아니라 항온성(안정한 체온의 유지)을 향상시킨다는 것이다(Stephenson, Racey 1995).

앞의 예는 거래라는 개념을 예시한다. 생활사 이론의 한 가지 핵심 원리는 이렇다. 자원은 한정되어 있으며 모든 한 단위의 한정된 자원은 (1) 성장, (2) 생존적/조직tissue 유지(항온성 포함), (3) 저장, (4) 번식이라는 네 가지 일반 영역 중 오직 한 영역으로만 배분될 수 있다(Charnov 1993; Stearns 1993; Roff 2002). 이 범주들이 상호 배타적이라는 가정은 거래라는 발상에서 구체화된다. 암컷은 자원을 이 범주로 투입할지 아니면 저 범주로 투입할지 결정을 내린다. 예컨대 성장에 바친 자원을 번식에도 사용하지는 못한다. 아니면 앞의 예에서처럼, 땃쥐는 추가된 대사적 출력을 번식으로 투입하는 반면 텐렉은 그것을 항온성을 경유해 유지로 투입한다. 생활사 이론가들이 발견적 도구로 흔히 사용하는 또 한 개념은 최적성optimality이다. 생활사 이론 분야에서, 최적성이라는 개념은 에너지건 영양분이건 시간이건 자원을 할당하기 위해 '최선의' 해답을 찾아내고 있는 개체들을 수반한다. 한정된 자원, 자원배분, 최적성이라는 이 주 개념이 아주 설득력 있는, 하지만 난해한 이론을 생성해왔다. 추가 정보를 열망하는 독자라면 황금의 삼인조 차노브Charnov(1993), 스턴스Stearns(1993), 로프Roff(2002)를 읽고 싶어할 것이다.

생활사 이론가들이 밝혀온 많은 수의 흥분되는 경험법칙을 생물들은 따를 것이다. 하지만 어떤 생물도 최적으로 행동하지는 않는다는 점, 그리고 자원이 늘 제한적인 것은 아니라는 점은 이 과학자들도 인정할 것이다. 더 나아가, 경쟁하는 기능들 사이에서 거래가 일어나지 않을 수도 있다. 예컨대 암컷은 자원이 제한적이지 않은 때에만 번식하는 편을 선택할지도 모른다. 인정하건대, 그런 조건은 드물 것이기 때문에 그런 암컷은 사치를 부리고 있을 공산이 크다. 그럼에도 불구하고 사례들은 존재할 것이다. 일례로 겨울의 개체 격감 후, 사슴쥐deer mouse(사슴쥐속Peromyscus)는 봄에 제한된 자원에 직면하지 않거나 최소한 그런 자원에 대한 경쟁이 감소했을지도 모른다. 겨울 사망률이 새로이 산출된 곤충과 식물에 대한 경쟁을 줄일 것이다. 또한 기생충과 포식자도 봄에는 배가 더 고플 것만 빼면 숫자가 더 적을 것이다. 그런 각본에서라면 겨울을 난 암컷이 생존과 번식 둘 다에 에너지를 투입하기에 충분한 자원을 지닐 수 있을 것이다. 이 예는 추정을 토대로 하지만, 거래와 자원배분이 중요할 수 있는 한편으로 자원이 제한적이지 않은 때들도 건설적인 조사의 영역일 수 있음을 분명히 보여준다. 예컨대 생쥐에서 젖분비기를 파고든 연구들이 알아내온 사실로서, 암컷들은 젖분비기 동안 과량의 먹이를 제공받아도 과량의 새끼를 낳지는 못하며, 그 이유는 그들의 소화관이 이 과량을 수확할 수 없어서일 수도 있고 그들이 과량의 열 생산에 시달리는데 이를 발산할 능력이 없어서일 수도 있다(제9장; Hammond, Diamond 1992; Speakman, Krol 2011).

거래는 자원을 성장 아니면 번식에 당장 배분하는 데에만 적용되는 게 아니라, 지금 대 나중을 저울질할 수도 있다. 다시 말해 암컷은 이용 가능한 자원을 가지고 당장 번식하는 편을 선택할 수도 있고, 아니면 번식을 미루고 현재의 자원을 생존(유지)이나 저장 혹은 성장을 위해 사용할 수도 있다(Charnov et al. 2007). 이 개념은 애초에 **번식값**reproductive value이라는 이름으로 만들어졌고(Fisher 1930), 지금 번식하기 대 나중에 번식하기 간 거래를 고려한다. 이 원리에 따라 자원을 번식에 할당하고 있는 암컷은 필연적으로 성장에, 그리고 가장 중요하게는 아마도 생존에 덜 전념할 것이다. 개체군 성장 속도 계산에서는 대개 주어진 나이에서 암컷당 암컷 자식의 수만 사용하는데, 부분적인 이유는 부성이(어느 수컷이 친아비인지-옮긴이) 불확실하기 때문이다. 따라서 초기 생활사 이론가들은 그들의 수학 모형에서 암컷, 딸, 손녀에 초점을 맞추었다.

번식값의 개념으로 돌아가, 예컨대 누군가는 이렇게 물을지도 모른다. 만약 먹이가 풍부하다면 암컷은 그의 현재 한배새끼수를 늘려야 할까, 아니면 그 철에서 나중에 두 번째로 더 적은 수의 한배새끼를 가질 수 있도록 자원을 지방으로 저장해야 할까? 만약 어느 암컷이 자기가 다음번 번식 기회까지 생존할 확률이 낮다는 사실을 '안다'면, 그는 자신의 생명을 더더욱 단축시키는 희생을 치르면서 지금 그의 한배새끼수를 늘려야 할까? 이런 게 번식값의 범위에 들어가는 질문이다. 여기서 가정은, 한 암컷이 그의 개체군에 기여하는 정도는 그의 현재 번식량 더하기 미래 번식량의 합이라는 것이다. 한 암컷의 총번식값은 그의 과거·현재·미래 기여도의 합이다. 그가 나이를 먹음에 따라 그의 미래 출력은 최소화되고 덜 예측 가능해진다. 그는 다음번 번식 철까지 생존하지 못할 수도 있기 때문이다. 따라서 암컷은 나이를 먹을수록 현재의 번식 시도에 더 많은 자원을 배치해야 하는 반면 더 젊은 암컷은 덜 배치해야 한다. 젊은 암컷은 잠재적인 미래 출력이 더 크기 때문이다. 이 개념은 암컷에게 절정의 또는 최상의 번식 나이대가 있다는 상식을 설명한다. 그것은 또한 나이든 암컷이 젊은 암컷보다 젖을 더 오래 먹일 이유와 같은 번식 철에서도 후반에 자식을 얻은 암컷이 전반에 얻은 암컷보다 젖분비기를 더 길게 가질 이유를 설명해준다. 이 발상들은 트리버스–윌라드 가설Trivers-Willard hypothesis의 기초를 형성하기도 한다. 그 가설에 의하면, 암컷은 생애의 끝에 다가가면 더 값비싼 자식 유형을 생산하기 위해 자식의 성비를 바꿀 것이다(Trivers, Willard 1973). 기제에 관심이 있는 사람들을 위해 말하자면, 포유류는 이런 유형을 얻기 위해 포궁내 포도당을 조절하거나 모체의 임신 인식과 연관된 과정을 이용할 것이다(Cameron 2004).

번식의 생리학을 생태학적 수준에서 이해하기란 개별적 차이가 아닌 평균의 탐사다. 예컨대 한배새끼수가 전 종에 걸쳐 어떻게 달라지는가는 평균 한배새끼수에 관한 질문이지, 개체 암컷의 최소 또는 최대 한배새끼수에 관한 질문일 필요는 없다. 이 경우 과학자들의 관심사는 종 특이적 평균이다. 하지만 우리는 이렇게도 물을 수 있을 것이다. 한배새끼수가 위도에 따라서는 어떻게 달라질까? 질문이 그거라면, 우리는 단일 종 개체군들의 평균 한배새끼수를 그 종의 위도 범위 전체에 걸쳐 살펴볼 것이다. 훨씬 더 작은 축척에서 우리는 출산력歷이 한배새끼수에 미치는 효과에 관해 물을 수도 있을 것이다. 이 질문에 답하려면, 우리는 똑같은 개체군에 속한 암컷들에 관한 평균 한배새끼수를 그들의 첫 번째, 두 번째, 세 번째 등등의 산차産次에서 살펴볼 것이다. 생태학적 생리학자는 개체 암컷에 그리고 안에서 무슨 일이 벌어지는가에 관해서가 아니라, 개체 암컷 집단(개체군 수준) 전체에 걸쳐 측정되는 하나의 번식 형질에 관해 묻고 있다. 이와 달리 분자적·세포적 생리학자는 결과적으로 관심 있는 번식 형질을 낳게 되는, 암컷 안에서 벌어지고 있는 과정에 초점을 맞춘다.

생리학: 다양한 분야

생리학은 분자적·세포적 상호작용에서부터 진화적 결과와 제약에 이르는 많은 수준에서 일어난다. 분자 수준에서, 우리는 호르몬과 그것의 작용을 돌아보았고 프로락틴을 가지고 구조·조절·기능에 있는 호르몬적 다양성을 예시했다. 계통system 수준에서, 한 암컷이 자신의 임신을 인식하는 다양한 방식을 자세히 기술했고 이로써 특정한 생리학적 문제에 대한 해답에도 많은 수의 다양한 전략이 있을 수 있음을 강조했다. 마지막으로, 왜 종마다 생리학에 차이가 있는가를 이해하는 데 중요한 세 가지 주제(상대성장·에너지학·거래)를 돌아보았다. 종 차이 이해하기의 네 번째 측면은 계통발생적 관성의 개념이다. 간단히 말해, 과거가 현재에 그리고 미래에 이용 가능한 해답을 제한한다. 특히 모든 종은 그 종이 무엇을 할 수 있는가에서 대체로 그 종의 조상들이 물려준 유전적 구조에 구속된다. 우리는 이 개념의 파문을 나중 단원에서 논의한다(283쪽 상자 9.1 참조).

암컷의 번식과 관계있는 생리학의 다양성은 요약하기가 어려운데, 대부분의 종에 관해 정보가 제한되어 있음을 고려하면 특히 더 그렇다. 놀라울 것도 없이, 연구들은 가축화된, 사육되는, 반려자인 동물, 아니면 인간의 경우 비정상성에 초점을 맞춰왔다. 그렇지만 '정상인' 암컷들은 주기적으로 반복해서 임신기와 젖분비기를 통과하고 있다. 게다가 암컷의 생리학은, 수컷의 경우 흔히 그렇듯 장기적 고테스토스테론 하에서가 아니라, 호르몬적으로도 생리학적으로도 단기적 변화가 잦은 조건에서 작동한다. 정상적으로 암컷의 번식생리학은 자원이 대사를 경유해 먹이나 지방에서 아기나 젖으로 끊임없이 흘러 들어가도록 갖춰져 있다. 이 맥락에서 에너지학, 대사, 몸집, 저장은 모두 다 번식 중인 암컷의 다양한 생리학을 빚는 핵심 요인이다.

다음 단원에서, 우리는 개체 암컷 안에서 무슨 일이 벌어지는가(그의 유전학, 해부학, 생리학)를 떠나 번식의 다른 측면들로 이동한다. 그 측면들에서 암컷은 짝 또는 자신의 자식과 직접 상호작용한다. 이 상호작용들도, 우리가 위에서 논의해온 생리학과 마찬가지로, 흔히 (발정주기가 아니라) **번식주기**라는 용어로 일컬어지는 일련의 번식 사건 가운데 일부다. 번식주기에는 연대기적 요소가 있다. 배란, 짝짓기, 수태, 임신기, 출산, 젖분비기가 대개 주기적 순서로 일어난다. 암컷은 이 주기 동안 여러 파트너와 상호작용한다. 생리학의 측면들이 그 번식주기의 여러 요소에서 뚜렷하게 중요한 자리를 차지할 것이다. 따라서 번식생리학은 이 책의 다음 단원을 꿰뚫는 한 가닥 실마리가 될 것이다.

주기

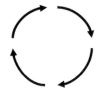

어느 한 암컷을 그의 일생에 걸쳐 따라갔을 때 그가 겪는 일련의 단계와 사건은 대부분이 하나의 주기를 구성한다(그림 참조). 이 주기가 이 책 두 번째 부분의 초점이며, 단계와 단계를 잇는 일련의 화살표로 묘사된다. 물론 그 주기는 중단이 없지 않다. 출발과 멈춤이 잦고 암컷이 단계들을 처음부터 끝까지 일직선으로 넘어가지 않을 수도 있다. 그럼에도 불구하고 주기의 개념은 유용한 관점이다.

이 단원의 다섯 장에서 우리는 이 주기 안의 단계들 및 다양한 변형을 논의한다. 개체 암컷은 하나의 난모세포로서 주기에 들어가며, 난자발생이 그 생식세포의 성숙 과정을 묘사한다. 난자발생은 새로운 암컷의 시작으로서 그의 어미에 속한 난소의 난포 안에서 일어난다. 난포발생은 발달 중인 생식세포를 부양하는 난소 조직 안에서의 변화들을 묘사한다(제6장 '난자발생에서 수태까지'). 일단 어느 암컷이 짝짓기를 하고 수태를 위해 하나의 정자를 사용하면, 그 딸과 어미는 함께 임신기를 경험한다(제7장). 포궁의 보호 환경 안에서 딸은 그의 어미나 동기들과 공간 또는 영양분을 놓고 경쟁할 수도 있지만, 일반적으로 그에게 필요한 것들은 보장된다. 그는 따뜻하고, 보호받고 있으며, 성장하고 발달하기 말고는 거의 아무 일도 할 필요가 없다. 태어난 순간, 이 모두가 달라진다(제8장 '출산과 신생아'). 첫 호흡과 더불어, 그는 추위와 적대적 환경을 극복해야 한다. 그렇지만 포유류의 일원으로서 그는 젖이라는 복잡한 제품의 형태로 어미로부터 더 많은 원조를 받는다(제9장 '젖분비기'). 젖 만들기는 그의 어미에게 부담이 큰 일이고, 결국 모든 좋은 것은 막을 내린다. 그는 젖을 떼고, 이후 성숙은 사춘기로 이어진다(제10장 '젖떼기와 그 이후'). 우리는 방금 이 단계들 하나하나를 발달 중인 딸의 관점에서 기술했지만, 성성숙에 도달하면 암컷은 이 단계들 중 많은 부분을 맞은편에서—이번에는 어미로서—되풀이한다. 그가 새로운 참가자로서 주기를 다시 방문하는 때에는 각 단계의 비용과 편익이 달라진다. 제2부는 한 암컷의 번식 생활 단계들을 어미와 딸 둘 다의 관점에서 탐사한다.

6
난자발생에서 수태까지

여기는 사바나, 우리의 암컷 하이에나는 지금 임신 중이다. 그는 계급이 낮은 암컷
이고 따라서 그가 배고 있는 이란성 쌍둥이는 둘 다 딸이다. 그의 포궁 안에서 이
발달 중인 딸들은 일종의 낙천적 과정을 겪고 있다. 바로 난자발생이다. 따라서 임
신한 암컷은 현재 그의 배를 불룩하게 한 쌍둥이 딸들뿐만 아니라 그의 초기 손녀
들까지, 즉 딸들이 새로 형성 중인 난소 안 난모세포들까지 먹여살리고 있다. 출산
은 어려운 일일 테지만, 당분간은, 다세대가 모두 안전하게 한 공간에 거주한다.

물론 짝짓기가 수태보다 먼저다. 짝을 찾기는 쉽고, 암컷들은 일처다부주의라
여러 수컷과 짝짓기를 하고 있지만, 짝짓기 자체가 간단치 않다. 실은 암컷의 정교
한 외음부 형태가 유효하고 정확한 정렬의 성취를 어렵게 만든다. 파트너들은 그
들의 자세와 움직임을 조정하기 위해 연습을 요구한다. (East et al. 2003).

배아발생은 난자발생으로 시작된다.

—알베르티니Albertini 2015:61

이 장은 두 종류의 시작, 다시 말해 암컷 생식세포의 기원과 새로운 암컷
의 형성을 동시에 탐사한다. 묘하게도 매우 다른 이 두 과정이 시간 면에서
는 매우 가깝게 벌어진다. 수태 후 머지않아 새로운 수태산물 안에서 분화
하는 첫 번째 세포가 바로 다음 세대를 위한 생식세포가 된다(Edson et al.

2009). DNA 말고도 상당한 추가 물질이 이 난모세포 안에 예치된다. 이 모계 입력은 후세의 수태를 위해서뿐만 아니라 수태 직후 가장 초기 발달을 위해서도 건축용 블록과 첫 지령을 제공한다. 따라서 난자발생은 배아발생의 개시를 표시한다. 사실상 세 세대가 임신 중에 공존한다. 어미, 그의 포궁 안에 있는 딸, 그리고 그의 딸의 초기 생식세포들이다.

제4장에서 우리는 난모세포와 난포의 정적 해부학을 기술했다. 이 장에서 우리는 난모세포와 난포 형성의 동적 측면을 기술한다. 난자발생은 난자(암컷 생식세포)의 성장과 성숙인 반면, 난포발생은 안에서 난자발생이 일어나는 난소 난포의 성장과 성숙이다.

다음 세대의 일부가 되는 난모세포는 매우 드물다. 대부분은 수태와 사춘기 사이 어느 시점에 퇴화한다. 사춘기 후에도 난모세포는 암컷이 번식생활을 거치는 동안 계속 더 퇴화한다. 그렇지만 소수의 난자는 적당한 때에 방출된다(배란된다). 이 난자들은 운송되어 난관 속으로 들어간다. 수태를 위한 통상적 위치다. 물론 수태에 앞서 암컷은 성공적으로 짝짓기를 하고, 적당한 정자들을 선별하고, 그 정자들을 수태에 적합하게(수태능을 획득하도록) 만들어야 한다. 난자발생과 난포발생으로부터 배란과 수태에 이르는 이 모든 과정을, 짝과 정자 둘 다에 대한 암컷 선택과 더불어 이 장에서 돌아본다.

난자발생과 난포발생

포유류에서 암컷 생식세포의 창조는 난자발생과 난포발생이라는 두 과정이 조정된 결과다. 난자발생은 난원세포로부터 암컷 생식세포를 형성하는 과정이다. 난자발생으로 창조되는 세포는 모계 핵 유전체의 절반뿐만 아니라 모계 미토콘드리아 유전체 전부, 모체 기원의 풍부한 세포질 소기관과 부재료까지 담고 있다. 개개의 암컷 생식세포는 윤곽이 분명한 한 묶음의 난소

세포, 곧 난포 안에서 발달한다. 그러므로 난모세포는 저마다 단일한 세포
인 반면, 난포는 모체 세포들의 집합체다. 난포는 난모세포를 둘러싸는 세
포 한 개 두께의 한 층으로 출발하지만, 성숙한 난포에는 최소 다섯 종류의
명명된 층(예컨대 과립층, 난포막)이 있고, 층마다 구성이 독특하다(그림 6.1).
난포는 암컷 생식세포의 변화와 동시에 크기와 형태가 바뀐다. 따라서 난
포발생과 난자발생은 단단히 결부된다. 비록 분자적·생리학적 세부 사항은
소수 포유류에 대해서만 이해되어 있지만, 다양한 단계들의 일반적 타이밍
은 종 다양성이 더 대단한 것으로 알려져 있다.

　　난포는 모체 세포로 되어 있으므로 이 세포들이 성숙 중인 난모세포로
들어가고 난모세포에서 떠나는 물질을 규제한다. 난모세포는 결코 수동적
구경꾼이 아니다. 난모세포가 분비한 분자는 둘러싸고 있는 모체 세포들의
발달에 영향을 준다. 결과적으로 난모세포는 과립층 세포들의 성장과 증식
을 증진할 수 있다. 예컨대 실험실 생쥐에서는 일차난포 단계부터 큰 동난
포 단계에 이르는 난포의 발달을 난모세포가 편성한다(Eppig et al. 2002).

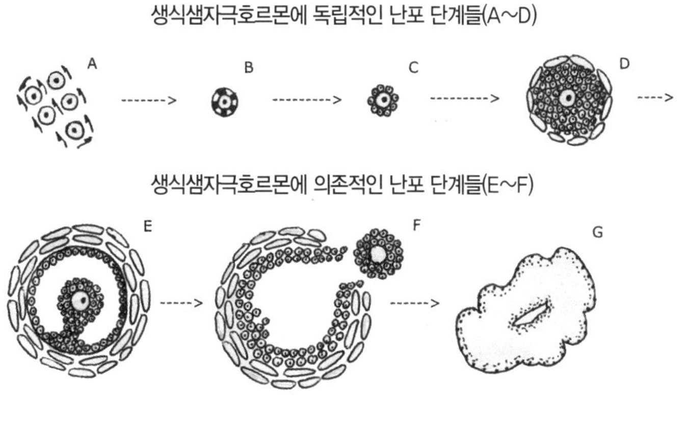

그림 6.1 난포발생의 단계들. A, 원시생식세포; B, 원시난포; C, 일차난포; D, 이차난포; E, 동난포(성숙난포 또는 배란전난
포로도 알려져 있다); F, 배란; G, 황체. 폐쇄난포(배란 전에 원상태로 돌아가는 난포)는 보여주지 않는다. A~D 단계(위)는
뇌하수체에서 분비하는 생식샘자극호르몬(FSH 또는 LH)의 통제를 받지 않는 반면, E~G 단계(아래)는 생식샘자극호르
몬에 의존한다. Edison et al. 2009; Young, McNeilly 2010에서 가져다 Abigail Michelson이 수정.

난자발생은 수태 직후 배아의 난소가 존재하기 한참 전에 원시생식세포 PGC의 분화로 시작한다(McLaren 2003; 인물탐구). 초기 난소가 발달하는 동안 원시생식세포는 끌어당기는 큐에 응하기도 하고 밀어내는 큐에 응하기도 하는 과정을 통해 난소로 이주한다(Richardson, Lehmann 2010). 원시생식세포의 핵은 (유사분열에 의해; 핵 안에 염색체가 나타나 이루어지는 핵분열에 의해—옮긴이) 반복해서 분열하지만 흔히 세포질분열(세포분열)을 완료하지는 않으며, 그 결과로 핵이 여러 개인 세포들의 집합체(합포체, 생식세포소)들이 생긴다. 배아기 난소가 발달하는 동안, 이 집합체들은 뿔뿔이 흩어지고 난소 세포들이 개개의 원시생식세포를 둘러쌈으로써 원시 난포들을 창조한다. 이것이 난포발생의 시작이다.

난포들의 초기 풀pool은 역동적이다. 많은 난포는 그 난포의 잠재적 난자와 더불어 일찍부터 퇴화하고, 나머지는 휴면 상태를 유지하고, 일부는 난포발생을 계속한다(Tingen et al. 2009). 한 가지 주요한 미결 문제는 어떤 원시 난포가 퇴화할지, 어떤 게 휴면 상태를 유지할지, 어떤 게 발생할지를 정확히 무엇이 조절하는가 하는 것이다(Pangas, Rajkovic 2015).

생식세포에 관해 말하자면, 성숙한 난자의 발달에는 두 가지 요소가 있다. 유전적 요소와 세포질적 요소다. 유전적 성숙이란 일종의 특화된 세포분열 과정, 곧 감수분열이다. 감수분열은 암컷이건 수컷이건 그리고 식물, 균류, 동물을 포함해 유성생식을 하는 모든 생물에 걸쳐 비슷하다. 그 과정은 난해해서 철저한 기술은 이 책의 범위를 벗어나지만, 상자 4.1(85쪽)에 있는 그림이 주요 단계들을 예시한다. 최종산물은 한쪽 부모의 유전물질을 절반만 담고 있는 생식세포다. 암컷의 생식세포와 수컷의 생식세포가 융합하면 그 결과로 생기는 자식은 유전물질의 완전한 총량을 소유할 것이다.

감수분열에는 많은 단계가 있는데 단계들의 타이밍은 암수에 차이가 있다. 수컷 포유류에서는 감수분열이 사춘기에 시작된다. 암컷에서는 감수분열이 포궁 안에서 출발한 다음에 몇 주 또는 몇 년 동안 멈춘다. 그것은 원

시험관 속 생쥐가 사람들의 삶을 바꾸기까지

데임 앤 매클래런Dame Anne McLaren(1927~2007)
(데임은 '경Sir'의 여성형에 해당─옮긴이)

앤 매클래런은 영국 출신의 저명한 발생생물학자로서 불임 치료와 줄기세포 탐구를 포함한 여러 방면에 크게 기여했다. 그의 많은 명예 가운데 가장 인상적인 것은 아마도 왕립협회라는, 300년 동안 사무실에 여성을 들인 적이 없었던 사회에서 (부회장 겸 외무 간사로서) 재직한 최초의 여성이라는 명예였을 것이다.

데임 매클래런은 J. B. S. 홀데인Haldane(유전학자 겸 진화생물학자로서 집단유전학의 창시자 중 한 명─옮긴이) 밑에서 석사학위를 받았다. 그는 P. 메더워Medawar(거부 반응을 연구해 조직 이식의 기초를 닦았고 후천성 면역 내성을 발견한 공로로 노벨생리의학상을 수상한 생물학자─옮긴이)의 박사과정 학생으로서 토끼의 유전학과 쥐의 신경친화바이러스를 연구했다. 그는 런던의 왕립수의대학으로 옮겨갔고, 거기서 척추의 요소들에 미치는 모계 효과에 관심을 갖게 되었다. 이 작업, 그리고 관련된 본성 대 양육 논쟁의 결과로, 그는 배아이식을 수행하고 배아를 착상시키기 위한 방법들을 개선하기 시작했다. 이 방법들을 숙달함으로써 그는 시험관 생쥐들을 배양한 후 그 생쥐들을 대리모의 포궁 안으로 이식했다.

그는 그다음에 에든버러로 옮겨 동물유전학연구소에서 포유류의 번식에 관한 그의 작업을 계속했다. 결국 런던 의학연구위원회 포유류발생 부서의 책임자가 되었고 원시생식세포는 어떻게 발달하는가를 이해하고자 하는 관심을 이어갔다. 이 시기에 그는 그의 분야에서 이제 고전이 된 책 두 권을 저술했다. 한 권은 『생식세포와 체세포: 오래된 문제에 대한 새로운 시선Germ Cells and Soma: A New Look at an Old Problem』이고, 두 번째 책에는 『포유류 키마이라Mammalian Chimaeras』라는 제목이 달렸다.

그가 탐구한 줄기세포와 시험관 수태가 논쟁적 주제였던 만큼, 그의 작업은 당시의 윤리적 우려들과 교차하곤 했다. 이는 가족법개정법 및 인간생식배아법을 통한 개혁을 포함했다. 그는 배아줄기세포와 치료적 복제에 관한 논의들을 피하지 않았다.

그는 과학에 관해 학계와도 대중과도 열심히 소통했다. 그는 케임브리지 이공계여성회AWiSE 회장이자, 왕립학회 회원이자, 왕립산부인과대학 선임연구원이었다.

(사진 제공: March of Dimes)

시생식세포들이 격리되고 난소 세포에 둘러싸여 원시난포들을 형성하게 된 후에 상당히 일찍이 멈추었다가 암컷이 번식할 준비가 다 되어서야, 다시 말해 사춘기에 이르러 다시 출발한다. 결과적으로 감수분열의 출발과 완료 사이 간격은 생쥐의 경우처럼 몇 주의 문제일 수도 있고, 인간이나 코끼리나 고래의 경우처럼 몇 년의 문제일 수도 있다. 장수하는 암컷의 경우는 첫 번째 난원세포 형성과, 마지막 배란에서의 마지막 난자 방출 사이에 수십 년이 흐를 수도 있다.

감수분열은 잠시 멈추지만, 난모세포 내부의 성분은 변화를 계속하므로 발달 중인 난모세포는 대사적으로 활발하다. 나아가 그 과정(감수분열)은 멈췄더라도 유전물질은 변함없이 활발하다(Pan et al. 2005). 다시 말해 난모세포 유전자들은 발현되고 있으며, 비록 감수분열에는 정지를 명할지언정 세포 활동을 감독하고 있다. 난모세포의 크기 변화는 잘 문서화되어 있지만, 난모세포의 생물학적 구성물에 일어나는 변화는 제대로 특징지어져 있지 않다. 대부분의 난모세포 확대는 난포발생의 초기 단계들 동안, 곧 원시 난포기부터 일차난포기와 이차난포기까지 일어난다. 이 국면들은 통상적인 뇌하수체 호르몬들(난포자극호르몬[FSH] 및 황체형성호르몬[LH])과 무관하다. 이 국면들 중에는 난모세포와 난포가 둘 다 커진다. 물론 난모세포 성장은 단세포를 키움으로써 일어나는 반면, 난포 성장은 과립층·기저판층·난포막층을 포함한 구성 층의 세포 수와 복잡성을 둘 다 늘림으로써 달성된다. 어떤 난포 발달은 확립된 난포 세포의 유사분열(세포 증식)에 의하지만, 다른 발달은 인접한 난소 세포의 보충 및 뒤이은 분화에 의한다(Young, McNeilly 2010). 난포 성장의 출발은 출생에 대해 가변적이다. 암소(소속*Bos*), 암양(양속*Ovis*), 여성에서는 성장이 출생 한참 전에 개시되지만 생쥐, 햄스터(황금비단털쥐속), 토끼(굴토끼속)에서는 출생 직후까지 연기된다(Baker 1982; Eppig et al. 2002).

후기 난포 단계들(동난포이자 배란전; 그림 6.1)은 호르몬에 의존한다. 난포자극호르몬은 동난포 형성이 시작되게 하는 반면, 황체형성호르몬은 난모세포에서 감수분열이 다시 시작되게 한다. 이 후기 단계들 동안에는 난포만 커지는데 이번에도 세포분열에 의한다. 난모세포는 크기가 변하지 않는다. 후기 단계들의 개시는 암소, 암양, 여성에서처럼 출생 한참 전, 다시 말해 사춘기 여러 달 또는 여러 해 전에 일어날 수 있다. 반대편 극단에서, 햄스터에서는 동난포가 사춘기에 처음 나타난다. 더 흔히는 암컷이 처음 배란하기 며칠 전(생쥐), 몇주 전(쥐, 토끼), 또는 몇달 전(돼지, 멧돼지속)에 동난포가 나타난다(Baker 1982; Eppig et al. 2002; Greenwald, Peppler 1968; Kanitz et al. 2001).

감수분열의 타이밍은 난포 단계들과 무슨 관계일까? 예컨대 일차난모세포는 일차난포에 묶일까? 불행히도, 아니다. 난자발생에서 유전적 변화에 주어진 이름(89쪽 상자 4.2 안의 그림 참조)과 난포발생의 단계들에 주어진 이름은 비슷하지만 대응되지는 않는다. 따라서 일차난포가 일차난모세포를 담고 있는 것은 아니며, 이차난포가 이차난모세포를 담고 있는 것도 아니다. 간단히 말해 난자발생의 명명된 주요 단계들(난원세포, 일차난모세포, 이차난모세포, 난자)은 유전적 과정(감수분열)에 묶일 뿐 난포발생의 주요 단계들(원시난포, 일차난포, 이차난포 등)에는 묶이지 않는다.

난포발생을 거치는 동안 수가 늘어나는 세포 및 무세포 층들이 난모세포를 다른 난소 조직과 분리한다. 배란 직전 난모세포는 세 개의 무세포 층과 네 개의 세포 층에 의해 격리된다. 가장 안쪽부터 가장 바깥쪽까지의 순서로, 그 층이란 무세포성 투명대, 세포성 난구, 무세포성 난포액, 과립층 세포들, 무세포성 기저판, 마지막으로 세포성 속난포막과 바깥난포막이다 (93쪽 그림 4.3 참조). 난자발생과 난포 성숙의 조정은 이 층들을 다양한 정도로(난모세포로부터 바깥쪽으로도, 난소 조직으로부터 난모세포로도) 가로지르는 물질들에 의해 조절된다.

왜 층이 그렇게 많을까? 한 가지 이유는 난모세포와 어미가 서로 다른 진화적 압력을 받는다는 것이다. 의인화해 말하자면 난모세포는 그것의 유전물질을 다음 세대에 기부할 수 있도록 저마다 배란되기를 '원한다'. 난모세포는 그 특혜를 얻기 위해 저마다 어미의 난소에 있는 다른 난모세포 모두와 경쟁한다. 이와 달리 어미는 배란한 난모세포가 십중팔구 살아남을 자식을 생산하기만 한다면 더 바랄 것이 없다. 어미는 자신의 난모세포 전부와 동등하게 관련되므로, 난모세포들이 서로와 경쟁하는 것에서도 자신의 이해관계와 경쟁하는 것에서도 이득을 보지 않는다. 따라서 난모세포와 모체 순환계 사이의 다양한 층들은 모체 유전체 대 난모세포 유전체에 대한 이 상이한 선택압들을 절충할 것이다. 예컨대 투명대는 모체가 난모세포의 발달에 미치는 영향을 억제할 것이고, 기저판은 난모세포가 난소에 미칠 수 있는 영향력을 제한할 수 있다. 이 복잡한 성층 작용이 배란과 동시에 혼란에 빠진다.

배란 후에는 과립층과 속난포막이 함께 자라서 배란 구멍을 밀봉한다. 이 시점에 이 세포들은 또한 프로게스테론을 생산하기 시작한다(Young, McNeilly 2010). 그 결과로 생긴 배란후 난포를 황체CL라고 부른다. 황체의 수명은 다수의 출처에서 나오는 신경적 또는 내분비적 신호들에 달렸다(제5장에서 모체의 임신 인식을 참조). 난소 프로게스테론이 더는 필요치 않으면 황체는 퇴화하고 백체로 알려진다. 만약 배란이 일어나지 않으면 그 난포는 어느 정도 원상태로 돌아가 **폐쇄성**atretic이라는 용어로 불린다. 폐쇄성이 되면 한 난포와 그것에 속한 난모세포의 생애는 마감된다. 한 번이라도 배란되는 난원세포는 매우 드물다. 예컨대 여성이 30~40년 동안 배란을 한다고 해도 대략 700만 개에 달하는 초기 풀의 난모세포로부터 고작 360~480회의 배란이 일어날 것이다(Baker 1982).

호르몬적으로 난소 활동은 흔히 두 국면으로 분리된다. 배란 전(난포기)과 배란 후(황체기)다. 교과서적으로 특징지은 난포기란 에스트로겐 수준이 높고 난포가 성장 중인 국면이다. 뇌하수체로부터 황체형성호르몬이 급증하면 이에 따라 배란과 발정 행동이 일어난다. 뒤따르는 황체기는 프로게스테론 수준이 높고 포궁내막이 발달하는 국면이다. 여성, 일부 다른 영장류,

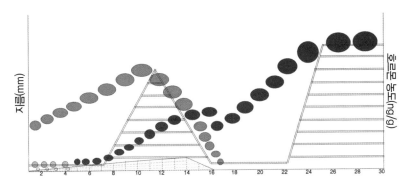

그림 6.2 난포기와 황체기가 동시에 일어나는 기린에서의 난포 역동성(난포 지름, 왼쪽 y축)과 스테로이드 호르몬 수준(오른쪽 y축). 프로게스테론 수준(수평 평행선)은 황체기와 임신 초기 둘 다에 대해 주어져 있다. 에스트로겐 수준(점선)은 난포기에 대해서만 주어져 있다. 하지만 에스트로겐은 임신 중에도 존재한다. 이 그림은 하나의 황체기 중에 펼쳐지는 호르몬들과 난포들의 복잡한 관계를 예시한다. (a) 수태되지 않은 난포(0~17일: 큰 회색 타원들), (b) 수태에 앞서 겹쳐지는 난포기(0~17일: 작은 타원들과 검은 타원들), (c) 수태에 뒤이은 임신 초기(18~30일: 검은 타원들). 앞선 주기의 황체와 수태 전에 배란할 우세 난포가 동시에 형성되는 점에 유의하라. 배란은 1일째(첫째 주기)와 16일째(둘째 주기)에 일어났고, 수태는 두 번째 배란 후에 곧 일어났다. 배란 후 뒤이어 난포파들이 개시되고(2일째~4일째 동안의 작은 원들로 예시) 이 파동들은 임신한 내내 일어난다(그려지지 않음). 임신기 중에 개개의 난포들은 우세해지지 않는다. 하지만 그것들도 커지기는 하며 만약 배아가 거부되면 하나가 우세해져 배란할 것이다. 자료 출처: Lueders et al. 2009. 그림: Abigail Michelson.

나무땃쥐(나무두더지목), 몇몇 박쥐, 한 설치류(가시생쥐속*Acomys*; Bellofiore et al. 2017)에서 황체기의 끝은 새로이 창조된 포궁 조직의 허물벗기, 곧 월경이라 불리는 과정을 낳는다. 제1장에서 시골 폴란드 여성들에 관해 논의했듯이, 교과서에 기재된 그대로의 호르몬 주기들은 여성에 관한 기준도 다른 종에 관한 기준도 아닐 것이다(인물탐구). 예컨대 기린에서는 이른바 난포기(고에스트로겐)와 황체기(고프로게스테론)가 동시에 일어난다(그림 6.2).

발정주기와 신난자발생

발정(일명 발열heat)의 기간과 기간 사이 구간은 발정주기라 불리며, 월경과 월경 사이 구간은 월경주기다. 이 주기들은 포획된 동물에서 측정하기가 쉽고, 따라서 우리는 주기 길이에 관해 많은 정보를 갖고 있다. 포획 교배 계

난소의 난포파 알아내기

앤절라 베어월드Angela Baerwald(1975~)

캐나다의 생리학자 앤절라 베어월드는 암컷의 번식생리학, 특히 난소의 역동성에 대한 우리의 이해가 발전해온 막후의 주요 실세였다. 서스캐처원주 태생의 베어월드는 2005년 이래로 캐나다 서스캐처원대학 산부인생식과학과에서 생식내분비학 및 불임 전공 조교수로 재직해왔다.

그는 자신의 교육도 서스캐처원대학에서 1993년에 받기 시작했고 1997년에 우등으로 졸업했다. 일개 학부생으로서, 베어월드는 임신 제1삼분기(첫 3개월) 중에 난소 기능에서 나타나는 변화들을 연구했다(Hess et al. 2000). 1998년에 그는 서스캐처원대학 산부인생식과학과에서 박사학위를 위한 작업을 시작했다. 자연적 월경주기들 중의 난소 기능을 특징짓는 일이었다. 난소에서 동난포의 파동이 월경주기를 통틀어 여러 번 발달한다는 그의 획기적 발견은 국제적 주목을 받았다. 그것은 전형적인 28일 인간 주기에 대한 전통적 관념에 이의를 제기했기 때문이다. 이 난포파들은 이전까지 가축 사육 동물들 및 기린에 대해 문서화된 것들을 닮았다(제6장). 여성에서의 난포파에 대한 지식은 불임 치료를 위한 난소 자극 요법의 타이밍을 적절히 함으로써 자극이 그 월경주기 중에 한 번 이상 개시될 수 있도록 하는 일을 가능케 했다. 베어월드는 호르몬 피임제를 사용 중인 여성들에서의 난포 발달도 특징지었다(Baerwald et al. 2005). 그는 호르몬 피임제 사용 중 동난포 발달의 대다수가 7일의 휴약 기간(전형적인 피임약은 월경 시작일부터 21일간 매일 복용 후 7일간 복용을 쉬도록 되어 있다-옮긴이) 중에 일어났음을 알아냈다. 이 발견들이 새로운 호르몬 피임제 투약법 개발에 기여해 새로운 방법에서는 휴약 기간이 단축되거나 제거되어왔다. 베어월드는 피부를 통해 작용하는 피임제 계통(피임 패치)의 평가를 도움으로써 그것이 캐나다 보건부의 승인을 받도록 하는 결과를 낳기도 했다(Pierson et al. 2003).

박사과정을 마친 후, 베어월드는 캐나다 오타와대학 오타와시민병원 불임치료센터에서 1년 동안 박사후 연구원으로 재직했다. 거기서 그는 보조생식술을 받고 있는 부부들에서 난포파의 출현과 난소 자극을 동기화한 효과들을 평가했다.

현재 베어월드의 탐구는 번식 연령의 여성뿐만 아니라 완경기로 넘어가고 있는 여성에서도 난소 기능을 평가하는 데 초점을 둔다. 그의 최근 작업이 시사하는 바에 따르면, 완경기로 넘어가는 과도기에 상궤를 벗어난 동난포의 역동성은 급격하고 비전형적인 에스트라디올 상승으로 이어진다(Vanden Brink et al. 2013). 이런 변화의 임상적 의미는 조사 중이다. 그는 여성과 암말에서 난포의 역동성을 특징짓고 비교하기 위한 학제 간 탐구도 계속하고 있다.

(사진 제공: 앤절라 베어월드.)

획을 짜기 위해서는 발정주기 길이에 대한 지식이 결정적이다. 인공 정자주입 및 배아이식과 같은, 많은 절차의 타이밍이 적당해야 하기 때문이다. 그런 주기 돌리기는 주로 포획 상태의 부산물이며, 야생에서 발정주기를 반복해서 겪는 암컷은 거의 없다. 오히려 암컷들은 발정을 안 하는 중이거나, 임신 중 아니면 젖분비 중이다. 암컷이 이 단계들 사이에 잠깐 주기를 돌릴 수도 있지만, 주기를 반복해서 돌린다는 것은 그 암컷이 새끼를 가질 기회를 포기해왔고 따라서 선택적으로 불리한 위치에 있으리라는 뜻이다. "자연적 개체군에서 임신이 빠진 주기란 희귀한 것이며, 본질적으로 용인될 수 없는 일종의 병적 사치다"(Conaway 1971:239). 발정주기의 길이는 포유류 번식의 측정 가능한 측면 중 하나지만, 자연선택은 그런 주기를 짧고 뜸하게 유지하는 쪽으로 작동할 것이다.

대부분의 포유류에게, 우리가 발정주기라 부르는 것이 일어나는 맥락은 번식생리학자들이 연구한 맥락과 엄청나게 다르다. 그런 주기는 젖분비기 중 아니면 과도적 호르몬 환경에서, 이를테면 번식 휴지기 후나 출산 후에 일어난다. 게다가 발정 없는 배란(미약발정silent heat)도 여러 사슴과科, 예컨대 말코손바닥사슴속Alces(미국에서는 무스, 영국과 유럽에서는 엘크), 사슴속Cervus(사슴), 다마사슴속Dama(다마사슴fallow deer), 흰꼬리사슴속 Odocoileus(흰꼬리사슴white-tailed deer), 순록속Rangifer(순록−카리부)에서 그렇듯 일어날 수 있다(Jabbour et al. 1997). 가축 포유류조차도 교과서 패턴을 따르지는 않는다. 예컨대 암말도 황체기 중에 새로운 배란성 난포를 발달시킬 (그리고 배란할) 수 있다(Aurich 2011). 그 결과로, 포획된 동물에서 관찰되는 반복적 발정주기는 (그리고 그것의 상보적 호르몬 프로필도) 자연에서 거의 일어나지 않는 과정을 문서화한다. 이 관찰은 보전과 보조생식에 파문을 남긴다. 포획된 동물들의 반복되는 주기로부터 얻은 호르몬 데이터는 포획 상태의 인공물일 테고, 포획 상태가 아닌 개체군에는 유효하지 않을 것이기 때문이다.

난자발생에 관해 만연한 또 한 가지 발상은 한 암컷이 발달 초기에 갖고 있는 난모세포의 수가 언제까지나 그가 갖고 있을 전부라는 것이다(Zuckerman 1951). 이 발상이 문헌에서 굳건하게 자리를 잡고 있는 한편으로, 일부 데이터는 신난자발생, 곧 새로운 난모세포 형성이 포유류에서, 심지어 여성에서도 일어날 것임을 시사한다(De Felici, Barrios 2013; Tilly et al, 2009; White et al. 2012). 난자발생은 성체 갈라고galago(작은갈라고속Galago)에서, 아울러 아이아이(속)에서도 일어난다(Gérard 1932; Petter-Rousseaux, Bourlière 1965). 배란할 때마다 400~800개의 성숙한 난모세포를 방출하는 암컷 초원비스카차(종)와 같은 경우들은 확실히 신난자발생이 가능할 것임을 시사한다. 실질적으로 난포가 폐쇄되는(그리고 신난자발생이 없는) 난자발생의 전통적 궤적도 전 포유류에 걸쳐 각양각색일 것이다(Espinosa et al. 2011). 분명, 더 많은 데이터가 필요하다.

전반적으로 성체 난소는 역동적이다. 동시에 여러 난포파가 서로 다른 발달 단계에 있을 뿐만 아니라, 무수한 난포가 다양한 폐쇄 단계에 있다. 암컷 생식세포의 발달은 하나의 연속 과정이 아니라 오히려 일련의 출발과 멈춤에 가깝다. 임신기 중에는 생식세포 발달이 보류될 것이다. 유사하게 젖분비기와 난자발생도 그 해의 일부 동안, 예컨대 동면 중에는 중단될 것이다. 따라서 난자발생의 지속기간과 빈도도 전 포유류에 걸쳐 각양각색이다.

난자발생과 난포발생의 다양성

방금 기술한 일반적 과정은 여성, 생쥐, 그리고 암소와 같은 가축 동물들에 관한 연구들의 종합물이다. 다른 암컷들은 어떨까? 우리는 회색나무다람쥐 gray tree-squirrel(동부회색청서Sciurus carolinensis)를 비가축 종에서 그 과정의 특정한 일례로 사용할 것이디(Hayssen 2016). 그리고 그다음에 우리는 다양성의 일부를 분명히 보여주기 위해 다른 종들로부터 몇몇 예를 제공할 것이다(책 전체에서 언급되는 squirrel에는 청서속*Sciurus*, 다람쥐속*Tamias*, 다람쥐청서속*Tamiasciurus* 세 속이 있다. 통속명을 옮기는 데에서 원칙적으로 청서속의 squirrel은 청서로, 나머지 속의 squirrel은 다람쥐로 옮겼지만, tree-squirrel만은 청서속임에도 나무다람쥐로 옮겼다. 나중에 땅다람쥐, 나무다람쥐, 날다람쥐를 대비시키기 위해서다. 영어권에서 squirrel은 대개 청서/나무다람쥐를 가리키며, 우리에게 친숙한 줄무늬 다람쥐는 chipmunk의 일부일 뿐이다―옮긴이).

난포발생의 초기 단계들 동안에 회색나무다람쥐에서는 난자가 거의 완전한 크기(약 95마이크로미터)로 커지고, 그동안 난포는 상피가 변함없이 겨우 세포 한 개 두께여서 난포 전체도 약 150마이크로미터에 지나지 않는다. 그 후에 난구, 과립층, 난포동, 속난포막, 바깥난포막이 분화함에 따라 난포는 정지 크기가 약 600마이크로미터까지 커지는데, 그동안 난자는 크기가 변하지 않는다. 따라서 난모세포 성장과 난포 성장은 손발이 맞지 않는다.

일정 숫자의 난포들이 연달아 최종적 배란을 향해 나아가고 있는 게 아니라, 규칙적인 난포 성장의 파동들이 임신기 중에도 일어나고 젖분비기 중에도 일어난다. 이 난포들 중 대부분은 동난포 단계에 이르기 한참 전에 폐쇄성이 된다. 그러므로 대부분의 포유류와 마찬가지로, 규칙적인 주기로 배란이 연속되는 일은 일어나지 않는다. 폐쇄성 난포는 400~600마이크로미터이고 배란성 난포는 1000~1100마이크로미터다. 배란 후 황체기 난포는 임신 초기에 배란성 난포와 크기가 비슷하지만(1000~1300마이크로미터), 출산 전에 약 750마이크로미터로 퇴보하고 젖분비기 중에 더욱 줄어든다(Deanesly, Parkes 1933). 가을에 난자발생과 난포발생은 느려지거나 완전히 멈춘다. 난소 활동은 동지 후 1월에 한배새끼를 기르기에 적합한 조건들(날씨와 먹이 가용성)이 더 있음직할 때 다시 시작된다.

모든 진수류가 회색나무다람쥐로 예시한 패턴을 따르는 것은 아니다. 예컨대 배란성 난모세포가 액체로 채워진 동난포 안에 둥둥 떠 있는 대신에, 땃쥐와 텐렉의 난자는 과립층 세포들의 단단한 뭉치로 둘러싸여 있다

(땃쥐: 사향땃쥐속*Suncus*; 텐렉: 작은고슴도치텐렉속, 줄무늬텐렉속, 애기뒤쥐속 *Micropotamogale*, 바늘고슴도치붙이속, 텐렉속; Enders et al. 2005; Kaneko et al. 2003). 아프리카코끼리(속)는 청서처럼 난포 성장의 파동들을 갖고 있지만, 코끼리에서는 일부 난포가 배란을 건너뛰고 황체기로 직행하는데 (Hildebrandt et al. 2011), 반면에 청서에서 그런 난포는 폐쇄성이 된다. 따라서 임신한 아프리카코끼리는 배아(1~2개)보다 황체(2~8개)를 훨씬 더 많이 갖고 있다. 또한 코끼리의 황체기 난포(3~6센티미터)는 배란성 난포 (0.5~1.0센티미터)보다 더 크다(Allen 2006). 매너티(매너티속*Trichechus*)에 서는 각 임신기에 최소 21개의 황체가 함께하고(Marmontel 1988), 듀공에서는 최대 90개가 함께한다(Nishiwaki, Marsh 1985). 부속 황체는 호저아목 설치류에서도 나타난다(Weir 1971b). 바위너구리(나무타기너구리속 *Dendrohyrax*)는 코끼리와 친척이고 끊임없는 난포 발달을 겪으나 동난포 단계까지만 겪는다(O'Donoghue 1963). 유사하게 기린의 난포 발달(원시난포로부터 동난포전前까지)도 황체기 내내 임신기 중에도 계속된다(그림 6.2; Lueders et al. 2009). 또한 기린에서는 원시난포로부터 황체에 이르고 거기서부터 백체에 이르는 완전한 난포 발달이 태아 암컷과 미성숙 암컷에서도 일어날 수 있다(Kellas et al. 1958; Kayanja, Blankenship 1973; Wilsher et al. 2013). 이 난포 발달의 다양성에 더해, 모든 난포가 난자를 하나만 가진 것도 아니다. 다난자 난포는 일부 아르마딜로(벌거숭이꼬리아르마딜로속 *Cabassous*, 긴털아르마딜로속, 애기아르마딜로속*Chlamyphorus*, 세띠아르마딜로속, 피치아르마딜로속*Zaedyus*; Cetica et al. 2005)와 텐렉(텐렉속; Nicoll, Racey 1985)에서 흔하다. 이것들은 난포발생에 관한 진수류 변이체 가운데 소수일 뿐이다.

유대류와 단공류도 이 과정에 관한 변이체들을 갖고 있다. 타마왈라비 (종)에서는 원시생식세포의 초기 생식샘을 향한 이주가 자식이 질관을 헤엄쳐 나와 젖꼭지로 올라가는 날 무렵에 완결된다. 주머니 생활의 끝무렵이면 원시생식세포의 25퍼센트가 폐쇄성이다(Alcorn, Robinson 1983). 청서와 달리 유대류에서는 난모세포 성장과 난포 성장이 배란에 이를 때까지 동기적이다(Cesario, Matheus 2008; Frankenberg, Selwood 2001; Kress et al. 2001).

단공류와 유대류는 진수류보다 더 큰 난모세포를 갖고 있다. 이 난모세포들의 세포질 내용물은 때때로 난황으로 일컬어지는 물질을 포함한다. 하지만 이 물질은 새알의 난황과 같은 만큼 광범위하지 않으며 조성적으로 비슷하지도 않다. 그 물질은 난모세포 안에서 특정한 분포를 갖고 있는데 수태산물에서도 초기 난할 단계들까지 존속한다(Menkhorst et al. 2009). 그 물질의 조절과 조성 및 그것이 수태와 배아발생에서 하는 기능의 세부 사항은 제대로 이해되어 있지 않다.

난포들의 발달에 있는 변이를 고려하면 그 난포들로부터 난자가 방출되는 과정(배란)에 있는 변이도 다양한 게 당연하다.

배란

배란이란 암컷 생식세포가 난소에서 방출되는 과정이다. 방출된 생식세포 하나하나는 난자발생 초기 이래로 그것과 연관되어온 똑같은 모체 세포들로 둘러싸인다. 그 연관된 난구세포들로부터 각각의 난자를 분리하고 있는 것은 투명대다(이따금 난막으로도 일컬어진다). 제4장에서 자세히 기술했듯이, 투명대는 난모세포 자체에 의해서도 난소 조직에 의해서도 생산되는 비세포성 물질(당단백질)로 된 기질이다. 따라서 배란은 암컷 생식세포의 방출뿐만 아니라 세포성 구조(난구)와 비세포성 구조(투명대)로 이루어진 복잡한 집합체의 방출도 포함하며, 이 구조들은 생식세포가 난소를 떠나 수태의 자리로 여행하는 동안 생식세포를 따라다닌다.

배란은 역동적 과정이지만, 폭발적 과정은 아니다. 인간의 배란을 찍은 비디오 영상(NewScientist.com, June 17, 2008)은 흐릿한, 젤리 같은 마개가 난소의 표면에 꽂힌 상태로 난관의 손가락처럼 생긴 돌기들(난관채)에 의해 솔질되는 모습을 보여준다. 난관채들이 마침내 난구세포들과 난모세포로 이루어진 그 마개를 난관 속으로 옮긴다. 그 방출release은 점진적 과정이지, 대개 묘사되는 것과 같은, 분출eruption이 아니다(Gilbert 2014).

　배란이 일어나려면 배란전 난포는 난소의 표면에 가까이 있어야만 한다. 난소의 표면과 난포의 중심 사이 세포 층들은 서로의 연결성을 잃어야 하고, 무세포성 기저판도 흩어지거나 무너져야 한다. 이 과정들의 복잡한 생화학은 완전히 이해되어 있지 않지만 시상하부, 뇌하수체, 난소 간의 대규모 되먹임 고리들, 국소화된 난소 안에서의 조절 과정들을 아울러 수반한다(Richards et al. 2015). 세부 사항은 이 장의 범위를 넘어선다. 하지만 우리는 배란의 성격, 통제, 타이밍에 있는 몇몇 주요한 분류학적 차이들을 전 포유류에 걸쳐 탐사할 것이다.

난자는 몇 개나 배란될까?

외둥이 새끼를 낳는 종은 대개 일란성이다. 다시 말해 그들은 난자를 한 개만 배란한다. 유사하게, 판에 박힌 듯 쌍둥이를 낳는 대부분의 암컷들은 다란성으로서 다수의 난포로부터 다수의 난자를 방출한다(다란성에는 두 가지 다른 의미가 있음에 유의하라. 한 배란에서 다수의 난자가 방출됨을 의미할 수도 있고, 텐렉에서 그렇듯 한 개의 난포 안에 다수의 난자가 있음을 의미할 수도 있다). 아르마딜로(아홉띠아르마딜로속)는 이런 일반성에 관해 하나의 놀라운 변이체를 제공한다. 이들은 난자를 단 한 개 배란하지만 일란성 쌍둥이 자식을 4~8마리, 아마도 심지어 12마리까지 생산할 수 있기 때문이다(Hayssen et al. 1993). 아홉띠아르마딜로속에서 초기 배반포는 분할되어 다수의 자식을 생산하고, 그 자식들은 단일한 착상 부위에서 접착된 단 한 개의 태반을 사용한다(Craig et al. 1997).

반대편 극단에는 그 종의 평균 한배새끼수보다 훨씬 더 많은 난자를 배란하는 암컷들이 있다. 이 과배란은 다양한 분류군에서 일어나며, 이는 분류군별로 기원이 다름을 시사한다(Birney, Baird 1985; Wimsatt 1975). 예컨대 설치류의 일종인 초원비스카차는 대개 새끼를 두 마리 출산하지만 200~700개 이상의 난자를 배란한다. 이 난자들 중 대부분은 퇴화하지만 일고여덟 개가 수태를 달성한다. 그 모든 수태산물이 착상하지만 둘만 만기에 도달한다. 나머지 배아는 재흡수된다(Espinosa et al. 2011; Weir 1971a, 1971b). 덜 극단적인 예는 코끼리땃쥐의 일종인 동부바위코끼리땃쥐*Elephantulus myurus*다. 암컷은 60~120개의 난자를 배란하지만 새끼는 두 마리만 출산한다. 수태 후 일부 배아는 난할에 이상이 생기고 다수는 퇴화하는데, 포궁에 착상 자리가 너무 적어서 모두 착상할 수가 없기 때문이다(Tripp 1971). 텐렉의 일종인 저지대줄무늬텐렉*Hemicentetes semispinosus*은 최대 40개의 난자를 배란하는데 그 모두가 수태 후 착상할 것이다. 하지만 최대 한배새끼수는 10마리이므로 대부분은 임신기 중에 재흡수된다. 일부 박쥐, 이를테면 큰갈색박쥐big brown bat(*Eptesicus fuscus*)와 동부집박쥐eastern pipistrelle(*Pipistrellus subflavus*)는 3~7개의 난자를 흘리지만 새끼는 오직 두 마리, 포궁뿔 하나에 한 마리씩만 살아남는다(Wimsatt 1975). 유사하게, 많은 유대류, 이를테면 신세계(남북아메리카 대륙 및 오스트레일리아 대륙—옮긴이)의 주머니쥐속과 오스트레일리아의 동부쿠올 *Dasyurus viverrinus*은 그들이 가진 젖꼭지보다 더 많은 난자를 배란한다. 게다가 일부 유대류는 출산 후에 신생아가 젖꼭지를 찾지 못하면 신생아 손실을 경험한다. 그렇지만 출산조차 하기 전에, 실패한 수태나 조기 배아 분할도 한배새끼수를 감소시킨다. 마지막 일례는 유제류의 일종인 가지뿔영양(가지뿔영양속*Antilocapra*)으로서, 네다섯 개의 난자를 배란하지만 포궁내 동기살해 때문에 두쌍둥이를 낳는다. 우리는 그 세부 사항을 제7장에서 제공한다(O'Gara 1969).

과량의 난자를 생산하는 암컷에게는 여러 이점이 누적될지도 모른다. 첫째, 그 결과로 생기는 황체의 풍부함이 임신기의 되먹임 생리학에서 도움이 될 것이다. 둘째, 난자 간 경쟁이 생육 가능성이 가장 큰 자식만 유지하기 위한 선택 기제를 선사할지도 모른다. 셋째, 여분의 난자는 나중에 위험한 단계들에서 있을 손실에 대비해 생산되는지도 모른다. 유대류의 경우 신생아의 젖꼭지를 찾는 능력은 위태롭다. 그러니 신생아를 몇 마리 더 임신하는 비용을 치르면 설사 일부가 젖꼭지로 가는 도중에 실종된다고 해도 한배새끼수는 확실히 채워질 것이다. 진수류의 경우도 유사하게, 만약 수태 실패와 난할 이상이 있을 수 있다면, 여분의 난자를 배란함으로써 그 손실을 보상할 수 있을 것이다. 여분의 난자 생산은 드물기도 하고 먼 친척 분류군에서 일어난다는 점을 고려하면, 그것의 선택적 이점은 각 사례에 독특할 것이다.

무엇이 배란을 촉발할까?

배란은 내부적(호르몬적 또는 신경적) 영향으로도 조절되고 외부적(비생물적 또는 동종의) 영향으로도 조절된다. 방아쇠는 대개 호르몬적이다. 호르몬 수준은 내인성 조건에 맞게 미세조정되어 있을 것이다. 포궁의 상태, 젖분비기가 진행 중인지의 여부, 지방 저장고는 어떤지, 스트레스 호르몬 수준 따위가 내인성 조건이다. 호르몬 주기는 외인성 요인에 의해서도 영향을 받을 것이다. 포식, 먹잇감 존재비abundance, 기생충 존재비, 수컷 또는 다른 암컷의 존재 따위가, 아울러 광주기, 기온, 가뭄과 같은 비생물적 조건들도 외인성 요인이다.

내부적으로 배란의 내분비적 통제장치에는 여러 주요 호르몬이 포함된다. 이 호르몬들의 시간적 추이와 농도는 종에 따라 다르다. 일부 암컷, 예컨대 소, 여성, 생쥐의 경우 배란의 가장 명백한 구동장치는 뇌하수체로부터 분비되는 황체형성호르몬LH의 급증이다. 그렇지만 황체형성호르몬 급증은 오로지 에스트로겐, 프로게스테론, 난포자극호르몬FSH, 프로스타글 란딘, 프로락틴과 같은 다른 호르몬들이 적당한 간격을 두고 적당한 농도로 나타나는 경우에만 일어난다. 이 내분비적 일진일퇴는 전 종에 걸쳐 차이가 있다. 예컨대 프로게스테론의 절정은 실험실 생쥐에서는 황체형성호르몬 급증보다 먼저 나타나지만, 개, 여성, 소에서는 나중에 나타난다.

배란에는 신경적 요소도 있다. 신경적 요소는 있어야만 하는데, 뇌하수 체로부터 황체형성호르몬 방출은 뇌의 나머지가 다양한 감각 신호와 호르 몬 신호를 통합한 후에만 일어나기 때문이다. 그런 통합이 일어나면, 뇌 안 에서 신경세포들이 시상하부의 방아쇠를 당겨 생식샘자극호르몬방출호르 몬GnRH을 분비시키고, GnRH가 뇌하수체로 가서 황체형성호르몬 방출을 유발한다. 따라서 신경적 요소와 내분비적 요소가 조합되어 배란을 통제한 다. 신경적 요소는 많은 신호에 의해 바뀐다. 광주기, 페로몬, 짝짓기뿐만 아니라 전반적인 생리적 조건과 영양상태 따위도 그런 신호에 해당한다(de la Iglesia, Schwartz 2006; Scaramuzzi et al. 2011). 따라서 뇌는 이 복잡 한 외부 입력과 내부 입력을 종합해 배란을 통제한다. 과학자들은 시상하부 호르몬인 GnRH, 또는 그것의 태반 변종인 융모막생식샘자극호르몬CG을 암컷에 주입함으로써 배란을 유도할 수 있다.

짝짓기가 배란을 유도할까?

흔히 쓰이지만 문제가 되는 한 가지 이분법이 자연배란(또는 반사배란) 대 유 도배란의 이분법이다(Bakker, Baum 2000). 과학자들이 배란의 복잡한 신 경적·내분비적 전조들을 이해하기 전에 포유류학자들은 다음을 알아차렸 다. 여성을 포함한 어떤 포유류들은 배란이 짝짓기와 상관관계가 없었던 반 면에, 어떤 포유류들은 배란이 짝짓기 후 예측 가능한 어느 시간에 믿을 만 하게 일어났다. 마치 음경의 자극이 "익어가는" 난포가 난자를 방출하게끔 유도한 것처럼, 짝짓기가 이 종들에서 배란의 직접적 원인이었던 것처럼 느겨졌다. 따라서 사람들은 짝짓기가 어떤 종들, 예컨대 고양이에서 배란을 유도한다고, 하지만 다른 종들, 이를테면 돼지나 소에서는 자연히 일어난다고 말했다. 이른바 유도배란을 하는 종의 목록은 다양하며 땃쥐, 청서(과), 밭쥐, 레밍, 산토끼(속), 솜꼬리토끼(속), 토끼, 밍크(아메리카밍크속*Neovison*), 아메리카너구리(아메리카너구리속*Procyon*), 흑곰black bear(아메리카흑곰 *Ursus americanus*), 낙타(과)를 포함한다(Bakker, Baum 2000; Boone et al. 2004). 이 다양성은 일부로 하여금 '유도'배란은 조상형 조건이다(Conaway 1971)라는 결론을 내리게 하고, 다른 일부로 하여금 그것은 파생형이다 (Bakker, Baum 2000)라는 결론을 내리게 했다.

설상가상으로 똑같은 호르몬의 급증이 배란을 촉발하는 동시에 짝짓기 행동까지 재촉할 수도 있다. 예컨대 주행성인 나일풀밭쥐Nile grass rat(아 프리카풀밭쥐*Arvicanthis niloticus*)뿐만 아니라 야행성인 실험실 쥐와 생쥐에 서도, 짝짓기 네 시간 전에 황체형성호르몬 급증이 일어난다(Smale et al. 2005). 이 사례들에서는 배란이 짝짓기를 유도한다. 이에 더해 암컷의 행동 도, 교미 전에든 교미 중에든, 짝짓기의 패턴과 교미의 결과에 영향을 미칠 수 있다(Buzzio, Castro-Vázquez 2002; Erskine 1989).

유도 대 자연 이분법은 야바위 같기도 한데, '유도'배란을 하는 동물이 자연배란도 할 수 있기 때문이다. 예가 고양이와 밍크다. 역으로 자연배란 동물로 분류되는 포유류(예컨대 생쥐속과 시궁쥐속)에서도 짝짓기 행동이 배 란을 촉진할 수 있다(Bakker, Baum 2000). 이에 더해 GnRH와 같은 생 식샘자극호르몬은 모든 포유류에서 배란을 조절하는데도, 일부 지은이는 GnRH 또는 CG 주입 후의 배란을 짝짓기가 배란을 유도한다는 증거로 사 용한다(Bedford et al. 2004).

이른바 자연배란에서는 체성감각적 자극이 아니라 난소의 스테로이드 들이 황체형성호르몬 급증을 유도하고, 이 급증이 뒤이어 배란을 촉발한 다(Bakker, Baum 2000). 그렇지만 어떤 면에서 진정으로 자연적인 배란은 하나도 없다. 짝짓기에서 나오는 큐를 포함해 모든 외인성 큐가 시상하부 및 뇌하수체 호르몬의 중재로 배란에 영향을 준다(배란을 유도한다). 토끼에서 그렇듯 오르가슴적 수축 그 자체가 배란을 촉진할 수도 있다(Fox, Fox 1971).

짝짓기 후 배란은 이른바 유도배란 동물들에서조차 즉각적이 아니다. 예컨대 암컷 스토트stoat(북방족제비Mustela erminea)는 다수의 수컷과 짝짓기를 하고, 정자를 최장 120시간 동안 저장하고, 교미로부터 72~96시간 후에 배란을 한다. 이에 더해 난포발생도 짝짓기 후 몇 주 동안 계속된다(Amstislavsky, Ternovskaya 2000). 이 기간은 암컷에게 짝을 고르거나 정자를 선별할, 아니면 아마도 아예 배란하지 않는 편을 선택할 기회를 주고도 남는다. 유도배란과 자연배란은 광범위한 연속선 상의 흔치 않은 양극단처럼 보인다(Conaway 1971; Jöchle 1975).

남아메리카에 서식하는 낙타과가 이 맥락에서 흥미롭다. 알파카Vicugna pacos와 라마Lama glama는 각각 비쿠냐vicuña(Vicugna vicugna)와 과나코guanaco(Lama guanicoe)의 가축화된 후손이다. 이들은 낙타의 남아메리카 친척이고, 모든 낙타과 동물은 이른바 유도배란 동물이다. 배란은 암컷의 약 5퍼센트에서 자연적이지만 대개는 실제로 짝짓기와 연관되는데, 평균적으로 짝짓기 후 이틀째에 일어난다. 따라서 짝짓기에 대한 반응에 긴 시간이 걸린다. 이에 더해 배란은 생식로의 물리적 자극과 연관되는 게 아니라(Ratto et al. 2005), 정액장액(사출된 정액의 정자를 제외한 액상부분—옮긴이)에 있는 신경성장인자에 의할 것이다(Adams, Ratto 2013; Silva et al. 2014). 또한 암컷의 20퍼센트는 짝짓기 후에도 수태를 하지 않는다(Brown 2000; Vaughan 2011). 따라서 배란은 알파카와 라마에서 짝짓기만이 아니라 더 많은 걸 요구할 것이다.

말할 것도 없이, 배란이 일어나려면 배란성 난포를 이용할 수 있어야만 한다. 대부분의 포유류와 마찬가지로 낙타과에서도 난포의 발달은 겹쳐지는 파동들의 형태로 진행된다. 알파카에서 개별 난포가 배란할 능력이 있는 크기에 도달하는 데에는 11~12일이 걸린다. 가장 큰 우세 난포는 그 크기에서 3~5일 동안 머물러 있다가 뒤이어 퇴보한다. 그러는 동안에 발달해왔던, 다른 난포들 가운데 하나가 2~3일 안에 우세해진다. 배란은 암컷이 큰 난포 하나를 가질 때까지 일어나지 않을 뿐 그가 짝짓기하는 때와는 상관이 없는데, 시상하부-뇌하수체 축이 황체형성호르몬을 방출할 수 있으려면 먼저 큰 난포가 호르몬을 생산해야만 하기 때문이다. 배란은 오로지 암컷이 충분한 크기의 난포를 갖고 있다면 일어나더라도, 행동적 발정은 난포 크기에 독립적이다. 암컷이 짝짓기를 하면 배란이 약 이틀 뒤에 일어나고, 그러므로 우세 난포 하나를 창조하는 데 걸리는 시간이 짝짓기와 배란 사이 시간과 비슷하다. 결과적으로 짝짓기는 배란이 아니라 난포 성장을 자극하는지도 모른다. 아니면 아마도 암컷은 두 가지 선택지가 있을 것이다. (1) 만약 그가 짝을 찾아내는 때 큰 난포를 갖고 있지 않다면, 그는 짝짓기를 써서 난포 성장과 배란을 자극할 수 있다. (2) 만약 큰 난포를 이미 갖고 있다면, 그는 짝짓기를 써서 배란을 자극할 수 있다. 방금 언급했듯이, 짝짓기는 배란 자체가 아니라 난포 성장을 재촉할 수도 있을 것이다.

이렇든 저렇든, 짝짓기의 큐를 써서 배란 때를 정하는 암컷은 우세 난포가 발달하기를 기다릴 필요가 없는 반면, 짝짓기의 신경적 입력을 무시하는 암컷은 배란이 자연히 일어날 때까지 기다려야만 한다. 여성에게 배란과 배란 사이 간격은 약 4주지만 실험실 생쥐에게 그것은 고작 4일이다. 만약 타이밍이 결정적이라면, 긴 지연은 번식성공도를 떨어뜨릴 것이다. 따라서 시간의 제약을 받는 암컷은 교미의 자극을 사용해 배란에 영향을 준다면 더 효율적으로 번식할 수 있을 것이다. 수컷이 얼마 없고 서로 멀리 떨어져 있는 때에는 비슷한 이점들이 암컷에 누적될 것이다. 짝짓기의 자극을 사용하면 더 빠른 번식이 가능해진다. 예컨대 알파카와 라마에서 난포 발달은 임신기와 젖분비기 내내 계속되므로, 만약 어느 암컷이 그의 자식을 잃더라도 그는 이틀 안에 다시 수태할 수 있다(Adams et al. 1990). 알파카들이 그들의 배아 중 최대 80퍼센트를 거부함을 고려하면, 재빨리 수태하는 능력은 유리할 것이다(Silva et al. 2014). 통틀어, 짝짓기로 배란 때 정하기에는 잠재적 이점들이 있다.

이 논의에 비추어 우리는 **자연**배란이라는 용어를 보유할 것이지만 '유도'배란은 **조건**배란이라는 용어로 대체할 것이다. 비생물적·내부적 방아쇠는 모든 배란에 핵심적이다. 하지만 조건배란에 관한 한, 짝짓기의 동종적同種的, conspecific 큐와 체성감각적 결과(오르가슴 따위) 또한 배란의 타이밍에 강하게 영향을 미친다.

짝짓기는 배란을 위해 사용되는 한 가지 동종적 큐다. 하지만 그 밖의 동종적 자극도 배란에 영향을 미칠 것이다. 암컷은 동종 암컷 또는 수컷에서 방출된 페로몬도 외인성 큐로 사용해 짝짓기를 조절할 수 있다. 예컨대 지배 암컷 마모셋(비단마모셋속)은 이 방법으로 종속 암컷들에서 배란을 차단한다(Barrett et al. 1990). 게다가 포획된 설치류에서는 암컷이 집단에 수용되고 수컷에서 격리되면 호르몬 주기가 억압되거나 연장될 수 있다(Lee, Boot 1956). 따라서 야생에서는 암컷의 고밀도가 자원이 부족함을 신호할 수도 있을 것이다. 그 효과가 부신을 경유해 작용한다는 점도 스트레스 관련 현상을 시사한다(Ma et al. 1998). 포획된 암컷 생쥐에서는 수컷 페로몬이 발정을 자극하지만(Whitten et al. 1968), 암컷들도 수컷에서 특정하고 즉각적인 응답을 야기하는 큐를 생산한다(Rekwot et al. 2001). 따라서 암수 둘 다 서로에게 자극을 제공해 배란과 짝짓기에 영향을 미친다.

짝짓기

한껏 부풀어오른 암컷 침팬지는 한 시간에 1~4번씩 13마리가 넘는 파트너와 짝짓기를 한다. 평생에 걸쳐 그는 6000번도 넘게 교미에 몰입할 텐데… 낳아서 살아남는 자식은 댓 마리에 지나지 않는다.

—허디 2000:80

일단 난자들이 배란될 준비가 되면 암컷은 짝을 찾아낼 필요가 있다. 그러기 위해 암컷은 광고하기, 탐색하기, 기다리기, 또는 이 전술들의 어떤 조합을 사용한다. 한 암컷이 사용하는 메커니즘은 그 환경의 특징들뿐만 아니라 포식, 세력권, 사회적 상호작용과 관련된 요인들에도 달렸을 것이다. 암컷들은 다양한 감각 양식, 이를테면 냄새, 자태, 소리 따위에 걸쳐 파트너를 구하는 광고를 낸다. 예컨대 암컷 아시아코끼리는 배란 전에 여러 주 동안 그들의 소변에 든 페로몬을 방출한다(Rasmussen, Schulte 1998). 코끼리 암컷들과 수컷들은 넓게 분리되어 있기 때문에, 배란보다 한참 전에 후각적 큐 방출하기는 암컷에게 짝을 끌어들일 시간을 준다. 그에 반해 영장류 암컷은 흔히 수컷을 포함하는 사회집단 안에서 산다. 결과적으로 암컷 침팬지(침팬지속Pan)와 개코원숭이(속)는 뚜렷한 시각적 큐를 사용한다. 구체적으로, 배란할 무렵에 질구 근처의 피부가 부풀어오르고 빛깔도 달라질 것이다. 이런 회음부의 성적 팽창은 아마도 단순한 유인으로부터 수컷-수컷 경쟁 유발하기에 이르는 여러 면에서 암컷에 이바지할 것이다(Deschner et al. 2003). 사회집단을 형성하지 않는 암컷들도 시각적 큐를 사용할 것이다. 이를테면 유럽밍크European mink(*Mustela lutreola*)는 외음부가 상당히 커지고 분홍빛을 띤 연보라색이 된다(Youngman 1990).

어떤 암컷들은 발성을 사용한다. 예컨대 아시아다람쥐Asian chip-munk(시베리아다람쥐*Tamias sibiricus*) 암컷은 수컷과의 상호작용에서 최소한 세 종류의 울음을 활용한다. 한 종류는 광고용 울음인 데 반해 구애 중에는 세 종류를 모두 사용한다(Blake 1992). 북아메리카다람쥐North American chipmunk(메리엄다람쥐*T. merriami*, 캘리포니아다람쥐*T. obscurus*)와 아프리카덤불다람쥐African bush squirrel(스미스덤불다람쥐*Paraxerus cepapi*) 같은 그 밖의 다람쥣과 동물들도 발성으로 수컷을 유인한다(Callahan 1981). 암컷 고래(참고래속*Eubalena*)도 똑같이 할 것이다(Schaeff 2007).

일부 암컷들은 신호를 조합해서 사용한다. 암말은 시각적 신호들로 수 말을 유인하는데, 특징적인 얼굴 표정과 아울러 수컷을 향해 궁둥이 돌리기 와 꼬리를 옆으로 치워 회음부 과시하기가 그런 신호에 들어간다. 음순을 율동적으로 밖으로 뒤집기(이른바 **음핵 눈짓**clitoral winking)와 소량의 액체 방출은 시각적인 동시에 후각적인 과시를 추가한다. 이런 동작은 번식에 앞 서 수컷을 점화한다. 암말은 또한 임신기 동안뿐만 아니라 계절적으로 번식 을 쉬는 국면 중에도 발정 행동을 과시한다. 사회집단 안에서 이런 행동은 암말과 수말 간의 장기적 유대를 촉진할 것이다(Crowell-Davis 2007). 암 컷 낙타들도 다중적 신호를 사용한다(Joshi et al. 1978). 그들은 소리를 내 면서 꼬리를 움직여 부풀어오른 음문입술(음순)을 노출한다.

짝을 구하는 광고를 내는 대신, 어느 암컷은 번식 전용 영역으로 갈 것 이다. 그런 영역의 일종인 레크lek에 가면 이용할 수 있는 수컷들이 모여 있 다. 그는 이 후보군 중에서 선택을 한다. 암컷 사슴, 예컨대 다마사슴(종) 또 는 붉은사슴(북아메리카에서 엘크라 불리는 말사슴종)이 이 전략을 사용한다. 그 밖의 암컷들은 광고나 탐색을 거의 하지 않지만 대신에 수컷이 그들에게 오도록 놓아둘 것이다. 암컷 코끼리물범elephant seal(코끼리물범속*Miroun- ga*)이 그런 경우다(Leboeuf 1970). 또다른 전략은 마다가스카르의 육식동 물인 포사로 예시된다. 암컷 포사(속)는 높은 나무에 있는 전통적인 짝짓기 자리를 고수한다. 개체 암컷들이 이런 짝짓기 장소를 독점하고 그리로 수컷 을 유인한다. 암컷은 오래(최장 세 시간) 교미하며 다수(4~5마리)의 수컷과 1~6일 기간에 걸쳐 짝짓기를 한다. 그 자리는 다수의 암컷이 이어받아 사 용하고 다년간에 걸쳐 사용된다(Hawkins, Racey 2009). 따라서 암컷들은 알맞은 짝들을 찾기 위해 다양한 방법을 사용한다. 일단 짝들을 찾았다면, 암컷은 그들 중에서 어떻게 선택을 하며, 그는 몇 마리를 선택할까?

일처다부

일처다부는 자연에서 흔한 풍속이다(Taylor et al. 2014). 설사 시간이 짧아도, 암컷들은 흔히 한 마리보다 많은 수컷과 짝짓기를 한다. 예컨대 캘리포니아땅다람쥐California ground squirrel(*Otospermophilus beecheyi*) 암컷들은 평균적으로 겨우 일곱 시간 동안 짝짓기를 유혹하는데도, 그 시간 중에 일곱 마리 수컷과 짝짓기를 한다(Boellstorff et al. 1994). 포유류에서 일처다부는 유대류(안테키누스속; 꿀주머니쥐honey possum[꿀주머니쥐속*Tarsipes*]), 박쥐(큰갈색박쥐[문둥이박쥐속*Eptesicus*]), 고슴도치(속), 땃쥐(뒤쥐속*Sorex*), 식육류(유럽오소리[오소리속*Meles*]; 에티오피아늑대[종]; 난쟁이몽구스dwarf mongoose[*Helogale parvula*]; 사자[종]), 유제류(사슴[노루속*Capreolus*, 흰꼬리사슴속]; 가지뿔영양[속]), 설치류(땅다람쥐와 나무다람쥐[프레리도그속*Cynomys*, 청서속]; 비버[속]; 기니피그[속]; 사슴쥐[속]; 생쥐[속])만큼 다양한 분류군에서 일어난다(Asher et al. 2008; Birdsall, Nash 1973; Carling et al. 2003; Crawford et al. 2008; DeYoung et al. 2002; Engh et al. 2002; Haynie et al. 2003; Koprowski 1998; Stockley et al. 2002; Sale et al. 2013; Thonhauser et al. 2013; Vanpé et al. 2009; Vonhof et al. 2006; Wooler et al. 2000). 이들도 일처다부가 일어나는 많은 종 가운데 소수 예일 뿐이다. 일처다부의 규모는 과소평가될 것이다. 왜냐하면 그것은 대개 쌍둥이를 낳는 종에서 부성 검사에 의해 문서화되지만, 외둥이를 출산하는 종조차도 암컷들이 다수의 수컷과 짝짓기를 할 것이기 때문이다.

짝짓기는 시간과 에너지가 들 뿐만 아니라 잡아먹히거나 다치거나 성병에 걸릴 위험을 증가시킨다. 다수 수컷과의 짝짓기는 이런 효과를 악화시킬 공산이 크다(Thonhauser et al. 2013). 하지만 그것에는 잠재적 이득도 있다. 다수와 짝짓기를 하는 뒤편의 이유는 종마다 독특하겠지만, 자식의 유전적 다양성 증가, 수태 증가, 이전 수컷이 불임일 경우에 대비한 보험, 수컷의 괴롭힘 감소, 영아살해 방지, 근친번식 회피, 부성 교란이 몇 가지 이득에 들어간다(Parker Birkhead 2013; Thonhauser et al. 2013). 다음은 세 가지 예다.

첫째, 벨딩땅다람쥐Belding's ground squirrel(*Urocitellus beldingi*)에서는 결과적으로 생기는 자식의 유전적 변이 증가가 다중 짝짓기의 동인일 것이다. 이 암컷들은 예측할 수 없는 환경에서 산다. 짝이 여럿이면 한 암컷의 자식이 다양한 표현형을 갖게 될 것이고, 그 가운데 어떤 표현형은 다른 환경 조건에서 더 잘 살아남을 것이다(Stockley 2013).

둘째, 코끼리물범 암컷의 경우는 유전적 자질보다 정자 가용성이 더 중요한 관심사일 것이다. 암컷 북방코끼리물범northern elephant seal(*Mirounga angustirostris*)은 다른 많은 암컷들과 함께 바닷가 위로 무거운 몸을 끌고 나오는데, 모두 단기간에 걸쳐 단 한 마리의 큰 수컷과 짝짓기를 할 것이다. 이런 대규모 짝짓기는 그 큰 수컷이 보유한 완전히 성숙한 정자들의 저장고를 고갈시킬 것이다. 따라서 암컷은 아직까지 정자 저장고가 동나고 있지 않은 더 작은 몸집의 종속 수컷들과 짝짓기를 함으로써 이득을 볼 것이다(Hoezel et al. 1999).

마지막으로, 오스트레일리아에 있는 작은 육식성 유대류(안테키누스속)는 이례적인 짝짓기 체계를 갖고 있다. 모든 암컷이 짧은 동기적 짝짓기 철 동안에 수컷을 유혹하는데, 철이 지나면 모든 수컷이 죽는다. 그 결과로 암컷들이 출산하기 전, 그 개체군에서 유일한 수컷들은 포궁 안에 있다. 사출액에 담긴 정자의 수는 얼마 안 되는데 암컷은 수컷이 죽은 후에야 배란할 것이기 때문에, 만약 수태가 일어나지 않으면 암컷은 다시 짝짓기할 가망이 없다. 암컷은 수컷이 불임일 경우에 대비한 보험으로서, 그리고 정자 경쟁을 늘리기 위해 다수의 수컷과 짝짓기를 한다. 암컷은 또한 정자를 난관 지하실에 최고 2주 동안 저장한다. 그들은 평균 서너 마리(최대 일곱 마리) 수컷으로부터 받은 정자들을 사용해 수태하고 쌍둥이들을 낳는다(Kraaijeveld-Smith et al. 2002).

성교

암컷은 한바탕 짝짓기의 수동적 일부가 아니다.

—코프롭스키Koprowski 1998:36

교미는 누군가가 포유류를 발견하는 모든 곳에서, 말하자면 땅속에서도, 나무 위에서도, 깊은 동굴에서도, 물속에서도, 심지어 하늘을 나는 중에도 일어난다. 그 실제적 위치는 암컷이 차지하는 서식지, 포식과 기생충과 질병 매개체의 위험, 교미의 지속시간에 달렸을 것이다. 교미 시간의 범위는 몇 초인 돌고래(큰돌고래속; Puente, Dewsbury 1976)와 페커리(흰입술페커리속 *Tayassu*; Tores 1993)에서부터 포획된 안테키누스속에서는 최고 18시간에 까지 이른다. 비록 안테키누스의 짝짓기도 야생에서는 평균이 고작 4~6시간이지만 말이다(Kraaijeveld-Smit et al. 2003). 안테키누스는 돌고래보다 훨씬 더 작으며, 주로 설치류, 식육류, 영장류로 구성된 113종에 걸쳐서도 교미는 더 큰 포유류가 더 짧다(Stallmann, Harcourt 2006). 물론 교미 시간이 더 긴 종은 포식에 더 취약할 것이다.

　짝짓기는 위험한 사업이다. 포식만 쟁점인 게 아니라, 북방코끼리물범(Le Boeuf, Mesnick 1991), 몽크물범monk seal(몽크물범속Monachus; Atkinson et al. 1994), 영장류(Smuts, Smuts 1993), 해달sea otter(해달속 *Enhydra*; Staedler, Riedman 1993), 야생 양(양속; Rèale et al. 1996)에서처럼 짝짓기의 결과로서 부상이나 죽음도 일어날 것이다. 따라서 많은 암컷은 자식을 생산할 가능성이 클 때에만 짝짓기를 한다.

　발정이란 암컷이 짝짓기를 하기로 선택하는 기간에 주어진 용어이며, 더 일반적으로는 암컷의 성행동을 가리킨다. 제1장에서 언급했듯이, 교과서에 나오는 암컷 성행동의 범주화는 흔히 수컷 관점에 초점이 맞춰져 있다. 우리의 예는 "수컷에 대한 암컷의 자극값"으로서의 "매력"과 "질 내 사정을 유도하기 위한 암컷의 자극값"으로서의 수용성이었다(Nelson

2011:289). 우리는 각각에 대해 **유혹**과 **촉진**을 선호한다. 암컷도 수컷과 마찬가지로 성공적인 자식을 생산하려는 의욕이 넘치기 때문이다. 발정기 동안 암컷들은 적극적으로 짝을 탐색하고 유혹한다. 그들은 짝을 유인하기 위해 페로몬을 묻혀두거나, 시각적으로 변모하거나, 목소리를 낼 것이다.

넓게 **구애**courtship라는 용어로 불리는 일련의 상호작용이 성교에 앞서는 경우가 많다. 구애 및 짝짓기 중에 핵심적인 정형적 행동들이 일어날 텐데, 일부 분류군에서는 이런 행동이 호르몬에 주도된다. 예컨대 많은 암컷 설치류는 짝짓기 직전과 도중에 척주전만脊柱前灣을 과시한다. 척주전만은 암컷이 교미를 촉진하는 데 사용하는 행동적 반응이자 연관된 자세다(동물행동학에서는 앞다리를 굽혀 몸의 앞쪽을 낮추고 허리를 올려 질구를 뒤쪽으로 밀어내는 자세를 의미하며, 의학적 증상과는 무관하다—옮긴이).

척주전만과 마찬가지로 그 밖에 많은 암컷 행동이 흔히 성공적 교미에 결정적이다. 예컨대 병코돌고래bottlenose dolphin(큰돌고래속)의 경우는 암컷이 자신의 아랫배를 보여주는 것이 짝짓기에 결정적이다(Puente, Dewsbury 1976). 암컷 아메리카담비American marten(*Martes americana*)는 성교의 타이밍과 지속시간을 통제한다(Grant, Hawley 1991). 토끼에서 성교는 대개 암토끼가 수토끼를 적극적으로 도울 때에만 이루어진다. 초기의 피상적 관찰들은 성교에서 암토끼 쪽이 완전히 수동적임을 시사했지만, 수컷을 자극하려면 암컷의 운동이 필수적이다. 만약 그가 짧지 않은 시간 동안 수동적이면, 수토끼는 내려와서 다른 활동을 시작한다(Rowley, Mollison 1955). 이에 더해 암토끼의 오르가슴적 수축은 배란을 촉발하는 데에서 한몫을 할 것이다(Fox, Fox 1971). 유사하게 오르가슴적 수축은 여성에서 정자의 잔류를 촉진한다(Baker, Bellis 1993). 아프리카네줄무늬생쥐 African four-striped mouse(네줄무늬풀밭쥐속*Rhabdomys*)에서 암컷은 배를 맞댄 자세의 성교를 쾌감의 주도로 개시할 것이다(Dufour et al. 2015). 전반적으로 암컷은 짝짓기에서 능동적인 참가자이며 아마 교미의 성공에 수컷보다 더 큰 노력을 투입할 것이다. 이 핵심적 속성이 문헌에서 제대로 표현되지 않음으로써 수컷은 능동적 성으로, 암컷은 수동적 성으로 제시된다. 우리는 이런 가정 및 그에 연관된 언어가 시간이 가면서 무용지물이 되기를 바란다.

질마개

암컷의 생식로 중 정자를 받아들이는 부분은 다양해서, 이를테면 여성, 암소, 암양, 암토끼에서처럼 질일 수도, 암퇘지(멧돼지속)에서처럼 포궁경부일 수도, 많은 설치류와 암말에서처럼 포궁일 수도 있다(Coy et al. 2012). 질 분비물은 정액과 한데 엉겨서 질을 막는 덩어리(질마개 또는 교미마개)를 형성할 수 있다. 이런 덩어리가 유대류, 박쥐, 고슴도치, 두더지(별코두더지속), 식육류, 영장류, 멧돼짓과, 설치류를 포함한 다양한 포유류에서 형성된다(Delgado et al. 2007; Dixson, Anderson 2002; Eadie 1948; Gemmell et al. 2002; Hartmn 1924; Hartung, Dewsbury 1978; Koprowski 1992; Poiani 2006). 덩어리의 조성, 생존력, 형태는 전 종에 걸쳐 차이가 있으며, 최종산물에 대한 암컷 분비물과 수컷 분비물의 상대적 기여도도 마찬가지다(Eadie 1948).

그 응고물의 기능에 관한 이론들은 일반적으로 지금껏 수컷에 초점을 맞춰왔다. 가장 흔한 이론은 수컷이 그 덩어리를 사용해 질을 막아서 다른 수컷의 성공적 교미를 예방한다는 것이다(Dixon, Anderson 2002). 그렇지만 이를테면 호랑이꼬리여우원숭이ring-tailed lemur(*Lemur catta*)에서 그 덩어리는 그 후의 짝짓기로 치워질 수 있다(Parga 2003), 그리고 암컷이 다수의 수컷과 짝짓기를 할 때에도 흔히 있기 때문에, 그것이 '정조대'로서 하는 기능은 과대평가되었을 것이다. 게다가 그 응고물은 흔히 암수 분비물의 조합이며, 이는 암컷 역할을 시사한다. 만약 그것이 암컷의 정자 선택 또는 수컷 간 정자 경쟁을 촉진한다면 암컷도 덩어리에서 이득을 볼 것이다.

심지어 그 덩어리에 든 영양분을 사용함으로써 암컷이 직접 이득을 취할 수도 있다(Poiani 2006). 예컨대 암컷 나무다람쥐들은 그 덩어리를 꺼내서 먹는 경우가 많으며(Koprowski 1992), 암컷 페커리(속)도 마찬가지다(Sowls 1966). 덩어리에는 항균적 성질도 있을 것이다(Poiani 2006). 다른 번식적 특징들과 마찬가지로 질마개도 양성 모두에 갖가지 방식으로 이득이 될 것이고 그 방식은 종에 따라 다를 것이다. 우리는 이 영역이, 단백체학과 분자적 방법을 써서 주의 깊게 살펴본다면, 마개에 든 화합물들의 기능, 마개의 기원, 그리고 잠재적으로 마개의 기능까지 알아낼 수도 있는 영역이라고 제안한다.

생식세포 운송

짝짓기 후, 암컷의 생리학은 수태의 타이밍과 위치를 결정할 뿐만 아니라 수태가 일어날지 말지까지 결정한다. 수태가 일어나는 위치는 모든 새 생명이 시작되는 곳이다(Coy et al. 2012).

교미할 때 암컷은 정자만 받는 게 아니라 정액질, 한 무더기의 세균, 그 밖의 잠재적 병원체까지 같이 받는다. 난자마다 정자세포 한 개가 도달하는 한, 암컷은 과량의 정자, 사출액, 연관된 조직파편을 재빨리 파괴함으로써, 다시 말해 이를 통해 질병 매개체가 그의 복막강으로 전달되는 것을 예방함으로써 이득을 본다(그의 번식성공도를 높인다). 이 과정 중에 "대부분의 정자는 암컷의 생식로로부터 제거된다"(Coy et al. 2012:1741). 여성의 몸안에서 정자의 35퍼센트는 성교 후 30분 이내에 쫓겨난다(Baker, Bellis 1993). 복잡한 형태학적·생리학적 장벽들이 암컷의 생식로 안에서 세균 및 다른 미생물총의 침입과 성장을 예방한다(Tung et al. 2015). 질, 포궁, 난관은 출렁이는 점액 그리고/또는 괄약근에 의해 포궁경부에서도 포궁관경계에서도 분리되어 있다. 이 두 장벽이 구간과 구간 사이에서, 정자와 정액장액을 포함해, 입자성 물질과 액체의 전달을 조절한다(Koester 1970). 잠재적으로 해로운 조직파편을 처리하거나 파괴하기 위한 세포적 방어(예컨대 백혈구와 대식세포)와 화학적 방어(예컨대 pH)도 존재한다. 성교에 뒤따라 백혈구와 호중구(중성 염료에 염색되는 백혈구의 일종으로, 조직이 손상되거나 감염되면 그 부위에 가장 먼저 도달한다—옮긴이)가 생식로 안으로 방출되고, 그 결과로 정자와 조직파편의 포식작용이 뒤따른다(Aitken et al. 2015).

일단 배란과 짝짓기가 일어나도, 수태가 벌어지려면 암컷 생식세포와 수컷 생식세포가 만나서 융합해야만 한다. 텐렉의 경우라면 수태는 배란된 난포 안에서 일어날 것이다(Nicoll, Racey 1985). 그렇더라도 수태의 통상적 위치는 난관이다. 그렇지만 난관은 그저 수태를 위한 수동적 자리가 아니다. 난관의 운동성, 액체 조성, 조직 구조는 역동적이다. 나아가 난모세포와 정자는 둘 다 난관 액체의 조성에 변화를 유도한다.

생식세포 운송은 다단계에다 복잡할 수 있다. 성교 중에 암컷은 질이나 포궁경부 또는 포궁에서 정자를 받고 그다음에 그것을 수태의 자리로 배달한다(Coy et al. 2012). 전통적 견해는 수태가 가장 빨리 헤엄칠 수 있는 정자에 유리하게 편향된다는 것이다. 그렇지만 '정자 경주' 가설은 더는 옹호할 수 없다(Holt, Fazeli 2016:105). 70년도 더 전에, 하트먼(1957)은 똑같은 관찰을 했을 때 "정자의 운동성에는 난관을 통과해 올라가기 위한 일말의 값어치도 있을 법하지 않다"고 말했다. 정자는 정액질에 저장된 약간의 에너지를 제공받기는 하지만, 자체의 힘으로 수태의 자리까지 여행할 에너지적 자원도 방향을 정할 능력도 없다. 다행히 액체의 역동성과 암컷 생식로의 운동성이 이런 결함을 무마해준다. 예컨대 운동성이 매우 큰 암컷 생식로의 연동운동은 주머니쥐들에서 정자를 포궁으로 나르기에 충분하다(Hartman 1924). 토끼에서는 손상되어 움직이지 못하는 정자가 짝짓기로부터 1분 이내에 난소 근처에 나타나지만, 기능하는 정자는 훨씬 나중에, 난관에서 초기 조직파편이 청소된 지 한참 후에야 위쪽 난관에 도달한다(Suarez 2015). 토끼에서 정자의 급속한 생식로 상승과 그 결과로 생기는 손상은 강한 오르가슴적 수축에 책임이 있을 것이다(Fox, Fox 1971). 일반적으로 포유류의 경우 기능하는 정자가 난관에 도달하려면 생식로의 수축과 생화학적 정자 인식이 필요하다(Suarez 2015). 암컷 생식로는 포궁경부와 난관의 분비액을 경유해서만이 아니라 포궁경부 및 포궁관경계의 물리적 구조로도 정자의 통과를 선택적으로 조절한다(Druart 2012; Suarez 2015; Tung et al. 2015). 예컨대 포궁관경계의 지름은 실험실 생쥐에서 정자보다 약간 더 넓을 뿐이다(Suarez 2015). 수많은 방법으로 암컷의 생식로는 "난모세포를 향한 정자의 통행을 허용하거나 보조하거나 차단"할 것이다(Holt, Fazeli 2016:108).

난관은 또한 정자 저장소로서, 난모세포가 방출될 때까지 정자를 기능적으로 유지하는 환경을 만들어낸다(Gervasi et al. 2009). 배란과 수태가 성교 직후에 일어나는 것은 아님을 고려하면, 모든 암컷은 짝짓기 후 얼마 동안 정자를 그들의 생식로 안에서 보관(저장)한다(Orr, Brennan 2015). 그렇지만 소수의 암컷은 정자를 장기간 동안 저장해 짝짓기와 수태 사이 시간을, 때로는 몇 달 동안, 연장한다. 온대의 박쥐들은 가을에 짝짓기를 하지만 봄에 배란하므로 으뜸가는 일례다. 하지만 유대류, 갯과, 토낏과와 같은 다른 종에서도 암컷은 정자를 2~4주 동안 저장할 것이다(Orr, Zuk 2014; Orr, Brennan 2015; 제7장 '임신기'도 참조). 이에 더해 정자가 난관에 붙었다 풀려나는 과정은 정자 선택을 위한 기제를 제공하는데, 왜냐하면 붙는 것도 풀려나는 것도 난관이 조절하기 때문이다(Gervasi et al. 2009; Holt, Fazeli 2016). 단기적 정자 저장조차도, 정자 경쟁과 아울러 수태용으로 어떤 정자를 사용할지에 대한 암컷 선택을 가능케 할 것이다(Orr, Zuk 2014).

정자를 난관에 보내는 것만으로는 수태를 이루기에 충분치 않다. 짝짓기 중에 받은 포유류의 정자는 자신의 생물학적 기능을 이행할 능력이 없다(Nixon et al. 2011). 정자는 도움이 필요하다. 암컷이 없으면 정자는 난자와 융합하지 못한다. 정자는 **수태능획득**이라는 용어로 일컬어지는 일정 기간의 성숙과 활성화를 요구한다. 정자 성숙은 수컷 안에서 시작되지만 성교 후 수태능획득은 암컷의 통제를 받는다. 그 과정은 정자의 화학적 변경을 수반한다. 종에 따라 포궁 혹은 난관 분비물이 핵심적일 것이고, 투명대 혹은 난구가 정자와 하는 상호작용도 같은 만큼 핵심적일 것이다(Ickowicz et al. 2012; Kaneko et al. 2003). 불행히도 "알고 있은 지는 50년이 넘었음에도 수태능획득은 변함없이 정의하기 곤란한 과정인데, 그 과정에서 일련의 형태학적·생화학적 변화가 포유류 정자의 기능을 완성시킨다"(Ecroyd et al. 2009:998).

수태능획득 이외에, 정자는 두 번째 화학적 변형을 거쳐야 수태가 가능해진다. 첨체, 곧 정자 머리를 감싸는 모자 같은 구조를 제거해야 한다는 말이다. 난구세포와 투명대가 정자와 상호작용해 첨체를 망가뜨린다. 이 분해가 난자와 정자의 융합을 가능케 한다. 뒤따라 연쇄적인 분자 수준의 반응들이 난자형질막(난자를 둘러싸는 막)을 변화시켜 난자가 다른 정자들과 융합하지 못하게 한다(Coy et al. 2012; Kaneko et al. 2003).

수태

수태란 난모세포 안에서 수태산물(접합자)의 형성을 위해 모계 염색체와 부계 염색체가 연결되는 것이다. 이 과정은 모계 유전체가 조절한다. 각 난모세포는 모계 유전체를 절반만 담고 있을지라도 모든 세포질 내용물은, 전사인자들과 RNA 부호화 서열을 포함해, 어미에게서 기원한다. 이따금 수컷에서 유래한 산물, 예컨대 미토콘드리아가 전달되는 일도 가능하기는 하지만 드물다. 난모세포질이 정자 핵막의 파괴, 부계 전핵(정핵)의 생성, 염색질의 광범위한 재구성을 포함해 다중적인 수태의 요소들을 감독한다(Mtango et al. 2008). 예컨대 모계 히스톤이 부계 프로타민의 자리를 대신해 부계 유전물질의 접근 가능성에 영향을 준다(McLay, Clarke 2003; 히스톤과 프로타민은 모두 세포핵을 구성하는 단백질이다—옮긴이). 정자의 유전물질에 가해지는 이런 광범위한 변형은 "나중에 부계 유전체의 기능과 배아의 표현형에 영향을 주고… 이는 난모세포에서 발현되는 유전자의 통제를 받는다"(Mtango et al. 2008:257). 그뿐만 아니라 기능하는 부계 미토콘드리아가 수태 시에 난모세포질에 들어갈 것이긴 하지만, 그것은 대개 선택적으로 퇴화되고 모계 기원의 미토콘드리아만 살아남는다(Mtango et al. 2008; Luo et al. 2013). 인간에서 이 과정은 미토콘드리아 이브라는, 한 암컷의 미토콘드리아 DNA가 현재 모든 인간 안에 있다는 개념을 위한 기제를 제공한다(Cann et al. 1987).

수태 후 포궁 안에서는 수컷과 수컷의 후손 사이에서 잠재적 상호작용이 일어날 수 있다. 사출액은 pH, 이온농도 따위에 관해 암컷 생식로의 생물학적 특성을 변화시킬 테고, 그 결과로 그 미소환경은 거기서 발달하는 새끼의 생존에 해로워질 수 있다. 어미는 이런 부작용에 대응할 것이다. 질에서 정자를 받는 암컷은 포궁경부의 장벽을 써서 포궁의 광범위한 오염을 피할지도 모른다. 반면에 정자 예치를 위해 포궁을 사용하는 암컷은 포궁환경이 조정되어 과량의 조직파편이 제거될 수 있을 때까지 접합자가 난관에서 발달하게 해줄 것이다.

암컷에게 분만후 발정이 있을 때에도 자식—수컷 갈등이 일어날 것이다. 이 경우는 최근 임신의 물리적·호르몬적 잔재가 정자에 해로운 포궁 혹은 질 환경을 만들어낼 것이다(Casida 1968). 별개의 생식로 두 벌을 가진 포유류(캥거루속)는 한 길로 출산한 후 반대편 길로 정자를 올려보냄으로써 이런 어려움을 피한다(Tyndale-Biscoe, Rodger 1978). 다른 포유류의 경우는 정액질의 물리적·화학적 성질들이 정자를 보호해 생존 가능성을 높일 것이다. 그렇지만 분만후 발정에 관해 관찰되는 가임력은 더 낮다(Casida 1968)는 사실이 시사하듯, 이 기제들이 전적으로 효과가 있지는 않을 것이다.

이 장이 분명히 보여주듯이, 암컷 생식세포와 수컷 생식세포의 융합은 암컷, 수컷, 자식, 동기라는 다수의 경기자 사이에 수많은 갈등과 협동이 잠재하는 엄청나게 복잡한 사건이다. 자연선택이 결국 참가자들 사이를 효과적으로 조정할 것이다. 이는 암컷의 번식 중 상호작용이 매우 활발한 기간이며, 그런 것으로서 모든 당사자 간에 광범위한 공진화가 일어날 기회들을 선사한다.

요약: 암컷 선택

암컷은 그가 배란하는 어떤 난자를 가지고도 잠재적으로 자식을 생산할 수 있다. 그렇게 하기 위해 암컷은 이상적으로라면 유전적으로 그와 양립할 수 있는 정자, 그리고 그의 번식성공도를 가장 잘 떠받쳐줄 정자가 하나만 있으면 된다. 교미가 직접 또는 어김없이 수태로 이어지는 경우는 거의 없다 (Eberhard 1996). 또한 짝짓기 전에 그리고/또는 후에 암컷 선택이 작용할 수 있다. 첫째, 암컷은 한 수컷을 선택할 수 있고, 그러면 그의 생리학이 쌍을 이루기에 적당한 정자를 선별할 수 있다. 대안으로 그는 여러 수컷과 짝짓기를 한 후에 조합된 정자 중에서 선별하는 편을 선택할 수도 있다. 이에 더해 그의 생식로도 하나의 환경을 제공해 정자들 전부 또는 선별된 부분집합 간의 경쟁을 증진할 수 있다. 질, 포궁, 난관의 형태학 및 생리학과 아울러 난구세포와 투명대의 구성 및 얼개도 암컷의 정자 선택을 실현하기 위한 잠재 수단을 제공하지만, 우리는 그 과정의 기계적 세부 사항에 대해 피상적으로밖에 이해하지 못하고 있다(Anderson et al. 2006; Holt, Fazeli 2016; Suarez 2015; Swanson et al. 2002).

암컷이 정자의 행동을 조정하기 위해 사용하는 생화학적·물리적 상호작용은 생식로의 내막뿐만 아니라 그 안쪽에 담긴 짙은 점액까지 모두 대상으로 한다. 이 액체는 정자꼬리(편모) 운동의 패턴과 빈도뿐만 아니라 운송의 방향까지 바꿀 수 있다. 이에 더해 내부 얼개의 주름과 홈들도 선별을 통해 일부 정자만 통과시키는 한편으로, 미생물·사출액 및 기타 물질이 접근권을 얻는 것을 예방한다(Suarez 2015; Tugn et al. 2015). 실은 "다수 기준을 근거로 선별된, 일종의 특권을 얻은 정자 개체군만 난관에 입장하도록 허락을 받는데, 거기서 심지어 더 많은 선별 과정의 대상이 된다"(Holt, Fazeli 2016:105). 암돼지의 생식로는 X염색체를 지닌 정자와 Y염색체를 지닌 정자를 차별할 능력까지 있을 것이다(Holt, Fazeli 2016). 암컷 선택의 역학관계를 생화학적 기제로부터 진화적 결과에 이르기까지 더 깊이 이해하는 일은 보조생식을 성공적으로 이행하는 데뿐만 아니라 성선택을 더 분명히 이해하는 데에도 결정적일 것이다.

수태 후, 번식에서 수컷의 역할은 심하게 제한되지만 암컷의 역할은 크게 확대된다. 포유류 번식의 품질보증마크인 젖분비 그리고 임신은 둘 다 포유류의 생존에 핵심적이며, 둘 다 암컷의 권한이다. 우리는 이제 이 둘로 우리의 주의를 돌린다.

7

임신기: 수태에서 출산 또는 부화까지

짝짓기 후에 우리의 암컷 하이에나는 거의 4개월(110일)에 달하는 임신기간을 겪는다. 그의 임신은 훈련되지 않은 인간 눈에는 크게 두드러지지 않는다. 하지만 포궁 안에서는 줄곧 많은 일이 일어나고 있다. 그의 배아들은 정상적으로 착상했고, 그래서 그는 쌍둥이 딸을 임신 중이다. 다른 식육목의 내피융모태반과는 다른, 혈융모태반이 형성된다. 자식의 성별은 암컷의 사회적 상황에 따라 다를 것이다. 집단이 분열하기 전이었다면, 그의 포궁에 든 자식은 십중팔구 아들이었을 것이다. 하지만 분열 후에는 지금처럼 딸이 유행한다. 그는 전보다 더 허기가 지는데, 그가 먹는 먹이의 일부가 그의 임신을 지원하는 동안에 또다른 일부는 지방으로 예치되어 에너지적으로 더욱더 힘든 젖분비 단계에 대비한다. (Frank, Glickman 1994; Gombe 1985; Harrison Matthews 1939; Holekamp, Smale 1995)

한 세대 안쪽의 또다른 세대.

—애비스Avise 2013:3

임신기란 배아의 발달과 성장 가운데 어미의 몸 안쪽에서 일어나는 한 기간이다. 임신기는 포유류에 독특한 게 아니다. 수태가 몸안에서 이뤄지는 모든 경우에 모종의 포궁내 발달이 일어난다. 예컨대 체내수태는 곤충, 일부 경골어류, 상어, 뱀, 도마뱀, 새에서 일어나며, 짐작건대 새들의 친족인 공룡에서도 일어났을 것이다. 이런 동물 가운데 다수는 알을 낳는데, 일부 포유류도 그렇게 한다. 오리너구리와 가시두더지(단공류)가 그 예다. 척추동물 가운데 최소한 150 계통은 그들의 새끼를 출산(태반생식)하는데, 수류 포유류인 유대류와 진수류가 그렇게 한다(Blackburn 2015).

수류에서 임신기는 착상(수태산물이 포궁에 처음 연관되는 시점)에 의해 두 국면으로 뚜렷하게 분리된다. 임신기 대부분이 유대류에서는 착상전 국면에서 일어나는 반면, 진수류의 그것은 주로 착상 이후다. 계통발생적 차이를 떠나 생리학적·진화적 과정도 두 국면은 서로 다르다. 그렇지만 모든 수류가 두 국면을 모두 가지는데, 주어지는 강세가 다를 뿐이다. 포유류 전체에 걸쳐 포궁내 발달은 산란하는 포유류와 출산하는 포유류가 대비되므로, 우리는 산란하는 단공류에서 출발해 두 방식을 따로따로 논의할 것이다.

수태에서 부화까지: 단공류의 임신기 등가물

단공류에서는 수태에서 부화까지가 수류의 임신기에 상당한다고 여겨지며 (Beard, Grigg 2000). 여기에도 두 국면이 있지만, 이 국면은 착상이 아니라 산란에 의해 분리된다. 산란 전, 알과 동봉된 배아는 어미의 포궁 안쪽에서 발달한다. 산란 후, 알품기는 가시두더지 어미의 주머니 안에서든 오리너구리의 포란용 둥지에서든 그의 몸 바깥쪽에서 일어난다. 산란이 단공류의 임신기를 양분하기는 하지만, 발달적으로도 생리학적으로도 그것이 착상과는 비슷하지 않다.

발달적으로, 단공류는 배아가 산란 전에 배반포 단계를 한참 지나서까지 성숙하는 반면, 진수류에서는 배외 구조가 착상 전에 발달하고 배아 자체는 착상 후에 발달한다. 생리학적으로, 단공류에서는 발달의 통제권이 변함없이 어미에게 있고 자식이 미치는 영향은 산란 전에도 후에도 거의 또는 전혀 없다. 이와 달리 수류의 경우는 착상 및 태반의 발달이 번식에 대한 태아 쪽 입력을 증가시킨다. 따라서 수류에서는 훨씬 더 큰 태아 쪽 입력이 착상전 대 착상후의 진화적 역학관계를 변화시킨다.

출산에 비할 만한 것은 산란일까 부화일까? 어미한테는 부화보다 산란이 더 수류의 출산과 비슷하다. 산란 후, 단공류 어미는 조건이 불리해지는 경우 그의 알을 쉽게 버릴 수 있다. 하지만 조건이 바람직하다면 그는 알을 계속 갖고 있거나 그의 둥지에 매이며, 만약 후자라면 먹이 탐색과 반포식자 전략에는 선택의 여지가 제한된다. 자식 관점에서도 산란에는 수류의 출산과 비슷한 점들이 있다. 산란 전, 배아는 알 안쪽에서 건조와 세균의 공격으로부터 보호받는 따뜻하고 촉촉한 환경에 둘러싸여 있다. 산란 후, 배아는 껍데기에 싸인 보호막 안에서 여전히 품어지고 있지만 그 껍데기 자체가 취약하다. 그렇지만 배아는 한편으로 껍데기 안쪽에 갇혀 있으며 이 점에서는 아직 출산 전이다.

전반적으로 수태에서 부화까지의 단공류 번식은 수류에서의 임신기와 피상적 유사성밖에 띠지 않는다. 산란하는 번식 방식은 수류의 것과는 다른 그것만의 발달적·생리학적·진화적 과정 한 벌을 갖고 있다. 껍데기에 싸인 알은 오리너구리와 가시두더지에서 무엇보다 뚜렷한 번식 특징이다. 그 껍데기는 포궁 안에서도 산란 후에도 어미와 자식 사이에서 상호작용을 여과한다. 불행히도 여과의 성격과 정도는 불분명한데, 단공류는 포획 상태에서 쉽사리 번식하지 않기 때문이다. 그렇지만 보존된 자료, 상세한 야외 연구, 그리고 포획된 개체들에 대한 소수의 관찰 결과가 단공류 번식의 특징들을 조명해왔다.

수태 후, 껍데기 예치는 포궁내 발달 중 결정적인 부분이다. 접합자가 난관을 통과하는 동안, 난관의 분비물들이 발달 중인 수태산물을 감싸 단단한 껍데기에서 절정에 달하는 겹겹의 보호막 안으로 집어넣는다. 그렇지만 그 껍데기는 또한 영양분의 전달을 허락해야만 하는데, 수태 시에 단공류 배아가 갖고 있는 난황은 부화까지 버티기에 충분치 않기 때문이다.

추가 영양분은 포궁의 분비샘들로부터 껍데기에 싸인 알 속으로 전달된다 (Hughes 1993). 따라서 알껍데기는 팽창성도 있어야만 한다. 실은 알 자체가 수태에서 산란까지 (4~5밀리미터에서 15~20밀리미터로) 약 네 배가 팽창한다(Jenkins 1990). 알이 어미 안에서 있는 2~3주 동안에 (Grtzner et al. 2008) 배아는 머리가 발달해 뇌도 있고 초기 단계의 분절된 척수도 있지만, 다른 것은 거의 없다. 다시 말해 눈도, 사지도, 내부 장기도 없다(Hughes 1993). 그리고 이것이 산란 시의 배아 단계다. 따라서 많은 배아발생은 실제로 산란 후에, 9~11일의 포란기와 4~5개월의 젖분비기 동안에 일어난다(Ashwell 2013).

산란 시점에서 오리너구리 배아는 나이로 치면 18~55일령 인간 배아에 해당한다. 인간 나이의 범위가 대단히 넓은 이유는 오리너구리 배아의 구조적 특징들이 인간의 것과 똑같은 속도나 순서로 발달하지 않기 때문이다. 예컨대 산란 시 오리너구리 배아의 신경적 발달은 18일령 인간 배아의 것과 비슷하지만, 오리너구리 배아의 실제 크기(14밀리미터)는 55일령 인간 배아의 것과 비슷하다(Hughes, Hall 1998; Papaioannou et al. 2010).

태반유사 구조들은 어떨까? 산란 전, 유일한 배외막은 난황낭이다. 양막, 융모막, 요막은 식별되지 않는다. 난황낭이 포궁내 알 전체에서 유일하게 기능하는 기관이다. 나머지 배아 계통은 어느 하나도 충분히 형성되어 있지 않기 때문이다. 알이 포궁 안에 있는 동안, 난황낭은 껍데기 옆에 기대 어미로부터 배아로 영양분과 물을 전달한다. 따라서 난황낭은 어미와 자식 사이를 중재하는 조직이다. 만약 껍데기가 없다면, 발생학자들은 난황낭을 태반이라 부를 것이다(Hughes 1993).

일단 산란되면 알은 포궁의 액체가 아니라 공기에 둘러싸인다. 건조는 중대한 위협이다. 젖의 진화에 관한 일부 각본들은 초기 포유류가 그들의 알 위에 땀을 흘렸다고, 그리고 이 땀이 마침내 젖이 되었다고 상정한다. 촉촉한 알은 컴컴한 환경에서 한편으로 곰팡이 감염을 끌어들일 것이다. 땀의 항균성은 젖의 진화에 관한 또 하나의 가설, 곧 원시젖분비물은 항균 기능에서 출발했으며 포란기 동안에 알을 덮었다는 가설의 바탕을 이룬다(Hayssen, Blackburn 1985).

어미에게서 나온 물질이 포란기 동안 알껍데기를 건널 가능성이 있음은 분명하다. 이 일이 단공류에서 얼마나 많이 일어나는지는 알려져 있지 않다. 하지만 배외막이 포란기 동안에 발달한다는 사실은 모체에 의한 전달이 얼마간 일어남을 시사한다. 확실히 난황낭은 포란기의 전반부 동안 주된 가스교환 기관이어서, 산소를 배아로 전달하고 이산화탄소를 방출하는 혈관들로 바글바글하게 된다. 포란 중에 발달을 위한 영양분은 난황낭 안에 있는 물질로부터 온다. 이 물질은 난자발생 중에 어미에 의해 예치되었고 포궁내 발달 중에 늘어난다. 포란이 진행되는 동안, 나머지 배외막인 양막, 융모막, 요막이 발달해 노폐물 수집(요막)과 가스교환(융모막)에서 기능적 역할들을 맡는다. 이 막들 또한 알껍데기에 기대 거기서 어미 아니면 환경으로부터 물질을 받아 그것이 배아에 도달하기 전에 여과한다.

오리너구리 어미는 땅굴 속에 알을 낳으며, 따라서 알은 어미에 기댈 뿐만 아니라 흙 또는 뭐가 되었건 어미가 둥지로 가져오는 다른 물질에도 기댄다. 이와 달리 가시두더지 어미는 알을 자신의 배쪽 표면에 형성되는 일시적 주머니에 넣어둔다. 따라서 가시두더지의 알은 어미의 피부에 안겨 있는 동안 포란되고 심지어 거기서 부화할 것이다(Beard, Grigg 2000).

가시두더지도 오리너구리도, 새끼는 포란 중에 알 안쪽에서 발달을 계속한다. 사지가 발달하고, 눈과 귀가 형성되고, 내부 장기들이 뚜렷해진다. 하지만 전반적으로 그 배아는 여전히 고만고만한 하나의 배아일 뿐이어서, 기능적 조직이라고는 알을 깨고 풀려날 만큼 그리고 일단 껍데기를 벗어나면 젖을 받아 마신 다음에 소화할 만큼밖에 갖고 있지 않다. 부화가 다가오는 동안 배아는 들창코 위에 뼈 돌기가 발달하고, 그것은 각질화한 조직, 축소판 발톱이나 뿔 같은 어떤 것으로 덮인다. 이 코 위의 뼈언덕은 입안의 날

카롭고 특화된 이빨(난치卵齒)과 더불어 배아가 막으로 된 알껍데기를 찢는 일을 도와 배아가 부화할 수 있도록 해준다. 부화를 유발하는 근접 자극은 알려져 있지 않지만, 결국 난황과 알껍데기를 통한 모체의 영양분 공급만으로는 발달을 계속하기에 충분치 않다. 배아는 부화해야만 하고 안 그러면 죽는다는 말이다.

부화한, 9~17밀리미터의 배아는 장님에, 귀머거리에, 벌거숭이다. 그것의 앞다리는 쥐는 일을 할 수 있지만, 뒷다리는 휘젓는 노에 지나지 않는다. 새끼는 어미에게 완전히 의존할 텐데 오리너구리 새끼는 약 4개월 동안(Holland, Jackson 2002), 가시두더지에서는 4~7개월 동안(Rismiller, McKelvey 2009) 그럴 것이다. 오리너구리 어미는 포란기 내내, 그리고 젖분비기의 첫 한 달여 동안 새끼와 함께 땅굴 속에서 지낸다(Holland, Jackson 2002). 따라서 오리너구리 모자는 약 40일 동안 굶주린다. 그렇지만 가시두더지는 포란하는 동안에도 그들의 주머니에 담긴 새끼를 데리고 먹이를 찾으러 다닐 수 있다. 가시두더지(짧은코가시두더지속)는 또한 부화 후에, 특히 새끼가 그들의 가시를 발달시키는 동안, 탁아소 땅굴을 사용할 것이다(Beard, Grigg 2000; Morrow et al. 2009; Rissmiller, McKelvey 2009).

전반적으로 산란하는 포유류에서 배아발생은 포궁내기, 포란기, 젖분비기 초반의 세 국면으로 나뉜다. 신생아는 절묘하게 발달되어 부화하고 부화하자마자 젖을 빨아먹고 소화할 수 있지만, 다른 어떤 것도 변변히 하기에는 완전히 무능하다. 그들의 생식샘은 아직 발달하지 않았지만, 그들은 숨도 쉴 수 있고, 젖도 빨 수 있고, 노폐물 배출도 할 수 있다. 마치 포궁 바깥쪽에서는 생존이 불가능할 것처럼 보이지만, 그들은 주머니 또는 둥지 안에서의 생활에 정확하게 적응되어 있다. 산란하는 포유류들은 '원시적인' 게 아니라 그들의 상황에 극도로 잘 적응되어 있을 뿐이다.

단공류는 세 가지 방법으로 그들의 배아에게 식량을 공급하는 반면, 유대류는 네 가지 방법을 사용한다. 유대류는 단공류와 마찬가지로 영양분은

	 단공류	 유대류	 진수류
난황	✓	✓	
포궁 분비물	✓✓	✓✓	✓
태반형성		✓✓	✓✓✓✓
젖분비	✓✓✓	✓✓✓✓	✓✓✓

그림 7.1 번식 방식별로 어미가 새끼에게 영양분을 공급하는 법. 포유류의 세 계통은 저마다 특징적인 조합의, 번식 중 영양분 공급법을 갖고 있다. 체크 표시는 암컷이 그 유형의 공급법을 사용함을 가리킨다. 체크의 수는 상대적 공급량의 정성적 평가다. 삽화는 테리 오어가 편집. 이미지 출처는 마이크로소프트 클립아트.

배아발생 중에도, 포궁 분비물을 통해서도, 젖분비기 중에도 난황에 예치된다. 단공류와 달리 유대류는 태반 구조를 통해 모체의 혈액으로부터 배아에게로 영양분을 직접 전달하는 방법도 갖고 있다(Renfree 2010). 유대류와 마찬가지로 진수류도 어미와 자식 간 가스 및 영양분을 교환하기 위해 태반 전달을 사용한다. 유대류와 달리 진수류는 난황을 사용해 착상 전 발달을 위한 상당한 출발물질을 제공하지 않는다(그림 7.1). 물론 또 하나의 현저한 특징이 유대류와 진수류를 단공류와 구분짓는다. 바로 태반생식이다.

수태에서 출산까지: 임신기와 태반생식

태반생식 포유류에서는 임신기가 크게 두 국면으로 나뉜다. 첫째 국면은 수태에서 착상까지고 태반의 도움 없이 일어난다. 둘째 국면(태반형성)은 착상에서 출산까지다. 첫째 국면인 착상전기 동안에는 모체의 생리학이 난관과 포궁의 분비물을 통해서뿐만 아니라 난자를 통해서도 발달의 순서와 타이밍을 모두 지배한다. 수태 한참 전에, 초기 발달을 조절하고 지속하는 데 필요한 주요 물질은 난자 안으로 예치되었다. 따라서 모체의 유전체가 임신기의 첫째 국면 중 많은 부분을 조절한다. 착상 후에는 배아의 유전체와 모체의 생리학이 상호작용해 태반형성과 발달을 증진한다. 태반형성 중에 태아 조직과 모체 조직은 복잡하게 서로 얽히지만, 변함없이 어느 정도는 분리되어 있다. 이만큼의 긴밀함이 수태산물에게 임신기 동안 얼마간의 영향력을 준다. 이에 더해 임신은 동기들끼리 포궁 안에서 상호작용할 기회를 선사한다. 이 동기간 상호작용은 장기적 효과를 미칠 수 있는데, 이에 대해 우리는 나중에 논의할 것이다. 대체로 임신은 다수 개체 사이의 복잡한 상호작용을 수반한다.

유대류의 경우 포궁내 발달 중 대부분이 착상 전에 일어난다. 이와 달리 진수류의 경우는 대부분의 발달이 착상 후에 일어난다. 그럼에도 불구하고 두 집단 모두에 두 국면이 모두 있다. 태반 구조는 유대류에도 있고 진수류에도 있으므로 둘은 모두 태반포유류다. 그러므로 우리가 앞에서 말했듯이, 진수류 포유류를 태반포유류와 동일시하면 기껏해야 오해를 낳을 뿐이다.

각 국면의 지속기간은 어떨까? 첫째, 포유류 전체에 걸쳐 착상과 출산 간(착상후) 시간보다 수태와 착상 간(착상전) 시간이 훨씬 더 서로 비슷하다. 예컨대 착상은 실험실 생쥐에서 수태 후 4일째, 여성에서 9일째, 아프리카코끼리(속)에서 40~50일째에 일어난다(Hildebrandt et al. 2007; Lee, DeMayo 2004). 따라서 가장 긴 착상전 기간이라야 가장 짧은 기간보다 10배쯤 더 길다. 이와 달리, 가장 긴 총임신기간은 가장 짧은 기간보다 약 40~60배나 더 길다. 다시 말해 최단 기간은 유럽햄스터(비단털등줄쥐속 *Cricetulus*, 유럽비단털쥐속*Cricetus*) 그리고 아마 일부 땃쥐(아메리카짧은꼬리땃쥐속*Blarina*, 땃쥐속*Crocidura*, 작은귀땃쥐속*Cryptotis*)에서 약 11~17일이고, 최장 기간은 코끼리에서 약 660일이다(Hayssen et al. 1993). 또 다른 방식으로 보면, 진수류 전체에 걸쳐 착상전은 여성에서 임신기의 첫 3퍼센트, 코끼리에서 첫 8퍼센트, 실험실 생쥐에서 첫 20퍼센트 정도를 차지하지만, 후수류에서 착상전은 임신기의 첫 50~67퍼센트다(Renfree 2010; Verstegen-Onclin, Verstegen 2008). 이 숫자들은 타이밍에 관한 두 번째 요점, 다시 말해 착상 이전 시간은 착상 이후 시간과 무관하다는 점을 입증한다. 이 독립성이 시사하는 바로서, 우리도 보여줄 테지만, 두 기간은 갖가지 포유류를 위해 서로 다른 목적을 성취한다. 타이밍에 관한 질문에는 한 가지 골칫거리가 있다. 일부 암컷은 착상을 지연할 수 있다는 점이다. 이 골칫거리는 이 장의 끝으로 가면서 탐사한다.

착상은 그저 임신기를 나누는 실용적 방법만이 아니다. 착상의 타이밍은 임신기의 생리학에도 유의미한 기능적·진화적 영향을 미친다. 이는 임신기의 타이밍에 대한 영향뿐만 아니라 어미와 자식 사이에 일어날 수 있는 상호작용의 유형에 대한 영향까지 포함한다. 모든 수류 포유류에서, 착상 전에 그리고/또는 후에 환경적 스트레스가 일어날 텐데, 그것이 미치는 영향은 포유류에 따라 다를 것이다. 착상 전에 스트레스를 경험하는 설치류 어미들은 배아를 거부하는 경향이 있는 반면, 착상 후에 스트레스를 받는 어미들은 한배새끼수를 유지하지만 더 작은 신생아를 가지는 경향이 있다 (Brunton 2013). 따라서 착상은 많은 면에서 임신기의 역학관계를 변화시킨다.

수태에서 착상까지

착상전은 배아가 세포분열하는 기간인데, 그중 많은 부분은 접합자가 모체에서 유래한 보호막, 곧 투명대 안에 아직 에워싸여 있는 동안에 일어난다. 투명대는 무세포성인, 곧 껍데기유사 피복으로서 발달 중인 접합자를 둘러싸 그것이 가장 초기의 세포분열 도중에 허물어지지 않도록 지켜준다. 우리는 투명대와 그것의 기능들을 제6장에서 기술했다.

하나의 사례를 공부하면, 착상 이전의 수태산물과 어미 사이의 복잡한 상호작용에 대해 감이 생길 것이다. 말속屬을 살펴보자. 말은 반려동물, 짐

수레를 끄는 동물, 경주 동물로 잘 알려져 있을 뿐만 아니라 종마와 연관된 자본 환경 덕분에, 이들의 번식생물학은 잘 연구되어 있고 종합적으로 검토된다(Davies-Morel 2008). 우리는 그냥 난자가 난소로부터 방출되는 시점에서 출발한다.

배란 후, 난자는 섬모의 동작에 의해 그리고 유동적 흐름에 의해 운송되어 난관을 따라 짧은 거리를 이동한다. 짝짓기가 일어났다고 가정하면, 포궁 수축이 운송하는 정자도 포궁경부를 떠나 포궁을 통과한 후에 난관 속으로 들어간다. 난자가 화학적 유인물질을 생산해 정자의 운동성에 길을 알려줄 것이다. 포궁 분비물들 또한 정자를 활성화해 정자가 투명대를 뚫고 나아가게 해줄 뿐만 아니라 정자-난자 접착과 수태까지 촉진한다. 그다음 4~5일 동안 새로운 수태산물은 어미가 예치한 물질을 사용해 여러 차례 세포분열을 겪는다. 이 시점에 수태산물은 모체가 준 외투인 투명대를 아직 입고 있고, 따라서 포궁에서 과량의 정자와 사출액이 치워지는 동안 난관 안에서 보호받는 상태로 남아 있다. 수태산물이 포궁관경계로 옮겨가 거기서 소량의 프로스타글란딘을 분비하면, 프로스타글란딘이 국소적으로 작용해 경계부의 평활근을 이완함으로써 수태산물이 포궁뿔 안으로 통과해 들어가게 해준다. 이 단계, 곧 6일째부터 수태산물은 세포 수만 곱절로 늘어나는 게 아니라 커지기 시작한다. 그것은 또한 무세포성 피막을 분비하여 자신을 보호하는데, 왜냐하면 투명대가 분해되어서 더 큰 수태산물을 담을 능력이 더이상 없기 때문이다. 수태산물은 포궁 안에 떠다니면서, 이제 배아 발달에 연료를 공급하도록 맞춤 제작된 포궁 분비물로부터 영양분을 흡수할 수 있다. 하지만 그 세포 뭉치의 어떤 부분이 영양막이 아닌 배아가 될지를 과학자들이 탐지할 만큼 수태산물이 분화되려면 8일째는 되어야 한다. 8일째 이전에는 수태산물 안의 세포 하나하나가 망아지가 될 능력을 갖고 있다가, 그 이후부터는 개개의 세포가 특정한 기능과 운명을 갖게 된다(Davies-Morel 2008).

수태산물이 분비한 무세포성 피막의 화학적 본성은 단백질과 그 밖의 포궁 분비물을 끌어당긴다. 이 인력이 영양분을 수태산물의 발달 중인 조직으로 더 가까이 움직이게 한다. 그다음 7~10일 동안, 배반포는 포궁 안에 붙지 않은 채로 두 포궁뿔 사이와 중심의 포궁체 주위에서 움직인다(Davies-Morel 2008). 수태산물은 두 포궁뿔 사이를 하루에 12~15번 여행할 것이다(Bazer et al. 2009). 임신이 계속되려면 이 운동성이 필요하지만, 수태산물 운동성이 정확히 어떻게 임신기 계속으로 번역되는지는 알려져 있지 않다(Klein, Troedsson 2011). 이 이동성 국면은 수태산물로부터 국소적으로 분비되는 프로스타글란딘에 의해서도 조절되고, 모체의 난소로부터 전신에 분비되는 프로게스테론에 의해서도 조절된다. 따라서 수태산물과 어미가 둘 다 포궁의 활동을 조절한다. 수태산물이 커지는 동안 운동성은 줄어들며, 체내에서 포궁 물균형의 변화로 포궁이 부풀고 움직임에 이용할 수 있는 내부 공간이 제한됨으로써 더더욱 나빠진다. 마지막으로 수태 후 18~20일째, 이제 움직임을 멈춘 수태산물은 포궁에, 대개 포궁뿔과 포궁체의 경계부에 간신히 달라붙는다. 이 애초의 접착은 허약해서 대략 임신 25~35일째는 되어야 비로소 태반 성장, 발달, 그리고 수태산물과 포궁의 통합이 일어난다(Davies-Morel 2008).

　　그래서 말속에서 착상은 정확히 언제일까? 그것은 처음으로 허약한 접착이 일어나는 18일째일까, 아니면 접착이 명백히 실질화되는 때인 35일째일까? 번식생리학의 많은 것이 그렇듯 '착상은 언제 일어날까?'와 같은 질문—얼핏 분명하고 간결한 질문—도 주의사항과 특정 사례로 뒤범벅된다. 착상은 자식과 어미의 상대적 자율성을 떠나 태아와 모체의 복잡한 상호의존성으로 가는 일종의 과도기를 표시한다. 과도기의 정확한 타이밍은 그것의 기능적 결과보다 덜 중요하다. 착상 전에는 임신을 계속할지 여부를 모체의 생리학이 거의 단독으로 결정하다가, 착상 후에는 수태산물과 그것의 동기들이 태반 접착을 통해 그 과정에 영향을 줄 수 있게 된다.

말뿐만 아니라 그 밖의 암컷도 포궁을 물리적으로 변화시켜 착상을 구속할 수 있다. 예컨대 짧은꼬리과일박쥐short-tailed fruit bat(짧은꼬리잎코박쥐속*Carollia*)에서는 수태산물이 난관을 따라 여행하는 동안에 암컷이 포궁강을 닫음으로써(포궁 조직이 부풀도록 놓아둠으로써) 난관에 가장 가까운 영역만 열어둘 수 있다. 이러면 착상은 그 각별한 부위에서 일어날 수밖에 없다. 일단 착상이 일어나면, 포궁이 다시 열려 태아 발달에 더 큰 영역을 허락한다(Oliveira et al. 2000). 따라서 말과 짧은꼬리잎코박쥐속은 둘 다, 착상이 어디에서 일어날지를 포궁 팽창이 구속한다.

말의 경우로 기술했듯이, 포유류에서 발달의 맨 처음 단계들은 난자 안에서 모체 기원의 물질에 의해 조절된다. 수태 시에는 난자의 내용물이 수태산물의 유전체를 창조하고, 활성화하고, 통제한다(Mtango et al. 2008). 발달이 진행됨에 따라 수태산물 유전체가 자체의 성숙을 조절한다. 그러므로 최초의 발달은 모체의 통제 아래 있지만, 그 후에는 수태산물의 유전체가 권력을 인수한다. 착상 전에는 수태산물 대부분이 영양막이고 배아가 될 운명인 세포는 소수자일 뿐이다. 그럼에도 불구하고 착상전 배반포는 단순히 무력한 세포 뭉치가 아니다. 많은 종의 경우는 배반포가 그것의 존재를 어미에게 화학적으로 신호함으로써 임신을 유지해야만 한다. 딴 얘기지만 이 초기의 화학적 신호 가운데 일부는 성적으로 이형성일 것이고, 아마도 그 점이 어미가 자식의 성별을 선택하는 일을 가능케 할 것이다. 모체의 임신 인식에 대한 세부 사항은 생리학에 관한 제5장에서 탐사했다.

마지막으로, 수태산물이 아주 작아서 어미가 자신의 임신을 인식조차 하지 않을지라도, 이 기간 중의 조건은 자식의 생리학을 바꿀 수 있다. 예컨대 암컷 생쥐가 착상 중에 식사에 구속을 받으면 그들의 자식은 고혈압이 생긴다(Lesse 2012). 착상 이전 또는 도중의 배아 거부는 흔한 일이며, 태아 쪽 결함 또는 환경적 스트레스의 결과인 경우가 많다(Hayssen 1984). 그것은 페로몬적 큐의 결과로도 일어날 것이다(Bruce 1959; 인물탐구).

브루스는 여성이었다

힐다 마거릿 브루스Hilda Margaret Bruce(1903~1974)

힐다 브루스는 그의 생애 중 많은 부분을 생물학 탐구에 바쳤다. 브루스의 학력은 그가 어떤 시대를 살았는지 보여준다. 그의 최종 학위는 킹스칼리지여자대학에서 받은 가정사회과학 이학사 학위였는데, 그다음에 같은 대학에서 생리학 이학사 학위를 또 받았다(Parkes 1977). 경력은 가르치는 일에서 출발했다. 하지만 1930년에 그는 잉글랜드 햄스테드에 있는 국립의학연구소NIMR에서 일하기 시작했다. 그가 처음에 한 일은 비타민 D에 관한 것이었다(여덟 명이 논문을 공저했다). 그는 중동으로부터 갓 입수되어 흔히 쓰이는 실험실 설치류가 될 운명이었던 골든햄스터(황금비단털쥐속)를 가지고 탐구를 실행한 첫 주자 가운데 한 명이기도 했다. 1933년과 1944년 사이에 그는 여러 실험실에서 비타민 D에 관한 작업을 계속하다가 A. S. 파크스Parkes의 부탁으로 NIMR로 돌아가 다양한 실험실 동물을 사용하는 작업을 조정했다. 초기 출판물에 달린 「곡물과 구루병: 이노시톨헥사인산의 역할Cereals and Rickets: The Role of Inositolhexaphosphoric Acid」과 같은 제목에 이끌린 독자는 번식생물학에 대한 실질적 기여를 꿈에도 모를 것이다.

다양한 종과 품종의 실험실 동물 군집 교배를 조정하는 사이에, 브루스는 교배 체계에서 성적인 우위, 선호, 차이의 쟁점들이 번식 노력의 성공을 좌우한다는 것을 알게 되었다. 그는 임신기의 같은 단계에 있는 암컷들의 코호트(특정 경험을 공유하는 집단─옮긴이)를 갖고 있으면 유용하리라는 것, 하지만 그 결과를 얻으려면 암컷들의 발정 기간이 동기화되어야 하리라는 것도 알게 되었다. 1950년대에 그는 이런 쟁점 가운데 일부를 조사하기 시작했다. 그는 경구 스테로이드를 투여한 조건과 투여하지 않은 조건에서 일련의 짝짓기 시험을 하다가 다음 사실에 주목했다. 암컷이 다른 수컷과 짝짓기를 한 지 하루 만에 새로운 수컷의 존재가 암컷 생쥐들 안에서 발정을 동기화할 수 있었다. 스테로이드는 전혀 필요치 않았다. 새로운 수컷을 받으면 암컷은 먼저 한 임신을 중단하고 새로운 수컷과 새로운 임신을 시작한다. 심지어 새로운 수컷의 후각적 큐만으로도 암컷이 착상을 차단하기에 충분하다. 이 후각적 착상 차단은 이제 브루스 효과로 알려져 있다. 그의 연구 결과는 "중대한 발견인 동시에 잘 통솔된 탐구의 뛰어난 일례"(Parkes 1977:2)였고, 그에게 올리버버드메달(의료 연구를 포함해 사회복지를 지원하는 영국 너필드재단 기금의 일부─옮긴이)을 가져다주었다.

단독 저술한 여러 편의 논문에서, 브루스는 생쥐에서 신경반응의 후각적 자극을 기술했다. 그의 추가적 작업은 젖분비기의 젖빨기 반응을 쥐에서 탐사하고, 갑상샘이 번식에서 하는 역할 및 현재의 젖분비기가 배아 발달에 미치는 효과를 (다시 생쥐에서) 탐사했다. 브루스는 1963년에 NIMR에서 퇴직했지만, 그의 탐구는 계속되었다. 시간제 조사원으로서 케임브리지대학 조사의학과에서 1973년까지, 그는 다시 한번 영양공급, 발달, 그리고 물론 페로몬에 초점을 맞추었다. 그가 긴 경력을 쌓는 때 여성은 과학계에 있는 것만도 흔치 않았는데, 그동안 그는 번식생리학이라는 분야를 실질적으로 진전시켰다.

(사진은 『번식 저널』의 호의로 허락을 얻어 사용.)

수태산물의 변화: 배반포의 구조와 기능

수태산물에서의 변화에 관한 이 절을 시작하기 전에, 용어론에 관해 한마디만 변명하겠다. 여기서 우리는 **배반포**blastocyst라는 용어를 써서 넓게 수태로부터 착상까지의 수태산물을 가리킨다. 발생학자들은 배반포의 더 좁은 정의를 갖고 있고 수태와 착상 사이 발달 단계들에 대해 추가 용어를 사용한다. 이름이 뭐가 되었건 초기 구조는 결국 두 성분으로 분화한다. 첫째는 배아 자체고, 둘째는 통틀어 영양막이라 불리는 나머지 조직이다. 영양막 세포들이 분화해 배외막이 되었다가 그 후에 태반 조직으로 바뀐다.

발달 중에 아주 일찍이 배반포는 그것의 생화학을 변화시켜 모체의 임신 인식을 촉진한다. 화학적 활동에 덧붙여 물리적으로 모양도 달라진다. 최초의 세포분열은 투명대의 한계 안에서 일어나고 어떤 추가 영양분도 없이 일어난다. 따라서 수태산물은 세포 수가 증가하지만 크기는 증가하지 않는다. 그렇지만 일단 투명대가 분해되면 수태산물이 포궁 분비물을 흡수할 수 있어서 세포들은 크기와 숫자가 아울러 증가할 수 있다. 수태산물은 커지면서 달라진다. 예컨대 짧은꼬리과일박쥐(짧은꼬리잎코박쥐속)의 배반포는 풍부한 미세융모(작은 돌기)가 표면을 덮고 있는데, 이 미세융모들의 숫자와 특질이 달라진다. 왜일까? 명백한 답은 착상에 도움이 된다는 것이지만, 미세융모들은 단순히 영양분 흡수를 위해 표면적을 늘리는 것일 수도 있고, 추가 세포분열을 위해서든 내부 세포 구조의 정교화를 위해서든 막을 저장하는 장소일 수도 있다(Oliveira et al. 2000). 이 사례에서 얻을 교훈은 특정한 구조의 기능적 관련성에 관해 생각할 때 명백한 기능이 유일한 기능은

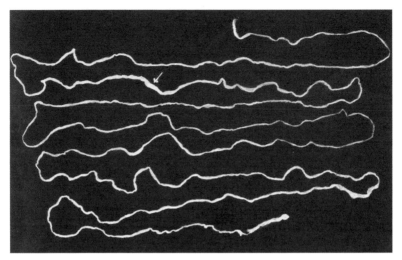

그림 7.2 13일 된 가축 돼지(멧돼지속) 수태산물의 길어진, 실 같은 배반포. 화살표는 배아의 위치를 표시한다. 원본 이미지에 실물 크기라고 언급되어 있으며, 축척의 감을 제공하자면, 화살표의 길이는 4밀리미터였다. Perry, Rowlands 1962에서 허락을 얻어 복사.

아닐 수 있다는 것이다.

흔히 구형으로 묘사되지만, 배반포가 변함없이 구형일 필요는 없다. 예컨대 돼지에서는 구형 수태산물이 길어져 착상 시에는 실에 불과하게 된다(Bazer et al. 2009). 이 가느다란(지름 1밀리미터) 섬유는 1미터를 훌쩍 넘는 길이에 도달할 수 있다(그림 7.2). 이 실 같은 수태산물은 길어지는 동안 꼬이고 접히며 포궁의 정교한, 물결 무늬 내부 얼개를 따라 연장된다. 포궁에 내부 구조가 워낙 많기 때문에, 미터 길이의 수태산물도 포궁 공간을 10~20센티미터밖에 차지하지 않는다(Englehardt et al. 2002; Perry, Rowlands 1962). 실의 대부분은 영양막, 곧 태반이 될 세포들이다. 이 실 가운데 착상 시에 배아가 실제로 차지하는 부분은 실의 길이를 따라가다 어딘가에 있는 더없이 조그만 돌출부일 뿐이다.

또한 경이로운 것은 그 배반포가 하나의 구로부터 1미터 얼마의 섬유로 연장하기까지가 겨우 나흘에 걸쳐 일어난다는 점이다. 계산해보면 이는 시간당 최소 10밀리미터로 변환된다. 10밀리미터로부터 150밀리미터로 늘어나고 있는 섬유들의 실제 측정치는 심지어 더 빠른 속도(시속 30~45밀리미터)를 시사한다. 이 길이 증가는 세포 수의 증가 없이 일어난다(Geisert et al. 1982). 따라서 발달에서 초기에는 수태산물이 세포 수를 늘릴 뿐 전체 크기는 늘리지 않지만, 나중에는 수태산물이 전체 크기만 늘릴 뿐 세포 수는 늘리지 않는다. 결국은 세포 수와 전체 크기가 둘 다 늘어난다. 연장에 관련된 모든 활동과 더불어, 수태산물의 대사도 수태 시에 거의 꼼짝 않던 상태를 떠나 착상 시에는 극도로 활발해진다(Lesse 2012). 이 대사 활동의 많은 부분은 미토콘드리아의 작용에서 연료를 얻는데, 미토콘드리아는 전적으로 모계에서 기원했을 가능성이 크지만, 짐작건대 이 시점에는 배아의 통제하에 있을 것이다.

실의 길이는 멧돼짓과에 못 미치겠지만, 섬유성 배반포는 돼지에 국한되는 게 아니라 소(속), 사슴(속), 가지뿔영양(속)과 같은 다른 우제류에서도 일어난다(Clemente et al. 2009; Demmers et al. 2000; O'Gara 1969). 소에서는 실의 연장이 심지어 배아가 사라져도 일어날 것이다. 따라서 성장을 조절하는 것은 영양막과 포궁 생리학 둘 중 하나, 또는 둘의 어떤 조합이다(Clemente et al. 2009).

섬유성 배반포를 떠나기 전에, 한 가지 이례적인 사례는 언급할 가치가 있다. 가지뿔영양에서는 그 실에 살해 기능이 있다. 가지뿔영양은 두쌍둥이를 낳지만 난자는 3~7개를 난소당 몇 개씩 배란한다. 수태는 이 난자들 모두에 일어나고, 그 결과로 생긴 배반포들은 길어져 실이 되면서 긴 포궁뿔을 뚫고 나아간다. 몇몇은 길어지다가 엉켜서 죽고 나머지가 착상한다. 먼저 착상한 배반포가 그것의 섬유를 늘이며 이 섬유가 그 포궁뿔에 있는 다른 배반포란 배반포는 모두 구멍을 뚫어서 효과적으로 살해한다. 그렇지만 모체의 포궁 얼개에 막혀서 배반포가 반대편 포궁뿔로 건너가지는 못한다. 따라서 배아는 한 뿔에 하나씩만 살아남는다(O'Gara 1969). 포궁내 경쟁은 이런 쌍둥이 가운데 44퍼센트가 서로 다른 아비를 갖고 있기 때문에 더 커질 것이다(Carling et al. 2003). 결국 가지뿔영양은 포궁내 동기살해라는 있을법하지 않은 기제에 의해 판에 박힌 듯 두쌍둥이를 낳는다.

착상

착상은 다소 자율적인 자유롭게 떠다니는 배반포와, 모체의 포궁에 단단히 붙어서 의존하는 배반포 사이의 과도기를 표시한다. 우리는 착상의 타이밍에 대해 논의해왔지만, 수태산물의 발달 상태에 대해서는 논의한 적이 없다. 타이밍과 마찬가지로 발달 상태도 각양각색이다. 코끼리땃쥐(속)에서는 수태산물이 극도로 작을 때—세포가 네 개밖에 없을 때(van der Horst, Gillman 1942)—착상이 일어난다. 비록 이 흥미로운 관찰 결과에 대해서는 더 많은 세부 사항이 필요하지만 말이다. 이와 달리 반디쿠트(긴코반디쿠트속) 배아는 착상 시점에 머리부터 엉덩이까지의 길이가 1센티미터일 것이다(Padykula, Taylor 1983). 그리고 말의 수태산물은 심지어 착상이 시작되기 10~14일 전에 이미 지름이 3~8센티미터다(Betteridge et al. 1982). 타이밍과 발달을 떠나, 착상이 일어나면 수태산물이 어떻게 배향되는지, 그뿐만 아니라 수태산물이 포궁 안 어디에 착상하는지에 따라서도 착상은 각양각색이다.

수태산물과 포궁 간 관계에는 세 가지 배향이 있다. 중심착상, 편심착상, 간질間質착상이다. 중심(가운데)착상에서는 배반포가 커져서 포궁 표면에 큰 면적으로 접촉하는데, 토끼(굴토끼속), 개(속), 소(속), 돼지(멧돼지속)에서 그렇다. 편심(중심에서 벗어난, 부분적인)착상에서는 포궁의 일부만 배반포의 한 부분을 감싸는데, 생쥐(속), 쥐(시궁쥐속), 햄스터(황금비단털쥐속)에서 그렇다. 마지막으로 간질(껍질에 싸이는)착상에서는 포궁벽이 배반포를 완전히 에워싸게 되는데, 기니피그(속)와 사람에서 예를 볼 수 있다(Lee,

DeMayo 2004). 배치에 있는 차이는 종에 특이적이지만, 그 차이들의 기능적 결과는 불분명하다. 배치는 단순히 포궁 형태학, 태반의 성장, 배아의 발달 따위의 부산물일 것이다. 또한 배아가 성장하면 초기의 배향은 모호해진다. 아마도 태아 조직과 모체 조직 간 세포적 상호작용이 착상 시 초기 배향보다 기능적으로는 더 중요할 것이다. 비록 둘도 서로 관계가 있겠지만 말이다.

착상의 위치에 관해 말하자면, 많은 종에서 포궁은 그것의 전체 길이를 따라 배아들을 부양할 능력이 없다. 대신에 포궁의 안쪽 벽(포궁내막)에 특정한, 그리고 한정된 숫자의 착상 부위가 있을 것이다. 예컨대 암양과 암소에서 포궁내막은 일정 수의 도드라진 언덕으로 분할되는데 이 언덕들이 착상의 부위다(Gray et al. 2001). 반면에 토끼에서는 착상이 포궁 안 거의 아무데서나 일어날 수 있다(Bautista et al. 2015). 또한 더 일찍이 언급했듯이, 암말에서는 착상이 포궁뿔과 포궁체의 접합부에서 우선적으로 일어난다. 전 종에 걸친 차이 가운데 일부의 원인은 종 특이적 성장 속도나 궤도에 있을 수도 있고, 포궁의 순환 패턴과 복막강 내 다른 장기들의 위치에 있을 수도 있다. 그 가운데 어느 하나도 그다지 잘 연구되어 있지 않지만, 우리가 아는 한 몇몇 차이의 원인은 한배새끼수에 있다.

말과科와 박쥐들은 단태성이다. 다시 말해 그들은 일반적으로 새끼를 한 번에 한 마리씩 수태한다. 박쥐의 경우는 다수의 새끼를 출산하는 일이 드물며, 소수 종에서만 일어난다. 쌍둥이를 가진 암말의 경우는 배아가 죽는 게 보통이다. 암말에서 쌍둥이 임신의 61퍼센트는 한 쌍둥이가 다시 흡수되는 결과를 낳고, 추가적 10퍼센트에서는 쌍둥이 둘이 모두 재흡수된다(Chevalier-Clément 1989). 그렇지만 많은 다른 종의 암컷은 단일 임신에서 다수의 자식을 가진다(89쪽 상자 4.2).

한배새끼를 여럿 가지는(다태성) 암컷에서 착상들은 포궁뿔 양쪽에 걸쳐 균형을 이룰 수도 있을 것이고, 이쪽 아니면 저쪽에 비대칭으로 배치될 수도 있을 것이다. 양쪽에 비슷한 숫자의 배아를 갖고 있는 전략은 성장을 위해 덜 붐비는 공간을 제공함으로써 배아의 생존 가능성을 높일 것이다. 그것은 한편으로 암컷이 한배새끼수를 통제하는 하나의 기제일지도 모른다. 이에 더해 동등한 숫자의 배아들은 임신 중 무게 분포를 고르게 해서 이동을 더 효율적으로 만들거나 포식자를 더 잘 회피하게 만들 것이고, 껑충껑충 뛰거나 나무 위에서 이동하는 암컷의 경우는 특히 더 그럴 것이다(Baird, Birney 1985). 균형 잡힌 간격은 모체 자원에 대한 동기간 경쟁을 감소시킬지도 모른다. 배아들이 포궁뿔을 따라 거의 고른 간격으로 배치되는 경우가 흔한 종에는 땃쥐(뒤쥐속), 개, 토끼, 기니피그가 포함된다(Baird, Birney 1985; Bruce, Wellstead 1992; Tsutsui et al. 2002).

간격 잡기는 지극히 빠르게 벌어질 수 있다. 예컨대 산토끼(속)에서는 배반포들이 수태 후 5일째에 포궁뿔로 들어가면 포궁의 연동운동이 그것들을 앞뒤로 움직이는데, 마침내 그것들의 간격이 같아져서 배반포가 착상하는 때가 약 이틀 후다(Drews et al. 2013). 정확히 무엇이 간격을 등분하는 원인인지는 알려져 있지 않다.

암컷은 어떻게 양쪽에 대략 같은 수의 배아가 착상되도록 보장할 수 있을까? 대체 무엇이 그 과정에 영향을 미칠까? 한 가지 주요인은 포궁의 모양과 평면도다(107쪽 그림 4.6 참조). 땃쥐, 식육류, 바위너구리에서와 같은 뻥 뚫린 쌍각포궁은 포궁간 이주를 더 쉽게 할 것이다. 땃쥐(뒤쥐속), 바위너구리(바위너구리속*Procavia*)에서, 그리고 아마 쌍각포궁을 가진 그 밖의 다태성 종 대부분, 예컨대 아메리카너구리(아메리카너구리속), 몽구스(몽구스속*Herpestes*), 두더지(동부두더지속*Scalopus*)에서는 배반포들이 건너편 포궁뿔로 이주한 결과로 배아들의 분포가 균형을 이룬다(Baird, Birney 1985). 그렇지만 토끼의 중복포궁에서처럼 만약 포궁뿔이 물리적으로 분리되어 있다면, 배아가 한쪽에서 반대쪽으로 이주하는 일은 불가능할 것이다. 부분적인 분리조차 이주를 방해할지도 모른다. 예컨대 양, 소, 가지뿔영양과 같은 일부 분류군은 두 포궁뿔 사이에 있는 격막이 이주를 어렵게 한다.

만약 포궁의 얼개가 배반포의 이주를 가로막는다면, 배아들의 좌우 균형 맞추기는 각 난소에서 배란하는 수에 기댈 수도 있고, 가지뿔영양의 경우로 더 일찍이 기술한 것과 같은 '예정된' 배아 사망에 기댈 수도 있다. 배아 사망은 결과적인 출생 시 한배새끼수보다 훨씬 더 많은 수의 난자를 배란하는 종에서 판에 박힌 일이다. 이런 종에는 가지뿔영양 말고도 코끼리땃쥐(속), 텐렉(줄무늬텐렉속), 줄무늬햄스터(비단털등줄쥐속), 초원비스카차(종)가 포함된다(Wimsatt 1975; 자세한 이야기는 제6장에서). 이용할 수 있는 젖꼭지의 수보다 많은 새끼를 낳는 다태성 유대류에서도 비슷한 현상이 일어난다. 유대류의 경우는 신생아 사망이 한배새끼수를 결정한다. 배아 사망은 번식의 자연스러운 요소일 수 있고, 흔히 실제로도 그렇다.

포궁 형태학 또는 배아 사망을 사용해 배아들의 좌우 분포 균형 맞추기를 떠나서, 암컷은 난소당 배란의 수를 같게 함으로써 양쪽 배아 동수를 달성할 수도 있을 것이다. 이 일이 벌어지려면, 두 난소는 각각이 똑같은 수의 난포를 동시에 배란하도록 맞춰져 있어야만 한다. 그러므로 난소들은 서로와 교신하고 있는 게 틀림없고, 그게 아니라면 뭔가 배란을 동기화할 다른 요인이 관련될 수도 있다. 예컨대 토끼에서는 짝짓기가 배란에 영향을 주는데, 짝짓기와 연관되어 생식로에서 뒤따르는 변화라면 양쪽 난소에 동등하게 영향을 미칠 수 있을 것이다. 그렇지만 검은아구티black agouti(*Dasyprocta fuliginosa*)는 중복포궁을 갖고 있고, 한배새끼수가 둘이고, 난소당 하나씩만 배란하지만, 짝짓기가 배란에 영향을 미치지는 않는다(Mayor et al. 2011). 그러므로 검은아구티에서는 뭔가 다른 방아쇠가 좌우 배란을 동기화하고 있어야만 한다.

진화생물학자들에게 이런 차이는 생리학과 형태학의 관계에 관한 흥미로운 질문들을 제기한다. 토끼에서는 먼저 중복포궁이 존재하여 그것이 배반포 이주를 예방함으로써, 짝짓기에 영향을 받는 배란의 발달을 증진했을까? 아니면 그 이전에 짝짓기가 배란에 미쳤던 영향이 중복포궁의 진화를 증진했을까? 어느 쪽이 먼저였을까? 비버와 같은 조상형 설치류들이 쌍각포궁을 갖고 있는 때에 검은아구티는 왜 중복포궁을 갖고 있을까? 아구티에서는 선택이 한배새끼수를 줄이는, 따라서 배란의 수를 줄이는 방향으로 작용하고 있었는데, 중복포궁을 갖고 있는 게 그 한배새끼수 감소를 보강했을까? 일반적으로 진화생물학자들은 형태학이 생리학을 규제한다고 가정한다. 생리학적 과정이 형태학적 구조보다 더 동적이라는 점에서다. 그렇지만 생리학의 동적 본성이 특정한 형태학적 변이체를 위한 선택적 이점으로 이어질 수도 있을 것이다. 생리학도 연조직 형태학도 잘 화석화하지 않으므로, 번식적 적응이 일어날 때 거치는 단계들은 파악하기가 어렵고 따라서 조사할 거리도 풍부한 분야다.

물론 단태성 종도 난소 기능을 조정해야만 한다. 다만 포궁 균형을 통제하기 위해서가 아니라 주어진 주기에 배란이 한 번만 일어나도록 보장하기 위해서다. 따라서 단태성 종은 난포 발달에 대해 동측(같은 쪽) 통제력과 대측(반대쪽) 통제력을 아울러 갖고 있어야만 한다. 달리 말해, 한 난소가 반대쪽 난소에서 일어나는 난포의 성숙을 예방하기(대측 억제)와 자체 난포들의 성숙을 한 난포의 성숙만 빼고 전부 예방하기(동측 억제)를 아울러 해야만 한다. 일부 단태성 종에서는 암컷이 임신을 처음에 한쪽에서 다음에는 반대쪽에서 교대로 한다. 대안으로 고래류와 몇몇 박쥐와 같은 일부는 그냥 한쪽만 사용한다. 이 면에서 박쥐는 예외적으로 가변적이어서, 난소 또는 포궁뿔의 좌측 아니면 우측 어느 하나가 부분적으로 혹은 전적으로 우세한 종들을 모두 포함한다(Rasweiler, Badwaik 2000에 표로 정리되어 있음). 예컨대 자유꼬리박쥣과 박쥐들은 쌍각포궁을 갖고 있지만 왼쪽 뿔만 기능한다(Crichton, Krutzsch 1987). 박쥐와 유사하게 이빨고래(아목)에서도 착상은 거의 항상 왼쪽 포궁뿔에서 일어나고, 왼쪽 난소가 오른쪽보다 더 자주 배란한다(Slijper 1966). 그 밖의 종에도 번식적 비대칭성(좌측 또는 우측의 우세)이 있다. 오리너구리를 비롯해 여러 아프리카 영양, 그러니까 임팔라속*Aepyceros*(임팔라impala), 물영양속*Kobus*(코브kob), 작은영양속*Madoqua*(딕딕dik-dik), 네소트라구스속*Nesotragus*(네오트라구스속*Nesotragus*, 수니영양suni), 다이커영양속*Sylvicapra*(다이커영양duiker), 그리고 산비스카차 mountain viscacha(산비스카차속*Lagidium*)가 여기에 포함되지만, 이들로 한정된 것은 아니다(Ashwell 2013; Loskutoff et al. 1990; Mossman, Duke 1973). 소에서도 이 변이의 흥미로운 일례가 나온다. 고기소에서는 착상이 오른쪽보다 왼쪽 포궁에서 더 자주 일어나지만, 젖소에서는 분포가 동등하다(Gharagozlou et al. 2013). 배란과 착상을 한배새끼수와 더불어 조정하기의 생리학적 복잡성은 한배새끼수(단태성 대 다태성)가 포유류를 높은 분류학적 수준에서 특징짓곤 하는 한 가지 이유다. 예컨대 고래류, 박쥐류, 영장류는 대부분 단태성이지만, 식육류, 토끼류, 땃쥐류, 설치류는 대부분 다태성이다.

각 포궁뿔 안의 자식 수를 조절하는 데에 더해, 어떤 암컷 생리학은 배아의 배치에 성별로도 영향을 미칠 수 있다. 예컨대 몽골저빌(종)에서는 수컷 태아는 오른쪽 뿔에 더 많이 자리잡고 암컷 태아는 왼쪽 뿔에 더 많이 자리잡는다. 난소를 한쪽에서 다른 쪽으로 옮기는 이식 실험들은 난소가 이 편향을 주도하고 있음을 암시하지만, 이것이 어떻게 일어나는가의 세부 사항은 수수께끼다(Clark et al. 1994). 근접 원인이야 어쨌건, 이 분리의 핵심적 결과는 포궁 안에서 발달하는 동안 수컷은 수컷에 둘러싸이고 암컷은 암컷에 둘러싸인다는 것이다. 그 결과로 동성의 배아들은 호르몬을 공유하곤 한다.

포궁 안 동기들 간의 호르몬 교환 혹은 심지어 세포 교환은 포궁 형태학과 배아의 위치에 달렸을 뿐만 아니라, 붐비는 정도와 태반 조직의 혼합 가능성에도 달렸을 것이다. 그런 태반 조직의 상호 혼합은 소 쌍둥이에서 잘 문서화되어 있다. 쌍둥이가 성별이 다르면 암컷 쌍둥이에게 수소와 연관되는 행동과 성장 패턴이 발달한다. 프리마틴freemartin이라 불리는 이 암컷들은 소에서 혼성 쌍둥이의 평범한 결과지만, 그 밖의 사육되는 유제류, 이를테면 양, 염소, 사슴, 돼지, 말, 낙타에서도 이 똑같은 유형의 암컷이 관찰되어왔다(Padula 2005).

따라서 착상이라는 얼핏 단순한 단계조차 오래가는 영향을 미친다. 포궁에서의 위치와 인접한 동기의 성별은 출생 시 크기, 성적이형성의 정도, 생후 성장, 행동과 아울러 성체의 생리학에까지 영향을 미칠 것이다(Bautista et al. 2015). 착상은 번식주기에서 결정적인 사건이다. 그것은 단순한 자식-어미 상호작용의 끝을 표시하는 동시에, 임신 중 태반기의 얽히고설킨 긴밀함이 뒤따를 기반을 마련하기 때문이다.

임신기

임신기는 대개 수태와 출산 사이 구간으로 정의된다. 진수류에서는 착상 전에 성장이 제한적으로만 일어나기 때문에, 임신기의 지속기간은 대부분 착상과 출산 사이 시간에 의해 결정된다. 그 구간이 얼마나 오래 지속되느냐는 주로 자식의 성장과 그들의 출생 후 생존 능력을 반영한다.

더 빠른 성장은 더 짧은 임신기뿐만 아니라 포궁 밖에서 살아남을 능력의 증가로까지 이어질 것이다. 신생아들은 그들의 출생 시 발달 상태와 출생 후 환경적 보호 면에서 크게 차이가 난다(제8장). 예컨대 캥거루(속)의 '배아적' 신생아는 27일의 재태기在胎期(임신기를 태아 관점에서 일컫는 말—옮긴이) 후 주머니에서 보호받으며 지내는데, 갓 태어난 영양(누속) 새끼는 270일의 재태기 후 그의 어미를 따라 달린다. 서로 다른 발달 상태에 있는 새끼를 부양하는 어미들의 능력 또한 각양각색이다. 예컨대 영양 어미한테는 '배아적' 신생아를 부양할 주머니가 없고, 마찬가지로 캥거루 어미는 신생아를 포궁 안에서 성숙 상태까지 보관하기에 적당한 체내 해부학을 갖고 있지 않다. 광범위한 종 전체에 걸쳐, 임신기간은 잘 발달된 신생아를 낳을수록 더 긴 경향이 있다(Case 1978). 하지만 몸집도, 지나치게 단순화된 만숙성–조숙성 이분법도 임신기간의 큰 변이는 설명해주지 않는다.

　태아 발달과 모체 생리학 및 해부학은 둘 다 매우 긴 시간 동안 공진화해왔다. 그런 것으로서 임신기의 길이는 커다란 유전적 요소를 갖고 있다. 명백한 일례가 바로 같은 크기의 진수류에 비해 일반적으로 더 짧은 유대류의 임신기다(Hayssen et al. 1985). 유전적 요소의 많은 부분은 상이한 분류군에 대한 선택압에서 기인하지만, 일부는 다른 제약, 이를테면 몸집과 관계가 있다. 그렇지만 임신기간이 몸집으로 다 설명되지는 않는다(Clauss et al. 2014). 예컨대 코끼리(아시아코끼리속, 아프리카코끼리속)의 임신기간(650일)은 몸집이 훨씬 더 큰 대왕고래의 임신기간(330일)보다 더 길다(Hayssen et al. 1993). 해양 환경이 요인이라고 생각할까봐 덧붙이자면, 대왕고래의 임신은 더 작은 범고래(속)의 임신(517일)보다 더 짧다(Robeck et al. 2004). 반대편 극단에서, 박쥐들은 그들의 조막만한 크기에도 불구하고 임신기간이 길다. 예컨대 10그램의 말루쿠윗수염박쥐*Myotis moluccarum*는 임신기간이 지연 없이 약 80일인 반면, 10그램의 땃쥐(유라시아뒤쥐종)에서는 임신기가 21일 미만이다(Barclay et al. 2000; Hayssen et al. 1993; Lloyd et al. 1999). 크기와 임신기간의 독립성을 분명히 보여주는 마지막 일례는 토끼과와 갯과의 비교다. 1~5킬로그램 범위에서 솜꼬리토끼(속), 토끼, 산토끼(속)는 작은 편에 드는 갯과의 일부(예컨대 여우[여우속*Vulpes*])와 몸집이 비슷하지만, 토끼과의 임신은 38일인 반면에 갯과의 임신은 55일이다(Pielmeier et al., submitted). 사실 산토끼는 잘 발달된 조숙성 새끼를, 갯과가 그들의 만숙성 새끼를 만들어내는 속도보다 더 빠른 속도로 생산한다. 토끼목–갯과의 예는 식성이 한 요인일 것임을 시사하지만, 토끼과와 갯과는 연간출산수, 한배새끼수, 신생아중량도 다르며 모든 요인이 임신기간을 변화시킬 것이다.

그렇다면 임신기간이 환경, 생리학, 조상 따위와 어떻게 관계있는지 분석해내기가 어려운 것은 놀라운 일이 아니다. 이런 관계를 판단하려면 누군가는 단일한 분류학적 집단 안에서 생태학 또는 생리학에, 혹은 둘 다에 차이가 있는 종들을 연구할 필요가 있을 것이다. 그런 집단의 하나인 우는토끼(속)는 다양한 속으로서 애추崖錐(가파른 낭떠러지 밑이나 경사진 산허리에 고깔 모양으로 쌓인 흙모래나 돌 부스러기─옮긴이) 사면에서 사는 종들과 더 일반화된 산악 영역에서 사는 종들을 아울러 가지고 있다. 애추에 거주하는 종들은 한배새끼수가 더 적고, 연간출산수가 더 적고, 한배새끼중량litter mass이 더 가볍고, 임신 및 젖분비 기간이 더 길며, 이는 서식지도 임신기간을 변화시킬 수 있음을 시사한다(Hayssen, in prep; Smith 1988). 따라서 임신기간은 환경적 상황에 의해 전 종에 걸쳐 영향을 받을 수 있다.

전 종에 걸친 임신기간의 차이와 상관없이, 한 종 안에서는 개체 간 변이가 여전히 일어난다. 예컨대 지연에 관한 다음 절에서 논의되듯이, 먼저 난 한배새끼에게 젖을 먹이는 동안에 그다음 한배새끼를 동시에 임신하고 있는 암컷에서는 젖분비가 임신기를 연장할 수 있다. 이에 더해 사회집단 안에서는 출산이 더 동기화되도록 암컷들이 임신기간을 바꿀 것이다. 예컨대 짝짓기 기간에 일찍 수태한 붉은사슴(종) 암컷은 그 짝짓기 기간에 더 늦게 수태한 암컷보다 임신기가 더 길었다(Asher 2011).

환경도 개체들의 임신기간을 바꿀 것이다. 암컷은 불리한 날씨나 기후에 임신기간의 작은 변화로 대응할 것이다. 예컨대 붉은사슴에 대한 35년간 연구에서, 임신기는 3월 기온이 1도 더 따뜻했을 때마다 하루의 4분의 3만큼 더 짧았다(Clements et al. 2011). 그리고 가지뿔영양 암컷들은 건조한 여름 후에 더 긴 임신기와 더 느린 태내 성장 속도를 갖고 있었다(Byers, Hogg 1995). 가지뿔영양에 대한 다른 연구는 영양분 가용성도 포궁내 성장을 변화시킬 것임을 시사한다. 이 사례에서는 봄─여름 영양분 섭취가 자식을 더 크게 만들었을 뿐만 아니라 신생아 사망도 줄였지만, 일부 암컷의 경우에만 그랬다(Barnowe-Meyer et al. 2011). 물개(남방물개속*Arctoceph-alus*)도 이용할 수 있는 먹이가 더 적으면 임신기를 더 길게 가진다(Boyd 1996).

임신기간이 태아의 성별에 따라서도 다를까? 야생 개체군에 대해서는 데이터를 얻기가 어렵다. 소수의 연구가 귀중하지만 한정된 데이터를 얻어 왔는데 그 모두가 답은 아니오임을 시사한다. 첫째, 들소bison(들소속*Bison*; Berger 1992)도, 순록(순록속; Loison, Strand 2005)도, 물개(남방물개속; Boyd 1996)도 임신기간에서 성차를 전시하지 않는다. 둘째, 초기 연구들은 붉은사슴이 수컷 자식을 암컷 자식보다 더 오래 임신함을 암시했지만, 나중에 이루어진 더 광범위한 연구에서는 후손 성별의 효과가 전혀 발견되지 않았다(Clements et al. 2011). 임신기간의 성차라는 문제는 모성적 돌봄의 성차라는 더 큰 문제의 일부로서, 이 책의 범위 바깥쪽에서 열심히 연구되는 주제다.

착상 전후 지연과 휴면

인간의 관점에서, 임신은 짝짓기에서 출발해 출산에 이르기까지 중단 없이 나아간다. 당신은 섹스를 하고, 수태를 한다. 그러고 나서 아홉 달 뒤에 출산을 한다. 이 비교적 변함없는 수태와 출산의 연결 고리는 대부분의 다른 포유류에도 존재한다. 하지만 일부 포유류의 경우는 짝짓기, 수태, 출산 간 타이밍이 제각기 따로 논다. 이런 종에서는 암컷이 순서에 지연을 삽입할 수 있다. 지연은 조건적일 수도 있고 강제적일 수도 있다. 다시 말해 지연의 유무와 지속기간은 가변적일 수도 있고, 모든 임신의 정해진 요소일 수도 있다. 지연은 세 가지 형식으로 나온다. (1) 암컷이 짝짓기 후 정자를 저장함으로써 수태를 지연하는 형식, (2) 배반포를 정지 상태로 갖고 있음으로써 착상을 지연하는 형식, (3) 수태산물의 발달을 지체시킴으로써 임신기를 연장하는 형식이다. 우리는 각각의 방법을 간략히 논의할 것이다.

짝짓기와 수태 간 지연은 정자의 저장을 수반한다. 물론 체내수태를 하는 모든 동물은 아무리 잠깐이라도 정자를 저장한다. 따라서 설령 두어 시간 동안만일지라도, 모든 암컷 포유류는 정자를 저장한다(Orr, Brennan 2015). 더 흥미로운 쟁점은 며칠에서 몇 달 단위의 더 장기적인 저장이다. 예컨대 암컷 동부쿠올eastern quoll(종)과 갈색안테키누스brown antechinus(*Antechinus stuartii*)는 정자를 난관 지하실에 14~16일 동안 저장하고, 반면에 암컷 작은갈색박쥐(종)는 정자를 그들의 포궁관경계에 최고 138일 동안 저장한다(Orr Brennan 2015). 대부분의 포유류에는 명백한 정자 저장 구조가 없다. 그렇지만 장기간 정자를 저장하는 일부 박쥐들은 기존 구조를 실질적 개조 없이 사용한다. 명백한 정자 저장 구조의 부재는 우리가 문서화해온 것보다 더 많은 암컷이 정자를 저장하리라는 점, 그리고 암컷들은 단기간을 기준으로, 아마도 온갖 기능에 이바지하기 위해 정자를 저장하리라는 점을 시사한다. 예컨대 암컷은 서로 다른 수컷들로부터 정자를 모아서 한배새끼의 유전적 다양성을 높이기 위해 정자 저장을 사용할 수도 있을 것이다.

일단 암컷의 정자 저장이 끝나고 수태가 일어나도 추가 지연이 가능하다. 수태와 착상 간 지연은 최소 130종, 다시 말해 유대류 30~40종과 진수류 95종에서 임신기의 두드러진 한 특징이다(Renfree 2006; Fenelon et al. 2014). 비록 흔히 '**배아 휴면**'이라는 용어로 일컬어지지만, 발달이 정지되는 통상적 단계는 간신히 분화된 배반포(다시 말해, 배아전) 단계다. 착상 지연은 길 수 있어서, 타마왈라비(종)나 유럽오소리(종)에서 그렇듯 11개월까지 지속될 수도 있다(Renfree 2010; Yamaguchi et al. 2006). 난소를 적출한 타마왈라비에서, 휴면 중인 배아가 2년 동안 생육이 가능할 수도 있다(Renfree, Shaw 2000). 착상 지연은 조건적일 수도 있다.

조건적 지연의 흔한 원인은 손위 자손에게 젖을 먹이는 것이다. 캥거루에서는 손위 동기가 젖을 뺌으로써, 아니면 어미가 가혹한 환경 조건에 노출됨으로써도 배반포의 세포분열과 성장이 정지될 수 있다(Renfree 2010; Sharman, Berger 1969). 지연은 광주기에 의해서나 손위 자식의 젖빨기 자극을 제거함으로써 종료될 수 있는데, 프로게스테론이 호르몬적 열쇠다(Renfree 2006). 진수류에서는 젖빨기의 신경호르몬적 상관물에서 기인한 발달 정지도 실험실 설치류, 곧 생쥐속과 시궁쥐속에서 흔히 일어난다(Gidley-Baird 1981).

착상 후에 또다른 (하지만 덜 흔한) 지연이 일어날 수도 있다. 몇몇 박쥐, 예컨대 신열대구과일박쥐속*Artibeus*, 짧은코과일박쥐속*Cynopterus*, 피셔 피그미과일박쥐속*Haplonycteris*, 마크로투스속*Macrotus*과 아울러 식육류의 일부, 예컨대 물범속은 자식의 발달 속도를 늦추는데, 이 과정을 **발달 지연** 또는 **착상후휴면**이라는 용어로 일컫는다(Heideman 1989; Wilson et al. 1991; Banerjee et al. 2009).

휴면이 있는 임신과 없는 임신이 번갈아 일어날 수도 있다. 예컨대 두 박쥐, 곧 자메이카과일박쥐Jamaican fruit bat(*Artibeus jamaicensis*)와 짧은코과일박쥐short-nosed fruit bat(큰짧은코과일박쥐*Cynopterus sphinx*)에서는, 휴면이 두 번의 연례 임신 중 한 임신에서만 일어난다(Banerjee et al. 2009; Wilson et al. 1991). 따라서 암컷은 태아 성장 속도가 정상인 임신과, 초기 배아 성장이 2~3개월 동안 느려지거나 멈추는 임신을 번갈아 한다.

휴면의 길이는 시간이 흘러 환경이 변해도 달라질 수 있다. 예컨대 북해에서 난 항구물범(종)들은 35년에 걸쳐 휴면 기간을 단축시켜온 결과로 지금은 약 3.5주 더 일찍 새끼를 낳는데, 아마 그들의 먹이 기반 증가에 응해서였을 것이다(Reijnders et al. 2010).

강제적 지연은 소수 개체에서가 아니라 그 종의 모든 암컷에서 짝짓기와 출산의 타이밍을 분리한다. 진수류에서 그것이 번식 패턴의 특징인 동물의 예로는 노루(속), 아르마딜로(아홉띠아르마딜로속), 일부 박쥐(볏짚색과일박쥐속*Eidolon*, 긴가락박쥐속*Miniopterus*), 시베리아두더지(알타이두더지*Talpa alta-ica*), 큰개미핥기(큰개미핥기속*Myrmecophaga*), 그리고 스컹크(돼지코스컹크속 *Conepatus*, 줄무늬스컹크속*Mephitis*, 얼룩스컹크속), 족제빗과(돼지코오소리속*Arc-tonyx*, 해달속, 울버린속*Gulo*, 아메리카수달속*Lontra*, 담비속, 오소리속, 족제비속 *Mustela*, 아메리카밍크속, 아메리카오소리속*Taxidea*, 얼룩족제비속*Vormela*), 물갯 과 물개류(남방물개속, 북방물개속, 큰바다사자속*Eumetopias*, 남아메리카바다사자 속*Otaria*, 바다사자속*Zalophus*), 물범과 물개류(두건물범속*Cystophora*, 턱수염물 범속*Erignathus*, 회색물범속, 웨들해물범속*Leptonychotes*, 게잡이물범속*Lobodon*, 코 끼리물범속, 로스해물범속*Ommatophoca*, 하프물범속*Pagophilus*, 물범속, 고리무늬 물범속*Pusa*), 바다코끼리(바다코끼리속*Odobenus*), 곰(판다속, 안경곰속*Tremarc-tos*, 큰곰속)을 포함한 많은 식육류를 들 수 있다(Fenelon et al. 2014). 이 지 연들은 아마 다른 집단에서는 다른 이유로 진화했을 것이고, 일부 지연은 이미 그것의 원래 기능을 이행하지 않을 수도 있다.

지연의 진화에 대한 통상적 설명은, 자원이 풍부할 것으로 예측되는 기 회를 환경이 잠깐밖에 제공하지 않으면 지연이 번식의 타이밍을 조정한다 는 것이다(Hayssen 1984). 이론적으로 타이밍 갈등은 암컷, 자식, 수컷의 에너지 수요가 번식주기에서 서로 다른 시점에 절정에 달하기 때문에 일어 난다. 암컷은 최고 수요가 젖분비기 동안에 있고, 자식은 최고 수요가 젖분 비기 이후에 있으며, 수컷은 최고 수요가 짝짓기 시점에 있다. 계절적 환경 에서는 월동 준비가 경쟁하는 수요를 하나 더 추가한다. 짝짓기와 출산의 타이밍을 분리하는 것은 이 상황을 완화하는 한 방법이다. 예컨대 곰은 봄 에 짝짓기를 한 다음, 여름 동안 임신을 보류하고 그동안 살을 찌운다. 이들 은 쥐방울만한 신생아가 딸려서 느려지는 일 없이 넓은 영역에 걸쳐 먹이를 구하러 다닐 수 있다. 먹이가 드문 때인 가을에, 그들은 굴에 틀어박히고, 임신을 재개하고, 쥐방울만한 새끼를 낳고, 그 새끼에게 겨우내 젖을 먹이 고, 그런 다음 봄 동안에 원기왕성한, 크고 움직임이 자유로운 새끼와 함께 밖으로 나온다(283쪽 상자 9.1).

　지연에는 다른 이득도 있을 것이다. 예컨대 지연은 암컷이 일정 기간 동안 짝을 여럿 두어서 자기 자손의 유전적 다양성을 높일 수 있도록 해준다. 지연은 또한 먹이가 드문드문해서 개체들이 넓은 범위에 걸쳐 멀리 떨어져 살 수밖에 없는 때, 암컷에게 짝을 찾을 시간의 창을 넓혀준다. 따라서 지연에는 일처다부와 암컷 선택을 증가시킬 잠재력이 있다. 예컨대 암컷 곰은 착상 전에 반복해서 발정을 겪는다. 그들은 다수의 수컷과 짝짓기를 하고 아비가 다수인 한배새끼를 여럿 가진다(Spady et al. 2007). 회색곰 grizzly(큰곰*Ursus arctos*)과 북극곰polar bear(북극곰*U. maritimus*)의 경우, 지연은 암컷이 임신기에서 젖분비기로 넘어갈 때를 마음대로 결정하게 해준다. 무거운 암컷은 가벼운 어미보다 더 일찍 출산하고 더 오래 젖을 분비한다(Robbins et al. 2012). 마지막으로, 지연이 최고 11개월에 이르는 유럽오소리(종)에서 지연 중에 반복되는 짝짓기는 부성을 혼동시킴으로써 영아살해의 위험을 줄여줄 것이다(Yamaguchi et al. 2006).

　물론 지연의 추가는 임신기를 연장함으로써 암컷이 그의 일생에 걸쳐 할 수 있는 임신의 수를 감소시킨다. 이 번식력 감소는 지연에 불리한 선택압을 제공한다(Lindenfors et al. 2003). 따라서 한 해에 여러 번 출산하는 번식 패턴에 긴 지연이 도입될 가능성은 낮다. 비슷한 맥락에서, 긴 지연은 암컷의 수명이 짧은 종에서도 도태될 것이다.

임신기 동안의 어미와 새끼: 태반형성

임신기의 가장 명백한 속성은 서로 얽힌 태아–모체 생리학이다. 착상 후에는 모체와 태아의 상호작용이 때로는 협력해, 때로는 밀고 당기는 역학관계를 이용해 임신기를 조절한다. 임신기 중 태반 국면은 태아의 영양막이 모체 포궁 내막의 주름들 속으로 들어가 합쳐지고 분류군에 특이적인 태반 구조가 정교화하면서 시작된다. 이 시점부터 진수류의 영양막은 모체 대사의 호르몬적 조절에 기여하는 하나의 광범위한 내분비계로 기능한다. 대부분의 신생아는 에너지가 최소한만 비축된 마른 몸으로 태어나므로, 출산이 끝날 때까지 어미가 태아의 중량 또는 크기를 최소화하고 있을 수 있다(Pond 1977). 만약 그렇다면 어미가 임신기에 대해 상당한 통제력을 보유하고 있다는 소리다.

포궁은 태아에게 온기, 먹이, 안식처와 보호를 제공한다. 한 가지 대중적 은유는 암컷이 그의 기생충 같은 자식에게 임신기의 나머지 내내 숙주 구실을 한다는 것이다. 하지만 실제로, 임신의 근접 통제장치는 합동 신경 내분비계이며, 이것은 모체의 뇌, 태아의 뇌, 태반, 그리고 어미와 자식 둘 다의 갑상샘, 부신, 난소, 포궁과 같은 내분비기관들을 포함한다(Voltolini, Petraglia 2014). 이 모든 요소 사이에서 생화학적 되먹임과 상호작용이 일어나고 있으며 상호작용의 정도도 시간이 가면서 달라진다. 다수의 자식이 함께하지 않을 때조차 그 계통은 지극히 난해하다. 불행히도 대부분의 연구는 각 요소를 따로따로 또는 한 기간에만 살펴본다. 예컨대 수태산물에 의한 모체 혈압의 조절을 임신 초기 동안 탐사하는 식이다(Bany, Torry 2012). 하지만 모체—자식 상호작용은 복잡다단해서 근접 기제를 이해하는 일도 전체론적 종합을 요구한다. 그런 연구는 심하게 부족하다.

모체—자식 상호작용의 진화를 이해하는 일도 난해하기는 마찬가지다. 어미와 자식 간의 기능적 상호작용은 여러 수준에서 어미와 새끼에게 비용과 이득이 주어지는 복잡한 것이다. 자연선택은 자식의 생존을 돕는 방향으로 작용할 뿐만 아니라 암컷이 자원을 쥐고 있다가 미래의 번식을 지원하는 것을 가능케 하는 방향으로 작용하기도 한다. 태반은 흔히 자식과 어미 간의 협동 또는 갈등 기관으로 여겨진다(Haig 1996). 그렇더라도 "협동"과 "갈등"은 둘 다 은유일 뿐 어느 한 극단도 임신기의 진화를 온전히 특징짓지 않을 것이다. 만약 우리가 포궁—태반 상호작용에만 초점을 둔다면, 그 작용 반작용의 많은 요소 가운데 일부가 여기에 있다. 태반은 어미를 그의 자식으로부터 보호한다, 자식을 어미로부터 보호한다, 자식에게 성장과 발달(면역 전달)을 위한 물질을 제공한다, 자식을 환경으로부터 보호한다, 자식을 위해 온도를 통제해준다, 자식에게 모체의 생리에 영향을 미칠 기제를 준다, 어미에게 자식의 성장과 발달을 통제할 길을 준다, 자식들이 비좁은 장소에서 서로 경쟁하는 것을 가능케 한다, 어미에게 더 큰 공간적 자유를 허락하지만 나중 단계에서는 모체의 운동성을 줄인다, 어미에게 더 큰 관성질량을 제공해 체온조절 비용을 줄인다, 자식 성장의 한 결과로 어미에게 열을 제공한다, 어미가 태반이나 자식 안으로 독소를 옮김으로써 자기 몸을 해독하는 것을 가능케 해준다. 분명 태반형성이 미치는 영향들은 복잡하며 태반과 포궁의 형태학(제4장)뿐만 아니라 연관된 생리학(제5장)에서도 다양성으로 이어져왔다.

아직까지 우리는 임신기에 대한 조상 전래의 제약을 환경적 효과와 합병하는 이론적 또는 생리학적 종합물을 갖고 있지 않다. 게다가 통용되는 이론은 한배새끼수, 성장 속도, 신생아 발달 상태의 영향들을 임신기에 대한 식견으로 흡수하지 않는다. 이 종합물을 가장 가깝게 살펴보는 이론의 몸체인 생활사 이론은 번식 노력을 전반적으로 바라볼 뿐 임신기와 젖분비기의 개별적 영향도, 한배새끼수 그리고 출생전 대 출생후 사망과 임신기간의 상호작용도 알아내려 하지 않는다. 후자에 초점을 두는 것이 임신기 진화의 더 나은 이해에 핵심적일 수 있다는 게 우리의 의견이다. 아직도 할 일이 많다.

임신기 축약

임신기는 포유류의 번식 중 포궁내 국면이다. 단공류의 경우, 이 국면은 지극히 짧고 산란에서 막을 내린다. 단공류의 발달은 어미의 몸 바깥쪽에서, 알 속에서, 배아가 부화할 때까지 계속된다. 전통적으로 단공류의 번식 중 수태에서 부화까지의 기간이 수류 임신기의 등가물로 여겨져왔지만, 얇게 보호되는 배아가 아니라 껍데기에 싸인 알을 생산할 뿐만 아니라 태반 착상이 없다는 점이, 단공류에서의 어미와 자식 간 생리학적·진화적 역학관계를 수류 암컷에서의 것과는 많이 다르게 만든다. 따라서 두 번식 방식은 대등하지 않다.

수류의 경우는 착상이라는 추가 단계가 임신기의 생리학에, 전 포유류에 걸친 임신기의 타이밍 차이에, 어미와 자식 사이에서 일어날 수 있는 상호작용의 유형에 기능적·진화적으로 상당한 영향을 미친다. 임신기에 있는 유대류-진수류 차이는 조사되어왔지만 그런 비교는 가치가 한정되어 있을 것인데, 왜냐하면 진수류 안에서 다양성이 엄청나기 때문이다. 진수류에서 임신기는 길이, 지연의 존재와 유형, 포궁내 성장 속도, 배아 보유-거부 백분율, 한배새끼수, 신생아 발달(전반적 발달과 특정 기관계에 관한 발달 모두), 포궁내 무게 분포, 임신과 임신 간 시간의 길이, 동시에 병행하는 젖분비기의 존재가 모두 변수다. 이 다양성은 수백만 년에 걸쳐 작용하고 있는 자연선택을 반영한다. 수컷과 자식에 작용하는 선택압도 임신기적 다양성에 영향을 미치겠지만, 암컷 관점에서, 임신기에서 한몫을 했을 잠재적 요인에는 계통발생, 포궁의 형태학, 태반의 형태학(전체 구조와 미세 구조 모두), 난소-포궁 조정, 암컷의 몸집, 식성, 무기질과 수분의 필요 또는 제약, 서식지(물속, 땅 위, 나무 위), 기후(예측 가능성, 계절성, 기온, 고도, 기압), 먹이 탐색 및 반포식자 행동, 어미 또는 신생아에 대한 질병과 포식의 압력이 포함된다. 이 짧은 목록만으로도, 우리가 임신기라 부르는 한 벌의 공진화된 특질을 생성한 종속변인과 독립변인의 어마어마한 행과 열을 미루어 짐작할 수 있다. 아무것이든 주어진 임신기에 영향을 미치는 근접 기제 이해하기와 마찬가지로, 더 나아가 전 종에 걸쳐 임신기의 다양성을 낳은 궁극 요인 이해하기도 전체론적 종합을 요구할 것이다.

임신기에 기여하는 두 가지 핵심 요소, 곧 한배새끼수와 신생아 발달은 둘 다 흔히 출생 시에 평가된다. 따라서 우리의 다음 장은 임신기와 젖분비기 간 과도기 및 이 과도기에 동반되는, 태반섭취와 같은, 포유류 번식의 특징들을 다룬다.

8

출산과 신생아

하이에나 출산은 위험한 일이다. 어미와 새끼가 둘 다 죽을 수도 있다. 난산과 사산은 다반사인데, 암컷의 첫 임신에 관한 한 특히 더하다. 초짜 어미에서 태어나는 새끼 가운데 60퍼센트는 사산된다. 왜일까? 첫째, 새끼가 상당히 크다(1.1~1.6킬로그램). 하지만 더 중요하게는, 이런 새끼가 아주 좁은 음핵 구멍을 통과해야만 한다. 마지막으로, 새끼가 포궁에서 나오려면 택할 수밖에 없는 길에 뾰족한 각이 있다. 이 난해한 길이 산도를 나오는 데 필요한 시간을 늘려서 질식의 위험을 높인다. 암컷은 한배에 새끼를 네 마리까지 가질 수 있는데 나중에 태어나는 새끼일수록 질식할 위험이 커진다. 첫 임신 중에 산도는 늘어나다 못해 찢어지기까지 한다. 일단 아물면 이 변화는 영구하다. 그러므로 잇따른 임신에서 비롯한 출산은 더 수월하고 결과도 더 성공적이다. 모든 게 성공적 출산에 불리하게 짜인 것은 아니다. 아무리 초산이라도 이 어려운 통과를 돕도록 생식로가 변형되어 있기 때문이다. 예컨대 점액을 분비하는 샘은 출산 중에 윤활유를 제공해 통로를 미끄럽게 만든다. 더 나아가 광범위한 평활근은 새끼를 만출하는 데에 힘을 보탠다. 그래도 출산기는 사망률이 높은 기간이다. 우리의 암컷은 운이 좋다. 이번이 그의 초산도 아니고, 그와 그의 딸들 모두 살아남았다. 만약 그가 태를 먹었다면 추가 영양분까지 얻었을 것이다.

그의 새로운 딸들은 고동빛에 뜨인 눈, 쫑긋한 귀, 눈에 띄는 앞니와 송곳니를 갖고 있다. 그리고 소리에 반응을 보일뿐더러 자기 목소리를 낸다! 잘 발달한 발톱을 가진 이 녀석들은 지극히 능동적이다. 태어난 지 한 시간 안에 긴다. 이틀 동안은 제대로 일어서지도 못하면서 말이다. 딸들은 굴속에 숨겨져 포식자로부터 떨어져 있지만, 위험에서 떨어져 있는 것은 아니다. 동기간 상호작용이 공격적일 수 있는데 동성 쌍둥이에서는 동기살해로까지 이어질 수 있기 때문이다. 일단 땅 위로 올라오면 이런 공격적 상호작용은 줄어든다. 하지만 새끼 하이에나로서의 삶은 태어나는 동안에도 어렵고 그 이후에도 어렵다. (East et al. 1989; Frank, Glickman 1994; Frank et al. 1991; Pournelle 1965)

인터넷에는 포유류의 출산을 담은 동영상이 넘쳐난다. 대양의 해초 밭에서는, 해달*Enhydra lutris* 엄마가 진통이 일어날 때마다 몸을 비틀면서 빙글빙글 돈다. 머리가 나타나면 엄마는 아기를 당겨서 꺼낸 후 물 위로 떠올라 배 위에 아기를 얹는다. 그다음에 그는 곧이어 영아를 철저히 씻기는 일로 넘어간다. 돌고래 엄마는 꼬리쪽 반신이 노출된 아기를 단 채로 헤엄을 친다. 그 꼬리쪽 반신은 산도로 빨려 들어갔다가 산도 밖으로 나오기를 몇 분동안 계속하는데, 그런 다음 서둘러서 새로운 새끼의 앞쪽 반신이 뿌연 핏속으로 만출된다. 아기는 나오자마자 숨을 쉬러 수면까지 헤엄쳐 가고, 태를 만출하는 엄마 곁에서 함께 헤엄친다. 역시 물속에서 하마 신생아는 머리 쪽 먼저 방출되고 나서, 돌고래 새끼와 마찬가지로 공기를 마시러 재빨리 수면으로 헤엄쳐 간다. 나무 위에서는 세발가락나무늘보(속) 엄마가 거꾸로 매달린다. 아기가 그의 배 위로 밀려 나오면, 엄마는 자신과 영아를 어느 정도 닦고 나서 가까운 가지에 달린 잎을 느릿느릿 뜯어 간식을 먹는다. 박쥐 엄마 역시 뒤집힌 자세로 새끼를 낳는다. 어미 날여우박쥐flying fox(날여우박쥐속*Pteropus*)는 날개를 사용해 새끼가 떨어지지 않도록 하는데, 출산이 끝나기도 전에 아기의 머리를 닦는다. 집박쥐pipistrelle(집박쥐속 *Pipistrellus*) 엄마는 바위 면을 마주보고 자리를 잡아서 영아가 그와 돌벽 사이—바위와 폭신한 자리 사이—에서 태어나게끔 한다. 한편 땅 위에서는 기린 새끼가 앞발 먼저 세상에 나와 땅에 닿을 듯 말 듯, 반은 안에 반은 바깥에 매달린다. 얼마 후, 자체의 무게가 새끼를 완전히 뽑아내도록 도와서, 새끼는 땅 위로 털썩 드러눕는다. 새끼는 이전까지 자신을 보호해주던 태막에 아직 에워싸인 채 잠깐 쉬고 나서, 비틀비틀 똑바로 일어나 젖을 빤다.

이는 하나하나가 외둥이 출산의 묘사다. 쌍둥이 출산은 대개 덜 노출된 환경에서 이루어진다. 새끼를 여러 마리 배고 있는 어미는 많은 경우 땅속 굴, 바위 틈새, 나무 구멍, 나무 위 둥지 따위, 포식자의 굶주린 감각 또는 아마추어 자연사 비디오 촬영가의 성가신 렌즈로부터 출산을 얼마간 은폐해주는 장소를 택한다.

외둥이건 아니건 이 얼마 안 되는 장면만 들여다봐도 포유류 출산에 관한 패턴들이 모습을 드러낸다. 첫째, 그 과정은 대개 빠르다. 둘째, 어미와 새끼는 사건 중에도 후에도 복잡한 방식으로 상호작용한다. 셋째, 외둥이 출산은 쌍둥이 출산과 차이가 있다. 마지막으로, 출산은 지저분한 일이다. 분명 출산은 복잡한, 주의 깊게 조절되는 어미와 그의 새끼 간 상호작용이다. 그 상호작용은 내분비학, 행동, 형태학에 의해 통제될 뿐만 아니라, 어미와 자식에 작용하는 진화적 선택압에 의해서도 통제된다(Naaktgeboren 1979).

3대 포유류의 번식 방식(제2장)에는 출산(일명 분만) 또는 등가물에 대해 서로 다른 전략이 있다. 우리는 그 과정에 대한 우리의 리뷰를 단공류와 유대류에서는 다음 질문을 가지고 구성한다. 그 과정이 최소한 어미와 새끼 두 당사자의 사건임을 고려하면, 누가 출산의 타이밍을 통제할까? 진수류의 경우는 그 질문의 답이 이 책의 범위를 훌쩍 넘어서며, 제3의 신경내분비 기관인 태반이 광범위하게 관련됨을 고려하면 특히 더 그렇다. 예컨대 인간의 태반 조직에 있는 최소 34가지 신경자극제가 직접적이든 간접적으로든, 단독이든 합쳐져서든 출산에 영향을 미칠 수 있을 것이다(Voltolini, Petraglia 2014). 따라서 우리는 진수류 출산의 다양성에 대한 우리의 리뷰를 다음과 같은 일련의 다른 질문을 중심으로 구성한다. 출산은 얼마나 오래 걸릴까, 그것은 언제 어디에서 일어날까, 그 이후에는 어떤 주요 사건이 벌어질까. 끝으로 우리는 분만의 성과인 신생아를 묘사함으로써 장을 마감한다.

단공류의 산란과 부화

단공류의 경우는 부화의 타이밍이 태아에 의해 결정되는 듯 보일 것이다. 태아가 탈락성 난치라는, 단공류가 파충류와 공유하는 형질을 써서 껍데기를 깨고 나와야만 하니 말이다. 한편 산란이라는 행위는 당연히 모체의 통제를 받는 것처럼 보일지도 모른다. 태아가 알껍데기를 뚫고 신호를 보내기는 어려울 것이기 때문이다. 만약 출산이 산란에 상당한다면 모체의 통제가 최우선이다. 하지만 그게 아니라 출산이 부화에 상당한다면 태아의 통제가 최우선이다(Hayssen 1984). 불행히도 누가 출산을 통제하는가, 알인가 어미인가의 세부 사항을 풀기에는 데이터가 부족하다. 오리너구리의 경우는 산란이 제대로 묘사되어 있지 않지만, 산란 중에 가시두더지에서는 어미가 몸을 동그랗게 말아 총배설강을 주머니에 맞댐으로써 알이 주머니로 들어가게끔 한다. 이 알들은 더 품어지는데, 일단 부화가 되면 새끼들은 젖 조각보까지 제힘으로 헤치고 나아가야만 한다.

유대류의 출산

출산은 어미와 새끼의 취약성을 고려하면 필연적으로 은폐 과정이다. 결과적으로 그것은 극소수 종에서만 관찰되어왔다. 예컨대 오스트레일리아 유대류에서 출산은 약 250종 가운데 겨우 11종에서 관찰된 적이 있다. 그렇지만 이 몇 안 되는 관찰 결과에서조차 얼마간의 패턴이 모습을 드러내왔다. 유대류의 경우는 갓난아기가 제힘으로 비뇨생식굴을 떠나 젖샘 영역까지 움직인다. 이 동작은 어미 주머니의 유무와 형태학에 따라 세 가지 방향 중

한 방향을 택한다. 앞쪽(머리쪽)으로 트인 주머니를 가진 유대류(예컨대 캥거루[속])에서는 어미가 비뇨생식굴이 주머니 아래에 오도록 자세를 잡는다. 갓난아기는 양팔을 번갈아 젓고 고개를 좌우로 움직이는 헤엄 동작을 써서 기어 올라가 주머니로 들어간다.

뒤쪽(꼬리쪽)을 바라보는 주머니를 가진 유대류(예컨대 반디쿠트[짧은코반디쿠트속*Isoodon*])에서는, 어미가 비뇨생식굴이 주머니 위에 오도록 자세를 잡고 새끼는 뱀처럼 꿈틀거리는 동작을 써서 짧은 거리를 미끄러져 내려가 주머니로 들어간다. 주머니가 없는 유대류(예컨대 쿠올[쿠올속*Dasyurus*])에서는, 어미가 네 다리로 서서 엉덩이를 올려 비뇨생식굴이 젖샘 영역보다 위에 오도록 하고, 갓난 새끼는 굴로부터 노출된 젖꼭지까지 직접 기어 내려간다. 모든 종에서 출산은 10분도 걸리지 않는다. 갓난아기들은 후각과 중력에 대한 감각을 써서 주머니 또는 젖샘 영역으로 가는 방향을 잡는다(Gemmell et al. 2002). 유대류의 경우 새끼들이 어떻게 비뇨생식굴을 떠나 젖샘 영역까지 도달하는가에 관해 우리는 분명 얼마간의 정보를 갖고 있다. 하지만 그들은 포궁 안에서 출발한다. 이들의 여정 중 첫 부분은 어떨까? 불행히도 배아가 처음에 어떻게 포궁을 떠나 비뇨생식굴까지 도달하는가에 관한 정보를 우리는 하나도 갖고 있지 않다. 하지만 비슷하게 다양한 동작이 사용될 것이고 포궁벽의 운동도 사용될지 모른다는 것은 누구나 쉽게 상상할 수 있다.

산후에 유대류 어미들은, 초식성 유대류마저도, 양수를 모조리 핥아먹는다. 태반은 몸안에 남아 있다가 재흡수될 수도 있고(긴코반디쿠트속*Perameles*), 만약 만출된다면 북부쿠올northern quoll(*Dasyurus balluctatus*)에서처럼 치워질 수도 있고, 붓꼬리주머니쥐common brushtail possum(주머니여우 *Trichosurus vulpecula*)에서처럼 먹힐 수도 있다(Gemmell et al. 2002).

"누가 출산을 통제하는가, 알인가 어미인가"가 단공류에서 진퇴양난인 것과 마찬가지로, 유대류에서도 누가 출산의 타이밍을 통제하는가에 관한 이론은 넘쳐난다. 불행히도 그 가설들이 서로와 손발이 맞는 것은 아니다. 릴러그레이븐Lillegraven(1975)은 어미의 면역계가 강제로 태아를 포궁에서 기어나오게 한다는 의견을 제시했다. 하지만 임신 전에 부계 항원에 노출된 암컷들에 관한 데이터는 이 가설을 반박하면서, 면역계는 방아쇠가 아님을 암시한다(Walker, Tyndale-Biscoe 1978). 또한 모체의 뇌하수체 제거가 일부 캥거루에서 분만을 막는다(Hearn 1974)는 사실은 유대류에서 출산이 어미에 의해 주도될 것임을 시사한다. 이와 달리 타마왈라비(종)에서는 태반에서 분비된 프로스타글란딘이 출산을 촉발함으로써 태아가 출산을 통제함을 암시한다(Renfree 2010). 유대류 번식에서 프로게스테론을 돌아본 리뷰는 배아통제 가설을 지지하면서, 배아가 자체의 출산을 개시할 뿐만 아니라 임신기의 길이까지 결정한다는 결론을 내렸다. 일부 종에서는 배아가 황체의 수명을 단축시킨다(Bradshaw, Bradshaw 2011). 따라서 근래의 리뷰들은 태아 통제의 편을 든다.

진수류의 출산

진수류 관점에서, 그토록 이른 발생 단계에서 출산을 개시하는 유대류 신생아의 능력은 놀랄 만하다. 상당하는 단계에서 진수류 신생아들은 그런 조정을 할 능력이 없다(그것에서 득을 보지도 않을 것이다). 심지어 출생 직전, 어떤 유대류 신생아보다도 훨씬 더 나이를 먹은 때조차, 많은 진수류 자식은 분만을 개시할 능력이 없다. 예컨대 토끼와 실험실 설치류에서는 태아의 목을 잘라도 출산의 타이밍은 바뀌지 않으며, 이는 태아 요인이 아니라 모체 요인이 분만을 통제함을 함축한다(Nathanielsz 1978). 물론 그런 참수된 자식 연구에서 너무 많은 결론을 이끌어내는 데서 발생할 문제들은 누구든 상상할 수 있을 것이다. 다른 일부 종에서는 임신말기의 새끼들이 잘 발달되어 성숙한 신경내분비계를 갖고 있다. 이런 새끼는 스스로 자신의 출산을 개시하는 게 가능하다. 예컨대 양에서 분만을 정교하게 분석한 결과는, 진통을 유도하려면 태아의 부신-뇌하수체 축 성숙이 필요함을 암시한다(Liggins et al. 1973; Thorburn, Challis 1979). 영장류에서 작업한 결과도 가축 반추류에 관한 것과 비슷하게 나옴으로써, 태아가 분만을 통제함을 암시한다(MacDonald et al. 1978).

종합해볼 때, 이 연구들은 조숙성 새끼를 가지는 포유류에서는 일반적으로 출산이 태아에 의해 통제되고, 만숙성 새끼를 가지는 포유류에서는 어미에 의해 통제됨을 시사한다. **조숙성** 및 **만숙성**이라는 용어에 내재하는 문제들(이에 대해 우리는 나중에 논의한다)은 무시하고, 이 가설에는 또다른 결함이 있다. 그 일반성 뒤편의 데이터에 한배새끼수와 모체의 크기가 둘 다 변인으로 혼입되어 있다. 출산에 관한 데이터를 가장 많이 가진 조숙성 종은 양¥인데 양은 한배새끼수가 적고(한두 마리), 데이터가 가장 많은 만숙성 종은 생쥐·쥐·토끼 따위인데 이들은 한배새끼수가 많다. 따라서 발달 상태는 핵심 요인이 아닐 수도 있다. 오히려 한배에서 외둥이였던 신생아가 자신의 출산을 통제할지도 모르지만, 한배새끼 전체가 관련되면 그 과정을 어미가 통제할 수도 있다. 이 가설은 명백한 진화적 장점, 다시 말해 동기간 경쟁을 줄인다는 이득을 갖고 있다. 그게 아니면, 모체의 크기가 영향력을 가져서 작은 종에서는 어미가 출산을 통제하고 큰 종에서는 자식이 출산을 통제하게끔 하는 것일 수도 있다. 이 가설적 패턴 뒤편의 진화적 동인은 덜 분명하다. 어쨌거나 분만의 통제를 토낏과, 다시 말해 조숙성 종(산토끼[속])과 만숙성 종(예컨대 솜꼬리토끼[속]; 토끼)이 둘 다 들어 있는 과에서 살펴보면 몸집, 한배새끼수, 진화사의 혼입 효과를 피해 갈 수 있을 것이기 때문에 태아 발달과 분만 통제의 문제를 명확히 하는 데에 도움이 될 것이다.

누가 그 과정을 촉발하는가와 상관없이, 진수류의 출산은 모체와 태아의 면역계, 시상하부-뇌하수체-부신 축, 신경근육계, 그리고 태반이라는 요소들을 수반한다. 출산에는 면역반응이 따른다(Gomez-Lopez et al.

2013). 출산의 과정이 병원체에게 어미의 몸으로 진입할 대로를 제공하기 때문이다. 예컨대 조직들이 찢어져 질관으로부터 들어가는 병원체에 노출될 것이다. 출산은 또한 질, 포궁경부, 포궁의 미생물군계를 변화시킨다. 태반에는 태반 자체의 미생물군계가 있는데, 출산 중에는 이 모든 미생물 공동체가 모체 쪽 태반 쪽 할 것 없이 접촉하게 되어 자식에게 출발 미생물군계를 제공한다. 이 미생물 공동체는 평생토록 증대될 것이다(Mysorekar, Cao 2014; Prince et al. 2014; 제13장).

전반적으로, 다른 종에서는 태아 계통과 모체 계통이 다른 조합으로, 그리고 가변적인 통제 수준으로 상호작용해 출산을 조절한다(Petraglia et al. 2010). 어느 한 근접 기제도 이 복잡한 과정을 모든 포유류에 맞게 설명하지 않는다. 예컨대 불곰brown bear(큰곰종; 통속명 "회색곰grizzly"과 같은 종-옮긴이)에서는 출산의 타이밍이 모체의 지방 저장량과 관계가 있다. 지방이 많은 암컷일수록 상태가 안 좋은 암컷보다 일반적으로 더 일찍 출산한다(Friebe et al. 2014). 불곰의 경우는 지방 저장량을 조절하는 생리학적 계통 가운데 어떤 부분이 분만의 타이밍과도 상호작용한다. 대부분의 진수류 종은 출산과 함께 프로게스테론 수치의 감소를 보여주지만, 인간은 그 과정 내내 높은 프로게스테론 수준을 유지한다(Wagner et al. 2012). 이 몇 안 되는 예가 출산을 통제하는 근접 기제의 다양성을 분명히 보여준다.

큰 그림으로 돌아가, 출산은 암컷이 그의 자식과 상호작용할 것을 요구하는 복잡한 일련의 단계다. 이를테면 포궁의 수축 대 정지, 또는 포궁경부의 개방 대 폐쇄, 그뿐만 아니라 한배에 든 개별 새끼들의 잠재적으로 다른 수요까지, 다양한 생리학적 과정의 균형을 모든 종이 제각기 맞춰야만 한다. 자식과 어미가 둘 다 살아남으려면, 많은 일이 벌어져야만 한다. 대략 시간 순서로, 그 과정은 다음 단계들을 포함한다. 포궁경부가 벌어져야 한다, 태반 구조가 포궁에서 분리되어야 한다, 자식이 적절히 배향되어야 한다, 만약 태어날 새끼가 여럿이면 출산 순서가 정해질 필요가 있다, 자식이

한 번에 하나씩 만출될expelled/방출될released(내쫓길/풀려날-옮긴이) 필요가 있다, 태반 구조가 만출/방출되어야 한다, 포궁 수축이 아직 포궁 안에 있는 어떤 자식도 짓누르지 않으면서 일어날 필요가 있다, 태와 나머지 조직파편이 치워져야 한다, 갓난아기가 깨끗해져야 한다, 첫 젖빨기가 시작되어야 한다. 이 모든 단계가 다양한 포유류에서 생리학적으로 어떻게 조정되는지는 알려져 있지 않다. 따라서 종에 따라 제각각인 이 복잡한 단계들을 일일이 항행하는 것보다는, 더 넓은 접근법이 더 나은 출발지를 제시한다. 우리는 다음 순서로, 출산은 언제 어디에서 일어날까, 그것은 얼마나 오래 걸릴까, 태반에는 무슨 일이 벌어질까, 그리고 출산의 이 측면들이 암컷의 생물적·비생물적 환경에는 어떻게 연관될까를 묻는다.

출산은 언제 일어날까?

야행성 포유류에서는 출산이 일반적으로 낮 동안에 일어나는 반면, 주행성 포유류에서는 출산이 많은 경우 밤에 일어난다(Gemmell et al. 2002; Olcese 2012). 따라서 출산은 대개 암컷이 다른 과제, 이를테면 먹이 탐색을 하도록 생리적으로 동기가 부여되어 있을지도 모르는 시간 동안에가 아니라, 암컷이 정상적으로 안전한 곳에서 휴식을 취하고 있을 때에 일어난다.

하루 밤낮(24시간)의 시간 측정은 어떻게 이루어질까? 뇌에 더해, 예컨대 포궁과 같은 말초 조직에도 24시간 주기의 시계(일정한 빠르기로 진동하는 분자)가 있다. 이 말초의 시계가 적대적 과정(예컨대 수면과 먹이 탐색)은 서로 어긋나고 상승적 과정(예컨대 수면과 소화)은 서로 일치하도록 생리학적 과정들이 조정되는 것을 가능케 한다. 예컨대 일출과 같은 몸밖의 큐가 멜라토닌이나 당질코르티코이드와 같은 몸안의 호르몬 신호를 경유해 그 시계들을 맞춘다(Olcese 2012). 알려진 시계 기능에 관련된 유전자들이 포궁에서 발현된다는 사실은 포궁에도 분자시계가 있음을 시사한다.

포유류의 개체군 안에서도 출산이 동기화될 수 있는데, 북극 물개류(고리무늬물범*Pusa hispida*; Kelly et al. 2010)와 남극 물개류(웨들해물범*Leptony-chotes weddellii*; Hastings, Testa 1998)가 그런 예다. 그런 동기성은 갖가지 이유로 일어날 것이다. 예컨대 먹이 가용성의 시간적 주기는 연중 각별한 한때에 출산하도록 몰아가는 선택압으로 작용할 것이다. 두 번째 선택압은 한입거리 새끼들을 풍부히 두어 포식자를 정신없이 바쁘게 함으로써 각각이 포식될 확률을 최소화하라는 것일 수 있다. 타이밍은 또한 자식의 생존에 더 도움이 될 만한 환경의 비생물적 특징, 이를테면 차가운 물 대 따뜻한 물과 관계가 있을지도 모른다.

물론 동기성의 정의는 제각각이다. 예컨대 쿠올(북부쿠올종)에서는 모든 출산이 7일 안에 일어나는 반면(Gemmell et al. 2002), 노루(종)에서는 모든 출산이 45일 안에 일어난다(Plaard et al. 2013). 흥미롭게도 노루에서는 개체 암컷들이 출산 철 사이에 앞서거니 뒤서거니 꾸준하게 새끼를 낳는다. 그뿐만 아니라 노루는 나이가 들면 그 철에 더 일찍 새끼를 낳는다(Plard et al. 2013). 번식의 계절적 타이밍에 대한 예는 제11장에서 더 주어진다.

출산은 얼마나 오래 걸릴까?

출산의 지속시간은 대체로 출산을 어떻게 정의하느냐에 달렸다. 만약 아기 몸의 일부가 처음 나타나는 때로부터 영아의 전신이 어미를 떠난 때까지로 정의된다면, 출산은 대개 몇 분밖에 지속되지 않는다. 그렇지만 만약 출산이 진통(출산으로 이어지는 수축들)을 포함한다면, 그 과정은 훨씬 더 길어진다. 수축은 암컷 안에서 미묘하게 시작되기 때문에 야생동물에서는 정확히 가늠하기가 어렵다. 물론 쌍둥이를 가진 엄마한테는 일련의 출산이 각 출산 사이에 얼마간의 회복기를 두고 하나씩 차례로 일어난다. 그러니 출산은 한 자식이 방출되는 시간일까, 아니면 맏이부터 막내까지 방출되는 시간일까?

전 포유류에 걸쳐 출산은 어미와 자식 둘 다에 취약한 기간이다. 몸밖의 사건, 이를테면 포식자의 출현이 암컷으로 하여금 최소한 일시적으로 진통을 억압하게끔, 그래서 어미가 포식을 피하려 애쓰는 동안 출산을 연장하게 끔 할 수도 있다(Naaktgeboren 1979). 일반적으로 선택은 분만을 가능한 한 단축시키는 방향으로 작용할 텐데, 만약 암컷과 새끼가 노출된 위치에 있다면 특히 더할 것이다.

출산은 어디에서 일어날까?

출산 중인 어미의 물리적 위치는 어미와 신생아가 그 과정에서 사용하는 자세만큼 각양각색이다. 박쥐와 나무늘보는 나무에 매달려 있는 동안에, 해달은 해초 밭에 있는 동안에, 고래와 매너티와 하마는 물속에서, 물개류(두건물범속)는 바다에 떠다니는 얼음덩어리 위에서, 북극곰은 눈굴에서, 두더지는 땅속 둥지에서, 여우와 들개(아프리카들개속Lycaon)와 하이에나(점박이하이에나속)와 미어캣(미어캣속Suricata)은 굴에서 새끼를 낳는다.

고래류와 바다소류의 수생 생활방식은 해상 출산을 요구하는데, 이는 이를테면 수중 체온조절, 새끼를 낳는 동안 떠 있기, 포식의 위험, 신생아 익사의 위험, 바다에 있는 동안 수유하는 데에서 생기는 말썽거리와 같은 복잡한 문제를 무수히 제기한다. 꼬리부터 출산하기는 해상 출산에 대한 한 가지 타협안이다. 아기의 머리를 어미의 몸안에 둠으로써 출산 중 익사의 위험이 줄어든다. 해상 생활에 대해 병코돌고래(큰돌고래속), 범고래(속), 그리고 아마 그 밖의 이빨고래류에서 내놓은 또 하나의 타협안은 약 1개월의 산후 기간에 어미와 새끼가 잠을 자지 않고 지내는 것이다(Lyamin et al. 2005). 길어진 운동 활동은 신생아의 체온을 유지하는 데 도움을 주고 24시간 대응성은 포식을 줄여준다(Lyamin et al. 2005).

다른 해양 포유류들을 보자면, 해달(속)은 이런 난관을 애써 극복해왔지만 물개류는 그러지 않았다. 물개류는 육지에, 흔히 고립된 섬이나 길게 펼쳐진 해변 위에서 새끼를 낳으며, 그런 곳은 전통적인 출산지가 되어왔다. 육상 출산은 조상형 조건이었을 것이다. 더 그럴듯하기로 말하자면, 육지에 매이는 부분적인 이유는 물개류 새끼들이 범고래와 상어를 비롯한 다른 수생 포식자들을 위해 깔끔하게 포장된 고칼로리 너겟이나 다름없기 때문일 것이다. 연중 특정한 때에 특정한 출산 영역에 매이는 조건은 이를테면 코끼리물범(속)에서 매우 일처다부적인 사회조직과 극단적인 성적이형성의 진화를 가능케 해왔다. 이는 물개류의 (착상 지연을 경유한) 임신기 연장이, 계절적 타이밍이 충분히 중요할 경우에만 존재하는 현상도 설명할 것이다 (Bartholomew 1970).

많은 포유류는 특별한 출생굴 또는 출생둥지에서 새끼를 낳는다. 둥지를 짓는 것은 출산이 임박했다는 흔한 징후다(Naaktgeboren 1979). 이 행동의 호르몬적 통제가 심지어 포궁근막의 통제보다 더 출산의 개시에 민감할 수도 있다. 아무튼 출생둥지는 흔히 통상적 땅굴 또는 굴로부터 멀리 떨어진 곳에 위치한다. 게다가 많은 암컷은 홀로, 그리고 그에게 사회집단이 있다면 가능한 한 사회집단으로부터 멀리 떨어져서 새끼를 낳는다. 만약 물리적 분리가 여의치 않다면 암컷은 집단의 구성원들이 잠들었을 공산이 큰 때에, 예컨대 야행성 설치류에서는 낮 동안에, 주행성 유제류에서는 밤에 새끼를 낳을 것이다. 집단으로부터 얼마간 떨어져서 새끼를 낳는 행동은 만약 포식자가 사냥할 동물의 집단을 찾고 있다면 한 암컷을 덜 눈에 띄게 해줄 것이다. 하지만 동종이 자고 있을 때 새끼를 낳는 것은 만일 포식자의 공격을 받을 경우 도움이 덜 될 듯싶다. 그렇지만 이 또한 적응적일 수 있다. 만약 집단 구성원들도 그의 새끼를 노리는 포식자라면 말이다, 예컨대 마모셋은 대개 그들의 사회집단으로부터 멀리 떨어져서 새끼를 낳는다. 그렇지만 포획 상태에서 공간을 제한당하고 빛 주기가 달라지면 암컷은 집단 구성원 곁에서 새끼를 낳는 수밖에 없다. 그의 동종들은 아기, 그리고 특히 맛있는 태의 도래에 극도로 흥분하며, 이 흥분에는 끔찍한 결과가 따른다. 집단 구성원들은 기꺼이 태를 삼키고 시샘이 지나치면 아기도 먹는다(Shaw, Darling 1985).

여파와 태반섭취

출산에는 조직파편이 따른다. 많은 어미가 출산 전, 중, 그리고/또는 후에 질 또는 비뇨생식굴을 깨끗이 닦는다. 액체와 조직은 출산 전에 (양수가 터져서) 방출될 뿐만 아니라, 새끼가 그들의 내부 안식처로부터 모습을 드러내는 동안과 그 후에도 방출된다. 이 모든 유동체에는 십중팔구 특징적인 냄새가 있을 텐데 그것이 어미-자식 결속을 촉진할 수도 있다(Uriarte et al. 2012). 그런 어미-자식 인식과 결속은 중요하다. 예컨대 멕시코자유꼬리박쥐Mexican free-tailed bat(*Tadarida brasiliensis*)는 그들의 탁아소에 있는 수천 마리 새끼 중에서 한 마리를 식별해야만 한다(Loughry, McCracken 1991). 그렇지만 출산의 여파는 포식자도 끌어들일 것이다.

태반 그리고/또는 나머지 태를 먹는 일(태반섭취)은 포유류에서 흔하다. 어떤 경우는 아비까지도 태반을 먹을 것이다(Gregg, Wynne-Edwards 2005). 태반을 먹는 포유류의 목록은 다양하고도 길며 초식동물과 육식동물을 모두 아우른다. 목록에 포함되는 예로는 소, 염소, 토끼, 난쟁이햄스터(속)와 갯과를 들 수 있고, 그렇지 않은 몇몇 예로는 말, 코끼리(아시아코끼리속, 아프리카코끼리속), 기린, 그리고 많은 해양 포유류를 들 수 있다(Gregg, Wynne-Edwards 2005; Melo, Ganzález-Mariscal 2003; Rameriz et al. 1995; Virga, Houpt 2001; von Keyserlingk, Weary 2007).

암컷은 이런 물질을 왜 섭취하는 것일까? 여러 가설이 제안되어왔다. 예컨대 늘 검소한 어미는 태반을 먹음으로써 태반에 담긴 에너지, 물, 영양분을, 다시 말해 안 먹으면 잃게 될 물자를 절약할 것이다. 아니면 연관된 호르몬을 포함해 그 물질 자체가 회복에서 한몫을 할 것이다. 예컨대 프로스타글란딘, 옥시토신, 또는 그 밖의 호르몬이 섭취되면 (a) 포궁이 정상 크기로 돌아가도록 촉진하거나 (b) 수유를 위해 젖샘을 준비시킬 것이다(Naaktgeboren 1979). 태반에는 내인성 아편유사물질도 들어 있으므로 태반섭취는 한배에 든 다음 자식의 산고를 줄여줄 것이다(Corona, Levy 2014). 명백하게, 태반을 제거하면 출산 영역이 깨끗해지는 동시에 병원체·청소동물·포식자 따위를 끌어들일 가능성이 줄어든다. 실로 포식자들은 출산이 일어난 뒤에 남은 냄새를 탐지하도록 진화해왔을 공산이 크다. 암컷은 무슨 수를 써서라도 태를 치움으로써 이 냄새를 없애려 시도할 것이다.

태반섭취는 이 가능한 기능 가운데 아무것 또는 어떤 혼합에 의해 발생했거나 유지되었을 것이다. 이 형질의 기초적 본성은 매우 이로운 전략 혹은 초식성 포유류에서조차 이미 사라질 수 없을 만큼 고정된 행동 패턴, 둘 중 하나를 시사한다(Naaktgeboren 1979). 물론 출산의 핵심적 출력물은 태반이 아니라 신생아다.

신생아

태아는 신생아가 되는 때 엄청난 이행을 한다. 출생 전, 태아는 따뜻했고, 촉촉했고, 보호받았고, 그것의 밀폐된, 영원히 변치 않을 듯한, 어둠 속에서 둥둥 떠 있는 것 말고는 아무 일도 하지 않았다. 그게 출생과 함께 달라졌다. 이제 신생아는 어미 바깥쪽 환경에, 공기와 빛에, 차가운 기온에, 딱딱하고 미끄러운 표면에 노출되어 있다. 갑자기, 갓난아기는 건조, 질병, 포식자, 기생충으로부터, 그리고 잠재적으로 동기들로부터도 자신을 보호해야 한다. 신생아들은 포궁 바깥쪽에서 새로운 도전을 어떻게 맞이할까에서 제각각이다. 자연히 그들은 형태, 크기, 발달 상태에서도 대단히 다르다.

어떤 유대류 신생아들은 그들이 어미의 배를 기어오르거나 기어내려 주머니로 들어가는 짧은 동안만 환경에 노출된다. 하지만 물론 어떤 유대류 어미들은 주머니가 없고, 그래서 이 운이 덜 따른 신생아들이 어미 밑에서 젖을 먹으며 질질 끌려다니는 동안에 어미는 먹이를 찾아다닌다. 끊임없는 젖 공급이 이런 신생아를 따뜻하게 지켜주고 살아가게 하지만, 그들은 엄마의 젖꼭지에 붙어 있는 동안 찰과상으로부터 자신을 보호하기 위해 질긴 피부도 갖고 있어야만 한다.

많은 진수류 신생아는 어미가 마련한 아늑한 둥지가 비치된 출생굴에서 보호받으며 태어나 더 보드라운 삶으로 들어간다. 예컨대 피그미토끼pygmy rabbit(피그미토끼속*Brachylagus*)의 둥지는 지면으로부터 약 12센티미터 아래에 가느다란 풀, 찢은 나무껍데기, 어미의 털로 지어져 있다. 비록 신생아와 아울러 벼룩과 진드기도 그 둥지를 차지하지만(Rachlow et al. 2005), 그 위치는 신생아들이 날씨로부터 보호받는 동시에 한데 모여 웅크림으로써 체온조절 비용을 줄이는 것을 가능케 한다.

그 밖의 많은 진수류 신생아들은 즉시 추위에 노출되는 결과로 급속한 체온 저하에 시달릴 수 있다. 예컨대 신생아 양의 심부 체온은 출생 직후에 최대 섭씨 4.5도가 떨어진다(Faurie et al. 2004). 포유류 신생아들은 이 이행을 돕는 특수 조직인 갈색지방조직BAT을 갖고 있다. 열을 발생시키는 갈색지방조직은 포유류에 독특한 조직으로서 신생아가 출생의 추위 스트레스를 이기고 살아남도록 도와준다. 성체에서는 갈색지방조직이 추운 날씨에 또는 무기력한 기간 중에 포유류를 따뜻하게 지켜주는 기능을 한다(Cannon, Nedergaard 2004). 신생아 양들과 대조적으로, 바다코끼리(속) 새끼들은 어미보다 체온이 섭씨 1~2도가 더 높다(Fay 1985). 이렇듯 체온조절에 비용을 더 들여야 하는 이유는 알려져 있지 않다.

행동적으로 갓난아기로서의 생활은 지극히 다양하다. 갓난아기는 태어난 지 몇 시간 안에 어미를 뒤따를 수도 있고, 땅굴에 숨겨질 수도 있고, 주머니 안의 젖꼭지에 부착될 수도 있고, 어미의 등이나 배에 붙어서 실려 다닐 수도 있다. 결과적으로 갓난아기들 자신이 크기, 행동, 빛깔, 능력, 지각되는 성숙도에서 고도로 다양화한다.

신생아 크기

갓 태어난 포유류는 동전 무게에도 한참 못 미치는 캥거루 신생아로부터 자동차만큼 무거운 수염고래 신생아에 이르기까지 크기가 제각각이다(Hayssen et al. 1993; Laws 1959). 당연히 이 변이의 많은 부분은 어미의 크기와 관계가 있다. 모든 포유류에 걸쳐 더 큰 암컷은 더 큰 신생아를 가진다(486종, R^2=94퍼센트; Hayssen 1985). 그렇지만 그런 대규모 일반화는, 설사 양적으로 정확할지라도, 늘 엄청나게 정보량이 많은 것은 아니다.

많은 포유류 어미는 새끼를 한 번에 한 마리만이 아니라 여러 마리를 생산한다. 486종에 걸쳐(박쥐들과 고래들을 포함해), 한배새끼수는 482종에 대해 알려져 있었다(168종은 한 마리, 314종은 두 마리 이상). 크기가 비슷한 어미들의 경우, 외둥이를 생산하는 어미들은 쌍둥이를 생산하는 암컷들의 신생아보다 세 배쯤 더 큰 신생아를 가진다. 그러므로 전 포유류에 걸쳐 신생아중량은 한배새끼수에도 의존한다. 이는 생활사 이론에서 나오는 예측과도 일관된다.

어미한테는 새끼의 수도 신생아의 크기만큼 중요하다. 예컨대 번식에 할당되는 에너지의 양은 여러 방법으로, 말하자면 10그램짜리 새끼 한 마리, 또는 5그램짜리 새끼 두 마리, 아니면 2.5그램짜리 새끼 네 마리 등등으로 쪼갤 수 있다. 따라서 신생아중량이 아니라, 한배새끼중량이 중요할 것이다. 482종을 사용해(Hayssen 1985) 이 결론은 통계적으로 확인된다. 외둥이를 생산하는 종의 한배새끼중량이 더 많이 생산하는 종의 한배새끼중량과 다르지 않기 때문이다.

신생아의 크기 결정에는 다른 요인들도 중요하다. 이를 분명히 보여주기 위해, 우리는 외둥이를 생산하는 종들을 쳐다볼 수 있다. 예컨대 얼룩말(말속)과 흰코뿔소(흰코뿔소속*Ceratotherium*) 신생아들은 둘 다 출생 시에 30~40킬로그램이다. 하지만 코뿔소 어미는 얼룩말 어미보다 10배 이상 더 크다. 이에 더해 코뿔소의 임신기는 얼룩말보다 50퍼센트가 더 길다(11개월 대 16개월; Hayssen et al. 1993). 따라서 똑같은 크기의 신생아를 생산하기 위해 훨씬 더 큰 코뿔소가 훨씬 더 긴 시간을 들인다. 분명 성장 속도도 신생아 크기에 영향을 미친다(Huggett, Widdas 1951; Frazer, Huggett 1974).

어미 크기와 신생아 크기 간 관계의 또 다른 일례는 거의 모두가 외둥이를 가지는 하나의 커다란 포유류 집단인 박쥐로부터 나온다. 박쥐는 유일하게 날아다니는(날 수 있는) 포유류다. 몸이 무거울수록, 날려면 더 열심히 일해야만 한다. 날개 하중(일정한 날개 면적에 걸리는 중량)은 그 관계의 견적이다. 암컷 박쥐의 경우 그가 임신기 중에 지는 추가 중량은 그가 날기를 지속하는 데 필요한 에너지를 증가시킨다. 추가된 짐은 그가 빠르게 움직이는 곤충을 뒤쫓는 일 또는 그가 꿀을 모으는 동안 공중에서 맴도는 능력에 방해가 될 수 있을 것이다. 하지만 과일을 먹고 사는 암컷에게는 추가 부담이 덜 거추장스러울 것이다. 박쥐의 경우 신생아중량은 먹이 탐색 및 날기와도 관계가 있다(Hayssen, Kunz 1996).

전반적으로 신생아 크기는 어미 크기, 한배새끼수, 성장 속도뿐만 아니라 식성, 계통발생, 행동까지 반영한다. 어미는 직면하고 있는 수많은 변인들 안에서 '이상적 크기'의 신생아를 구축하며, 그 이상적 크기란 그가 나이 듦에 따라 달라질 것이다. 신생아의 다른 측면들도 똑같이 복잡하다.

신생아 행동

사슴, 영양, 하마, 기린, 말, 코뿔소와 같은 많은 유제류는 감각 능력, 체온 조절 능력, 이동 능력이 잘 발달한 외둥이를 낳는다. 어떤 면에서 이런 새끼들은 출생 후 곧 '일사천리'로 잘 살아간다. 이런 신생아들이, 생후 며칠 안 되는 사이에 그들이 보이는 행동에 따라 대략 은신자hider 또는 추종자follower라는 두 범주로 나뉘어왔다. 은신자 범주에 드는 신생아는 어미가 먹이를 찾아다니는 동안 흔히 초목 안에 감춰진 상태로 움직이지 않고 남아 있는다. 이 전략은 폐쇄된 서식지에서 포식을 줄여줄 것이다. 그렇지만 개방된 영역에서, 혹은 이주하는 습관이 있는 종의 경우 은신자 전략은 옹호될 수 없을 것이다. 따라서 추종자 범주에 속하는 신생아들은 태어난 후에도 어미 곁에서 떠나지 않는다(Ralls et al. 1986). 은신자 범주에 속하는 새끼들에 작용하는 선택은 은폐에 도움되는 행동과 형태학을 선호할지도 모르는 반면, 추종자 범주에 속하는 새끼들에 작용하는 선택은 특별히 긴 다리와 빠른 생후 보행을 선호할지도 모른다.

　은신자–추종자 이분법은 타당할까? 유제류 22종에 대해 어미와 새끼의 행동을 사용하는 양적 평가는 이 분류법을 얼마간 지지해준다. 그렇지만 은신자 대 추종자를 정의하기 위해 정확히 어떤 기준을 사용했느냐에 따라, 똑같은 종(예컨대 기린)이 양쪽 범주로 들어갈지도 모른다. 이에 더해 신생아의 행동이 아니라 어미의 행동이 그 범주화를 결정할지도 모른다. 예컨대 어미 하마는 낮 동안에는 (추종자들에게 벌어지는 일로서) 새끼 가까이에 남아 있지만, 밤에 먹이를 찾아다니는 때에는 반대로 (은신자의 경우처럼) 새끼를 숨겨진 상태로 남겨둔다(Ralls et al. 1986).

　은신자–추종자 이분법이 유용한 이유는 그것이 복잡한 관찰 결과들을 단순화하기 때문이다. 그렇지만 자연선택이 은신자–추종자 전략을 만들어 낸 게 아니라, 인간이 이런 범주를 만들어냈다. 자연선택은 은신으로든 추종으로든 포식을 피한 어린 동물이 성체가 되어 죽은 동물보다 더 많은 자식을 가지도록 신생아들과 유아들에게 작용했을 뿐이다. 은신자–추종자 이분법은 우리 눈에 명백한, 그리고 이 경우에서 우리가 반포식자 전략으로 기술한 행동과 외모 두 벌에 대한 묘사일 뿐이다. 따라서 이 이분법은 쓸모는 있지만, 생물학이 아니라 인간에 기원이 있으며, 하나의 연속체라 해도 무리가 아닐 것이다.

　신생아 행동 가운데 어떤 측면은 그들의 출생 시 성숙도와 관계가 있다. 하지만 신생아 발달을 살펴보기 전에, 우리는 신생아와 유아 형태학의 한 측면을 돌아보고 싶다. 그것은 포식과 더불어 신생아의 사회적 환경이 지닌 측면들과도 관련된다. 이 특징은 포유류에 핵심적이다. 그들의 털 말이다.

신생아 털가죽

얼마간의 포유류는 특징적인 신생아 또는 유아 털가죽을 전시한다. 신생아와 유아는 포식에 성체보다 더 취약하지만(제12장), 성체도 포식자에 취약하기는 마찬가지다. 따라서 몸을 숨기기에 알맞은 털가죽은 성체와 새끼 둘 다에 득이 될 수 있을 것이다. 어떤 신생아들은 어미가 옆에 혹은 몸에 실어서 데리고 다니는데, 콜루고(짧은코과일박쥐속), 큰개미핥기(속), 나무늘보(세발가락나무늘보속, 두발가락나무늘보속)가 그런 경우다. 이런 신생아의 털은 짐작건대 신생아가 어미의 배나 등으로 섞여 들어갈 수 있도록 어미의 털과 잘 어울린다(365쪽 그림 12.1).

일부 영장류 신생아들도 그들의 어미가 데리고 다니지만, 그들의 털가죽은 어미의 것과 다를 것이다. 때로는 현란할 정도로 다른데, 일례로 프랑수아잎원숭이Francois' leaf monkey(*Trachypithecus francoisi*) 신생아의 털은 밝은 주황빛이다. 이런 아기 영장류의 털가죽이 반질반질한 검은 바탕에 흰 무늬가 찍힌 성체의 외투로 6개월에 걸쳐 점차 변해간다(Burton et al. 1995). 이는 이례적으로 두드러진 사례긴 하지만, 사실 영장류에는 신생아-성체 털가죽 차이가 흔하다. 한 연구에서는 적어도 135종 가운데 절반이 넘는 종에서 신생아 털가죽이 어미의 것과 달랐다. 그 차이들은 현란한 게 아니라 대개 미묘하거나 눈에 띄지 않았지만, 일부는 눈길을 사로잡았다. 눈에 띄는 빛깔은 그것이 포식자를 끈다면 위험할 수 있을 것이다. 그렇지만 그것은 사회적 신호로 작용해 사회집단 구성원들의 영아 돌봄을 증진하거나 영아살해 수컷에 대한 영아의 방어를 강화할 수도 있을 것이다. 사회적 영장류에서 이례적인 출생 시 외투가 하는 제3의 기능은 부성에 대한 단서를 감추는 것일 수 있다(Treves 1997). 트레비스의 연구가 시사한 일차적 기능은 영아살해의 위험을 줄이는 것이었다.

영장류를 떠나서 다른 신생아들도 특징적인 유아 털가죽을 가진다. 이 신생아들은 박쥐(예컨대 신세계잎코박쥣과Phyllostomidae: 짧은꼬리잎코박쥐속; 애기박쥣과Vespertilionidae: 털꼬리박쥐속Lasiurus, 긴가락박쥐속, 윗수염박쥐속Myotis; 자유꼬리박쥣과: 신대륙자유꼬리박쥐속Nyctinomops), 설치류(예컨대 밭쥐속, 대륙밭쥐속, 황금생쥐속Ochrotomys, 사슴쥐속), 식육류(갈기늑대속Chrysocyon, 포사속), 기각류(물갯과와 물범과 둘 다), 유제류(예컨대 사슴과, 맥과)를 포함한 많은 분류군 사이에 분포한다(Caro et al. 2012; Christianson et al. 1978; Cloutier, Thomas 1992; Ecke, Kinney 1956; Köhncke, Leonhardt 1986; Linzey, Linzey 1967; Milner et al. 1990; Padilla et al. 2010; Timm 1989). 털 없이 태어난 신생아조차도 첫 털가죽은 성체의 것과 다를 수 있다. 예컨대 흰발쥐white-footed mouse와 사슴쥐(속)에서 유아 털가죽은 균일한 잿빛인 반면 성체의 털가죽은 계피빛이다(Gottschang 1956).

빛깔 차이를 떠나, 신생아 또는 유아의 털은 성체의 털가죽에 비해 더 어두움, 더 칙칙함, 더 깊, 그리고/또는 덜 빽빽함을 특징으로 할 것이다(Kunz et al. 1996). 바다코끼리한테는 태아기 털가죽과 출생 시 털가죽, 두 종류의 초기 털가죽이 있다. 태아기 털은 가늘고, 희고, 북실북실한 털가죽인데, 출산 두세 달 전에 벗겨져 태아에게 삼켜진다(Fay 1985). 그 털가죽을 대신하는 출생 시 털가죽은 유아의 첫 여름까지 지속된다(Fay 1985). 태아기 항구물범(종)도 흰 외투를 입고 대개는 포궁 안에서 벗겨지지만, 얼음 위에서 새끼를 낳는 아종에서는 흰 외투가 유지된다(Boulva 1971). 울버린wolverine(속) 새끼도 흰 외투를 입고 있지만, 울버린은 얼음 위에 노출되는 게 아니라 눈굴 속에서 산다(Mehrer 1976).

신생아가 다른 털가죽을 입고 있다면, 성체와 새끼는 행동이나 서식지에도 차이가 있을 수 있다. 물갯과 및 물범과 물개류의 경우는 이것이 사실이다. 성체는 주로 수중 생활을 하지만 새끼는 생애의 처음 몇 주 동안 육상 생활을 한다. 동굴 속 또는 포식자가 없는 섬 위에서 태어난 새끼들은 빛깔이 어둡거나 성체와 비슷해 보이는 반면에 북극 지역, 다시 말해 북극곰이 흔한 포식자인 곳에서 태어난 새끼들은 하얀 신생아 털가죽을 입고 있다(Caro et al. 2012). 유제류의 경우 신생아의 은신자–추종자 범주화가 시사하는 바에 따르면, 은신자 범주에 속하는 새끼는 더 훌륭한 은폐를 감안하는 신생아 털가죽을 가지도록 선택될지도 모르고, 추종자 새끼는 성체와 비슷해 보일지도 모른다. 이 가설은 태어난 후에도 여러 날 동안 숨겨져 있는 흰꼬리사슴(속)의 점박이 새끼에 대해서는 유효하지만, 맥(맥속Tapirus)의 줄무늬 새끼에 대해서는 유효하지 않다. 맥은 태어난 후 어미를 따르지만 사슴 새끼의 것만큼 은폐적인 털가죽을 입고 있기 때문이다.

물론 많은 신생아는 태어날 때부터 성체의 털가죽을 입고 있거나, 땅다람쥐(영양다람쥐속Ammospermophilus, 전북구땅다람쥐속Urocitellus)처럼 태어나자마자 성체의 털가죽이 발달한다(Maxwell, Morton 1975). 물범과科 물개류에서는 털가죽이 단열에 크게 기여하는데, 성체에서보다 신생아에서 더 많이 기여한다(Kvadsheim, Aarseth 2002). 불행히도 포유류에서 갓난아기와 유아 털가죽의 선택적 이점은 영장류와 기각류에 대해서만 실질적으로 탐사되어왔다. 분명 우리는 갓난아기의 적응적 특징에 관해 앞으로 이해할 것이 훨씬 더 많다.

신생아 발달: 전통적인 만숙성–조숙성 범주화

신생아들은 태어난 직후에 얼마나 잘 기능할 수 있는가에서도 제각각이다. 신생아들은 감각 능력(듣기, 보기, 냄새 맡기)뿐만 아니라 그들이 얼마나 잘 이동할 수 있는가에도 차이가 있다. 어떤 자식은 태어나자마자 자신의 체온을 조절할 수 있지만, 많은 자식은 그러지 못한다. 갓난 하프물범(속)은 털이 빽빽한 외투를 온몸에 두르고 있어서 심지어 그들이 태어난 유빙 위에서도 따뜻하게 지내는 반면, 대부분의 신생아 박쥐는 태어났을 때 털이 제대로 나 있지 않아서 안정한 체온을 유지하지 못한다(Kurta, Kunz 1987). 단순한 생리학적 매개변수인 이 체온조절이, 먹이를 찾아다니는 동안 자식을 굴이나 둥지에 남겨두는 게 소원인 어미에게는 중요할 공산이 크다. 그것은 그가 돌아왔을 때 새끼가 젖을 얼마나 많이 필요로 할까와도 관계가 있을 것이다.

많은 생물학자는 신생아의 발달 상태를 기술하기 위해 **만숙성** 및 **조숙성**이라는 용어를 사용한다. 두 용어는 하나의 발달적 연속체인 것 위의 양극단을 표시한다. 대충, 만숙성 신생아란 잘 발달된 조숙성 신생아보다 덜 발달된 신생아다. 두 용어의 상대적 본성은 동떨어진 발달 상태들에 똑같은 단어가 사용됨을 의미한다. 예컨대 신생아 생쥐, 하이에나, 인간은 모두 **만숙성**이라는 용어로 일컬어지는데도, 그들의 성숙 상태는 매우 다르다(그림 8.1). 울버린 새끼는 만숙성으로 일컬어지는데(Banci, Harested 1988), 태어날 때 온몸에 털이 나 있다(Mehrer 1976). 유사하게, 조숙성 신생아란 고등한 감각 능력과 이동 능력을 전시하는 신생아다. 하지만 유대류 신생아도 고등한 후각 능력을 갖고 있고, 이동에 관해 말하자면, 그들은 태어났을 때 도움도 받지 않고 기어서 젖꼭지까지 도달한다. 그렇지만 유대류는 단공류와 더불어 일반적으로 가장 만숙성인 포유류로 여겨진다. 분명 두 용어의 쓰임새는 맥락에 달렸다.

이 이분법에 엄밀함을 더하기 위해, 그리고 그것을 연속체에 가깝게 만들기 위해, 과학자들은 신생아에 관한 예/아니오 문항들을 나열한 긴 목록을 사용해왔다. 여기서 '예'라는 답은 조숙성 신생아를 시사하고 '아니오'라는 답은 만숙성 신생아를 시사한다. 다음이 그런 문항에 들어간다. 귀와 눈이 뚫렸는가? 털이나 머리카락이 있는가? 출생 시에 뒤집거나, 기거나, 걷거나, 헤엄칠 수 있는가? 이런 문항을 총괄적으로 사용하면 단순한 이분법이 아니라 더 많은 수의 발달적 범주를 확립할 수 있다(Derrickson 1992).

이런 발달적 문항은 생물학적 관련성과 분류학적 편향을 둘 다 갖고 있

그림 8.1 신생아–유아 모음. 어린 포유류들은 형태도, 발달 단계도, 크기도 제각각이다. 좌에서 우로: 1행, 온두라스 로아탄섬의 흰얼굴카푸친White-faced capuchin(*Cebus capucinus*); 키앙kiang(캉당나귀*Equus kiang*). 2행, 케냐 마사이마라 국립보호구의 하마(종); 코스타리카의 갈색목세발가락나무늘보(종). 3행, 프랑스 부르고뉴 지방의 멧돼지wild boar(*Sus scrofa*); 에콰도르 에스파뇰라섬 가드너만 해변의 갈라파고스바다사자Galápagos sea lion(*Zalophus wollebaeki*). 4행, 탄자니아 세렝게티국립공원의 톰슨가젤Thompson's gazelle(*Eudorcas thomsonii*); 서호주 킴벌리 미첼고원의 몬존monjon(*Petrogale burbidgei*); 실험실 생쥐(속). 촬영: FLPA의 Jurgen and Christine Sohns; Roland Seitre; Anup Shar; Suzi Eszterhas; Biosphoto의 Pierre Vernay; Tui De Roy; FLPA의 Winfried Wisniewski; Martin Willis; Biosphoto의 Michel Gunther; Minden Pictures의 허락을 얻어 사용.

다. 예컨대 모든 갓난아기의 후각계가 기능을 할지라도, 그것은 주머니로 가는 길을 찾아야만 하는 많은 유대류에서 더 뛰어나다. 한편 눈과 귀의 상태는 감각 능력의 정도 및 연관된 포식자 회피를 반영한다. 예컨대 눈이 뚫리는 나이는 땅굴을 파는 포유류와는 특별히 관련이 없고, 박쥐처럼 시력이 아니라 소리에 의지하는 포유류와도 관련이 없다. 게다가 포유류에서는 후각적 발달이 예외적으로 중요할지도 모르지만, 인간으로서 우리는 그 감각 양식을 전형적으로 평가하지 않는다. 유사하게, 풍부한 털의 존재는 체온조절 능력을 암시하지만, 털이 없다고 해서 신생아가 자신의 체온을 유지하지 못함을 의미하지는 않을지도 모른다. 만약 그 신생아가 예컨대 고래나 하마나 코끼리처럼 단열재로 털이 아니라 비계나 지방을 사용한다면 특히 더 그렇다. 마지막 일례는 황금두더지(암블리소무스속)인데, 이들은 외면에 눈과 귀가 없고, 따라서 눈이나 귀가 뚫리는 나이가 없음(Kuyper 1985)으로써, 이런 범주를 무관하게 만든다.

또다른 쟁점은 이 기준들의 사용 결과가 모순된다는 점이다. 예컨대 인간 신생아는 뒤집지 못하지만 뚫린 눈과 귀 및 머리카락은 분명 갖고 있다. 그렇지만 인간 영아는 흔히 만숙성으로 여겨지며, 갓난 돌고래(큰돌고래속), 두건물범(속), 북극토끼(산토끼속) 따위에 비교하면 실제로 만숙성이다.

부인할 수 없이, 갓난아기의 상태는 어미가 비생물적 도전(예컨대 추위) 또는 생물적 도전(예컨대 포식자)에 맞서 자식의 생존을 증진하기 위해 제공해야만 하는 돌봄의 양과 종류에 영향을 미친다. 어려움은 발달을 광범위한 종에 걸쳐 평가하는 기준을 찾아내는 데 있다. 포유류들은 서로 다른 생활방식을 갖고 있으므로, 이를테면 대양에서 생활하기 또는 날기가 독특한 상태들을 낳아서 우리가 그들의 발달을 어떻게 범주화하느냐에 영향을 미칠 것이다. 유대류 신생아들조차도 일정 범위의 신생아 발달 단계들을 보여준다. 쿠스쿠스와 캥거루 신생아들은 비교적 잘 발달되어 "귀와 눈의 원기原基(성숙되기 전 단계의 기관—옮긴이)가 뚜렷하게 드러나고, 망막이 착색되고,

뒷다리가 상당히 분화한(예컨대 발가락이 있는)" 상태다(Smith 2001:122). 이와 달리 주머니고양잇과의 신생아는 극도로 만숙성이어서 "귀와 눈의 원기는 간신히 보이고, 머리는 사실상 코와 입이 전부이며… 앞다리는 튼튼한데 뒷다리는 겨우 싹 단계를 넘은" 상태다(Smith 2001:122). 따라서 발달 상태는 맥락에 의존한다. 탐구자들은 복잡한 요인들을 요약해 연속적 변인을 범주적 변인으로 바꾸려 애쓰고 있기 때문에, **만숙성** 및 **조숙성**이라는 용어는 유동적이고 극도로 맥락 의존적이다.

그 발달적 연속체를 단순화하려는 노력으로, 2014년에 클라우스 등(그리고 그 밖의 사람들, 예컨대 1985년에 Martin, McLaron)은 최소한 진수류에 관해서는 한배새끼수를 조숙성 또는 만숙성의 대용물로 사용한 적이 있다. 외둥이를 가지는 종은 조숙성으로 분류되는 반면, 한배당 자식을 한 마리보다 많이 가지는 종은 만숙성으로 분류된다. 불행히도 이 대용물은 빈번하게 두쌍둥이를 낳는 종들, 이를테면 양(속), 무스(말코손바닥사슴속), 가지뿔영양(속) 따위가, 단연코 잘 발달된 산토끼의 신생아와 마찬가지로 만숙성으로 여겨짐을 의미한다. 박쥐는 포유류 가운데 두 번째로 가장 다양한 집단이다. 이 한배새끼수 대용물을 사용하면 대부분의 박쥐가 조숙성으로 여겨질 텐데, 박쥐는 출생 시에 기능적으로 미숙하다. 신생아 박쥐는 털도 제대로 나 있지 않고, 일정한 체온을 유지하지도 못하고, 날지도 못하고, 무력하고, 그래서 완전히 어미에 의존한다(Kurta, Kunz 1987). 한배새끼수는 또한 몸집이 변인으로 혼입된다. 몸집이 큰 많은 종은 외둥이를 가지고(돼지는 예외) 몸집이 작은 많은 종은 쌍둥이를 가지기(박쥐는 다시 예외) 때문이다. 분명 신생아 발달을 평가하는 대용물로서 한배새끼수의 효용은 문제가 많다.

도전·모순·어려움과 상관없이, 만숙성–조숙성 발달 범주화는 광범위하게 쓰인다. 신생아의 발달 상태는 뒤따르는 모성적 돌봄에 영향을 준다. 불행히도 우리는 현재 그 변인을 전 포유류에 걸쳐 평가할 일관성 있고 믿음직한 수단을 갖고 있지 않다. 분명 전반적으로 정비했어야 할 때가 한참 지났을 것이다. 대안으로, 발달적 범주 전체에 걸친 비교는 한정된 분류군 범위 안에서 이루어져야 마땅하다. 우리가 아는 한, 토낏과(토끼, 솜꼬리토끼, 산토끼)는 신생아 발달의 범위가 넓은 유일한 포유류 과다. 따라서 토낏과는 포유류의 번식에서 신생아 발달의 영향을 살펴보기에 이상적일 것이다.

출산 요약

다양한 면에서 출산은 복잡하고 위태롭다. 어미와 자식은 그 과정에서 포식에 취약하고, 출산의 잔재 또한 포식자나 기생충을 끌어들일 수 있다. 그러므로 출산은 빨라야 하지만, 어미와 그의 한배새끼 사이에서 주의 깊게 조절되기도 해야 한다.

출산 과정은 단공류, 유대류, 진수류에 차이가 있다. 단공류의 경우는 한 가지 문제가 있다. 어떤 과정이 출산에 상당할까? 산란일까 부화일까? 산란은 어미의 통제를 받지만 부화는 새끼가 결정한다. 유대류의 경우 우리가 관찰하는 출산은 약 10분이 걸리고 전 종에 걸쳐 어미의 자세와 신생아의 이동 능력에 차이가 있지만, 우리가 산도를 나오는 신생아를 보기 전에 포궁 안에서 무슨 일이 벌어지는지는 알려져 있지 않다. 또한 근래의 리뷰들이 태아의 신호를 시사하기는 하지만, 유대류에서 무엇이 출산을 개시하라는 큐인지는 분명치 않다.

진수류에서의 출산은 훨씬 더 난해하고 다양하다. 난해한 이유는 광범위한 태반형성 때문이고, 다양한 이유는 종의 수가 더 많기 때문이다. 어미와 자식 둘 다에서 많은 갖가지 생리학적 계통이 관련되지만, 어떤 계통이 얼마나 관련되느냐는 제각각이다. 출산의 통제만 다른 게 아니라, 타이밍, 지속시간, 장소, 여파도 마찬가지다.

물론, 출산의 주요 결과는 신생아 또는 신생아들이다. 놀라울 것도 없이 신생아 포유류는 그들의 어미만큼 각양각색이다. 그들은 크기도, 행동도,

빛깔도, 발달 상태도 제각각이다. 신생아를 묘사하는 데 쓰이는 몇몇 전통적 이분법, 이를테면 은신자 대 추종자 및 만숙성 대 조숙성 따위는 변함없이 쓰이고 있지만, 신생아의 엄청난 다양성을 해명하지는 않을 것이다.

전반적으로 출산은 임신기의 끝을 표시할 뿐만 아니라 젖분비기로의 이행을 표시하기도 한다. 출산, 그리고 신생아의 특성들은 포유류 번식의 품질보증마크, 다시 말해 젖분비로 가기 위한 출발지다.

9

젖분비기: 출산에서 젖떼기까지

그는 먹일 입이 자기 것 말고도 둘이나 더 있고, 이 처지는 1년이 훌쩍 넘는(평균 18개월) 동안 계속될 것이다. 최소한 6개월은 지나야 새끼들이 그의 젖 이외의 품목도 먹고 살 수 있다. 그렇거나 말거나, 젖분비가 시작되면서부터 우리의 하이에나 어미는 그의 한계를 시험하고 있다. 그의 에너지 수요는 그가 번식과 무관한 기간보다 훨씬 더 높은 것은 물론 동종 수컷의 수요도 훌쩍 뛰어넘는다. 인정하건대 그의 몸은 젖샘이 붇기 시작하고 그가 지방을 저장하기 시작했을 때부터 한 달을 꼬박 준비했다. 그렇지만 젖분비기 수요의 많은 부분은 그가 날마다 먹이를 찾아다녀야 맞춰진다. 그의 새끼들은 그동안 지친 어미가 돌아오기를 기다리며 굴에서 지낸다. 수유는 처음에는 출생굴에서 일어나지만 2~3주 후에는 그가 새끼들을 공용굴로 옮길 것이다. 그의 새끼들을 식별하기 위해 그가 할 일이라고는 새끼들을 부른 뒤 그들의 목소리 큐에 귀를 기울이는 게 전부다. 그는 그것을 금세 알아듣는다. 이 새끼들 말고는 다른 어느 새끼에게도 그는 젖을 주지 않을 것이다. 새끼들이 나이를 먹으면 그는 먹이를 굴로도 가져갈 것이다(~6개월). 동기간 공격은 치열한데, 그들의 출생굴에 있는 첫 주 동안은 특히 심해서 동기살해를 초래할 수도 있다. 일단 공용굴에 있게 되면, 놀이가 공격을 밀어내므로, 아마도 어미는 한결 마음이 놓일 것이다. 그 주린 입들이 공식적으로 독립해 그의 새끼들이 마침내 젖을 떼는 14~18개월 무렵이면 훨씬 더 안심하게 된다. 그에 앞서 그 힘겨운 몇 달 간, 호르몬들은 정신없이 바빴다. 옥시토신은 젖을 내리느라 바빴고 프로락틴은 전반을 조절하느라 바빴다. 튼튼한 하이에나 암컷에게조차 젖분비는 결코 쉬운 일이 아니다. (Drea et al. 1996; East et al. 1989; Golla et al. 1999; Hill 1980;

Hofer, East 1993, 1995; Holekamp, Smale 1990; Holekamp et al. 1999b; van Jaarsveld et al. 1982)

포유류 암컷이 맞서야만 하는 가장 위대한 대사적 도전: 젖분비.

—우드사이드Woodside 등 2012:301

젖분비와 그것의 산물인 젖은 포유류의 정수다. 임신기는 포유류에 독특하지 않지만, 포유류만이 젖샘을 통해 새끼에게 젖을 제공한다. 포유류는 그들의 번식을 구성하는 이 다면적 요소로 정의되며, 그것이 그들의 생화학, 생리학, 해부학, 행동, 사회성, 생태학, 그리고 한마디로 그들의 진화 모든 측면에 영향을 미쳐왔다. 2억여 년 전에 처음으로 갓난아기에게 젖을 제공하기 시작했을 때, 암컷들은 새끼가 스스로 먹이를 잡아야 할 필요를 지연했다(Pond 1977; Lefèvre et al. 2010; 제2장과 제7장도 참조). 따라서 발달 중인 새끼는 성체의 식품을 찾아내고, 붙잡고, 씹고, 때로는 해독하는 데가 아니라, 성장하는 데에 젖의 에너지를 사용할 수 있었다(Vernon, Pond 1997; Pond 2012).

젖분비와 수유가 끼친 영향은 광범위하며 때로는 놀랍다. 신생아의 입술과 뺨은 단공류와 유대류에서 수유를 위해 변형되어 있다(Pond 1977). 신생아의 혀에서도 특수한 변형들이 눈에 띌 것이다. 예컨대 고래(예컨대 이빨부리고래속Mesoplodon)의 신생아 혀는 근육이 발달해 있고 가장자리가 물결 모양이거나 융모가 나 있어서, 젖꼭지가 입천장에 꽉 눌려 젖이 옆으로 새지 않고 목구멍으로 곧장 내려가도록 해준다(Cross 1977; Shindo et al. 2008에 실린 컬러사진). 수유는 이빨을 요구하지 않지만, 신생아는 젖을 회수하기 위해 강력한 얼굴근육과 호흡근육이 필요하다. 이와 똑같은 근육을 우리는 인간으로서 정서 전달을 위해 사용한다.

젖분비의 도래로 암컷은 무엇이 달라졌을까? 암컷 관점에서, 젖분비는 배아를 싣고 다니기라는 신체적 부담을 새끼를 포궁 바깥쪽에서 먹이기와 돌보기라는 대사적 부담으로 바꿔치기할 뿐이다. 출산 후 암컷의 운동성은 이제 지장을 받지 않지만, 새끼들이 젖을 뗄 때까지 그는 주린 입들을 먹일 만큼 젖을 생산해야만 한다. 신생아는 공짜 점심을 얻고 있을 테지만, 그 값은 어미가 지불하고 있다.

젖분비의 비용

젖분비는 암컷에게 얼마나 많은 비용을 어떤 식으로 청구할까? 젖을 만들어내려면 어미는 다음을 해야만 한다. 먹이를 찾아내야만 한다. 그것을 붙잡든지, 아니면 다른 방법으로 가공해야만 한다. 그것을 소화해야만 한다. 그리고 그 성분들을 젖샘으로 운송해야만 하고, 거기서 그것들로 적절한 단백질·지방·탄수화물을 합성해야만 한다. 물을 추가해야만 한다. 그리고 완제품을 필요할 때까지 축적하고 저장해야만 한다. 이 모두에 에너지가 든다. 그래서 처음부터 젖의 비용에는 젖의 생산비가 포함된다. 생물학자들은 흔히, 어미가 젖분비기 동안에 하루당 추가로 취하는 먹이나 에너지를 분자로 하고, 그가 젖을 생산하고 있지 않은 때에 사용하는 양을 분모로 하여 백분율을 측정함으로써 젖분비의 비용을 추산한다. 이런 연구는 두 종류의 교훈을 제시해왔다. 첫째, 젖분비에 뭔가가 들기는 든다. 둘째, 실제 비용은 변동 폭이 넓다. 이 변이는 젖분비 암컷을 위한 에너지 증가에 관해 발표된 데이터를 조금만 고려해보면 누구나 인정할 수 있다(표 9.1). 이 수치들은 번식 중이 아닌 암컷의 에너지 또는 먹이 필요량보다 44~300퍼센트가 더 크다. 늘어난 섭취량을 수용하기 위해 소화관 및 연관 기관은 길이 또는 흡수력을 늘릴 것이다(Pond 1977).

먹이 섭취량 측정법에는 한 가지 곤란한 점이 있다. 그것은 암컷이 젖분비 중에 그들이 먹는 먹이에서 나오는 에너지에 완전히 의지한다고 가정

증가	종	출처
26% 에너지	여성, 사람*Homo sapiens*	Dufour, Sauther 2002
44~80% 에너지	밭쥐, 소나무밭쥐*Microtus pinetorum*	Lochmiller et al. 1982
45% 에너지	가시생쥐, 카이로가시쥐*Acomys cahirinus*	Degen et al. 2002
60% 에너지	시파카, 베록스시파카*Propithecus verreauxi*	Saito 1998
50~325% 먹이	캥거루, 동부회색캥거루*Macropus giganteus*	Gélin et al. 2013
63% 먹이	코이푸, 뉴트리아*Myocastor coypus*	Gosling et al. 1984
66~236% 에너지 77~226% 먹이	청서, 여우다람쥐*Sciurus niger*	Havera 1979
74% 에너지	흰발쥐, 흰발쥐*Peromyscus leucopus*	Millar 1978
78% 에너지	박쥐, 작은갈색박쥐*Myotis lucifugus*	Kurta et al. 1989
92~126% 에너지	기니피그, 기니피그*Cavia porcellus*	Künkele 2000; Künkele, Trillmich 1997
112, 120, 165% 에너지	땃쥐, 각각 아프리카자이언트땃쥐*Crocidura olivieri*, 사바나길땃쥐*C. viaria*, 큰흰이땃쥐*C. russula*	Genoud, Vogel 1990
135~170% 먹이	사슴, 노새사슴*Odocoileus hemionus*	Sadleir 1982
155~293% 먹이	메뚜기쥐, 북부메뚜기쥐*Onychomys leucogaster*	Sikes 1995
200% 먹이 탐색	레서판다, 레서판다*Ailurus fulgens*	Gittleman 1988
240~260% 먹이	사슴, 말사슴*Cervus elaphus*	Arman 35 al. 1974
285, 300% 에너지	땃쥐, 각각 관뒤쥐*Sorex coronatus*, 유라시아피그미뒤쥐*S. minutus*	Genoud, Vogel 1990
300% 먹이	고슴도치텐렉, 작은고슴도치텐렉*Echinops telfairi*	Poppit et al. 1994
323% 에너지	밭쥐, 브란트밭쥐*Microtus brandtii*	Liu et al. 2003

표 9.1 번식 중이 아닌 암컷 대 젖분비 암컷에서 증가하는 에너지 소비/먹이 소비/먹이 탐색. 주: 수치 범위는 젖분비기의 다른 단계들을 반영한다. 단일 수치는 대개 최댓값이다.

한다. 이 가정이 사실이라면, 그것은 젖분비기 동안 굶는 곰, 물개류, 고래와 같은 암컷은 젖분비기에 비용이 한푼도 들지 않는다는 흥미로운 모순으로 이어질 것이다. 제로 비용이 가정되는 이유는, 암컷이 먹지 않는 동안 백분율로 계산한 그들의 일일 먹이 증가량은 제로이기 때문이다. 하지만 분명이 숫자들은 사건의 전말을 알려주지 않는다. 암컷이 임신기 동안 혹은 심지어 더 일찍이 저장된 비축분을 사용하는 경우에 그 숫자는 젖분비의 비용을 과소평가한다. 따라서 암컷은 젖분비기 비용을 얼마나 지불할까 하는 질문은 다음 질문으로 합쳐진다. 암컷은 젖분비기 비용을 어떻게 지불할까?

부담 수용하기, 혹은 대가 지불하기

원칙적으로야 출산이 젖분비기의 시작을 표시하지만, 많은 암컷은 임신기 동안에 그들의 지방과 단백질 저장고를 늘림으로써뿐만 아니라 젖 생산에 대비해 젖샘을 생리학적으로 점화함으로써도 젖분비기를 준비한다. 우리가 앞 절에서 언급했듯이, 젖분비기 동안 일상적으로 굶는 포유류들은 젖 합성에 필요한 모든 에너지를 젖분비기 이전에 예치해야만 한다. 필요한 에너지는 중대할 것이다. 예컨대 젖분비기 동안에 굶는 코끼리물범(속) 어미들은 체중의 42퍼센트(~100킬로그램)를 잃는다. 그 중량은 전부 다 더 일찍이, 임신 중에 또는 그보다도 더 전에 예치되어야 했다(Costa et al. 1986). 이와 달리 많은 종의 암컷은 젖 합성을 지원하기 위해 저장된 비축분과 그날그날의 먹이 섭취분을 둘 다 사용한다. 가시생쥐spiny mouse(속), 햄스터(난쟁이햄스터속), 목화쥐cotton rat(목화쥐속Sigmodon; Degen et al. 2002)를 비롯해 사람(사람속Homo; Dufour, Sauther 2002)도 이런 예에 속한다. 그렇지만 제3의 전략은 젖 생산을 지속하기 위해 오로지 젖분비기 동안에 이용할 수 있는 먹이에만 의지하는 것이다. 예컨대 많은 마멋(마멋속Marmota)과 땅다람쥐(전북구땅다람쥐속)는 겨우내 겨울잠을 잔다. 겨울을 넘기려면 암컷은 여름 동안에 저장했던 지방을 사용해야만 하고, 그러므로 번식에 바칠 게 거의 남지 않는다(Broussard et al. 2005). 이 어미들은 임신기와 젖분비기에 여름의 전반부를 보낸다. 그들은 그들이 먹는 모든 먹이를 자손으로 전환한다. 그다음에, 새끼의 젖을 뗀 후, 그들은 그 여름의 나머지를 다음 겨울을 넘기기 위한 지방 비축분을 쌓으면서 보낸다(Hayssen 2008c).

어떤 포유류들은 완전히 다른 접근법을 사용한다. 이 어미들은 다음 임신에 연료를 공급하기 위해 젖분비기 동안 지방을 저장하는데, 일례는 순록(속)이다. 이 북극의 주민들은 봄에, 여름 식생이 잠시 풍부해지기 직전에 새끼를 낳는다. 여름내 이들은 새끼를 위해 젖을 제공하면서 한편으로 다가

올 불모의 겨울에 대비해 지방조직을 쌓아올린다. 암컷은 가을에는 새끼의 젖을 떼고 나서 오로지 그들이 지방을 충분히 축적했을 경우에만 수태할 것이다(Pachkowski et al. 2013). 따라서 젖을 분비하는 동안에 쌓인 지방 저장고가 겨울에 걸친 임신기에 연료를 공급한다. 전반적으로 임신기와 젖분비기에 연료를 공급하기 위해 포유류 암컷들은 저장된 비축분과 현재 자원의 다양한 조합을 사용한다. 먹이 가용성과 기후가 어느 암컷이 사용하는 정확한 전략을 지시할 텐데 이조차 한 암컷의 일생에 걸쳐 일정할 필요가 없다.

에너지가 젖 생산의 중요한 요소인 것은 확실하지만, 물도 마찬가지다. 발달 중인 신생아한테는 젖에서 나오는 물이 유일한 수원일 것이다. 그 결과로 젖분비기를 위해 필요한 물은 상당할 것이다. 벌거숭이두더지쥐(벌거숭이뻐드렁니쥐종)의 젖은 설치류 중에서 가장 묽다. 벌거숭이두더지쥐는 이례적인 포유류다. 그들은 꿀벌과 비슷한 사회체제를 가진다. 한 군집에서 한 암컷, 곧 여왕만 번식하고, 그의 유일한 임기는 임신기와 젖분비기다. 다른 모든 개체는 여왕에게 먹이를 제공하고 새끼도 그들이 건사한다. 한배당 평균 11마리의 새끼가 생기므로 젖분비기의 수요는 어마어마하다. 그 수요를 맞추려면 한 여왕 어미는 날마다 그의 체중 절반과 맞먹는 양의 젖을 생산해야만 한다. 그의 수명이 30년을 넘을 수 있고 연간출산수가 여러 번임을 고려하면, 그는 총 900마리의 자식을 생산할 수 있을 것이다. 따라서 그의 물 필요량은 영속적이고 중대하며, 그래서 군집이 그에게 제공하는 먹이는 수분 함량이 높아야만 한다(Hood et al. 2014).

대부분의 포유류 어미한테는 그들을 위해 먹이와 물을 확보해줄 군집 구성원이 없다. 결과적으로 암컷은 수원에 가까이 남아 있거나, 물을 더 얻을 다른 방법을 찾아낼 필요가 있다. 예컨대 오스트레일리아 사막의 포유류 일부(설치류 두 속[껑충쥐속Notomys, 오스트레일리아쥐속Pseudomys], 딩고dingo[개속], 캥거루[속])는 많은 수의 다른 포유류와 아울러 새끼의 대소변을 먹는데, 그럼으로써 그들이 젖에 투입하는 물의 대략 3분의 1을 재활용한다(Baverstock, Green 1975).

군거하는 벌거숭이두더지쥐의 특수 사례가 분명히 보여주듯이, 젖분비기의 비용을 완화하는 한 방법은 부담을 나누는 것이다. 그 밖의 사회적 포유류, 예컨대 사자(표범속*Panthera*), 들개(아프리카들개속), 미어캣(속)에서도 집단 구성원이 번식하는 암컷 또는 그의 새끼에게 식량을 공급한다(더 많은 세부 사항에 대해서는 동종 상호작용에 관한 제13장을 참조). 나머지 종들이 이용 가능한 선택지는 무엇일까? 수컷이 도울 수 있을까? 한두 가지 가능한, 하지만 뜨겁게 논쟁이 되는 예외(다약과일박쥐Dayak fruit bat[*Dyacopterus spadiceus*]와 가면날여우박쥐masked flying fox[비스마르크가면날여우박쥐*Pteropus capistrastus*])가 있지만, 수컷 포유류는 젖을 생산하지 않는다(Francis et al. 1994; Hosken, Kunz 2009; Kunz, Hosken 2009; Racey et al. 2009). 하지만 수컷이 임신기 또는 젖분비기 동안에 어미에게, 그리고 자식이 고형식을 먹기 시작하는 때에 자식에게 먹이를 제공할 수는 있다(Rasmussen, Tilson 1984). 이런 수컷의 먹이 공급은 일부일처의 갯과에서 흔하다(Moehlman, Hofer 1997). 대부분의 종은 수컷이 아닌 자식이 제힘으로 먹이를 찾아 젖을 보충한다. 우리는 첫 번째 고형식의 타이밍에 관해 이따가 더 이야기할 것이다.

젖분비의 고비용은 탐구자들에게 대사적 상한의 존재에 대해 시험할 기회를 제공해왔다. 이런 상한은 동물의 생물학 중 아무 대사적 측면에든 관련이 있지만, 젖분비는 각별히 부담이 큰 과정으로서 생리학의 초점으로 이바지해왔다. 생리학에서 대사적 상한이라는 주제에 초점이 맞춰지는 바탕에는 오랜 쟁점 하나가 깔려 있다. 최대 수행력을 한정하는 것은 무엇일까? 무수한 탐구자가 이 의문을 조사해왔지만, 젖분비에 관한 작업이 가장 훌륭한 통찰 가운데 일부를 제공해왔다. 그 결과로 그동안 젖 생산의 한계에 관해 두 가지 주류 가설이 형성되었다. 바로 열소산가설heat dissipation hypothesis(Speakman, Krol 2010, 2011)과 중심극한가설central-limitation hypothesis(Hammond, Diamond 1992)이다.

열소산가설에 따르면, 젖을 만들어냄으로써 생산되는 과량의 열을 없애야 할 필요성이 젖분비의 지속기간 또는 젖의 양에 한계를 설정할 것이다(Simons et al. 2011; Speakman, Krol 2010, 2011). 실험실 생쥐에서, 온도가 따뜻하면, 젖분비 중인 생쥐는 설사 먹이가 무한히 제공되더라도 더 많이 먹거나 더 많은 새끼에게 젖을 주지 않을 것이다. 그렇지만 추운 조건에서는 생쥐가 먹이를 더 많이 먹을 것이고, 젖분비 중인 암컷은 특히 더 그럴 것이고, 이 추운 어미들은 새끼도 더 많이 생산할 것이다. 열소산가설은 이렇게 제안한다. 낮은 온도에서는 과량의 열을 제거하기가 쉽고 그래서 더 많은 에너지가 젖 생산에 바쳐질 수 있다. 이 에너지학은 모형화되고, 측정되고(야생 대사율), 다양한 분류군에 걸쳐 비교되고, 심지어 실험적으로 선택까지 받아왔지만, 열손실이 어떻게 중요한가에 대한 결론과 자세한 기제는 여전히 불분명하다. 경쟁하는 가설도 비슷하게 심한 조사를 받고 있다.

중심극한가설은 이렇게 상정한다. 포유류의 소장은 영양분 흡수력이 유한하다. 그리고 이 능력이 최대 흡수율(정규분포곡선의 가운데 봉우리─옮긴이)을 설정하고, 그러므로 젖분비를 위해 이용할 수 있는 자원의 양을 설정한다(Hammond, Diamond 1992). 일단 이 최댓값에 도달하면 암컷은 젖 출력을 올릴 능력이 없다. 확실히 암컷 생쥐는 한꺼번에 무한한 수의 새끼를 기를 능력이 없다(해먼드와 다이아몬드의 실험에 따르면 기껏해야 26마리). 이 한계를 설정하는 건 열소산일까 소화흡수일까? 판결하기는 아직 이른데, 부분적인 이유는 별개의 탐구 집단들이 각 주장을 뒷받침해주기 때문이다. 그럼에도 불구하고, 대사적 상한은 왜 존재하는가에 관한 이 두 가지 가설은 젖분비 암컷의 관찰에서 나왔고, 향후 연구를 위해 흥분되는 틀을 제공해왔다.

무슨 일이 벌어지고 있건 간에, 결국 낙농업은 결과에 관심이 있을 것이다. 젖 생산을 늘리기 위해 암소를 추운 외양간에 두는 것은 가능하지만, 암소에게 더 크거나 더 긴 소장을 줄 수는 없을 것이다. 한 가지 문제가 있는데, 작은 생쥐에서 벌어지는 일을 근거로 큰 암소에서 벌어지는 일을 추정하는 것은 서로 다른 부피 대 표면적 비와 창자 얼개를 고려하면 현실적이지 않을 수도 있다. 하지만 암소와 생쥐를 둘 다 사용하면 하나의 크기 연속체를 따라 복수의 예가 제공될 것이므로, 그 연속체 안에서 이를테면 젖분비처럼 에너지적으로 부담이 큰 과정의 한계가 정해지는 데에 소화관의 형태학이 하는 역할을 조사할 수 있을 것이다.

젖분비기의 다른 부담들

우리는 젖분비기의 비용을 오로지 젖 생산의 관점에서 논의해왔지만, 젖분비기는 그 밖에도 여러모로 영향을 미친다. 에너지 이외에, 젖은 발달 중인 새끼에게 비타민과 무기질을 공급한다. 이런 영양소의 제공은 모체의 저장고를 고갈시켜 뼈를 약하게 만들 수 있다(Kwiecinski et al. 1987; Wysolmerski 2002). 칼슘은 특히 중요한데, 그것은 뼈와 이빨의 주성분일 뿐만 아니라 근육 수축, 혈액 응고, 신경 임펄스 전송에서도 주전 선수이기 때문이다. 그렇지만 개미핥기의 식단처럼 오로지 곤충으로, 또는 많은 박쥐의 식단처럼 오로지 과일로 이루어진 식단에는 칼슘이 부족하다(Barclay 1994). 또한 산성비 때문에 칼슘은 낙엽수림에조차 한정되어 있을 것이다(Battles et al. 2014). 젖분비 중인 암컷이 경험하는 또 한 가지 비용으로서, 젖 합성은 산화적 손상도 초래할 것이다(Fletcher et al. 2012).

수유, 곧 새끼에게 실제로 젖을 빨리면서 보내는 시간은 포식자에 대한 취약성을 키우고 먹이를 찾아다닐 시간을 빼앗을 수 있다. 만약 새끼를 둥지나 굴에 둔다면, 새끼에게 돌아가야 할 필요가 암컷이 먹이를 찾는 동안 돌아다닐 수 있는 면적을 구속할 것이다. 새끼를 한 굴에서 다른 굴로 옮기는 비용은 추가 부담이고 포식의 위험도 추가로 발생시킬 것이다. 대안으로 만약 새끼를 계속 데리고 다닌다면, 어미의 움직임과 여행이 제한될 것이다. 이런 부담 중 일부는 수컷이나 친척이 넘겨받을 수 있고, 이는 티티원숭이titi(티티원숭이속*Callicebus*), 마모셋(비단마모셋속), 타마린tamarin(타마린속*Saguinus*)과 같은 작은 영장류들에서 벌어지는 일이다(Tardif 1994). 이런 신열대구(북회귀선 이남의 신대륙—옮긴이) 영장류에서는 아비나 무리의 다른 구성원이 새끼를 데리고 다니다가 수유를 위해 어미에게 돌려줄 것이다.

수유는 젖분비기의 핵심 부분임에도, 젖을 먹이면서 보내는 총시간은 지극히 짧을 수 있다. 예컨대 나무땃쥐(투파이아속)는 이틀에 한 번씩 회당 2~10분 동안 새끼에게 젖을 먹인다(Emmons, Biun 1991; Martin 1968). 젖분비기가 약 30일밖에 지속되지 않음을 고려하면, 총 수유 시간은 2시간도 되지 않는다. 유사하게 토끼(굴토끼속)와 산토끼(속)는 날마다 한 번씩 새끼에게 젖을 먹이지만, 나무땃쥐와 마찬가지로 짧은 시간(2~6분) 동안만, 그리고 25일쯤 그렇게 한다(Broekhuizen, Maaskamp 1980; Broekhuizen et al. 1986). 이번에도, 그래봐야 젖분비기 전체 기간에 총 수유 시간이 두 시간쯤 더해질 뿐이다. 반대편 극단에서 타마왈라비(종)의 새끼들은 100~125일 동안 중단 없이 어미의 젖꼭지에 붙어 있다. 이 젖꼭지 부착기 이후에, 그들은 떨어지지만, 75~100일 동안 수시로 젖을 빤다. 마지막으로 그들은 350일의 젖분비기 끝에 도달할 때까지 풀 뜯기와 젖 빨기를 번갈아 한다(Trott et al. 2003). 그 중간의 일례로 시카사슴/꽃사슴 sika deer(일본사슴*Cervus nippon*) 새끼는 젖분비기의 첫 14일 동안 하루당 23~30분 동안 젖을 먹는다(Fouda et al. 1990). 이 다양성으로 입증되듯이, 최소한 진수류에서 수유에 소비되는 실제 시간은 젖분비기의 길이보다 훨씬 더 짧다. 이 수유 시간 단축은 어미와 새끼가 취약한 시간을 줄여준다. 그것은 또한 젖분비기의 절대 길이를 늘려줄 것이다.

젖분비기는 얼마나 길며 이 기간은 무엇이 결정할까?

출산과 젖떼기(이유離乳) 사이 시간으로 정의하면, 젖분비기는 두건물범 hooded seal(*Cystophora cristata*), 카시라과casiragua(과이라가시쥐*Proechimys guairae*), 코끼리땃쥐(작은귀코끼리땃쥐*Macroscelides proboscideus*)에서의 4~5일로부터 침팬지*Pan troglodytes*에서의 900일 이상을 거쳐 오랑우탄(보르네오오랑우탄*Pongo pygmaeus*)에서의 6.5년에 이르기까지, 거의 세 자릿수에 걸쳐 광범위하게 분포한다(Hayssen 1993). 극도로 짧은 젖분비기간(10일 미만)은 드물지만 긴 젖분비기간(500일 초과)은 더 흔하며, 캥거루, 대형유인원, 바다코끼리, 바다소류(듀공과 매너티), 코끼리, 코뿔소처럼 몸집이 크고 외둥이 자식을 가지는 종에서 특히 흔하다(Hayssen 1993). 그렇지만 알려진 젖분비기간 중 절반은 29일부터 125일 사이에 분포한다(Hayssen 1993).

잠시 단공류와 유대류에서 젖분비기를 살펴보자. 일반적으로 평균 젖분비기간은 산란하는 단공류(150일, 3종)와 유대류(120일, 75종)가 진수류(50일, 675종)보다 더 길다. 젖분비기가 더 긴 이유는 무엇일까?

젖분비기는 단공류와 유대류에서 지수적인 자식 성장의 기간을 포괄하지만, 진수류에서는 그렇지 않다. 유대류에서는 젖분비기에 연속적 젖꼭지 부착기와 간헐적 수유기가 있다. 때때로 젖꼭지 부착기는 진수류에서 임신기 중 착상후기와 동일시되어왔다. 피상적 유사성은 존재하지만, 이 동의성은 임신기와 젖분비기를 서로와 구별하는 엄청나게 다른 근접 기제들(대사적·생리학적 통제) 및 궁극 원인들(선택압과 진화적 제약)을 무시한다. 따라서 젖분비기의 길이가 더 긴 이유는 유대류와 단공류가 임신기 대신에 젖분비기를 사용해 자식의 발달과 성장 대부분을 지원하기 때문이다.

몸집은 전 포유류에 걸쳐 젖분비기 길이에 영향을 준다. 예컨대 커다란 흰코뿔소(속) 새끼를 길러내는 일은 조그만 페럿ferret(족제비속) 새끼를 지원하는 일보다 시간이 더 오래 걸린다. 더 큰 종의 암컷은 젖분비기도 더 길데, 약간의 흥미로운 예외가 있다(Hayssen 1993; van Noordwijk et al. 2013). 예상보다 짧은 쪽에는 귀 없는 물개류(물범과)와 수염고래가 있지만, 다른 해양 포유류는 없다. 물범과 물개류의 극도로 짧은 젖분비기는 어떤 장소에서 새끼에게 젖을 먹일지 위치를 예측할 수 없는 데 대한 적응(Bonner 1984)과 이런 물개류의 지방 저장 능력(Schulz, Bowen 2005)이 합쳐진 결과일 것이다. 예컨대 두건물범은 녹고 있는 유빙 위에서 새끼를 낳고 젖을 먹인다. 나흘에 걸쳐 이들은 초고지방 젖 30킬로그램을 신생아에게 쏟아부은 다음 떠나버리므로, 이들의 배가 터질 듯한 새끼는 녹고 있는 얼음 위에서 제 몸을 건사해야 한다(Bowen et al. 1987). 수염고래는 가장 큰 포유류인데도 젖분비기간은 이런 거구에 걸맞게 길지 않아서, 대왕고래속 *Balaenoptera*도 고작 5~7개월이다(Brodie 1969). 수염고래의 비교적 짧은 젖분비기는 이들의 연례 이주 타이밍을 반영한다. 이 암컷들은 고위도에 있는 그들의 일차 식량원에서 멀리 떠나 더 온화한 저위도로 옮겨 새끼를 낳고 젖을 먹이므로 그러는 동안 동시에 굶게 된다. 두어 달 후 어미들은 다시 길을 떠나 더 차고 먹이가 풍부한 수역으로 돌아온다. 젖분비기의 길이가 이들의 큰 중량에 비례한다면, 번식은 이들의 먹이 공급 및 이주의 계절적 본성과 동기화될 수 없을 것이다.

박쥐, 영장류, 유대류와 같은 다른 포유류들은 예상되는 기간보다 더 오랫동안 젖을 먹인다. 유대류 태아는 발달의 매우 초기 단계에서 태어나므로, 어미들이 임신기가 아니라 젖분비기를 사용해 새끼의 신체적 성장과 발달을 지원한다. 이와 달리 영장류는 젖분비기를 사용해 심리사회적 성장을 지원한다. 유사하게 박쥐의 경우는 날면서 먹이를 구하는 데 요구되는 광범위한 신경근육 조정과 골격 발달이 더 긴 생후 발달을 요구할 것이다. 어쩌면 갓난 박쥐와 영장류는 신경 발달 면에서 그들의 성체가 필요로 하는 수준에 비하면 신생아 유대류만큼이나 신체적으로 '태아적'인지도 모른다.

몸집은 전 포유류에 걸쳐서는 대체로 중요함에도, 더 작은 분류군 안에서는 관련이 없을 수 있다. 영장류, 우제류, 설치류(쥐목—옮긴이)의 경우만 젖분비기가 암컷 중량과 관계가 있다(Purvis, Harvey 1995). 이 목目들 안에서조차 젖분비기와 암컷 중량의 관계는 약하다. 몸집은 큰 그림 비교에서 중요하다. 예컨대 코끼리가 그들의 새끼를 위해 젖을 제공하는 기간은 생쥐가 그들의 새끼를 위해 젖을 제공하는 기간보다 훨씬 더 길다. 하지만 더 작은 분류학적 수준에서, 이를테면 과 또는 속 안에서 비교할 경우 몸집은 훨씬 덜 중요하다. 다른 어떤 요인들이 젖분비기의 길이에 영향을 미칠까?

만족스러운 답을 얻으려면 우리는 젖분비기의 기능들을 이해할 필요가 있다. 만약 젖분비기의 유일한 기능이 자양물을 공급하는 것이라면, 어미들은 두건물범 어미가 하듯이 그저 새끼에게 젖을 최대한 가득, 최대한 빨리 채워 넣은 다음 떠날지도 모른다. 하지만 포유류의 번식에서 젖분비기는 많은 경우 단순한 영양 공급보다 더 큰 역할을 한다.

젖분비기는 자식을 따뜻하게 지키는 데 도움이 될 것이다. 젖은 직접이든 간접적으로든 체온조절에 영향을 줄 수 있다. 간접적으로 곰과, 고래목, 물범과 젖의 고지방 조성은 지방이 단열하는 비계로 전환되는 때 체온조절 기능에 이바지한다. 더 직접적인 체온조절적 이점들도 따라붙을 것이다. 많은 만숙성 신생아는 체온을 높게 유지할 능력이 없으므로, 온혈동물인 어미에게서 나오는 높은 비열의 젖은 새끼를 안에서부터 밖으로 덥히는 구실을 할 것이다. 특히 갓난아기에서는 아기가 삼킨 젖이 신생아중량의 비교적 큰 비율을 차지할 수 있다. 예컨대 어미 나무땃쥐가 새끼에게 하루 걸러 젖을 제공하는 때 그 어미들은 또한, 비록 온기가 오래가지는 않을지라도, 1회분의 열을 제공한다(Fuchs, Corbach-Söhle 2010).

그리고 젖분비기는 그 자체가 긴밀한 사회적 상호작용의 기간인데, 여기에는 다중적 측면이 있다. 어미와 자식 간 상호작용의 일부는 이를테면 면역, 열량, 수분, 무기질 따위의 전달처럼 실용적이다. 다른 일부는 젖의 부차적 자질, 이를테면 체온조절과 관계가 있다. 그렇지만 어떤 경우 어미의 도움은 더 세속적이다. 어미의 자극에 의존해 대소변을 유도하는, 작은 설치류들의 자식에 대한 도움이 그런 경우다(Numan, Insel 2003). 젖분비기의 다른 기능들도 어미와 새끼의 근접성을 반영한다. 이 근접성의 한 결과로 어미는 새끼에게 사회화 및 포식자로부터의 보호와 아울러 먹이, 이주 경로, 안전한 피난처에 관해 학습할 기회들을 제공한다. 이 결과들은 젖분비기의 영양적 역할과 최소한 같은 만큼 중요할 것이다. 예컨대 남방큰돌고래Indian Ocean dolphin(*Tursiops aduncus*)는 젖떼기 이후 최고 2년 동안 새끼의 비영양적(젖이 없는) 젖빨기를 허용한다(Boness et al. 1996). 이는 영양적으로 독립하는 나이를 지난 젖빨기의 극단적 일례다. 반대편 극단에서 두건물범은 새끼가 처음 고형식을 먹기 4주 전에 새끼에게 젖먹이기를 중단한다. 젖분비기는 새끼가 처음 고형식을 먹는 때가 젖떼기 전인지, 젖떼기 무렵인지, 젖떼기 한참 후인지에 따라 서로 다른 기능, 진화적 제약, 생리학적 통제를 갖고 있을 것이다. 착상이 임신기의 두 국면을 분리하는 것과 마찬가지로, 첫 고형식은 젖분비기의 기능, 생리학, 진화에서 중추적인 한 지점이다(Langer 2008).

젖을 떼는 무렵에 먹이는 첫 고형식은 다태성(새끼를 한 번에 한 마리씩이 아니라 한배씩 가지는) 종에서 만숙성 새끼를 가지는 때 일어난다. 이 경우 젖분비기는 분명한 에너지적 역할을 갖고 있다. 예컨대 많은 청서과(예컨대 청서)와 쥐상과Muroidea(예컨대 쥐 또는 게르빌루스쥐) 설치류에서는 첫 고형식이 젖떼기와 거의 동시다. 이와 달리 젖떼기 한참 전의 첫 고형식은 외둥이인, 조숙성 자식을 가지는 포유류에 흔하다. 신생아는 첫 고형식을 출생 당일 또는 그 후로 얼마 안 된 시점에 먹을 것이다. 이 조기 젖 보충의 예로는 호저(캐나다호저속), 코이푸(뉴트리아속*Myocastor*)와 같은 호저아목 설치류와 아울러 나무늘보(세발가락나무늘보속, 두발가락나무늘보속), 얼룩말(말속), 다양한 솟과와 같은 그 밖의 포유류가 포함된다. 이 종들의 경우, 어미와 자식

간 접촉 유지의 이득—이를테면 유아 사망 감소 그리고 사회적 패턴이나 먹이 탐색 패턴을 학습할 기회의 증가와 같은 이득—이 젖분비기의 에너지적·영양적 제약보다 더 중요할 것이다. 남방큰돌고래종에서처럼 말이다. 첫 고형식은 물범과 물개류에서처럼 젖떼기 한참 후에 일어날 수도 있다. 예컨대 코끼리물범은 그들의 새끼에게 23일 동안 젖을 먹인 다음 새끼를 떠난다. 그 새끼들은 6주 동안 굶은 후에야 처음으로 먹이를 사냥한다(Carlini et al. 2000).

일반적으로 젖분비기의 기간이 길수록 새끼는 첫 고형식을 더 일찍 섭취한다. 예컨대 젖분비기가 최소 1년인 진수류의 대부분(90퍼센트)은, 첫 고형식이 젖분비기의 첫 삼분기 안에서 일어난다. 이와 달리 젖분비기가 50일 미만인 때에는, 소수(11퍼센트)의 진수류 새끼만이 젖분비기의 첫 삼분기 사이에 고형식을 먹는다. 한 가지 예외는 짧은꼬리땃쥐short-tailed shrew(북부짧은꼬리땃쥐*Blarina brevicauda*)다. 이 어미들은 그들의 젖꼭지 위로 먹이를 게워내는데, 그들의 새끼는 눈도 뜨기 전에 그것을 깨끗이 핥아먹는다(Miller-Ben-Shaul 1963). 그렇지만 일반적으로, 젖분비기가 짧으면 영아는 젖분비기의 더 큰 비율 동안 젖에 완전히 의존하고, 반면에 젖분비기가 길면 덜 의지할 것이다(Hayssen 1993). 이른 첫 고형식이 함께하는 젖분비기는 영양 공급 이외의 이득들을 갖고 있다.

많은 수의 잘 발달된 외둥이 새끼는 젖분비기에 고형식을 일찍 먹는다. 출생 시에 이들은 털이 나 있고, 이동할 수 있고, 눈과 귀가 뚫려 있다. 하지만 이들은 긴 기간 동안 어미와 함께 남아 있다. 이런 종의 경우, 동시발생적 임신기와 젖분비기는 거의 일어나지 않는다. 전반적으로 이 번식 특성들 사이의 관계—이른 첫 고형식, 조숙성 외둥이 새끼, 작은 출생 시 상대중량—는 특징적이므로, 고도로 파생된 조건일 것이다. 하지만 조숙성 새끼를 가지는 모든 종이 이 패턴에 맞는 것은 아니다. 예컨대 기니피그(속), 산토끼(속), 바위너구리(나무타기너구리속, 노랑반점바위너구리속*Heterohyrax*, 바위너구리속)는 조숙성 새끼를 가지면서 그런 새끼를 쌍둥이로 가진다.

반대편 극단에는 만숙성 쌍둥이를 가지는 종이 있다. 번식 패턴은 매우 가변적이지만, 이런 경우 한배새끼중량은 흔히 어미중량 중 큰 비율을 차지하고, 첫 고형식 나이는 흔히 젖분비기 말에, 대개 젖떼기에 더 가까이 있다. 이에 더해 임신기와 젖분비기가 흔히 동시에 발생한다. 출생 시 한배새끼중량이 크고, 발달이 만숙성이고, 첫 고형식이 늦는 자식을 다수 생산하는 것은 조상형 진수류의 조건일 것이다. 물론 이 패턴에도 예외들이 있다. 곰은 확실히 예외다. 그들은 만숙성 새끼를 두 마리 내지 네 마리 가지는데, 이 새끼들이 어미중량의 아주 작은 백분율을 차지한다.

번식 특성들의 독특한 조합 하나하나는 그 결과로 암컷에게 서로 다른 영향을 미칠 것이다. 젖떼기 시에 생쥐와 밭쥐(만숙성에다 첫 고형식이 늦는)의 한배새끼중량은 흔히 어미의 중량보다 더 큰 반면, 송아지나 인간의 영아(외둥이 조숙성 자식에다 첫 고형식이 이른)는 젖떼기 시에도 아직 어미중량의 작은 부분밖에 차지하지 않는다. 이에 더해 생쥐와 밭쥐의 젖뗀아이는 젖분비기 동안 영양분과 에너지에 대해 거의 전적으로 어미에 의지해온 반면, 인간 영아와 송아지는 젖분비기의 큰 부분 동안 고형식으로 식단을 보충했다. 밭쥐와 생쥐처럼 다수의 새끼가 그들의 모든 영양 섭취와 에너지적 필요를 젖에 의존하는 때에는 젖분비기의 수요가 엄청날 뿐만 아니라, 임신기가 동시에 발생하면 그 암컷은 포궁 안에 든 두 번째 한배새끼의 영양적 필요까지 맞춰주고 있을 것이다. 그런 어미의 에너지 예산과 앞으로 번식에 성공할 가망성은 빠듯하게 제약될지도 모른다. 설사 이런 종은 몸집이 작은 경향이 있어서 대사율이 높고, 결과적으로 더 큰 포유류보다는 에너지를 더 빠르게 처리할 능력이 있더라도 말이다.

외둥이 조숙성 자식을 가지는 어미들의 경우 젖 생산은 젖분비기의 핵심이 아닐 것이다. 그 대신에 수유가 모자 유대 지속에 중심적일 것이다. 비영양적 수유는 대형 포유류에 흔한데 그 이득은 각양각색이다. 포식자들은 만약 근처에 있는 어미가 끼어들 준비가 되어 있다면, 작은 유아를 공격하기가 쉽지 않을 것이다. 새끼는 먹이의 위치와 품질, 둥지 자리, 잠재적 위협 따위를 학습할 시간이 생긴다. 마지막으로, 새끼가 태어나서 군집, 무리, 종족, 떼 따위 더 큰 사회적 무대 안으로 들어가는 때, 그들의 생존과 번식 성공도는 그들이 적절한 사회적 역할로 통합되느냐에 달렸을 것이다. 영양적 또는 에너지적 필요 이후에 계속되는 긴 수유는 이 사회적 통합을 촉진할 것이다. 덧붙이자면 호르몬 옥시토신은 젖내림, 사회적 결속, 부모 돌봄 모두를 촉진하는 데에 관련된다(Finkenwirth et al. 2016).

젖떼기의 타이밍은 젖분비기가 영양적이냐 비영양적이냐에 따라 다를 것이다. 몸집이 어미의 몇 분의 일인 데다가 자신의 영양적 필요량 중 일정 비율을 이미 제힘으로 구하는 외둥이 자식에게 어미가 수유를 계속하는 데 드는 비용은, 합치면 무게가 어미 이상으로 무거운 다수의 새끼를 지원하는 데 연관되는 비용보다 훨씬 적을 것이다. 전반적으로 젖떼기에 연관되는 비용 대 편익 비율은 서로 다르며, 외둥이 어미는 반복되는 수유를 쌍둥이 어미보다 더 길게 허락할 것이다. 쌍둥이의 어미들은 첫 번째 한배새끼의 출산 직후에 두 번째 한배새끼를 출발시킬 가능성도 더 크다. 이런 암컷은 임신과 젖분비를 동시에 하고 있다. 이 일이 벌어지면 두 번째 한배새끼의 출산이 첫 번째 한배새끼의 젖떼기를 강요한다.

전반적으로 젖분비기의 지속기간은 그것의 다양한 기능에 의해, 어미의 크기와 신생아의 출생 시 크기에 의해, 한배새끼수에 의해, 신생아의 발달 상태에 의해, 그리고 자식이 첫 고형식을 젖떼기 전, 젖떼기 시, 젖떼기 후 중에서 어느 한 시기에 먹을 수 있다는 사실에 의해 영향을 받는다. 개별 암컷에 대해 말하자면, 먹이 가용성, 건강, 계절, 사회적 상호작용, 나이, 그리고 그의 신체 상태 중 여러 다른 측면이 젖분비기에 영향을 미칠 것이다. 포유류의 번식에서 젖분비기가 담당하는 기능의 다양성과 젖분비기가 차지하는 중심적 위치는 2억 년에 걸쳐 발달해왔지만, 그것은 모두 젖과 함께 출발했다. 따라서 포유류에 독특한 그 물질에 대한 논의가 없다면 젖분비기에 관한 장은 미완성일 것이다.

젖: 정적인 젖과 동적인 젖

젖의 조성은 포유류 사이에서 제각각이며, 이 변이의 이해를 겨냥한 방대한 문헌이 존재한다(Kuruppath et al. 2012; Oftedal 2013; Skibiel et al. 2013). 젖의 주성분은 지방, 탄수화물, 단백질, 무기질, 비타민과 물이지만, 상대적인 양이 서로 대단히 다르다. 지방을 극단적 일례로 들자. 검은코뿔소(검은코뿔소속*Diceros*)의 젖에는 지방이 0.2퍼센트밖에 없는 반면, 우리한테 가장 익숙한 젖소(소속)의 젖에는 20배가 더 많은 4퍼센트의 지방이 들어 있다. 하프물범(속)의 젖은 57퍼센트가 지방이고, 따라서 이 젖에는 지방이 검은코뿔소 젖보다 285배나 더 많다(Oftedal et al. 1987; Skibiel et al. 2013). 더욱이 회색물범(속)이나 두건물범의 젖은 지방이 61퍼센트에 달할 수도 있다(Boness, Bowen 1996). 다른 성분들은 범위가 덜 극단적이다. 예컨대 당(탄수화물)의 범위는 일부 물개류, 이를테면 웨들해물범Weddell seal(속) 또는 남아메리카물개South American fur seal(남방물개속)에서 0 근처(Oftedal et al. 1987)로부터 출발해 타마왈라비에서 10~12퍼센트(Trott et al. 2003)까지 올라가는 데 그친다. 우리 인간의 젖은 3~5퍼센트가 지방, 6~7퍼센트가 당이고 단백질은 약 1퍼센트뿐이다(Jenness 1979).

이 다양성을 해명하는 것은 무엇일까? 조상(진화사)이 그 변이 중 상당량을 해명한다(Skibiel et al. 2013). 달리 말해 곰 젖이 소 젖과 다른 이유는, 곰은 곰 같은 경향이 있고 마찬가지로 소와 소의 친척들은 소 같은 경향이 있기 때문이다. 하지만 이런 답은 다소 실망스럽다. 우리가 알고 싶은 것은 곰 젖이 소 젖과 다른 이유이지, 그저 조상형 젖들도 달랐다는 사실이 아니다. 예컨대 곰들의 정확히 무슨 특징이 결과적으로 시종일관 저당에 고지방인 젖을 생산하게 할까? '조상들이 달랐다'라는 답이 매우 만족스럽지는 않지만, 그게 우리에게 다음을 말해주기는 한다. 젖에 있는 차이들은 근래에 생긴 게 아니라 아주 오래된 것이다(상자 9.1). 따라서 차이가 나는 이유도 아주 오래되었어야 한다. 그 차이는 현재의 조건에 대한 근래의 적응이 아니라는 말이다. 답을 찾아내려면 우리는 개별 집단들의 생물학 중에서 나머지 측면들로 눈길을 돌려야 한다.

식성은 젖 조성을 규정하는 그런 특징의 하나다. 젖은 식품에서 나오는 건축용 블록들을 필요로 하고, 그러므로 식성에 있는 차이들은 다양한 젖 조성으로 이어질 수 있다. 초식동물은 개미핥기 또는 육식동물과는 다른 재료를 먹을 뿐만 아니라 그들의 먹이를 다르게 가공하기도 한다. 예컨대 초식동물은 그들의 소장에 사는 미생물군계에 의지해 섬유소와 같은, 포유류의 효소들은 분해할 능력이 없는 재료를 소화한다. 초식동물은 그런 다음 미생물이 소화한 그 제품을 미생물 자체와 아울러 흡수한다. 육식동물은 미생물 발효 단계를 건너뛴다. 따라서 젖샘이 합성에 이용할 수 있는 재료가 식성에 따라 다르다. 놀랄 것도 없이 완제품(젖)도 다르다.

젖에 대규모로 영향을 미치는 또 한 가지는 서로 다른 종에서 젖분비기가 하는 기능이다. 유대류의 경우는 젖분비기가 그들의 번식생물학을 구성하는 주요소이고, 그래서 젖이 새끼의 성장과 발달에 중심적이다. 많은 영장류의 경우는 젖분비기에 상당한 사회적 기능이 있고, 그래서 젖 자체는 수유와 그에 따르는 어미와 새끼의 근접성보다 덜 중요하다. 우리는 앞에서 새끼가 처음 고형식을 먹는 때에 관해 논의하면서 이 젖분비기의 기능적 요소를 탐사했고, 그뿐만 아니라 그 밖의 주요 변인, 이를테면 한배새끼수와 신생아 크기가 젖분비기의 길이를 어떻게 변화시키는가도 아울러 탐사했다. 전반적으로 젖 조성은 젖분비기의 갖가지 기능과 부합한다.

곰들은 왜 고지방에 저당인 젖을 갖고 있을까?

번식 패턴의 장수에 대한 일례

곰들의 여덟 가지 현생 종은 식성과 서식지에 있는 대단한 차이를 무시하는 번식 형질의 끈질김에 대한 훌륭한 일례를 제공한다. 오늘날의 곰들이 가진 식성은 고도로 특화되었을 수도 있고(느림보곰sloth bear[*Melursus ursinus*]은 개미를 먹고, 대왕판다*Ailuropoda melanoleuca*는 대나무를 먹는다), 철저히 육식성일 수도 있다(북극곰[종]은 다른 동물만 먹는다). 비록 대부분의 곰(예컨대 흑곰[아메리카흑곰종]과 불곰[큰곰종])은 잡식성이고 기회주의적으로 식성을 바꾸는 제너럴리스트이지만 말이다. 곰은 서식지도 다양해서 그 범위가 고도로는 저지대 정글로부터 안데스 고지에까지 이르고, 위도로는 적도로부터 북극에까지 이른다(그림 참조). 이 대단한 차이들에도 불구하고, 곰들은 나이가 2000만 살이 되었을 한 가지 번식 패턴을 공유한다.

우리가 말할 수 있는 수준에서, 암컷 관점으로 본 곰들의 조상형 번식 패턴은 다음과 같다. 모든 현재 곰들의 어미가 수컷을 찾아다녔고, 그가 한 수컷을 찾아냈을 때 배란했고, 수태했고, 그런

캐나다 허드슨만의 북극곰(종) 어미와 새끼. Biosphoto의 D. Meril and M. Manon이 촬영한 사진을 Minden Pictures의 허락을 얻어 사용.

다음 착상을 지연함으로써 그 수태의 처리를 보류하고 그동안 또다른 수컷을 찾아다녔다. 그는 배란 전에 단기 정자 저장도 사용했을 것이다. 그는 최고 네 개의 배아를 가질 때까지 이 과정을 반복했다. 다음으로 그는 외딴 굴을 찾아 들어가서 먹이가 제한된 철이 끝나기를 기다렸다. 그는 환경적 큐, 아마도 광주기가 착상할 시기를 신호할 때까지 착상 지연을 계속함으로써 배아들을 붙들어 두었다. 그가 캄캄한 굴속에 들어앉아 있는 동안 어떻게 광주기 큐를 얻었는지는 좀 수수께끼지만, 그래도 뒤따라 배아가 성장했다. 약 60일 후에 그는 앞도 못 보고, 머리털도 없고, 이빨도 없는 새끼를 1~4마리 낳았다. 이 새끼들은 예외적으로 아주 작았다. 한 마리가 아마 어미 몸무게의 0.3퍼센트쯤이었을 것이다(인간의 준거틀에서, 45킬로그램의 어머니가 0.14킬로그램의 영아를 낳은 것에 상당). 신생아의 작은 크기는 젖분비기 초기의 부담들을 줄였다. 이 감축은 매우 중요했다. 그는 젖을 먹이고 있었음에도, 굴에서 지내는 몇 주 또는 몇 달의 기간 내내 먹지도 마시지도 않았기 때문이다. 그가 섭취했던 유일한 물질은 새끼의 배설물이었는데, 이로써 아마도 수유를 통해 잃은 수분과 질소를 얼마간 회수하고 있었을 것이다. 그의 젖은 굶기의 생리학적 제약들과 아울러, 마시지 않으면서 여전히 젖을 생산하기의 제약들에 대한 적응으로서 지방 함량이 높고 당 함량은 낮았다. 이 조상 곰의 패턴이 대단치 않은 변형들을 거치며 여덟 종의 현생 곰 전부에서 그들의 서로 다른 식성 및 서식지와 함께 보유되어 있다(Farley, Robbins 1995; Garshelis 2004; Oftedal 2000; Ramsay, Dunbrack 1986; Spady et al. 2007). 따라서 곰들은 번식 패턴에 있는 진화적 유물들의 훌륭한 일례와 함께 조상이 현재의 서식지보다 번식에 더 많은 영향을 미칠 수도 있는 이유를 제시한다.

동적인 젖

지금까지 우리는 젖을 마치 정적인 제품인 것처럼 논의해왔지만, 젖 조성은 대개 젖분비기를 거치는 동안에 변화한다. 젖 조성은 유대류에서 특히 동적인데, 타마왈라비의 경우는 각별하다. 타마왈라비 새끼를 위한 젖분비기에는 단계마다 약 100일간 지속되는 세 단계가 있다(Trott et al. 2002). 첫 100일 동안, 신생아는 어느 한 젖꼭지에 영속적으로 부착되어, 저지방이지만 고당인 묽은 젖을 요구하는 즉시 받는다. 이런 새끼가 성장하면 젖꼭지도 따라 커져서 그 신생아의 입안을 끊임없이 꽉 채운다. 그다음 100일 동안, 새끼는 젖꼭지를 놓아주지만 변함없이 주머니 안에 있으면서 수시로 젖을 빤다. 마지막 100일 동안, 새끼는 주머니를 떠나고, 풀을 먹기 시작하고, 젖을 세차게, 하지만 덜 자주 빤다. 이 더 나이든 새끼들을 위한 젖은 저당에 고단백, 고지방이다. 3대 영양소(단백질, 지방, 당)에서 일어나는 변화에 더해, 유대류의 젖 조성에는 새끼의 발달적 필요에 맞춤 제작된 미묘한 변화들이 일어난다. 예컨대 털과 발톱은 케라틴이라 불리는 단백질로 만들어지는데, 이 단백질에는 황을 함유하는 아미노산(예컨대 시스테인)이 다수 포함된다. 유대류의 젖에 이런 황 함유 아미노산이 풍부한 때는 유대류 새끼에게 털과 발톱이 발달하고 있을 때와 정확히 일치한다. 따라서 각별한 때마다 특정한 재료가 분비되며, 그럼으로써 신생아 발달의 핵심 단계들을 정밀하게 조절한다(Lefèvre et al. 2010; Renfree 2006, 2010; Trott et al. 2002). 메릴린 렌프리가 말했듯이, 유대류는 "탯줄을 젖꼭지로 교환한다"(Renfree 2010:S26).

유대류는 젖 생산에 복잡한 측면이 또 하나 있다. 젖 조성이 시간이 가면서 달라질 뿐만 아니라, 서로 다른 조성의 젖이 서로 다른 나이의 새끼들에게 동시에 제공되기도 한다(Renfree 2006). 젖꼭지에 부착된 주머니 새끼에게는 저지방에 고단백인 젖이 주어지는 반면, 뒤따라 그의 주머니 밖 새끼에게는 인접한 젖꼭지로부터 고지방에 고단백인 젖이 제공된다(Renfree 2006). 주머니 밖의 큰 새끼가 젖을 빨 때 주머니 속 작은 새끼에게 젖이 너무 많이 쏟아지지 않도록, 두 젖샘은 젖내림을 자극하는 메소토신(옥시토신의 유대류 변종)의 농도에 다르게 반응한다. 주머니 속 새끼에게 젖을 공급하는 샘은 메소토신에 매우 민감한 반면, 주머니 밖 새끼에게 젖을 공급하는 샘은 호르몬의 농도가 더 높아야 같은 수준으로 반응한다(Renfree 2006).

타마왈라비에서 젖분비기의 마지막 한 측면은 언급할 가치가 있다. 교차양육 실험, 다시 말해 더 나이든 주머니 새끼를 더 어린 주머니 새끼로 바꿔치기하는 실험이 입증하는 바로, 어미들은 젖의 조성과 양 둘 다를 이용해 주머니 새끼들의 발달 상태와 속도를 조절한다(Trott et al. 2002). 전반적으로 유대류에서 젖분비기는 극도로 복잡하며, 절묘한 타이밍을 통해 서로 다른 나이대 새끼들의 필요와 어미의 필요를 짜맞춘다. 다른 포유류들은 어떨까?

　단공류 암컷들도 영양 공급과 발달 신호를 위한 도관으로서 태반이 아니라 젖분비기를 사용한다. 단공류는 포획 상태에서 잘 번식하지 않지만, 산란하는 포유류에서의 젖 조성에 관해 우리가 아는 보잘것없는 지식이 시사하는 바로, 가시두더지(짧은코가시두더지속) 젖은 젖분비기를 거치는 동안에 변화하지만 오리너구리 젖은 그러지 않는다(Sharp et al. 2011). 이 차이가 있어야 할 이유는 더 연구되기를 기다리고 있다.

　유대류가 젖분비기에 걸쳐 가장 동적인 젖 변화를 보유하고 있긴 하지만, 진수류의 젖도 결코 일정한 것은 아니다. 가장 명백한 예가 바로 초기의 젖인 초유와 이른바 성숙유의 차이다. 초유는 갓난아기에게 보호용 항체와 아울러 면역 기능과 관련된 다수의 다른 화합물을 제공하는 것으로 잘 알려져 있다. 진수류 약 20종에서 이루어진 초유의 비교가 시사하는 바로, 초유에 있는 차이들은 출생전 면역 성분 전달의 정도를 반영한다(Langer 2009). 젖의 항균 기능은 초유 단계를 지나서도 지속되며 이는 젖의 조상형 특징이기도 하다. 항균 성분들은 단공류 젖에도 있으니(Eniapoori et al. 2014), 젖은 항균성 분비액에서 기원했을 것이다(Hayssen, Blackburn 1985; Vorbach et al. 2006).

　초유colostrum가 젖milk이 되는 변화는 명백하지만, 진수류 젖 조성에는 그 밖의 미묘한 변화들도 일어난다. 젖분비기 초반에는, 젖샘이 젖빨기에 적응하는 동안에 단기적 젖 조성이 변화한다. 예컨대 첫 젖빨기 때 젖에 함유된 당의 양은 몇 차례 수유 후의 함량보다 더 낮다(Jenness 1984). 젖 조성은 젖분비기를 거치는 동안에도 변화한다. 예컨대 코끼리물범 젖의 비타민 A 함량은 젖분비기 말에 여섯 배가 더 높은 반면, 비타민 E의 양은 떨어진다. 코끼리물범의 비타민 E 변화는 다른 육생 암컷들에서의 비타민 E 변화와 비슷하지만, 비타민 A의 변화는 그렇지 않다(Debier et al. 2012). 유사하게 회색곰(큰곰종)과 흑곰(아메리카흑곰종)의 젖에 함유된 당은 젖분비기 초기에 어미가 새끼와 함께 굴에 틀어박혀 굶주리는 때에는 2~6배가 더 많지만(1~3퍼센트), 동면 후 어미가 먹이를 찾아다닐 수 있을 때에는 0.5퍼센트로 떨어진다(Farley, Robbins 1995). 이는 두 가지 뚜렷한 예일 뿐이지만, 젖분비기를 거치는 동안뿐만 아니라 심지어 단 한 차례 수유하는 동안에도 더 미묘한 변화들이 일어난다. 이 변화들은 신생아 발달을 조절하고 모체의 생리학을 위해 되먹임을 제공할 것이다.

젖분비기의 통제: 어미, 자식, 동기

생리학적·분자적 수준에서 젖분비기의 통제는 단 한 차례 수유하는 동안에도, 젖 생산의 전 기간에 걸쳐서도 복잡하기는 마찬가지다. 어미에서의 행동적·생리학적 변화는 증가된 먹이 섭취와 젖 합성 둘 다와 연관되며, 그래서 그것에는 렙틴, 그렐린, 인슐린, 갑상샘호르몬과 같은 대사호르몬들, 칼시토닌, 비타민 D, 부갑상샘호르몬과 같은 무기질 조절에 관여하는 호르몬들, 옥시토신, 프로락틴과 같은 젖빨기에 관여하는 호르몬들을 포함한 다수의 내분비계가 관여한다. 이 모든 (그리고 더 많은) 전령이 다양한 신경내분비 경로들과 상호작용해 젖 합성, 젖빨기를 비롯한 젖분비기의 나머지 측면들을 허락하거나 예방한다. 인간, 암소, 실험실 생쥐와 쥐에 주어져 있는 과학적 역점은 대단한 실용적 가치가 있지만, 나머지 포유류에서 젖분비기의 근접 통제를 이해하는 데에는 거의 도움이 되지 않는다.

젖이 제공하는 건축용 블록과 젖을 받아먹는 행위는 분명 신생아를 변화시키지만, 그것은 영양적 효과 때문만도 아니고 면역적 효과 때문만도 아니다. 젖의 기타 성분에 포함되는 호르몬과 분자도 신생아 발달의 타이밍 또는 범위를 변화시킬 수 있다. 이 점에서 젖샘은 일종의 내분비endocrine 기관으로 볼 수 있으며, 이 영양 또는 면역과 무관한 기능들의 일부를 기술하기 위해 요즘은 **젖분비**lactocrine라는 용어를 사용한다(Bartol et al.

2013). 젖분비기와 젖은 신생아 발달에서 수동적이 아닌 능동적 역할을 갖고 있을 것이다. 어미가 젖이나 수유를 통해 새끼에게 영향을 미칠 만한 방식들의 예가 여기에 있다.

젖을 통해, 어미는 새끼의 행동을 변화시킬 잠재력을 갖고 있다. 예컨대 마카크(마카크속*Macaca*)에서 젖 코르티솔은 자식의 기질과 연관된다. 코르티솔 수준이 높을수록 자식은 체중이 더 빨리 늘지만, 신경이 더 예민해지고, 자신감이 떨어진다(Hinde et al. 2014). 이에 더해 근래의 사변은 어미의 젖, 신생아의 장내미생물, 영아 행동 사이에서 어떤 복잡한 상호작용이 일어난다고 상정한다(Allen-Blevins et al. 2015).

수유도 행동에 영향을 미치는 수단이다. 토끼 어미들은 수유 중에 일종의 페로몬(다른 개체의 행동에 영향을 미치는 냄새)을 분비해 신생아가 재빨리 젖꼭지의 위치를 찾아 젖빨기를 시작하게끔 방아쇠를 당긴다. 이 냄새는 일종의 조건화자극(파블로프 반응을 생각하라)을 제공해 가까이 있는 환경적 큐들의 학습을 증진한다. 따라서 어미의 냄새는 신생아의 인지를 구성하고 있다(Coureaud et al. 2010). 토끼의 경우 수유와 젖분비기는 신생아들이 아직 둥지에 있는 동안 그들에게 환경에 관한 정보를 제공하기 위한 기제다.

젖과 수유는 동기간 경쟁을 위한 장을 하나 더 마련하기도 한다. 이 경쟁은 암컷의 생식로라는 한계 바깥쪽에서 일어나기 때문에, 젖분비기 동안의 갈등은 그 이전의 단계들에 비해 관찰하기가 더 쉽다. 젖샘의 수는 유한하므로 주머니고양잇과와 주머니쥣과의 유대류 다수에서 그렇듯 만약 한배새끼수가 젖꼭지 수보다 많으면, 결국 갈등이 생길 것이다. 이런 종의 경우 젖꼭지를 먼저 찾아내는 새끼만 살아남을 기회를 갖게 될 것이다. 이 초기 한배새끼수 감소를 넘기고 살아남는 새끼들은, 외둥이로 태어나는 새끼들과 아울러, 그들의 긴 젖분비기 중 첫 국면 동안 변함없이 젖꼭지에 붙어 있는다.

영속적 젖꼭지 부착기가 없는 포유류는 젖꼭지를 공유할 수 있다. 그렇지만 타이밍이 중요하다. 젖 조성은 아마 단 한 번 젖빨기 시간을 거치는 동안에도 달라질 것이므로, 다음 순서의 새끼는 똑같은 품질의 젖을 받지 않을 것이다. 나중에 젖을 빠는 새끼는 같은 만큼 오래 젖을 빨 수도 없을 텐데, 만약 수유를 멈추는 때를 암컷이 통제한다면 특히 그러할 것이다. 그렇지만 자극을 받은 젖꼭지는 뒤이어 빠는 사이에 젖내림이 강해질 것이다. 이 도전들은 특정 젖꼭지에 대한 동기간 갈등을 생산할 것이다. 젖꼭지 소유권에 대한 고양이 새끼들과 돼지 새끼들 사이의 공격적 상호작용은 동기들 사이에서 지배 위계가 정해지는 결과를 낳는다(Hudson, Distel 2013).

만약 어미가 나타나자마자 동기들이 재빨리 젖꼭지에 달라붙어서 놓아주지 않는다면, 동기간 경쟁은 줄어들 것이다. 이 집요한 젖꼭지 부착은 40종 이상의 쥐상과 설치류(생쥐, 들쥐, 사슴쥐, 게르빌루스쥐, 햄스터 등)에 대해 알려져 있다. 이런 종 가운데 소수 종의 새끼들은 심지어 달라붙는 데 도움이 되도록 특수하게 발달된 앞니를 갖고 있다(Gilbert 1995). 종마다 암컷들은 수유 시간 끝에 새끼를 떼어내는 서로 다른 방법을 갖고 있다. 프레리들쥐prairie vole(*Microtus ochrogaster*) 어미는 이빨로 집요한 새끼를 젖꼭지에서 끌어내는 반면, 소나무밭쥐pine vole(종) 어미는 좁은 원을 그리며 빙글빙글 돌아 새끼를 떼어내는데, 원심력을 이용하는 것이거나 어쩌면 그저 새끼들을 어지럽게 하는 것이라고 짐작된다(McGuire, Sullivan 2001). 주머니가 없는 유대류의 암컷은 짧은꼬리주머니쥐short-tailed opossum(짧은꼬리주머니쥐속*Monodelphis*)처럼 젖꼭지를 몸속으로 집어넣는 능력을 활용해 새끼를 둥지에 남겨둘 수도 있다(Fadem et al. 1982). 어떤 어미들은 아무 방법도 사용하지 않고 그냥 몸에 붙어 있는 완강한 새끼를 질질 끌며 먹이를 찾아다닌다(Alligood et al. 2008). 어우, 아프겠다.

동기들이 젖분비 동안 서로에게 미치는 부정적 효과들은 잘 문서화되어 있지만, 동기들이 있는 것은 긍정적일 수도 있다. 레서스마카크(히말라야원숭이종) 어미들은 앞선 출산 이후에 젖이 훨씬 더 많이 나온다. 따라서 젖샘에서 마중물을 길어올림으로써, 손위 동기들은 뒤따르는 동기들을 간접적으로 돕는다(Hinde et al. 2008). 이에 더해 한 둥지 안에서 옹송그리는 동기들은 체온조절 비용을 줄여서 성장에 더 많은 에너지를 쓸 수 있다(Nicolás et al. 2011). 같은 한배새끼로서 동기들은 희석 효과를 통해 이득을 볼 수도 있다. 개체가 포식자에게 먹힐 공산은 순전히 집단 속에 있는 것만으로도 줄어든다는 뜻이다.

마지막으로, 새끼는 먹은 젖으로 무엇을 할까?

새끼는 젖을 가지고 무엇을 할까? 놀까 아니면 지방을 불릴까? 기술을 배울까 아니면 더 커질까? 일단 젖이 배달되면, 어미는 새끼가 그 젖을 어떻게 사용하느냐에 대해 통제권이 거의 또는 전혀 없다. 순진한 가정은 젖이 오직 성장을 위해 쓰인다는 것이다. 아기들은 젖을 빨고 시간이 가면서 커진다. 하지만 이 견해는 심지어 살아가기만 하는 데에도 열량이 든다는 사실을 해명하기를 게을리한다. 젖에서 나오는 에너지는 성장을 위해서만이 아니라 그날그날의 생리학(유지maintenance)을 위해서도 쓰여야 한다. 자식 관점에서, 젖은 성장을 위해 쓰일 수도 있고, 저장을 위해 쓰일(예컨대 비계를 포함해 지방으로 투입될) 수도 있고, 놀이나 먹이 찾는 법 배우기와 같은 활동을 지원하는 데 쓰일 수도 있다(Arnould et al. 2003). 설상가상으로, 모든 성분이 같은 방식으로 쓰일 필요도 없다. 젖에서 나온 열량은 활동을 위해 쓰일 수 있을 테지만, 무기질 성분(예컨대 칼슘)은 저장되거나 성장을 위해 쓰일지도 모른다.

심지어 똑같은 서식지에서 생활하는 근연종의 새끼들이 서로 다른 전략을 선택할 수도 있다. 예컨대 남극물개Antarctic fur seal(*Arctocephalus gazella*) 새끼는 젖을 성장 및 신경 발달, 말하자면 헤엄과 잠수 학습을 위해 사용하는 반면, 아남극물개subantarctic fur seal(*Arctocephalus tropicalis*) 새끼는 자원을 지방조직으로 돌린다(Arnould et al. 2003). 이런 차이는 서로 다른 젖떼기 나이의 맥락에서 일어난다. 남극물개 새끼는 4개월령에 독립적으로 먹이를 찾아다녀야 하는 반면, 아남극물개는 10개월 동안, 하지만 2~4주에 한 번씩 3~4일 동안만 젖에 접근할 수 있다(Georges et al. 2001). 그러므로 아남극물개의 새끼는 장기간의 굶주림을 견디며 살아남아야 한다(Arnould et al. 2003).

젖분비기의 새끼 편을 떠나기 전에, 향고래*Physeter macrocephalus* 새끼가 분수공을 통해 수유한다는 의견은 언급할 가치가 있다. 향고래는 머리 생김새가 거대한 주둥이 아래에 그보다 작고 좁은 턱이 달린 모양이기 때문에, 혀와 입천장 사이로 젖꼭지를 붙잡는 조작이 어려울 것이다. 카리브해와 사르가소해에서 이루어진 일련의 수중 관찰에서, 새끼들은 자신의 분수공을 젖꼭지가 들어 있는 오목한 틈에 대고 밀어 올려, 어미가 본질적으로 새끼의 콧구멍인 것 안으로 젖을 뿜어 넣게끔 해주는 듯 보인다. 새끼가 코의 통로와 소화관 통로를 어떻게 따로따로 유지하는가의 물류 이론은 사변적이고 또 난해하다(Gero, Whitehead 2007). 그렇지만 지중해에서 새끼 두 마리를 수중 관찰한 결과는 더 통상적인 구강 수유가 일어날 수 있음을 시사한다(Johnson et al. 2010). 입으로 젖빨기가 향고래에서 더 그럴듯한 수유 방식인 것은 확실하지만, 만약 분수공 수유가 벌어지기는 한다면 그것은 젖분비기가 암컷과 자식의 무수한 필요에 적응하는 다양한 방식의 또 다른 일례일 것이다.

젖분비: 포유류의 정수

젖분비는 포유류를 (지극히 문자 그대로) 정의한다. 포유류mammal를 처음 명명한 칼 린네(1758)가 근거로 삼은 라틴어 *mam*은 젖을 생산하는 샘을 가리킨다. 하지만 젖분비는 해부학보다 훨씬 더 많은 것을 의미한다. 젖분비는 수유의 생리학적 요소뿐만 아니라 그에 연관된 어미와 자식 간의 행동적 되먹임까지 포함한다. 포유류를 가리키는 독일어 명칭 Säugetier는 동사 saugen, 곧 빨다에서 유래하고, 그래서 상호작용 중 신생아 편을 강조한다. 따라서 어미 관점과 신생아 관점 둘 다에서, 포유류는 척추동물 가운데 젖을 사용한다는 점에서 주목할 가치가 있다.

젖분비기는 암컷의 번식 생활 중 커다란 일부다. 젖에 바쳐지는 에너지와 물질은 실질적일 수 있다. 이 수요들이 너무도 커서 젖분비기는 포유류에서 대사적 상한(최대 에너지 사용)을 이해하기 위한 모형으로 사용되어왔다. 젖분비기는 시간을 빼앗고 움직임을 구속할 수도 있는 결과로, 먹이를 탐색할 기회를 줄이면서 포식당할 기회를 늘리기도 한다. 하지만 젖분비기와 모자 유대는 사회관계망과 협동양육으로 이어져오기도 했다.

젖분비기는 포유류의 진화에 중심적이다. 포유류는 그들의 번식을 구성하는 이 다면적 요소로 정의되며, 그것이 그들의 생화학, 생리학, 해부학, 행동, 사회성, 생태학, 그리고 진화에 영향을 미쳐왔다. 임신기가 외부 환경으로부터 새끼가 받을 충격을 완화하는 것과 마찬가지로, 젖분비기는 성체의 먹이를 찾아다니고 가공해야 할 필요로부터 새끼가 받을 충격을 완화한다. 유아 암컷에게 젖분비기의 끝은 독립의 출발점이며 자신의 번식 생활 시작으로 이어진다. 그 새로운 시작들이 다음 장의 주제다.

10
젖떼기와 그 이후

우리의 어미 점박이하이에나는, 딸 하나를 잃었다고는 하지만, 우리가 그를 마지막으로 보았을 때보다 눈에 띄게 더 여위었다. 여윈 몸통에서 갈비뼈가 튀어나왔고, 몇 군데에 난 작은 상처들이 근근이 아물어가고 있다. 정반대로, 살아남은 딸의 성장은 한계를 모르는 듯하다. 딸의 조막만 한 배는 볼록하다. 그래도 딸은 인정사정없이 초췌한 어미에게 더 많은 젖을 요구한다. 딸의 털에도 그의 종명을 결정지은 특징적인 점들이 생겼다. 거의 18개월을 보낸 지금, 어미는 생리적 한계에 달해 있다. 젖 생산 능력이 점점 더 커가는 딸의 요구를 감당하기에는 빠듯할 뿐만 아니라, 집단의 일개 종속자로서 그는 자신이 이 값비싼 젖으로 바꾸는 먹이 한입 한입을 위해 격투를 벌여야만 한다. 그는 지쳤다. 오늘이 그날인데, 그것도 이미 많이 늦었다. 젖떼는 날. 새끼는 어미가 점점 더 마지못해 젖을 내주게 되었음을, 아니 심지어 젖을 먹으려고만 해도 약간 적대적이 되었음을 눈치채지 못했을 것이다. 새끼는 자기가 배고프다는 것—늘 배가 고프다는 것—밖에 모르기 때문이다. 젖떼기는 엄마에게든 딸에게든 친절한 과정은 아닐 것이다. 쌍방이 모든 게 자기 뜻대로 돌아가기를 원한다. 우리의 어미는 만약에 이 모두를 한 달 전에 해치웠더라면 얻는 게 있었을 것이다. 그렇지만 딸은 어미의 돌봄이라는 사치의 무릎에서 한 달을 더 살든 두 달을 더 살든 상관하지 않을 것이다. 그렇지만 계속 젖을 준다면, 어미는 다시 또 한 해 동안 번식하지 못할 것이고, 자신의 건강과 아울러 당장은 배가 고플 뿐인 딸의 건강도 간접적으로 나빠질 것이다. 일단 젖을 떼이면, 어린 암컷 하이에나는 집단 속에서 제몸은 제가 건사해야 하고, 같은 집단원들과 고기를 나눠야 하고, 자신의 보잘것없는 몫을 받아들여야 한다. 서열이 낮은 암컷의 새끼인 그는, 비록 수컷보다는 우월할지라도, 암컷의 사회적 위계 중에서 바닥에 있기 때문이다. 때때로 어려울 테지만, 모든 게 잘 풀리면, 젖뗀아이는 앞으로도 계속 먹고, 병에 걸리지 않고, 어떤 파국적 사건이든 견디고 살아남을 테고, 그래서 자신이 직접 번식할 것이다. 하지만 먼저 그는 사춘기를 통과해 성적 성숙에 도달해야만 한다. (Hill 1980; Holekamp, Smale 1993).

젖떼기weaning란 구체적 의미에서 일반적 의미까지, 구어적 의미에서 전문적 의미까지 많은 색조의 의미를 포괄하는 몹시 불명확한 용어다.

—마틴Martin 1984:1257

번식주기에 관한 이 단원(제2부)은 암컷의 번식 생활 입장과 퇴장을 탐사하는 것으로 끝난다. 번식의 대부분과 달리, 여기서 논의되는 사건들은 주기적이 아니라 개체 암컷의 생애에서 한 번만 일어날 것이다. 젖떼기는 변칙적 사건일 텐데, 한 암컷이 많은 자식의 젖을 뗄 기회를 가질 수 있기 때문이다. 그렇지만 그 자신은 오직 한 번 젖을 떼인다. 이에 더해 그는 오직 한 번 유아juvenile고, 오직 한 번 준성체subadult고, 오직 한 번 사춘기puberty를 통과한다. 마지막으로, 번식후 생활을 가질 소수 암컷들은 완경기를 한 번 통과할 것이다. 이 장에서 우리는 한 암컷의 생애 중 그가 번식과 무관한 두 번의 주요 기간을 다룬다. 어디에나 있는 번식전 기간은 젖떼기와 사춘기 사이에 일어나고, 훨씬 덜 흔한 번식후 기간은 주로 고래류, 코끼리, 영장류에 일어난다.

젖떼기

젖떼기를 정확히 정의하기는 어려운데, 젖떼기에는 어미의 관점과 자식의 관점이라는 두 관점이 관여하기 때문이다(Lee 1996). 젖떼기는 어느 쪽 관점에서든 정의되거나 평가될 수 있지만 두 정의가 항상 일치하지는 않는다. 자식 편에서, 젖떼기란 출생굴로부터의 첫 출현, 첫 고형식 섭취, 둥지로부터의 확산, 어미로부터 떨어진 이후의 체중 유지 능력, **독립**이라는 모호한 용어 가운데 아무것이든 뜻할 수 있다. 어미의 관점에서, 젖떼기란 젖분비기(다시 말해, 젖 생산)의 중단, 한 차례 젖빨기의 지속시간 혹은 빈도의 감소, 다른 한배새끼를 수태할 능력의 회복, 단순히 암컷이 한배새끼를 버리고 떠나는 때 가운데 아무것이든 뜻할 수 있다(Hayssen 1993). 정의에 따라 젖떼기는 갑작스러울 수도 있고 오래 끌 수도 있다. 젖떼기의 측정법에 관해 어느 하나로도 의견이 모아지지 않는 까닭은, 젖떼기란 일련의 과정이지 한 번의 사건이 아니기 때문이다.

정확한 정의가 무엇이건 간에, 젖떼기라는 사건은 어미와 자식의 생활을, 하지만 반대 방향으로 변화시킨다. 에너지적으로 말해, 집중적 투자 기간 후에 자식에 대한 어미의 일일 입력이 급격히 떨어지고, 에너지 부담 전체가 자식에게 주어진다. 갓 젖을 떼인 새끼에게는 이런 에너지적 전환이 흔히 어려우며, 이 사실은 예컨대 사슴쥐(속), 황금생쥐golden mouse(속), 우는토끼(속), 코끼리물범(속)에서 이때 관찰되는 성장 속도 감소(Bryden 1969, Linzey, Linzey 1967; Puget, Gouarderes, 1974)에 의해서뿐만 아니라, 방목하는 레서스마카크(마카크속)에서 관찰되는 스트레스호르몬 수준 증가(Mandalaywala et al. 2014)에 의해서도 입증된다. 땅다람쥐(Hayssen 2008c)와 같은 어떤 종에는 젖떼기가 환경적 자원이 풍부한, 따라서 갓 젖을 떼인 새끼에게 주어지는 부담이 적은 때에 일어난다. 어떤 종은 젖떼기 후에 유아에게 식량을 공급할 수도 있다. 어미가 갓 잡은 먹이를 가져다 줄 수도 있고(식육류), 얼마간 씹은 먹이를 유아가 어미 입에서 받아먹게 해 줄 수도 있고(일부 호저아목 설치류), 씹은 먹이를 뱉어 줄 수도 있고(오리너구리), 먹이를 게워 줄 수도 있고(늑대), 말랑한 특수 배설물을 제공할 수도 있다(코알라, 우는토끼[속])(Ewer 1973; Pond 1977). 고슴도치(고슴도치아과Erinaceinae)나 무스(말코손바닥사슴속)가 그렇듯, 어미가 먹이를 찾아다닐 때 갓 젖을 떼인 새끼를 동반할 수도 있다(Pond 1977). 이런 활동이 젖뗀아이의 생존율을 높인다.

어미로부터 자식으로의 에너지 부담 이동은 이 두 당사자 간 갈등의 잠재적 근원이다. 이론적 관점(Trivers 1974)에서, 어미는 현재의 자식에게 자원을 제공할지, 아니면 미래의 한배새끼들을 위해 자원을 아낄지 양자택일을 해야만 한다. 이 똑같은 관점이 자식은 어미에게 최대한 많은 것을 요구해야 마땅하다고 상정한다. 어떤 딸이든 모성적 관심이 늘면 분명히 이득을 본다. 하지만 그는 그의 어미가 생산하는 모든 미래의 새끼와 친척이기도 하다. 따라서 혈연선택(유전자를 공유한다는 이유로 친척을 돕는 일의 유전적 이득)이 부모-자식 갈등을 얼마간 중재할 것이다.

젖떼기는 동기 간에서도 갈등의 근원일 수 있다. 한배새끼 안에서도 동기들은 발달 상태가 제각각일 테고, 단일한 젖떼기 시점이 모든 자식에게 이롭지도 않을 것이다. 출산의 타이밍과 마찬가지로 젖떼기의 타이밍도 모든 당사자에게 평등하게 알맞지는 않을 것이다. 게다가 만약에 암컷이 임신한 동시에 젖분비 중이라면, 두 번째 한배새끼의 출산이 첫 번째 한배새끼의 젖떼기 시기에 영향을 미칠 것이다. 새끼가 젖을 빨아서 생기는 조건 지연은 두 번째 한배새끼의 출산을 지연할 수 있다(제7장). 한배에 외둥이를 가지는 종에서조차 만약 젖분비기가 충분히 길면, 손위 동기가 젖을 먹고 있는 때에 출산이 일어날 것이다. 예컨대 젖분비기가 2년인 갈라파고스물개Galápagos fur seal(*Arctocephalus galapagoensis*)와 갈라파고스바다사자(종)에서 "최대 23퍼센트의 새끼는 손위 동기가 아직 젖을 먹고 있는 동안에 태어난다"(Trillmich, Wolf 2008:363). 더 어린 새끼는 손위 동기와 경쟁하면 불리하므로, 어미가 손위 동기에게 공격적으로 젖떼기를 강요할 수도 있다(Trillmich, Wolf 2008).

세대 간 갈등의 발상은 번식의 다른 측면들로 확대되어왔고, 번식적 투자를 누가 통제하는가, 부모인가 자식인가와 관련된 생활사 이론을 폭발시켰다. 우리는 이 이론의 파문들을 임신기(제7장)와 젖분비기(제9장)에 관한 우리의 장들에서 얼마간 탐사했다. 세대 간 협동은 이 장에서 나중에 우리가 번식후 생활의 이점들을 조사할 때 등장한다. 하지만 암컷의 번식 생활 끝으로 이동하기에 앞서, 우리는 젖떼기로 조금 더 깊이 뛰어들 것이다. 예컨대, 젖뗀아이들은 정확히 얼마나 클까?

젖떼기 시 크기, 젖떼기중량

젖떼기 시점에 자식이 얼마나 큰지는 종마다 대단히 다양하다. 우선 첫째로, 젖떼기 시 절대 크기는 성체 크기와 관계가 있다. 다시 말해 더 큰 종은 젖떼기 시에 더 큰 새끼를 가지는 경향이 있다. 예컨대 젖떼기 시에 코끼리는 젖뗀 미어캣(속)보다 덩치가 더 크다. 그렇지만 성체 크기의 백분율로서 젖떼기중량은 더 작은 포유류의 것이 더 큰 경향이 있다. 예컨대 일부 박쥐(문둥이박쥐속, 긴가락박쥐속, 멧박쥐속*Nyctalus*, 집박쥐속, 대나무박쥐속*Tylonycteris*), 땃쥐(작은귀땃쥐속, 갯첨서속*Neomys*), 설치류(사슴쥐속, 오스트레일리아쥐속, 수미크라스트저녁쥐속*Nyctomys*)에서 그것은 66~90퍼센트다(Hayssen 1985). 인간은 어디에 들어맞을까? 인간에서는 젖떼는 나이가 문화적으로 가변적이지만 걸음마 무렵인 30개월령 아기의 체중은 11~16킬로그램이고, 그러므로 젖떼기중량은 60킬로그램인 여성의 약 19~26퍼센트다(CDC 2000; Humphrey 2010).

땃쥐부터 바다코끼리까지 포유류 162종에 걸쳐, 젖떼기중량은 어미 중량의 약 40퍼센트인데, 범위는 매너티(속)에서 5퍼센트로 출발해 박쥐 두 종(검은윗수염박쥐*Myotis nigricans*와 작은위흡혈박쥐*Megaderma spasma*)에서 100퍼센트(어미와 같은 크기)에 이른다(Hayssen 1985). 따라서 체중 이외에 다른 요인들이 작용하고 있다. 예컨대 다람쥐류squirrels에서 젖떼기중량은 어미중량의 3분의 1이다. 하지만 서식지별로 살펴보면, 젖떼기중량은 다람쥐chipmunk와 마멋처럼 땅에서 생활하는 다람쥐류의 경우(29퍼센트)가 나무 위에서 생활하는 다람쥐류(45퍼센트)보다 더 낮다(Hayssen 2008b). 우는토끼는 땅다람쥐류의 서식지와 비슷한 서식지를 차지하고, 우는토끼에서 젖떼기중량(어미중량의 32퍼센트)은 땅다람쥐류의 것에 가깝다. 하지만 토끼와 산토끼도 비슷한 서식지를 차지하는데 젖떼기중량은 훨씬 더 작다(산토끼[속]는 24퍼센트, 토끼와 솜꼬리토끼[피그미토끼속, 굴토끼속, 붉은바위토끼속Pronolagus, 솜꼬리토끼속]는 14퍼센트; Hayssen et al. 1993). 또 다른 예는 육식성이면서 물속에서 생활하는 기각류로부터 나온다. 귀 있는 물개류(물갯과)와 귀 없는 물개류(물범과)는 둘 다 젖떼기중량이 일반적으로 어미중량의 20~30퍼센트지만, 바다코끼리(바다코끼리속)의 경우는 64퍼센트다. 분명 서식지 혹은 식성은 젖떼기중량에, 넓은 분류학적 범주에 걸쳐(예컨대 전식육목에 걸쳐) 영향을 미치지 않는다. 하지만 더 작은 분류학적 수준에서는, 예컨대 다람쥐류의 경우처럼 한 과 안에서는 영향력을 지녔을 것이다.

젖떼기중량은 그 자체로 번식의 핵심적 특징이 아니며, 성체 크기에 대한 젖떼기중량의 비율이 유용한 정보를 준다. 그 백분율은 새끼 암컷이 얼마나 더 성장해야 성체 크기에 도달할지를 암시한다. 땃쥐와 작은 설치류는 인간, 다람쥐류, 토끼보다 성장을 덜해도 번식할 수 있다. 달리 말해 땃쥐와 작은 설치류는 성장에 시간을 덜 쓰고 번식에 더 많은 시간을 쓴다.

젖떼기를 정의하기의 어려움에 따르는 문제로서, 젖뗀아이의 체중이든 뭐든 그것을 정확히 언제 잴지를 결정하기도 하나의 쟁점이다. 젖떼기는 오래 끄는 과정일 수 있다. 오스트레일리아바다사자Australian sea lion(Neophoca cinerea)의 경우 독립적 먹이 탐색까지 이행하려면 3~6개월이 걸린다(Lowther, Goldsworthy 2016). 따라서 젖떼기에 관한 데이터는 젖떼기 시크기나 중량뿐만 아니라 젖떼기 시간의 범위마저도 대단히 가변적이어서, 흔히 전 종에 걸친 비교가 불가능하다.

젖떼기란 단순히 새끼가 특정한 크기에 이르기보다 많은 것을 의미한다. 태어났을 때 신생아는 이빨이 없고, 장관腸管은 성체의 식품이 아니라 젖을 소화하도록 점화되어 있다. 포유류는 위턱과 아래턱이 정확히 맞물리는(교합하는) 이빨에 의지한다. 이빨은 둘레가 자라지 않기 때문에, 턱이 거의 성체의 크기여야만 성체의 이빨을 수용해 성체의 먹이를 씹게 해줄 수 있다. 이는 왜 어린 동물은 머리가 비례적으로 성체보다 더 큰가(Pond 1977), 그리고 왜 많은 포유류는 이빨이 두 벌(이생치성)인가, 즉 어금니 없는 한 벌의 유치가 어금니 있는 영구치로 교체되는가를 설명하는 또다른 이유다. 소화관도 성숙해야만 한다. 이는 성체의 식품을 수용하기 위한 생화학, 크기, 미생물총의 변화를 포함한다(Hooper 2004). 일부 호저아목 설치류에서는 적당한 장내 미생물총 축적 시간이 젖떼기를 연장시킬 것이다(Langer 2002). 전반적으로 젖떼기는 유아의 몸이 성체로 생활할 준비를 마쳐야 비로소 성공할 것이다.

젖떼기는 포유류의 생활사 가운데 한 측면에 지나지 않는다. 154쪽에 있는 상자 5.1에서, 우리는 번식 속도와 관계있는 생활사 전략들을 탐사했다. 그 밖에도 이론적 단순화가 번식 패턴을 설명하는 데 사용되곤 한다(상자 10.1). 예컨대 작은 몸집은 흔히 빠른 번식 속도와 연관된다. 생쥐와 땃쥐는 이 각본에 들어맞지만 박쥐는 그렇지 않다. 아마도 이것이 많은 이론가가 그들의 분석 범위를 제한하는 이유일 것이다. 육지에서 생활하는, 날지 못하는 포유류로! 더 중요한 것은 아무 종이든 종의 번식 전략을 이해하려면 그것의 번식에서 많은 측면을 보아야지, 타이밍만, 자식의 수만, 에너지 입력만 보아서는 안 된다는 것이다. 한 측면은 젖떼기와 번식적 성숙 간 시간이다.

이분법

생리학자들과 생태학자들은 번식에 대한 우리의 이해를 단순화하기 위해 다수의 이분법을 고안해 왔다. r 대 K, 고속 대 저속, 자본 대 소득, 만숙성 대 조숙성(제8장), 은신자 대 추종자(제8장), 자연배란 대 유도(조건)배란(제6장)이 그런 예다. 이 모든 이분법은 복잡한 관찰 결과를 단순화하기 때문에 유용하다. 그것은 여러 벌의 특성을 종합해 다룰 수 있는 단위로 바꾼다. 그렇지만 유용한 이분법이 지닌 난점은 그게 자체의 생명을 얻을 수 있고, 기정사실로 받아들여지고, 시간이 가면서 신조가 된다는 점이다. 우리는 그런 이분법 세 가지를 간략하게 기술한다.

어떤 이분법은 이론적 틀을 갖고 있다. 예컨대 r 대 K 분류법은 시간 경과에 따른 개체군 성장의 이론적 S자형 곡선에 기초한다. 여기에는 성장이 밀도에 독립적인 지수적(r) 국면과 성장이 밀도에 의존하는 나중의 점근적(K) 국면이 있다. K선택된 종(코끼리를 생각하라)은 오래 살고 몸집이 크며, 한배새끼수가 적고, 신생아가 크고, 발달이 느려서(성성숙 나이가 늦어서) 부모 돌봄이 늘었다. 정반대로 r선택된 종(생쥐를 생각하라)은 더 작으며, 많은 수의 작고 급속히 발달하는 신생아를 일찍 그리고 자주 낳아 짧은 생애를 다수의 출산으로 채운다. 사실은 r 또는 K 전략을 구성하는 형질들은 생물학적으로 연관될 필요가 없다. 박쥐는 몸집이 작지만 큰 외둥이 새끼를 낳는 반면, 돼지는 꽤 클 수 있지만 한배새끼를 많이 가진다.

r 대 K 연속체는 설득력 있는 이론적 대화를 많이 이끌어냈다. 그렇지만 더 새로운 이분법은 고속–저속 연속체로서, 이것은 예컨대 "빨리 살고 젊어서 죽는" 사망 일정을 근거로 한다 (Promislow, Harvey 1990:417). 사망률이 높은 종은 일찍 성숙해서 짧은 임신기에 뒤따르는 짧은 젖분비기 후에 작은 자식을 많이 생산한다. 따라서 고속–저속 연속체도 r–K 연속체가 하듯이 여전히 비슷한 여러 벌의 번식 특성을 뭉뚱그리지만, 이 분류법에서는 몸집이 제거된다. r–K 틀과 마찬가지로, 생활속도 연속체도 포유류에서 생활사 진화 비교학을 구성하는 데에는 중요한 구실을 했지만, 이 또한 최신화할 때가 되었다(Bielby et al. 2007). 포유류에서 번식 형질들은 단일한 고속–저속 연속체를 따라 저절로 정돈되기는커녕 다수의 난해한 차원에 걸쳐 제각각이다(Bielby et al. 2007).

세 번째 이분법, 자본 대 소득(Jönsson 1997)은 경제학에서 태어난 용어를 써서 자원의 할당에 초점을 둔다. 많은 경우 그것은 (이 이분법에서는 증식이라 불리는) 번식의 모든 측면을 다룬다. 마치 그 측면들에 (흔히 에너지로 뭉뚱그려지는) 단일한 입력 또는 통용화폐가 있는 것처럼 말이다. 자본 증식자는 현재의 번식에 자금을 대기 위해 저장된 에너지를 사용하는 반면, 소득 증식자는 그 번식과 동시에 벌어들인 에너지를 사용한다. 자본 증식자의 고전적인 예는 젖분비기 동안 먹이 없이 지내는 암컷들이다. 자신의 대사적 필요를 지원하기 위해서뿐만 아니라 젖 생산을 위해서도 지방 저장고에 의지하는 두건물범(종) 또는 북극곰(종)이 그런 사례다. 땃쥐처럼 대사율이 높은 종은 최근에 얻은 먹이만 가지고 번식을 지원하는 소득 증식자인지도 모른다. 그렇지만 "자본을 쌓는 데 들인 비용들은 순수한 소득 증식으로도, 순수한 자본 증식으로도, 두 전략의 혼합으로도 이어질 수 있다"(Houston et al. 2007:241)는 이유 때문에, 이 이분법을 특정한 종에 적용하기는 어렵다. 베록스시파카Verreaux's sifaka(종)와 같은 많은 종은 외부 조건에 따라, 번식을 지원하는 데에 저장된 자원을 사용하기도 하고 최근에 얻은 자원을 사용하기도 한다(Lewis, Kappeler 2005). 게다가 번식에 필요한 요소 가운데 칼슘과 같은 일부 요소는 저장이 될 것인 반면, 물과 같은 다른 요소는 그날그날 얻어질 것이다. 그러므로 번식에 중요한 특정 통화는 전 종에 걸쳐, 전 지역에 걸쳐, 전 계절에 걸쳐 달라질 것이다. 마지막으로, 자본과 소득은 유일한 선택지가 아니다. 어미는 태반이나 새끼의 대소변을 먹음으로써, 정액을 재흡수함으로써, 자원을 더 효율적으로 사용함으로써 영양분이나 물을 재활용할 수도 있다. 어미는 심지어 아메리카붉은청서American red squirrel(아메리카붉은다람쥐청서*Tamiasciurus hudsonicus*)가 하듯이, 수태 전에 먹이를 감춰 두었다가 열 달 뒤에 자식에게 내줄 수도 있다(Boutin et al. 2000). 젖분비기에 관한 제9장은 암컷이 번식을 위해 '비용을 지불하는' 많은 수의 복잡한 방식 가운데 소수를 돌아본다.

이분법은 가치를 과소평가할 수 없는 발견적 도구를 제공하는 데 반해, 현실은 자연선택이 개체들에 오랜 기간에 걸쳐 작용한다는 것이다. 자연선택은 이분법적 전략을 만들어내지 않는다. 이분법은 생물학이 아닌 인간에 기원이 있으며 복잡한 세계를 단순화해 제시한다는 점을 우리가 기억하는 한, 그지없이 도움이 될 수 있다.

젖떼기 이후: 유아, 전사춘기, 준성체

젖을 떼인 후, 새끼 암컷은 번식력 있는 성체가 되기 전에 얼마만큼의 시간을 혼자 힘으로 보낸다. 이 사이에 낀 시간은 유아기와 준성체기로 나뉠 수 있지만, 이 두 국면의 구분은 모호하다. 유아는 준성체보다 어리다. 하지만 어떤 특정한 사건도, 다시 말해 젖떼기나 사춘기도, 한 단계의 끝과 다른 단계의 시작을 표시하지는 않는다. 예컨대 젖떼기 이전의 새끼도 때로는 유아라 불리지만, 아직 젖을 먹고 있는 새끼는 결코 준성체라 불리지 않을 것이다. 유사하게 사춘기를 지난, 하지만 첫 번식 이전인 개체도 때로는 준성체라 불리지만 유아라 불리지는 않을 것이다.

명칭이 뭐가 되었건, 젖떼기 다음에 오는 성장 기간에는 신체적 조직과 행동적 반응이 둘 다 성숙한다. 이 성장 국면은 사춘기의 개시와 함께 극적으로 느려지거나 멈춘다. 번식을 앞둔 그 과도기의 지속기간과 규모는 전 종에 걸쳐 매우 가변적이고 종 안에서도 전 개체에 걸쳐 제각각이며 전형적으로 측정되지는 않는다. 그것은 짝짓기 또는 배란을 젖떼기 이전이나 직후에 할 수도 있는 어민ermine(북방족제비종) 또는 옥수수생쥐corn mouse(드라이랜드저녁쥐*Calomys musculinus*)에서처럼 지극히 짧을 수도 있고, 아니면 장수하는 고래에서처럼 몇 해 동안 지속될 수도 있다(Buzzio et al. 2002; Hayssen et al. 1993). 젖떼기와 성성숙 간 시간이 거의 수량화되지 않는 한 가지 원인은, 성성숙에 이르는 시간의 관습적 척도들이 젖떼기가 아닌 출생으로부터 출발하고 따라서 젖분비기를 포함하기 때문이다. 젖떼기와 성성숙 사이 구간에 관해서도 다양한 종에 걸친 정보가 필요하다.

정확한 지속기간과 상관없이, 젖떼기후 기간은 개체들에게 만만치 않은 시간이다. 젖떼기 이후 유아는 먹이와 쉴 곳을 찾아야 하고, 병에 걸리지 말아야 하고, 포식자를 피해야 한다. 사회적인 종에서라면 암컷은 사회 체제에 흡수되고 지배 서열을 확립할 필요도 있을 것이다. 이 모두가 번식 기능에 이상이 없는 성체로 성장하고 성숙하기라는 기본 과제에 추가된다(Fairbanks 2000).

많은 유아와 준성체는 성성숙에 도달하기 전에 죽는다. 젖떼기 이전에는 생존이 일반적으로 어미의 돌봄에 의존하지만, 젖떼기 이후에는 생존이 환경적 조건과 아울러 포식과 질병에 더 밀접하게 연계된다(Beauplet et al. 2005). 유아기는 "가장 평온한 영장류 개체군에서 상대적으로 사망률이 높은" 기간인데, 포식이 특히 흔한 원인이다(Fairbanks 2000:344). 원인과 상관없이 사춘기 이전에 벌어지는 사망은 가임력이나 수명보다 번식성공도에 편차가 더 많은 까닭을 설명할 것이다(Fairbanks 2000).

젖떼기 이후 사망의 한 원인은 확산이다. 확산은 흔히 젖떼기 이후에, 하지만 가임력이 발동하기 이전에 일어난다. 유아의 확산이란 출생지를 떠나거나 어미의 세력권 또는 행동권을 떠나 이주하는 것을 가리킨다. 확산은 일종의 탐험 기간으로서 흔히 높은 사망률, 거주 영역이 새로워짐에 따른 친숙성 감소, 그리고 사회적인 종에서는 친척과의 협동에서 생기는 이득의 상실과 연관된다. 확산의 몇몇 이득으로는 먹이가 더 많거나 포식자가 더 적은 영역을 찾아낼 가망성, 혈족과의 경쟁 회피, 근친번식의 가능성 감소가 포함된다(Handley, Perrin 2007).

포유류에서의 확산은 일반적으로 수컷의 형질이라고, 따라서 암컷은 유소성留巢性(태어난 곳에 머무르는 성질-옮긴이)인 경향이 있다고 여겨진다(Handley, Perrin 2007). 그렇지만 웜뱃wombat(애기웜뱃속Vombatus)으로부터 대형유인원에 이르는 최소 20종의 경우는 암컷이 주된 확산자다(Handley, Perrin 2007). 얼룩말(말속)과 긴팔원숭이gibbon(긴팔원숭이속Hylobates)를 비롯한 일부 종에서는 양성이 모두 확산하는 반면, 벌거숭이두더지쥐(벌거숭이뻐드렁니쥐속)를 비롯한 다른 종에서는 양성 모두가 대개 유소성이다(Braude 2000; Wolff 1993). 물론 성별이나 일반적 성향과 상관없이, 모든 유아가 확산하지는 않는다. 예컨대 캥거루쥐(속) 유아 암컷의 77퍼센트(그리고 유아 수컷의 80퍼센트)는 젖떼기와 번식적 성숙 사이에도 자기가 태어난 굴의 50미터 안에서 떠나지 않았다(Jones 1987). 어떤 이론적 작업은 성별 편향된 확산을 짝짓기 체계와 관련짓지만, 그 관계는 복잡하다(Handley, Perrin 2007).

사회적인 종에서는 유아가 자신의 사회집단 안에 남아 있으면서 어미의 지원으로부터 이득을 볼 것이다. 어미는 포식자에 맞서 또는 동종으로부터 자식을 방어한다(Andres et al. 2013; Brookshier, Fairbanks 2003). 젖떼기와 성성숙 사이에, 구세계원숭이에서는 딸들이 어미와 함께 지내며 성숙한 이후로는 그들의 또래 무리 안에서 나머지 생애 동안 남아 있을 것이다. 따라서 딸들은 젖떼기 이후로도 오래 어미와 근접성을 유지하는 데에서 득을 볼 것이다. 더 나아가 유아와 한 살배기는 밤이면 그들의 어미와 함께 옹송그리고 어미가 털을 골라준다. 딸들은 다른 무리 구성원과 공격적으로 마주쳤을 때 어미로부터 지원을 얻을 것이고, 다친 유아는 어미에게로 돌아가 원조를 구할 것이다. 일반적으로 어미보다는 유아가 관계를 유지한다. 어미는 대개 상호작용을 개시하지 않지만 자식이 접근하면 응답할 것이다(Fairbanks 2000). 전반적으로 사회성에는 유아를 위한 이득이 많다(Silk 2007). 이와 더불어 동종으로부터 얻는 다른 이득에 관해서는 제14장에서 더 논의된다.

번식적 성숙 또는 사춘기

모든 포유류의 양성을 적절히 포괄하는 동시에 모든 관계자를 만족시킬 방식으로 이 발달 단계[사춘기]를 정의할 수 있었던 사람은 지금껏 한 사람도 없었다.

—브론슨Bronson, 리스먼Rissman 1986:157

사춘기는 단순한 일련의 뇌세포, 호르몬, 표적 조직 간 상호작용보다 훨씬 더 많은 것을 의미한다. 그것은 포유류 생물학에서 전반적으로 중요한 현상이다.

—브론슨, 리스먼 1986:158

젖떼기 이후 언젠가, 암컷은 번식적으로 성숙하게 된다. 다시 말해 자식을 생산할 수 있게 된다. 이 사건은 일련의 다양한 처음, 이를테면 첫 배란, 첫 짝짓기, 첫 수태, 첫 출산 따위로 평가될 수 있다. 그렇지만 그 처음들 가운데 아무것으로든 이어지는 과정에는 흔히 그 특정한 사건에 한참 앞서서 일어나는 점진적 시작들이 있다. 젖떼기와 마찬가지로 번식적 성숙도 일련의 과정이지 사건이 아니다.

　사춘기는 동물 사육자뿐만 아니라 개체군 생태학자한테도 중요한 의미를 지닌다. 효율적 생산을 위해서는 개체상에서 번식적 발달을 제한하거나 가속하는 생리학적 조건들이 중요하다. 하지만 첫번식나이도 개체군 인구학demographics에 영향을 미친다. 이 맥락에서 생태학적·계통발생론적·에너지적 요인 또한 관계가 있다. 따라서 포유류에서의 번식적 성숙은 기계론적 틀뿐만 아니라 진화론적 틀까지 모두 동원해 연구되어왔다.

진화론적 견지에서 "가임력의 발동은 가까운 장래에 에너지를 엄청나게 소비할 위험의 전조가 된다"(Bronson, Rissman 1986:163). 따라서 사춘기는 암컷이 그의 첫 한배새끼를 성공적으로 기를 공산이 최고가 되도록 때가 맞춰져 있을 가능성이 크다. 몸집, 분류군, 서식지, 식사 체제, 체온조절 능력 모두가 종 수준에서 번식적 성숙 타이밍의 차이와 관계가 있을 것이다. 하지만 단 한 요인도 우세한 영향력은 갖고 있지 않다.

몸집이 일례다. 포유류 547종에 걸쳐 몸집은 첫번식나이에 있는 변이의 56퍼센트를 설명한다(Wootton 1987). 놀라울 것도 없이 더 큰 종은 일반적으로 번식적 성숙에 도달하는 시간이 더 오래 걸린다(Charnov 1991). 그렇지만 거대한 수염고래나 더 작은 이빨고래나 첫번식나이는 비슷하다(5~10년). 물론 사람은 훨씬 더 작은데 번식적으로 성숙하는 시간은 심지어 더 오래 걸린다. 그러므로 계통발생론적 영향 또한 중요하다.

생태학은 어떨까? 다수의 종에 걸친 비교들은 생태학적 차이에 영향력이 거의 없을 것임을 시사한다(Wootton 1987). 하지만 이런 대규모 비교에서는 많은 세부 사항이 사라지므로 자잘한 분석이 더 이해를 도울 것이다. 생태학이 번식적 성숙의 진화에 미치는 효과를 평가하려면 우리는 생태학적 변이가 존재하는 하나의 분류군 안에서, 이를테면 땅다람쥐와 나무다람쥐와 날다람쥐를 비교하거나 애추에서 사는 우는토끼 대 바위에서 사는 우는토끼를 비교할 필요가 있다. 한 가지 어려움은, 첫 번식에 관한 데이터들이 일관된 기준을 사용해 수집한 게 아니므로, 아주 자잘한 수준에서 양질의 비교를 할 수는 없다는 점이다. 게다가 생태학적 요인은 첫번식나이뿐만 아니라 번식의 모든 면에 영향을 미친다. 예컨대 많은 땅다람쥐는 한 해에 출산을 한 번만 하는 반면, 나무다람쥐는 두 번 이상 한다(Hayssen 2008a).

결과적으로 땅다람쥐는 태어난 해에 번식을 못 하지만, 나무다람쥐는 할 수 있다. 이런 제약들 때문에 사춘기에 미치는 생태학적 효과를 전 종에 걸쳐 이해하기는 어렵다.

자연선택은 온갖 환경적 요인에 맞춰 사춘기의 타이밍 조정을 보강할 것이다. 그 요인은 먹이, 물, 영양소의 가용성일 수도, 바람직한 계절과 기후일 수도, 낮은 포식자와 병원균 존재비일 수도, 긍정적인 동종 상호작용일 수도 있다. 이런 생태학적 변인은 아무것이든 또한 개체 암컷에게 외부적 큐를 제공해 성성숙을 촉발할 수 있을 것이다. 그는 이런 큐를 써서 그의 환경을 평가하고 그의 자원 할당을 성장 쪽으로 또는 번식적 성숙 쪽으로 조정할 수 있을 것이다(그림 10.1).

동종에서 나오는 큐도 사춘기의 타이밍에 영향을 미칠 것이다. 예컨대 실험실 설치류에서는 암컷의 사춘기가 성체 수컷의 오줌 냄새에 의해 가속되거나 성체 암컷의 오줌 냄새에 의해 억제될 수 있다(Bronson, Rissman 1983). 북극여우Arctic fox(종)에서는 성적으로 활성화된 성체의 소변에 함유된 페로몬이 유아에서 사춘기를 촉발하는데, 암컷의 페로몬이 성체 수컷의 페로몬보다 효과가 더 강하다(Bartos et al. 1991).

환경에서 나오는 그 밖의 생물적 큐가 사춘기를 촉발할 수도 있다. 예컨대 새로 나는 풀에 들어 있는 특정한 식물 대사산물들(제11장)도 섭취되면 사춘기를 촉발할 수 있다(Diedrich et al. 2014; Bronson, Rissman 1986). 광주기와 같은 비생물적 큐 또한 사춘기를 촉발할 수 있다(Bronson, Rissman 1986). 암컷에서는 계절적 번식을 촉발하는 큐(제12장)가 첫 번식에도 큐일 것이다. 계절적 번식은 심지어 계절적으로 되풀이되는 사춘기로 볼 수 있을지도 모른다. 첫 번식은 나중 번식들과 비교해 암컷의 개체발생론적 프로필(그의 과거사)에 큰 차이가 있을 뿐이다. 번식의 다른 측면과 마찬가지로 사춘기의 타이밍은 외부 큐와 내부 큐 다수의 복잡한 상호작용이며, 그 모두가 자신이 물려받은 유전적 잠재력(예컨대 표현형)에 구속되는 한 암컷 안

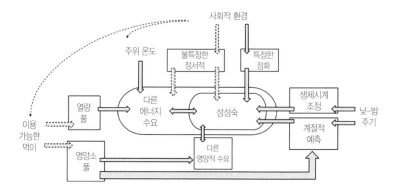

그림 10.1 성성숙에 미치는 영향들. 큰 타원은 암컷의 뇌를 나타내며, 그 안에서 자극들이 통합되어 성성숙(작은 타원)을 조절한다. 암컷의 몸안에서 작용하는 요인들은 작은 네모들에서 보여준다. 외부 자극은 상자에 담겨 있지 않다. 비생물적 변인(낮/밤, 온도)과 생물적 변인(동종 상호작용, 먹이 가용성) 모두가 사춘기의 타이밍에 영향을 준다. 음영이 들어간 화살표는 선택압을 강하게 받는 경로를 암시한다. 점선은 무작위 환경 변동에 직면해 더 유연한 경로를 암시한다. Bronson, Rissman 1986에서 가져와 Abigail Michelson이 변형.

에서 벌어진다.

사춘기를 떠나기 전에, 한 가지 흥미진진한 사례는 언급할 가치가 있다. 암컷 스토트(북방족제비종)는 이례적이다. 이들은 일령 17~75일에 처음 짝짓기를 한다. 그렇지만 젖분비기의 길이는 대개 5주다(35일; Hayssen et al. 1993). 그러므로 소수 사례에서는 암컷이 젖을 떼기 전에, 어쩌면 심지어 눈도 뜨기 전에 짝짓기를 할 것이다(Amstislavsky, Ternovskaya 2000; King 1983; Weir, Rowlands 1973). 달리 말해 사춘기가 젖떼기 이전에 일어난다. 암컷 스토트에서는 가변적이고 조건적인 착상 지연의 기간이 임신기에 포함되므로, 유아 암컷이 짝짓기를 (아마도 한 번 이상) 하고도 그 결과로 생기는 모든 수태산물을 붙잡아 둔 채로 자신의 성장과 발달을 완료할 수 있다. 언젠가 훗날에 그는 자신이 젖을 떼기 이전에 수태한 한배새끼의 임신을 중단할 수도 있고, 아니면 수컷을 찾아낼 때까지 기다릴 필요 없이 자신의 한배새끼가 발달하도록 해줄 수도 있다. 어린 암컷의 경우는 임신기가 224~393일(7.5~13개월) 동안 지속될 수 있음으로써, 그에게는 번식을 완료하기에 적당한 때를 선택할 기회가 넉넉히 주어진다(Ams-tislavsky, Ternovskaya 2000).

북방족제비종에서의 번식 패턴은 여기서 더더욱 흥미를 끈다. 왜냐하면 흔히 같은 영역에서 생활하는 친척 종(쇠족제비*Mustela nivalis*)의 암컷들은 젖을 떼인 지 한참 후에야 성적으로 성숙해지기 때문이다. 이 암컷들은 3~4개월령에 처음 짝짓기를 하는데, 그 결과로 이루어지는 모든 임신이 지연 없이 진행된다(Weir, Rowlands 1973). 북방족제비종에서 일어나는 조기 성성숙의 생리학은 알려져 있지 않으며, 친척인 동지역 종에서 왜 그토록 상반된 번식 프로필이 진화했는지에 대해 이치에 닿는 설명도 우리는 갖고 있지 않다.

환경, 번식적 노쇠, 번식후 생활

노쇠란 나이듦에 따른 생리학적 조건의 쇠퇴를 가리킨다. 많은 암컷의 경우는 사망이 노화를 대신한다. 그럼에도 불구하고 어떤 암컷들은 실제로 더 고령에 도달한다. 번식적 노쇠는 수태하고 임신기와 젖분비기를 통해 자식을 지원하는 능력에서 나이듦에 따라 일어나는 쇠퇴를 부각시킨다. 가임력은 나이듦에 따라 변화한다. 많은 암컷은 사춘기 직후에 더 낮은 가임력을 갖고 있는데, 그다음에 가임력이 올라갔다가 마지막으로 떨어진다. 예컨대 미어캣에서도 한배새끼수, 연간출산수, 출산용 땅굴에서 나타나는 새끼의 수가 모두 사춘기 이후에 증가하는데, 네 살에 절정에 달하고 그다음에 급격히 감소한다(Sharp, Clutton-Brock 2010).

대부분의 암컷 포유류는 죽을 때까지 번식한다. 왜냐하면 그렇게 하는 게 다음 세대에 대한 그들의 직접적 기여를 최대화하는 가장 직접적인 방법이기 때문이다. 인간은 예외인데, 왜냐하면 그들은 수명의 끝에 다다르기 한참 전에 번식적 노쇠를 경험하기 때문이다(제15장 참조).

번식이 중단된 이후의 생활이 대부분의 종에 워낙 드물기 때문에, 우리는 인간 외 포유류의 범위에서 상세한 논의를 펼치기에 적당한 언어를 갖고 있지 않다. 실은 **완경**menopause도 월경주기가 멈추는 때를 식별하는 인간중심적 용어다. 이는 여성이 더는 수태하지 못하는 때이기도 하다. 대부분의 다른 포유류는 월경을 하지 않는다. 하지만 모든 포유류 암컷이 더는 수태하지 못하는 때에 도달할 것이다. 새로운 용어를 만들어내는 대신에, 우리는 코헨Cohen(2004)을 따라 '완경'을 사용해 수태 능력이 나이 때문에 자연히 멈추는 때를 일컫는다. 물론 완경이라는 사건 자체보다는 번식후 기간이 훨씬 더 흥미롭다.

번식이 멈춘 이후의 생활은 포유류에서 얼마나 흔할까? 인간은 완경을 한참 지나서도 살 수 있는 게 확실하다(Alberts et al. 2013; Cohen 2004). 많은 가축(또는 반가축) 포유류, 이를테면 소, 붉은사슴(말사슴종), 말, 개, 고양이, 토끼, 실험실 생쥐, 중국햄스터Chinese hamster(*Cricetulus griseus*)한테도 번식후 생활이 있다(Cohen 2004). 번식 이후의 생활은 포획된 영장류 중에서도 최소 17종에서 문서화되어왔다(Cohen 2004). 그렇지만 포획된 포유류와 가축화된 포유류의 생활은 야생에서의 생활에 비해 변칙적이라고 누구든 따질 수 있을 것이다.

야생 포유류에서의 번식후 생활을 문서화하기는 어려울 뿐 아니라 수명이 변인으로 혼입된다. 밭쥐나 땃쥐처럼 단명한 포유류는 생애가 애초부터 워낙 짧기 때문에, 거의 정의상, 번식을 멈춘 이후에 많은 생활이 있을 수 없다. 더 장수하는 포유류는 완경 이후에도 생활할 잠재력이 있지만, 야생에서 개체 암컷들을 장기간 관찰하는 데에는 한계가 있다. 장수하는 영장류 사이에서는 완경이 일어나지만 소수 개체에서만 그렇다(Alberts et al. 2013). 사자(종), 북극곰(종), 아프리카코끼리(종)도 소수 암컷이 야생에서 번식을 지나 생활한다(Cohen 2004). 고래류 사이에서는 매우 큰 수염고래들은 죽을 때까지 번식하지만, 이빨고래(아목) 가운데 여럿이 (최소한 일부 개체군에서) 번식후 생활을 가진다. 범고래Orcinus orca, 범고래붙이false killer whale(Pseudorca crassidens)가, 그리고 아마 향고래(종), 알락돌고래spotted dolphin(범열대알락돌고래Stenella attenuata), 스피너돌고래spinner dolphin(긴부리돌고래Stenella longirostris), 짧은지느러미길잡이고래short-finned pilot whale(들쇠고래Globicephala macrorhynchus), 긴지느러미길잡이고래long-finned pilot whale(참거두고래Globicephala mclaena)도 여기에 포함될 것이다(Marsh, Kasuya 1986). 박쥐와 캥거루는 비교적 오래 살지만, 지금껏 연구된 개체 암컷의 수가 너무 적어서 암컷이 도대체 언제 번식을 멈추는가를 그들의 수명에 비교해 확정할 수가 없다. 따라서 여성의 경우가 잘 문서화되어 있더라도, 나머지 포유류는 번식적 노쇠에 관한 데이터가 드문 형편이다.

단지 소수 암컷이 번식 이후에도 그럭저럭 생활한다고 해서 선택이 암컷 생활의 이 측면을 선호해왔다고 할 수는 없다. 선택이 암컷의 번식후 수명에 직접 작용하는 건 불가능하다. 자식이 하나도 생산되지 않으니까! 그렇지만 만약 번식후 암컷이 그들의 후손, 이를테면 손자의 번식량을 증가시킬 수 있다면, 선택도 번식적 노쇠 이후 생활의 연장을 선호할 것이다. 이 일이 벌어질 승산은 다세대 사회체제를 가진 분류군에서 가장 높다. 그런 사회체제는 할머니가 손자의 건강과 안녕에 기여할 배출구를 제공한다. 포획된 버빗원숭이vervet monkey(버빗원숭이속Chlorocebus)로부터 나온 데이터는, 늙은 암컷 친척의 존재가 가임력을 높이고 영아 사망률을 낮춤으로써 딸들의 번식성공도를 높일 것임을 시사한다. 늙은 암컷은 자식의 자식grand-offspring을 적극적으로 방어함으로써 그들의 생존을 증진할 것이다(Fairbanks 2000). 그런 다세대 지원은 코끼리, 범고래, 인간에 있는 것과 같은 다수준의 사회체제를 요구한다. 번식후 노쇠가 없는 자연적으로 긴 생활도 전 세대에 걸친 상호작용을 가능케 한다.

번식후 생활은 수컷에 작용한 선택이 수명 증가를 선호한 결과일 수도 있다. 정자발생은 수컷이 나이를 먹어도 완전히 멈추지 않으며, 그러므로 수컷은 늙더라도 자식을 볼 수 있다. 암컷과 수컷은 거의 동일한 유전체를 갖고 있다. 수컷에서 장수에 유리한 선택이 대립유전자를 변화시키면, Y염색체를 제외한 염색체 상의 변화된 대립유전자는 딸에게도 전해질 것이다. 그런 딸은 아비에 있는 장수 지향적 성향을 배란이 멈추는 때를 변화시키지 않고도 물려받을 수 있을 것이다.

하지만 한 발짝 물러나자. 만약 암컷도 새로운 생식세포 창조를 계속한다면, 번식후 생활은 논란의 여지가 있는 문제일 것이다. 그래서, 난모세포의 수는 왜 제한되는데? 암컷은 왜 새로운 생식세포 창조를 그만두지? 우리는 모른다. 많은 동물, 이를테면 물고기와 개구리에서는 난자발생이 성체 생활 내내 계속된다. 이 암컷들은 새로운 난원세포를 창조할 수 있는 줄기세포를 보유하고 있다. 따라서 번식을 원할 때마다 새로운 난모세포를 방출할 수 있다. 하지만 상어, 새, 그리고 대부분의 포유류에서는 이렇지 않다. 이 암컷들의 경우는 단 한 번, 대규모 난원세포 개체군이 생애 초기에 생산되고, 이 개체군이 그 후 모든 난모세포의 공급원이다(Rothchild 2002; 제6장). 따라서 대부분의 암컷 포유류는 태어났을 때부터 생식세포 공급량이 한정되어 있고, 이 공급량은 흔히 암컷이 태어나기 전에 결정된다. 만약 어느 암컷이 충분히 오래 생존한다면 그는 결국 생식세포가 다 떨어질 것이다. 하지만 이것은 만족스러운 답이 아닌데, 한 암컷 가지고 태어나는 잠재적 생식세포의 수는 흔히 그가 가질 잠재적 배란의 수보다 훨씬 더 크기 때문이다. 게다가 소수 포유류의 암컷은 배란 때마다 생식세포를 수백 개씩 생산하고, 일부 데이터는 신난자발생도 가능함을 시사한다(제6장).

환경에 관한 한 가지 가설은, 40~50년 된 난원세포는 복제에서 오류가 일어나기 쉬울 것이고, 그래서 비정상인 자식을 생산하리라는 것이다. 오래된 난원세포가 오류에 취약하다는 점은 잘 문서화되어 있다(Jones, Lane 2013). 하지만 비정상인 배아를 거부하기 위한 기제들이 갖춰져 있다는 점도 잘 문서화되어 있기는 마찬가지다(제8장). 또한 죽을 때까지 번식한다고 전해지는 수염고래도 노년(65~100살)에 도달한다(George et al. 1999; Hamilton et al. 1998; Marsh, Kasuya 1986). 그리고 아시아코끼리(속)는 지금껏 알려진 바로 62세에도 새끼를 낳는다(Sukumar et al. 1997).

직접적인 답은, 출생 전에 생식세포 발달을 정지시키도록 암컷에 작용하는 선택압에 관한 분자 기반의 가설을 더 자세히 들여다봄으로써 나올 것이다(Mira 1998). 이런 가설은 성공적인 생식세포 창조에서 돌연변이, 유전적 재조합, 극체 간 경쟁 따위가 담당하는 역할을 탐사한다. 어쩌면 번식후 생활에 관한 문제는 암컷이 태어나기도 전에 벌어지는 사건을 중심으로 돌아갈 것이다. 우리는 이 논의를 마지막 장에서 계속한다.

젖떼기와 그 이후, 복습

개체 암컷의 경우, 그의 번식 생활 중 단계는 난자발생, 수태, 착상, 태반형성, 출생, 수유, 젖떼기, 유아, 준성체, 사춘기까지고, 그다음에는 임신기, 출산, 젖분비기로 이루어진 주기가 얼마간 반복되다가 마침내 (있다면) 완경이 그의 번식 생활을 멈춘다. 일단 어느 암컷이 번식력 있는 성체가 되면 그는 상당히 연속적으로 자식을 생산하며, 휴지 그리고/또는 비번식 기간은 그의 조건과 환경의 조건에 따라 중간에 끼어들 뿐이다. 대부분의 성체 암컷은 언젠가 그 번식 기간 중에 죽지만, 소수는 살아남아 번식후 생활을 누린다.

이 장의 주된 초점은 암컷의 생활 중 그가 그의 어미와 그의 자식 둘 다에 독립적인 부분들에 맞춰져 있었다. 다시 말해 젖떼기로부터 사춘기에 이르는 구간과 환경으로부터 죽음에 이르는 구간이다. 이 '비번식' 기간들은 그럼에도 그의 번식성공도에 영향을 준다. 그리고 첫번식나이는 개체군 인구학과 생활사 이론을 평가하는 데 중요하다.

암컷의 독립적 생활이 지닌 중요성과 상관없이, 책의 이번 단원에서 주로 다룬 내용은 암컷의 생활에서 그가 짝 그리고 자식과 직접 상호작용하는 부분이었다. 번식하는 암컷은 본질적으로 사회적이다. 암컷이 짝 그리고 자식과 맺는 관계는 다른 모든 면에서 '혼자 있기를 좋아하는solitary'(단독생활 동물로 분류되는─옮긴이) 포유류 종에서조차 그의 번식 생활 가운데 거의 전부를 차지한다. 암컷은 그들의 번식 활동을 그것에 도움이 될 수도 있고 해가 될 수도 있는 환경 안에서 실행한다. 날씨도, 포식자도, 기생충도, 질병 매개체도 특정한 번식 시도의 성공에 영향을 미칠 것이다. 먹이는 구할 수 있어야만 하고 미생물 공동체도 지원되어야만 한다. 사회집단의 일부인 암컷은 동종들과도 상호작용할 것이다. 이 동종들은 암컷의 새끼를 보호하거나 암컷의 새끼에게 먹이를 제공함으로써 암컷을 도울 수도 있다. 하지만 그들은 영아살해로 자식을 해칠 수도 있다. 다음 단원은 암컷이 자식을 성공적으로 기르기 위해 바깥쪽 세계에 어떻게 대응하는지를 탐사한다.

제3부

맥락 안에서의 번식

- 포유류의 번식에 미치는 비생물적 영향
- 다른 종과의 상호작용
- 사회생활: 동종이 주는 도움과 피해

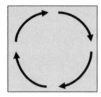

번식 중인 암컷은 결코 홀로 떨어진 섬이 아니다. 제3부는 환경, 살아 있지 않은(비생물적) 환경과 살아 있는(생물적) 환경 둘 다의 맥락에서 암컷 번식을 조사한다. 번식하는 암컷 하나하나는 변화하는 날씨, 기압 또는 수압, 온도, 물의 가용성을 포함해, 비생물적 세계의 각종 도전과 혜택을 맞이해야만 한다(제11장). 그의 생활은 다른 생물들의 생활과도 서로 얽힌다. 이 생물적 세계에서 그는 이종 생물들, 포식자와 기생충과 먹잇감도 똑같이 마주친다(제12장). 마지막으로 암컷은 복잡한, 사회적 동종 상호작용의 일원으로서 자매, 숙모, 어미, 짝, 경쟁자, 협력자 가운데 하나이기도 하다(제13장). 암컷과 그의 환경과의 연관성을 상징하기 위해, 이 단원을 위한 도식(그림 참조)은 환경을 묘사하는 상자 안에 번식 주기를 끼워 넣는다. 암컷은 이 단원이 탐사하는 '큰 그림'의 제약 안에서 번식한다.

11

포유류의 번식에 미치는 비생물적 영향

그는 적도equatorial 포유류다(남위 28도~북위 17도에 있다). 하지만 그의 환경이 평형equilibrium 상태인 것은 아니다. 계절성 강우가 그 주위의 생물학 중 많은 부분을 주도한다. 가뭄은 7월부터 10월까지 일어날 것이고, 홍수는 다른 달들에 일어날 것이다. 하지만 비는 예측할 수 없다. 수태나 출산 둘 중 하나를 위해 믿을 만한 큐를 제공할 만큼 예측이 가능하지 않은 것만은 확실하다. 비를 예측하지 못하기 때문에, 그는 그 결과들을 감당해야만 한다. 전에는 가뭄이 그의 젖 생산을 제한해서 그의 새끼들이 굶주렸다. 최근에는 폭우로 그의 출산용 굴이 물에 잠겼다. 그는 물에 빠져 죽을 게 확실한 딸을 질질 끌고, 둘 다 진흙으로 떡칠이 되어 나타났다. 비가 그쳤을 때, 그는 흘러들어간 진흙을 조심스럽게 긁어내 굴을 살려냈다. 날씨도 도전을 창조하겠지만, 그의 새끼는 그의 무리에 속한 짝의 이빨과 발톱에 죽을 가능성도 크다. (East et al. 1989; Holekamp et al. 1999a; Lindeque, Skinner 1982a; White 2005)

한 계절이 지나는 동안은 그 계절 안에서 살라. 그 계절의 공기를 들이쉬고, 그 계절의 음료를 마시고, 그 계절의 과일을 맛보며, 그 계절의 영향에 자신을 맡기라.
—헨리 데이비드 소로의 1853년 8월 23일 자 일기 내용; 셰퍼드Shepard 1927:119

비생물적 세계란 살아 있지 않은 세계, 변화하지만 적응하지 않는 세계다. 인간으로서 우리는 별똥별, 날씨, 기후, 계절, 공해와 같은 비생물적 세계의 주요 특징을, 그것이 어떻게 해서 번식에 분명하게 영향을 미치는가와 아울러 쉽게 알아볼 수 있다. 광물질이나 달빛처럼 번식에 대한 관계가 덜 명백한 특징도 같은 만큼 중요할 수 있다. 일례로 암컷은 칼슘과 소금이 자신을 위해서도 새끼의 발달을 위해서도 필요하다(그림 11.1). 결과적으로 자연에서 소금을 핥을 수 있는 곳들은 임신기나 젖분비기 중에 색출될 것이다 (Atwood, Weeks 2003). 다른 예로 달빛은 암컷이나 그의 새끼를 노출시켜 포식을 증가시킬 것이다(Griffin et al. 2005; Prugh, Golden 2014). 심지어 더 미묘하게는, 대양의 수심이 증가함에 따른 압력 변화, 혹은 고도가 증가함에 따른 산소 함량 변화도 태반기 영양분 및 가스 교환을 변화시킬 수 있다(Zamudio 2003).

심지어 임신기 후에도 비생물적 환경은 중요하다. 자식한테는 특히 더한데, 자식은 포궁 안에서 따뜻하게 보호받다가 춥고 힘든 세계로 갑자기 옮겨지기 때문이다. 자식은 외부 조건을 성체만큼 잘 감당할 역량이 없을

그림 11.1 미국 몬태나주 글레이셔국립공원에서 광물질을 핥고 있는 흰바위산양mountain goat(*Oreamnos americanus*) 유모와 꼬마. Sumio Harada가 찍은 사진을 Minden Pictures의 허락을 얻어 사용.

것이다. 이런 자식의 한계에 대한 적응은 광범위한 결과를 초래할 것이다. 향고래(속)의 경우는 새끼에 작용한 비생물적 효과가 성체의 사회체제에 영향을 미쳤을 것이다. 향고래 새끼는 깊이 잠수하지 못하는데 성체한테는 먹이를 찾아 깊이 잠수하는 게 일과이기 때문에, 새끼 고래는 표면 수역에 남아 포식자에 노출되어 있어야만 한다. 결과적으로, 새끼가 있으면 암컷들은 엇갈려 잠수함으로써 어른 하나가 언제나 새끼 곁에 붙어 있게끔 한다(Gowans et al. 2001). 혈연선택은 친척 암컷들이 협력해서 새끼를 보호하는 데 유리한 모든 성향을 강화할 것이다. 따라서 향고래의 모계사회 조직은 새끼 고래에게 깊은 수역에서 먹이를 찾아다닐 능력이 없는 데 따른 결과일 것이다. 분명 비생물적 환경은 명백하고 미묘한 여러 면에서 번식에 영향을 미칠 수 있다.

비생물적 환경에 대한 잘 알려진 적응은 대부분 생존에 관련된다. 예컨대 콩팥의 세뇨관이 길어지는 것은 물을 보유하기 위해서다(캥거루쥐[속]). 치밀한 털은 열을 보유한다(물개[북방물개속]). 지방 대사가 변형되는 것은 굶는 기간을 위해 지방 저장고를 늘리기 위함이다(낙타[속], 다람쥐 chipmunk[다람쥐속*Tamias*]). 길어진 귀는 피를 식힌다(키트여우kit fox[*Vulpes macrotis*], 영양잭토끼antelope jackrabbit[*Lepus alleni*]). 순환의 변형은 심해 잠수를 감안한다(코끼리물범속 코끼리물범; 향고래). 헤모글로빈에는 높은 고도 형태가 있다(라마[라마속*Lama*], 사슴쥐*Peromyscus maniculatus*). 이는 포유류가 환경적 도전을 맞이하기 위해 진화시켜온 많은 적응 가운데 소수일 뿐이다. 하지만 이런 도전을 맞이하기 위해 번식에는 무슨 변화들이 일어나왔을까?

번식에 영향을 미치는 비생물적 요인은 많고도 다양하다. 자세히 탐사하기에는 너무 많고 너무 다양하다. 따라서 우리는 소수에만 초점을 맞춰 비생물적 환경이 번식에 영향을 미치는 무수한 방식의 사례를 보여줄 것이다. 여기서, 우리는 번식에 미치는 비생물적 환경의 영향을 세 가지 방식으로 생각해보며 각각의 사고방식에서 하나의 예를 제시한다.

첫째, 우리는 개별적인 비생물적 변인이 번식에 미치는 효과를 탐사한다. 산소압도, 온도도, 물 또는 미량원소의 존재비도, 일반적 날씨 유형도 번식에 영향을 준다. 우리는 물을 탐사하기로 했는데, 물은 생활을 위한 기반일 뿐만 아니라 생명체의 성분이기도 하기 때문이다. 물속 생활은 육상동물이 대면하지 않는, 특히 열손실에 관한 부담을 해양 포유류에게 지운다. 육상에서는 물이 특히 매우 뜨겁거나 매우 찬 온도와 합쳐져 번식을 제한할 수 있다. 해양 포유류와 사막 포유류는 풍부하거나 제한된 물에 그들의 번식을 적응시켜왔다.

둘째, 비생물적 요인은 다수가 공변화해 하나의 기후 지역을 창출한다. 지역적 변이가 흔히 일어나는 이유는 비생물적 특징들이 상관될 수 있기 때문이다. 예컨대 높은 고도에서는 저온, 저산소, 저압이 표준이다. 유사하게, 해양의 깊은 영역에서는 고압, 일정하지만 찬 온도, 어두움이 정상이다. 지역적 변이의 다른 예로는 기후, 해류(엘니뇨를 생각하라), 그리고 그 밖의 날씨 패턴이 포함된다. 살아 있는 요소가 비생물적 환경과 함께 포함되면, 기후 지역을 생물군계라고 부른다.

지리적으로 다른 영역들이 똑같은 한 무리의 비생물적 특징을 갖고 있을 것이다. 이런 영역은 넓게 퍼져 있을 수도 있고 널리 떨어져 있을 수도 있다. 예컨대 대양에서 빛이 내려갈 수 있는 구간(예컨대 투광층 또는 표해수층epipelagic zone)은 캄캄하고 온도가 일정한 심해(예컨대 점심漸深해수층 bathypelagic zone)와 다르다. 둘 다 넓게 퍼져 있다. 육상에서, 몽골에 있는 고비사막이든 미국과 멕시코에 있는 소노라사막이든 사막 지역에서는 물이 제한되어 있고, 남아메리카에 있는 안데스산맥이나 아시아에 있는 히말라야산맥과 같은 높은 고도의 산들에서는 산소가 제한되어 있다. 사막, 산꼭대기, 열대 밀림은 모두 특정하고 유사한 비생물적 특성들을 갖고 있지만, 저마다의 식물 및 포유류 공동체는 지리에 따라 다르다. 이런 생물적 공동체는 풍부하고 복잡할 수 있다.

지역적 일례를 위한 우리의 초점은 북극이다. 우리는 여러 이유로 북극을 선정했다. 첫째, 북극은 산꼭대기처럼 전 지구에 걸쳐 쪼개져 있는 지역이 아니라 하나뿐인 지리적 지역이다. 물론 남극도 하나의 지리적 단위지만, 남극에는 지형적 변이(산들을 생각하라)가 훨씬 더 많고, 더 중요한 점으로 육상 포유류가 하나도 없다. 둘째, 대부분의 다른 선택지(예컨대 밀림이나 습지)에 비교하면, 북극에는 포유류 종이 전 세계 총수의 1퍼센트도 되지 않을 만큼 상대적으로 드물다. 이 더 적은 종 수는 우리가 한정된 공간 안에서 북극 포유류들 중 더 큰 비율을 망라할 수 있게 해준다. 마지막으로, 북극 포유류의 수는 적을지라도 암컷들이 저마다의 번식에서 해온 적응은 대단히 가변적이다. 따라서 우리는 단 몇 종에 걸쳐 훨씬 더 다양한 적응을 탐사할 수 있다. '물'속의 해양 포유류는 이미 살펴보았으니, 우리는 레밍(속), 순록(종), 북극곰(종)과 같은 몇몇 상징적인 북극 육상 포유류에 초점을 둔다.

비생물적 환경에 관한 우리의 세 번째 사고방식은 더 추상적인 비생물적 특성, 다시 말해 시간 또는 더 중요한 점으로서 타이밍에 초점을 둔다. 번개, 지진, 허리케인, 화산 분화와 같은 자연재해는 의심할 여지 없이 번식을 방해한다. 하지만 이 변덕스러운 현상들의 타이밍은 예측이 불가능하다. 따라서 자연선택이 재해 하나하나에 특정한 적응들로 이어질 가능성은 별로 없다. 그렇지만 계절적 변화, 조수, 일출과 일몰 같은, 예측 가능한 간격으로 일어나는 비생물적 변화에 대해서는 암컷이 적응을 진화시킬 수 있다. 식물은 이 예측 가능성을 이용해 성장과 개화를 개시한다. 암컷 포유류도 식물의 성장(생물적 큐)에 의존함으로써 간접적으로 비생물적 큐를 사용할 수 있다. 하지만 이 장에서 우리의 초점에는 암컷 포유류도 비생물적 큐를 직접 사용해 그들의 번식 때를 맞춘다는 게 더 중요하다. 여기서 우리는 비생물적 환경의 시간 측면에 대한 예로서 계절성에 초점을 둘 것이다. 자식을 성공적으로 기르는 데에는 번식 때를 비교적 풍요로운 기간에 맞추는 게 결정적이기 때문이다.

따라서 물, 북극, 계절성이 번식에 대한 비생물적 영향을 탐사할 우리의 선정지다. 물론 북극의 주요한 특징은 얼어붙은 물의 계절적 진퇴다. 따라서 우리의 예들은 비생물적 환경의 상호연관된 본성을 분명히 보여주기도 한다.

물: 번식에 다양한 영향을 미치는 전 지구적 요인

물은 포유류의 생리학적 과정에 필수적이지만 생활 장소이기도 하다. 그리고 생활 장소로서 물은 포유류의 생리학에 도전한다. 물은 공기보다 약 25배 더 빠르게 열을 전도한다. 따라서 따뜻하게 지내려면 털을 변형하든지 아니면 몸안에 지방층을 보태든지 해서 단열을 보강해야 한다(Dalton et al. 2014). 포유류는 두 전략을 모두 사용해왔다. 북극곰은 털과 지방을 둘 다 갖고 있다. 물갯과 물개류, 해달(종), 비버(속)는 치밀한 털가죽과 얇은 지방층을 갖고 있는 반면, 고래류, 물범과 물개류, 바다코끼리(속)는 두꺼운 피하지방층(비계)을 갖고 있다. 고래들은 털을 거의 완전히 없애버렸다. 이빨고래(아목)도 수염고래(아목)도 보유하고 있는 털이라고는 그들의 얼굴에 난 변변찮은 수염(진모震毛, vibrissa)뿐인데, 어떤 종들은 이 털마저 출생 전까지만 있다(Berta et al. 2015; Drake et al. 2015). 단열을 위해 털과 지방 둘 중 하나를 사용하는 것의 번식적 결과는 무엇일까?

털과 지방의 한 가지 주된 차이로서, 비계는 먹이에서 생긴 에너지를 나중에 쓸 요량으로 저장하게 해준다. 비계를 가진 암컷은 체온을 유지하는 동시에 한편으로 에너지를 저장할 수 있다. 지방을 충분히 비축한 암컷은 더 따뜻한 수역으로 이동할 수도 있고, 무거운 몸을 끌고 육지로 올라가 새끼에게 젖을 먹이는 동안 굶을 수도 있다. 수염고래와 물범과 물개류가 이 전략을 사용한다. 예컨대 회색고래gray whale(귀신고래속Eschrichtius)는 거의 전적으로 저장된 지방과 영양분에 의지해 13개월 임신의 마지막 단계들과 7개월 젖분비기의 대부분을 지탱한다. 이들은 주로 베링해와 추크치해의 차갑고 영양분이 풍부한 북극 수역에서 먹이를 먹다가 남쪽으로 여행해, 멕시코 바하칼리포르니아에 있는 따뜻하지만 영양분은 부족한 보육 석호에 도달한 뒤, 거기서 굶으며 출산하고 새끼에게 최고 53퍼센트가 지방인 젖을 제공한다(Oftedal 1997, Perryman et al. 2002). 따뜻한 남쪽 수역에서는 새끼가 에너지를 체온조절에 덜 쓰고 성장에 더 많이 쓸 수 있기 때문에 빠른 속도로 발달할 수 있다. 물범과의 물개류, 이를테면 코끼리물범도 비슷하다. 이들은 탁 트인 물에서 여러 달 동안 먹이를 찾아다니다가 대양을 떠나 고립된 상륙 영역으로 가서 새끼를 낳고 약 23일 동안 새끼에게 젖을 빨린 뒤 대양으로 돌아온다(Carlini et al. 2000). 우리는 물범과 물개류의 젖분비기에 관해 제9장에서 자세히 논의했다.

물갯과(물개와 바다사자)는 물범과와 다르다. 물갯과는 비계가 아니라 두껍고 치밀한 털 외투를 써서 체온을 유지한다. 따라서 영양소(예컨대 오메가-3 지방산이나 비타민 D; Kuhnlein et al. 2006)를 비계 안에 저장하는 것은 손쉽게 이용할 수 있는 선택지가 아니다. 지방 비축분이 없는, 물개는 젖분비기 동안 먹이 찾아다니기와 굶기를 번갈아 해야만 한다(Gentry, Kooyman 1986). 예컨대 암컷 북방물개(속)는 프리빌로프제도에 있는 동안 피하지방이 거의 없는 두꺼운 털을 갖는다. 이런 암컷이 빽빽한 군집 안에(최고 100만 마리가 프리빌로프제도에서 하나의 군집 안에) 모여서, 저마다 새끼를 한 마리씩 출산한다. 4개월의 젖분비기에 걸쳐 암컷들은 1~3일 동안 바닷가에서 새끼와 함께 지내기와 4~8일 동안 바다에서 먹이 찾아다니기를 번갈아 한다(Nordstrom et al. 2013). 결과적으로 새끼는 어미가 먹이를 찾아다니면 굶어야만 하고, 마찬가지로 어미는 새끼가 젖을 먹는 동안 굶는다. 실로 물개류에게는 먹이 없는 기간이 육지 생활의 평범한 일부다.

고래류와 물범과 물개류 둘 다에게 젖분비기 동안 굶기는, 신생아가 방치되었다면 공격했을지도 모를 포식자를 단념시키기라는 추가적 이득을 제공한다. 그렇지만 많은 물개류 종은, 물갯과와 물범과 둘 다 같은 위치에서 단기간에 걸쳐 다수에 속해 새끼를 낳는다. 따라서 순전히 동물의 숫자가 모든 개체 신생아에 대한 포식의 위험을 낮춰준다.

고래류와 물개류는 둘 다 젖분비기의 대부분 동안 주로 굶는 대표 종, 먹이 찾아다니기와 굶기를 조합하는 종을 아울러 가진다. 두 집단 모두에서 전략에는 계통발생론적 요소가 있다. 고래류는 수염고래(아목)와 이빨고래(아목)로 나뉘는데, 수염고래는 일반적으로 훨씬 더 커서 막대한 양의 비계를 저장할 역량이 있다. 수염고래는 눈에 보이지 않을 만큼 작은 플랑크톤을 먼저 거른 다음 대량으로 삼킨다. 수염고래는 그들의 5~7개월 젖분비기 동안 굶는 경향이 있다. 훨씬 더 작은 이빨고래, 이를테면 돌고래와 쇠돌고래는 물고기와 같은 재빠른 먹잇감을 먹고 산다. 이들의 체형은 속력과 기동성을 위해 비교적 늘씬하게 다듬어져 있어서 비계를 위한 여지가 적다. 지방을 저장할 공간이 더 적은, 이빨고래는 그들의 1~3년 젖분비기 동안 먹이를 찾아다닌다.

물개류는 어떨까? 물개류 역시 귀 없는 과(물범과)와 귀 있는 과(물갯과)라는 서로 다른 과에 속한다. 물개류의 두 과에는 고래류에서 보이는 몸집 또는 식성의 구분이 없음에도, 물범과는 다량의 비계를 가진 반면, 물갯과는 갖고 있지 않다. 이번에도 젖분비기 전략은 계통발생론을 기준으로 나뉘어서, 물범과는 그들의 4~60일 젖분비기 동안 굶는 경향이 있는 반면, 물갯과는 그들의 3~12개월 젖분비기 동안 중간중간에 먹이를 찾아다니는 경향이 있다. 따라서 물개류와 고래류는 둘 다 젖분비기 동안 굶기라는 전략을 진화시켜왔지만, 서로 다른 선택압의 결과였다. 고래류의 경우는 식성과 몸집의 차이가 이런 차이를 주도하는 핵심적 특징일 것인 반면, 물개류에서는 체온조절 방식(털 대 비계)이 결정적 요인일 것이다.

이 지점에서 눈 밝은 독자는 이렇게 물을 것이다. 만약 물범과 물개류와 이빨고래가 둘 다 물고기를 먹고 체형이 비슷하다면, 왜 하나는 젖분비기 동안 굶을 만큼 비계를 저장할 수 있는 반면 다른 하나는 그러지 못하는가? 한 가지 가능한 답은 젖분비기의 지속기간이 물범과 물개류의 경우 4~60일인 데 비해 이빨고래에서는 1~3년으로서 훨씬 더 길다는 것이다. 1~3년 동안 굶을 만큼 비계를 저장하기는 아마 불가능할 것이다. 관련된 쟁점 하나는 이빨고래의 유지방이 10~30퍼센트라는, 물범과 물개류에서의 유지방 30~60퍼센트의 약 절반이라는 점이다(Oftedal 1997). 이론적으로 이빨고래는 그들의 유지방을 두 배로 늘리고 그들의 젖분비기를 절반으로 줄일 수 있을 것이다. 하지만 그것은 아직도 6~18개월 동안 굶기를 의미할 것이다. 전반적으로 이빨고래는 지방 함량이 더 낮은 젖을 더 장기간 동안 제공한다. 더 긴 젖분비기는 어미와 새끼를 더 오래 함께 둠으로써 더 많은 사회화와 더불어 이주 경로나 먹이 탐색 전략 따위를 학습할 기회도 더 많이 감안한다. 이와 달리 물범과 물개류는 고지방 젖을 단기간에 걸쳐 새끼에게 쏟아부은 다음, 새끼가 스스로 꾸려가도록 버리고 떠난다. 따라서 심지어 똑같은 식성·체형·서식지를 가졌더라도 종들은 번식에서 차이가 난다. 근연종들조차도 번식 패턴이 서로 다르다(이는 우리가 제9장에서 남방물개속을 가지고 분명히 보여주었다). 포유류의 번식은 무한한 조합으로 무한한 다양성을 제공한다.

해양을 떠나기 전에, 물속 이동 대 공기 중 이동의 한 가지 결과를 아주 잠깐만 고려해보자. 고래는 거대한 몸집, 유선형 체형, 다량의 뜨기 쉬운 피하지방을 지녔으므로, 체온조절에뿐만 아니라 이동에도 에너지를 덜 소모할 것이다. 만약 이동과 생리학적 유지의 에너지적 비용이 수생 포유류에서 더 낮다면, 이런 포유류는 그 여분의 에너지를 번식에 사용할 수 있을 것이다(Bartholomew 1972). 이는 고래에서 관찰되는 극도로 빠른 성장 속도를 해명할 것이다(Case 1978). 반대편 극단에서, 공기 중에 사는 지극히 작은 주민, 유일하게 진정으로 날 수 있는 포유류인 박쥐는 이동에 다량의 에너지를 소모하므로 임신기 또는 젖분비기가 길 것으로 예상될 텐데, 실제로 그렇다(Hayssen, Kunz 1996). 이제, 육지에 더 가까운 환경에 있는 물은 어떨까?

> 다수의 연구가 임신과 젖분비의 에너지 비용을 살펴봐왔다. 하지만 이런 생리학적 상태인 동안 요구되는 물의 양을 측정한 연구는 거의 없었다. (Degen 1997:248)

물은 정상적인 생리학적 기능에 필수적이다. 물은 우리 몸의 주성분일 뿐만 아니라, 우리가 먹는 먹이의 대부분이기도 하다. 그렇지만 번식에서 물 가용성의 역할을 영양 공급의 역할로부터, 그리고 차례로 암컷의 전반적 조건으로부터 떼어내기는 거의 불가능하다. 어떤 암컷은 번식의 큐로 물보다 초록빛 식생을 더 많이 사용한다(Degen 1997). 물과 육상 번식에 관한 과학 문헌 가운데 많은 부분은 초점이 강수량에 상대적인 번식의 타이밍보다는 건조한 환경에서 관찰되는 물의 에너지학 아니면 가용성에 맞춰져 있다. 여기서 우리는 물이 번식에서 어떻게 사용되는가에 대한 몇몇 예를 줄 것이다.

육생 환경에서 물이 번식에 미치는 생리학적 영향은 물의 균형, 다시 말해 득실에 달려 있다. 물은 마시기를 통해 직접, 먹이에 들어 있는 자유수를 통해 간접적으로, 또는 먹이의 소화를 통해 대사적으로 얻어질 것이다. 물은 소변, 대변, 침을 통해, 또는 땀을 경유하거나 숨을 내쉬는 동안 호흡 표면에서 일어나는 증발을 통해 사라진다. 출산 후 물은 태반섭취와 아울러 새끼 대소변을 재활용해 다시 얻어질 것이다(Degen 1997; 그림 11.2). 물은 우리 몸의 많은 부분을 차지하므로, 아기 짓기에 중요할 뿐만 아니라 발달 중인 배아를 둘러싸 충격을 완화하기도 한다.

임신기는 상당한 물을 요구한다. 물은 대사를 위해, 발달 중인 배아(들)를 위해, 태반을 위해, 그리고 양수를 위해서도 필요하다. 임신기의 끝으로

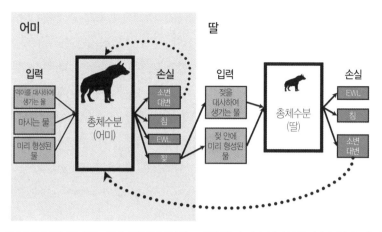

그림 11.2 물 손실의 경로. 암컷 포유류는 번식 중에 여러 경로로 물을 잃는다. 어미의 총체수분은 먹이의 대사적 분해, 마시는 물, 먹이 안의 물(미리 형성된 물)에서 나온다. 물 손실은 소변, 대변, 침, 증발수분손실evaporative water loss, EWL로부터, 그리고 암컷이 젖을 분비하는 때에는 젖을 통해서도 발생한다. 약간의 물은 대변 그리고/또는 소변 섭취를 통해 계통으로 다시 들어올 수도 있다. 새끼는 그사이 어미에 의존해 젖분비기 동안의 물균형을 맞춘다. 새끼는 젖 안의 물을 받고, 젖의 산물들을 대사할 때 대사수代謝水도 얻을 수 있다. 새끼의 손실 경로는 어미의 것(오줌, 똥, 침, EWL)과 같다. 그렇지만 이런 물질은 새끼에 의해서가 아니라 어미에 의해, 신생아 대변 및 소변의 섭취를 경유하여 재활용된다. Degan 1997에서 가져다 테리 오어가 변형.

가면 액체가 태아를 둘러싸는데, 그 양이 소에서는 20리터에 달한다. 비록 크기가 소와 거의 같지만 건조에 적응된, 낙타에서는 12리터만 출산 가까이에 태아를 따라감으로써 40퍼센트의 액체를 절약하지만 말이다(ElWishy 1987). 일반적으로 "임신기가 길어지면 동물은 더 건조해진다"(Adolph, Heggeness 1971:59). 이 인용문을 유발한 데이터는 인간을 포함해 겨우 아홉 종에서 나왔지만, 임신기가 길수록 물이 적고 근육이나 뼈와 같은 단단한 조직이 더 많은, 더 군살 없는 신생아가 생산됨을 시사한다. 따라서 물 요구량은 임신기 동안 배아가 성장함에 따라 증가하지만, 그램당 요구량을 근거로 하면 배아는 발달함에 따라 더 단단해진다(Olsson 1986). 임신기를 거치는 동안에 또는 출산 가까이에 태반의 물 함량에서 일어나는 변화에 관해서는 우리도 모른다.

식성도 임신기 물균형에 영향을 미칠 것이다. 일례로 과실식성 박쥐의 과일만으로 이루어진 식단은 암컷의 물균형 상태를 나쁘게 만들 것이다. 우리는 과일에 수분이 풍부하다고 생각한다. 사실이다. 하지만 결과적으로 과일에는 단위 중량당 칼슘과 같은 무기질이 더 적고 비타민도 더 적다. 발달 중인 배아가 요구하는 영양소까지 추가로 얻을 만큼 과일을 가공하려면, 암컷은 실제로는 음식물의 소화적 가공이 마침내 (늘어난 과일 소비와 더불어) 수요를 만족시킬 수 있을 때까지 물을 섭취해야만 한다. 따라서 임신한 동안 자메이카과일박쥐(종)는 특히 물 부족에 시달릴 것이다(Morrison 1978; Orr et al. 2016). 이집트과일박쥐Egyptian fruit bat(*Rousettus aegyptiacus*)에서도 물 수요에서 유사한 변화들이 일어난다(Korine et al. 2004).

대부분의 암컷에게 물균형은 젖분비기 동안에 특히 결정적이다. 지방, 단백질, 탄수화물, 무기질에 있어서는 젖마다 다를지라도, 모든 젖에는 물 성분이 다량으로 들어 있다. 그리고 그 물은 직접적 섭취를 통해서든 대사적 경로를 거쳐서든 어미로부터 와야만 한다. 민물이 풍부한 때, 이를테면 열대림과 습지 같은 중습성中濕成 환경에서는 물이 번식을 제한하지 않을 것이다. 그렇지만 건조한 환경(예컨대 사막, 툰드라)에서는 번식, 특히 젖분비기의 때가 물을 이용할 수 있는 기간, 이를테면 비나 녹은 눈이 늘어나는 기간에 주의 깊게 맞춰질 필요가 있을 것이다. 일부 영역에서는 우기에 내리는 비의 양이 많을 수 있고 따라서 물균형에 문제가 되지 않을 수 있다. 하지만 우리의 주의는 그것이 그렇지 않은 상황으로 돌리기로 하자.

젖 생산은 건조한 지역에서 도전을 제기하는 물 손실 경로다(Degen 1997). 물은 재활용될 수 있다. 오스트레일리아 사막의 설치류인 딩고(개속)와 캥거루(속)는 모두 자식의 대소변을 먹음으로써 젖으로 손실된 물을 3분의 1까지 재섭취한다(Baverstock, Green 1975). 건생(乾生, xeric) 포유류의 젖은 특수할까? 건조 지역에 대한 적응을 보여주는 간판급 포유류는 당연히 낙타일 것이다. 낙타 젖은 보통 80퍼센트가 물이다. 하지만 역설적으로, 물이 제한되면 젖의 수분 함량이 91퍼센트로 올라간다(Yagil, Etzion

1980). 지방 함량은 우유의 것과 비슷한 3~4퍼센트(Farah 1993)이지만, 물이 제한되는 때에는 1~2.4퍼센트로 감소한다(Yagil, Etzion 1980). 따라서 낙타는 새끼에게 물을 더 많이 제공하고 지방을 덜 제공하여 가뭄에 적응한다. 이와 달리 두 종류의 사막 설치류가, 다시 말해 아시아와 아프리카 건조 지역에서 카이로가시쥐(종)가, 그리고 브라질 카팅가에서 바위캐비rock cavy(*Kerodon rupestris*)가 내는 젖은 고형분의 함량이 높고, 따라서 이들의 젖은 물을 아낀다(Derrickson et al. 1996). 분명 사막 거주 암컷들의 젖 조성은 단 한 가지 방식으로만 변화하지 않는다.

전반적으로 물은 포유류에 많은 수준에서 도전을 제기하는 비생물적 세계의 단일 특징을 전형적으로 보여준다. 물은 모든 포유류 배아를 태어날 때까지 둘러쌀뿐더러, 해양 포유류의 생활에 대해서는 태어난 이후까지도 계속 기반이다. 물로 둘러싸여 있음은 체온조절에 도전하고 그럼으로써 에너지 전달에도 도전한다. 마지막으로, 몸은 주로 물로 이루어져 있기 때문에 성공적 번식을 위해서는 충분한 물이 요구된다. 물균형과 물 수요는 많은 포유류에서 번식 단계에 따라 달라진다(Degen 1997).

이 장의 나머지에서, 물은 북극에서 꽁꽁 언 상태로, 그리고 우기와 건기가 있는 영역들에서 번식에 영향을 미치기 위한 강우로서도 모습을 드러낼 것이다. 북극에서는 물이 고체 형태(얼음)로 있으면서 짝짓기, 출산, 젖 분비기를 위한 기반을 제공한다. 물의 이 측면을 탐사하기 위해 우리는 북극으로, 그리고 전 지구적 이질성이 아니라 지역적 동질성을 지닌 비생물적 요인의 조사로 넘어간다.

북극: 지역적인 한 무리의 비생물적 요인

극지 환경은 지구상에서 가장 극단적인 환경에 속한다. 극지는 춥고 건조하며, 장기간 어둠이 지속되기도 하고, 장기간 빛이 지속되기도 한다. 북극과 남극은 둘 다 비슷한 한대기후인데도, 두 지역은 포유류의 다양성에서 크게 차이가 난다. 소수의 인간 과학자(이 낯선 포유류의 생활에 관한 베르너 헤어초크Werner Herzog의 다큐멘터리 〈세상 끝과의 조우Encounters at the End of the World〉의 관람을 추천한다)를 빼면 남극에는 현재 어떤 육생 포유류도 살고 있지 않지만, 북극에는 다양한 여러 수준의 포유류 동물군이 있다. 왜일까?

약 2억 년 전, 남극에는 초대륙 곤드와나가 올라앉아 있었다. 지금은 남아메리카, 아프리카, 오스트레일리아, 남극대륙인 땅덩이 대부분이 당시의 곤드와나를 구성하고 있었다. 그다음 1억 5000만 년 동안, 남쪽에 있던 이 대륙들은 곤드와나에서 떨어져 나와 북쪽으로 이동했다. 아프리카가 먼저, 그다음엔 남아메리카가, 그리고 마지막으로 오스트레일리아가 떠났다. 그 결과로 남쪽의 극지인 남극대륙만 고립되어 남게 되었다. 남극대륙은 완전히 얼음으로 뒤덮이기 시작했다. 얼음이 숲을 대신했다. 빙하가 강을 대신했다. 식물은 화석이 되었다. 식물이 제거되자, 포유동물을 위한 육생 먹이사슬의 기초도 같이 사라졌다. 일단 포유류가 사라지자, 남극대륙의 고립이 아한대 또는 그 밖의 고위도로부터 육생 생물군계가 식민하는 것을 가로막았다. 이런 이유로 어떤 새로운 육상 포유류도 남극대륙으로는 이주할 수 없었다. 남극대륙은, 그리고 그곳의 펭귄들은 변함없이 포유류 육생 포식자로부터 자유롭다.

남극대륙은 지금처럼 고립된 채로 한동안 있어온 반면, 북쪽 끝의 극지는 유빙 덩어리(총빙叢氷)의 일진일퇴에 의해 큰 대륙인 아시아와 북아메리카 둘 다에 붙었다 떨어지기를 반복해왔다. 이처럼 근래에 빙하기가 왔다 갔다 한 덕분에 북쪽에서는 종분화가 반복될 수 있었고, 그 결과로 북극에는 여러 목(우제목, 식육목, 토끼목, 쥐목)으로부터 일련의 계통이 생겨나 그 모두가 한대기후 지역에 적응해왔다. 이런 계통 중에서도 몸집이 더 작은 쪽의 포유류들은 전 지역에 걸쳐 다수의 종을 갖고 있는데(예컨대 산토끼[북극토끼*pus arcticus*/고산토끼*Lepus timidus*] 또는 레밍[시베리아갈색레밍*Lemmus* *sibericus*/북아메리카갈색레밍*Lemmus trimucronatus*]), 반면에 몸집이 더 큰 포유류 쪽에서는 특화된 계통들이 극지를 둘러싸고 있다(카리부라고도 하는 순록, 또는 북극곰). 따라서 얄궂게도 남극대륙에는 육지가 있지만 육상 포유류라고는 없는 반면, 북극에는 육지가 거의 없지만 육상 포유류는 풍부하다.

남극은 정의하기가 쉬운데, 그것은 해양에 둘러싸인 대륙이기 때문이다. 그렇지만 북극은 그다지 명백하게 정의되지 않는데, 북쪽 극지는 대륙에 둘러싸인 해양이기 때문이다. 해양의 범위를 정의한다는 게 유동적이기 때문에 비생물적 북극의 정의들은 제각각이며, 주변 육지를 얼마나 많이 포함시켜야 마땅한가에 관해 특히 더 그렇다. 네 가지 주요 정의는 포함되는 영역, 특히 해양이 아닌 육지의 양에서 차이가 난다(그림 11.3). 육지가 가장 적게 포함된 정의부터 가장 많이 포함된 정의의 순서로, 그 정의들은 다음과 같다. (a) 북극권의 북쪽 영역(북위 ~63도 위쪽), (b) 북위 60도 위쪽 영역, (c) 북극 식생의 영역(육생적 정의), (d) 총빙의 범위가 최대인 영역. 이 마지막 정의는 해마다 바뀔뿐더러, 허드슨만 남쪽 영역(북극곰 관광지로 유명한 캐나다 매니토바주 처칠을 생각하라)과 일본 북부만큼 먼 남쪽 영역들을 포함할 수 있다. 남극은 이름을 가진 하나의 대륙이지만, 북극은 가변적인 범위의 지역이지 전혀 대륙이 아니다. 북극의 범위는 정의마다 제각각이지만, 북극의 비생물적 특질은 그렇지 않다.

모든 서식지와 마찬가지로, 북극도 생활에 영향을 주고, 생활을 조절하고, 생활을 구속하는 한 벌의 비생물적 조건을 경험한다. 북극은 바람이 강하고 강수량이 거의 없어서(연간 50센티미터 미만) 춥고 건조하다. 지역의 많은 부분은 한 해의 여러 기간 동안 끊임없는 빛 속, 아니면 끊임없는 어둠 속에 있다. 따라서 일출 및 일몰과 같은 평범한 24시간 주기 큐는 아예 없거나 봄과 가을에 속하는 짧은 기간에 국한되어 있다. 겨울에는 표면 온도가 영하로 한참 더(섭씨로 영하 50도까지) 내려가지만, 수온은 결코 영하 2도 아래로 내려가지 않는다. 대륙과 섬 주변의 해안 영역은 대양이 육지를 데

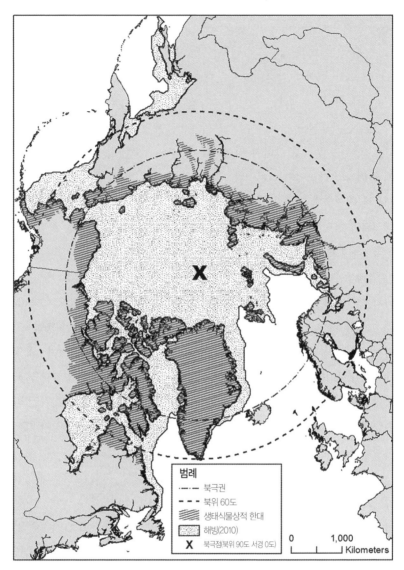

그림 11.3 북극의 정의들. 북극은 북극권(긴 점선)의 북쪽 지역으로도, 북위 60도(짧은 점선)의 북쪽 지역으로도, 해빙의 최대 범위(점묘된 지역)로도, 아니면 한대 식생의 범위(빗금 친 영역)에 의해서도 정의될 수 있다. 북극 자원에 대한 정치적 소유권 주장의 정당성이 이런 정의에 달려 있다. 이미지는 Emily Fusco가 다음 자료를 기반으로 합성: "World Latitude and Longitude Grids," Esri; "World GeoReference Lines," Esri; "Global ecofloristic zones" 2000년에 United Nations Food and Agricultural Organization FAO가 지도화하고 2008년에 A. Ruesch and H. K. Gibbs가 개작; "World Boundaries and Places Alternate," Esri, DeLorme, HERE, MapmyIndia © OpenStreetMap contributors, and the GIS User Community; "Arctic Ice Cover," National Snow and Ice Data Center, nsidc@nsidc.org.

범례
- ·—·— 북극권
- --- 북위 60도
- ▨ 생태식물상적 한대
- ▨ 해빙(2010)
- X 북극점(북위 90도 서경 0도)

0   1,000
Kilometers

우기 때문에 어느 정도 중간에 걸친다. 해류는 따뜻한 물을 북쪽으로 가져가고 극지의 물을 남쪽으로 옮긴다. 이런 흐름은 지리적으로 비교적 안정적이며, 계절적 또는 몇 해의 주기를 가질 것이다. 그 흐름들은 물과 영양분을 뒤섞고 용솟음치게 한 결과로 풍부한 미생물(플랑크톤, 크릴)을 창조해 수생 먹이사슬의 기초를 구성한다. 바람의 흐름도 육상에서는 중요하다. 바람을 막아줄 변변한 식생이 없으므로, 바람은 늘 분다. 북극의 바람들은 일반적으로는 가볍지만, 허리케인의 강도에 이르는 큰바람이 며칠 동안 지속될 수 있다. 육생 포유류와 해양 포유류 둘 다에게 바람은 냉각 효과가 쟁점이다. 바람이 불면 몸이 더 빠르게 식을 뿐만 아니라 육상 포유류도 수생 포유류도 차가운 공기를 호흡해야만 하므로, 이들의 호흡표면은 얼음장 같은 온도에 적응해왔다(Pielou 1994). 차가운 공기는 뜨거운 공기보다 물을 덜 함유하기 때문에 북극의 공기는 수증기 함량도 낮다. 북극은 사하라사막만큼 건조할 수 있다(National Snow & Ice Data Center, https://nsidc.org). 덧붙여, 강수량은 두 지역에서 다른 특질을 갖고 있다. 예컨대 사하라사막에서 내리는 비와 달리, 북극에서 내리는 눈은 몇 년이고 남아 있을 것이다(Pielou 1994; 인물탐구).

　육상의 먹이에 관해 북극은 모 아니면 도인 지역이다. 여름의 성장 철은 매우 짧다(기껏해야 몇 주). 다년생 식물은 호신용 알칼로이드에 에너지를 투입할 여력이 없다. 그렇게 하려면 씨앗 생산하기 아니면 겨울을 나기 위해 땅속에 영양분 저장하기를 희생해야 할 것이다. 따라서 이용 가능한 잎들은 영양가가 매우 높다. 일년생 식물은 씨앗의 형태로 겨울을 난다. 씨앗은 생산량이 많아서 여러 소형 포유류한테는 눈 속의 식량원이다. 소형 포유류를 위한 먹이는 여름에 상대적으로 풍부하지만, 이는 먹잇감이 무수히 많아져 눈올빼미, 갈매기, 도둑갈매기와 같은 조류 포식자도 풍부하게 먹여 살리는 결과를 낳는다. 소형 포유류한테 여름 하늘은 공중의 약탈자로 가득하다. 겨울에는 족제비(쇠족제비종)와 북극여우(종)가 눈 속의 레밍들을 덮칠 수 있

통계학, 그리고 관습 떨치기

에벌린 C. 필로Evelyn C. Pielou(1924~2016)

> 전문가가 아닌 나는 보는 사람이 없어서 나 자신의 결정을 내가 내키는 대로 내릴 수 있었고 그걸 연구비 심사 기관에든, 원로 교수한테든, 다른 누구에게도 정당화할 필요가 없었어요. —개인 교신, 랑겐하임Langenheim 1996

포유류의 번식생물학을 고려하면서는 필로라는 이름이 당장 떠오르지 않을 수도 있지만, 그의 통계학 책이 최소한 한 권도 없는 생태학자의 서가를 찾아내기는 하늘의 별따기일 것이다. 그의 기여는 너무도 지대해서 그의 이름은 종의 균등도 측정법의 대명사로 쓰인다(필로 균등도 지수 Pielou's evenness index라 하여 주어진 지역에서 종의 다양성을 측정하는 데 쓰인다—옮긴이)! 더 흔히는 E. C. 또는 크리스 필로로 알려진, 에벌린 크리스탈라Chrystalla 필로는 수리생태학자 겸 통계생태학자로서 생태학의 수량화와 이해뿐만 아니라 과거와 현재 둘 다의 자연계 모형화에도 엄청난 기여를 했다. 필로의 비전통적 인생 행로도 같은 만큼 매혹적이다. 생태학 분야에 끼친 필로의 막대한 영향과 과학자로서 그의 독특함을 고려하면, 그는 우리의 인물탐구에 포함되고도 남는다. 필로는 새로운 학문 분야를 구축하는 데 도움을 주었을 뿐만 아니라, 시간제로 일하는, 독학한, 재택 생물학자로서 그렇게 했다!

필로의 기여는 엄청나다. 그는 생태학적 탐구에서 다변량 통계학이라는 분야를 개척했다. 학문적 극단에서, 그의 책에는 『수리생태학 개론Introduction to Mathematical Ecology』(1969), 『개체군 및 공동체 생태학: 원리와 방법Population and Community Ecology: Principles and Methods』(1974), 『생태적 다양성Ecological Diversity』(1975), 『수리생태학Mathematical Ecology』(1977), 『생물지리학Biogeography』(1979), 그리고 상징적인 『생태학 데이터의 해석: 분류와 정리에 관한 입문서Interpretation of Ecological Data: A Primer on Classification and Ordination』(1984)가 포함된다. 그의 저작에는 『북방 상록수의 세계World of Northern Evergreens(1984), 『빙하시대 이후: 빙하로 덮인 북아메리카로 생명이 돌아오기까지After the Ice Age: The Return of Life to Glaciated North America』(1991), 『어느 박물학자의 북극 안내서A Naturalist's Guide to the Arctic』(1994), 『민물Fresh Water』(2000), 『자연의 에너지The Energy of Nature』(2001)와 같은 일반 독자를 위한 책들도 포함된다.

필로는 영국에서 태어났지만 생애의 많은 부분을 캐나다에서 보냈다. 젊은 여성의 몸으로, 그는 전파물리학radio-physics 분야에서 (18세에) 자격증을 따는 것으로 과학에 입문한 다음, 해군의 기술 지원반으로 종군해 3년의 복무를 마쳤다. 결국 그는 그의 이학사 학위를 런던대학으로부터 식물학 분야에서 받았다. 2년 뒤에 첫 논문을 출판한 이후로, 그는 통계생태학에 관한 출판을 계속하면서 세 아이를 길렀다. 그의 첫 출판으로부터 12년이 지난 1962년에는, 지도교수도 없이 그가 자신의 뛰어난 출판물 여러 편을 학위논문으로 엮어 런던대학으로부터 박사학위를 받았다(이 시점까지 그가 쌓은 명백한 학문적 업적을 고려하면, 단순한 요식 행위였다). 그리고 수리생태학 분야에서 두 번째 박사학위를 따냈다(Maingon 2016). 2001년에는, 브리티시컬럼비아대학으로부터 명예박사학위도 받았다. 수락 연설에서 그는 "수학을 피하는 사람은 정신적 카우치포테이토"라고 일갈했다(Maingon 2016). 필로는 어리석은 사람들을 봐주지 않았다.

감명 깊게도 필로는 수리생태학이라는 분야를 발명했다(Gill 2012). 그의 『수리생태학 개론』은 "문자 그대로 생태학적 탐구의 방향을 바꿔놓았다"(Bentley 1986:30). 그는 거시생태학도 그것이 널리 연구되기 전부터 진지하게 고려했다. 마흔이 다 되어서야 그는 캐나다 농림부에 조사 통계학자로 취직했고, 봉급을 받는 대학교수 경력은 그로부터 몇 년 후에 퀸스대학에서 정교수로서 시작되었다(1968~1971). 그 후에는 노바스코샤주 핼리팩스에 있는 댈하우지대학에서 재직했고(1974~1981), 앨버타주 레스브리지대학에서 퇴직할 때까지 일했다(1981~1986).

1986년에 그는 수리생태학 분야를 구축한 공로로 미국생태학회로부터 우수생태학자상을 받은 두 번째 여성이 되었다. 민물 습지 전문가 루스 패트릭Ruth Patrick에게 첫 번째가 주어진 때는 1972년이었다. 필로는 수학적 오류라면 아무리 저명한 생태학자의 오류라도 바로잡는 데 주저하지 않았다. 전형적 일례로 그는 로버트 맥아더Robert MacArthur의 오류를 수정해서 출판했다(Pielou, Arnason 1966). 맥아더가 그 수정을 달가워하지는 않았던 듯하다(1966).

필로는 은퇴 후 브리티시컬럼비아주의 커먹스밸리에서 지냈다. 하지만 그는 글쓰기를 계속했기 때문에 은퇴가 그의 생산성을 늦춘 것은 아니었다. 이 말년의 책들은 복잡한 주제를 일반 독자에게 쉽게 풀어주는 데 초점을 두었고, 필로가 손수 그린 사랑스러운 그림들을 포함했다. 북극과 민물에 관한 그의 책들은 비생물적 세계의 작용들을 파고든다. 은퇴 중에 필로는 보전 쟁점들을 위해 적극적으로 일했고, 클레오코트만灣이 국제연합 생물권보전지역으로 지정되도록 하는 데에 중요한 구실을 했다. 그는 북극 탐사에 참여해 생태관광에 관한 과학 자문 위원으로 이바지하기도 했다. 그를 기념해 미국생태학회는 대학원생에게 통계생태학 부문의 상을 주고 있다.

(사진은 2011년에 커먹스만 입구에 있는 구스곶에서 걷다가 찍은 것으로, 걷는 동안 에벌린 필로는 후빙기 발정의 역사에 관해 소상히 설명했다; Loys Maingon, 개인 교신. Comox Valley Naturalists의 허락을 얻어 사용.)

고, 눈을 파헤쳐 서브니비움subnivium(눈 속의 작은 서식 환경-옮긴이)의 둥지들을 찾아낼 수도 있다. 플랑크톤이 수생 먹이사슬의 기초인 것과 마찬가지로, 포유류한테 레밍은 육생 먹이사슬의 기초다.

북극은 수목한계선 위쪽이고, 따라서 나무 위에서 살거나 날아다니는 포유류한테는 이용 가능한 생태적소가 없다(나무다람쥐도 없고 박쥐도 없다). 새들조차도 물에서 살거나(예컨대 갈매기gull), 땅에서 쉬거나(예컨대 눈올빼미snowy owl), 아니면 절벽 위에 둥지를 튼다(예컨대 각시바다쇠오리

dovekie). 영구동토층은 땅굴을 파는(토굴성fossorial) 포유류를 위한 선택권도 제한한다. 북극은 남쪽 나라에 비해 포유류 생물상이 훨씬 축소되어 있어서, 살고 있는 많은 포유류가 북극을 상징한다. 레밍, 북극토끼, 순록, 사향소muskox(*Ovibos moschatus*), 어민(북방족제비종), 북극여우, 북극곰, 바다코끼리, 하프물범harp seal(*Pagophilus groenlandicus*)과 아울러 바다의 외뿔고래narwhal(*Monodon monoceros*), 북극고래bowhead(*Balaena mysticetus*), 벨루가고래beluga whale(흰돌고래*Delphinapterus leucas*)가 그 예다.

북극에는 나무뿐만 아니라 시간도 한정되어 있다. 여름이 예외적으로 짧아서, 육생 암컷들은 (1) 번식하기, (2) 겨울을 날 만큼 지방 예치하기라는 두 가지 주요 목적을 위해 이 단명한 철을 급속히 사용해야만 한다. 북극 포유류들은 번식을 어떻게 조정해 이 경쟁하는 요구에 맞출까? 어느 한 벌의 번식적 적응도 북극 포유류를 특징짓지 않는다. 그 대신에 다양한 다수의 특화가 진화해왔는데, 어느 정도는 그 포유류가 얼마나 큰가, 어디에 사는가, 무엇을 먹는가와 관계가 있다.

몸집은 나무가 없는, 육생 북극에서 생활의 중요한 일면이다. 눈과 얼음이 광활하게 펼쳐져 있고 적당한 크기의 피신처는 거의 없으므로, 대형 포유류는 끊임없이 비바람에 노출되지만 소형 포유류는 눈 속에 굴을 파서 맹렬한 풍속 냉각을 피할 수 있다. 많은 레밍은 최고 9개월을 눈 속에서 보낼 것이므로, 암컷은 겨울 동안에 여러 번 새끼를 낳아서 기를 수 있다(Dechesne et al. 2011; MacLean et al. 1974; Millar 2001). 대형 포유류는 눈 속에 숨지는 못하지만, 먹이나 짝 또는 신생아를 위한 피신처를 찾아 대단한 거리를 움직일 수 있다. 이 분산력vagility(움직임의 자유)에는 진화적 결과가 있다. 북극곰과 카리부/순록은 북극을 빙 둘러싸고 있기 때문에, 모든 북극곰은 똑같은 북극곰종의 구성원이고 마찬가지로 모든 순록(북아메리카 호칭으로 카리부)은 순록종이다. 그들의 유전적 개체군이 북극을 둘러싸고 있기 때문에, 각각의 번식생물학도 그들의 넓은 분포 전체에 걸쳐 똑같다.

뒤집어 말하자면, 더 작은 포유류의 개체군은 지리적으로 서로 고립되어서 유전적 교환이 최소화된다. 그 결과로 이런 계통은 전 북극에 걸쳐 다수의 종을 가진다. 예컨대 네 종의 산토끼가 북극에 산다. 아메리카산토끼 *Lepus americanus*, 북극토끼, 알래스카토끼*Lepus othus*, 고산토끼가 그들이다. 산토끼는 북극에서 유일한 중간 몸집의 초식동물인데, 종마다 특정한 지리적 범위가 있다. 산토끼보다도 더 작은 계통은 레밍이다. 이 40그램대의 초식동물은 산토끼보다 훨씬 더 다양해서 한 속만 있는 게 아니라 두 속(목걸이레밍속과 레밍속)을 포함한다. 근래의 집계에 의하면, 북극은 여덟 종의 목걸이레밍속과 다섯 종의 레밍속한테 집이다(Musser, Carleton 2005). 북극의 대부분에 걸쳐, 목걸이레밍속 가운데 한 종이 레밍속 가운데 한 종과 함께 나타난다. 유일한 예외로 가장 북쪽의 북극에는 목걸이레밍속만 있다.

산토끼와 레밍은 다수의 조류 및 육생 포식자한테 주된 먹잇감이며, 이에 상응해 레밍과 산토끼는 둘 다 급속한 번식과 그 결과로 나타나는 존재비의 주기로 유명하다. 예컨대 3~4년의 기간 사이에 헥타르당 레밍의 수는 한 마리 미만으로부터 100마리를 훌쩍 넘는 수까지 달라질 것이다(Batzli, Jung 1980). 더 큰 산토끼한테는 더 긴, 8~10년의 주기가 있다. 존재비 숫자가 높으면, 다수 포식자가 그 영역으로 끌리고 그 결과로 순식간에 먹잇감 개체군을 몰살시킨다. 개체군이 쇠퇴하면, 그래서 포식자 존재비도 감소하고 따라서 새끼와 어미의 생존율이 높아진다. 레밍과 산토끼는 둘 다 심한 포식을 보상하기 위해 번식량이 높아야만 한다. 레밍을 먼저 보자.

구어를 쓰는 인간의 관점에서는 모든 '레밍'이 똑같지만, 우리가 레밍으로 뭉뚱그리는 포유류는 실제로는 목걸이레밍속과 레밍속, 두 속에 속한다. 두 속은 많은 속성을 공유한다. 두 속 모두의 암컷은 크기도 거의 같고 서식하는 지리적 영역도 같다. 둘 다 뚱뚱한 소시지 모양의 생물체로서 치밀한 털로 덮여 있고 다리가 짧다(Stenseth, Ims 1993). 두 속 모두 잎을 먹는 초식동물이지만, 레밍속은 풀(외떡잎식물)을 더 좋아하는 반면 목걸이레밍속은 관목(쌍떡잎식물), 특히 버드나무willow(버드나무속Salix)를 더 좋아한다. 한 속이 선호하는 먹이는 다른 한 속의 성장과 번식에 해롭다(Batzli, Jung 1980). 풀에서 성장 철 초기에 생산되는 식물 대사산물들은 레밍속에서 번식을 촉발할 수 있지만 목걸이레밍속에는 아무 효과도 없다(Negus, Berger 1998).

레밍속과 목걸이쥐레밍속 번식의 나머지 측면들은 대부분 비슷하지만, 일부는 차이가 있다. 둘 다 통상적인 새끼 또는 배아의 수는 야생에서 3~4마리지만, 기록된 최대 한배새끼수는 야생 목걸이레밍속에서 배아로 11마리, 그리고 포획된 레밍속에서 신생아로 16마리다(Manning 1954; Semb-Johansson 1993). 두 속 모두에서 최대 한배새끼수와 관찰되는 한배새끼수의 차이가 크다는 사실은 19~21일의 임신기 동안 출생 전에 사망하는 수가 상당함을 시사한다. 두 속 모두 출생 시 새끼는 4~5그램이니 한배새끼수가 평균이라도 한배새끼의 총중량은 12~15그램이다. 어느 한 속에서든 어미의 중량은 보통 약 40그램임을 고려하면(Haim et al. 2004; Jensen, Gustafsson 1984; Nagy et al. 1995), 그의 한배새끼는 자기 중량의 약 30~40퍼센트에 해당하는 거대한 짐이다. 비교를 위해 가정하자면, 이는 64킬로그램의 여성이 총중량 18~23킬로그램, 또는 아기당 중량 6~8킬로그램의 세쌍둥이를 낳는 상황에 상당할 것이다. 하지만 인간 엄마라면 임신을 아홉 달에 걸쳐서 할 텐데, 레밍은 그것을 겨우 20일 만에 한다. 잎이 무성한 푸성귀를, 3주 만에 아기들 20킬로그램을 만들어낼 만큼 먹는다고 상상해보라. 그런 다음, 그 큰 최대 한배새끼수도 기억하라. 한배새끼가 열 마리면 어미와 중량이 똑같을 수도 있다는 말이다. 고맙게도 신생아중량은 한배새끼수와 함께 감소하는데, 불행히도 신생아 생존율 또한 그러하다(Semb-Johansson 1993).

설사 신생아가 크다고 해도 그들은 태어났을 때 털도 없고, 이빨도 없고, 앞도 보지 못한다. 현상적으로 말해, 2주만 젖을 먹고 나면 이런 신생아가 전신을 감싸는 털, 완전한 한 벌의 이빨, 볼 수 있는 눈, 들을 수 있는 귀를 가진 독립적 개체가 된다. 그들의 체중은 출생 시 체중의 약 세 배인데, 그 모두가 젖에서 나왔다(Batzli et al. 1974; Hansen 1957). 그뿐만 아니라 어미가 그 한배새끼에게 젖을 빨리고 있었던 동안에 그는 또한 그다음 한배새끼를 임신 중일 수도 있는데, 암컷들이 분만 직후부터 수태할 수 있기 때문이다. 따라서 레밍은 잠재적으로 21일마다 한 번씩 한배새끼를 낳을 수 있다. 목걸이레밍속의 포획된 한 쌍은 한배새끼를 연달아 열일곱 번 생산했다(Hasler, Banks 1985). 야생에서는 그런 생산성을 보기 어렵다(Miller 2001). 이상할 것도 없다.

암컷 레밍의 생활로 돌아가자. 레밍은 겨우내 눈 속에서 식물 쓰레기를 청소하면서 활발히 지내며, 그동안 표면의 바람으로부터 가려져 있다. 눈 덮개가 가장 깊어서 최고의 단열을 제공하는 때, 흔히 3월에 암컷들은 풀과 털로 눈 속에 동그란 둥지를 짓고 그해의 번식을 시작한다(MacLean et al. 1974). 눈 덮개는 겨울에 한배새끼를 여러 번 뽑아내는 데 핵심적이다(Duchesne et al. 2011). 그리고 겨울에 여러 번 출산하는 것은 개체군의 생존에 결정적일 텐데, 여름 동안 포식이 극심해서 암컷 개체군의 최고 3.4퍼센트가 날마다 잡아먹히기 때문이다(Gilg 2002). 포식의 양이 그 정도면 잡아먹히는 속도가 여름의 번식 속도를 넘어설 수 있다.

암컷 레밍은 급속한 번식을 위해 적응되어 있다. 배란이 목걸이레밍속과 레밍속에서 즉흥적으로 일어나는 것은 아니다. 오히려 암컷은 언제라도 배란할 준비가 된 상태로 난자를 대기시킴으로써 잠재적 짝이 출현하자마자 짝짓기를 하고 한배새끼를 출발시킬 수 있는데, 개체군 밀도가 높은 해에는 그게 꽤 잦을 것이다(Coopersmith, Banks 1983; Hasler et al. 1974; Mullen 1968). 따라서 암컷은 짝을 찾아낼 때마다 기꺼이 번식 노력을 시작하며, 다음 호르몬 주기를 기다릴 필요도 없다.

목걸이레밍속은 급속한 번식을 위한 요령을 한 가지 더 갖고 있다. 다시 말해, 준성체 암컷이나 유아 암컷도 수컷의 존재를 감지하면 겨우 2주 안에 성성숙까지 나아갈 능력이 있다(Hasler, Banks 1975). 놀라울 것도 없이, 광주기는 성성숙에든 번식의 다른 측면에든 거의 아무 영향도 미치지 않는다. 암컷은 흔히 24시간 빛과 함께 생활하기도 하고 24시간 어둠과 함께 생활하기도 하므로, 이런 포유류에게는 더 온화한 기후에 있는 포유류에 비해 광주기가 완전히 다른 의미를 지닌다(Hasler et al. 1976; Nagy et al. 1995; Weil et al. 2006).

레밍속은 다른 전략을 사용한다. 첫 수태는 3주령에 일어나는 게 더 통상적이지만, 2주령에 일어나는 젖떼기 직후부터 암컷이 수태할 수 있다(Semb-Johansson et al. 1993). 불행히도 이런 조기/첫 수태는 출생 전 사망률이 더 높다(Jensen, Gustafsson 1984). 출생과 젖떼기 또한 사망률이 높은 때다. 포획 상태에서조차 신생아의 30퍼센트는 출생 직후 또는 젖떼기 시에 죽는다(Semb-Johansson et al. 1993). 그렇지만 레밍속 암컷의 한 행동은 젖뗀아이의 생존율을 높일 것이다. 다음번 한배새끼의 출산 직전에, 암컷은 자신의 행동권을 30미터쯤 옮길 것이다(Heske, Jensen 1993). 이 움직임은 임신한 암컷을 노출시켜 포식을 증가시킬 테지만, 그대로 남아 있는 첫 번째 한배의 유아들이 친숙한 세력권에서 보호받게 해준다. 분명, 과도기는 암컷과 자식에게 어려운 시기다.

대체로 레밍은 조상이 구별되는 다른 속의 구성원이라도 북극 생활에 대한 번식적 적응은 놀랍도록 비슷한데, 산토끼는 그렇지 않다. 산토끼는 북쪽 끝에서 네 가지 다른 종을 가진 산토끼속에 속한다. 전 속에 걸쳐 비슷하게 번식하는 레밍과 달리, 산토끼속 네 종은 북극의 특정한 특징들에가 아니라 몸집과 분포에 관련되는 두 종류의 번식 패턴을 전시한다. 큰 산토끼들은 한배당 더 많은 새끼를 한 해에 한 번만 가진다. 이들은 또한 분포가 제한되어 있다. 작은 크기와 중간 크기의 산토끼들은 한배당 더 적은 새끼를 한 해에 더 여러 번 가지며, 훨씬 더 남쪽까지 연장되는 넓은 행동권을 보여준다. 다음은 세부 사항이니, 원한다면 다음 문단은 건너뛰고 다른 북극 포유류로 넘어가도 된다. 순록으로!

　네 종의 산토끼는 세 가지 크기로 나온다. 두 종은 크고(4~5킬로그램), 한 종은 중간이고(3킬로그램), 한 종은 작다(1.5킬로그램). 중간 크기의 산토끼인 고산토끼종은 구세계를 북유럽부터 북아시아에 이르기까지 독차지한다. 나머지 세 종은 신세계 북극을 나눠 갖는데, 큰 두 종이 더 작은 한 종의 양옆을 차지한다. 북아메리카 서쪽부터 말하자면, 알래스카토끼Alaskan hare(종)는 분포가 알래스카 서해안으로 제한되어 있다. 이 종은 매우 큰 산토끼(5킬로그램)로서 한배새끼수도 여섯 마리나 되지만, 연간출산수는 한 번뿐이다. 더 동쪽으로 알래스카의 나머지와 캐나다의 많은 부분에 걸치고 남쪽으로 미국의 산들까지 이어져 들어가는 종은 훨씬 더 작은(1.5킬로그램) 눈덧신토끼snowshoe hare(아메리카산토끼종)로서, 한배새끼수가 적고(3.5마리) 연간출산수는 세 번으로 짐작된다. 눈덧신토끼의 북쪽에 사는 두 번째로 큰 산토끼인 북극토끼Arctic hare(종)는 4킬로그램 수준이다. 캐나다 북부 끝까지 돌아다니며 동으로 그린란드까지 들어간다. 큰 알래스카토끼와 마찬가지로 북극토끼도 한배새끼수가 4.5마리로 큰 편이고 연간출산수는 한 번뿐이다. 마지막으로, 구세계에는 툰드라토끼tundra hare(고산토끼종)가 있다. 3킬로그램 수준의 툰드라토끼는 눈덧신토끼보다는 크지만 알래스카토끼와 북극토끼보다는 작다. 툰드라토끼의 번식은 훨씬 더 작은 눈덧신토끼와 비슷해서, 한배에 두세 마리를 한 해에 세 번 출산한 결과로 연간 6~9마리의 새끼를 낳는다. 요약하자면, 몸집이 크고 분포가 제한되어 있는 두 종은 저마다 4~6마리 새끼를 여름당 한 번만, 달리 말해 연간 4~6마리를 낳는다. 그렇지만 크기가 더 작고 분포가 더 넓은 두 종은 저마다 2~4마리 새끼를 여름당 세 번 출산한 결과로, 연간 6~12마리를 낳는다(Hayssen, in prep). 레밍은 별개의 두 계통을 대표하면서도 번식 전략이 비슷하지만, 산토끼는 단 한 속에 속하면서도 서로 다른 전략을 갖고 있다. 분명 소형 초식동물에게는 어느 한 번식 전략도 북극에서 살기에 최선인 것은 아니다. 대형 초식동물은 어떨까?

북극에 있는 대형 초식동물이라고는 사향소(종)와 순록(일명 카리부)뿐이다. 산토끼와 비슷하게, 둘 가운데 더 작은 종인 순록이 더 넓게 분포한다. 순록은 북극을 둘러싸는데 사향소는 북아메리카와 그린란드에 제한되어 있다는 말이다. 둘 다 반추동물이다. 다시 말해 이들은 단순한 위장 대신에, 황량한 북극의 툰드라에서 이용할 수 있는 모든 종류의 풀, 잔가지, 지의류, 이끼를 소화하는 미생물들로 가득한, 일련의 복잡한 방을 갖고 있다. 이는 둘 다 몸안에 큰 신생아를 끼워 넣을 여지가 적음을 의미한다.

사향소와 순록은 가까운 친척이 아니다. 사향소는 소, 염소, 양과 더 가까운 친척인 반면, 순록은 무스, 엘크, 사슴과 친척이다. 이 조상 차이가 형태학 차이와 번식 차이에서 반영된다. 암컷 사향소(200킬로그램)는 암컷 순록(100킬로그램)보다 두 배나 크지만, 어미중량에 대한 신생아중량은 6퍼센트 대 8퍼센트로, 신생아는 순록 쪽이 비교적 더 크다(Parker et al. 1990). 이들은 둘 다 봄에 외둥이를 낳지만, 사향소는 겨울에 들어서도 한참 동안 새끼에게 젖을 빨리는 반면 순록은 초가을에 새끼의 젖을 뗀다. 또다른 차이는 생애 첫 주에 신생아의 성장 속도가 사향소보다 순록에서 거의 다섯 배나 더 빠르다는 점이다(하루 121그램 대 571그램; Parker et al. 1990). 순록 어미는 출산한 첫 주에 아기에게 너무도 많은 젖을 투입하는 나머지 체중이 빠질 정도다. 그렇지만 여름을 거치는 동안, 새끼의 성장 속도는 사향소와 순록이 비슷해지고 암컷 순록은 초기에 잃었던 체중이 다시 붙는다. 반대로 늦겨울 동안, 사향소는 아직도 젖분비 중이어서 날마다 지방 242그램과 단백질 55그램을 잃을 수 있는데(Adamczewski et al. 1997), 반면에 암컷 순록은 여러 달 먼저 젖 생산을 중단한 상태다. 유지방은 두 종 모두 10~15퍼센트지만 일반적으로 순록이 더 높다(Baker et al. 1970; Chaplin

Follenbensbee 1993; Gjøstein et al. 2004). 암컷 사향소에게는 에너지 수요를 절충하는 방법이 하나 더 있다. 순록도 사향소도 수태는 가을에 하지만, 사향소는 체지방이 떨어지면 겨울 동안에 임신을 끝내버릴 수도 있다(Adamczewski et al. 1998). 전반적으로 짝짓기와 출산의 타이밍은 사향소와 순록에서 비슷하지만, 순록은 더 큰 신생아를 낳은 뒤 사향소보다 더 일찍 젖을 뗀다. 몸집이 더 큰 사향소는 최소한 좋은 시절에는 동시발생적 임신기와 젖분비기를 가질 만큼 지방을 저장할 능력이 있다. 이와 달리 과량의 체중이 없는 순록은 이동이 더 자유로워서 수유 중인 새끼에 방해받지 않고 더 넓은 영역에 걸쳐 먹이를 탐색할 수 있다. 둘의 방식 중 어느 한 해답도 효과가 더 좋은 것은 아니다. 레밍, 산토끼, 순록, 사향소는 모두 초식동물이 북극의 요구들을 성공적으로 절충하는 복잡한 방식들을 분명히 보여준다.

북극의 상징인 북극곰에 대해 최소한 약간이라도 언급하지 않고서 북극에 대한 논의를 떠날 수는 없다. 흥미롭게도, 북극곰한테 번식적 도전은 북극이 아니라 오히려 그들의 조상으로부터 물려받은 곰의 번식 패턴이다.

북극곰은 온대 곰의 후손으로 똑같은 번식 프로필을 물려받았다(283쪽 상자 9.1 참조). 봄에 암컷 북극곰은 수컷을 찾는 광고를 낸 뒤 대개 한 마리보다 많은 수컷과 짝짓기를 한다. 짝짓기 후 그들은 수태를 한다. 하지만 임신을 계속하는 대신, 여름의 대부분 동안 배아들을 붙들어 둔다. 그 배아들은 포궁 안에, 붙지 않은 채로 들어 있고(제7장에서 착상 지연에 관한 논의를 참조), 그동안 어미는 최대한 지방을 쌓는다. 가을에 암컷은 눈굴을 찾아내 그 안에서 겨울을 난다. 굴에 틀어박힌 후 착상이 일어나고 암컷은 그들의 짧은 임신을 다시 시작해 여러 마리(1~4마리, 대개 2마리)의, 매우 작은(700그램, 곧 어미 중량의 0.3퍼센트), 단열되지 않은, 앞을 못 보는, 비교적 덜 발달된 새끼들을 낳는다(Blix, Lentfer 1979). 굴에 틀어박힌 동안 암컷은 지방 함량이 높은(~33퍼센트) 젖을 제공하고 새끼는 체중이 는다(Jenness et al. 1972). 어미는 저장된 지방으로 자신과 새끼들을 둘 다 지원하면서 그 시간 내내 굶는다. 봄에 새끼들과 어미는 모습을 드러내고 그 즉시 먹이를 찾기 시작한다. 출현 후 암컷은 새끼들이 독립적이 되어가고 체온이 안정됨에 따라 유지방 함량을 낮춤으로써 젖 조성을 변형한다. 이 조성 변화는 한편으로 암컷이 자신의 지방 저장고를 다시 쌓는 것을 가능케 한다(Derocher et al. 1993). 그럼에도 불구하고 수유는 1년이 넘도록 계속될 것이다. 경이롭게도, 임신한 암컷은 여러 달의 굶주림을 수용하고 또 새끼들에게 고지방 젖을 제공할 만큼 지방 저장고를 축적해야만 한다. 놀라울 것도 없이, 가을에 임신한 암컷의 체중(234킬로그램)은 봄에 새로운 새끼들을 데리고 나온 암컷의 체중(159킬로그램)보다 거의 50퍼센트가 더 나간다. 따라서 암컷은 겨울 동안에 약 75킬로그램이 빠진다(Ramsay, Stirling 1988).

동면기를 이용해 취약한 새끼를 기르는 이 패턴은 온대 곰을 위한 진화적 전략으로서는 잘 작동하지만, 북극곰의 먹이 가용성과는 맞지 않는다. 많은 곰한테 겨울은 먹이 가용성이 낮은 때다. 하지만 북극곰한테는 그렇지가 않다. 물범과의 물개류가 북극곰의 주식인데, 물개류는 겨울잠을 자지 않는다. 물개류는 겨울에 더 찾기가 쉽다. 물개류는 얼음에 난 숨 구멍에 의지하는데 겨울에는 구멍의 수가 적어지기 때문이다. 결과적으로 북극곰한테는 먹이 가용성이 여름보다 겨울에 더 높을 것이다. 비번식 북극곰은 겨울잠을 자지 않는다. 그들도 긴 겨울 폭풍이 오면 피신처를 찾아 폭풍이 지나갈 때까지 잠만 자기는 하겠지만 말이다. 오로지 임신한 북극곰만 몇 달 동안 굴에 틀어박혀 쫄쫄 굶으며, 새끼들은 북극에서 살아가기에 충분한 지방, 털, 조정력을 그 동안에 발달시켜야 한다. 북극곰은 형태학적으로는 북극에 적응되어 있지만(예컨대 털 빛깔, 비례), 그들의 번식 패턴은 그들의 더는 이롭지 않은 조상형 과거에 붙박여 있다.

우리는 어느 지역에 특정한 한 무리의 비생물적 특징이 어떻게 번식적 적응의 비범한 다양성으로 이어지는가의 일례로 북극을 사용해왔다. 북극의 포유류 다양성은 다른 많은 서식지에 비하면 작은 편이다. 그럼에도 불구하고 북극의 암컷들은 극지에서 번식하기라는 문제에 대해, 한배새끼를 여러 차례 심지어 겨울 동안에 기르기(레밍)로부터 한배새끼수를 늘려서 한 번만 가지기(알래스카토끼)에 이르기까지, 다양한 해결책을 찾아내왔다. 아니면 북극곰과 같은 종은 단순히 그것의 조상형 번식 패턴으로 때우기도 한다. 모든 경우에, 번식 때를 북극의 극단적 계절성에 맞추는 게 핵심적이다. 북극에서는, 시간이 본질적이다.

계절성: 규칙적인 비생물적 변화에 대한 적응

단일한 비생물적 요인(물)과 지역적인 한 무리의 비생물적 요인(북극)을 둘다 탐사했으니, 이제 살아 있지 않은 세계의 더 추상적인 요소로 방향을 돌린다. 그것은 시간, 달리 표현하자면, 타이밍이다. 번식에 관한 한 환경에는 예측 가능한, 다시 말해 규칙적 타이밍이 있는 측면이 얼마간 있고, 나머지 특징은 예측이 불가능하다. 예측 가능한 특징만이 주목할 가치가 있으며 그러면서 되풀되는 특징만이 자연선택의 표적이다.

많은 환경에서 연중 어떤 때에는 먹이와 같은 자원이 다른 때보다 더 풍부하다. 예컨대 온대림에서는 추운 겨울이 따뜻한 여름에 비해 일반적으로 먹이 가용성을 낮춘다. 그리고 적도의 초지에서는 우기가 풍부한 먹이를 낳지만 대개 먹이가 귀한 건기와 번갈아 온다. 만약 한 계절, 말하자면 겨울에 다른 계절에 비해 일반적으로 새끼의 생존율이 형편없다면, 겨울 번식을 제한함으로써 여름 번식에 투입할 에너지를 더 많이 남길 수 있을 것이다. 우리가 계절성이라 부르는 것은, 번식이 다른 때가 아닌 각별한 철에 일어나는 경향이다. 계절성의 정의는 제각각이, 많은 경우 몸집에 의해 편향된다.

대형 포유류에서 번식은 한 해가 꼬박 걸리거나 심지어 더 오래 걸리는 경우가 많다. 따라서 대형 포유류에 대해 이른바 계절성이란 한 번식 사건,

말하자면 짝짓기가 연중 한 부분, 이를테면 가을 동안에만 일어남을 말한다. 대형 포유류의 환경에 대한 가장 일반적인 적응 가운데 하나는, 암컷이 에너지 수요가 가장 큰 번식 기간, 대개 젖분비기의 때를 환경적으로 대개 먹이나 물이 풍부한 기간에 맞추는 것이다. 임신기와 젖분비기는 흔히 길게 지속되기 때문에, 암컷들은 그 대신에 짧게 지속되는 사건, 이를테면 짝짓기, 수태, 착상, 출산의 때를 적절한 기간에 맞출 목적으로 환경적 큐를 사용할 것이다. 만약 모든 암컷이 똑같은 환경적 신호를 큐로 한다면 짝짓기나 출산과 같은 번식 사건이 연중 짧고 특정한 때에 걸쳐 일어날 테고, 그 결과를 흔히 동기화되었다고 말한다.

많은 대형 포유류와 달리, 수많은 소형 포유류는 한 해에 한 번보다 많이 번식한다(온대의 박쥐와 겨울잠을 자는 땅다람쥐는 주목할 만한 예외다). 소형 포유류는 계절적 번식을 하더라도 특정 사건의 때를 연중 특정한 때에 맞추는 방법으로 하지는 않을 것이다. 그 대신에 소형 포유류는 한 철이 시작될 때 어떤 환경적 신호를 써서 일련의 번식주기를 출발시키고 나서, 그 철이 끝날 때 두 번째 환경적 방아쇠를 써서 번식을 멈출 것이다.

번식 때를 계절적 자원 존재비에 맞추기란 암컷의 번식상에 결정적 수요가 생기는 때보다 한참 앞서서 큐에 응답하는 문제다. 환경의 규칙적인 비생물적 특징이 번식에 중요한 근접 방아쇠일 것이다. 예컨대 남반구의 많은 물개(남방물개속)에서는 착상이 3월(가을) 분점分點(춘분점과 추분점—옮긴이) 가까이에 일어난다(Boyd 1991). 하지만 창조되는 모든 큐가 대등할까?

큐가 효과적이려면 두 가지 기준이 충족되어야만 한다. 첫째, 큐는 적절한 때에만 있어야 한다. 예컨대 적도에서는 12시간의 빛이 많은 때에 나타남에 따라(계절에 무관하게 대체로 하루 중 해가 떠 있는 시간이 12시간이므로—옮긴이) 적도 포유류에게는 유용하지 않을 테지만, 온대에서는 12시간의 빛이 두 번만 나타나므로 거기서는 빛이 유용할지도 모른다. 둘째, 큐는 똑같은 때에 있는 다른 큐와 충분히 구별되어야만 한다(McAllen et al. 2006). 환경의 비생물적 특징 가운데, 광주기는 가장 많은 연구를 받아오면서 햄스터 (황금비단털쥐속, 난쟁이햄스터속)와 밭쥐(속)에서는 번식주기에(Diedrich et al. 2014; Król et al. 2012), 그뿐만 아니라 왈라비(캥거루속), 족제빗과(오소리속, 족제비속), 얼룩스컹크(속), 물개(남방물개속)에서는 배아 휴면에도 연계되어왔다(Boyd 1991). 이런 이유로 우리는 광주기 큐를 얼마간 자세히 탐사한 다음에 강우, 온도 및 생물적 요인 하나를 추가적 번식 큐로서 더 간략하게 살펴볼 것이다.

광주기

광주기는 암컷이 번식 때를 맞추는 데 사용할 수 있을 두 가지 잠재적 큐를 제시한다. (1) 절대 광주기, 다시 말해 24시간에 실제로 들어 있는 빛과 어둠의 시간hour 수. (2) 광주기가 변화하는 속도, 다시 말해 빛(또는 어둠)이 날마다 그 전날에 비해 길어지거나 짧아지는 분minute 수. 지구 대부분에 걸쳐, 낮 길이는 동지부터 하지까지 길어진 후에 그다음 동지까지 짧아진다(그림 11.4). 주어진 날의 절대 길이는 위도와 관계가 있다. 이 책의 지은이들은 북위 42도에 있으므로, 동지에 9시간 5분의 빛을 경험하고 하지에 15시간 17분의 빛을 경험한다(미 해군, http://aa.usno.navy.mil/data/docs/Dur_OneYear.php). 극점에 가까운 영역은 적도에 더 가까운 위치보다 낮 길이의 범위가 훨씬 더 넓다. 북극권 또는 남극권 위쪽에서는 지점至點(하지점과 동지점−옮긴이) 근처에서 24시간 낮 또는 24시간 밤이 나타나고, 극점에 접근함에 따라 24시간 낮 또는 24시간 밤의 수가 늘어난다. 따라서 낮 길이가 최대인 경우가 단 하루보다 더 많은 날에 걸쳐 나타날 수 있다.

광주기 변화들은 서로 다른 패턴을 따른다. 북극(북위 90도)에서는 가장 긴 낮 길이가 가장 긴 어둠으로, 다시 말해 24시간의 빛이 24시간의 어둠으로 전환되는 변화가 단 하루에 걸쳐 일어난다. 한 날(24시간 주기)은 끊임없는 빛 속에 있고, 그다음 날은 끊임없는 어둠 속에 있다. 1도만 더 남쪽(북위

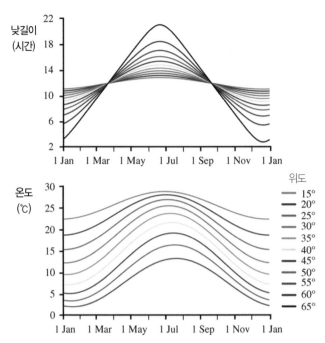

그림 11.4 광주기, 온도 변동. 북위 15도부터 북위 65도까지의 낮 길이 변동(위쪽) 및 이와 동시에 일어나는 북위 15도부터 북위 65도까지의 일일 평균 온도 변동(아래쪽). 3월과 9월의 분점(위쪽 그림의 교차점)에는 모든 곳에서 12시간의 빛이 나타난다. 위도가 높을수록 낮 길이 변화도 가파르다(위쪽 그림의 더 가파른 사인곡선). 한 해에 걸친 일일 온도 변동도 위도가 높을수록 더 크다(아래쪽 그림의 더 아래 선). 이에 더해 최고 온도는 위도가 높을수록(아래쪽 그림의 더 아래 선) 더 늦게 나타나며, 최저 온도도 마찬가지다. Wilczek et al. 2010에서 허락을 얻어 사용.

89도)으로 가도 이 전환에는 5일이 걸린다. 1도 더 남쪽(북위 88도)으로 가면 이 변화에 9일이 걸리고, 북위 80도로 건너뛰면 이 전환에 53일이 걸린다. 우리의 독자는 대부분 북극권 아래에 살아서 끊임없는 빛이나 끊임없는 어둠을 경험하지 않는다. 우리 대부분한테는 가장 긴 낮 길이가 가장 긴 어둠으로 전환되는 데에 여섯 달이 걸린다. 따라서 낮 길이가 증가하거나 감소하는 양과 속도 또한 위도에 따라 달라진다. 그 속도는 극점에 가까울수록 더 빠른데, 일어나야 하는 변화의 양이 더 크기 때문이다. 낮 길이가 변화하는 속도는 위도뿐만 아니라 연중 때와도 관계가 있다.

낮 길이 변화는 분점 근처에서 더 빠르고 지점 근처에서 더 느리다. 동지부터 춘분까지는 일광이 점점 더 빠른 속도로 증가한다. 춘분부터는 하지까지 그런 증가 속도가 느려진다. 하지부터는 낮 길이 감소가 추분까지 빨라지고 추분에 이르면 감소 속도가 느려지기 시작한다. 따라서 광주기가 변화하는 속도는 3월과 9월에 빠르고 6월과 12월에 느리다. 이와 달리 절대 낮 길이는 일반적으로 지점에서 가장 길거나 가장 짧다. 그래서 변화의 속도는 분점에서 가장 빠른 반면, 어둠 또는 빛의 절대 길이는 지점에서 가장 길다.

이 모두가 암컷한테는 무엇을 의미할까? 더 높은 위도에서는 더 좁은 시간 범위에 걸친 각별한 변화 속도가 번식을 시작하거나 멈추기 위한 큐로 이용될 수 있을 것이다. 매캘런McAllan 등(2006)은 소형 오스트레일리아 유대류(안테키누스속)에 대한 세부 사항을 산출했다. 그들은 이렇게 계산했다. 만약 번식적 방아쇠가 하루당 35~90초의 낮 길이 증가라면, 태즈메이니아섬에 있는 안테키누스한테는 2~3일에 걸쳐 광주기 창이 열리겠지만, 적도에 더 가까운 뉴사우스웨일스주에 있는 안테키누스한테는 약 2주에 걸쳐 창이 열릴 것이다(McAllan et al. 2006). 따라서 적도로부터 더 멀리 있는 암컷들이 적도에 더 가까이 있는 암컷들보다 자신들의 번식을 더 정확하게 동기화할 수 있을 것이다. 적도는 광주기 큐를 사용하기에 좋은 곳이 아니다. 낮 길이가 한 해를 거치는 동안 거의 변화하지 않기 때문이다. 전반적으로 광주기는 아마 고위도로부터 열대 중간까지에 있는 암컷들에게만 유용한 큐일 것이다.

타이밍을 위해 광주기를 사용하는 경우는 일반적으로 수명이 비교적 긴 암컷, 특히 광주기가 더 가변적인 지역에 있는 암컷에서 흔하다(Zerbe et al. 2012). 그렇지만 수명이 더 짧은 암컷에서 광주기를 사용하는 경우는 아무 위도에서든 덜 흔하다(Bronson 2009). 왜 수명에 따라 다를까? 박쥐를 제외하면, 수명은 많은 경우 몸집과 연관된다. 코끼리와 고래는 땃쥐와 게르빌루스쥐보다 더 오래 산다. 생애가 짧은 종은 그 안에서 번식할 철이 여러 해를 사는 종만큼 많지 않다. 따라서 소형 포유류는 번식을 위해 이듬해까지 기다릴 수가 없다. 그들은 번식이 벌어지기도 전에 죽을 확률이 높기 때문이다. 게다가 광주기 큐는 한 해 단위로 일어나므로, 단명한 포유류는 그런 큐 한 벌을 경험할 만큼 머물지 않을 것이다. 따라서 소형 포유류와 적도의 열대 포유류는 일반적으로 다른 큐를 써서 번식 때를 맞춘다. 광주기는 세 번째 포유류 집단, 곧 사막과 건조한 초지에 살아서 강우를 예측할 수 없고 따라서 자원을 예측할 수 없는 포유류한테도 유용하지 않다.

그렇지만 상황이 언제나 단순한 것은 아님을 캘리포니아밭쥐California vole(*Microtus californicus*)가 분명히 보여준다. 이 작은 설치류는 살고 있는 영역으로 미루어 볼 때 만약 광주기 큐를 사용한다면 암컷들이 봄에 번식할 테지만, 현실에서 그들은 가을에 자식을 생산한다. 물 가용성과 먹이 가용성 둘 다의 실험적 조작이 입증한 바로, 캘리포니아밭쥐에서 광주기는 번식의 주된 구동장치가 아니다(Lidicker 1973; Nelson 1987). 가을은 비가 내리는 기간이자 이에 연관해 그들의 먹이(풀)가 풍부해지는 기간에 상응한다. 밭쥐는 광주기라면 지시할 봄에가 아니라, 결국 비가 내린 때로부터 2주 후에 짝짓기를 준비한다. 따라서 강우와 먹이 존재비는 둘 다 번식의 큐가 되지만, 광주기는 그렇지 않다(Nelson 1987). 왜 강우일까?

강우

낮 길이의 연간 변화는 온도나 강수량 같은 다른 비생물적 요인보다는 가변성이 적어서 더 예측이 가능하다. 그렇지만 자원 가용성(예컨대 식생)에는 강우 변화가 더 밀접하게 직접 연계될 것이다. 예측 가능한 환경에서는, 선택이 광주기처럼 예측 가능한 큐에 의지해 번식 때를 맞추는 암컷을 선호한다. 덜 예측 가능한 환경에서는 낮 길이에 의지해 번식 때를 맞추는 것에 이점이 없을 것이다. 여기에 일례가 있다.

브라질 북동부에는 기후가 규칙적이어서 예측이 가능한 영역(예컨대 페이라데산타나)과 기후가 불규칙한 영역(예컨대 카팅가)이 공존한다. 기후가 불규칙하면, 비가 암컷 비단털쥣과 설치류에게 번식의 큐가 되는 최고의 생태학적 요인은 비다(Cerqueira, Lara 1991). 그렇지만 비가 유일한 요인일 수는 없다는 게 (같은 논문의 지은이들이 주장한) 흥미로운 점이다. 가뭄은 길어지면 5년까지 지속될 수도 있는데, 이 정도 기간은 전형적 암컷의 기대수명을 넘어서기 때문이다(Cerqueira, Lara 1991). 매우 긴 기간 사이에 비 큐가 없으면, 몸에 비축분이 충분한 암컷들이 한배새끼수 또는 젖 산출량을 줄여서 번식을 개시할 것이다.

가변성을 예측할 수 없는 영역에서는, 가소성plasticity이 진화할 것이다. 비가 오는 때에는 비에 응답하는 암컷들이 선택될 테지만, 비가 오지 않으면 뭔가 다른 큐에 응답하는 암컷들이 그런 유전자를 다음 세대에 전해줄 것이다. 따라서 그 개체군은 다수 요인에 응답할 수 있는 암컷들을 포함하게 될 것이다. 위계가 존재할지도, 이를테면 비에 대한 응답이 뭔가 다른 큐에 대한 응답을 무효로 만들지도 모른다. 하지만 방아쇠가 번식을 예방하거나 허락할까? 다시 말해 가뭄이 암컷의 번식을 예방하거나 비가 번식의 큐가 될까? 우리는 모르며 종마다 답이 다를 것이다.

비에 대한 반응의 다른 일례는 남아프리카 매우 건조한 지역의 주로 땅속에서 생활하는 나마콰모래언덕두더지쥐Namaqua dune mole-rat(*Bathyergus janetta*)에서 나온다. 이용 가능한 물은 임신기와 젖분비기를 지탱하기에 충분치 않은 때가 많다. 놀라울 것도 없이 번식은 계절적 겨울 강우의 개시와 상관관계가 있다. 비가 오면 빗물이 흙을 무르게 해서 개체들이 굴을 뚫고, 땅굴 체계를 연장하고, 짝을 찾는 것을 가능케 해준다. 따라서 암컷과 수컷이 만날 수 있도록 흙을 무르게 함으로써, 강우는 이 땅속 설치류의 계절적 번식에서 간접적으로 한몫을 한다(Herbst et al. 2004). 여기서는 비가 번식을 허락하고 있지만, 그 과정을 생리학적으로 개시하지는 않는다.

온도

일반적으로 겨울은 춥고 여름은 따뜻할지라도, 나날의 온도 변동은 지극히 가변적일 수 있다. 따라서 하나의 큐로서 공기 온도를 번식 때 맞추기에 사용하기는 어려울 것이다. 연간 가변성의 많은 부분을 개체가 단 한 번의 24시간 주기에 걸쳐 경험할 수도 있기 때문이다. 그렇지만 물 온도, 특히 탁 트인 대양에서의 수온은 기온보다 훨씬 덜 가변적이어서 더 나은 계절적 큐를 제공할 수 있을 것이다. 예컨대 최저 해수면 온도는 회색물범(속)에서 출생일과 상관관계가 깊다(Boyd 1991). 이런 물개류는 수온의 어떤 측면을 사용해 번식 때를 맞출 것이다. 그 효과는 수온이 이들의 저서demersal(아래에 사는) 먹잇감에 미치는 영향을 경유해 간접적으로 작용할 수도 있을 것이다.

생물적 방아쇠

이 장의 초점은 환경의 살아 있지 않은 특징이 번식에 영향을 미치는 방식에 맞춰져 있지만, 환경의 생물적 측면이 계절적 번식의 큐가 될 수도, 그러면서 비와 같은 비생물적 큐를 기초로 할 수도 있다. 많은 소형 포유류의 경우는 번식이 일어날지 말지를 먹이의 가용성이 결정한다. 예컨대 식용겨울잠쥐edible dormouse(큰겨울잠쥐속Glis)는 그들의 영역에서 너도밤나무와 오크의 씨앗 작황이 나쁘면 번식하지 않는다(Lebl et al. 2011). 하지만 단순히 암컷이 충분한 먹이 없이는 번식하지 않는다고 해서 그 먹이의 어떤 측면이 번식의 큐가 되고 있음을 암시하는 것은 아니다. 체중이 일정 수준에 못 미치거나 몸 상태가 나쁘면 번식은 단일한 외부 큐가 없어도 생리학적으로 삭감될 수 있을 것이다.

앞서 물에 관해 논의하면서, 우리는 사막 포유류가 강우 패턴을 가지고 그들의 번식 때를 맞춘다고 언급했다. 그렇지만 이 타이밍을 위한 큐는 비 자체가 아니라 푸른 식생의 가용성일 수도 있다(Degen 1997). 이는 암컷에게 강우와 맞지 않게 풍부한 먹이를 제공함으로써 시연된 바 있다. 결과는 먹이가 강우를 이긴다는 것이다(Degen 1997). 이 일은 어떻게 일어날까?

비생물적 큐와 마찬가지로, 생물적 큐도 연중 특정한 때에만 있어야 하고 뚜렷하게 인식되어야만 한다. 한 가지 가능성은 식물의 부차적 화합물이 연중 특정한 때에 합성되는 것이다. 예컨대 일부 갓 싹튼 외떡잎식물(예컨대 풀이나 옥수수)은 대사산물인 MBOA(6-메톡시벤즈옥사졸리논)를 함유하는데, 이것은 곤충의 초식을 단념시키지만 저산대밭쥐*Microtus montanus*와 같은 일부 설치류에서는 생식샘 성장을 증진하기도 한다(Negus, Berger 1977). 게다가 MBOA는 멜라토닌, 곧 24시간 주기 리듬 이끌기에 관련되는 호르몬과 구조적 유사성을 갖고 있다(Diedrich et al. 2014). 따라서 MBOA가 계절적 번식에 대한 큐라는 의견도 제시되어왔다.

현재 MBOA는 세 종의 밭쥐(저산대밭쥐종, 소나무밭쥐종, 타운센드밭쥐*Microtus townsendii*), 흰발쥐(종), 오드캥거루쥐Ord's kangaroo rat(*Dipodomys ordii*), 하우드저빌Harwood's gerbil(*Dipodillus harwoodi*)에서뿐만 아니라 집생쥐house mouse(생쥐종)와 노르웨이쥐Norway rat(시궁쥐*Rattus norvegicus*)에서도 번식을 자극하는 것으로 알려져 있다(Diedrich et al. 2014). 이와 달리 메리엄캥거루쥐Merriam's kangaroo rat(*Dipodomys merriami*), 중가리아햄스터Djungarian hamster(*Phodopus sungorus*), 그리고 최소 두 종의 밭쥐(유라시아밭쥐*Microtus arvalis*, 프레리들쥐종)에서는 MBOA가 번식에 아무 효과도 미치지 않는다(Diedrich et al. 2014; Król et al. 2012). 일부 속, 예컨대 캥거루쥐속과 밭쥐속에는 MBOA에 응답하는 종이 응답하지 않는 종과 아울러 들어 있다. MBOA가 함유된 식물을 먹지 않는 종이라면 응답하지 않을 게 분명하지만, 어떤 분명한 기준도 응답자를 비응답자와 구별해주지는 않는다(Dietrich et al. 2014).

계절성을 떠나기 전에, 멕시코사슴쥐Mexican deer mouse(*Peromyscus nudipes*)의 독특한 사례를 언급하고 싶다. 이 코스타리카 운무림(북위 10도)

의 주민은 새로운 기제를 가지고 계절적 번식을 달성한다. 이런 사슴쥐속이 서식하는 운무림에는 뚜렷이 구별되는 우기와 건기가 있다. 암컷은 우기에도 수태하고 건기에도 수태하지만, 우기에만 새끼를 밴다. 암컷은 일년 내내 배란하고, 짝짓기하고, 수태하지만, 건기 동안은 배아가 착상을 안 하거나 임신기 초기에 재흡수되거나 둘 중 하나다. 포획된 암컷들도 먹이나 물을 약하게 제약당하면 야생 암컷이 하듯이 배아를 거부한다(Heideman, Bronson 1992). 따라서 이 운무림 사슴쥐속은 환경적 자원이 새끼를 배기에 충분치 않으면 배아의 조기 거부로 계절적 번식을 달성한다. 어미에게 부과되는 에너지적 비용은, 특히 임신을 중단함으로써 절약되는 에너지에 비하면, 아마도 작을 것이다. 전반적으로 이 전략이 효과가 있는 이유는 암컷이 당장(조건만 맞으면) 번식할 '준비가 되어 있기' 때문만이 아니라, 암컷이 젖분비기 중에 죽을 운명인 한배새끼를 유지하는 데 연관된 에너지적 함정을 피하기 때문이기도 하다.

비생물적 세계: 진화하지 않는 토대

살아 있지 않은 환경은 포유류의 번식 전부의 바탕이 된다. 어미는 산소, 물, 광물질을 구해 배아와 젖으로 바꿔야만 한다. 빛, 온도, 압력의 변화는 어미의 기초적 생존뿐만 아니라 그들이 가진 자식의 기초적 생존에까지 도전할 수 있다. 우리는 비생물적 환경의 영향을 세 가지 면에서 탐사했다. 첫째, 우리는 단일한 비생물적 요인이 번식에 영향을 미치는 무수한 방식을 보았다. 우리의 사례에서는 물이, 물로 둘러싸인 몸으로부터 대부분이 물로 이루어진 몸에 이르기까지, 번식에 영향을 미치는 그런 요인이었다. 온도도 대등하게 중요한 또 하나의 변인으로서 우리가 논의할 수 있었을 것이다. 둘째, 우리는 지역적인 한 무리의 비생물적 요인이 번식에 어떻게 영향을 미칠 수 있는가의 일례를 보았다. 여기서 우리는 북극의 포유류 동물군이 제한되어 있다는 이유로 북극을 선택하지만, 사막, 해양, 열대와 같은 그 밖의 많은 서식지에 사는 포유류의 번식도 그 환경들 각각에서 비생물적 요인들의 조합에 특정하게 적응되어 있다. 이 둘째 절에서 얻을 교훈은 몸집, 식성, 조상에 있는 차이 모두가 특정한 비생물적 도전에 대한 적응에 추가적 제약을 부과한다는 것이다. 마지막으로, 우리는 비생물적 환경의 가장 추상적 측면인 시간을 탐사했다. 우리는 암컷이 그들의 번식 때를 자원의 일시적 가용성에 맞추기 위해 어떤 비생물적 큐를 사용할 수 있는지 조사함으로써 시간의 효과를 다소 간접적으로 보는 편을 선택한다.

비생물적 세계가 살아 있지 않다는 사실은 그 세계가, 은유적 의미에서를 제외하면, 살아 있는 생물적 세계가 하듯이 진화하거나 변화하는 조건에 적응하지 않는다는 것을 의미한다. 이 점이 왜 중요할까? 일례를 들자. 겨울에 대한 북극토끼의 한 가지 적응은 그들의 성긴 밤빛 여름용 털가죽을 벗고 치밀한 흰빛 겨울용 털외투로 갈아입는 것이다. 이 털이 흰빛인 이유는 그것이 공기 주머니로 가득하기 때문이다. 이런 주머니가 단열재가 되어 몸의 열이 공기 중으로 빠져나가는 것을 막아준다(Stegmaier et al. 2009). 낮이 짧거나 존재하지도 않는 동안에는 햇빛을 흡수하는 것보다 열을 안에 가두는 게 더 중요하다. 그래서 흰 털은 포식 회피에 대한 적응인 것과 같은 만큼, 혹은 그보다 더, 비생물적 큐에 대한 적응이다. 북극곰은 하얀데 포식자가 거의 없기 때문에, 이 사실은 특히 분명해진다. 한 가지 부수적 이득은 물개류를 사냥하는 동안 흰 외투가 곰을 숨겨주리라는 것이지만, 북극에서 북극곰을 본 적이 있는 사람은 누구나 깨닫듯, 북극곰의 털에 감도는 노란빛은 눈을 배경으로 아주 멀리서도 눈에 띈다. 요점으로 돌아가, 산토끼가 겨울에 흰 외투로 갈아입는다는 사실은 북극의 비생물적 환경에 아무 영향도 미치지 않는다. 비생물적 환경은 비교적 끊임없는 한 벌의 도전을 제공한다. 하지만 생물적 환경은 끊임없이 변화하고 있다. 북극토끼를 다시 보자. 북극토끼는 그들의 생물적 환경에 대한 적응을 갖추었다. 예컨대 북극토끼는 그들의 출산을 연중 먹이가 이용 가능한 때로만 제한할 수 있다. 포식자들은 북극토끼의 생물학에 일어난 이 변화에 적응할 수 있다. 포식자는 북극토끼가 자손을 가지는 때에만 북극토끼들이 번식하는 영역으로 이주할 수 있다. 이 포식자 행동의 변화는 그다음에 북극토끼 번식의 변화를 위한 선택압으로 작용해 더 나아간 포식자의 변화로 이어질 수 있다. 따라서 생물적 계통biotic system은 시간이 가는 동안 서로에 응답할 수 있는 반면, 환경의 비생물적 요소는 그렇게 하지 않는다. 생물적 환경에 대한 적응은 훨씬 더 난해하다. 그게 우리가 다음 장들에서 탐사할 내용이다.

12

다른 종과의 상호작용

벼룩과 진드기는 우리의 암컷 하이에나에게 일상생활의 일부다. 그는 새끼 적에 젖을 먹는 동안 그의 어미로부터 얻은 이런 체외기생충을 그의 딸에게도 넘겨줄 것이다. 그는 체내기생충, 이를테면 십이지장충들이나 촌충 한두(혹은 3, 혹은 12, 혹은 500)마리도 품고 있을 것이다. 날마다 그는 이 동거자들에게 자신의 한 조각을 빼앗긴다. 그리고 이 손실들은 그의 새끼를 위해 제공할 그의 능력에 영향을 미친다. 그렇지만 그의 동거자가 모두 해로운 것은 아니다. 그는 공생하는 미생물군계한테도 거처를 제공한다. 그의 창자에도 들어 있고 피부에도 붙어 있는 이 수많은 세균은 소화를 돕거나 더 해로운 미생물과 경쟁함으로써 그의 생활을 향상시킨다. 피부 세균은 그의 사회적 상호작용에도 기여한다. 왜냐하면 그의 페로몬들이, 어느 정도는, 그의 공생자로부터 유래하니까! 이런 미생물에서 비롯하는 발효 과정이 그가 풍기는 독특한 냄새의 출처다. 몸 바깥쪽에서, 그의 이종 상호작용은 미생물을 넘어 다른 종, 이를테면 먹잇감이나 포식자에까지 연장된다. 해마다 얼룩말 수천 마리와 누 수십만 마리가 그의 영역을 통과해 이주하는 때면 그도 양껏 먹을 수 있지만, 한 해의 나머지 시기에는 그의 먹이 공급도 여지없이 줄어든다. 먹잇감이 없으면 그는 살아남을 승산이 없고, 번식에 성공할 승산은 말할 나위도 없다. 굶주리면, 그가 사자한테 먹잇감이 될 것이다. 고맙게도 그는 죽은 짐승의 버려진 고기를 먹을 수 있다. 그의 새끼는 그다지 운이 좋지 않을 것이다. (Engh et al. 2003; Gombe 1985; Holekamp et al. 1996, 1999a; Lindeque, Skinner 1982a; Theis et al. 2013).

자연을 구성하는 요소들은 그 어떤 것도 독자적으로 존재하지 않는다.

—레이첼 카슨, 『침묵의 봄』, 1962:51(2011:83)

암컷은 난해한 환경에서 산다. 수많은 비생물적 도전에 맞서 번식하는 데더해, 암컷은 다른 많은 생물과 상호작용한다. 긍정적 상호작용은, 미생물이 나무늘보의 창자에서 식물 섬유소를 소화하는 것에서부터 소등쪼기새류 oxpeckers가 케이프버팔로Cape buffalo(아프리카물소속속속*Syncerus*)의 진드기를 먹고 사는 것을 거쳐, 서로 다른 종의 바위너구리가 서로의 경고하는 울음소리에 응답하는 것에 이르기까지 광범위하다. 중립적 상호작용에는 털이나 똥으로 씨앗을 퍼뜨리는 것, 흙의 미생물을 한 곳에서 다른 곳으로 옮기는 것, 드넓은 동굴에서 보금자리를 나누는 것 따위가 포함된다. 부정적 상호작용이 가장 많은 주목을 받는다. 포식자, 기생충, 질병 매개체는 다양한 방법으로 번식을 삭감한다. 그들은 에너지 균형을 깨뜨릴 수도, 생존율을 낮출 수도, 배란을 막을 수도, 임신중단을 유도할 수도, 젖 생산을 줄일수도 있다.

이 장에서 우리는 다른 생물들이 암컷의 번식에 어떻게 영향을 미치는가를 탐사한다. 우선 쉽게 관찰되어 오래 연구된 포식자-먹잇감 상호작용으로 시작한 다음에 더 작은, 하지만 결코 덜 중요하지 않은 위험들, 이를테면 기생충과 질병 매개체로 넘어간다. 많은 생물이 포유류에 해를 끼치기는 하지만, 그 반대 또한 사실이다. 포유류의 본성은 다른 생물을 먹는 것이다. 초식동물은 식물을 먹고, 육식동물은 동물을 먹는다. 따라서 다른 생물들이 번식을 직접 떠받치지만, 그 먹이들은 저항할 것이다. 식물은 치명적 독소나 가시가 있는 방해물을 생산한다. 동물은 독가스와 날카로운 이빨이나 발톱으로 포식자를 물리친다. 우리는 번식에 직접 연관되는 몇몇 방해물을 돌아본다. 마지막으로 우리는 종 간 협동과 우리의 광범위한 공생 미생물군계와 같은, 서로에 긍정적인 상호작용으로 끝을 맺는다.

먹느냐 먹히느냐: 포식자 맥락 안에서의 번식

사자는 아기 영양을 먹고, 땃쥐는 아기 밭쥐를 먹는다. 번식에 성공하려면 암컷은 먹이를 구해야 할 뿐만 아니라 포식자를 피하기도 해야 한다. 불행히도 번식은 포식의 위험을 증가시킬 수 있다. 임신해서 몸이 무거운 암컷은 재빠른 포식자에게서 쏜살같이 도망치기가 어려울 것이다. 새끼 낳기는 취약성을 높이고, 많은 경우 조직파편을 남겨서 포식자를 끌어들인다. 심지어 출산 후에도 암컷은 그가 먹이를 찾아다니는 동안 자식을 데리고 다니거나 호위할 테고, 따라서 자신의 탈출 능력을 떨어뜨릴 것이다. 이는 번식 때문에 포식 위험이 직접 증가하는 명시적인 예들이다. 번식은 포식 위험을 간접적으로도 증가시킬 수 있다. 만약 암컷이 늘어난 식구를 부양하기 위해 한바탕 먹이를 찾아다니는 빈도나 지속시간을 늘려야 한다면, 번식의 에너지적 수요가 포식자에 대한 노출을 증가시킬 것이다. 게다가 만약 의존적인 새끼가 땅굴이나 둥지에 있다면 암컷의 먹이 탐색 반경이 제한될 테고, 그래서 그의 행동은 더 예측이 가능해질 테고, 이로써 다시 그의 포식 위험을 증가시킬 것이다. 승산이 없어도, 암컷은 자신뿐만 아니라 자신의 자식까지 보호해야만 한다. 이에 더해 자식도 포식자를 끌어들이지 않기 위해 그들의 몫을 해야만 한다. 보호는 포식자의 공격이 임박한 때 직접적 동작에서 나올 수도 있고, 공격당할 위험을 줄이기 위한 변형에서 나올 수도 있다.

포식 회피를 위해 열려 있는 선택지는 세 가지다. (1) 안전한 곳으로 달아난다. (2) 맞서 싸운다. (3) 마주침을 피한다. 싸우거나 달아나는 반응은 포식자가 있을 때 일어나는 반면, 포식 위험을 줄이기 위한 동작은 포식자가 없는 사이에 일어난다. 새끼를 성공적으로 방어하는 개체 암컷들에 대한 문서화된 증거는 대부분 얼룩말(말속), 코뿔소(검은코뿔소속), 무스(말코손바닥사슴속), 가지뿔영양(속), 버팔로buffalo(물소속*Bubalus*), 산양(흰바위산양속*Oreamnos*)처럼 발굽과 이빨이 있는 대형 유제류에서 나온다(Caro 2005).

불행히도 모든 노력이 성공하지는 않는다(Creel, Creel 2002). 포식자와 싸우기는 대개 마지막으로, 특히 어쩔 도리가 없어서 의존하는 궁여지책이다. 사회집단에서는 공동의 노력이 포식자를 저지할 수도 있다. 이를테면 사향소(속)는 잘 짜인 방어선을 이용해 새끼들을 북극늑대Arctic wolf(회색늑대종)로부터 떼어놓는다. 일반적으로 포식자를 공격하는 것보다는 피하는 게 더 안전한 선택지다. 어미나 집단 구성원이 내는 경고의 울음소리나 신호는 자식에게 근처의 포식자로부터 도망치거나 벗어날 용기를 줄 것이다. 미어캣Suricata suricatta, 노란배마멋yellow-bellied marmot(Marmota flaviventris), 버빗원숭이Chlorocebus pygerythrus가 이 반포식자 교신을 잘 활용한다(Caro 2005). 벨딩땅다람쥐(종)도 그렇게 하는데, 이들은 무관한 개체가 아니라 친척이 공격의 위험에 처하면 울음소리를 낼 가능성이 더 크다(Sherman 1985).

암컷은 포식자가 영역 안에 있음을 알면 자신의 행동을 변형할 것이다. 예컨대 늑대가 있으면 암컷 말사슴(미국에서 엘크라 불리고 영국에서 붉은사슴이라 불리는)종은 먹이 탐색에 시간을 덜 쓰고 늑대 살피기에 시간을 더 많이 쓴다. 그들은 또한 숲이 우거진, 따라서 숨을 곳이 더 많지만 영양가 높은 풀은 더 적은 영역으로 이동한다. 이런 암컷에서는 프로게스테론 수준과 출산율이 더 낮다는 기록이, 번식에 미치는 포식의 간접 효과를 입증한다(Creel et al. 2009).

포식자의 냄새는 암컷의 번식을 억압할 수 있다. 예컨대 암컷 들밭쥐field vole(짧은꼬리밭쥐Microtus agrestis)는 이들의 족제빗과 포식자 냄새에 노출되면 번식을 억압한다. 억압되는 이유는 암컷이 짝짓기를 안 했기 때문일 수도 있고, 아니면 암컷이 먹이 탐색을 줄인 결과로 배란이 억제될 만큼 체중이 빠졌기 때문일 수도 있을 것이다(Koskela, Ylönen 1995). 짝짓기가 억제되는 이외에, 성성숙이 지연될 수도 있고, 한배새끼의 중량과 수가 감소될 수도 있다(Caro 2005). 이는 대부분 실험으로 관찰되고, 실험에선 신선한 포식자 큐를 사용한다. 그렇지만 해묵은 포식자 큐라면 포식자가 없음을 신호함으로써 번식에 아무 영향을 미치지 않거나 긍정적 영향을 미칠지도 모른다.

고밀도의 포식자들을 마주침으로써 생겨난 스트레스는 어미로부터 자식에게로 전달될 수 있고, 그래서 나중에 자식의 번식량을 변화시킬 수 있다. 포식이 개체군 주기에 미치는 이런 세대간 효과는 눈덧신토끼(아메리카산토끼종)와 함께 나타난다. 어미의 호르몬 프로필이 포식자의 밀도와 함께 오르내리면, 그 프로필이 그들의 자식한테서 그대로 되풀이된다. 설사 딸이 경험하는 포식 수준은 어미가 경험했던 포식 수준과 다르더라도, 본질적으로 딸은 어미의 스트레스 호르몬 수준을 갖고 있다(Sheriff et al. 2010). 이렇게 세대를 넘어 모계를 통해 유전되는 효과는 포식에 대한 개체군의 응답에 지연을 만들어낸다.

포식자가 위협하고 있거나 곁에 있는 때의 직접적 동작에 더해, 어미와 그 자식한테는 포식의 위험을 줄이기 위해 특화된 행동 또는 형태학도 있을 것이다. 포식자와의 마주침을 피하는 것은 가장 흔한 반포식자 기제다. 불행히도 "들키지 않기 위한 적응들을 범주화하려는 시도들은 아직 조잡하고 다소 임의적이다"(Caro 2005:35).

포식의 위험을 줄이는 기제에는 공간적 요소도 있고 시간적 요소도 있다. 짝짓기와 출산은 특히 취약한 기간이므로, 아마도 강한 선택압 때문에, 이 사건들은 많은 경우 포식의 위험이 낮은 때나 장소에서, 이를테면 밤에나 굴속에서 일어난다. 이 사건들은 또한 지속시간이 짧고 일반적으로 눈에 띄지 않는다. 짝짓기하는 울음소리와 출산하는 소리도 거의 들리지 않으며, 가능하다면 암컷은 사건 뒤에 그 영역을 떠날 것이다. 그렇지 않고 만약 암컷이 그 영역에 매여 있다면, 그는 많은 경우, 포식자를 끌어들일 수 있을 모든 큐를 말끔히 치울 것이다.

출산하는 자리의 선택은 포식의 위험에 크게 영향을 받을 것이다. 예컨대 두건물범(속)은 북극곰과 북극늑대가 접근할 수 없는, 일시적으로 떠 있는 유빙 위에서 새끼를 낳는다. 종속 하이에나는 지배 암컷의 영아살해를 피하기 위해 공용 굴로부터 얼마간 떨어진 굴에서 새끼를 낳는다. 많은 유제류도 아마 밟히는 것을 피하기 위해, 또한 훨씬 더 빠른 떼의 움직임으로부터 새끼를 떼어놓기 위해서도, 떼로부터 떨어져서 새끼를 낳는다.

포식의 위험은 새끼가 얼마나 취약한가로도 영향을 받는다. 암컷이 앞도 못 보고 털도 없는 새끼를 낳는 때, 그 암컷은 자기가 멀리서 먹이를 찾아다니는 동안에 만약 포식자가 둥지나 땅굴을 찾아낸다면 한배새끼를 통째로 잃을 위험이 있다. 그래서 이런 암컷은 둥지 자리를 주의 깊게 고르고 포식자에 의한 발견을 줄이는 방식으로 행동한다. 이들의 선택지는 무엇일까? 1번: 둥지 근처에 있는 시간을 제한한다. 둑밭쥐bank vole(유럽대륙밭쥐Myodes glareolus) 어미는 출생땅굴 근처에 있는 시간을 제한하며, 따라서 포식자가 이용할 수 있는 후각적 큐를 줄인다(Liesenjohann et al. 2015). 2번: 둥지를 떠나지 않고 지킨다. 이를 위해 암컷은 도움이 필요하다. 도움은 일부일처 관계의 짝으로부터도, 이리 떼와 같은 가족 집단으로부터도, 하이에나와 미어캣과 땅다람쥐의 경우처럼 사회집단으로부터도 나올 수 있다. 3번: 둥지를 포식자가 접근할 수 없게 만든다. 예컨대 일부 박쥐에서 출산용 보금자리로 사용되는 동굴 천장과 좁은 바위 틈은 포식자가 접근하기 어렵다. 4번: 포식자를 숫자로 압도하거나 최소한 새끼 한 마리당 위험을 줄인다. 이를테면 일부 박쥐와 많은 유제류가 하듯이 개체군에 속하는 다른 암컷들과 출산을 동기화하면, 포식자가 이용할 수 있는 양보다 더 많은 먹이가 생길 것이다. 5번: 새끼를 데리고 다닌다. 캥거루(속), 코알라(속), 마모셋(비단마모셋속), 개코원숭이(속), 큰개미핥기(속), 나무늘보(세발가락나무늘보속, 두발가락나무늘보속)가 하듯이 말이다.

보편적인 반포식자 적응은 젖분비기 동안 경계를 강화하는 것이다. 보통 "새끼가 있는 어미는 새끼가 없는 암컷보다 경계심이 강하다"(Caro

2005:168). 이 효과는 엘크로부터 코끼리와 캥거루에 이르기까지, 툰 트인 지대에 사는 많은 종에 나타나는 것으로 알려져 있고, 새끼의 특성에 따라 모습을 달리할 것이다. 예컨대 무스 어미는 자손이 쉬고 있을 때보다 활동할 때 더 바짝 경계한다. 아니면 치타(종)처럼, 한배새끼수가 더 많은 어미가 한배새끼수가 더 적은 어미보다 더 바짝 경계할 수도 있다(Caro 2005).

수유 행동 역시 포식자 회피로 영향을 받을 수 있다. 유럽멧토끼European hare(*Lepus europaeus*) 암컷은 보호받는 굴속에서가 아니라 비교적 무방비한 영역에서 새끼를 낳지만, 걸을 능력을 타고난 토끼 새끼들은 하루 안에 태어난 자리를 떠나 뿔뿔이 흩어진다. 그리고 해가 떨어지면 바로 모여들어서 어미가 돌아오기를 기다린다. 어미가 도착하면 수유는 6분이 채 못 되는 동안 일어나며, 수유 후 새끼들과 어미는 서로 다른 방향으로 흩어진다(Broekhuizen, Maaskamp 1980). 따라서 취약한 시간이 제한될 뿐만 아니라, 설사 포식자가 낮 동안에 새끼 한 마리를 찾더라도 한배새끼의 나머지 구성원들은 아직 숨어 있을 것이다.

반포식자 적응은 양쪽 부모와 자식 사이의 협조된 노력일 수 있다. 나무딸쥐(투파이아속)에서 수컷은 출산 1~5일 전에 출생둥지를 짓는다(Martin 1966). 따라서 그 둥지에는 암컷의 냄새가 아니라 수컷의 냄새가 연관된다. 수컷은 암컷과도 새끼와도 같이 살지 않으므로, 수컷의 냄새는 취약한 새끼의 존재를 암시하지 않는다. 출산 후 암컷은 새끼에게 배가 빵빵해질 때까지 젖을 빨린다. 이때 신생아 한 마리 한 마리의 체중은 약 15그램인데, 그 가운데 6그램이 젖이다. 암컷은 그런 다음 배막들과 탯줄을 치운 뒤 둥지를 약 48시간 동안 떠나 있는다(Martin 1966). 수유는 젖분비기 내내 이틀 간격으로 계속된다. 둥지 안의 새끼들은 젖분비기 동안 목소리를 죽임으로써 자신들의 안전에 기여한다(Benson et al. 1992). 이런 협조된 활동들이 모여서, 포식자가 둥지 안의 취약한 새끼들을 찾아낼 기회를 줄인다.

어미뿐만 아니라 신생아와 유아에게도 포식을 피하기 위한 다양한 적응이 있다. 두 가지는 앞에서 기술했다. 토끼 새끼들은 태어난 뒤에 뿔뿔이 흩어지고 나무딱쥐 둥지 안의 새끼들은 목소리를 죽인다고 말이다. 이런 행동 변화가 중요한 이유는 포식자가 새끼의 모습, 냄새, 소리 따위에도, 새끼의 움직임에 끌리는 만큼 쉽게 끌릴 수 있기 때문이다. 시각적 큐를 줄이기 위해, 자식이 입는 외투 빛깔은 성체의 털가죽보다 신생아 환경에 더 가깝게 일치할 수도 있다(Caro 2005). 제8장에서 언급했듯이 맥(속) 새끼와 사슴(과) 새끼가 입는 줄무늬 또는 점박이 외투는 새끼가 노지에 또는 덤불 속에 있을 때 어느 정도 은폐되게 해준다. 갈기늑대(속)와 점박이하이에나(속)는 땅속에서 태어나고 (우리의 표지 사진으로 예시되는) 시커먼 털가죽을 입으며, 이 털가죽은 그들의 동굴 내부와 일치한다. 소형 포유류들도 뚜렷한 나이 특이적 외투를 입는다. 예컨대 유아 사슴쥐(속)는 어미의 황토빛 털가죽이 아니라 잿빛 외투를 입는데, 이는 그들의 어두운 둥지와 더 가깝게 일치할 것이다. 만약 새끼가 생애 초기의 대부분 동안 실려 다닌다면, 이런 새끼의 털가죽은 어미의 털가죽과 더 가깝게 일치할 것이다(제8장). 예컨대 큰개미핥기 새끼의 얼룩은 새끼가 어미의 어깨에 올라타는 때 어미의 줄무늬와 조화를 이룰 수 있다(그림 12.1).

외투 빛깔은 체온조절이나 사회적 인식처럼 다른 목적에도 이바지하기 때문에, 신생아 털에 대한 선택은 포식자 회피와 관계가 없을 수도 있다. 예컨대 털이 어둡고 얼굴이 분홍빛인 버빗원숭이 신생아는, 얼굴이 검고 몸이 밝은 빛인 어미와 뚜렷이 대비된다. 그래서 이들은 포식자 눈에 잘 띌 뿐만 아니라 (아마 이들을 구해주기 쉽게) 다른 집단 구성원 눈에도 잘 띈다. 출생 시 외투의 적응적 이득은 영장류에서 조사되어온 바에 따르면 영아 방어(협동적 방어용 신호를 통한 영아살해 방지)와 부성 은폐(아비에게 친자확인을 어렵게 하기)에 같은 만큼 원인이 있을 수 있지만, 대행부모의 돌봄을 끌어내기는 요인이 아니다(Treves 1997). 신생아의 외투 빛깔은 더 넓은 범위의 포유류 목에서 조사하기에 흥미로운 영역을 제시한다.

그림 12.1 위장용 털가죽. 브라질의 건조한 세하도 초지에서 먹이를 찾아다니는 어미와 유아 큰개미핥기(종)가 반포식자 적응에서 나타나는 유아 털가죽과 행동의 상호작용을 분명히 보여준다. Tui De Roy가 찍은 사진을 Minden Pictures의 허락을 얻어 사용.

　시각적 신호뿐만 아니라 냄새와 소리도 포식자를 끌 것이다. 새끼에서 나는 냄새에 대한 우리의 이해력은 한정되어 있고, 우리는 새끼의 냄새가 그들의 환경과 어떻게 어울릴지에 대한 어떤 연구도 찾아내지 못했다. 어미는 특정한 둥지 재료를 선택할 수 있을 테니 그 재료가 새끼의 냄새를 가릴지도 모른다. 버리는 재료에서 냄새가 나면 (나무땃쥐가 하듯이) 어미가 그 재료를 먹거나 치워서 그런 냄새를 줄일 수도 있다. 아마도 인간이 맡을 수 있는 냄새의 목록이 얼마 안 되어서인지, 후각적 조사 또한 한정되어 있다. 소리에 관해서는 더 많은 연구 결과를 구할 수 있다. 신생아가 가진 특징적인 발성도 소리를 죽인다면 위치가 발각되기 어려울 것이고, 밭쥐(속)의 초음파 발성처럼 포식자의 평범한 가청 주파수 범위를 벗어날 수도 있다 (Blake 2012).

　행동이 새끼의 포식자 회피를 도울 수도 있다. 많은 자식은 얼어붙기나 흩어지기와 같은 특징적 태도를 사용한다. 제8장에서 우리는 어린 유제류 (발굽이 있는 포유류)를 은신자 또는 추종자로 나누는 잘 알려진 행동적 이분법을 기술했다. 이 이분법은 유대류에도 유효하다. 캥거루과 유대류의 경우, 대부분의 속에 속하는 유아들은 오로지 은신자(도르콥시스속*Dorcopsis*, 발톱꼬리왈라비속*Onychogalea*, 바위왈라비속*Petrogale*, 덤불왈라비속*Thylogale*, 왈라비아속*Wallabia*에 속하는 13종) 아니면 추종자(토끼왈라비속*Lagorchestes*, 쿼카속 *Setonix*에 속하는 3종)다. 다양한 속인 캥거루속에는 은신자(4종) 유아도 있고 추종자(7종) 유아도 있다(Fisher et al. 2002). 은신자 신생아 대 추종자 신생아의 적응은 서로 다를 것으로 예상된다. 그 차이는 털빛과 행동뿐만 아니라 생리학과 발달도 포함한다. 예컨대 추종하는 신생아는 근육량과 사지의 형태학적 특성이 매우 이른 보행에 적합할지도 모른다.

먹느냐 먹히느냐: 미생물과 기생체 맥락 안에서의 번식

포식자가 늘 다른 척추동물인 것은 아니며, 오히려 아주 작아서 암컷 숙주에 붙거나 안에 들어가서 살 수도 있다. 전통적으로 기생체에는 외부형(체외기생체) 또는 내부형(체내기생체), 두 유형이 있다. 어떤 체외기생체들, 예컨대 벼룩이나 새털이chewing louse는 털 속에 살거나 피부에 앉아서 이따금 피부나 조직파편을 뜯어먹는다. 다른 체외기생체들은 진드기, 거머리, 흡혈이sucking louse가 하듯이 더 긴 기간 동안 붙어서 피를 빨아먹는다. 체내기생체는 암컷의 몸 안쪽에 살면서 대개 암컷과 더 오래 상호작용을 지속한다. 그런 체내기생체에는 회충, 흡충, 촌충과 같은 다양한 기생충뿐만 아니라, 샤가스병을 일으키는 트리파노소마 또는 말라리아를 일으키는 플라스모듐속*Plasmodium*과 같은 단세포 원생동물도 포함된다.

　　모든 기생체가 우리가 배정하는 통으로 쏙쏙 들어가는 것은 아니다. 예컨대 벼룩은 기생체로 여겨지지만, 암컷 모기(암컷과 달리 수컷은 피를 먹고 살지 않는다)와 그 밖의 깨무는 곤충들은 그렇지 않다. 깨무는 곤충들도 벼룩과 같은 만큼 또는 그보다 더 짜증을 유발하고 뒤이어 자원을 빼돌릴 수 있더라도 말이다. 또한 포유류에 대해서는 무척추동물과 원생동물만이 기생체로 여겨진다. 흡혈박쥐vampire bat(흡혈박쥐속*Desmodus*), 균류菌類,

fungus, 곰팡이mold, 세균은 기생체로 불리지 않는다. 더욱 혼란스럽게도 백선ringworm은 전혀 기생충worm이 아니며 균류의 일종이다. 한편 바이러스는 (일부에 따르면) 살아 있지도 않고 세포로 되어 있지도 않지만, 원생생물이 부리는 농간의 다수를 공유하고 많은 면에서 세포내 기생체로 여겨질 것이다.

포유류학자에게 기생체란 어느 암컷의 몸밖에 붙었거나(체외기생체) 몸안에서 발견되는(체내기생체) 모든 무척추동물로서 그 암컷을 함정에 빠뜨려 가공하기만 하면 된다. 그러므로 기생체라 불리려면, 그 침입자는 현장에서 가공하는 내내 숙주와 함께 남아 있어야 한다. 따라서 벼룩은 기생체지만 모기는 기생체가 아니며, 그 이유는 모기가 숙주와 같이 머무는 게 아니라 먹고 나면 숙주로부터 날아가기 때문이다. 그리고 탁란brood parasite 또는 절취기생kleptoparasitism과 같은 특수 용어가 기생을 닮은 행동을 묘사하더라도, 척추동물은 기생체로 여겨지지 않는다. 미국 질병관리예방센터는 기생체를 "숙주에 붙거나 들어가 살면서 숙주로부터 또는 숙주를 희생해 자신의 먹이를 얻는 생물"로 정의한다(http://www.cdc.gov/parasites).

이름이 뭐든, 기생체, 감염, 질병은 모두 번식에 부정적 영향을 미칠 수 있다. 포식자라면 암컷을 완전히 죽여버릴지도 모르지만, 그러는 대신에 이것들은 모두 암컷에 야금야금 해를 끼친다. 또 한 가지 핵심적 차이는 포식자 대 기생체가 암컷에 타격을 주는 데 걸리는 시간이다. 포식자는 흔히 빠르게 죽인다. 비교적 짧은 시간 만에 자식을 채가거나 다리 하나를 뜯어낸다. 기생체와 기생체의 생태적 동종, 감염되어 병을 유발하는 존재들은 훨씬 더 긴 기간에 걸쳐, 어쩌면 숙주의 일생에 걸쳐 영향을 미칠 것이다. 기생체는 숙주를 얻고, 포식자는 먹잇감을 얻는다.

기생체와 기생체의 동류가 번식에 끼치는 부정적 영향이란 무엇일까? 기생체는 현재의 번식 시도를 다양한 방식으로 변화시킬 수 있다. 피 한 끼를 털리는 암컷은 안 그러면 자기 자식에게로 돌릴 자원을 빼앗길 테지만,

만약 그것이 모기나 거머리나 흡혈박쥐에게 주어지면, 그 식사는 서로 다른 영향을 미칠 것이다. 생식로가 (클라미디아속*Chlamydia*에) 감염된 코알라는 가임력이 떨어질 것이다(Phillips 2000). 암컷 둑밭쥐(대륙밭쥐속)는 구포자충류 원생생물인 구포자충속*Eimeria*에 감염되면 산후에 몸 상태가 나빠진다(Laakkonen et al. 1998). 감염은 훨씬 더 극단적인 영향을 미칠 수도 있다. 예컨대 30년 만에 들소의 수가 1만 마리에서 2200마리로 감소한 것은 결핵과 브루셀라병 세균(미코박테륨속*Mycobacterium*, 브루셀라속*Brucella*)의 감염, 그리고 그것이 나중에 월동률과 임신율을 둘 다 끌어내린 일과 관계가 있을 것이다(Joly, Messier 2005).

　기생체의 존재는 언제나 번식 감소로 이어질까? 만약 기생체가 젊은 어미를 죽이거나 약화시켜 그가 포식자의 먹이가 되게 한다면, 그는 현재의 한배새끼를 잃고 평생 번식량도 기생체가 없는 어미들에 비해 줄어들 게 확실하다. 그렇지만 만약에 기생체가 어미를 당장 죽이는 게 아니라 어미의 수명을 줄인다면 어찌 될까? 기생체에 감염된 젊은 어미는 자신이 현재의 한배새끼에 투입하는 에너지를 늘림으로써 짧아진 수명을 보상할 수 있을까? 어떤 경우는 그럴 수 있다. 일례로 어느 암컷 사슴쥐(속)들이, 인간에서 주혈흡충증을 일으키는 기생체와 친척인 주혈흡충blood fluke(스키스토소마튬속*Schistosomatium*)에 실험적으로 감염된 후 번식하도록 방치되었다. 평균적으로, 감염된 암컷들은 첫 번식을 지연하기는 했지만, 비록 같은 수의 한배새끼를 가졌으되 감염되지는 않았던 암컷들보다 6퍼센트 더 무거운 한배새끼를 생산했다(Schwanz 2008). 따라서 일생에 걸친 번식은 줄어들더라도 현재의 한배새끼에 대한 입력이 증가될 수도 있다. 이는 만약 미래 번식 가망성(잔여번식값, 제5장 참조)이 낮거나 위험하면, 암컷은 그의 현재 번식에 더 많은 에너지를 투입해야 마땅하다는 이론적 추정과 일관된다.

　기생체에 관한 한 가지 통상적 가정은, 숙주의 개체군 밀도가 높을수록 기생체는 더 자주 전염되리라는, 결국 더 많은 기생체가 더 많은 개체에 있게 된다는 것이다. 이 가정이 늘 지켜지지는 않을 수도 있다. 전염률은 같은 숙주 개체군에서조차 기생체에 따라 다를 것이다. 예컨대 콜로라도주 중심부에서 저산대밭쥐montane vole(종)는 촌충(편형동물)과 원생동물(주혈흡충증의 원인인 구포자충속), 두 종류의 장내 기생체를 갖고 있다. 밭쥐 개체군들이 컸을 때에는 촌충의 수도 더 컸지만, 원생동물의 수는 밭쥐 밀도에 따라 달라지지 않았다. 당연한 결과로 밭쥐는 두 기생체 중 하나 또는 둘 다를 가졌다고 해서 몸 상태가 더 나빠지는 않았고, 이는 번식도 영향을 받지 않을 것임을 시사한다(Winternitz et al. 2012). 암컷은 수컷에 비해 더 적은 수의 촌충에 감염되어 있었다. 그렇지만 감염된 암컷 중에서는, 번식 중인 암컷에 든 촌충이 비번식 암컷에 든 촌충보다 알을 더 많이 낳았다(Winternitz et al. 2012). 기생체가 번식에 미치는 영향들의 역학관계는 분명 난해하다. 밭쥐 연구는 암컷들이 단일한 해부학적 부위(이 경우는 창자)에조차 다수 종의 기생체를 동시에 갖고 있으리라는 점을 부각시키기도 한다. 암컷에게는 그를 숙주로 하는 그만의 기생체 공동체가 있을 테고, 그 기생체들은 서로와도 암컷과도 상호작용할 것이다.

기생체는 때때로 자신의 생활주기를 암컷 숙주의 번식 패턴에 옭아맴으로써 새로운 새끼를 감염시킨 뒤 그 출생둥지로부터 확산한다. 고전적 일례가 토끼벼룩rabbit flea(*Spilopsyllus cuniculi*)과 그것의 숙주인 가축 토끼다. 성체 벼룩은 분명 숙주의 출산 시에 어미를 떠나 아기에게로 기어가는데, 그런 다음에 열이틀 동안 아기를 뜯어먹고 알까지 낳은 뒤에, 다시 어미한테로 돌아가 그의 다음번 한배새끼를 기다린다. 벼룩은 호르몬 큐를 사용해 숙주의 번식 상태에 응답한다(Rothschild, Ford 1964).

어떤 기생충은 번식과 연관된 기관 자체를 표적으로 삼을 수도 있다. 핵심적이고 다소 충격적인 일례는 플라켄토네마 기간티시마*Placentonema gigantissima*, 곧 향고래(종)의 포궁과 태반에서만 나온다고 알려진 선충에서 볼 수 있다(Gubanov 1951). 비교적 흔한데도, 이 기생충의 생활주기에 관해서는 알려진 게 거의 없다(Dailey 1985). 한 가지 생각은, 출산 시에 안에 든 암컷 기생충이 태반과 함께 만출되면 암컷 기생충은 죽지만 그가 분해되는 동안 그의 알들이 방출된다는 것이다. 마지막으로 덧붙이자면, 이 기생충은 이름이 함축하듯 상당히 크다. 알려진 모든 선충 가운데 최대로서, 암컷 기생충들은 길이가 8.4미터에 달한다.

일부 기생체는 태반을 통해 전달될지도 모르고, 플라켄토네마 기간티시마가 그런 경우일 테지만, 젖도 어미를 떠나 새끼에게로 가는 또 하나의 쉬운 경로를 제공한다. 감염되는 기생체(회충roundworm[분선충*Strongyloides stercoralis*])는 개의 젖에서 나타난다(Shoop et al. 2002). 또 한 사례에서 크라시카우다속*Crassicauda*의 선충은 고래류에서 젖샘과 연관된 근육과 관들을 감염시킨다. 감염률은 암컷 대서양흰줄무늬돌고래Atlantic whitesided dolphin(*Lagenorhynchus acutus*)의 젖샘에서 47퍼센트에 달할 수도 있다(Dailey 1985). 크라시카우다속의 전염은 알려져 있지는 않지만 젖을 경유할 것이다. 짐작건대 이 후생동물은 암컷의 젖 생산 그리고/또는 전달 능력을 떨어뜨릴 것이다(Dailey 1985).

병원체는 암컷의 번식을 예컨대 자식의 임신을 중단시킴으로써 직접 변화시키거나, 아니면 에너지 자원을 병원체와 싸우는 일로 빼돌림으로써 간접적으로 변화시키거나 둘 중 하나일 것이다(Pioz et al. 2008). 두 각본 모두 포유류에서 잘 문서화되어왔다. 가축 포유류에서 임신중단이나 불임을 유발하는 병원체의 목록에는 많은 세균, 균류, 원생생물, 바이러스가 포함된다(Givens, Marley 2008). 예컨대 20년이 넘는 동안, 세균 감염에서 비롯한 배아 거부가 알프스샤무아alpine chamoi(알프스산양*Rupicapra rupicapra*)의 전반적인 연간 번식량을, 날씨 변동보다 더 많이 변화시켰다(Pioz et al. 2008). 간접 효과의 일례는 컬럼비아땅다람쥐Columbian ground squirrel(*Urocitellus columbianus*)에 있다. 체외기생하는 벼룩을 (짝짓기 시점에) 실험적으로 제거한 암컷들은 젖분비기 동안 체중이 더 많이 나갔다. 이 암컷들은 굴에서 출현한 새끼의 수도 3.6 대 5.25로 더 많았다(Neuhaus 2003). 한배새끼수 차이의 원인은 배란의 증가일 수도, 착상 후 손실의 감소일 수도, 젖 생산의 증가일 수도, 아니면 어떤 조합일 수도 있을 것이다.

질병과 기생체에는 다른 간접 효과도 있을 것이다. 병들었음을 가리키는 행동 변화를 포함해 감염과 연관된 행동 변화는 그 결과로 짝짓기의 기회를 낮출 것이고, 그럼으로써 적응도에 중요한 영향을 미칠 것이다. 많은 기생체는 예컨대 숙주의 행동을 바꿈으로써 그들의 숙주를 조종한다. 톡소포자충*Toxoplasma gondii*은 특히 흥미진진하고 잘 연구된 일례다. 이 기생체와 그것의 질병인 톡소포자충증은 숙주 암컷의 짝 선택을 변화시킨다. 이 원생동물은 짐작건대 수컷에서 테스토스테론을 증가시키고 그 때문에 성선택되는 형질들을 강화함으로써, 감염된 수컷을 잠재적 짝으로서 더 매력적인 수컷으로 만든다(Vyas 2013). 실험적으로 감염된 집생쥐(생쥐종)에서는 톡소포자충증 감염이 원인인 성비 변화가 나타났는데, 이런 쥐는 딸을 더 많이 낳았지만 그 기제는 분명치 않다(Kaňková et al. 2007). 마지막으로 기생체는 암컷의 몸 상태에 영향을 미쳐서 그 결과로 딸 대신에 아들을 배는 것과 연관된 거래에 영향을 미침으로써, 고른 성비로부터의 일탈을 주도할 수도 있다. 이는 모든 기생체가 암컷에 부정적 영향을 끼친다는 말이 아니다. 많은 기생체는 중립적일 테고, 만약 그 기생체가 그것의 숙주와 오랜 기간 동안 공진화해왔다면 특히 더 그러할 것이기 때문이다.

기생충, 벼룩, 원생생물은 암컷의 번식을 삭감하는 유일한 생물이 아니다. 세균과 바이러스도 포유류를 감염시켜 암컷의 생물학에 중대한 영향을 끼칠 수 있고, 그 결과는 그의 배경 생리학을 바꾸는 것에서부터 그 자신 또는 그의 새끼를 죽이는 것에 이르기까지 광범위하다. 어떤 세균과 병원체는 숙주의 생리학적 계통 및 생태학과 너무도 밀접하게 연계된 나머지 그 관계가 진화적 시간 축척 상에서 점진적으로 변화될 수 있을 정도다. 어떤 경우 그 관계는 공생이 될 것이다. 어떤 기생체−숙주 쌍은 중립 관계로 남아 있을(또는 되어갈) 것이다. 그렇지만 이런 감염이 둘 중 한 단계에 도달할 수 있으려면, 그것은 먼저 암컷의 면역계와 상호작용해야만 한다.

번식 중인 암컷 안에서의 번식과 면역

포궁은 무균실이라는 인식은 생물학에서 끈질긴 전제… [그리고] 변함없는 교의다. 모든 세균이 포궁 안에 있으면 아기에게 위험하다고 가정되기 때문이다.
—펑크하우저Funkhouser, 보르덴슈타인Bordenstein 2013:1

번식은 면역과 단단히 연계되어 있다. 임신이나 젖분비는 많은 경우 면역을 억제한다. 모체의 면역계에서는 임신과 연관하여, 세포성면역과 체액성면역을 포함해 상당한 변화가 일어난다. 이런 변화, 특히 면역 억제는 어쩌면 임신한 암컷의 다양한 질병에 대한 저항력에 영향을 끼칠지도 모른다(Jamieson et al. 2006). 감염의 용이성, 그리고 암컷이 감염되어버린 질병의 심각성은 면역적 동전의 양면이다(Jamieson et al. 2006). 하지만 임신기 동안의 면역 억제에 대한 일반적 견해는 지나친 단순화일 가능성이 크다(Mor, Cardenes 2010; Racicot et al. 2014). 임신한 암컷들도 임신 중 감염에 대해 면역반응을 전면적으로 개시할 수 있기 때문이다(Racicot et al. 2014).

태반은 면역 조절에서 중요한 한몫을 한다(Mor, Cardenes 2010; Robbins, Bakardjiev 2012). 태반은 발달 중인 태아를 혈액 매개 병원체로부터 보호하므로, 이 태아 장기의 진화에서 한 요인이 되어왔을 것이다(Robbins, Bakardjiev 2012). 예컨대 임신한 생쥐가 살모넬라속Salmonella에 감염되면, 포궁과 영양막은 감염되지만 발달 중인 배아는 감염되지 않는다(Robbins, Bakardjiev 2012). 어떤 경우에는 병원체가 태반의 장벽을 넘어서 태아를 감염시킨다. 이 일이 벌어지면 어미는 그 새끼를 거부함으로써 득을 볼 것이다. 이 경우에는 병원체도 득을 본다. 손실된 조직은 청소동물한테 먹혀서 병원체가 전파되게 해줄 공산이 크기 때문이다. 따라서 염증을 매개로 한 임신중단은 어미와 병원체 둘 다에 득이 될 것이다(Robbins, Bakardjiev 2012).

물론 병원체가 생식로를 경유해 발달 중인 배아를 감염시킬 가능성은 여전히 남아 있을 것이다. 그 결과로 포궁경부와 그것의 분비물이 발달 중인 태아의 감염 예방을 돕는다(Racicot et al. 2014). 이 경우는 어미와 태반이 병원체에 대항하고 발달 중인 배아를 돕기 위해 하나가 된다. 새끼를 하나보다 많이 가지는 종에서는 복잡한 문제가 하나 더 있다. 한배새끼수가 많은 종, 이를테면 돼지에서는 병원체가 한배의 동기들을 모두 동등하게 감염시키지 않을 것이다. 일부는 살 것이고 일부는 죽을 것이다. 암돼지는 판에 박힌 듯 한배새끼수가 많지만, 오직 드물게 그 수가 적더라도 최소 네 마리는 낳는다. 결국 자식이 네 마리에 못 미칠 모든 임신을 암돼지는 대개 중단해버린다. 따라서 건강한 자식마저도 거부될 것이다(Givens, Marley 2008). 전반적으로 병원체와 배아와 어미 간 상호작용들은 복잡하며 자연선택은 모든 참가자에 작용해 셀 수 없이 많은 결과를 낳는다.

먹느냐 먹히느냐: 먹이 구하기 맥락 안에서의 번식

모든 포유류가 어떤 포식자한테는 먹잇감일지라도, 모든 포유류는 그 자신이 포식자다. 이때까지 우리가 탐사해온 다양한 방식에서는 다른 종이 암컷의 번식에 끼어든다. 그렇지만 그가 먹이를 찾아다니거나 사냥하는 때에는, 그가 공격자다. 암컷이 무엇을 먹느냐는 그의 번식에 영향을 주고, 그의 번식은 그가 무엇을 먹느냐에 영향을 준다.

임신기와 젖분비기는 에너지적으로 힘든 시기이므로, 발달 중인 새끼의 요구들을 만족시키려면 암컷은 먹이와 물의 섭취를 늘려야만 한다. 특정 자원에 대한 어미의 수요 또한 달라질 것이다. 예컨대 칼슘은 뼈와 이빨의 발달을 위해 결정적이지만 어떤 식단, 이를테면 대부분이 과일이나 곤충으로 이루어진 식단에는 제한되어 있다. 따라서 번식 중에는 암컷이 더 많은 양의 칼슘을 확보할 필요가 있을 것이다. 결과적으로 번식 중에는 암컷의 먹이 탐색 유형이, 그리고 때로는 식이적 선택도 달라진다. 예컨대 여러 설치류(붉은궁둥이아구티*Dsyprocta leporina*, 큰머리쌀쥐*Hylaeamys megacephalus*, 퀴비에가시쥐*Proechimys cuvieri*)의 암컷은 임신하고 젖을 분비하는 동안 과일식성을 곤충식성 또는 곡식(씨앗)식성으로 바꾼다(Henry 1997). 과일식성 박쥐에서도 비슷한 식이적 변화가 일어날 것이다(Orr et al. 2016). 그뿐만 아니라 식이는 에너지나 수분을 더 많이 포함하는 방향으로도 바뀔 것이다(Barclay 1994). 식이의 변화는 먹이 탐색의 변화를 요구하고, 따라서 암컷은 번식 중에 행동 패턴과 활동 패턴이 달라질 것이다. 예컨대 임신과 젖분비는 암컷 쥐의 사냥 수행력을 향상시키는데, 아마도 먼저 시각계를 증강시켜서인 듯하다(Kinsley et al. 2014).

자식의 식이적 요구는 번식의 다른 측면도 변화시킬 것이다. 예컨대 바클레이Barclay(1994)가 내놓은 의견에 따르면, 박쥐 대부분의 한배새끼수가 적은(일반적으로 한 마리인) 이유는 날 수 있을 만큼 강한 날개가 발달하려면 새끼에게 다량의 칼슘이 필요하기 때문이다.

먹이 존재비는 일정한 경우가 드물다. 따라서 먹이의 가용성, 접근성, 구성에서의 변화가 암컷의 번식에 영향을 미칠 것이다. 예컨대 먹잇감의 번식주기와 생활사가 그들을 먹고사는 포식자의 번식 타이밍과 지속기간을 주도할 수도 있다. 고전적 일례가 캐나다스라소니Canadian lynx(*Lynx canadensis*)의 번식주기다. 스라소니는 눈덧신토끼(아메리카산토끼종)를 잡는게 전공인 포식자다. 눈덧신토끼가 풍부하면 스라소니는 먹이가 충분해서 한배새끼들을 양껏 키우지만, 산토끼 개체수가 적으면 영양 상태가 나쁜 스라소니는 번식을 멈춘다(Stenseth et al. 1997).

비슷한 요소들이 초식동물과도 상호작용하고 있다. 예컨대 과일식성 박쥐의 번식 패턴은 과일이 능력을 발휘하는 기간을 그대로 반영한다(Fleming 1971; Racey, Entwistle 2000). 제11장에서 풀을 먹는 설치류와 식물 대사물질 MBOA(6-메톡시벤즈옥사졸리논)의 경우로 기술했듯이, 어떤 경우에는 먹이 질에서의 변화가 번식을 부추길 수도 있다.

식량 자원으로서 식물은 아마 성분 면에서 동물보다 훨씬 더 다양할 것이다. 식물은 초식을 단념시키기 위해 MBOA와 같은 다수의 부차적 대사산물을 생산한다. 그런 대사산물의 일부는 특정한 초식 곤충을 막을 용도로 만들어졌지만, 만약 그 화합물이 약 또는 독으로 작용한다면 모든 포유류가 이런 화합물로 이득 또는 피해를 볼 것이다. 이에 더해 곰팡이, 흰곰팡이, 깜부기균, 녹균이 식물에 침입할 수도 있는데, 이런 균류에도 그 자체의 대사산물이 풍성할 것이다.

약초의 피임과 임신중절 효과는 인간에 관한 의학적 민족지학의 상당 부분을 차지한다(Shah et al. 2009). 유사하게, 동물에 관한 과학 문헌은 로코풀locoweed(황기속*Astragalus*, 두메자운속*Oxytropis*)이나 빗자루뱀풀broom snakeweed(구티에레지아속*Gutierrezia*)과 같은 식물의 임신중절 효과를 문서화해왔다. 균류에 관해 말하자면, 곰팡이 핀 곡물에서 나오는 진균독도 번식을 변화시킬 것이다. 예컨대 미코에스트로겐(진균에서 만들어지는 에스트로겐-옮긴이)의 일종인 제랄레논은 가축에서 불임을 유발하는 반면, 발암물질인 아플라톡신은 설치류에서 섭취 후에 젖으로 전달될 수 있다. 그 밖의 진균독도 젖 생산을 줄이거나, 임신중단을 유발하거나, 한배새끼수를 감소시킨다(Atanda et al. 2012). 식물 화합물이 번식에 미치는 부정적 효과의 대부분은 인간과, 인간에게 중요한 포유류에서 잘 알려져 있지만, 포유류 전반에서는 그 영향이 그다지 잘 알려져 있지 않다.

암컷의 번식 중 행동과 생리학에 작용하는 자연선택은 각별히 치열할 것이다. 그 자신의 생존이 포식자로부터의 성공적 탈출에 달렸을 뿐만 아니라, 그의 새끼의 생존도 새끼를 부양하는 그의 능력을 중심으로 돌아가기 때문이다.

협동적 성격의 상호작용

암컷이 다른 생물과 가지는 상호작용 가운데 많은 부분은 한 종이 다른 종을 희생해 득을 본다는 의미에서 부정적이지만, 그 밖의 상호작용은 중립적이거나 긍정적이다. 불행히도 강조되는 쪽은 대개 경쟁과 갈등이지 협동과 통합이 아니다. 결과적으로 포유류의 종 간 공생은 잘 연구되어 있지 않다. 다행히 우리는 우리가 몸에 싣고 다니는 막대한 다수의 미생물에 관해 뭔가를 알고 있다. 비록 우리의 미생물군계가 번식에 미치는 영향에 대한 우리의 이해는 아직 유아기에 있지만 말이다. 먼저, 우리는 포유류의 종 간 협동을 탐사한다.

포유류 간에는 먹이 탐색에, 포식 회피에, 공유된 모성적 돌봄에 상호 이득을 위한 가능성이 존재한다(Stensland et al. 2003). 다수 종이 섞여서 떼를 이루면, 증가된 먹이 탐색 효율과 포식자 회피가 성공적 번식에 간접적으로 도움이 될 것이다. 그렇지만 우리는 다른 포유류 종과 함께 살기의 직접적인 번식적 이득에 초점을 둘 것이다. 개체들 간에 동기화된 출산은, 서로 다른 종의 출산조차도, 만약 자식들의 순전한 숫자가 포식자가 소비할 수 있는 숫자보다 더 많다면 자식의 생존에 유리할 것이다. 일부일처 종이라면, 혼종 집단은 짝이 지어진 쌍들 간 경쟁의 비용 또는 가능한 짝외교미의 편익 없이, 큰 집단 크기의 이득을 성취할 수 있을 것이다(Stensland et al. 2003).

유아 돌봄이 혼종 집단에서 공유될 수도 있을 것이다. 분명한 일례가 바위너구리*Procavia capensis*와 덤불바위너구리bush hyrax(노랑반점바위너구리*Heterohyrax brucei*)의 공유된 보육 집단이다. 탄자니아와 짐바브웨에서 두 종은 거의 동일한 생태적소를 차지하고, 동기적으로 자식을 낳고, 새끼들이 똑같은 보호 영역을 공유하게 한다. 바위너구리와 덤불바위너구리가 똑같은 세력권을 공유하는 경우, 그들은 또한 생활하는 구멍을 공유하고,

비슷한 패턴으로 활동하고, 함께 옹송그리고, 비슷한 교신법을 사용한다 (Hoeck 1989). 두 종 모두의 유아가 같이 놀고, 성체도 두 종 모두의 유아를 동시에 돌볼 것이다(Barry, Mundy 2002). 우리가 아는 한, 이처럼 분명한 부모 돌봄 공유의 증거를 가진 다른 포유류 종은 없다.

영장류와 아프리카 사바나 유제류의 혼종 먹이탐색 부대는 잘 알려져 있지만, 거기서 생기는 번식적 결과는 존재하지 않거나 관찰된 적이 없거나 둘 중 하나다(Stensland et al. 2003). 돌고래의 혼종 집단에서는 유아 돌봄 공유의 일화적 보고가 얼마간 알려져 있다. 한 보고에서는 참돌고래(짧은부리참돌고래*Delphinus delphis*)와 병코돌고래Tursiops truncatus(Stensland et al. 2003), 두 번째 보고에서는 대서양알락돌고래Atlantic spotted dolphin(*Stenella frontalis*)와 병코돌고래(Herzing, Johnson 1997), 세 번째 보고에서는 인도태평양혹등돌고래Indo-Pacific humpback dolphin(중국흰돌고래*Sousa chinensis*)와 상괭이finless porpoise(*Neophocaena phocaenoides*)(Wang et al. 2013)가 짝이었다. 마지막으로, 인간이 반려동물, 사육동물, 동물원 동물에서 번식이 일어나도록 보조하는 것도 혼종 돌봄의 일례일지 모르지만, 이 경우는 돌봐주는 방향이 상호적이 아니다. 이 얼마 안 되는 일화적 풍문은 혼종 협동이 드물다는 것, 아니면 최소한 드물게 관찰된다는 것을 시사한다. 그렇지만 우리는 스텐스랜드Stensland 등(2003:219)이 내린 다음 결론에 동의한다. "혼종 집단은 반포식자, 먹이 탐색, 사회적 번식의 맥락에서 나타난다. 이 흥미로운 현상은 더 나아간 연구를 정당화한다."

우리는 혼자가 아니다: 미생물군계와 번식

… 많은 이른바 '무균sterile' 틈새—특히 암컷 생식로 내부와 사이(이를테면 태반)—는 독특한 미생물군계에 은신처를 제공하는 활발한 저생물량 생태적소로 기능할 것이다.

—프린스Prince 등 2015:2

번식에서 미생물 공동체가 맡는 복잡한 역할은 두 가정을 뒤집는다. 첫째, 미생물은 반드시 해롭다는 가정. 그리고 둘째, 생식로와 번식 과정은 잠재적인 미생물 접촉을 제한하기 위해 진화했다는 가정. 번식의 어떤 측면들은 암컷과 그의 다양한 파트너, 다시 말해 짝과 자식 둘 다 사이의 이로운 미생물 전달을 증진할 것이다. 갖가지 분류군에 관한 탐구가 우리의 미생물군계가 하는 이로운 역할들을 분명히 예시한다. 하지만 우리는 우리의 미생물군계를 어떻게 얻을까? 그것을 일찍부터 획득할까? 그리고 만약 그렇다면, 그것은 우리가 발달하는 동안, 그리고 번식적으로 노력하는 동안 무슨 역할을 할까?

몸에 거주하는 미생물microorganism 공동체와 미소생물상microbiota을 통틀어 미생물군계microbiome라는 용어로 일컫는다. 미생물군계의 조성은 전 시간에 걸쳐, 개체별로, 그리고 단일한 개체 안에서도 다른 신체 부위에서는 달라진다. 미생물군계는 갈수록 또 하나의 신체 기관으로 여겨지고 논의된다(Mueller et al. 2015). 현재는 우리가 이 생물상의 역할과 중요성을 인식한 결과로 각별히 활발한 탐구 영역이 생겨나 있고, 미국 국립보건원은 이 탐구에 자금을 지원하고 데이터베이스를 통합하기 위해 인간미생물군계연구계획Human Microbiome Project을 수립했다(Prince et al. 2014, 2015). 이 재정 지원은 인간에 초점을 두고 있어서, 인간 외 포유류에서의 고유 미생물 유연관계에 관해서는 이해되어 있는 게 거의 없다. 그렇지만 지구미생물군계연구계획Earth Microbiome Project이 미생물 다양성을 전 지구에 걸쳐 문서화하기 위해 크라우드소싱을 사용한 이후로 이런 데이터를 다른 탐구자들이 온라인으로 계속 이용할 수 있도록 하기 위해 모든 노력을 다해왔다(Gilbert et al. 2014). 이런 연구들이 우리한테는 무엇을 말해주었을까? 미생물이 번식 중인 암컷과는 어떤 관계가 있을까?

미생물의 전달은 번식 내내, 출산 전에도, 출산 중에도, 출산 후에도 일어난다. 짝과 짝 사이에서는 구애와 짝짓기 중에 미생물이 전달된다. 어미와 자식 사이에서는 임신기, 출산, 수유 중에 양수, 태변, 초유, 젖, 게운 먹이, 식분(대변먹기), 털 골라주기를 통해 미생물이 이동한다(Funkhouser, Bordenstein 2013).

미생물 공동체 안에서 일어나는 종간 상호작용은 포유류 번식의 중요한 구성요소일 것이다. 공생 미생물은 난자나 젖으로 흡수되는 과정을 경유해, 또는 포궁을 넘어 태반으로 운송되는 과정을 경유해 다음 세대로 전파되기 위해 협동하거나 경쟁할지도 모른다. 모체와 태아의 생리학은 미생물 상호작용을 촉진하거나 감소시키는 방향으로 진화해왔을 것이다. 실은 "숙주의 적응도를 증진시키는 미생물은, 특히 암컷에서는, 동시에 자신이 다음 세대로 전달될 승산을 높이게 된다"(Funkhouser, Bordenstein 2013:6). 따라서 암컷은 이로운 미생물의 생존과 번식을 증진하는 환경을 제공함으로써 이득을 볼 것이다.

모체의 미생물군계는 임신 중에 변화해 자식의 미생물군계에 영향을 준다(Prince et al. 2014). 질의 미소생물상 변화는 다른 세균과 미생물이 포궁에 들어가는 것 그리고/또는 병원체가 생식기관을 감염시키는 것을 막을 공산이 크다(Mueller et al. 2015). 태반은 어미의 생식로와는 다른 복잡한 미생물군계를 갖고 있을 것이다(Aagaard et al. 2014). 레서스마카크(히말라야원숭이종)에서는 태반에서 300종이 넘는 미생물이 발견되어왔다(Prince et al. 2015). 태반과 포궁의 생물상은 발달 중인 자식 자신의 미소생물상이 처음에 기원하는 곳이며, 질은 출산 중 노출을 위한 핵심 장소다(Prince et al. 2015).

심지어 출산 후에도 어미는 자식에게 이로운 미생물을 제공할 것이다. 인간을 갓난쟁이부터 걸음마쟁이까지 대상으로 한 연구도 생후 미생물 다양성에서 점진적 증가를 찾아냈다(Prince et al. 2015). 이 새로운 미생물들은 어디에서 올까? 젖이 가능한 출처다. 생쥐 젖에는 장내 미생물군계와 상호작용하는 항체들이 들어 있다(Prince et al. 2015). 인간에서도 모유 수유는 자식의 장내미생물 구성에 장기적으로 영향을 미친다(Prince et al. 2015). 전반적으로 미생물군계는 아마도 번식에 광범위한 효과를 미치겠지만, 우리는 아직 그것의 영향을 완전히 이해하지 못했다.

생물적 환경: 이종 상호작용

종과 종 사이의 협동적 상호작용은 지구상 생활의 전형적인 특징이다. 우리의 세포에 동력을 공급하는 미토콘드리아와 우리의 DNA를 붙들고 있는 세포핵은 한때 독립적인 미생물들이었다(Pennisi 2004). 세포 안에 뿐만 아니라 우리 자신 안에도 우리는 방대한 미생물군계를 싣고 다닌다. 이런 면에서 우리는 혼자가 아니다. 우리는 한 마을이다.

갈등과 경쟁도 지구상 생활을 특징짓는다. 암컷은 포식자를 피하거나 따돌리고, 상주하는 기생충을 긁고, T세포를 보내 침입하는 바이러스를 공격하고, 먹잇감을 죽이고, 풀을 뜯는다. 짝짓기, 임신, 출산, 젖분비, 젖떼기의 측면 모두에 포식, 기생, 질병이 영향을 끼친다.

번식 중인 암컷과 그의 자식은 이종들과 끊임없이 상호작용하고 있으며, 그런 이종은 생존을 위협하는 커다란 포식자로부터, 어미가 먹이를 소화할 수 있도록 해주고 그럼으로써 그의 아기를 위해 젖을 생산할 수 있도록 해주는 조그만 미생물에 이르기까지 광범위하다. 이런 상호작용이 번식의 해부학, 생리학, 행동을 형성해왔다.

역사적으로는 종 간의 부정적 상호작용이 과학적 노력의 알맹이를 차지했지만, 근년에는 더 많은 과학자가 긍정적 상호작용을 탐사하고 있다. 이종이 암컷에 늘 해로운 것은 아니라는 우리의 이해는 새롭고 흥분되는 탐구 영역이다.

비생물적 환경은 우리와 상호작용하지 않는다. 우리는 그것에 응답할 수 있을 뿐이다. 비록 미생물이 수십억 년 전에 산소 대기를 만들어낸 이후 인간이 근래 들어 이산화탄소의 축적 속도를 높여오기는 했지만, 비생물적 환경은 변화할 뿐 진화하지는 않는다. 하지만 우리를 둘러싸는 생물상은 그렇지 않다. 공진화는 피할 수 없는 현실이다. 암컷의 번식은 그를 다수의 다른 생활형(어떤 종의 성체가 지닌 전형적인 모습—옮긴이)과 접촉시킨다. 그는 그 생활형의 진화를 변화시키고, 그 생활형은 그의 진화를 변화시킨다. 하지만 암컷은 자신의 종 가운데 자식과 짝 이외의 구성원과도 상호작용한다. 생물적 환경과 암컷의 상호작용에는 동종과의 상호작용도 포함되며, 그런 사회적 상호작용이 다음 장의 주제다.

13

사회생활: 동종이 주는 도움과 피해

하이에나의 세계는 사회적 상호작용의 세계다. 우리의 암컷은 그의 딸과 함께 공용 굴에서 거주한다. 그는 번식 생활 중 많은 부분을 그곳에서 수행한다. 그의 사회적 서열은 먹이에 접근할 권리로부터 딸의 안전에 이르는 모든 것에 영향을 준다. 그가 우두머리 암컷이라면, 생활은 그에게도 그의 딸에게도 더 수월할 것이다. 그렇지만 일개 종속자로서 그는 많은 경우 공격적 행동을 받는 쪽이다. 모계 안에서, 그의 사회적 서열이 그의 장래, 그의 사회적 역할, 그의 의무 가운데 많은 부분을 지시한다. 하위 암컷으로서, 자원이 풍부하지 않은 한, 그의 번식성공도는 낮을 것이다. 반면에 그의 상위 암컷들은 좋은 때에나 나쁜 때에나 높은 가임력을 유지한다. 자식의 서열도 그에게 달렸다. 따라서 자식들 역시 하위 성체가 될 것이다. 그렇더라도 딸자식이 수컷보다는 서열이 높을 것이다. 다른 암컷들과 함께 사는 편이 혼자 살기보다는 더 낫다. 탄자니아에 있는 세렝게티국립공원에서는 같은 영역에 다수의 씨족이 거주하는 것과 달리, 케냐에 있는 마사이마라국립보호구에 속한 그의 집단에는 씨족의 수가 더 적다. 그의 모계는 특정한 세력권을 방어하기 위해 다른 개체들과 협력해 다른 씨족에 대항한다. 집단은 그들의 먹잇감을 방어하기 위해서도 다른 하이에나는 물론 사자에까지 대항한다. 다양한 의무와 서열 관계가 따르는 모계와 씨족의 복잡한 사회관계망의 일부로서 그는 자신의 지능 전반을 갈고 닦는다. 따라서 집단의 최하위 구성원까지도 구성원 신분에서 이득을 얻는다. (East, Hofer 2001; Engh et al. 2005; Frank et al. 1989; Henschel, Skinner 1991; Holekamp, Dlaniak 2011; Holekamp et al. 1993, 1997, 2007; Jenks et al. 1995; Smith et al. 2010; van Horn et al. 2004)

집단 크기, 집단 구성, 사회적 관계, 이 세 가지 사이의 관계가 암컷의 적응도에 미치는 효과에 관한 우리의 지식은 가장 잘 연구된 포유류 종의 경우조차 불완전하다.

—실크Silk 2007a:553

사람들은 다른 포유류를 단독생활 동물 아니면 사회생활 동물로 일컫곤 한다. 곰은 단독생활을 하고 사자는 사회생활을 한다. 개는 사회생활을 하고 고양이는 단독생활을 한다. 이런 용어는 무엇을 의미할까? 사회적 행동은 일반적으로 같은 종의 구성원 사이에서 일어나는 상호작용으로 이해된다. 임신한 암컷은 사회생활 동물일까? 대부분의 포유류학자가 아니라고 말할 테지만, 이런 암컷은 확실하게 포궁내 자식과 정보를 교환한다(제7장). 암컷 관점을 취하면, 우리가 내리는 **사회적**의 정의에 의문이 든다. 번식하는 암컷은 좀처럼 혼자 지내지 않기 때문이다. 예컨대 암컷 흑곰(아메리카흑곰종)은 대략 2년 간격으로 새끼를 가지면서 그 구간의 대부분 동안 자신의 새끼들과 같이 지낸다. 그렇다면 왜 흑곰은 단독생활 동물로 여겨질까? 이는 수컷편향의 또다른 일례일까? 수컷 곰은 암컷을 찾아 넓은 영역을 어슬렁거리는 동안 일반적으로 혼자다. 그렇지만 암컷은 일반적으로 홀로 지내기는커녕 새끼들과 어울려 다니다가 적당한 때에 짝을 찾는 광고를 낸다. 이 경우, 단독생활(일명 비사회적)이라는 범주는 수컷을 정확히 묘사하지만 암컷은 정확히 묘사하지 않는다.

나무다람쥐, 이를테면 회색나무다람쥐(동부회색청서종)와 아메리카붉은청서(아메리카붉은다람쥐청서종)는 자주 비사회적 동물로 여겨진다. 여름에, 번식하는 몇 달 중에, 암컷이 자식과 함께 생활하는 동안 수컷은 흔히 혼자다. 하지만 겨울에는, 암컷도 수컷도 단일 성별의 개체 2~10마리로 이루어진 집단 속에 둥지를 틀 것이다. 암컷 집단은 친척 개체들로 이루어지는 반면, 수컷 집단은 그렇지 않다(Koprowski 1996; Williams et al. 2013). 따라서 암컷 회색나무다람쥐는 긴 겨울 밤 동안은 암컷 친척들과 함께 있고, 여름의 대부분 동안은 자식과 함께 있다. 이번에도 사회적이라는 게 무슨 뜻인지가 암컷 관점에서는 불분명하다.

암컷 중심적 관점을 취하면, 모든 번식이 사회적이다. 짝짓기부터 젖떼기까지, 그리고 흔히 그 이후까지도 암컷은 자식 및 짝과 상호작용한다. 암컷은 자신의 종(동종) 가운데 현행 번식 활동의 구성원(현 산차産次의 임신에 관련된 짝과 한배새끼—옮긴이)이 아닌 나머지 구성원과도 상호작용할 것이다. 그런 동종 상호작용 속에서, 번식 중인 암컷은 말하자면 어미, 딸, 자매, 이모, 조카, 사촌, 손녀, 할머니, 짝, 보모, 이웃이라는 광범위한 역할을 맡을 것이다. 이 역할들의 명칭은 인간이 고안했지만, 많은 역할에 생물학적 관련성이 있다. 예컨대 벨딩땅다람쥐(종)에서, 어미, 딸, 같은—산차(한배) 자매litter-mate sister, 다른—산차 자매non-litter-mate half-sister(한 어미가 다른 회차 임신으로 낳은 자매—옮긴이)는 협동하는 반면, 할머니, 손녀, 이모, 조카, 사촌은 협동하지 않는다(Sherman 1981). 근친 간에 공유된 DNA가 자연선택이 협동 행동을 선호하기 위한 기제(혈연선택)를 제공한다. 그렇지만 아무리 근친 간 상호작용이라도, 동종 간 상호작용이 모두 이로운 것은 아니다.

어떤 사회집단은 구성원이 달랑 한 암컷과 그의 현 산차 자식뿐이다. 하지만 포유류 종 가운데 다수는 여러 암컷으로 구성된 사회관계망을 형성한다. 많은 사회집단은 그에 더해 지난 산차와 현 산차의 자식 및 성체 수컷까지 포함한다. 사회집단에 속한 암컷들은 흔히 날마다 서로와 상호작용한다. 실은, 사회성 중에서도 이 형태가 많은 포유류에 표준이다. 예컨대 주행성 영장류는 81퍼센트가 군거생활을 한다(Sterck et al. 1997). 상호작용은 친화적일 수도 있고 적대적일 수도 있다. 더 큰 사회집단에서는 협동적 상호작용이 그 결과로 협동 사냥, 세력권 유지, 기생충 제거, 수컷의 괴롭힘 방지, 공동 육아 따위를 낳을 것이다. 경쟁적 상호작용은 그 결과로 부상, 먹이 접근권 감소, 영아살해 따위를 낳을 것이다. 협동적 상호작용도 경쟁적 상호작용도 모두 시간과 에너지가 들지만, 복잡한 사회집단이 많은 종에서 끈질기게 지속됨을 고려하면 단점보다는 장점이 더 많을 것이다. 나아가 혈족이 있으면 일반적으로 암컷의 번식량은 더 늘어난다(Silk 2007a).

이 장에서는 암컷의 번식에 영향을 주는 동종 간의 사회적 상호작용 여럿을 탐사한다. 사회적 행동에 관한 문헌은 방대하고 다양하다. 우리는 우리의 짧은 관광을 기제 하나, 편익 하나, 비용 하나로 제한한다. 먼저, 암컷이 사회적 유대를 형성하도록 하는 원동력은 도대체 무엇인지를 살펴본다. 다음으로, 사회성의 편익은 무수히 많지만(Silk 2007a), 일례로 대행부모 돌봄 하나만 탐사한다. 반대편 극단에서, 사회성의 비용 또한 무수히 많지만, 우리는 아마도 대가가 가장 비쌀 동종 상호작용으로서 영아살해를 고른다.

암컷 유대의 형성

암컷 포유류는 자식과도 하고 짝과도 하는 최소한의 단기 상호작용부터 많은 개체와 장기에 걸쳐 하는 복잡하고, 반복적이고, 심지어 끊임없는 상호작용에 이르는 광범위의 사회적 행동을 전시한다. 군거하는 경우, 암컷은 사회적 유대가 제공하는 맥락 안에서 성숙하고, 짝짓기를 하고, 임신기와 젖분비기를 겪고, 새끼의 젖을 뗄 것이다. 이런 단계 하나하나에서, 같은 집단의 구성원은 새끼 돌보기를 거들거나 포식자 경계를 도울 수도 있지만, 물, 먹이, 둥지 터, 짝과 같은 제한적 자원을 두고 경쟁할 수도 있다.

이런 비용과 편익이 대체 어떻게 사회집단의 진화를 주도할까를 예시하기 위해, 우리는 영장류의 경우를 가정한 한 가지 모형(Sterck et al. 1997)을 살펴본다. 그것은 먹이 가용성에서 출발한다. 먹이가 한 곳에 뭉쳐 있으면 암컷들이 거의 경쟁하지 않고도 단결할 수 있다. 바람직한 먹이 분포가 포식압이 높은 영역에서 나타나는 때, 만약 경고하는 울음소리나 동작이 다른 암컷에게 위험을 일깨운다면, 집단 구성원의 많은 눈과 귀는 암컷들이 서로로부터 득을 보게 해준다. 따라서 먹이 가용성과 포식자 위험이 집단의 진화에 영향을 준다. 암컷의 경우 한 가지 추가 변인으로 수컷의 괴롭힘이 있을 수 있다. 만약 수컷이 괴롭힘, 상해, 죽음 따위의 형태로 암컷에게 비용을 부과한다면 암컷들은 그 비용을 줄이고자 연합을 형성할 것이다(Sterck et al. 1997). 친척들 간의 암컷 연합은 암컷 사회집단의 진화를 강화할 것이다. 사회적 유대는 무관한 암컷들 사이에서도 형성될 텐데 이런 유대에도 편익이 있다. 친척 암컷들이 사회집단을 형성하기 시작하면 근친번식 회피가 수컷들을 확산시킬 것이다. 그 결과 암컷에 유소성이 생긴다. 암컷들이 다 함께 가까이 묶이면 서열 관계가 해로운 경쟁적 상호작용을 줄일 수 있어서 그 결과로 지배 위계가 생겨난다. 이는 간단한 각본이지만, 암컷 집단의 진화에 생태학적·인구학적·사회적 요인을 관련시킨다(그림 13.1). 초기 조건이 다르거나 생리학적 요구가 바뀌면 결과도 변화할 것이다. 먹이 분포와 같은 한 가지 매개변수의 변화가 암컷의 군거도gregariousness를, 그리고 궁극적으로는 사회관계를 급속히 변화시킬지도 모른다. 놀라울 것도 없이 사회집단은 포유류 사이에서 고도로 가변적이다.

암컷 사회집단의 3대 형태는 모계, 동맹, 연합이다. 모계는 암컷 친척들의 다세대 집단이다. 모계는 모든 종에 있지만, 지배 위계가 있는 사회집단에서는 사회적 서열도 유전적 특징과 아울러 대물림될 것이다. 설사 서열이 대물림되지는 않더라도, 사회집단은 모계에 의해 조직될 것이다. 개체들은 모계 안에서 함께 여행하거나, 자원을 공유하거나, 다른 무관한 암컷들보다 공간적 관계가 더 가까울 것이다.

모계matriline는 영장류와 고래류, 땅다람쥐와 하이에나 사회조직의 두드러진 일면이다. 영장류 중에서는 개코원숭이(속), 버빗원숭이(속), 마카크(속)에서 그들의 사회관계와 사회활동을 조직화하는 강한 모계 제휴를 볼 수 있다(Silk 2007b). 고래류에서는 여러 이빨고래, 이를테면 범고래(속)와 향고래(속), 그리고 최소 두 종의 길잡이고래(거두고래속Globicephala)에서 모

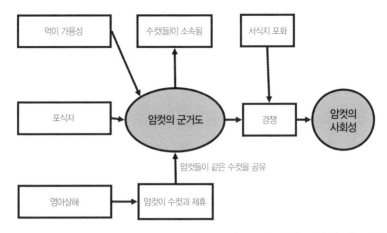

그림 13.1 암컷 사회성 모형. 암컷의 사회성에는 그의 환경을 이루는 많은 수의 서로 다른 측면이 영향을 미칠 수 있다. 여기에는 소수만 예시된다. 먹이 가용성도 포식자도 암컷의 군거도를 변화시킬 수 있다. 영아살해는 간접적으로, 암컷이 수컷과 제휴하는 패턴을 바꿈으로써 군거도를 바꾸는 데로 이어질 수 있다. 같은 수컷을 공유하는 암컷들도 군거도를 변화시킨다. 서식지 포화는 경쟁 체제를 변화시켜 암컷의 사회성에 직접 반영될 것이다. 암컷 사회성의 미묘한 차이들에 관해 더 나아간 세부 사항은 본문에 있다. Stereck et al. 1997에서 가져다 테리 오어가 수정.

계가 두드러진다(Kasuya, Marsh 1984). 특히 짧은지느러미길잡이고래(들쇠고래종)는 오래 지속되는 모계 집단에서 사는데, 아마도 부분적인 이유는 그들이 광범위한 번식후 생활을 갖기 때문일 것이다. 암컷들은 40세 이전에 마지막 새끼를 배지만, 어미와 자식과 손자 사이의 상호작용을 위해 20년을 제공하면서 63세까지 살 수도 있다(Kasuya, Marsh 1984). 범고래와 범고래붙이(흑범고래속*Pseudorca*)도 둘 다 모계 집단에서 살며 번식후 암컷도 있을 것이다(Marsh Kasuya 1986). 고래류의 다른 집단인 수염고래(아목)에는 번식후 암컷이 거의 없다(Marsh, Kasuya 1986).

이빨고래(아목)에는 점박이하이에나의 것과 비슷한 이합집산 제휴가 있다(Rendell, Whitehead 2001; Smith et al. 2008). 이합집산 사회는 수시로 쪼개지거나 뭉쳐서 가변적으로 형성되는 소집단들로 구성된다. 모계는 상대적으로 규모가 큰 이합집산 사회들의 연결체인 경우가 많다. 하이에나와 고래류에 더해 박쥐처럼 엄청나게 다양한 분류군(예컨대 윗수염박쥐속, 하지만 문둥이박쥐속은 제외)과 코끼리에서도 모계는 그들의 더 큰 사회질서에 중심이 된다(Archie et al. 2006; Kerth et al. 2011; Metheny et al. 2008). 유전자 표본을 계속해서 추출하기가 쉬운 덕분에, 혈연과 사회조직 간 세부 사항에 대한 이해도는 높아지고 있다

동맹alliance과 연합coalition이라는 사회집단에서는 둘 이상의 개체가 상호 이득을 위해 노력을 합친다(Chapais 1995). 두 용어는 지은이에 따라 구분 없이, 일관성 없이 사용된다(Mesterton-Gibbons et al. 2011). 구분을 짓는다면, 둘은 기간(단기 제휴 대 장기 제휴) 또는 배타성(서로 중복되는 집단 대 상호 배타적 집단)에 따라 나뉠 것이다(Mesterton-Gibbons et al. 2011). 우리는 동맹과 연합을 둘 다 가리키기 위해 **파트너관계**partnership라는 용어를 사용할 것이다. 장기적이고 호혜적인 파트너관계는 누구와 어떤 맥락에서 동맹을 맺거나 배척할지에 관해 미묘한 차이가 있는 사회적 결정들을 요구할 것이다(Smith et al. 2010). 이런 복잡한 사회관계가 지능 측정의 지표(대용물)로 사용되어왔다(Holekamp et al. 2007; Silk 2007a; 인물탐구).

복잡한 사회적 상호작용은 영장류 사회적 행동에서 전형적으로 나타나지만, 이는 다른 분류군에서도 일어난다. 코아티coati(코아티속*Nasua*), 병코돌고래(종), 들개(아프리카들개종), 늑대(회색늑대종), 하이에나(점박이하이에나속)도 모두 파트너관계를 형성하는데, 그 관계가 집단 구성원 사이에서 담당하는 기능에 대해서는 논란이 분분하다(Romero, Aureli 2008). 놀랄 것도 없이 영장류 파트너관계는 가장 많은 주목을 받아왔다. 가장 흔한 영장류 암컷 파트너관계가 자매 간이나 모녀 간과 같은 친척 개체들 간의 파트너관계다. 하지만 겔라다개코원숭이gelada baboon(*Theropithecus gelada*)에서는 무관한 개체들 사이에서도 암컷 파트너관계가 일어난다(Dunbar 1980).

잘 연구된 노랑개코원숭이yellow baboon(*Papio cynocephalus*)에서, 암컷 파트너관계가 기원하기 위한 핵심 요인들이 주의 깊게 평가된 바 있다(Silk

하이에나 감시인

케이 E. 홀캠프Kay E. Holekamp(1951~)

스미스칼리지를 졸업하고 캘리포니아대학 버클리캠퍼스에서 박사학위를 받은 케이 E. 홀캠프는 하이에나를 케냐에서 1988년 초부터 연구해왔다. 그가 한 일의 결과로 우리는 지금 하이에나 생물학, 특히 암컷의 번식과 행동을 훨씬 더 잘 이해하고 있다. 그의 탐구 초점은 점박이하이에나와 줄무늬하이에나 둘 다에서 관찰되는 집단역학의 사회적 측면과 호르몬적 측면에 맞춰져 있다. 그는 다른 포유류들에 관한 업적을 통해서도 실질적 기여를 해왔다. 그의 현재 명성은 세계적인 하이에나 생물학 전문가로서 자자하지만, 실제로 그의 초기 작업은 설치류 중심이었다. 설치류에서 출생지로부터의 성별 특이적인 확산을 살펴본 데 더해, 그는 성적 크기 이형성이라는 주제에 관해서도 광범위하게 작업했다. 출생지로부터 확산의 근접 기제를 벨딩땅다람쥐에서 논한 그의 학위 논문은, 이후 땅다람쥐들에서의 확산을 살펴보는 일련의 논문을 낳았다. 이 논문들에서 그는 수컷들이 아마도 일정한 체중(확산을 위한 근접 큐)에 도달하면 확산한다는 것, 반면에 암컷들은 거의 항상 태어난 영역에 남는다는 것을 보여주었다. 성 편향된 확산에 대한 궁극적 설명은 가족 근친상간을 피하는 데에 있거나, 짝에 대한 접근성을 늘리는 데에 있을 것이다. 홀캠프는 자유생활 땅다람쥐의 호르몬 프로필을 이해하기 위한 작업도 했는데, 이때 그는 이런 흥미로운 질문을 다뤘다. 특히 자유생활 동물에서는 프로락틴이 무슨 역할을 할까? 그런 동물에서 전형적인 계절적 호르몬 변동은 무엇일까?

그의 탐구 관심사는 모계 서열로 옮겨갔는데, 이 일은 하이에나(특히 점박이하이에나)에 대한 그의 관심이 촉발된 것과 동시인 듯하다. 초기 논문에서, 그는 모계 서열이 대물림되는 많은 포유류에서 혈족 및 비혈족 연합들은 모두 유아들이 자신의 서열을 확실히 하는 데에 도움을 주기 위해 형성될 것임을 입증했다. 다른 초기 하이에나 출판물들은 하이에나에서 식량 보급과 젖분비기에 초점을 두어, 식량 보급이 굴에서 지낼 때 최소화한다는 것을 분명히 보여주기도 했다. 모계 서열의 연구로 돌아가, 홀캠프는 케냐에 있는 그의 야외 현장들로부터 나온 점박이하이에나(종)에 관한 장기 데이터를 써서, 하위 암컷에 비해 상위 암컷에 쏠리는 엄청난 번식적 이득(예컨대 더 많이 살아남는 자식, 더 이른 첫 번식 나이)을 문서화했다. 그의 작업은 이제 많은 경우 점박이하이에나와 줄무늬하이에나 모두의 행동적 내분비학을 포함한다.

더 근래에는 하이에나의 집단역학에 관한 그의 탐구가 그로 하여금 포유류 지능의 진화에 관한 질문들을 다루게 해주었다. 근래에 수행된 식육목의 비교 연구들에서 그는 사회구조의 복잡성이 아니라 뇌 크기가 미로 상자 문제의 해결과 상관관계가 있을 것임을 입증했다(Benson-Amram et al. 2016; Benson-Amram, Holekamp 2012).

케이 홀캠프는 미국포유류학회가 수여하는 C. 하트미리엄상 수상자이자 동물행동학회의 정회원이다. 2012년에는 미국과학진흥협회에 가입되었고, 2015년에는 미국예술과학협회 회원으로 선출되었다.

(사진은 케이 E. 홀캠프가 제공.)

---

et al. 2004). 이 종이 각별히 흥미로운 이유는 파트너관계가 그 종의 행동권 가운데 어떤 부분들에만 존재하기 때문이다. 실크Silk 등(2004)은 파트너관계의 형성에 대한 여러 가설을, 혈연선택설, 호혜적 이타주의설, 개체 편익설을 포함해 조사했다. 암컷의 유소성, 직선적 지배 위계, 그리고 이에 연관된 모계 서열의 획득 모두가 암컷 동맹의 형성과 존재에서 핵심 요인이었다(Silk et al. 2004). 지배 암컷들은 연합 공격에 가담할 가능성이 더 컸는데, 아마도 이유는 그들이 집단 구성원으로서 가장 많은 편익을 얻기 때문이거나 비용을 덜 물었기 때문일 것이다.

파트너관계(수컷을 포함할 수 있는)는 세력권을 방어하기 위해 사용될 수도 있다. 세력권은 새끼의 성공적 양육에 핵심적인데, 자원이 한정된 환경에서는 특히 더하다. 따라서 이런 행동은 먹이가 드문 기간 동안이나 젖분비기처럼 번식적으로 중요한 기간 동안에만 세력권이 방어되도록, 계절에 따라 달라질 것이다(예컨대 북부붉은등밭쥐northern red-backed vole[숲들쥐 *Myodes rutilus*]; West 1982). 연합은 협동이 집단 간 분쟁을 해결할 가능성을 감안하는 흥미로운 사례를 제시한다.

전반적으로 암컷들은 번식을 지원하기 위해 장기적인 다세대 관계로부터 단기적 동맹에 이르는 다양한 제휴에 참여한다. 지원은 때때로 더 직접적이고 대행부모 돌봄의 형태를 띤다.

친자식이 아닌 자식 돌보기—대행부모 돌봄

번식과 모성 간의 연결 고리(명백하고, 요구되며, 생물학적인)에도 불구하고,

일단 새끼가 태어나면 돌보미의 역할은 남들이 채울 수도 있다. 사회생활은 이 사실을 이용할 수 있다. 우리는 이제 친자식을 넘어선 자식 돌보기를 논의하는 데로 넘어간다.

대행부모 돌봄은 유전적 부모 이외의 개체가 자식을 돌보면 일어난다. 협동적 돌봄은 무관한 개체로부터도 나올 수 있지만 대개는 동기, 이모, 삼촌, 조부모 등으로부터 나온다(Reidman 1982). 그런 도움은 어미가 그의 에너지 자원을 젖분비기에 바칠 수 있도록 해주거나 포식을 감소시킨다. 입양도 대행부모 돌봄의 한 형태다. 입양 사례는 유대류, 땃쥐, 박쥐, 영장류, 설치류, 식육류, 유제류, 코끼리, 바위너구리, 고래류를 포함하는 다양한 분류군으로부터 최소 120종의 포유류에 대해 알려져 있다(Reidman 1982).

대행부모 돌봄은 많은 형태를 띤다. 사향소(속)는 늑대가 위협하면 새끼를 둥글게 에워싸서 보호한다. 병코돌고래는 죽은 새끼를 수면으로 데려가기 위해 함께 일하는데(Cockcroft, Sauer 1990) 다쳤거나 병든 새끼를 위해서도 똑같이 할 것으로 짐작된다. 로드리게스과일박쥐Rodrigues fruit bat(로드리게스날여우박쥐*Pteropus rodricensis*) 보금자리의 암컷 친구들은 어미의 신생아 출산을 거들어준다(Kunz et al. 1994). 이 직접적 보조는 극적이지만 드물다. 더 흔히는 집단 구성원이 울음소리나 그 밖의 행동으로 경고를 보내 어미가 새끼를 안전한 곳으로 옮길 시간을 벌어준다.

몇몇 사례에서는 암컷들이 서로의 새끼를 돌본다. 기린 어미들은 주된 집단에서 얼마간 떨어진 탁아소crèche에 새끼를 맡긴다. 위험이 닥치면 한 어미가 새끼들을 탁아소로부터 안전한 곳으로 인도할 것이다(Bercovitch, Berry 2012; Pratt, Anderson 1979). 누비아아이벡스Nubian ibex(아이벡스*Capra ibex*) 어미들도 그들의 꼬마들을 탁아소에 같이 남겨둔다. 어미들은 탁아소로부터 얼마간 떨어진 곳에서 먹이를 찾아다니겠지만, 밤사이에는 꼬마들과 같이 지낸다(Levy, Bernadsky 1991). 탁아소가 언제나 작은 것은 아니다. 멕시코자유꼬리박쥐(종) 새끼는 수천 마리가 탁아소에 남겨진다.

박쥐 새끼들에게 최고의 편익은 에너지적이다. 다른 새끼들과 온기를 나누면 새끼당 체온조절 비용이 내려간다. 한편 어미는 새끼가 그 캄캄한 항온 환경 안에서 안전하게 있는 동안에 동굴 밖에서 먹이를 찾아다닐 수 있다 (McCracken, Gustin 1991).

박쥐의 모계 군집에서 그렇듯, 부모 돌봄 공유는 수동적일 수 있다. 핵심적인 필요조건은 암컷들이 짧은 기간에 걸쳐 동기적으로 새끼를 낳는 것이다. 동기적 출산은 발달 중인 새끼들의 체온조절 공유를 감안한다. 하지만 그것은 포식에 맞서는 전략을 제공하기도 한다. 만약 많은 새끼가 일시에 태어난다면, 모든 단일 신생아에 대한 포식은 줄어들 것이다(Rutberg 1987). 길게 보면 각 신생아에 대한 두당 위험 감소는 모든 암컷에 수동적으로 이득이 된다. 누(검은꼬리누Connochaetes taurinus)가 교과서적인 예다. 검은꼬리누 갓난아기는 점박이하이에나(속)의 주된 먹잇감인데, 검은꼬리누 어미 혼자서는 하이에나 집단으로부터 새끼를 지키지 못하기 때문이다. 새끼낳기의 절정기 중에 태어난 새끼는 절정 밖에서 태어난 새끼에 비해 생존할 가능성이 훨씬 더 크지만, 이는 새끼가 더 큰 사회집단에 속한 경우에 한해서다(Rutberg 1987). 물론 출산 동기화의 주원인은 자원의 계절적 풍부함이다(Rutberg 1987). 포식자의 쇄도는 계절적 출산의 편익을 강화하고 출산할 기회의 창을 좁힐 것이다.

대행부모 돌봄 중 특수하고 더 극단적인 유형은 사회집단 전체가 하나의 집합체로서 번식할 때 일어난다. 다시 말해, 단일 암컷이 모든 새끼를 생산하고 그 후에 사회집단 전체가 그 새끼들을 돌본다. 협동양육은 모든 포유류 종 가운데 사회적으로 일부일처인 약 5퍼센트 중에서도 소수에 한정되어 있다(Lukas, Clutton-Brock 2012). 늑대와 벌거숭이두더지쥐(벌거숭이뻐드렁니쥐속)가 고전적인 예다. 협동양육은 주로 근연 개체들의 집단에서 진화한다. 일부일처 짝짓기는 공동 양육의 발달로 가는 전조일 것이다 (Lukas, Clutton-Brock 2012). 사회적 일부일처 수준이 높은 집단에서는 구성원끼리 혈연관계가 훨씬 더 가까울 가능성이 크므로 혈연선택을 경유해 협동양육(예컨대 번식적 이타주의)이 진화할 것이다(Lukas, Clutton-Brock 2012).

포유류에서 협동양육의 가장 극단적인 형태는 벌거숭이두더지쥐와 다마랄랜드두더지쥐Damaraland mole-rat(*Fukomys damarensis*)에서 보인다. 벌거숭이두더지쥐는 개체수가 최대 290마리에 달하는, 평균 집단 크기 75~80마리의 확대가족 군집 안에서 생활한다. 번식은 극도로, 대개 단일 암컷으로 제한된다. 지배 여왕이 종속 암컷들에서 번식을 억압한다(Jarvis, Sherman 2002). 이 가모장家母長은 최대 세 마리의 수컷으로부터 교미를 유혹해, 한배에 많으면 27마리에 달하는, 아비가 여럿인 새끼를 빠르면 76~85일마다 한 번씩 만들어낸다(Jarvis, Sherman 2002). 평균 한배새끼 수가 11마리이고 수명이 30년인데 가임력이 떨어지지도 않으므로, 단일한 여왕의 생산성은 상당하다(Buffenstein 2008; Sherman, Jarvis 2002). 그런 극단적 생산성은 번식하는 암컷이 짝짓기, 임신, 젖분비 말고는 아무것도 하지 않는다는 사실을 반영한다. 그를 돌보고 먹이고 보호하는 일은 전적으로 새끼를 낳지 않는 그의 혈족이 한다. 비번식 군집 구성원(일꾼)은 새끼들의 털 골라주기와 보호까지 도맡는다(Jarvis, Sherman 2002). 5주 동안 여왕으로부터 젖을 빨아먹은 후, 새끼들은 일꾼들에게 애걸해 특화된 똥(식분caecotroph)을 받아먹는다(Hood et al. 2014). 벌거숭이두더지쥐 여왕은 자신의 새끼에게 수유라도 하지만, 어떤 포유류 종에 속하는 암컷들은 이 부담마저 공유할 수도 있다.

비용이 많이 드는 또 한 종류의 도움 방법이 바로 공동젖분비인데, 포유류에서 공동젖분비를 위한 기회는 여러 이유로 제한된다. 일부는 수유 전략이 교차수유를 막는다. 주머니 안에서 새끼에게 수유하는 유대류가 그런 예다. 또한 많은 포유류는 흩어져 있는 개별 둥지나 굴의 한계 안에서 수유하므로 새끼를 주고받을 기회가 없다. 세 번째 요인은 타이밍이다. 공동젖분비가 효과적이려면, 어미들은 젖분비기를 동기화해 그들이 생산하는 젖이 모든 새끼에게 알맞도록 확실히 할 필요가 있다. 타이밍의 또 한 측면은 많은 포유류의 젖분비기가 짧다는, 몇몇 경우에는 며칠밖에 안 된다는 점이다. 마지막으로, 젖분비기는 엄청나게 힘들다. 그러므로 암컷은 자기 자원을 자신의 새끼에게 집어넣는 편이 나을지도 모른다.

그럼에도 불구하고 박쥐, 영장류, 식육류, 설치류, 우제류와 같은 다양한 분류군으로부터 적어도 60종에서, 다른 암컷의 자식에게 젖을 준 사례가 기록되어왔다(Packer et al. 1992). 한배새끼수가 더 큰 종들에서는 어미들이 작은 집단에서 생활하는 경우에 공동젖분비가 더 흔하다(Packer et al. 1992). 더 정곡을 찌르자면, 사모아족(사모아제도), 다코타족(북아메리카), 알로르족(인도네시아), 보로로족(브라질), 아렌테족(호주)을 포함해 많은 수의 서로 다른 인간 집단이 공동젖분비를 해왔다(Shaw, Darling 1985; 괄호 안 지명은 옮긴이 주).

친척의 새끼와 젖 공유하기는 혈연선택에 의해 진화할 수 있다. 하지만 암컷이 무관한 새끼에게 젖을 제공할 수도 있다. 이 이례적 상황은 대행수유라 불리는데(MacLeod, Clutton-Brock 2015), 간헐적으로 또는 번식의 흔한 일부로서 일어날 수 있다. 간헐적 젖공유는 외둥이 새끼를 가지는 유제류에서 일어날 수 있다. 이런 암컷은 젖꼭지를 두 개 이상 갖고 있지만 새끼는 한 마리뿐이다. 따라서 그 어미 자신의 새끼가 한 젖꼭지에서 젖을 먹는 동안, 무관한 새끼가 인접한 젖꼭지로부터 젖을 훔칠 수 있다. 그 새끼에게 돌아가는 편익은 분명하다. 그런 새끼는 증가된 영양분과 에너지뿐만 아니라, 면역을 가능케 하는 젖 안의 화합물까지 전부 다 자신의 어미에게는 한 푼도 물리지 않은 채 얻게 된다(MacLeod, Lukas 2014). 젖분비기 공유가 규칙적 사건으로서 진화하려면 기증자도 득을 보아야 마땅하다. 하지만 편익이 조금이라도 기증자에게 누적될까? 아니면 대행수유는 단순히 우연한 사건일까?

어쩌면 놀랍게도, 대행수유자가 거둘 만한 편익도 여럿이 있다. 길게 본다면 호혜적 돌봄을 얻을 것이다. 젊은 어미라면 경험을 얻을 것이다. 마지막으로, 자기 새끼의 전부 또는 일부를 잃은 어미라면, 사용되지 않아 이동에 방해가 되거나 아픔만 주는 젖을 치울 수 있을 것이다(MacLeod, Lukas 2014). 이도 저도 아니라면, 대행수유는 땅굴과 둥지에 꼼짝없이 엮여 사느라 자기 새끼를 알아볼 수 없거나 단순히 도망칠 수 없는 데 따른 우발적이고 피치 못할 결과일 수도 있다. 이 설명은 공동으로 둥지를 트는 종에뿐만 아니라 젖 절도 사건에도 적용될 것이다(MacLeod, Clutton-Brock 2014).

공동젖분비에 들어가는 요소들은 난해할 것이다. 야생 집생쥐(생쥐종)의 종단 연구에서는 사례의 33퍼센트에서 공동젖분비가 일어났다. 수유 파트너를 고를지 혼자 수유할지를 암컷들이 선택하는 것일 수도 있다(Weidt et al. 2014). 여러 암컷의 연합된 한배새끼 안에는 새끼가 많을수록 체온조절 비용이 내려간다. 게다가 새끼를 둥지에 남겨두면 개체 암컷은 거침없이 먹이를 찾아다닐 수 있게 된다. 집생쥐에게 대행수유는 양쪽 어미 모두에 직접적 편익이 따르는 상리공생일 것이다.

번식 억압과 영아살해

암컷은 다른 암컷의 번식 노력을 지원할 수도 있지만, 방해할 수도 있다. 질병 또는 기생충의 전염 증가와 한정된 자원에 대한 암컷–암컷 경쟁은 암컷들이 서로의 번식을 저해하는 두 가지 주요 방안이다. 암컷들 간의 경쟁이 늘 명백한 것은 아니다. 하지만 암컷–암컷 경쟁의 강도는 "수컷에서만큼 대단하거나 그보다 더 대단"할 수도 있다(Clutton-Brock, Huchard 2013). 예컨대 벌거숭이두더지쥐와 다마랄랜드두더지쥐 또는 미어캣(속)에서처럼 단일 암컷이 집단 전체를 위해 번식하는 경우, 그 암컷이 죽으면 경쟁은 치열하고도 물리적일 것이다. 그 후에 패자들이 받는 물리적 학대가 그들의 번식을 억압하는 데 기여할 수도 있다(Clarke, Faulkes 2001; Faulkes, Bennett 2001; Young et al. 2006). 한편 여러 암컷이 번식하는 집단에서는, 싸움이 먹이나 땅굴과 같은 자원에 접근할 권리를 두고서뿐만 아니라 지배 위계를 확립하기 위해서도 일어난다(Clutton-Brock, Huchard 2013). 간단히 말해 암컷-암컷 상호작용은 사회적 지위가 더 낮은 동종에서 번식을 억압하거나 진행 중인 번식을 중단시킬 수 있다(Clutton-Brock, Huchard 2013). 이 번식 억압 유형은 예컨대 다마랄랜드두더지쥐처럼 매우 사회적인 설치류에서, 그리고 올리브개코원숭이olive baboon(*Papio anubis*)와 같은 영장류에서도 관찰된다(Clutton-Brock, Huchard 2013). 만성적 스트레스는 번식의 나중 단계도 방해할 수 있는데, 침팬지(종)에서는 젖분비기가 그런 단계다(Markham et al. 2014). 이때 피해자 침팬지들은 (서열이 더 높은 암컷들에 비해) 수컷으로부터 공격을 가장 많이 경험하는 암컷이기도 하다. 따라서 심리사회적 스트레스가 생리학적 변화를 초래할 것이다. 사회적 스트레스에는 추가 파급효과가 있을 것이다(Markham et al. 2014). 집단생활은 위험하며, 모계와 그 밖의 사회역학이 새끼를 영아살해의 위험에 놓이게 할 수도 있는 맥락에서는 특히 더 그러하다.

영아살해란 동종을 그들의 수태와 젖떼기 사이 기간 중에 비우발적으로 죽이는 것이다. 이는 많은 척추동물에서 일어나며 포유동물도 결코 예외가 아니다. 영아살해는 많은 형태를 띨 수 있으며, 암컷이 저지를 수도 있고 수컷이 저지를 수도 있다. 영아살해는 개체들이 다른 개체의 번식성공도를 바꿀 수 있도록 해준다. 영아살해를 저지르는 수컷은 암컷의 번식주기 중 단기적 타이밍을 바꿈으로써 수컷이 짝짓기할 기회를 늘릴 수 있을 것이다. 암컷은 서로의 새끼를 죽임으로써 경쟁을 줄일 수 있을 것이다. 어미가 유도한 영아살해, 이를테면 배아 거부는 환경적으로 스트레스를 받는 동안에 번식 노력을 현재의 자식이 아니라 미래의 자식에 할당하도록 해주는 한편, 새끼들 사이의 동기살해는 생존자가 추가 자원을 얻도록 해줄 것이다. 이런 잠재적 이득에도 불구하고, 영아살해는 분명 당사자에게 손실이다. 문서화된 영아살해의 사례들은 일반적으로 젖분비기 동안에 가장 극적이다. 그래도 영아살해의 진화적 효과는 더 이른 단계에서 더 뚜렷할 것이다(Hayssen 1984).

어미와 자식 간 갈등은 임신기와 젖분비기 둘 중 하나의 지속기간에 관해서도 생겨날 수 있다. 임신기 동안에 태아는 따뜻하고 촉촉한 상태로 보호된다. 그리고 수분, 무기질, 비타민을 비롯해 미리 소화된 영양분들을 받는다. 이 모든 혜택이 태어나는 순간에 사라진다. 따라서 태아는 가능할 때마다 임신기를 연장하면 득을 볼 수 있을 것이다(Hayssen 1984). 그렇지만 태아가 커질수록 그 후의 출산은 더 위험해진다. 어려운 출산(난산)은 어미와 자식을 둘 다 죽일 수도 있지만, 그것은 일반적으로 영아살해로 여겨지지 않는다.

젖분비기 동안의 영아살해

임신기는 에너지적으로 젖분비기보다 더 효율적이지만, 긴 임신기는 태아를 계속 성장시켜서 암컷이 포식자를 재빨리 따돌릴 수 없게끔 할 것이고, 일단 출산이 일어나도 위험한 출산이 될 가능성을 키울 것이다. 자원을 임신기 대신에 젖분비기로 할당하면, 암컷은 번식을 덜 위험하게 끝낼 수 있게 된다(Hayssen 1984).

젖분비기 동안의 영아살해는 관찰자에 의해 더 쉽게 탐지되며, 암컷에게 덜 위험하다. 또 하나 흥미로운 측면으로서, 임신기 동안에는 태아 조직이 어미의 호르몬적 지위를 바꿀 수도 있다. 하지만 젖분비기 동안에는, 젖빨기의 자극 및 호르몬적 상관물을 경유해서만 새끼가 어미의 대사를 생리학적으로 바꿀 수 있다. 이런 형태의 조작은 어미가 쉽게 끝내버릴 수 있다.

유대류는 번식 방식이 임신기가 아니라 젖분비기에 강세를 둔다. 이 어미들은 또한 극도로 미발달된 신생아를 낳는다. 이 두 조건은 한 암컷이 거의 전 번식 기간 내내 번식을 중단할 수 있도록 해준다. 진수류의 배아 거부와 달리, 유대류의 '배아' 거부는 어미의 생존에 위험을 거의 또는 전혀 초래하지 않는다(Hayssen et al. 1985). 그는 조건이 나빠짐과 거의 동시에 자신의 손실을 잘라내고 조건이 좋아지면 번식을 재개할 수 있다.

배아 거부를 떠나서 대부분의 어미는 자기 새끼를 죽이지 않지만, 다른 암컷들은 그 새끼를 죽일 수도 있다. 그렇지만 어떤 암컷이 영아살해를 저지르느냐는 각양각색이다. 차이는 심지어 분류학적으로 똑같은 과 안에서 비슷한 생태적 조건하에 있는 경우에도 나타날 수 있다. 예를 들어 암컷에 의한 영아살해는 여러 땅다람쥐 종에서 일어난다. 검은꼬리프레리도그black-tailed prairie dog(*Cynomys ludovicianus*)에서는 젖분비 중인 상주 암컷들이 가까운 혈족의 자식을 잡아먹는다. 이런 개체군에서는 영아살해가 모든 한배새끼의 최대 40퍼센트까지를 부분적으로 감소시키거나 완전히 제거할 수도 있다(Blumstein 2000; Hoogland 1985). 그렇지만 더 작은 벨딩땅다람쥐에서는 암컷들이 가까운 친척이 아닌 무관한 새끼만 죽인다(Blumstein 2000; Sherman 1981).

수컷에 의한 영아살해

포유류 가운데 적어도 114종(박쥐 2종, 식육류 31종, 유제류 1종, 영장류 58종, 토끼류 2종, 설치류 20종)에서는 수컷이 영아살해를 저지르는 것으로 알려져 있다. 수컷은 왜 영아를 죽일까? 이 종들 중에서 영아살해가 더 있음직한 때는 사회집단의 성비가 암컷에 치우쳐 있을 때, 자식들 중 더 큰 백분율이 지배 수컷의 자식일 때, 지배 수컷이 사회집단과 어울리는 시간의 길이가 짧을 때다(Lukas, Huchard 2014). 어느 다른 연구는 영장류 가운데 대략 230종을 살펴본 후에, 56종은 영아살해 수준이 높고 120종은 수준이 낮으며 54종은 수컷 영아살해의 존재나 규모를 알아낼 수 있을 만큼 잘 연구된 적이 없었다고 판정했다(Opie et al. 2013). 영장류만 분석한 결과는 사회적 일부일처의 진화가 수컷의 영아살해와 결부될 것임을 시사한다(Opie et al. 2013). 그렇지만 포유류 전반을 살펴보면 사회적 일부일처와 상관관계가 있는 것은 다른 암컷이 새끼를 가지는 일을 서로 용납하지 않는 암컷들이지 수컷 영아살해가 아니다(Lukas, Clutton-Brock 2013). 더 골치 아프게도, 영아살해가 영아를 죽이는 수컷에 대항하기 위한 암컷 연합의 형성을 주도할 수도 있을 것이다(그림 13.1). 이는 영아살해가 사회집단의 진화에 미치는 매우 다르고, 사실은 모순되는 영향들이다. 이에 더해 영아살해의 원인에 대한 적응적 설명만도 최소 아홉 가지가 존재한다(Dixon 2013). 왜 이토록 뒤죽박죽일까?

영아살해와 사회집단은 둘 다 종에 따라, 환경에 따라, 심지어 시기에 따라서도 달라지는 복잡한 선택압의 결과다. 설상가상으로 과학자들은 대개 관심 있는 현상을 정의하고 측정한 후에야 결론을 내린다. 예컨대 어느 특정한 사례에서는 영아살해를 '한 수컷이 한 영아를 죽이다'라고 명백하게 정의할 수도 있다. 하지만 한 종을 영아살해 종으로 정의하기는 더 어렵다. 영아살해가 몇 번이나 관찰되어야 할까? 수컷의 몇 퍼센트가 영아살해를 저질러야 할까? 얼마나 많은 개체군에 영아살해 수컷이 있어야 할까? 사회체계에 대해 일관된 조작적 정의를 찾기는 훨씬 더 어렵다(Kappeler 2014). 따라서 자연계에 존재하는 변이가 단순한 답을 어렵게 만들 터일 뿐만 아니라, 자연계 단순화하기를 위한 우리의 인간적 방법들이 추가적 변이를 만들어낸다. 이런 이유로 우리는 영아살해의 진화적 원인 또는 영향에 대해 단일한 설명을 갖기를 기대해서는 안 되고 기대하지도 않는다.

수컷에 의한 영아살해의 일부는 짝짓기 기회와 무관하다. 예컨대 남방바다사자southern sea lion(남아메리카바다사자*Otaria byronia*)의 종속 수컷들은 새끼를 유괴하고 때로는 죽이기도 하는데, 그 행동이 짝짓기 기회를 늘려주지 않더라도 마찬가지다(Compagna et al. 1988). 수컷에 의한 영아살해 가운데 이런 부류는 그 밖의 물갯과(북방물개속, 오스트레일리아바다사자속

Neophoca, 뉴질랜드바다사자속*Phocarctos*)와 최소한 한 물범과(코끼리물범속)에서도 일어난다(Campagna et al. 1988). 유사하게, 육생 포유류 중에서도 황금마멋golden marmot(*Marmota caudata*) 수컷은 이어지는 몇 년 사이에 짝이 될 수도 있을 새끼까지 죽인다(Blumstein 1997).

　　매우 예측이 잘 되는 계절적 환경에서는 수컷에 의한 영아살해가 덜 있음직하다. 이런 조건에서는 암컷과 자식의 생존이 출산의 타이밍과 강하게 서로 관련된다. 자연선택은 암컷들이 동기적으로 새끼를 낳도록 작용할 것이다. 임신기에 있는 종내 차이가 작기 때문에, 교미와 수태도 출산에 앞서 정해진 한 때에 모든 암컷에서 일어나야만 한다. 암컷들이 매우 짧은 시기에 걸쳐 동기적으로 짝을 선택하면, 한 수컷은 가능한 한 많은 암컷에 접근할 권리를 얻기 위해 다른 수컷들과 경쟁해야만 한다. 따라서 수컷-수컷 경쟁이 세질 테고 수컷의 중대한 에너지 수요는 임신기 직전의 단기간으로 집중될 것이다. 암컷 촉진(수용성)의 유무를 동종적 큐가 아니라 환경적 큐가 신호하기 때문에, 이런 경우는 영아살해가 다음 짝짓기 기회에 이를 때까지 한 수컷이 기다리는 시간을 단축시키지 않으며 그의 번식성공도를 높이지도 않을 것이다(Hayssen 1984).

동기에 의한 영아살해(동기살해)

포유류 방산의 품질보증마크 중 하나는 모체에서 정제된 영양분을 미성숙한 자식들에게 광범위하게 공급하는 것이다. 그렇지만 이 영양분은 무한하지 않으므로, 일란성쌍둥이가 아닌 동기(형제자매)들은 모체 자원의 할당을 두고 갈등하고 있을 것이다. 설사 모체의 에너지적 자원이 제한하지 않더라도, 젖샘이나 착상 부위는 한정되어 있을 것이다. 따라서 동기들은 모체 자원에 대해 평등한 접근권을 갖지 않을 것이다. 동기살해는 살아남는 자식이 이용 가능한 영양분 가운데 더 큰 몫을 받도록, 아니면 심지어 그 영양분에 대해 독점적 접근권을 획득하도록 해줄 것이다(Hayssen 1984). 우리는 제7장에서 가지뿔영양(속)의 살기등등한 배반포를 묘사했지만, 덜 명백한 형태도 존재한다.

작은 크기부터 중간 크기에 속하는 많은 유대류 어미는 그들이 가진 젖꼭지 수보다 더 많은 수의 자식을 낳는다(Hayssen et al. 1993). 결과적으로 포궁을 떠나는 모든 새끼가 젖꼭지를 찾아내 거기에 달라붙지는 못한다. 이 여분의 새끼는 죽는다. 따라서 이런 유대류에는 출생 시에 강제적 영아살해와 동기간 경쟁이 있게 된다.

많은 포유류에서는 포궁 전체가 배아 발달을 지원할 수 있다. 그렇지만 일부 포유류, 이를테면 코끼리땃쥐(속), 긴혀박쥐아과Glossophaginae의 박쥐들, 비스카차(초원비스카차속), 천산갑(천산갑속, 유린목)에서는, 포궁 가운데 한정된 일부분만 착상과 그 후의 배아 발달에 이용할 수 있다. 만약 배반포의 수가 착상 부위의 수보다 많으면, 포궁내 동기간 경쟁이 일어날 수 있다. 이것의 극단적 일례인 동부바위코끼리땃쥐(종)에서는 생산된 난자 100개 중에서 두 개의 배아만 분만일에 도달한다. 어떤 난자는 정자와 결코 융합하지 않을 수도 있지만, 착상 부위가 둘(뿔당 하나)밖에 없다는 사실이 동기간 갈등과 궁극적 죽음을 강요한다. 초원비스카차(종)도 착상 부위에 대한 경쟁을 예시한다. 접합자가 일곱 개까지 착상하지만, 난소로부터 가장 먼 두 개를 빼고는 전부 다 임신기 동안에 재흡수된다(Weir 1971a, 1971b).

형태학적으로 구별되는 착상 부위가 없는 경우조차, 포궁의 모든 부분이 발달을 동등하게 지원하지는 않을 것이다. 예컨대 돼지(멧돼지속), 토끼(굴토끼속), 생쥐(속), 기니피그(속)에서는 태아 중량이 포궁 위치와 상관관계가 있다. 더 작은 태아가 포궁뿔의 중간 마디를 차지하곤 한다. 게다가 한배 새끼수가 클수록 태아 크기는 작아진다. 따라서 착상 전에 포궁내 최적 위치를 두고 배반포 간 경쟁이 존재한다. 토끼 접합자는 착상 전에 약 3일을 포궁에서 보내므로 포궁내 경쟁에 많은 시간을 쓸 수 있다(Hayssen 1984).

부모의 자원을 차지하려는 경쟁은 젖분비기 동안에도 일어난다. 유한한 젖샘 수는 만약 한배새끼수가 젖꼭지 수를 넘어서면 동기간에 갈등을 초래할 것이다. 만약 젖분비기 동안에 반영구적 젖꼭지 부착기가 나타난다면, 주머니고양잇과 및 주머니쥣과 유대류뿐만 아니라 숲쥐woodrat(숲쥐속*Neotoma*)에서도 그렇듯, 젖꼭지를 먼저 찾아내는 새끼만 살아남을 기회를 얻을 것이다. 젖꼭지 부착기가 없는 포유류라면 젖꼭지를 공유하는 게 가능하다. 그렇지만 (예컨대 토끼와 돼지는) 1회의 수유를 거치는 동안에도 젖 조성이 달라지므로, 다음 순서의 새끼는 동등한 양분을 얻지 못할 것이다. 게다가 나중에 젖을 빠는 새끼는 같은 만큼 오래 젖을 빨 수도 없을 텐데, 만약 암컷이 수유의 지속시간을 통제한다면 특히 더 그럴 것이다. 젖꼭지 소유권을 위한 동기간의 공격적 상호작용은 새끼 돼지와 새끼 고양이에서 관찰되어 왔는데 그 결과로 동기간에 지배 위계가 확립된다(Hayssen 1984).

앞의 예들은 대부분 강제적 동기간 경쟁의 예다. 하지만 동기간 갈등은 조건적으로 자원이 제한되는 때에만 일어날 수도 있다(Morandini, Ferrer 2015). 아마도 가축 돼지에서의 동기살해 사례가 가장 잘 이해되어 있을 텐데, 이 경우 어미들은 최대 숫자의 새끼 돼지를 낳고 나서 만약 자원(예컨대 젖)이 어차피 제한적이면 동기살해가 일어나도록 놓아둔다(Andersen et al. 2011). 어미는 엇갈린 배란들과 다수의 짝짓기, 그에 따라 똑같은 임신에서 서로 다른 나이의 배아 만들어내기를 경유해 동기간 갈등을 키운다. 새끼 돼지한테는 동기간 경쟁에 형태학적 요소가 있다. 새끼 돼지는 특화된 이빨을 가지고 태어난다. 세 번째 앞니와 송곳니가, 젖꼭지를 두고 경쟁하는 동안 옆으로 깨물면 동기의 얼굴을 찢도록 각도가 맞춰져 있다. 수유 일주일 후에는 새끼 돼지들이 저마다 연이은 수유에서 꾸준히 똑같은 젖꼭지를 사용함에 따라 경쟁에서 한 차례 감소가 일어난다(Drake et al. 2008).

조건적 동기살해의 다른 일례는 우리의 초점 종인 점박이하이에나로부터 나온다. 점박이하이에나에서도 자원이 부족한 시기 중에는 한배의 동기들이 서로를 죽일 테지만, 풍부한 기간 중에는 한배동기가 모두 살아남을 것이다(Golla et al. 1999; Smale et al. 1999). 암퇘지와 대조적으로 하이에나 어미는 동기간 공격이 일어나면 개입한다. 그 개입에는 싸우는 한 쌍을 임시로 별개의 굴에서 지내게 하기와 종속 새끼에게 한 차례씩 개별 수유 제공하기까지 포함될 수 있다(White 2008).

동종 상호작용에는 다중적 측면이 있다

번식이 동종들의 상호작용을 요구함에 따라, 그 동종들은 다양한 번식 단계의 정확한 타이밍 또는 그 단계에 대한 에너지 투자에 관해 갈등하고 있을 것이다. 영아살해는 그 갈등의 한 표현일 뿐이다(Lacey 2004; Lacey, Sherman 1997; 인물탐구). 암컷−암컷 갈등, 동기간 갈등, 어미−자식 갈등 모두 흔히 발생하지만, 협동 역시 그러하다.

암컷은 사는 내내 다양한 역할을 한다. 영아, 유아, 이모, 짝, 또는 어미로서, 암컷은 사회적 상호작용에 참여할 무수한 기회가 있다. 이런 상호작용 가운데 많은 부분이 번식을 지원한다. 탁아소 공유로부터 방어 공유에 이르기까지 암컷은 서로를 도울 것이다.

이 장에서 우리는 동종 상호작용의 많은 사례를 논의했다. 그게 번식하는 암컷 포유류에 관련되기 때문이지만, 중요한데 이 책의 범위를 넘어서는 추가적 상호작용도 셀 수 없이 많다. 예컨대 사회적 큐가 번식을 억압하거나 성성숙을 진전시킬 수도 있다. 사회성은 계절성과 지형 같은 비생물적 영향들로부터 선택압을 받을 뿐만 아니라, 먹이 가용성과 기생충 존재비 같은 생물적 영향들로부터도 선택압을 받는다. 핵심은 생물적 환경의 측면, 특히 동종과의 관계가 포유류의 번식과 개체 암컷에 유리하게든 불리하게든 영향을 끼칠 수 있다는 것이다.

투코투코 위스퍼러whisperer
(위스퍼러: 다정한 말로 동물을 다룰 수 있는 사람—옮긴이)

아일린 A. 레이시Eileen A. Lacey(1961~)

아일린 레이시는 레인 걸리Laine Gurley라는 이름의 여성으로부터 고등학교 1학년 생물 수업을 들었을 때, 생물학—그리고 특히 동물의 행동에 관한 학문—이 여성을 위한 진로일 수 있음을 깨달았다. 코넬대학 학부생 시절에 그는 벌거숭이두더지쥐를 소개받았는데, 이 일이 땅속 설치류 연구에 바쳐질 일생에 발판이 되었다. 초기 논문들을 통해 이 매혹적인 설치류에서 협동양육을 살펴본 이래로, 그는 아직도 그의 학부 스승과 함께 "친사회성이란 무엇인가?"와 같은 주제에 관해 논문을 출판한다. 그가 미시간대학에서 박사학위를 마치기 이전에, 그의 초점은 이미 토굴성 설치류의 사회생물학을 이해하는 일로 맞춰져 있었다.

이제 캘리포니아대학 버클리캠퍼스 교수이자 척추동물학박물관 학예사인 그는 미래의 과학자들을 훈련하면서 투코투코tuco-tuco, 토호tojo(고지대 투코투코—옮긴이), 코루로coruro를 비롯한 땅속 설치류의 생활을 남아메리카에 있는 그들의 자연환경에서 탐사하고 있다. 비교학을 사용해 그는 생태학, 계통발생론, 생리학이 사회적 행동 패턴에 미치는 영향을 따로따로 풀어내고자 하며, 종 내부와 사이에서 나타나는 번식적 성공과 억압의 패턴에 미치는 영향도 연구한다. 편집된 단행본 『지하생활Life Underground』(Lacey et al. 2000)에서 이 주제에 관한 그의 발상 다수가 다뤄진다. 이와 더불어 그는 번식성공도가 집단 크기, 대행부모 돌봄, 세력권제에 어떻게 관련되는가를 탐사하는 논문들을 통해, 사회성과 번식 간 거래에 대한 우리의 이해에 기여했다.

근래에 그의 실험실에서 하는 작업은 사회적 행동의 기계론적 측면을 아우르는 데까지 확장되어왔다. 현재의 탐구 주제들은 사회적 환경이 스트레스 생리학과 번식성공도에 미치는 효과뿐만 아니라, 그 상호작용을 빚어내는 데에서 어미의 환경이 담당하는 역할까지 포함한다. 그의 무수한 기여와 행정적 수완은 그가 2012년에 미국포유동물학자회 회장으로 선출되는 결과로 이어졌다.

(사진은 아일린 A. 레이시가 제공.)

인간

모든 암컷 포유류가 그들이 속한 비생물적·생물적 환경의 맥락 안에서 번식하는 것과 마찬가지로, 우리도 하나의 종으로서 다른 종 및 우리의 환경을 변화시키고 상대에 의해 변화된다. 이 단원에서 우리는 암컷 번식의 인간 편을 탐사한다. 도식적으로 우리는 포유류의 번식을 인간 공동체 안쪽에 둠으로써 우리가 환경에, 우리 자신의 생리학에, 그리고 우리가 지닌 포유류로서의 본성에 끼치는 영향을 나타내고자 한다(그림 참조). 우리는 먼저 우리의 환경적 영향력, 그리고 지금껏 대체로 손해를 끼치는 제휴였던 것(다시 말해 천연자원의 파괴와 소비)을 바로잡으려는 우리의 시도들에 초점을 맞춘다(제14장). 더불어 우리는 번식생물학이 도대체 어떻게 보전 노력을 돕는지도 조사한다. 우리의 마지막이자 가장 포괄적인 장에서, 우리는 인간을 유전자부터 생태계까지 망라한다. 우리는 자신을 종으로서 살펴본 후 질문한다. "털 없는 원숭이"로서 우리는 정말로 다른 암컷 포유류와 그토록 다를까(제15장)?

14
보전과 암컷의 번식

총에 맞고, 올가미에 걸리고, 함정에 빠지고, 창에 찔리고, 독에 중독되는 그의 생활은 녹록지 않다. 아프리카에서 가장 풍부한 포유류 포식자 가운데 하나임에도 불구하고, 세렝게티에 있는 그의 친척들은 줄어들고 있다. 이런 직접적 위협을 떠나 하이에나는 서식지 파괴의 간접적 효과도 몸으로 받는다. 인간의 활동에서 비롯하는 소음 및 기타 형태의 공해는 가임력을 감소시킬 수도, 젖을 변질시킬 수도 있다. 이 모든 부정적 영향이 다수 개체군을 위험한 상태로 방치해왔다.

인간은 우리의 암컷과 그의 종을 도우려 한다. 보전 노력은 야생에서 하이에나를 보전할 것을 목표로 한다. 생태관광은 그와 그의 새끼들을 전시하면서 서식지 보전을 위한 자금을 제공한다. 관광객과 그들의 자동차는 새롭고 특이한 위장술을 제공해, 치타에게서 먹잇감을 훔치려면 이제 차량 뒤에 숨으라고 한다. 인간은 그의 종이 보유한 유전적 변이의 보전도 시도한다. 이를 위해 포획된, 진정제를 맞은 암컷이 얼마간 떨어진 동물원에서 무관한 수컷으로부터 채취된 정자를 인공적으로 주입받을 것이다. 인간의 보조는 착잡한 결과들을 낳는다. (Haysmith, Hunt 1995)

암컷들은 "위험한 상황을 거의 날마다 마주치지만 포식자는 훨씬 드물게 마주친다."

—카로Caro 2005:111

인간은 거의 모든 포유류의 생활 공간을 자신들의 것까지 포함해 변질시키고 파괴해왔으면서도, 그렇게 하기를 계속한다. 우리는 하나의 종으로서 많은 수의 다른 종을 멸종할 때까지 사냥해왔으면서도, 그렇게 하기를 계속한다. 더 근래에야 일부 개체들이 이런 패턴을 바로잡고 생물다양성을 보전하려 하고 있다. 보전생물학은 비교적 새로운 그리고 반가운 인간적 노력이다. 그것의 전문가 단체(보전생물학회)가 1985년에야 설립되었으니, 생물학적 다양성 유지와 복원의 과학은 유아기에 있다. 종의 번식을 이해하는 것은 종을 유지하는 데에 핵심적이다.

성공적 번식은 개체군의 성장과 안정에 필수적이다. 종 특이적 번식 패턴은 야생동물 관리와 보전 기획 둘 다에 핵심 정보를 제공한다. 아마도 번식생물학과 보전 탐구의 가장 명백한 연결고리는 공유된 목표, 바로 포유류의 생활사가 충원·성장을 비롯한 개체군 수준의 매개변수를 어떻게 좌우하는지 이해하기일 것이다. 개체군 성장 속도의 최대치를 추정하는 데는 첫번식나이, 연간출산수, 출산간격과 같은 많은 번식적 변인이 사용된다(Bowler et al. 2014). 하지만 포유류의 생활사와 번식 전략 가운데 그 밖에는 어떤 측면이 보전 노력에 중요할까? 더 나아가, 번식의 타이밍은 우리의 변화하는 세계에 의해 도대체 어떻게 바뀔까?

이 장은 두 부분으로 나뉜다. 한 부분은 인류가 환경에 일으키는 변화들이 암컷 번식에는 어떻게 영향을 미쳐왔는지 탐사한다. 기후변화와 환경 오염물질이 주역이다. 둘째 부분의 초점은 환경 교란과 연관된 문제들을 개선하기 위해 인간이 지금 어떻게 노력하고 있는가 하는 것이다. 여기서는 보전 노력에 대한 번식의 중요성이 핵심이다. 포획 교배와 보조생식이 이 단원의 초점 요소다. 우리는 보전 노력과 관련해 장래성이 보이는 영역들을 부각시킨다.

인류가 번식에 미치는 영향

인류는 스텔러바다소Steller's sea cow(*Hydrodamalis gigas*)부터 태즈메이니아늑대Tasmanian wolf(태즈메이니아주머니늑대*Thylacinus cynocephalus*)에 이르는 많은 포유류의 멸종을 초래해왔다. 물론 모든 멸종과 개체군 감소가 번식에 연관될 수 있는데, 어떤 경우는 그 연계가 더 직접적이다. 2대 외란은 기후변화와 환경 오염물질이지만, 다수의 더 작은 파괴도 번식을 방해한다. 보전생리학이라는 흥분되는 새 분야는 생물의 생리학과 번식이 인위적인 환경 변화에 의해 어떻게 바뀌는가를 탐사한다(Seebacher, Franklin 2012). 이 단원은 그 노력의 일부다. 포유류의 번식이 어떻게 바뀌는지를 알면, 그 피해와 싸울 방법도 이끌어낼 수 있을 것이다. 이 장에서 다뤄지는 주제들의 철저한 조사물을 찾아보고 싶은 독자는 『번식의 과학과 통합적 보전Reproductive Science and Integrative Conservation』(Holt et al. 2003) 또는 『해양포유류 탐구: 위기를 넘어 보전으로Marine Mammal Research: Conservation beyond Crisis』(Reynolds et al. 2005)를 참고하라.

기후변화가 번식에 미치는 효과

예측되는 기후변화에는 더 극단적인 기온과 기상이변뿐만 아니라, 전에는 규칙적이었던 날씨 패턴의 무작위성 증가도 포함된다. 이런 변화가 실현되면, 포유류가 번식 때를 맞추기 위해 사용하는 큐 자체의 신뢰도가 낮아지게 됨으로써, 이미 새들에게 벌어지고 있듯이, 번식이 차선의 기간에 벌어지게 된다(Visser et al. 2004). 이 문제는 번식주기가 긴 종에서 특히 심각할 것이다(Bradshaw, Holzapfel 2006).

이번에도, 우리의 지식에 있는 편향들이 보전 노력을 제한한다. 예컨대 우리는 온대 지역에서의 번식 타이밍에 관해서는 많이 알지만, 열대 번식의 타이밍에 관해서는 훨씬 덜 알고 있다(Bronson 2009). 막대한 열대의 생물

다양성을 그 영역에서 극도로 높은 서식지 파괴 및 인간 개체수 성장의 수준과 합쳐서 고려하면, 이 격차는 특히 문제가 된다(Laurance et al. 2014).

오스트레일리아에서 기후변화의 영향력이 명백히 입증된 2002년 1월에는, 기온이 섭씨 42도를 넘은 결과로 적어도 3200마리의 날여우박쥐, 주로 암컷과 유아가 죽었다(Welbergen et al. 2008). 극도의 기온 변화는 점점 더 흔해지는데, 개체들이 심각한 도전을 극복할 능력이 없으면 결국은 대규모의 자연적 격감이 일어날 것이다. 기온 변화는 또한 물의 화학적 성질과 이용 가능성을 변화시킴에 따라 나중에는 야생동물 생물학에도 영향을 미칠 것이다.

기후변화는 서식지 변화와 번식지의 상실로 이어진다. 북극 포유류가 번식(흔히 분만)을 위해 의존하는 유빙들이 녹고 있다. 우는토끼 번식에 필수적인 산꼭대기의 고산성 서식지도 줄어들고 있다.

기후변화의 영향력은 줄어드는 유빙만큼 명백하지 않을 수도 있다. 오히려 기후변화는 스트레스의 생리학적 결과를 경유해 점진적으로 비밀스럽게 번식을 저해할 수도 있다. 스트레스에 대한 생리학적 반응은 시상하부-뇌하수체-생식샘 축을 변질시킨다(제5장 '생리학'; Toufexis et al. 2014). 게다가 환경적 스트레스는 행동을 바꿔 수컷-암컷 또는 어미-자식 상호작용을 변화시킬 수도 있다(Anthony, Blumstein 2000).

오염물질이 번식에 미치는 효과

번식 중인 암컷이 추가로 직면하는 환경적 도전은 공기, 물, 흙에 들어 있는, 그리고 그럼으로써 먹이에 들어 있는 화학물질을 포함한다. 농업 유출수, 살충제, 산업폐기물, 유독성 폐기물, 항생제나 호르몬제, 유출된 기름도 호르몬 작용을 교란시키거나, 태아의 기형 혹은 사산을 초래하거나, 젖을 통해 전해져 자식을 오염시킬 수 있는 잠재적 오염물질에 속한다(Fair, Becker 2000).

농업용 비료는 토양에 인과 질소를 추가해 산출을 늘린다. 과량의 질산과 인산은 밭을 떠나 강과 호수로 흘러 들어간 후 거기서 조류대발생을 초래하는 청록빛 조류(남세균)의 성장을 증대시킬 수 있다. 남세균은 유독한 마이크로시스틴을 생산하므로, 이것이 마시는 물을 오염시킬 수 있다. 간 손상이 주요한 효과지만 이 유독물은 난소의 크기도 감소시킨다(Wu et al. 2014).

유기염소(예컨대 DDT, 염화벤젠, 폴리염화비페닐)는 살충제, 용제, 냉각수, 절연액, 플라스틱으로, 그리고 전자기기에서 절연체로 쓰이는 매우 유독한 화합물이다. 북아메리카와 유럽에서는 많은 국가가 사용을 규제해왔지만, 이 물질의 극도로 긴 수명과 다른 국가들에서 이용되는 실태는 그것이 변함없는 오염원임을 의미한다. 유기염소는 최상위 포식자들 안에 축적된다.

DDT의 효과는 고리무늬물범ringed seal(종), 항구물범(종), 회색물범(종)에서 주목된 바 있다(Fair, Becker 2000). 1900년부터 1970년대까지, 발트해에서 고리무늬물범은 개체군 크기가 ~20만 마리에서 ~5000마리로 떨어졌고, 회색물범 개체군은 10만 마리에서 4000마리로 떨어졌다. 이 감소의 많은 부분은 사냥이 원인이었다. 그렇지만 1950년대와 1960년대 사이의 감소는 포궁 협착 및 폐색과 같은 생식기 기형이 원인이었고, 많은 임신중단된 새끼가 이 시기 동안에 눈에 띄었다.

폴리염화비페닐PCB은 친유성이다. 지방과 결합할 수 있어서 그 결과로 장기간 동안 몸안에, 특히 비계 안에 잔류한다는 뜻이다. PCB는 태반도 건널 수 있다(Tanabe et al. 1982). 미 국방부는 대규모 병코돌고래(종) '부대'를 유지하면서 이들의 유기염소를 감시해왔다. 비계 유기염소 함량이 더 높은 암컷은 더 많은 새끼를 사산했고 신생아 사망률도 더 높았다(Reddy et al. 2001). 젖 또한 신생아에서 검출되는 유기염소의 출처일 수 있다(Tanabe et al. 1982). 태반과 젖을 경유하는 번식적 전달의 결과로, 암컷 병코돌고래와 범고래는 사실상 자신이 섭취하는 분량보다 더 많은 오염물질을 자식에게 떠넘기므로, 이 번식하는 암컷들은 실제로 수컷들보다 더 낮은 농도를 보유한다(Ross et al. 2000; Wells et al. 2005; Yordy et al. 2010). 잔류성유기오염물질 농도의 성차와 나이차는 번식생물학의 이해가 보전 노력의 결정적 요소인 또 하나의 이유다.

농작물 생산과 산업에서 비롯하는 환경 오염물질의 효과는 대중이 점점 더 크게 자각하고 있지만, 제약 폐기물도 문제가 될 텐데 덜 논의된다. 호르몬 피임법과 호르몬 대체요법은 여성들이 생활을 조절하는 두 가지 방법이다. 한편으로 가축에도 스테로이드가 광범위하게 사용된다. 인지되는 혹은 실재하는 감염의 위험을 처리하기 위한 항생제 사용은 인간에 대해서도 가축에 대해서도 늘어나고 있다. 호르몬과 항생제는 둘 다 오수나 유출수를 통해 환경으로 방출될 수 있다(Giger et al. 2003; Lindberg et al. 2007; Sun et al. 2014). 과량의 스테로이드는 번식적 행동, 형태학, 생리학에 지장을 줄 수 있고, 실험실 쥐와 생쥐에 미치는 효과뿐만 아니라 야생 어류와 파충류에 미치는 효과도 알려져 있다(Guillette, Gunderson 2001). 항생제는 포유류의 공생 미소생물상에 직접 지장을 줄 수도 있고, 환경적 미소생물상 변화를 통해 간접적으로 영향을 미칠 수도 있을 것이다(Sarmah et al. 2006). 야생 포유류에서의 특정 효과 탐사는 조사에 열려 있는 분야다.

잡다한 환경 교란 요인들

인간은 암컷이 거주하는 음향적·시각적 환경을 상당히 변화시켜왔다. 소음 공해는 해양계에서 먹이 탐색, 교신, 항해를 교란시킬 수 있다(Fair, Becker 2000). 인공적인 야간 조명도 번식을 교란시킬 것이다. 예컨대 빛 공해는 시가지에 가까운 야생 타마왈라비(종)에서 멜라토닌 수준을 억제해 출산을 지연시켰다(Robert et al. 2015). 유사하게, 야행성인 생쥐여우원숭이 mouse lemur(작은쥐여우원숭이속Microcebus) 암컷들은 빛 공해에 노출되자 번식 활동의 개시일을 바꾸었다(LeTallec et al. 2015).

빛과 소음은 인간의 몸이 시청각 자극에 알맞게 되어 있기 때문에 잘 연구되어왔지만, 다른 포유류에서는 후각이 일차 감각계다. 우리는 인류가 후각적 환경에 일으킨 변화에 관해 아무 정보도 갖고 있지 않다. 결과적으로 우리는 그로 인해 번식에 일어난 변화에 관해서도 정보를 갖고 있지 않다. 냄새 환경을 측정하기란 만만치 않은 도전이다(Riffell et al. 2008). 그렇지만 현재 곤충 행동을 통해 이를 연구하는 과학자들은 결국 포유류 작업을 위한 기초도 덩달아 쌓고 있을 것이다.

많은 경우, 환경적 스트레스와 화학물질이 어떻게 해서 또는 정확히 어떤 요소가 번식에 이상을 초래하는지는 불분명하다. 예컨대 코뿔소는 번식량이 적다. 다시 말해 그들은 자식을 장기간에 걸쳐 몇 마리밖에 갖지 않는다. 코뿔소 뿔을 노린 밀렵은 개체군을 몰살시키는 동시에 유전적 다양성의 부재, 특히 인도코뿔소(종)에 대한 걱정을 동반해왔다. 그런 손실은 나머지 코뿔소 종에도 걱정일 공산이 큰데, 코뿔소 다섯 종 가운데 네 종이 국제자연보호연맹에서 정하는 멸종위기종 목록에 올라 있기 때문이다(Hermes et al. 2014). 인도코뿔소는 포획 상태에서 40년까지 살 수 있는데도, 질과 포궁경부 종양(평활근종)의 유행 때문에 암컷들이 18세 무렵이면 번식을 멈춘다. 인간에서 흔히 포궁근종으로 불리는 이 생식기 종양의 원인은 알려져 있지 않지만, 모종의 변질된 환경적 특징에 대한 응답일 것이다(Hermes et al. 2014).

미지의 환경적 원인이 내재하는 다른 일례는 태즈메이니아데빌(태즈메이니아주머니너구리종)에 갑작스럽게 찾아온 전염성 암이다. 치명적 질환인 데빌안면종양질환은 1996년 이전에는 문서화되어 있지 않았지만, 2009년 현재로, 포획된 데빌의 83퍼센트를 웃도는 개체에서 관찰되었다(Hawkins et al. 2009). 번식하는 성체가 핵심적인 감염 나이대여서, 암컷들은 이제 죽기 전에 한 번밖에 번식하지 않는다(Jones et al. 2008). 오스트레일리아 본토 태생의 데빌은 근절되었으며 태즈메이니아섬의 개체군은 심각하게 위험한 상태다.

인간, 인간의 애완동물, 그리고 가축이 야생 포유류에게 기생충과 질병을 옮기기도 한다. 설사 이런 질병이 원래는 동물로부터 인간에게로 전염되었을지라도, 인간과 인간에 딸린 종들의 밀도가 인간의 이동성과 아울러, 자연적 배경에서 관찰될법한 확산보다 훨씬 더 빠른 확산을 초래한다. 이처럼 인간으로부터 동물에게로 전염되는 질병에는 비버(속)에서 발견되는 편모충증, 캥거루(과)에서 발견되는 단방포충증, 해달(종)에서 발견되는 톡소포자충증이 포함된다(Conrad et al. 2005; Thompson et al. 2010). 샤무아(샤무아속Rupicapra)와 스페인아이벡스Spanish ibex(Capra pyrenaica)에서 발견되는 옴 감염에는 가축 염소domestic goat(Capra bircus)가 연루된다(Fuchs et al. 2000). 개가 잘 걸리는 디스템퍼와 파보바이러스는 애완견으로부터 야생 식육류로 진출해왔다.

북아메리카 박쥐 개체군에 대한 주요 교란은, 놀이 삼아 동굴을 탐험하면서 유럽산 진균을 미국 북동부의 박쥐 동굴들로 가져오는 인간들이 일으켜왔을 것이다(Frick et al. 2010). 그 결과로 생긴 질병인 흰코증후군은 박쥐에게 그들의 동면기 동안에, 다시 말해 암컷들이 짝짓기와 정자 보관이라는 결정적 번식 기간에 들어 있는 때에 영향을 끼친다(Wai-Ping, Fenton 1988). 그 결과는 대량의 자연적 격감, 그리고 줄어드는 성체를 대체할 새 자식의 충원 속도 하락이다(Daszak et al. 2000; Frick et al. 2010).

인간이 야생동물에게 병을 옮기는 것과 마찬가지로, 그 반대의 일도 일어날 수 있다. 박쥐는 에볼라, 마르부르크, 사스, 니파 따위 바이러스 감염증을 포함한 신흥 질병의 발발에 연루되어왔다(Weller et al. 2009; Wibbelt et al. 2010). 이런 질병은 인간 보건의 견지에서 명백히 중요한 한편으로, 그것을 옮기는 동물한테도 영향을 끼칠 가능성이 크다. 인간 개체군이 늘어나는 동안, 사람들은 다른 포유류를 점점 더 많이 침해할 테고, 인수공통전염병의 교환도 증가할 것이다. 포유류(예컨대 박쥐)가 질병의 매개체라는 대중의 인식도 그런 포유류를 한 번 더 보전 위기로 내몬다. 일례가 광견병과 같은 병을 옮길까봐 박쥐의 보금자리를 고의로 파괴하는 경우다.

이 시점에는 독자도 틀림없이 인정할 수 있겠지만, 인간의 교란이 번식에 미치는 효과는 광범위하다. 사냥하기와 자동차로 치어 죽이기는 암컷을 개체군에서 직접 제거하지만, 만약 그 암컷이 젖분비 중이거나 임신 중이라면 그의 자식도 같이 죽는다. 전반적으로 우리가 하는 아무리 작은 행동도 야생동물을 해칠 수 있지만, 국부적으로든, 지역적으로든, 세계적으로든 보전 노력을 지원하는 것을 포함해 우리가 하는 작은 활동은 도움도 줄 수 있다. 우리는 우리의 논의를 이런 보전 노력으로 넘긴다. 그 노력이 번식하는 암컷에 겨냥되어 있을지도 모르기 때문이다.

번식과 보전 노력

인간은 포유류의 생활에 여러모로 부정적 영향을 미치지만, 그런 생활을 개선하려 애쓰고 있기도 하다. 보전생물학은 종과 서식지를 보전하고 생물다양성을 최대한 유지하는 데에 전념한다. 서식지내보전은, 예컨대 보호구역 조성을 통해 자연적 개체군을 유지하는 방향을 겨냥한다. 이런 노력의 목표에 들어가는 게 사라진 서식지 대체하기, 남은 서식지 보전하기, 분열된 서식지 연결하기 따위다. 이런 서식지 안에서 개체군의 번식 감시하기도 반드시 필요할 것이다. 만약 서식지 파괴가 광범위하거나 정치적·경제적 영향이 광범위한 보호구역의 형성을 가로막는다면, 보전 노력은 동물원, 식물원, 냉동된 조직 소장처에 있는 살아 있는 동물 또는 그들의 조직으로 초점을 돌려야 한다. 포획 교배와 보조생식술이 보전생물학의 이 부문에 크게 기여한다.

어떤 경우는 보전 쟁점이 주어진 종, 흔히 외래종의 과도한 풍부함일 때도 있다. 결과적으로 보전생물학에서 번식의 또 한 측면은 침입종의 조절 및 그 영역에서 포식자가 추방되었기 때문에 개체수가 치솟은 종의 조절이다. 오스트레일리아에 도입된 토끼(굴토끼종) 또는 영국과 유럽에 도입된 회색나무다람쥐(동부회색청서종)가 전자의 예고, 미국 북동부에 늑대(회색늑대종)가 없어져서 폭증한 흰꼬리사슴*Odocoileus virginianus*이 후자의 예다. 이런 경우에는 보전 노력이 야생동물 피임의 원조를 받을 수도 있다.

포획 교배

보전생물학의 탐구는 우리가 도대체 어느 영역에 집중할지를 드러냄으로써 보전 노력에 정보를 줄 수 있다. 관리 전략을 개발하는 업체도 누구를, 언제, 어떻게 관리할지 결정하려면 포유류 번식에 관한 데이터가 필요하다. 현재 야생동물 보전 분야에서 논쟁은 번식에 관련된 두 가지 주된 질문에 초점이 맞춰져 있다. 첫째, 어느 성별이 보전 노력에 더 중요할까? 둘째, 번식생명공학이 보전 노력에 얼마나 효과적일까? 첫째 문제에 대한 답이 둘째 문제에 영향을 줄 것이다. 보전 노력을 위한 번식생명공학은 한 성별을 상대로 사용하기가 다른 성별을 상대로 사용하기보다 더 쉬울 공산이 크다. 예컨대 정자를 보존하기는 난모세포를 보존하기와 비슷하겠지만, 정자를 얻기는 난모세포를 얻기보다 훨씬 더 쉽다. 수컷으로부터 정자를 얻기가 쉬움은 명백하지만, 암컷의 중요성 역시 명백하고 태반생식 수류한테는 특히 더 그러하다. 포궁 환경은 임신기에 결정적이지만, 살아 있는 암컷을 필요로 한다. 보전 노력에 관련해 답이 나오지 않은 질문에는 다음이 포함된다. 친척 종들의 포궁 환경은 얼마나 비슷하며 하나가 다른 하나를 대리할 수 있을까?

단공류는 어떨까? 오리너구리(종)와 짧은코가시두더지(속)는 현재 위험한 상태가 아니지만, 긴코가시두더지(속) 3종은 모두 위급 상태로서 개체군이 감소하고 있다(IUCN Red List). 이런 산란 포유류의 생식을 보조하려면 언제 어디서 수태가 일어나는지, 그리고 수태와 알껍데기 예치는 어떤 관계인지를 알아야 한다. 정자나 유전적 청사진이 있는 것만으로는 충분치 않을 것이다. 불행히도 기초적인 번식생물학은 알려져 있지 않다.

포획 대 야생

포획 동물의 생물학은 야생에서의 생물학과 얼마나 잘 일치할까? 범고래가 일례다. 그래니Granny라는 이름이 주어진 범고래(종) 암컷은 타이타닉호의 침몰 한 해 전인 1911년에 태어났을 가능성이 큰데, 2016년에 목격되었다. 따라서 최적의 추정에 의하면 그는 당시에 105세가 넘어 있었다. 장수하는 우리 종을 포함해 어떤 포유류에 견주어도 인상적인 나이다. 동물원들은 포획 상태의 범고래를 1960년대 초 이래로 늘 갖고 있었지만, 가장 긴 포획 수명은 34세였다(Weigl 2005). 그래니의 지긋한 나이는 많은 포유류, 심지어 범고래처럼 계속 포획 상태인 친숙한 종의 생활사에 관해서도 우리는 아는 게 얼마나 적은가를 분명히 보여준다. 그렇지만 2017년 초에 그래니는 그의 사회집단에 없음이 뚜렷했고 지금은 죽은 것으로 짐작된다. 따라서 105세는 이 종의 실제 수명에 가까울 수도 있다(Close, January 3, 2017). 그럼에도 이는 단 한 개체일 뿐 범고래에 관한 많은 것은 변함없이 수수께끼다. 수명도 모르면서, 개체군이 급속한 쇠퇴로부터 회복하려면 도대체 시간이 얼마나 필요할지를 보전생물학자는 효과적으로 추정하지 못한다.

범고래 개체수는 고작 5만 마리 수준으로 추정된다. 이런 포유류가 사냥, 서식지 파괴, (배들이 일으키는) 교란의 대상일 뿐만 아니라, 어업과 경쟁이 붙으면 총에 맞을 각오도 해야 한다(Taylor et al. 2013). 게다가 먹이사슬 꼭대기에 있는 그들의 위치는 그들이 생물축적을 경험함(다시 말해, 그들의 먹잇감이 흡수한 모든 오염물질을 그들이 농축함)을 의미한다. PCB는 위에서 병코돌고래에 관해 언급했듯이 범고래의 비계에서 나타나지만, 그 양은 성별과 번식 상태에 따라 다르며 암컷이 수컷보다 더 낮은 수준을 갖고 있다(Ross et al. 2000). 이런 환경적 교란 모두가 범고래 번식에 부정적 영향을 끼친다. 새끼 사망률은 특히 높아서, 50퍼센트에 달한다. 포획 상태에서 범고래는 야생에서보다 훨씬 더 일찍 번식한다. 하지만 아마도 어미가 새끼를 제대로 돌보기에는 너무 어리고 경험이 없어서인지 이것이 성공적 포획 교배로 번역되어오지는 않았다. 해양 포유류에서는 번식의 세부 사항을 얻기가 어렵고 행동에 관해서는 특히 더 얻기 어렵다. 육생 포유류를 위해, 특히 소형 포유류를 위해 포획 상태에서 제공되는 환경은 야생 조건과 더 비슷할 것이다. 이런 경우에는 과학기술이 보조생식을 감안할 만하다.

한 가지 추가적 보전 위험은 치우친 성비(수컷 아니면 암컷이 과다한 개체군)다. 예컨대 포획된 인도코뿔소와 검은코뿔소(종)는 암컷보다 수컷을 더 많이 낳는다(Wildt, Wemmer 1999). 이는 명백한 쟁점을 제기한다. 만약 미래 자식의 성공적 생산을 위해 암컷과, 암컷의 포궁이 꼭 필요하다면 말이다! 포궁이란 동물원 생물학자한테는 제한적 자원으로, 만약 성비가 수컷으로 치우친다면 금세 문제가 된다.

보조생식

많은 보전 전략은 보조생식에 심하게 의지한다. 전기사정, 인공 정액주입, 페트리접시 수태, 배아이식이 야생 포유류 보전에 사용되는 보조 기술에 속한다. 이런 방법을 쓰면 포획 동물 짝들을 일대일로 엮는 대신에 인공적으로 짝지을 수 있다. 과학기술은 개별적 짝 선택의 쟁점들과 스트레스투성이 서식지에서 교미를 성사시키는 어려움들을 회피한다. 따라서 동물을 운반하는 일과 짝짓기할 가능성이 있는 쌍들을 가까이에 두는 일은 이제 필요치 않다.

액체질소 안에 유전물질을 보존하는 기법이 완성되어, 보조생식 노력에는 뜻밖의 기술적 돌파구가 열렸다. 냉동보존은 인간의 임신 시도를 위해서뿐만 아니라 일반적인 보전 노력을 위해서도 급성장하는 분야다. 냉동보존은 생물다양성을 동결시킬 기회를 제공한다. 농업 '최후의 날'에 대비해 세계의 외딴 영역, 이를테면 북극의 스발바르제도에 확보된 종자은행과 비슷하게, 냉동동물원에는 포유류의 생물다양성을 보전할 잠재력이 있다. 캘리포니아 샌디에이고동물원에 있는 것과 같은 냉동동물원(유전 자원 은행)은 정자, 난모세포와 배아뿐만 아니라 그 밖의 분리된 조직들까지 저장한다. 그리고 원시생식세포와 같은, 생식계열 줄기세포도 보존한다(제6장 참조).

유도 사정으로 정자를 얻기보다 난자를 얻기가 더 어렵기(실은 수술을 요구하기) 때문에, 보전생물학자들은 처음에 정액의 냉동보존에 초점을 두었다. 그 방법론은 이제 상당히 효과적이다. 불행히도 난모세포는 얻기가 더 어려울 뿐만 아니라 보존하기도 더 어렵다. 이는 어느 정도는, 난모세포가 모체 세포들(난구) 안에 포장되어 있는 데다 이 모체 세포들이 난모세포 성숙에 핵심적이기 때문이다. 그렇다고 해서 암컷이 완전히 무시된다는 뜻은 아니다. 암컷 생식세포의 냉동보존도 시도되어왔는데, 고양잇과와 같은 소수 종에 대해 제한된 성공을, 그리고 그 밖의 종에 대해 명목상의 성공을 거두었을 뿐이다(Pope et al. 2012). 한 가지 문제는 원래라면 배란을 위한 난자가 선택되었을 정상적인 과정들을 인공적 난모세포 채취가 우회한다는 점일 것이다. 어떤 난모세포가 다음 세대에 기여할지를 암컷 자신이 아니라 보조 연구원이 고르고 있으므로, 생육 가능성이 가장 큰 난모세포를 방출하기 위한 선천적 선택 기제는 모두 사라진다. 암컷에 의한 정자 선택도 시험관 수태와 함께 모두 제거된다. 이는 인간에 의한 보조생식에 관한 쟁점이기도 하다.

암컷 생식세포를 거두어들일 수 있으면, 그 생식세포를 정자와 섞어서 그 결과로 생기는 배아를 냉동보존할 수 있다. 언젠가 나중 시점에 그 배아들은 해동된 후 대리 암컷의 포궁 안에서 자리를 잡아야만 한다. 하지만 발달이 계속될 확률은 낮고 가변적이다. 예컨대 카라칼caracal(*Caracal caracal*) 12마리에 배아 116개가 이식되었지만, 네 암컷만 임신을 계속했고 그들이 총 다섯 마리의 새끼 고양이를 생산했다. 멸종위기종인 고기잡이삵fishing cat(*Prionailurus viverrinus*)에 적용한 똑같은 절차는 불행히도 덜 성공적이었다. 암컷 12마리에 배아 146개가 이식되었지만, 한 마리만 임신을 계속했고 그는 새끼 고양이를 한 마리만 생산했다(Pope et al. 2006).

보조생식은 멸종위기에 처한 여러 분류군의 보전 노력에서 이용되어왔다(Pope 2000). 스페인아이벡스는 근연종의 포궁에서 산달을 채우는 데 성공한 적이 있다(Fernández-Arias et al. 1999). 이에 더해, 비록 자식이 출산 후 몇 분 만에 죽기는 했지만, 스페인아이벡스의 멸종한 아종이 복제되기도 했다(Folch et al. 2009). 그러한 '보전 복제'에는 비생식세포로부터 핵의 DNA를 꺼내 친척 종의 핵을 제거한 난모세포로 집어넣는 과정이 따른다. 일정 기간의 시험관 발달 후에, 복제된 배반포는 임신기의 나머지를 위해 그 친척 대리모의 몸안으로 이식된다. 멸종위기에 처한 무플런mouflon(*Ovis orientalis*)을 위해 이 기술이 시도된 바 있지만, 그 양들은 살아남지 못했다(Hajian et al. 2011). 모체는 DNA뿐만 아니라 난모세포에도 기여하고(제6장), 부모기원 유전자 발현 때문에 복잡한 문제들이 발생하며(제2장), 포궁과 배아 사이에서 광범위한 이야기가 오고감(제7장)을 고려하면, 이 기법이 성공하는 데에는 유연관계가 가까운 대리모가 결정적이다.

근연 분류군을 하나도 구할 수 없는 종은 어쩔까? 대왕판다(종)는 판다아과Ailuropodinae의 유일하게 살아 있는 구성원이자 세계자연기금을 위해 보전을 호소하는 포스터 아동poster child이기도 하다. 대왕판다를 위한 보전 노력은 번식에 초점을 맞춰왔다. 포획 교배가 1978년에 시작되었지만, 전반적으로 성공하지 못한 사례라는 오명을 얻었다(Zhang et al. 2009). 주된 문제는 수컷에 있었다. 많은 수컷이 암컷에 올라타려고는 했지만 교미하려고는 하지 않았다(Zhang et al. 2004). 결국은 인공 정액주입의 발전이 그 쟁점을 완화했고, 영아 돌봄과 포획 동물 관리의 변화가 신생아의 생존율을 향상시켰다(Zhang et al. 2009). 2006년 현재로 약 260마리의 대왕판다가 포획 상태에서 태어났다.

판다 보전을 돕기 위해 보조된 과학기술이 성공을 거둔 것일까? 답은 엇갈린다. 대왕판다의 포획 번식은 여전히 어렵다. 암컷은 연중 짧은 기간에만 짝짓기와 수태를 하려고 한다. 수컷은 여전히 짝짓기를 꺼린다. 착상 지연과 오래가는 황체는 임신의 탐지를 어렵게 한다(Zhang et al. 2009). 마지막으로, 인공 정액주입을 사용함에 따라 많은 암컷이 쌍둥이를 낳지만, 한 새끼만 돌볼 수 있어서 다른 하나를 포기하곤 한다. 다행히 이 두 번째 새끼는 동물원 사육사들이 돌볼 수 있다. 요컨대 포획 번식은 포획 개체군을 유지하는 데에는 충분할 테지만, 그 덕에 판다가 다시 한번 야생에서 우르르 몰려다니게 될지는 덜 확실하다.

불행히도, 인공 정액주입이 소에게는 잘 먹히는 데 반해, 이런 기법이 판다나 치타한테도 같은 만큼 성공적인 것은 아니다. 이 책의 많은 부분은 포유류 생물학의 다양성에 바쳐진다. 그 다양성, 특히 암컷 번식의 다양성을 이해하는 것은 번식 패턴이 미묘하게 다른 포유류에 맞춰 각별하게 실행할 수 있는 보조생식술을 위한 필요조건이다. 우리가 실험실 생쥐와 가축화된 암소 너머로 우리의 지식을 연장해야만 비로소 다른 포유류도 이런 기법에서 득을 볼 수 있다. 야외에서 채집한 오줌과 똥의 비침습적 호르몬 표본 추출이 야생 상태 포유류의 내분비 생리학을 이해하는 데에 기여할 것이다. 그러는 동안 유전체 및 조직 은행(냉동동물원)들이 구축되고 유지되어 유전적 다양성을 보전할 것이다.

야생동물 피임과 관리

보전을 위한 통상적 목표는 번식을 개선하는 것이지만, 개체군 성장을 삭감하는 일도 포획 상태에서든 야생 상태에서든 이따금 필요하다. 포획 상태에서는 경제적 또는 공간적 고려사항들이 적절히 지원받을 수 있는 동물의 수를 제한할 것이고, 개체군 크기에도 정해진 한계가 있을 것이다. 야생 상태에서도 여러 상황이 개체수 통제를 필요하게 만들 수 있다. 첫째, 외래종이

고유종에 해가 될 만큼 팽창했을 수 있다. 유럽토끼, 검은쥐black rat(애급쥐Rattus rattus), 붉은여우(종), 가축 고양이domestic cat(집고양이Felis catus), 회색나무다람쥐는 모두 섬 개체군에 도입된 후 토종 야생동물을 능가하거나 죽여버렸다. 심지어 더 큰 영역으로 도입된 경우에도 고유종을 제한할 수 있다. 외래종인 회색나무다람쥐가 토종인 유럽붉은청서Europian red squirrel(청서Sciurus vulgaris) 개체군을 유럽 전역에 걸쳐 감소시켜왔듯이 말이다(Bertolino et al. 2008). 둘째, 반려동물이나 가축이 야생으로 방출되어 생태계를 해치거나 야생동물을 위협하는 개체군을 만들어낼 수도 있다. 미국 서부로부터 매릴랜드주 애서티그섬에 이르기까지 돌아다니는 야생마(말Equus caballus)와 아울러 플로리다주로부터 애리조나주까지 미국을 가로지르는 야생 돼지(멧돼지종)가 그런 사례다. 셋째, 상위 포식자가 없어진 덕택에 먹잇감 동물이 한없이 팽창할 수도 있다. 미국 북동부 도회지의 흰꼬리사슴한테는 이제 개체수 성장을 삭감할 늑대도 퓨마mountain lion(Puma concolor)도 없다. 넷째, 그 밖에 모종의 인위적 교란이 야생동물을 그들의 자연적 통제에서 풀어줄 수도 있다. 안전한 동물보호구역으로부터 마음대로 흩어질 수가 없기 때문에 늘어난 아프리카코끼리(종), 그리고 농경지로부터 생기는 먹이가 증가했기 때문에 늘어난 오스트레일리아의 캥거루(속)가 그런 경우다(Allen 2006; Herbert 2004). 이런 경우 특정한 종이 그 환경의 수용 능력을 넘어섬으로써 생태계의 균형을 깨뜨리고 다른 종의 개체수까지 변화시킬 수도 있다.

남아도는 동물을 덫으로 잡거나 도태시키기가 "늘 합법이거나, 현명하거나, 안전하거나, 공적으로 용인되는 것은 아니다"(Kirkpatrick et al. 2011:40). 다른 방법, 이를테면 다수 암컷의 불임수술이 늘 실용적인 것도 아니다. 그렇지만 피임은 치명적이지 않고 신뢰할 만하며, 실용적일 수도 있다. 야생동물 가임력 조절로 개체수를 관리하는 종에는 야생마, 도회지의 흰꼬리사슴, 들소(속), 물소water buffalo(Bubalus bubalis), 와피티(엘크,

말사슴종), 아프리카코끼리 따위가 있다(Kirkpatrick 2007; Kirkpatrick et al. 2011). 여러 가지 피임 방안이 이미 나와 있다.

야생동물의 가임력을 통제하기 위한 초기 접근법들은 인간 산아제한에서 사용되는 방법을 모방한 호르몬 요법을 처방했다. 이 스테로이드들은 성공적으로 가임력을 감소시켰지만, 예상치 못한 독성, 행동적 변화, 건강상의 위험, 규제 관료주의에 이르는 다양한 이유로 결국은 실패했다(Kirkpatrick et al. 2011). 두 번째 접근법은 시상하부−뇌하수체 축을 경유해 배란을 유도하는 시상하부 호르몬들을 억제하는 것이었다(제5장 참조). 이 접근법은 양성 모두에서 생식세포 생산을 억제하고 인간과 가축 포유류뿐만 아니라 코알라(종), 캥거루, 사자(종), 들개(아프리카들개종), 하와이몽크물범 Hawaiian monk seal(*Monachus schauinslandi*)과 같은 종에도 사용되어왔다 (Herbert 2004). 단점은 에스트로겐 또는 테스토스테론에 관련된 행동이 가임력에 덩달아 억제될 개연성이 있다는 점이다(Herbert 2004). 만약 그런 행동이 사회적 상호작용에 핵심적이라면 그 개체군의 사회구조가 바뀔 것이다(Gray, Cameron 2010). 세 번째 방법은 면역피임이다. 백신을 경유해 작용하는 이 전략은 암컷에게 투명대(암컷 생식세포를 에워싸는 비세포성 피복; 제4장 참조)에 대한 면역성을 줌으로써 효과를 발휘한다. 백신은 동물을 건드리지 않고도 저용량으로 전달할 수 있고, 임신한 암컷에게 안전하고, 행동에도 영향을 주지 않는다. 단점은 면역성이 오래가지 않는다는 점, 그래서 최소 3년 동안은 해마다 추가접종이 필요하다는 점이다(Kirkpatrick et al. 2011). 비록 모든 접근법에 부작용이 있지만(Gray, Cameron 2010), 2011년 당시에 67개 동물원이 76종을 면역피임으로 관리하고 있었다(Kirkpatrick et al. 2011).

장수하는 종의 경우는 피임이 효과를 발휘해 개체군 크기를 줄이려면 몇 년이 필요하지만, 많은 설치류와 토끼처럼 단명한 종의 경우는 피임이 더 즉시 효과를 드러낼 것이다(Fagerstone et al. 2006). 그렇지만 보전 조치를 방해하는 장애물은 하나가 더 남아 있을 것이다.

미국에서는 피임 규정을 환경보호청EPA이 방대하고, 엄격하고, 비용이 많이 드는 등록 과정을 이용해 통제한다(Fagerstone et al. 2006). 이에 더해 "환경보호청은 야생동물 피임약을 '살충제'로 등록했다"(Cohn, Kirkpatrick 2015:27). 최소한 미국에서는 야생동물 관리업체가 과다한 개체수를 효과적으로 줄이는 것을, 설사 그들에게 그렇게 할 수단이 있더라도, 피임약의 사회정치적 차원이 가로막는다(Cohn, Kirkpatrick 2015). 러틀랜드 Rutland(2013:S38)가 지적하듯이 "야생동물 피임은 동물 복지에 윤리적 뿌리가 있다." 하지만 보전 공동체와 이들이 추구하는 가치는 야생동물 피임의 사회정치적 논의에 출석한 적이 없었다. 아마도 이제는 대화에 들어갈 때가 되었을 것이다.

털 없는 원숭이: 우리는 어떤 포유류일까?

올해의 어머니상은 아이 둘을 입양한 어느 불임 여성에게 돌아가야 마땅하다.
—1970년 4월 17일 자 『라이프』에 인용된 파울 에를리히Paul Ehrlich의 말

많은 종이 개체군을 그대로 보충할 수 있는 수준replacement level보다 더 낮은 번식량을 경험하고 있는데, 인간은 이렇지가 않다. 우리의 개체군 크기는 커지기만 한다(그림 14.1). 인구 폭발을 예측한 파울 에를리히와 그 밖의 사람들은 모두 지구의 인구 과잉이 식량 부족을 주도하고 행성 자원을 결딴내리라는 의견을 내놓았다. 그들은 제로인구성장을 주창했고, 자연계와 우리 자신을 해칠 만큼의 막대한 인구 도약을 예언했다(Ehrlich, Holdren 1971).

이 예측된 폭발은 일어났을까? 그렇다. 미국 인구조사국의 국제 데이터베이스에 따르면, 1970년에는 전 세계 인구가 37억이었는데 오늘날은

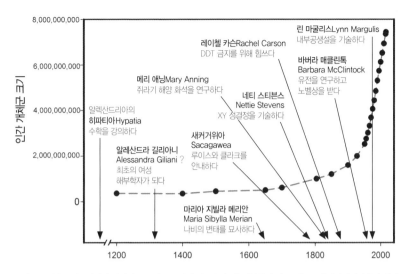

그림 14.1 인간 개체군의 성장. 인간의 수는 약 1700년에 지수적 상승을 시작한다. 이 무렵(1706년)에 태어난 수학자 에밀리 뒤 샤틀레Émilie du Châtelet는 "여성이라는 게 유일한 흠이었던 위대한 남성"으로 칭송받았다(프랑수아-마리 아루에[일명 볼테르]가 프레데릭 대제에게 보낸 편지에서 인용: Hamel 1911:370). 테리 오어 그림. 개체군 크기 데이터 출처는 http://www.worldometers.info/world-population/

75억대로 배가되었다. 인구가 가장 많은 나라는 단연코 중국(14억)과 인도 (13억)지만, 미국도 멀리 떨어진 3위로 3억 2500만이다. 이 숫자들은 올라 갈까? 그렇다. 인구성장은 출생률과 사망률을 반영한다. 둘이 대등하면 인 구는 안정된다. 현재 최대 인구를 보유한 세 나라는 모두 그 나라가 잃는 수보다 더 많은 개체를 보태고 있다. 중국에서는 (1000명당) 7명이 죽을 때 12명이 태어나고, 인도에서는 7명이 죽을 때 20명이 태어나며, 미국에서 는 8명이 죽을 때 13명이 태어난다(World Bank, https://data.worldbank. org). 분명, 전 세계적 개체군을 안정되게 유지하려면 인간의 출생률은 감 소해야만 한다. 이 쟁점의 정치학과 사회학도 핵심적이지만, 여성의 번식을 이해하는 일도 마찬가지다. 포유류로서의 여성이 우리의 마지막 장 주제다.

15
포유류로서의 여성

그를 날이면 날마다 감시하는 털 없는 원숭이는 기묘하지만, 그는 그자에 점차 익숙해졌다(그림 15.1). 언젠가 그자에게 사로잡힌 뒤에 그는 귀에 표식을 달고 깨어났다. 요즈음 그자는 주로 그의 사진을 찍고 비디오카메라로 거동을 기록한다. 낯설게도 이 짐승은 두 발로 걷는데, 상대편 털 없는 원숭이—얼굴에 수염이 난 원숭이—보다는 몸집이 작은 듯하다. 그는 이 원숭이를 닮은 다른 존재, 지극히 작고 무력해서 스스로 움직이지도 못하는 듯한, 데리고 다녀야 하는 원숭이도 본 적이 있다. 새끼가 틀림없지만, 그것은 그의 훨씬 더 북실북실한 새끼들이 하듯이 제힘으로 달리지도 뛰놀지도 못한다. 다 컸는데도 털이 없는 이 원숭이도 그 자신과 같은, 바위너구리와 사자와 그 밖의 털 달린 짐승과 같은 포유류일까? 그자는 사바나의 나머지 털 없는 주민들, 코끼리, 코뿔소, 하마와 친척일까? 아니면 이 털 없는 원숭이—이 '여성'—는 완전히 다른 어떤 것일까?

나는 내 과거를 이해하고 싶은 충동에 사로잡혔다. 왜냐하면 우리는 다른 누군가의 갈빗대로 만들어진 기성품이 아니기 때문이다. 우리는 서로 다른 유산들의 복합체로, 수십억 년 동안 진행되어 온 진화 과정이 남긴 찌꺼기들이 뭉쳐 만들어졌다. 분만의 고통을 견딜 수 있게 해주는 엔도르핀을 만드는 분자는, 아직까지도 지렁이와 인간에게 공유되고 있다.

—허디 1999:xv(『어머니의 탄생』, 16쪽)

그림 15.1 하이에나들(섬박이하이에나충)을 관찰하고 있는 케이 홀캠프. 그동안 그들도 그를 관찰한다. 사진 출처: 케이 홀캠프.

영장목 사람속의 구성원으로서, 우리 또한 포유류다. 이 장에서 우리는 번식하는 포유류로서의 여성에 대해 논의하고 질문한다. 우리는 우리의 포유류 상대들과 매우 다를까? 우리는 '특별'할까? 그리고 만약 그렇다면, 우리는 어떻게 특별하며 왜 그럴까? 우리는 포유류로서의 여성에 관한 방대한 생의학적, 사회학적, 행동적, 진화적 문헌을 수박 겉핥기식으로밖에 다루지 못한다. 하지만 그렇게라도 우리는 이전 장들의 틀을 우리 자신의 생물학에 적용해볼 수 있다. 나아가는 장들의 일반적 순서에 따라, 우리는 여성이 그 주제들 안으로 어떻게 들어맞는지를 번식의 핵심부터 번식주기의 요소들에 이르기까지 간략하게 윤곽만 서술한다. 우리는 여성에 독특하다고 여겨지는 특질들을 조금 더 깊게 탐사한다. 그 특질들이란 월경, 발정 은폐, 완경, 제왕절개, 산아제한이다. 이는 포유류로서의 여성이 지닌 많은 측면 가운데 소수일 뿐이다. 세부 사항을 더 원하는 독자는 세라 블래퍼 허디의 뛰어난,

자극이 되는, 그리고 종종 도발적인 세 권의 책 『여성은 진화하지 않았다』 (1991), 『어머니의 탄생』(1999), 『어머니와 타인들』(2009)을 참고하라.

유전과 진화, 해부학과 생리학

여성은 우리 과인 사람과Hominidae에 속하는, 고릴라(고릴라속*Gorilla*), 침팬지(속), 오랑우탄(오랑우탄속*Pongo*)을 포함하는 다른 유인원들을 가장 가깝게 닮았다. 해부학적으로는 현생인류로서 약 20만 년 전~6만 년 전에 아프리카에서 기원한 우리는 지금 진정으로 범세계적인 종이다. 인정하건대, 우리는 지극히 새로워 보일지도 모른다. 우리는 오리너구리가 하듯이 알을 낳지도 않고, 캥거루 어미라면 할 것처럼 새끼를 주머니 안에서 돌보지도 않기 때문이다. 또한 많은 설치류 및 식육류와 달리, 우리는 한배에 새끼를 많이 낳지도 않는다. 그 대신에 코끼리(과)와 많은 박쥐(목)처럼 외둥이를 낳고, 어미가 오래 돌보며, 확장된 사회체제를 갖고 있다. 대체로 우리의 생활사는 포유류의 주된 세 계통lineage과 그다지 다르지 않다. 우리 자신의 계통(영장류)뿐만 아니라 박쥐(목)나 고래(목)와도 대동소이하다는 말이다. 이 분류군들과의 핵심적 유사성은 광범위한 특질에 걸친다.

인간 성결정의 유전학은 다른 포유류에서와 대체로 같으므로 여기서 추가로 고려할 필요가 없다. 그렇지만 인간 유전체는 염기서열이 밝혀져 있으니, 인간을 모델계로 사용하면 포유류에서의 번식에 관한 흥미로운 분자 기반 질문들이 성립될 것이다. 다시 말해 우리는 인간을 다른 생물들을 이해하기 위한 모델로 사용할 수 있다. 직간접 유전인자들이 정상과 비정상을 막론한 많은 번식 현상, 이를테면 유방암, 포궁내막암, 포궁내막증, 여성 성기능장애, 초경, 완경 연령, 난소암, 난소의 비축량, 다낭성난소증후군, 전자간증, 조기난소부전, 포궁근종 따위로 연계된다(Montgomery et al. 2014). 따라서 이른바 전장유전체연관성분석(genome-wide association study, GWAS: 각종 만성질환과 관련된 유전적 변이들을 찾아내는 연구—옮긴이)에서 나오는 광범위 데이터를 살펴보면 다양한 번식 형질 및 질환의 상관관계도 엿볼 수 있다(Montgomery et al. 2014). 우리가 '더 잘 연구된 포유류'에 속하기 때문에, 우리는 번식 형질의 유전에 대해서도 다른 포유류에서보다 인간에서 더 많은 부분을 이해하고 있다. 유사하게, 여성을 치료할 능력의 중요성(예컨대 의학적 관련성)은 우리의 해부학과 번식적 병리학 또한 잘 이해되어 있음을 의미한다. 다른 포유류가 우리를 위한 모델계로서 훌륭한 것 이상으로, 우리는 이제 다른 포유류를 이해하기 위한 훌륭한 모델계일 것이다.

해부학적으로 여성은 두꺼운 막(외피)에 싸인 편도형(아몬드 모양) 난소를 가진다. 이런 특질은 독특한 게 아니며, 흰꼬리사슴(속)과 리드벅reedbuck(리드벅속*Redunca*)을 포함하는 일정 범위의 다른 포유류에서도 발견된다(Els 1991; Mossman, Duke 1973). 인간이 일부 박쥐(예컨대 짧은꼬리잎코박쥐속)와 비슷한 점은 매우 침습적인(혈융모) 태반이다(Rasweiler et al. 2011). 인간이 갖고 있는 단포궁(포궁체가 하나뿐인 포궁) 또한 다른 영장류는 물론 일부 박쥐(예컨대 많은 신세계잎코박쥣과Phyllostomidae; Rasweiler, Badwaik 2000), 그리고 나무늘보와 같은 소수의 다른 포유류(Hayssen 2010)와도 비슷하다. 여성에서 포궁 발달에 이상이 생기면 추가될 수 있는 가장 흔한 형태학은, 통상적인 단포궁 형태학을 구성하는 부분들의 불완전 융합에서 기인하는 복포궁이다. 이 경우에 우리는 조상형일 수 있는 형태학으로 되돌아간다.

때로는 다른 포유류들과 우리의 유사성이 놀라워서 도움이 된다. 신경 분포가 비슷하기 때문에, 암컷 하이에나(점박이하이에나속)의 생식기 해부구조는 선천부신과다형성 증세가 있는 여성에서 나타나는 음핵비대에 모델을 제공한다. 하이에나의 음핵에 신경이 어떻게 분포하는가에 대한 자세한 지식이, 남달리 큰 음핵을 가진 여성에서 재건 수술의 부작용을 줄이는 데에 도움이 된다(Baskin et al. 2006).

외면적 특질은 어떨까? 여성한테 수염이 없다는 사실은 다윈의 흥미를 끌었고, 부분적으로는 그의 성선택 개념이 형성되는 데로 이어졌다. 털 없는 원숭이로서 우리의 이차성징에는 얼굴 털의 존재와 젖샘 발달에 있는 차이들이 포함된다. 체지방의 분포도 성별로 다르며(Wells 2007), 송곳니 크기, 목소리, 골반의 생김새와 기울기도 마찬가지다. 심지어 뇌도 다를 수 있다. 예컨대 여성은 남성보다 뇌에 회색질이 더 많다(Cosgrove et al. 2007). 우리는 몸집에서 평균 7퍼센트까지 차이가 나는 크기 이형성을 전시함에 따라 남성이 (평균적으로) 여성보다 더 크다(Gustafsson, Lindenfors 2004).

두 발로 걷게 되자 산도에 해부학적 변화가 필요해졌고, 그 결과로 생긴 제약들은 자식의 머리뼈 크기와 모체의 골반 해부구조 둘 다에 영향을 주었다. 법의학자와 고생물학자가 인간 유해에 성별을 할당할 수 있도록 해주는 게 바로 이런 차이다. 성차 하나하나에 대해 우리는 다른 포유류 종에서 유사물을 찾아낼 수 있다(McPherson, Chenoweth 2012). 그렇지만 한 가지 점에서 우리는 독특한데, 이 특별함은 많은 경우 명백히 여성의 건강에 나쁘다.

인간의 독특한 특징은 자신의 해부학을 변형하려는 우리의 욕망이다. 단순한 머리털 빛깔 바꾸기, 성형수술을 경유한 더 광범위한 변화, 생식기 훼손과 연관된 극단적이고 유감스러운 관행 따위가 그런 변형에 포함된다. 변형을 하게 하는 문화적 동인은 다양하지만, 핵심은 이런 변형이 일반적으로 우리의 건강에 이롭지 않다는 것이다. 특히 생식기 훼손은 은밀한 장소에서 의심스러운 조건하에 실행될 것이다. 감염과 죽음이 이 불필요한 관행의 흔한 최종산물이다. 우리는 이 책이 제 길을 찾아 독자의 손에 들어갈 무렵이면 생식기 훼손을 겪는 소녀들의 수가 0으로 떨어졌기를, 그래서 어린 여성들이 변질되지 않은 건강한 상태로 성숙하는 게 허락되기를 바란다. 이 점에서 우리 인간은 몸안에서 정상적 생리학이 작용할 해부학적 틀이 건강하게 잘 기능하고 있는 자연스러운 상태로부터 멀리 일탈해왔다.

생리학적으로 우리는 또 하나의 포유류일 뿐이다. 제3장에서 기술했듯이, 우리의 난소는 다른 포유류들의 것과 똑같은 한 벌의 분자적 상호작용과 내분비적 통제 아래 형성된다. 제5장에서 기술했듯이, 에스트로겐과 안드로겐이 우리의 뇌와 행동을 조직화하고 궁극적으로 활성화한다. 우리의 성체 호르몬 주기는 다른 유인원에서 보이는 것을 닮았다. 몸이 작동하는 일반적인 방식에서도 우리는 (다시) 평균적인 포유류일 뿐이다.

난자발생에서 완경까지

여성에서의 난자발생은 제6장에서 기술한 패턴을 따른다. 하지만 한 가지 핵심적 사항은 인간에서 난자의 수가 정해져 있을 수도 있고 그렇지 않을 수도 있다는 것인데, 이는 광범위하게 논쟁이 되는 영역이다. 여성에서의 난포발생은 다른 포유류들의 것과 비슷하다. 다수의 난포파가 발달한 후에 하나가 선택되며, 배란 후 며칠 안에 월경이 따른다(Mihm et al. 2011). 이 일련의 사건은 완성에 흔히 26~35일이 걸리지만, 지속기간은 개인들 안에서도 전 여성에 걸쳐서도 매우 가변적이다(Arey 1939). 배란은 시상하부에서 보낸 방출호르몬에 응답해 뇌하수체에서 황체형성호르몬을 방출함으로써 촉발된다. 하지만 이 일은 우리 뇌가 우리의 몸 상태, 예컨대 지방 비축량을 평가해 배란이 성공적 임신으로 이어질지도 모른다고 판단하는 경우에만 벌어진다. 이 통합은 거식증이 배란을 억제하는 이유의 일부다. 먹이가 부족하거나 스트레스를 받는 때에 번식 기능을 멈추는 것은 정상적이고 필요한 응답이지, 질병의 징후가 아니다(Södersten et al. 2006).

여성은 자연배란을 하는 단태성 동물로 여겨진다. 따라서 배란의 결과로 대개는 한 번에 난자 한 개가 방출된다. 배란과 수태 후에, 수태산물은 임신을 유지하기 위해 난소 프로게스테론이 확실히 계속 분비되도록 해야만 한다. 이 일은 약 8~10일 후 착상이 시작될 무렵에 벌어진다(Bazer et al. 2010). 일단 모체의 임신 인식이 이루어지면, 난소 프로게스테론이 처음 몇 주 동안 임신을 유지하다가 마침내 태반 프로게스테론이 임무를 넘겨받는다. 이 인계는 6~8주째에 시작된다(Tuckey 2006). 이 초기 단계들의 복잡성은 대부분의 배아 거부가 임신 초기(13주 이전)에 일어나는 이유의 일부다(Avalos et al. 2012). 임신기의 나머지는 어미, 태반, 배아 사이의 끊임없는 내분비적 물질의 응수다. 그리고 이 복잡한 응수는 출산기 동안에 (Myatt, Sun 2010) 그리고 젖분비기까지 내내 계속된다.

대부분의 암컷은 자신의 새끼에게 모유를 먹인다. 여성도 많은 수가 그러지만, 전부 다 그러지는 않는다. 조제분유는 인간에 독특한 어떤 것이다. 모유를 먹이는 여성들조차도 젖 조성에 큰 비교문화적 변이를 갖고 있는데, 주된 이유는 먹는 게 다르기 때문이다(Skibiel et al. 2013). 젖분비기의 지속기간도 문화적으로 제각각이지만, 일반적으로 젖떼기는 다른 많은 포유류에서보다 인간에서 훨씬 더 늦게 일어난다(제9장). 다른 영장류, 일부 박쥐, 그리고 고래류도 젖분비기간을 길게 가진다(Kurta, Kunz 1987).

월경

첫번식나이는 대부분의 포유류에서 첫 배란, 첫 짝짓기, 첫 임신 따위로 평가되지만, 여성에서는 이것이 초경, 곧 첫 번째 월경기간으로 표시된다. 월경기간이란 임신에 대비했던 포궁내막이 폐기되는 때다. 우리 말고 월경을 하는 포유류는 (있다면) 누구일까? 월경(일명 정상월경eumenorrhea)은 포유류 전체에 걸쳐 일반적으로 흔치 않지만, 다른 영장류뿐만 아니라 쿠올(속), 콜루고(필리핀날원숭이속), 고슴도치(속), 코끼리땃쥐(과), 나무땃쥐(예컨대 투파이아속), 최소 네 과의 박쥐(큰박쥣과, 신세계잎코박쥣과, 자유꼬리박쥣과, 애기박쥣과), 식육류(예컨대 개), 그리고 최소 한 속의 설치류(가시생쥐속)에도 있다(Bellofiore et al. 2017; Emera et a. 2012; Wang et al. 2008; Zhang et al. 2007). 이 특질의 어떤 분류법은 출혈이 명시적인지 아니면 은밀한지, 다시 말해 재흡수되는지 여부를 평가하는 것을 목표로 한다. 이 묘사를 고려하면 누군가는 인간의 월경이 전적으로 명시적이라고 생각할지도 모른다. 그렇지만 월경하는 여성들도 발달된 포궁내막 중 상당 부분(약 3분의 2)을 흡수한다.

도대체 월경은 왜 진화해왔을까? 이 질문은 대체로 답이 나오지 않은 채 남아 있지만, 무수한 과학자의 호기심을 유발해 다수의 가설을 낳아왔다. 예컨대 월경은 (1) 동종에 대한 모종의 신호로서, (2) 병원체와 싸우는 기제로서, (3) 대사적 비용을 피하는 방법으로서, (4) 암을 예방하는 수단으로서, (5) 새로이 수태된 접합자의 자격 시험으로서, (6) 인간 뇌 진화에 의해 선호된 매우 침습적인 포궁내막의 부산물로서 이바지할지도 모른다(Emera et al. 2012; Strassmann 1996).

서로의 차이에도 불구하고, 이 가설들은 모두 얼마간의 지지와 아울러 면밀한 조사를 받아왔다. 첫째, 만약 월경이 어떤 신호라면, 월경은 정확히 무엇을 신호하고 있으며 그 신호는 중요한가? 만약 중요하다면, 그것은 왜 더 많은 분류군에 있지 않은가? 둘째, "세정cleansing 가설"(Profet 1993)은 포궁내막의 손실이 잠재적으로 해로운 병원체를 제거하는 데 도움됨을 시사한다. 그렇지만 월경을 안 하는 여성이 더 쉽게 감염된다는 증거는 (우리가 알기로) 발견된 적이 없다. 더욱이 월경이 포궁을 감염에 노출된 채 놓아둘 수도 있을 것이다. 세 번째 가설은 완전히 '준비된' 포궁을 유지하는 데 연관되는 대사적 비용에 초점을 맞춘다(Strassman 1996). 아닌 게 아니라, 광범위한 대사량 증가들(활성화/준비 안 된 포궁보다 대략 14퍼센트 상승)이 완전히 활성화된 포궁내막을 유지하는 일과 연관된다. 이는 연간 반 달치 대사량에 해당하므로 유의미할 것이다.

포궁내막에 연관되는 세포들은 너무도 증식력이 강하기 때문에, 이 세포들을 제거하면 포궁암을 피하는 데 도움이 될 것이다(가설 4). 그렇지만 이는 여성에서 포궁경부암과 포궁암 둘 다의 유병률과 일치하지 않는다. 우리가 알기로, 월경하는 여성 대 무월경 여성에서 병변의 비율을 비교해본 사람은 아무도 없다. 시험된 적 없는 다섯 번째 가설은 암컷들이 접합자를 평가하기 위해 월경을 사용한다는 의견을 제시한다(Barash, Lipton 2009). 접합자 평가와 그에 따른 배아 수용 또는 거부는 암컷 선택의 또다른 비밀 기제가 될 것이다(Thornhill 1983). 이 개념에 대한 데이터가 부족함을 고려하면, 이는 흥분되는 가설이다(Birkhead 1998). 마지막으로, 인간 중심적인 여섯 번째 가설은 우리의 커다란 뇌가 침습적인 포궁내막을 요구한다는 것, 그리고 월경은 이 요구 많은 조직과 연관된 다양한 부산물 때문에 진화해왔다는 것이다. 이 가설은 뇌가 크면서 월경을 안 하는 돌고래(이빨고래류)와 같은 다른 분류군을 무시할 뿐만 아니라, 뇌가 더 작으면서 월경을 하는 나무땃쥐와 같은 분류군도 무시한다.

배란 은폐, 연속 발정, 그리고 짝 선택

배란 은폐와 연속 발정은 둘 다 암컷의 행동을 기준으로는 배란이 명백하지 않은 상황을 일컫는다. 하지만 이것이 인간 특이적 특질일까? 물론 **배란 은폐**concealed ovulation란 분명 편중된 용어고, **발정 상실**loss of estrus이 어쩌면 더 적절할 것이다(Shaw, Darling 1985). 그렇지만 은폐는 사기를 함축하는 데 반해, 여성들이 틀림없이 짝짓기를 원한다는 사실을 고려하면 발정 상실은 겉과 속이 다르다.

그리고 짝짓기하려는 욕구가 배란에 상대적으로 달라질 수도 있다. 이에 더해 배란이 가까우면 체취가 행동과 아울러 변화할 수도 있고(Miller et al. 2007), 남성에게 배란기 여성이 발하는 큐를 알아챌 능력이 있을 수도 있다. 유명한 "스트리퍼 연구(스트리퍼들이 가임 절정기에 돈을 더 많이 벌더라는 조사 결과—옮긴이)"는 여성들이 차림새와 행동 방식에서 자신의 가임력을 간접적으로 표시한다는 것을 보여주고자 한다(Miller et al. 2007). 따라서 행동적으로 우리의 발정 신호는 은폐되지 않은 채 건재할 수도 있다.

인간 암컷은 늘 생리적으로 수태할 준비가 되었을 때에만 짝짓기를 할까? 답은 분명 '아니오'다. 여성은 임신 중에도 황체기 중에도 짝짓기를 한다(Sillén-Tullberg, Møller 1993). 일부의 주장에 따르면, 그런 "연속적 수용성continuous receptivity"(암컷을 수동적 당사자로 제시하는 단어 선택에 유의하라)은 여성과 그들의 짝 사이에서 사회적 유대를 강화한다. 게다가 암컷이 수태하는 때를 수컷이 모르면, 그는 자식에 대한 그의 관계도 모르게 될 것이다. 부성 혼동은 짝을 경호하는 데로, 그리고 수컷이 배란기 동안만이 아니라 그보다 더 긴 기간에 걸쳐 같이 있으면서 다수의 사회적 결과를 동반하는 데로 이어질 것이다. 이런 주장은 엇갈린 지지를 받는다(Sillén-Tullberg, Møller 1993).

물론 비주기 짝짓기는 여성에 독특하지 않다. 그것은 포획된 마카크(예컨대 마카크속)와 겔라다개코원숭이(종)뿐만 아니라 야생의 오랑우탄(속)과 침팬지(속)에서도 일어난다(Hrdy 1999). 임신한 랑구르원숭이(예컨대 회색랑구르속*Semnopithecus*)는 짝짓기를 유혹하기까지 한다(Hrdy 1999). 비영장류 중에서는 코끼리와 돌고래가 그것을 한다. 대뇌의 변연계는 먹기나 섹스와 같은 행동을 보상하도록 배선되어 있기 때문에, 쾌감 얻기는 직접적인 번식적 성과가 없는 짝짓기에서 합리적인 근접 기제다. 진화적 보상은 아마 암컷 선택 및 성선택과 연관해서도 존재할 것이다.

배란 은폐와 연속 발정이 영구히 눈에 띄는 젖가슴과 풍만한 엉덩이로 이어졌을까? 두 발 보행에 관련된 변화들은 통상적인 네발짐승의 발정 과시 방안을 없애버렸다(Szalay, Costello 1991). 예컨대 일부 암컷 영장류는 몸 뒤쪽에 시각적 디스플레이, 곧 성피를 갖고 있는데, 이것의 빛깔과 크기에서 배란과 일치하는 변화가 일어난다(제6장 참조). 대부분의 영장류는 젖샘 또한 수유 중에만 명백히 드러난다. 다른 영장류에서는 이 두 현상이 둘 다 일시적인 반면, 여성의 비슷한 형태학적 현상은 비교적 안정적이다. 이 사실이 어떤 이들에게는 여성이 상설 발정 디스플레이 혹은 "끊임없는 매력"을 전시한다는 암시를 주었다(Szalay, Costello 1991). 다시 말해, 여성은 이제 영구히 매력적이다! 여기에도 수동적 암컷–적극적 수컷 형태주의가 내재한다.

형태학적 변화에 대해 제안된 각본은 이렇다. 외음부에 집중되어 있던 조상형 발정기 팽윤을 현재는 풍만한 엉덩이와 털 없는 피부가 흉내내어 "조상형 발정 상태의 신호 설비를 상설화하고 있다"(Szalay, Costello 1991:439). 더 나아가 덜렁거리는 젖가슴도 조상의 부푼 회음부를 흉내낸다(Szalay, Costello 1991). 두말할 나위 없이 지방 저장고의 발달은 여성에 독특한 게 아니며, 지방 저장고에 있는 성차도 마찬가지다. 게다가 체지방은 나이, 활동, 먹이 가용성에 따라 달라진다(Dufour, Sauther 2002). 젖가슴 크기도 몹시 가변적이다. 연조직은 잘 화석화하지 않는다. 우리한테 우리 조상의 형태학에 관한 실증적 데이터가 더 많이 생길 때까지, 젖가슴과 엉덩이의 진화사는 앞으로도 변함없는 수수께끼일 것이다. 그렇지만 만약 이 가설을 떠받치는 근거가 배란 은폐라면, 우리는 여성이 잠재적 짝을 유혹하면서든 물리치면서든 다중적 수준에서 큐를 제공한다는 것을 이미 알고 있다. 마지막으로, 끈질기게 지속되는 안정적 큐는 그 자극에 습관화되는 결과를 가져올 공산이 크다. 만약 그렇다면 영구적 특징은 "매력"을 감소시킬 것이다.

인간에서 짝짓기 체제는 다른 포유류에서만큼 다양하다. 이 변이는 문화와 크게 연관된다. 예컨대 많은 서유럽 문화에서는 사회적 일부일처제가 있지만, 일부다처제의 사례, 예컨대 국왕의 정부情婦들 또는 '다수의 아내'가 산재한다. 문화적 일처다부제는 가장 덜 흔하지만, 여성들이 오라비와 혼인하곤 하는 네팔과 티벳에서 나타난다. 마지막으로, 남성 참여자도 여성 참여자도 다수인 파트너관계(다처다부제) 또한 공식 또는 비공식 맥락으로 전 세계 문화에서 나타난다. 아마도 첫눈에는 단 한 종 안에 있는 그런 다양성이 독특해 보일지도 모르지만, 우리는 이 유연성(동성과 이성을 둘 다 파트너로 삼는 성행동)을 우리의 사촌인 보노보(종)와도 공유하고 병코돌고래(종)와도 공유한다(Bailey, Zuk 2009). 짝짓기 체제에 있는 유연성은 사자(종)에서처럼 서식지와 연관될 수 있다. 더 건조한 지역에 서식하는 사자 무리는 단 한 마리 수컷과 어울리는 반면, 물 사정이 더 나은 영역에 서식하는 사자 무리는 2~4마리 수컷의 연합과 어울린다(Patterson 2007). 짝짓기에, 그리고 짝짓기 체제에 있는 변이는 모든 포유류의 특징일 것이다.

우리가 우리의 동물 혈족과 공유하는 인간 성정체성의 추가적 일면은 무성애, 이성애, 양성애, 동성애를 아우르는 다중적 성정체성이다. 이번에도, 단 한 종 안에 있는 성정체성의 무한한 다양성은 확실히 우리에게 독특하지 않다. 다시 우리의 가까운 사촌 보노보, 그리고 박쥐, 돌고래를 포함한 많은 먼 친척 분류군이 광범위한 성행동을 갖고 있다(Bagemihl 1999).

여성은 생물의 운명으로부터 자유로워지고 있을까?

피임은 인간의 독특한 특징이다. 그것은 많은 문화에서 흔히 약초의 형태로 깊은 역사를 갖고 있다. 이것은 이제 우리가 야생동물 개체수 조절을 위해 광범위한 분류군에서 사용하는 특징이기도 하다(제14장). 피임약은 여성에게 섹스를 가임력과 분리시킬 자유를 준다. 번식에서 해방된 여성은 부모가 되는 데 따르는 결과나 아이를 낳다가 죽을 위험 없이 섹스를 통해 유대를 발전시킬 수 있다. 그들은 번식과 관련된, 현재의 산과적 관행에서 흔한 침습적 수술에서도 해방된다. 전 세계에서 1억 명이 넘는 여성이 경구 피임법을 사용한다는 사실은 그것이 현대 생활을 구성하는 하나의 주요소임을 시사한다(Dhont 2010). 그렇지만 호르몬 피임법은 자연스러운 호르몬 수준을 변화시키는 결과로 나중에 건강 문제를 일으킬 수도 있다.

출산을 둘러싸는 문화적 법규는 문화마다 다르다. 서구 사회에서 현대 여성은 대개 의료 시설에서 아이를 낳는 반면, 훨씬 더 촌에 가까운 사회에서는 출산이 집에서 이뤄질 것이다. 출산 후에 태반을 먹는 일은 어떤 나라에서도 거의 일어나지 않지만, 이는 근래에 생긴 변화일 수도 있다. 이는 비산업사회의 선대 어머니들과 비교해 지금의 우리가 어떻게 다른가를 보여주는 두 가지 사례일 뿐이다.

제왕절개 출산의 관행은 갖가지 예기치 않은, 그리고 대체로 수량화되지 않은 방식으로 우리의 생물학에 상당한 영향을 미쳐왔을 가능성이 크다. 다른 곳(제12장)에서 논의한 제왕절개의 한 가지 결과는 미생물군계와 관계가 있다. 제왕절개는 질의 미생물총이 자식한테로 이주하는 것을 막기도 하고, 새로운 미생물총을 어머니한테로 들여오기도 한다(Prince et al. 2014a, 2014b). 제왕절개에 대한 비용-편익 분석은 대체로 결론에 이르지 못한다(Hyde, Modi et al. 2012). 제왕절개에는 흉터로 인한 파열 말고도, 포궁외임신과 전치태반의 위험 증가와 같은 부작용들이 있다(Greene et al. 1997; Hemminki, Meriläinenb 1996).

맥락 안의 여성, 외부의 영향

인간으로서 우리는 자신이 환경으로부터 독립했다고, 환경을 통제하고 어떤 경우는 정복할 능력도 있다고 여기길 좋아한다. 그래서 여성은 어떨까? 여성도 다른 포유류에 비하면 외부의 영향에 덜 매여 있을까? 우리는 비생물적 세계로부터, 말하자면 빛, 온도, 생활 기반, 미량원소, 압력, 날씨로부터 빠져나왔을까? 물론, 아니다. 우리의 과학기술이 이로부터 받는 영향들을 완화해오기는 했지만, 예컨대 미국에서는 출산에 위도 분포도 있고 계절 분포도 있다(Martinez-Bakker et al. 2014). 북부의 주에서는 출산이 봄-여름에 절정에 달하는 반면, 남부에서는 출산의 절정이 가을에 있다. 왜일까? 한 가지 가설은 질병 매개체 및 기생충과의 복잡한 상호작용에 계절적 주기가 있어서 그것이 나중에 수태율을 변화시킨다는 것이다(Martinez-Bakker et al. 2014). 만약 그렇다면, 수태와 그 결과인 출산은 비생물적 영향에도 생물적 영향에도 매여 있을 것이다. 사회경제적 지위, 나이, 출산력出産歷도 계절적 출산 절정기에 영향을 미친다(Haandrikman, van Wissen 2008). 이런 패턴 가운데 일부에 대해서는 유전적으로 예정된 세포 및 조직의 응답들과 계절적 변화의 관계에 대한 최신 작업이 기계론적 원인을 알려줄 수 있다(Stevenson et al. 2015).

생물적 영향으로 돌아가, 바이러스, 세균, 기생충은 모두 가임력을 감소시킬 수 있다(Pellati et al. 2008). 인간이 역사를 거치는 동안 에이즈, 흑사병, 콜레라, 인플루엔자, 포진, 말라리아, 천연두, 매독, 결핵, 황열병과 같은 질병과 기생충은 인간 개체수에 유의미한 영향을 끼쳐왔다(Sherman 2007). 질병의 효과에는 사망이 포함된다. 하지만 질병은 번식에도 영향을 줄 것이고, 에이즈, 매독, 포진의 예에서처럼 질병 자체가 번식에서 연료를 얻기도 한다. 어떤 병원체는 그것의 영향권을 한 단계 또는 한 나이집단으로 제한한다. 예컨대 풍진(독일 홍역)은 산모가 임신 3개월 이내에 걸리면 태아에 난청 및 눈과 심장의 이상 따위 선천적 장애를 일으킨다(Atreya et al. 2004).

기생충도 가임력을 감소시킬 수 있다. 트리코모나스는 태반 기능에 지장을 줄 수 있다(Secor et al. 2014). 톡소포자충은 선천적 이상과 배아 거부를 일으킬 수 있다. 사상충은 착상을 차단할 수 있는데, 미세사상충(유충)이 난포액에서 발견된 바 있다(Bazi et al. 2006; Brezina et al. 2011). 분명 우리는 우리의 이종 적들로부터 자유롭지 않다. 하지만 우리의 이종 상호작용 가운데 다수는 긍정적이다. 예컨대 우리는 먹이를 먹고, 미생물군계를 몸에 싣고 다닌다. 우리는 이 이로운 상호작용들을 제13장에서 다뤘다. 동종 상호작용은 어떨까? 여성은 사회적 포유류다.

사람들이 그러더군요. 나는 여자라고. 그리고 내가 그에 관해 발뺌하기는 어려울 거라고. 나는 나예요. 나는 밖으로 나가서 사람들에게 그들의 가족한테는 무슨 일이 벌어지고 있는지에 대해 떠들 겁니다. 그리고 그렇게 할 때 나는 어미입니다. 나는 할미입니다. —엘리자베스 워런, 2011년 10월 24일 자 〈더 데일리 비스트〉

혈족과 비혈족을 가리지 않는 우리의 돌봄은 세라 블래퍼 허디(Hrdy 2009), 크리스틴 호크스Kristen Hawkes(Hawkes, Coxworth 2013), 비르피 룸마(Maklakoy, Lummaa 2013)와 같은 다수의 뛰어난 과학자가 잘 연구해왔다. 우리의 사회체제는 번식적 역할과 육아를 다양한 방식으로 위임한다. 키부츠에서 기숙학교에 이르는, 핵가족에서 공동체에 이르는, 고아원에서 길거리 패거리에 이르는 다양한 돌보미가 인간의 자식을 길러내며 암컷의 역할을 변화시키고 있다. 일차 젖 생산자로서 어미는 많은 경우 주된 돌보미지만, 조제분유의 도래는 이 역할을 변화시켜 다른 돌보미가 신생아까지 부양할 수 있도록 해주었다. 조제분유는 틀림없이 우리 종에 독특하지만, 다른 면들에서 우리는 다른 암컷 포유류들을 닮았다. 우리가 매혹되는 다른 포유류 안의 많은 돌보미 역할은 우리가 그것에 주는 인간 중심적 명칭(예컨대 아줌마나 유모)을 받아 마땅할 것이다. 인간에서는 번식후 암컷에 의한 돌봄이 많은 경우 중심적 역할을 맡는다. 많은 여성의 생애 가운데 3분의 1 이상은 완경 이후다. 이와 달리 대부분의 야생 포유류는 죽을 때까지 번식한다. 번식후 생활이 긴 데 더해, 여성은 전형적으로 남성보다 더 오래 산다.

수명에 있는 성차는 인간에 독특한 게 아닐 뿐만 아니라 생쥐와 초파리만큼 다양한 분류군에서 나타난다. 암컷 장수는 표준일 것이다(Maklakov, Lummaa 2013). 이를 설명하기 위해 두 가지 주요 가설이 제시되어 있다. 'X염색체 비보호unguarded X' 가설과 '어머니의 저주Mother's curse' 가설이다. X염색체 비보호 가설은 여성에게 X염색체가 둘인 반면 남성에게는 하나뿐이라는 사실에 기반을 둔다(제3장). 만약 노화로 인한 죽음이란 게 다른 염색체(두 번째 X) 상에 있는 여분의 정보에 의해 방어되지 않는 해로운 대립유전자가 점차 축적된 결과라면, 수컷은 이 유해한 효과의 위험에 훨씬 더 많이 놓일 것이다. 그렇지만 이는 포유류에 특정한 주장이다. 조류(새)와 같은 어떤 분류군에서는 방어되지 않는 염색체를 암컷이 가지고, 따라서 암컷이 더 단명한 성으로 예상될 것이기 때문이다.

어머니의 저주 가설은 우리가 우리의 미토콘드리아와 미토콘드리아에 연관된 DNA를 어머니로부터 얻는다는 관념 및 이 DNA가 해로운 돌연변이들을 갖고 있을 수 있다는 관념을 기반으로 한다(Maklakov, Lummaa 2013; 인물탐구). 하지만 수컷뿐만 아니라 암컷도 이 모계 DNA를 받는데, 그래서 어떻게 이것이 성차를 유발할지는 불분명하다. 근래에는 성적 갈등이 성 편향된 수명 차이에 대한 또 하나의 설명으로 제안된 바 있다(Maklakov, Lummaa 2013). 만약 암컷과 수컷 간에 성 특이적인 최적의 적응도(다시 말해, 번식과 생존 간 거래)가 다르다면 갈등이 일어날 것으로 예상된다(Maklakov, Lummaa 2013). 실제로는 갈등이 어느 한 성도 그 성의 최적 적응도에 성공적으로 도달하지 못하는 결과를 낳을 것이고, 암컷 대 수컷 유전체에서 수명에 관한 유전적 변이를 증가시킬 것이다(Maklakov, Lummaa 2013). 또 한 가지 제안은 안드로겐(여기서는 수컷에서 더 높다고 가정)이 결과적으로 수명을 단축시킨다는 것이다(Gems 2014). 하지만 이것은 차이가 생겨나기 위한 기제일지는 몰라도 적응적 설명은 아닐 것이다. 또한 암컷들도 어떤 경우에는 높은 수준의 안드로겐을 가질 것이다. 따라서 우리는 이 모든 현재의 주장들로 미루어 보아, 수명의 성차에 대해 우리가 가진 분명한 지식은 없다는 것을 알 수 있다.

여성이 아기를 낳은 적이 있는 최소 나이는 5세로서 조발사춘기의 사례에 속하며(Revel et al. 2009), 더 통상적인 사춘기는 이르면 10세에 올 수도 있다. 한편, 여성이 자연수태로 아기를 낳은 최고 나이는 한 신문 기사(영국,

호황과 불황 속 핀란드 여성들

비르피 룸마Virpi Lummaa

비르피 룸마는 인간의 번식에 관한 우리의 사고방식을 바꿔왔다. 출판물이 110편이 넘는 룸마는 현대 인간에서의 자연선택과 성선택에 관한 전문가다. 그의 탐구 중심에는 생활사 진화 맥락에서의 암컷 관점이 있다. 그는 영국 셰필드대학 왕립협회 대학연구원이며 핀란드에 있는 투르크대학에서도 일하고 있다.

시골 지역 핀란드(1730~1880년)에서 있었던 결혼, 출산, 사망의 마이크로피시microfiche(축소 복사한 문서 60장이 들어가는 카드 형태의 마이크로필름—옮긴이) 기록에서 뽑은 상세한 데이터를 사용해, 룸마는 인간에 관해 현재까지 가장 귀중한 데이터집합 가운데 하나를 편집했다. 그의 탐구는 350년에 걸친 호황 또는 불황(기근) 조건의 맥락에서 전근대 인간에 내재하던 출생률(번식)과 생존의 패턴들을 드러낸다. 12세대에 관한 기록들은 생태학적 조건들(기후와 작황)에 관한 데이터와 결합되어, 룸마로 하여금 우리가 근대화로 넘어가는 동안 우리 자신의 종에 내재하던 번식 패턴에 관해 많은 것을 밝힐 수 있게끔 해주었다. 그의 연구들은 과거와 현재를 잇는 한편으로 몽골, 인도, 아프리카, 캐나다와 같은 세계의 다른 부분에서 살아온 인간들에 관한 데이터를 포함하는 데까지 성장해왔다.

룸마에게 관심사인 질문들은 이 책의 도식 안에 쏙 들어온다. 본질적으로 그는 이렇게 묻는다. "암컷 포유류라는 것은, 만약 그 포유류가 우연히 인간이라면, 무엇을 의미할까?" 이 일반적 질문을 다루기 위해, 그의 탐구는 생활사 형질들에 있는 성차와 같은 여러 핵심 쟁점을 조사한다. 그는 (공저자들과 함께) 인간 암컷에서 수명이 짝짓기 체제뿐만 아니라 그가 낳는 자식의 성별과도 관계가 있을 것임을 알아냈다. 아들을 낳는 어머니들은 딸을 가지는 어머니들에 비해 장기적으로 생존 비용에 시달린다(Helle et al. 2002).

두 가지 다른 연구 결과도 언급할 만하다. 첫째는 수컷이건 암컷이건 동성 동기들이 이성 동기들보다 확산할 가능성이 더 크다는 것이다(Nitsch et al. 2016). 두 번째는 극단적 기근이 번식 수행력과 생존에 가져오는 결과들을 확인하고 있다. 가혹한 시기 동안 어머니들은 딸보다 아들을 더 많이 자연적으로 임신중단한다(Bruckner et al. 2015). 기근의 효과들은 오래가며(심지어 몇 세대에 걸쳐), 성인병을 늘리고, 따라서 수명을 줄인다(Lummaa, Clutton—Brock 2002).

룸마의 탐구를 차별화하는 것은 그가 우리(여성)를 단지 또 한 종류의 포유류로서 다루는 데 성공한다는 점이다. 그렇게 하는 사이에, 그는 우리의 생물학을 특징짓는 핵심적 측면에 의문을 제기하고 우리의 진화에 관해 새로운 통찰을 이끌어낸다. 우리가 가장 좋아하는 몇몇 통찰이 여기에 있다. 첫째, 인간의 출산은 우리가 보통 생각하는 것보다 더 계절적일 것이다. 둘째, 쌍둥이 오라버니는 쌍둥이 누이의 적응도를 감소시킨다. 셋째, 영아의 울음은 적응적일 것이며, 그 이유는 울음이 영아살해를 예방하기 때문일 수도 있고, 자기를 돌볼 수밖에 없도록 타인을 공감하기 때문일 수도 있다(Lummaa et al. 1998). 넷째, 딸은 수명의 견지에서뿐만 아니라, 스트레스가 많은 시기 동안에 임신을 성공적으로 영위할 가능성에서도 어머니에게 비용을 덜 물린다. 마지막으로, 경구 피임약이 짝 선택의 선호를 변화시킬 수도 있다(Alvergne, Lummaa 2010).

근년에 룸마는 인간 이외에 장수하는 포유류, 특히 코끼리를 연구해왔다. 그는 코끼리에서 나이 특이적 노쇠와 번식 간 관계를 찾아낸 후, 인간 및 범고래와 달리 코끼리는 나이를 먹어도 번식을 완전히 멈추지 않는다는 결론을 내렸다. 다시 말해 코끼리한테는 번식후 생활이 없을 수도 있다. 룸마의 초점은 더 통합적이 되어왔고, 그 결과로 「벌목에서 인간까지, 협동양육자에서 관찰되는 모계 효과Maternal Effects in Cooperative Breeders: From Hymenopterans to Humans」처럼 대단히 폭넓은 출판물들이 탄생했다(Russell, Lummaa 2009).

2006년에 이미 동물행동연구협회로부터 뛰어난 젊은 연구자로 인정(크리스토퍼 바너드상)을 받은 이후로, 2016년에 그는 인간과 코끼리 생활사 진화에 관한 업적으로 런던동물학회 과학메달을 받았다.

(사진은 비르피 룸마가 제공.)

2007년 8월 20일 자『더 텔레그래프』에 따르면 59세일 것이다. 그렇지만 대부분의 여성은 45세 무렵이면 아이 갖기를 그만두며 일반적인 최고령은 50세다. 35세와 42세 사이에 가임력은 급격히 떨어진다(Aiken 2014). 그렇지만 인간 암컷은 이 번식적 노쇠 이후에도 많은 세월 동안 생활을 계속한다. 이 번식후 수명은 흔히 인간 특이적 형질로 여겨지는데, 그것은 영장류에서 이례적인 것일 수도 있다. 그게 영장류 가운데 인간 이외의 일곱 종에서 사망과 번식을 비교한 작업의 결론이었다(Alberts et al. 2013). 범고래(종)와 코끼리도 광범위한 번식후 생활을 가질 수 있지만, 우리의 훨씬 더 가까운 친척들(다른 영장류들) 사이에서 우리는 이례적이다.

번식 이후 생활의 적응적 가치는 무엇일까? 한 가지 가설은 이렇다. 선택은 사실 수명을 늘리는(또는 사망률을 낮추는) 방향으로 작용하는데 번식 과정이 이를 따라잡지 못한다는, 따라서 번식적 노쇠가 더 분명해진다는 것이다. 그래서 질문은 이렇게 된다. 인간에서 번식 수명은 왜 신체 수명의 진화를 더 잘 따라잡지 못했을까(Alberts et al. 2013)? 암컷 인간의 신체 수명이 번식 수명을 넘어서는 이유들은 궁극(진화적) 가설과 근접(기계론적) 가설로 분류할 수 있다. 우리는 각각을 차례로 다룬다.

번식후 생활에 대한 주요한 진화적 제안은 '할머니 가설'이다. 이 가설은 손주 돌보기가 할머니의 포괄적 적응도를 높여줄 것이라고 제안한다. 이 경우 인간에서는 긴 터울과 긴 의존 기간이 동기들로부터도 늙은 혈족으로부터도 돌봄 보조가 진화하는 데에 유리한 선택압으로 작용한다(Hawkes 2004; Hawkes, Coxworth 2013).

주요한 근접 가설은 난모세포의 수명이 정해져 있다는, 그리고 따라서 나이가 들면 난자의 수가 제한적이 된다는 것이다. 장수하는 범고래로부터는 얼마간의 지지가 나온다. 범고래도 번식 수명에서 붕괴를 경험하기 때문이다. 생존 가능한 난자를 50대 후반 또는 심지어 60대까지 가지는 아프리카코끼리(종)로부터는 반대 증거가 나온다(Alberts et al. 2013). 인간의 경우 만약 기부자의 난모세포를 사용하면, 생식로는 50세 여성의 것이든 60세 여성의 것이든 임신을 지속해 건강한 결과를 낼 수 있다(Aiken 2014). 그렇지만 그들의 노화된 난모세포들은 자체의 발달 능력을 잃는 것처럼 염색체 비분리를(세포분열 중에 유전적 이상을) 경험할 가능성이 더 크고, 그동안 생겨난 배아도 예정된 세포의 죽음(세포자멸사)을 겪을 가능성이 더 크다(Aiken 2014). 많은 현대 여성의 경우 만약 생애에서 더 늦게 아이를 갖고 싶다면, 난자를 노쇠에 도달하기 전에 냉동하는 게 좋은 전략이다. 실제로 서구 문화에서는 많은 여성이 번식을 지연하면서 그들의 잠재 소득을 능력이 있을 때 늘리고 있다(Miller 2011).

번식생물학과 함께하는 명분: 보전

다른 모든 포유류와 마찬가지로, 인간의 미래도 우리가 환경에 강요해온 많은 변화, 말하자면 서식지, 대기, 수질, 기후의 변화들을 헤치고 나아가는 우리의 능력 여하에 달렸다. 우리의 개체군 크기는 폭발적으로 증가해왔고,

우리는 지구의 모든 구석에 서식한다. 출생률은 자신이 어느 구석에서 있게 되느냐에 따라 실질적으로 다를뿐더러 흔히 경제적으로 안정된 국가보다는 개발도상국에서 더 높다. 한편 보조생식의 이용 가능성, 제왕절개의 사용, 조산아 돌봄의 발전, 늘어난 수명, 적극적 번식 나이의 지연은 우리를 가두는 번식 생활의 한계를 초월한다. 이 과정들에도 분명한 지구적 분포가 있다. 경제적으로 안정된 국가에서는 여성이 살다가 나중에 가족을 가지는 편을 선택할 수 있지만, 다른 곳에서는 첫번식나이가 변함없이 어리고 수명도 짧다. 이는 모두 어디로 이어질까? 물론, 우리는 모른다. 이때까지 우리를 이끈 지능과 회복력이 번식하는 암컷 모두를 위해 지속 가능한 행성을 유지하는 일로 모아질 수 있기를 바랄 뿐이다.

용어풀이

K선택K-selection(대 r선택) 적은 한배새끼수, 긴 성성숙 시간과 같은 적응을 설명하기 위한 가설적 기제로, 그 종의 수용한계carrying capacity(한 생태계에서 개체군의 개체수 또는 밀도가 증가할 수 있는 최대치로서 K로 표시─옮긴이) 수준에서 살고 있는 종과 관련될 것이다. 상자 10.1

RNA, 리보핵산ribonucleic acid 화학적으로는 DNA와 비슷한데, DNA에 담긴 정보를 핵 바깥쪽 세포소기관들로 운반하는 데 사용됨. 제3, 5장

r선택r-selection(대 K선택) 더 큰 한배새끼수와 짧은 성성숙 시간과 같은, 빠른 개체군 성장을 위한 적응을 설명하기 위한 가설적 기제. 상자 10.1

갈색지방조직Brown adipose tissue, BAT 신생아와 동면 중인 포유류에서 두드러지는 지방조직의 한 유형으로, 몸 떨기를 대신해 열을 내는 데 쓰인다. 제8장

감수분열Meiosis 생식세포가 될 운명인 세포들의 세포분열. 상자 4.1과 연관 그림

격리 기제Isolating mechanisms 생식격리 참조.

계통발생론Phylogeny 생물들 간의 추론된 진화적 관계. 제2장

고유의Endemic 어느 지역 원산의. 제14장

공생Symbiotic, symbiosis 두 종 사이의 물리적으로 가까운 장기적 관계가 최소한 둘 중 한쪽에는 이로움. 제12장

극체Polar body 난자발생의 결과로 생겨나지만 모체의 세포질이 소량만 담기는 세포. 상자 4.1과 연관 그림

난산Dystocia 어려운 출산, 또는 신생아의 부속물이나 신체 일부가 산도에 걸리면 일어나는 폐쇄분만. 제13장

난원세포Oogonia(복수), oogonium(단수), 난모세포oocyte, 난자ova(복수), ovum(단수), 알egg 암컷 생식세포에 주어지는 이름들. 제4장, 상자 4.1

난자발생Oogenesis 암컷 생식세포의 형성. 제6장

난자생식Oviparity, 산란egg laying 껍데기 안에 든 배아를 포궁에서 일정 기간 발달시킨 후에

방출하는 일로서, 단공류에서 일어난다. 제2장

난포Follicle 암컷 생식세포를 담고 있다가 배란이 일어나면 원상태로 돌아가 황체 또는 기능이 없는 잔존물을 형성하는 난소의 세포 덩어리. 제4, 6장

난포기Follicular phase 번식주기 가운데 난소가, 성숙하는 암컷 생식세포들의 파동들을 생산하는 단계. 제6장

난포발생Folliculogenesis 난모세포가 성숙하는 동안 그 난모세포에 가장 가까운 난소 세포들에서 일어나는 변화. 제6장

난포자극호르몬Follicle stimulating hormone, FSH 대개 뇌하수체에서 생산되어 난포발생의 여러 측면을 자극하는 생식샘자극호르몬. 제6장

다란성Polyovular (a) 암컷 생식세포가 하나보다 많은 난포, 또는 (b) 생식세포를 하나보다 많이 배란하는 난소, 또는 (c) 생식세포를 (같은 난소에서든 다른 난소에서든) 하나보다 많이 배란하는 종. 제4, 6장

다태성Polytocous 번식 시도당 자식을 하나보다 많이 낳는. 제7장

단계군Grade 조상이 비슷해서가 아니라 어느 형질이 비슷해서 한데 묶이는 일군의 분류군. 예컨대 기각류는 지느러미발이 있는 수생 식육류. 상자 2.3

단백체학Proteomics 단백질의 총체를 서로 다른 다수 조직에 걸쳐, 또는 같은 조직 안에서 서로 다른 때에 비교하는 학문.

단성생식Parthenogenesis 무성생식의 한 유형. 제3장

단태성Monotocous 번식 시도당 자식을 하나만 낳는. 제7장

대립유전자Allele 어느 유전자의 변이체variant. 제3장

대측Contralateral 해부학적으로 반대쪽에 있는. 제7장

대행부모 돌봄 Alloparental care 친자식이 아닌 자식을 돌봄. 제13장

동종Conspecific 같은 종의 구성원. 제10, 13장

동측Ipsilateral 해부학적으로 같은 쪽에 있는. 제7장

딤Deme 일정한 지역에 한정된 동종 생물들의 개체군. 제3장

마이크로시스틴Microcystins 남세균이 생산하는 일련의 펩타이드(7개 이하의 아미노산으로 이루어진) 간독성물질. 제14장

말단Distal 어떤 것이 특정한 기준점으로부터 멀리 있음을 가리키는 해부학 용어. 제4장

미생물Microbe, microbial 세균, 원생생물, 진균 등 너무 작아서 현미경 없이는 보이지 않는 생물. 제12장

미생물군계Microbiome, **미소생물상**microbiota 개체 또는 종과 밀접하게 연관된 미생물 무

리. 제12장

미코에스트로겐Mycoestrogen 균류에 의해 생산되는 발정 스테로이드. 제12장

반수체 세포Haploid cell 염색체가 한 벌만 담긴 세포. 생식세포만 반수체다. 제3, 4장

발정Estrus(명사), Estrous(형용사) 때로는 '발열heat'로도 일컫는 발정이란 암컷이 적극적으로 짝짓기 기회를 탐색하는 기간이다(oestrus, oestrous는 영국식 철자).

배란Ovulation 난소 조직으로부터 암컷 생식세포가 방출됨. 제6장

배반포Blastocyst 수태산물 발달의 매우 이른 단계들 가운데 하나. 제4, 6, 7장

배수체 세포Diploid cell 염색체가 쌍으로 담긴 세포. 생식세포가 아닌 몸안의 모든 세포. 제3장

배외막/조직Extra-embryonic membranes/tissues 양막, 융모막, 요막과 난황낭. 배아와 배아의 환경(포궁 또는 껍데기) 간 상호작용을 조정하는 한시적 조직. 많은 포유류에서 태반이 된다. 제2, 4장

번식값Reproductive value 한 암컷의 다음 세대에 대한 현재 기여도와 예상되는 미래 기여도의 합.

번식성공도Reproductive success, 적응도fitness 한 개체군에서 다른 암컷들보다 자식을 더 많이 남김.

분지군Clade 단계통군의 한 계통lineage. 한 조상과 그 조상의 모든 후손들. 상자 2.3

비계Blubber 해양 포유류가 주로 단열에 사용하는 피부밑(피하)의 두꺼운 지방층(보통 '고래기름'으로 옮기지만 기각류의 지방을 포함하는 넓은 개념이며, 수산용어로 '해수유海獸油'라고도 하나 맥락에 맞지 않아 그냥 '비계'로 옮겼다—옮긴이). 제11장

비뇨생식-굴/구멍Urogenital sinus/opening, 비뇨와 생식 둘 다의 산물을 위해 합쳐진 하나의 구멍. 제3, 4장

비생물적Abiotic 살아 있지 않은. 예컨대 물, 온도, 화산은 지구의 살아 있지 않은 특징이다. 제11장

상동형질Homologous characters 박쥐의 날개, 물개의 지느러미발, 고릴라의 팔처럼, 진화적 기원은 비슷하지만 기능은 비슷하지 않을 수 있는 형질. 제3장

상리공생Mutualism, mutualistic 두 종 또는 개체 간 상호작용이 서로에게 이로움. 제13장

상치골Epipubic bones 예전에는 유대류에 주머니가 있는 것과 관계가 있다고 생각되었던, 골반에 붙어서 하복부의 내용물을 떠받치는 조상 전래의 뼈 한 쌍. 제2장

생물군계Biome 특징적 기후와 일련의 전형적 생물에 의해 구별되는 지구의 주요 지역. 예컨대 낙엽수림, 고온 사막, 툰드라. 제11장

생물적Biotic 살아 있는. 유전물질을 써서 번식하는 생물은 모두 지구의 생물적 요소에 기여한

다. 제12, 13장

생식격리Reproductive isolation 서로 다른 개체군 출신의 개체들이 더는 짝짓기를 못하고 생존 가능한 자손을 생산하지 못해서 별개의 계통으로 나뉘게 되는 때.

생식샘자극호르몬Gonadotropin, gonadotrophin 뇌하수체 또는 태반에서 생산되어 난소 호르몬들의 생산을 자극하는 일군의 큰 단백질 호르몬. 제6장

생식샘자극호르몬방출호르몬Gonadotropin releasing hormone, GnRH 뇌하수체의 생식샘자극호르몬 방출을 촉발하는 시상하부의 단백질 호르몬. 제6장

생식융기Genital ridge, **생식결절**genital tubercle 초기 배아에서 결국 생식샘(난소 또는 정소)이 될 부분. 제1, 3, 4, 6장

생태적 지위//생태적소 Niche, 어느 종이 그 종의 비생물적·생물적 환경에서 맡는 역할 및 그 환경과 하는 상호작용들.//어느 종이 그 안에서 생활할 수 있는, 온도와 같은 환경적 변인들의 범위. 제11, 12장

생활사Life history 종에 특정한 한 묶음의 번식 형질로서 연간출산수, 임신기간 및 젖분비기간, 한배새끼수와 같은 주요 번식 단계들과 사건들을 포함. 상자 5.1

선택Selection 대개 자연선택의 줄임말.

선택압Selection pressure 한 생물의 생물학 가운데 번식성공도에 영향을 줄지도 모르는 측면.

섬모가 난 Ciliated, ciliary, having cilia 섬모란 세포에서 돋아난 돌기들로서, 현미경으로 보면 속눈썹처럼 보인다. 난관의 안쪽에는 섬모가 난 세포들이 덧대어져 있고, 섬모의 움직임이 난관 속 액체에 흐름을 일으킨다. 제4, 6, 7장

성선택Sexual selection 성 간 과정(예컨대, 암컷의 짝 선택) 및 성 내 경쟁(예컨대, 수컷-수컷 경쟁)이 가져오는 결과들을 탐사하는 자연선택의 하위범주. 제1장

세포자멸사Apoptosis, apoptotic 예정된 세포사, 곧 자연적 과정과 연관된 세포의 죽음. 제6, 15장

세포질Cytoplasm 세포 안쪽에 있지만 세포핵보다는 바깥쪽에 있는 모든 물질. 제4, 6장

수렴진화Convergent evolution 곤충, 새, 박쥐에서 날개가 그랬듯, 무관한 계통의 생물들에서 비슷한 형질이 진화하는 상황. 제2장

수태Conception 난자와 정자의 결합. 제6장

수태능획득Capacitation 암컷이 정자를 수태에 적합하게 만들기 위해 일으키는 일련의 화학반응. 제6장

수태산물Conceptus 수태의 산물을 총칭하지만, 특히 발달의 매우 초기에 배아와 태반을 형성하는 모든 세포를 포함.

식분食糞, Coprophagy 대변 섭취. 제11, 12장

신난자발생Neo-oogenesis 성체 암컷에서 원시생식세포로부터 난모세포가 형성됨. 제6장

안드로겐Androgens 테스토스테론과 같은, 대개 수컷과 연관되지만 암컷의 생리학에도 중요
     한 스테로이드 호르몬. 제5장

알부민Albumin 새알의 흰자위에 들어 있는 난백알부민과 같은, 열에 응고될 수 있는 단백질.
     제4장

양막Amnion 흔히 배아를 보호하도록 변형되는 배외막. 제2, 4장

양막류 사지동물 Amniote tetrapods 껍데기에 싸인 알과 더불어 복잡한 배외막 조직을 (배아의
     바깥쪽에, 하지만 알의 안쪽에) 최초로 진화시킨 척추동물. 제2장

에스트로겐Estrogens 대개 암컷의 번식과 연관되지만 수컷의 생리학에도 중요한 스테로이드
     호르몬. 제5장

염색체Chromosome 세포 안에서 (현미경을 통해) 눈으로 볼 수 있는 구조물로서 DNA로, 따라서
     유전자로 만들어져 있다. 상염색체라 불리는 대부분의 염색체는 양성 모두에서 같다. 성염
     색체는 차이가 있다. 대부분의 포유류에서 암컷은 동일한 성염색체(대개 이른바 X염색체) 두
     개를 가지고, 수컷은 동일하지 않은 염색체들(X 하나와 Y 하나)을 가진다. 제3장

영양막Trophoblast 초기 수태산물 가운데 배외막이 되는 세포들. 제4, 7장

외둥이Singleton 번식주기당 한 자식을 가지는.

요막Allantois 흔히 임신기 중에 노폐물을 수집하도록 변형되는 배외막. 제2, 4장

원시생식세포Primordial germ cells 모든 암컷 생식세포의 선조인 배아 세포. 제4, 6장

원시젖분비물Proto-lacteal secretions 젖의 전구물질. 제7장

유소성Philopatry, philopatric 같은 영역 안에서 살아가는. 확산성의 반대말. 제13장

유전체Genome 한 종 또는 개체가 지닌 유전자의 총체. 제3장

유전형Genotype 특정한 형질을 결정하는 유전정보. 제3장

융모막Chorion 흔히 가스를 교환하거나 배아를 보호하도록 변형되는 배외막. 제2, 4장

융모생식샘자극호르몬Chorionic gonadotropin, hCG(인간), CG(일반) 착상 무렵에 초기 배
     반포에 의해 생산되어 임신 인식에 도움을 주는, 황체형성호르몬과 비슷한 단백질 호르
     몬. 제5장

이종Heterospecific 다른 종의 구성원. 제12장

이차경구개Secondary hard palate 입안과 코안의 분리를 도와 젖을 빨기 쉽게 해주는 입천
     장 조직. 제3장

일부일처Monogamy 일반적으로 한 번에 한 짝을 시사. 제1, 6장

일처다부Polyandry 하나보다 많은 수컷과 짝짓기함. 제1, 6장

임신기Gestation 수류 포유류에서 일어나는 수태와 출산 사이의 과정. 제7장

자연선택Natural selection 차등 번식을 수반하는 진화의 기제. 다시 말해 서로 다른 암컷은 서로 다른 수의 자식을 남기며, 자식을 가장 많이 남기는 암컷들이 그들의 유전되는 물질 가운데 더 많은 부분을 다음 세대에 기여한다.

전사와 번역Transcription and translation 유전정보를 단백질 구조로 바꿀 때 거치는 분자적 단계. 제3장

전신(성)Systemic, system-wide 흔히 생리학에서는 호르몬 또는 그 밖의 화학물질이 대개 순환계를 경유해 몸 전체에 존재함을 일컬음.

전핵Pronucleus 수태 전 생식세포의 핵.

접합자Zygote 거의 모든 면에서 수태산물의 동의어인데 발생학 분야에서는 더 전문적인 제약이 붙는다. 제7장

젖분비기Lactation 포유류의 번식주기 가운데 젖을 생산하는 부분. 제9장

종Species 문헌에 따라 다른 정의를 사용할 수도 있지만, 대개는 생식격리된 한 계통의 생물들.

종분화Speciation 생식격리된 계통을 형성하는 진화 과정.

진화Evolution 어느 계통의 유전되는 부분이 시간이 가면서 변화하는 과정. 자연선택은 진화적 변화가 일어날 수 있는 여러 기제 가운데 하나이며, 돌연변이가 둘째, 우연한 사건이 셋째, 이주가 넷째로 꼽힌다.

질마개Vaginal plug 짝짓기 후 응고되어 생식로에 남는 분비물. 제6장

착상Implantation 배아가 포궁에 처음 접착됨. 제7장

척주전만Lordosis 일부 암컷 설치류와 고양이가 짝짓기를 촉진하기 위해 이용하는 자세. 제6장

체내기생충Endoparasite 숙주의 안에서 사는 기생충. 제12장

체세포분열Mitosis 생식세포가 될 운명이 아닌 세포들의 세포분열. 상자 4.1

체액성면역Humoral immunity 순환을 통해 운반되는 항체와 (그리고 그 밖의 면역 관련 단백질들과) 관련된 면역. 제12장

체온조절Thermoregulation 몸의 온도를 대개 생리학적 또는 행동적 과정으로 통제하는 일.

체외기생충Ectoparasite 숙주의 피부에 붙어서 사는 기생충. 제12장

초유Colostrum 임신기 말과 젖분비기 초에 생산되는, 항체가 풍부한 젖. 제12장

총배설강Cloaca 소화관, 요로, 생식로를 위해 합쳐진 하나의 구멍. 제4장

출산력歷, Parity 경산Parous: 출산한 적이 있는, 다산multiparous: 여러 번 출산한 적이 있는, 미산nulliparous: 출산한 적이 없는, 초산primiparous: 처음 출산하는.

코돈Codon DNA 또는 RNA 안에서 유전부호의 기본 단위를 형성하는, 뉴클레오타이드 세 개의 순서. 제3장

태반Placenta 임신기 동안 배아와 모체 간 접점이 되는, 배아 기원의 한시적 기관. 제4장

태반생식Viviparity 껍데기 없는 배아를 암컷의 포궁내에서 일정 기간 성장시킨 후에 방출함(출산). 산란(난자생식)의 반대말. 제2장

태변Meconium 신생아가 맨 처음 생산하는 대변. 포궁에서 섭취한 물질에서 나오는 마지막 폐기물. 제12장

털가죽Pelage 대부분의 포유류를 비바람에서 가려주고 단열을 돕는 털. 털외투. 제8, 12장

투명대Zona pellucida 난모세포와 초기 수태산물 외부를 둘러싸는 비세포성 피복. 제4장

페로몬Pheromone 생산되어 동종의 행동에 영향을 미치는 화학적 신호. 제6장

편리공생Commensal, commensalism 두 종 사이의 물리적으로 가까운 관계가 양편에 중립적이거나, 한편에는 중립적이고 상대편에 이로운 경우. 제12장

폐쇄Atresia, atretic 난소 난포의 퇴화. 제4, 6장

폐쇄란Cleidoic egg 육상에서의 배아 건조를 막기 위한 사지동물의 적응으로서, 껍데기에 싸인 알. 제2장

포궁내막Endometrium 포궁의 내벽을 이루는 세포층. 제1, 4장

포유강Mammalia 척추동물 가운데 포유동물이 속한 분류학적 등급.

폴리염화비페닐PCBs, polychlorinated biphenyls 유독하고 몸에 잔류하는 오염물질의 한 범주. 제14장

표현형Phenotype 흔히 눈에 보이는, 유전정보의 결과. 제3장

프로게스토겐Progestogens 대개 임신기와 연관되지만 다양한 생리적 기능이 있고 다른 스테로이드 호르몬들의 전구체이기도 한, 프로게스테론과 같은 스테로이드 호르몬.

합포체Syncytium, syncytia 핵이 하나보다 많은 세포. 제6장

항온성Homeothermy 생리학적으로 일관된 체온을 유지함. 제5장

핵형Karyotype 세포에 담긴 염색체의 수와 형태. 제3장

현생Extant '멸종한extinct'의 반대로서 살아 있는. 제2장

혈연선택Kin selection 자연선택의 한 부분집합. 이를 통해 혈족의 번식성공도를 높이면 자신의 번식성공도가 높아진다. 제10, 13장

확산성Dispersal, natal dispersal 자신이 태어난 세력권으로부터 떠나가는 유아들. 제10장

황체Corpus luteum, corpora lutea, CL 프로게스테론을 생산하는 난소의 분비샘. 많은 경우 이 세포 덩어리는 원래 암컷 생식세포를 배란 전까지 담고 있었다. 제6장

황체기Luteal phase 번식주기 가운데 황체가 프로게스테론을 활발하게 생산하는 단계. 제1,
    5, 6장

황체용해성Luteolytic 황체의 용해(분해, 퇴화)를 촉진하는 물질. 제5장

황체자극성Luteotrophic, luteotropic 황체의 유지 또는 성장을 증진하는 물질. 제5장

황체형성호르몬Luteinizing hormone, LH 대개 뇌하수체에서 생산되어 흔히 배란 및 뒤이어
    난소 난포가 황체로 전이되는 과정을 촉발하는 생식샘자극호르몬. 제6장

후성유전학Epigenetics 유전정보의 직접적 결과가 아닌 단백질의 변형들과 아울러 그런 변형
    의 유전까지 일컬을 수 있다. 제3장

옮긴이 후기

이것은 아담의 계보를 적은 책이니라.

—창세기 5장 1절

그러니 "에녹이 이랏을 낳고 이랏은 므후야엘을 낳고 므후야엘은 므드사엘을 낳고 므드사엘은 라멕을 낳았더라"(창세기 4장 18절)라는 예문에서 출산 중인 조상님들의 존함이 아무리 알쏭달쏭하더라도 그걸 옮긴이 멋대로 영자, 삼순, 말녀 따위로 해석해서는 오역을 면치 못하리라는 말씀인 듯하다. 물론, 그 책을 이 책의 생리학 참고문헌으로 알고 들썩인 것은 아니다. 귀엣말로, 『포유류의 번식—암컷 관점』의 임신기는 어쩌다 옮긴이의 완경기와 동기화되었다. 직립보행을 실천하라는 조상의 유지를 거역하고 앉아서 일해온 죗값으로 '총배설강'과 관련해 인간 암컷으로서 상상할 수 있는 모든 종류의 생리적 역경을 뚫고 막장에 다다랐건만, 후기라는 마지막 관문 앞에서 말문이라는 구멍을 완력으로 뚫자니 약간의 탄약이 필요했을 뿐이다.

동물은 본질적으로 앞뒤에 구멍이 뚫린 자루다. 충실한 밥통으로서 한때는 목구멍이라는 포도청 아가리에 뭐라도 찔러주면 목숨만은 보전할 줄 알았지만, 이제는 입김만 잘못 뱉어도 목이 통째로 날아간다는 걸 안다. 요즘 옥살이에는 날마다 콧구멍을 쑤시는 형벌도 있다던데, 내가 아무리 맹세코 먹은 기억이 없다고 한들, 과거에 매혹적 옹알이와 공갈 울음으로 직계존속을 홀리고 수면 박탈하여 애먼 짐승의 젖 절도를 불사하도록 교사한 혐의를 벗지는 못할 듯하다.

주둥이를 놀려 먹고사는 게 그리 야비했고 위험하다면, 할머니라는 직종은 번식후 암컷의 철밥통일까? 글쎄, 조만간 민속촌에서 '손주바보' 퍼포먼스를 비대면 생중계하는 할머니 일타강사가 뜰지는 모르겠으나 '나'는 괄약근이 허약해서 틀렸다. 손주란 동전만큼 가벼울 수도 있고 오토바이만큼 무거울 수도 있다. 솔직히 어르신커녕 언제 어른이 되었는지도 '기억나지 않는다'. 나는 그 악명 높은 증언이 상당 부분 진실이라 생각한다.

누구 말마따나 "홀딱 벗겨놓으면 서로 잡아먹을 줄도 모르는" 무능한 포식자에다 맨몸으로는 남을 껴안을 줄만 알지 제힘으로 애를 낳을 줄도 모르는 이른바 '협동양육자' 곰탱이로 나를 진화시킨 조상 탓을 하려니, 인류를 먹고살게 해줘야 마땅한 그 사회가 '나들'의 또래 집단이라는 게 야바위같을 따름이다.

게다가 할머니는 최신 바이러스에 취약하고 손주는 가임 암컷의 파업으로 출하가 형편없다. 나보다 선대의 통속명 '막례'류 할머니들은 손주에 목숨을 거는 전사로 길러졌을 공산이 크니 더 늦기 전에 그 K할머니단을 천연기념물로 지정하고 케냐 마사이마라보호구 하이에나 옆 빌리지로 진출시켜 분윳값이라도 벌게 해드려야 한다. 새날이 와서 입이라는 구조가 껍데기를 벗고 웃음과 노래라는 화석 기능을 되찾은 땅에는 젖과 꿀이 흐르리라.

헤이슨이 재직하는 스미스칼리지의 홈페이지에 가보면, 그의 대표 출판물 목록 첫 줄에 나오는 논문 제목이 「Milk」(1995)다. "원시젖분비물은 항균 기능에서 출발했으며 포란기 동안에 알을 덮었다는 가설"은 바로 그의 1985년 박사 논문이다.

이 책의 출간을 앞둔 시점에 스미스칼리지 측에서 그와 오어를 인터뷰한 기사(https://www.smith.edu/insight/stories/reproduction.php)를 토대로 전하자면, 그는 자신이 대학원생으로서 포유류 연구를 시작하고부터 30여 년 후, 존스홉킨스대학출판부에 포유류 번식에 관한 책을 제안했다. 출판부는 흥미를 보였지만 "독특한 앵글을 개발해 기존 문헌 덩어리에 덧붙일 것"을 제의했고, 그는 당시에 일개 박사후연구원이던 오어에게 "조언을 구"했다(오어가 몸담고 있던 매사추세츠주립대학은 스미스칼리지를 포함한 5개 대학과 컨소시엄 관계로서 사실상 한 학교나 마찬가지다).

계획안을 수정해 승인받은 두 사람은 3년에 걸친 협업을 개시했다. 일단 다달이 만나서 각자 읽은 자료를 비교하고 5000단어씩 써서 1년 뒤 12000단어를 모았다. 두 사람은 "다른 두 세대여서, 같은 주제에 완전히 다르게 노출되었고 역사적 관련성에 대한 감각도 달랐다—그 분야가 어디에 있어왔는가 대 그것은 어디로 가고 있는가. 우리는 그 두 관점을 융합했다."

2016년 봄, 헤이슨의 수업에서 학생 열다섯 명이 책의 초기 원고를 읽고, 각자가 탐구 보고할 포유류를 선택했다. 한 기준은 학생당 그 포유류의 번식 관련 논문을 최소 15건 찾아내야 한다는 것이었는데, 학생들은 포유류의 번식에 관해 우리가 아는 게 얼마나 적은가를 알고 놀라며 "여기 논문 주제가 있어, 여기도"를 연발했다.

〈포유류 번식을 공부 중인가? 암컷 관점을 간과하지 마라〉라는 제목의 그 기사는 다음 두 문장을 뽑아서 강조한다. "포유류는 어떻게 번식하는가에 관해 질문의 틀을 바꾸어 이전 가정에 도전하라." "우리는 성(젠더)문화 설명을 위해 흔히 인간 예에 의지한다."

하이에나 사용은 전략적이라고, 왜냐하면 그는 남성 편향 및 의인화 편향을 강조할 뿐만 아니라 암컷 포유류에 관한 많은 가정을 위해 완벽한 포일(문학에서, 주인공의 형상을 드러내거나 돋보이게 하는 상대 배역—옮긴이)의 역할을 해주기 때문이라고 오어는 말한다. "점박이하이에나는 명백히 암컷 지배적 사회 위계와 암컷 형태학을 지녔어요."

인터뷰 도입부에서 헤이슨은 기자에게 "팩트들을 열린 수도꼭지처럼 콸콸 쏟아내"고도 모자라 "그저 와, 와, 와, 와라고밖에는 할 수 없는 흥미진진한 이야기가 잔뜩" 있다며 흥분을 가누지 못한다. 그가 꼽은 몇몇 예에 두건물범과 가지뿔영양이 들어 있었다고 말하면, 책을 읽은 이는 고개를 주억거릴 테다.

하지만 물론, 책 뚜껑을 열기 전 옮긴이에게 두 산모의 이름은 므후야엘과 므드사엘만큼이나 금시초문이었다. 믿기지 않는 팩트들을 접할 때마다 내 눈을 불신하던 옮긴이는 감수자가 절실했다. 급기야 10년 전에 그가 이 분야 학생이었다는 기억만으로 '감수자를 추천'받고자 불러낸 사람이 책 표지를 보자마자 "점박인가 줄무늬인가…"를 혼잣말로 웅얼거린 순간, 나는 그에게 쓰러졌다. 그가 걸어온 학문적 여정은 마치 이 책이 종점인 버스의 정거장들 같았다(책 속의 '인물탐구'처럼, 그가 현장의 젊은 연구자로서 전하는 메시지를 후기에 곁들여본다).

자신의 안목이 미덥지 않기로는 성인지 감수성도 마찬가지였기에, 그쪽 문제가 '보인다'면 감수자의 제언을 참조해 최종 선택을 내려달라고, 편집자에게 엎드려졌다. 그는 비혼의 젊은 수컷이지만, 인류가 마음이론으로 성공한 게 사실이라면, 암컷이 어떤 워딩에 어떻게 반응할까를 상상하는 과제에 관한 한 암컷인 나보다는 그가 늘 한 단계 더 깊이 연구해왔을 게 틀림없다.

옮긴이는 콧구멍 앞의 책만 후벼파는 동안 시력과 함께 단어들 사이의 원근감마저 잃은 듯했다. 어느 순간부터 '선택'과 '살해'가 뿌옇게 겹쳐 보여 눈을 비비고 책 밖을 바라봐도 어쩐 일인지 어떤 선택과 어떤 살해는 그게 그거같아 보였다. 그런가 하면 그게 그거인 줄로 알았던 '수태'와 '착상' 사이가 아득히 멀어지더니 그 사이에서도 선택 혹은 살해가 아른거렸다.

선택은 살해와 다른가? 임신의 시작은 수태인가 착상인가? 사생결단식 문항들에 시계추처럼 오락가락하는 옮긴이에게, 인터뷰 끝에서 오어가 말

『포유류의 번식—암컷 관점』의 감수를 맡으며

최진(수의학 박사)

지구에는 다양한 생물종이 있으며, 번식에서 암컷과 수컷의 역할과 협력 정도는 종마다 다르다. 어류나 양서류·파충류에는 수컷이 체외수정 시 정자를 제공만 하고 암컷이 알을 낳는 것부터 양육까지 맡는 종도 있고, 일부 조류의 경우 암수가 함께 둥지를 지키고 알을 품으며 새끼에게 줄 먹이를 물어 온다. 그렇다면 우리가 속한 포유류는 어떨까? 그리고 그 포유류의 특징을 기술하는 설명들은 보편타당한 객관성을 갖추고 있을까? 만약 과거부터 현재까지 생명현상을 이름 짓고 설명한 사람들이 대부분 남성이었다면, 그리고 그 남성들이 노예제도나 남성만 투표를 하는 사회 등을 겪어왔다면? 이 책은 그 근본적인 생각에 대한 첫 번째 답이다. 익숙하던 것을 새로운 관점으로 바라보기의 일환으로, 아무 생각 없이 사용하던 단어부터 고찰한다. 저자들은 수컷편향되지 않은, (안타깝게도) 조금은 어색한 새로운 표현들을 제시한다.

교과서에 나오는 짤막한 문구나 단어 하나하나에는 수많은 사람들의 삶과 노력이 들어 있다. 얼핏 보면 당연한 것을 과학적 사실로 증명하기 위해, 그리고 그것을 객관적인 언어로 기술하는 데에 몇 년의 시간이 걸리는지 한 번쯤은 생각해주었으면 좋겠다. '미혼'에 대항하여 나타난 '비혼'이 일상어로 자리잡고 '폐경'보다는 '완경'이라는 말이 쓰이듯, 처음에는 "이게 뭐지?", "과연 필요할까?" 하는 시도들이 몇 년 뒤에는 자연스럽게 받아들여지곤 한다. 암컷 관점의 번식생물학도 지금은 생소하지만, 5년쯤 뒤에는 저자들의 시도가 당연한 것으로 여겨지길, 이 책이 과학 연구에서 암컷과 여성의 관점을 담은 여러 문헌들 중 대표적인 사례로 언급되기를 희망해본다.

한다. "어떤 것을 기존 상자로 집어넣으려 하면 결국은 그냥 상자를 치워버리는 것보다 설명에 더 많은 시간을 소비하게 될지도 모릅니다."

비겁하다. 정답도 안 줄 거면서 호기심 고문만 하다니. 하지만 어쩌면, 그게 자식에게 포궁이 할 일의 전부인지도 모른다. 내일을 궁금해할 동기를 주어 구멍 밖으로 내쫓는 것. 어미는 그저 젖 먹은 죗값/은공을 다 갚기엔 수명이 너무 짧아서 자꾸만 수수께끼를 물려주는지도 모른다. 그러고 보면 인간이 젖병을 떼는 한 수법도 새 장난감(혹은 달라 보이게 위장한 헌 장난감)

으로 시선을 끄는 것이다. 눈을 잡아당겼는데 입이 왜 열리는지는 잘 모르겠다.

모르고 모르고 모르는 옮긴이도 퇴로를 모색할 때다. 마침 밥줄인 사전(출처: 네이버 한자사전[한자로드(路)])을 붙들고 있다가 '상형문자 관점'이라는 낯선 안경을 주웠다. 써보니 생식세포가 색달라 보인다. 재미 삼아 한번 써보시고, 연습 삼아 옮긴이의 탈도 쓰고서, 이런 후기를 쓴 '개체' 암컷이라면 이걸 읽고 무슨 교훈을 얻었겠는지도 맞혀보시라. 여기엔 정답이 있다.

卵자는 '알'이나 '고환', '굵다'라는 뜻을 가진 글자이다. 卵자는 '알'을 그린 것이다. 그런데 알이라고 하기에는 모양이 다소 이상하다. 왜냐하면, 卵자는 새가 아닌 곤충의 알을 그린 것이기 때문이다. 곤충은 나무나 풀줄기에 알을 낳는 습성이 있는데, 卵자는 그것을 본떠 그린 것이다. 그래서 卩(병부 절)자가 부수로 지정되어 있지만, 사람과는 아무 관계가 없다. 卵자는 곤충의 알뿐만 아니라 포괄적인 의미에서의 '알'이라는 뜻으로 쓰이고 있다.

精자는 '깨끗하다'나 '정성스럽다'라는 뜻을 가진 글자이다. 精자는 米(쌀 미)자와 靑(푸를 청)자가 결합한 모습이다. 靑자는 초목과 우물을 함께 그린 것으로 '푸르다'라는 뜻이 있다. 이렇게 푸르고 깨끗함을 뜻하는 靑자에 米자가 결합한 精자는 '깨끗한 쌀'이란 뜻으로 만들어졌다. 수확한 벼는 탈곡 후에 다시 도정搗精 과정을 거쳐야 한다. 도정 과정을 잘 거쳐야만 깨끗한 쌀을 얻을 수 있기 때문이다. 먼 옛날에는 오로지 사람의 노동력으로 도정 과정을 거쳐야 했기에 精자는 '깨끗하다'라는 뜻 외에도 '정성스럽다'라는 뜻도 함께 갖게 되었다.

어우, 사필귀'밥'!
2021년 여성의 날에 즈음하여
번식후 포유류 암컷 김미선

인용 문헌

Aagaard, K., et al. 2014. The placenta harbors a unique microbiome. Science Translational Medicine 6:237ra65.

Adamczewski, J.Z., et al. 1997. Seasonal patterns in body composition and reproduction of female muskoxen (Ovibos moschatus). Journal of Zoology, London 241:245-269.

Adamczewski, J.Z., et al. 1998. The influence of fatness on the likelihood of early-winter pregnancy in muskoxen (Ovibos moschatus). Theriogenology 50:605-614.

Adams, G.P., et al. 1990. Effects of lactational and reproductive status on ovarian follicular waves in llamas (Lama glama). Journal of Reproduction and Fertility 90:535-545.

Adams, G.P., M.H. Ratto. 2013. Ovulation-inducing factor in seminal plasma: a review. Animal Reproduction Science 136:148-156.

Adkins-Regan, E. 2005. Hormones and animal social behavior. Princeton University Press, Princeton, NJ.

Adolph, E.F., F.W. Heggeness. 1971. Age changes in body water and fat in fetal and infant mammals. Growth 35:55-63.

Aiken, R.J. 2014. Age, the environment and our reproductive future: bonking baby boomers and the future of sex. Reproduction 147:S1-S11.

Aitken, R.J., et al. 2015. Are sperm capacitation and apoptosis the opposite ends of a continuum driven by oxidative stress? Asian Journal of Andrology 17:633-639.

Akinloye, A.K., B.O. Oke. 2010. Characterization of the uterus and mammary glands of the female African giant rats (Cricetomys gambianus, Waterhouse) in Nigeria. International Journal of Morphology 28:93-96.

Albertini, D.F. 2015. The mammalian oocyte. Pp. 59-97 in Knobil and Neill's physiology of reproduction (T.M. Plant, et al., eds.). Academic Press, New York, NY.

Alberts, S.C., et al. 2013. Reproductive aging patterns in primates reveal that humans are distinct. Proceedings of the National Academy of Sciences 110:13440-13445.

Alcorn, G.T., E.S. Robinson. 1983. Germ cell development in female pouch young of the tammar wallaby (*Macropus eugenii*). Journal of Reproduction and Fertility 67:319-325.

Allen, W.R. 2006. Ovulation, pregnancy, placentation and husbandry in the African elephant (*Loxodonta africana*). Philosophical Transactions of the Royal Society B 361:821-834.

Allen, W.R., et al. 2005. Placentation in the African elephant, *Loxodonta africana*. IV. Growth and function of the fetal gonads. Reproduction 130:713-720.

AllenBlevins, C.R., et al. 2015. Milk bioactives may manipulate microbes to mediate parent-offspring conflict. Evolution, Medicine, and Public Health, 2015.1:106-121.

Alligood, C.A., et al. 2008. Pup development and maternal behavior in captive Key Largo woodrats (*Neotoma floridana smalli*). Zoo Biology 27:394-405.

Alvergne, A., V. Lummaa. 2010. Does the contraceptive pill alter mate choice in humans? Trends in Ecology and Evolution 25:171-179.

Amoroso, E.C., et al. 1951. Reproductive organs of near-term and newborn seals. Nature 168:771-772.

Amoroso, E.C., et al. 1965. Reproductive and endocrine organs of foetal, newborn and adult seals. Journal of Zoology, London 147:430-486.

Amstislavsky, A., Y. Ternovskaya. 2000. Reproduction in mustelids. Animal Reproduction Science 60-61:571-581.

Andersen, I.L., et al. 2011. Maternal investment, sibling competition, and offspring survival with increasing litter size and parity in pigs (*Sus scrofa*). Behavioral Ecology and Sociobiology 65:1159-1167.

Anderson, M.J., et al. 2006. Mammalian sperm and oviducts are sexually selected: evidence for coevolution. Journal of Zoology, London 270:682-686.

Andres, D., et al. 2013. Sex differences in the consequences of maternal loss in a long-lived mammal, the red deer (*Cervus elaphus*). Behavioral Ecology and Sociobiology 67:1249-1258.

Anthony, L.L., D.T. Blumstein. 2000. Integrating behaviour into wildlife conservation: the multiple ways that behaviour can reduce N_e. Biological Conservation 95:303-315.

Archer, M., et al. 1985. First Mesozoic mammal from Australia—an early Cretaceous monotreme. Nature 318:363-366.

Archie, E.A., et al. 2006. The ties that bind: genetic relatedness predicts the fission and fusion of social groups in wild African elephants. Proceedings of the Royal Society B 273:513-522.

Arey, L.B. 1939. The degree of normal menstrual irregularity: an analysis of 20,000 calendar records from 1,500 individuals. American Journal of Obstetrics and Gynecology 37:12-29.

Arman, P., et al. 1974. The composition and yield of milk from captive red deer (*Cervus elaphus* L.). Journal of Reproduction and Fertility 37:67-84.

Arnould, J.P.Y., et al. 2003. The comparative energetics and growth strategies of sympatric Antarctic and subantarctic fur seal pups at Îles Crozet. Journal of Experimental Biology 206:4497-4506.

Asdell, S.A. 1946. Patterns of mammalian reproduction. Cornell University Press, Ithaca, NY.

Asher, G.W. 2011. Reproductive cycles of deer. Animal Reproduction Science 124:170-175.

Asher, M., et al. 2013. Large males dominate: ecology, social organization, and mating system of wild cavies, the ancestors of the guinea pig. Behavioral Ecology and Sociobiology 62:1509-1521.

Ashwell, K.W.S. 2013. Neurobiology of monotremes. CSIRO, Collingwood, Victoria, Australia.

Atanda, S.A., et al. 2012. Mycotoxin management in agriculture: a review. Journal of Animal Science Advances 2(Supplement 3.1):250-260.

Atkinson, S. 1997. Reproductive biology of seals. Reviews of Reproduction 2:175-194.

Atkinson, S., et al. 1994. Reproductive morphology and status of female Hawaiian monk seals (*Monachus schauinslandi*) fatally injured by adult male seals. Journal of Reproduction and Fertility 100:225-230.

Atreya, C.D., et al. 2004. Rubella virus and birth defects: molecular insights into the viral teratogenesis at the cellular level. Birth Defects Research, Part A 70:431-437.

Atwood, T.C., H.P. Weeks. 2003. Sex-specific patterns of mineral lick preference in white-tailed deer. Northeastern Naturalist 10:409-414.

Aurich, C. 2011. Reproductive cycles of horses. Animal Reproduction Science 124:220-228.

Austin, C.R., R.V. Short (eds.). 1982. Reproduction in mammals. Cambridge University Press, Cambridge, England.

Avalos, L.A., et al. 2012. A systematic review to calculate background miscarriage rates using life table analysis. Birth Defects Research, Part A 94:417-423.

Avise, J.C. 2013. Evolutionary perspectives on pregnancy. Columbia University Press, New York, NY.

Baerwald, A.R., et al. 2005. Form and function of the corpus luteum during the human menstrual cycle. Ultrasound in Obstetrics and Gynecology 25:498-507.

Baerwald, A.R., R.A. Pierson. 2004. Ovarian follicular development during the use of oral contraception: a review. Journal of Obstetrics and Gynecology Canada 26:19-24.

Bagemihl, B. 1999. Biological exuberance: animal homosexuality and natural diversity. Macmillan, London, England.

Bailey, N.W., M. Zuk. 2009. Same-sex sexual behavior and evolution. Trends in Ecology and Evolution 24:439-446.

Bainbridge, D.R.J., R.N. Jabbour. 1999. Source and site of action of anti-luteolytic interferon in red deer (*Cervus elaphus*): possible involvement of extra-ovarian oxytocin secretion in maternal recognition of pregnancy. Journal of Reproduction and Fertility 116:305-313.

Baird, D.D., E.C. Birney. 1985. Bilateral distribution of implantation sites in small mammals of 22 North American species. Journal of Reproduction and Fertility 75:381-392.

Baker, B.E., et al. 1970. Muskox (*Ovibos moschatus*). I. Gross composition, fatty acid, and mineral constitution. Canadian Journal of Zoology 48:1345-1347.

Baker, R.R., M.A. Bellis. 1993. human sperm competition: ejaculate manipulation by females and a function for female orgasm. Animal Behaviour 46:997-909.

Baker, T.G. 1982. Oogenesis and ovulation. Pp. 17-45 in Reproduction in mammals. 1. Germ cells and fertilization (C.R. Austin, R.V. Short, eds.). Cambridge University Press, London, England.

Bakker, J., M.J. Baum. 2000. Neuroendocrine regulation of GnRH release in induced ovulators. Frontiers in Neuroendocrinology 21:220-262.

Bakloushinskaya, I., et al. 2013. A new form of the mole vole Ellobius tancrei Blasius, 1884 (Mammalia, Rodentia) with the lowest chromosome number. Comparative Cytogenetics 7:163-169.

Balke, J.M.E., et al. 1988a. Reproductive anatomy of three nulliparous female Asian elephants: the development of artificial breeding techniques. Zoo Biology 7:99-113.

Balke, J.M.E., et al. 1988b. Anatomy of the reproductive tract of the female African elephant (*Loxodonta africana*) with reference to development of techniques for artificial insemination. Journal of Reproduction and Fertility 84:485-492.

Banci, V., A. Harestad. 1988. Reproduction and natality of wolverine (*Gulo gulo*) in Yukon. Annales Zoologici Fennici 25:265-270.

Banerjee, A., et al. 2009. Melatonin regulates delayed embryonic development in the short-nosed fruit bat, Cynopterus sphinx. Reproduction 138:935-944.

Barclay, R.M.R. 1994. Constraints on reproduction by flying vertebrates: energy and calcium. American Naturalist 144:1021-1031.

Barclay, R.M.R., et al. 2000. Foraging behaviour of the large-footed myotis, *Myotis moluccarum* (Chiroptera: Vespertilionidae) in south-eastern Queensland. Australian Journal of Zoology 48:385-392.

Barash, D.P., J.E. Lipton. 2009. How women got their curves and other just-so stories: evolutionary enigmas. Columbia University Press, New York, NY.

Barrett, J., et al. 1999. Extension of reproductive suppression by pheromonal cues in subordinate female marmoset monkeys, *Callithrix jacchus*. Journal of Reproduction and Fertility 90:411-418.

Barry, R.E., P.J. Mundy. 2002. Seasonal variation in the degree of heterospecific association of two syntopic hyraxes (*Heterohyrax brucei* and *Procavia capensis*) exhibiting synchronous parturition. Behavioral Ecology and Sociobiology 52:177-181.

Bartholomew G.A. 1970. A model for the evolution of pinniped polygyny. Evolution 24:546-559.

Bartholomew, G.A. 1972. Body temperature and energy metabolism. Pp. 290-368 in Animal physiology: principles and adaptations, 2nd edition (M.S. Gorden, ed.). Macmillan, New York, NY.

Bartholomew, G.A., P.G. Hoel. 1953. Reproductive behavior of the Alaska fur seal, *Callorhinus ursinus*. Journal of Mammalogy 34:417-436.

Bartol, F.F., et al. 2013. Lactocrine signaling and developmental programming. Journal of Animal Science 91:696-705.

Baskin, L.S., et al. 2006. A neuroanatomical comparison of humans and spotted hyena, a natural animal model for common urogenital sinus: clinical reflections on feminizing genitoplasty. Journal of Urology 175:276-283.

Batzli, G.O., et al. 1974. Growth and survival of suckling brown lemmings, *Lemmus trimucronatus*. Journal of Mammalogy 55:828-831.

Batzli, G.O., et al. 1980. Nutritional ecology of microtine rodents: resource utilization near Atkasook, Alaska. Arctic and Alpine Research 12:483-499.

Bautista, A., et al. 2015. Intrauterine position as a predictor of postnatal growth and survival in the rabbit. Physiology and behavior 138:101-106.

Baverstock, P., B. Green. 1975. Water recycling in lactation. Science 187:657-658.

Bazer, F.W. 2013. Pregnancy recognition signaling mechanisms in ruminants and pigs. Journal of Animal Science and Biotechnology 4:23.

Bazer, F.W., et al. 2009. Comparative aspects of implantation. Reproduction 118:195-209.

Bazer, F.W., et al. 2010. Novel pathways for implantation and establishment and maintenance of pregnancy in mammals. Molecular human Reproduction 16:135-152.

Bazi, T., et al. 2006. Filariasis infection is a probable cause of implantation failure in *in vitro* fertilization cycles. Fertility and Sterility 85:1822:E13-E15.

Beard, L.A., G.C. Grigg. 2000. Reproduction in the short-beaked echidna, *Tachyglossus aculeatus*: field observations at an elevated site in south-east Queensland. Proceedings of the Linnean Society of New South Wales 122:89-99.

Beauplet, G., et al. 2005. Interannual variation in the post-weaning and juvenile survival of subantarctic fur seals: influence of pup sex, growth rate and oceanographic conditions. Journal of Animal Ecology 74:1160-1172.

Bedford, J.M., et al. 1997a. Unusual ampullary sperm crypts, and behavior and role of the cumulus oophorus, in the oviduct of the least shrew, *Cryptotis parva*. Biology of Reproduction 56:1255-1267.

Bedford, J.M., et al. 1997b. Ovulation induction and gamete transport in the female tract of the musk shrew, *Suncus murinus*. Journal of Reproduction and Fertility 110:115-125.

Bedford, J.M., et al. 1997c. Novel sperm crypts and behavior of gametes in the fallopian tube of the white-toothed shrew, *Crocidura russula* Monacha. Journal of Experimental Zoology 277:262-273.

Bedford, J.M., et al. 1999. Reproductive features of the eastern mole (*Scalopus aquaticus*) and star-nosed mole (*Condylura cristata*). Journal of Reproduction and Fertility 117:345-353.

Bedford, J.M., et al. 2004. Novelties of conception in insectivorous mammals (Lipotyphla), particularly shrews. Biological Reviews 79:891-909.

Beery, A.K., I. Zucker. 2011. Sex bias in neuroscience and biomedical research. Neuroscience and Biobehavioral Reviews 35:565-572.

Bellofiore, N., et al. 2017. First evidence of a menstruating rodent: the spiny mouse (*Acomys cahirinus*). American Journal of Obstetrics and Gynecology 216:p40.e1-40.e11.

Bensley, B.A. 1910. Practical anatomy of the rabbit. University of Toronto Press, Blakiston's Son & Co., Philadelphia.

Benson, B.N., et al. 1992. Vocalizations of infant and developing tree shrews (*Tupaia belangeri*). Journal of Mammalogy 75:106-119.

Benson-Amram, S., K.E. Holekamp. 2016. Innovative problem solving by wild spotted hyenas. Proceedings of the Royal Society B 279:4087-4095.

Benson-Amram, S., et al. 2016. Brain size predicts problem-solving ability in mammalian carnivores. Proceedings of the National Academy of Sciences 113:2532-2537.

Bercovitch, F.B., P.S.M. Berry. 2012. Herd composition, kinship and fission-fusion social dynamics among wild giraffe. African Journal of Ecology 51:206-216.

Bermejo-Alvarez, P., et al. 2010. Sex determines the expression level of one third of the actively expressed genes in bovine blastocysts. Proceedings of the National Academy of Science 107:3394-3399.

Berta, A., et al. 2015. Eye, nose, hair, and throat: external anatomy of the head of a neonate gray whale (Cetacea, Mysticeti, Eschrichtiidae). Anatomical Record 298:648-659.

Bertolino, S., et al. 2008. Predicting the spread of the American grey squirrel (*Sciurus carolinensis*) in Europe: a call for a co-ordinated European approach. Biological Conservation 141:2564-2574.

Betteridge, K.J., et al. 1982. Development of horse embryos up to twenty two days after ovulation: observations on fresh specimens. Journal of Anatomy 135:191-209.

Beukeboom, L.W., N. Perrin. 2014. The evolution of sex determination. Oxford University Press, Oxford, Enlgland.

Bhattacharya, K. 2013. Ovulation and rate of implantation following unilateral ovariectomy in mice. Journal of human Reproductive Sciences 6:45-48.

Bielby, J., et al. 2007. The fast-slow continuum in mammalian life history: an empirical reevaluation. American Naturalist 169:748-757.

Birdsall, D.A., D. Nash. 1973. Occurrence of successful multiple insemination of females in natural populations of deer mice (*Peromyscus maniculatus*). Evolution 27:106-110.

Birkhead, T.R. 1998. Cryptic female choice: criteria for establishing female sperm choice.

Evolution 52:1212-1218.

Birney, E.C., D.D. Baird. 1985 Why do some mammals polyovulate to produce a litter of two? American Naturalist 126:136-140.

Blackburn, D.G. 2015. Evolution of vertebrate viviparity and specializations for fetal nutrition: a quantitative and qualitative analysis. Journal of Morphology 276:961-990.

Blake, B.H. 1992. Estrous calls in captive Asian chipmunks, *Tamias sibiricus*. Journal of Mammalogy 73:597-603.

Blake, B.H. 2012. Ultrasonic calling in 2 species of voles, *Microtus pinetorum* and *M. pennsylvanicus*, with different social systems. Journal of Mammalogy 93:1051-1060.

Blix, A.S., J.W. Lentfer. 1979. Modes of thermal protection in polar bear cubs—at birth and on emergence from the den. American Journal of Physiology 236:R67-R74.

Blumstein, D.T. 1997. Infanticide among golden marmots (*Marmota caudate aurea*). Ethology, Ecology and Evolution 9:169-173.

Blumstein, D.T. 2000. The evolution of infanticide in rodents: a comparative analysis. Pp. 178-197 in Infanticide by males and its implications (C.P. van Schaik, C.H. Janson, eds.). Cambridge University Press, Cambridge, Enlgland.

Boellstorff, D.E., et al. 1994. Reproductive behaviour and multiple paternity of California ground squirrels. Animal Behaviour 47:1057-1064.

Bonner, W.N. 1984. Lactation strategies in pinnipeds: problems for a marine mammalian group. Symposia of the Zoological Society of London 51:253-272.

Boness, D.J., W.D. Bowen. 1996. The evolution of maternal care in pinnipeds. BioScience 46:645-654.

Boness, D.J., et al. 2002. Life history and reproductive strategies. Pp. 278-324 in Marine mammal biology: an evolutionary approach (A.R. Hoelzel, ed.). Blackwell Science, Oxford, Enlgland.

Boone, W.R., et al. 2004. Evidence that bears are induced ovulators. Theriogenology 61:1163-1169.

Boulva, J. 1971. Observations on a colony of whelping harbor seals, *Phoca vitulina concolor*, on Sable Island, Nova Scotia. Journal of the Fisheries Research Board, Canada 28:755-759.

Boutin, S., et al. 2000. Anticipatory parental care: acquiring resources for offspring prior to conception. Proceedings of the Royal Society B 267:2081-2085.

Bowen, W.D., et al. 1987. Mass transfer from mother to pup and subsequent mass loss by the weaned pup in the hooded seal, *Cystophora cristata*. Canadian Journal of Zoology 65:1-8.

Bowler, M., et al. 2014. Refining reproductive parameters for modelling sustainability and extinction in hunted primate populations in the Amazon. PLOS ONE 9:e93625.

Bowles, J., P. Koopman. 2010. Sex determination in mammalian germ cells: extrinsic versus intrinsic factors. Reproduction 139:943-958.

Boyd, I.L. 1991. Environmental and physiological factors controlling the reproductive cycles in pinnipeds. Canadian Journal of Zoology 69:1135-1148.

Boyd, I.L. 1996. Individual variation in the duration of pregnancy and birth date in Antarctic fur seals: the role of environment, age, and sex of fetus. Journal of Mammalogy 77:124-133.

Boydston, E.E., et al. 2001. Sex differences in territorial behavior exhibited by the spotted hyena (Hyaenidae, *Crocuta crocuta*). Ethology 107:369-385.

Bradshaw, F.J., D. Bradshaw. 2011. Progesterone and reproduction in marsupials: a review. General and Comparative Endocrinology 170:18-40.

Bradshaw, W.E., C.M. Holzapfel. 2006. Evolutionary response to rapid climate change. Science 312:1477-1478.

Braude, S. 2000. Dispersal and new colony formation in wild naked mole-rats: evidence against inbreeding as the system of mating. Behavioral Ecology 11:7-12.

Brezina, P.R., et al. 2011. Description of the parasite *Wucheria bancrofti* microfilariae identified in follicular fluid following transvaginal oocyte retrieval. Journal of Assisted Reproduction and Genetics 28:433-436.

Broekhuizen, S., F. Maaskamp. 1980. Behaviour of does and leverets of the European hare (*Lepus europaeus*) whilst nursing. Journal of Zoology, London 191:487-501.

Broekhuizen, S., et al. 1986. Variation in timing of nursing in the brown hare (*Lepus europaeus*) and the European rabbit (*Oryctolagus cuniculus*). Mammal Review 16:139-144.

Bronson, F.H. 2009. Climate change and seasonal reproduction in mammals. Philosophical Transactions of the Royal Society B 364:3331-3340.

Brookshier, J.S., W.S. Fairbanks. 2003. The nature and consequences of mother daughter associations in naturally and forcibly weaned bison. Canadian Journal of Zoology 81:414-423.

Broussard, D.R., et al. 2005. The effects of capital on an income breeder: evidence from female Columbian ground squirrels. Canadian Journal of Zoology 83:546-552.

Brown, B.W. 2000. A review on reproduction in South American camelids. Animal Reproduction Science 58:159-195.

Browne, P., et al. 2006. Endocrine differentiation of fetal ovaries and testes of the spotted hyena (*Crocuta crocuta*): timing of androgen-independent versus androgen-driven genital development. Reproduction 132:649-659.

Browning, J.Y., et al. 1980. Comparison of serum progesterone, 10α-dihydroprogesterone, and estradiol-17β in pregnant and pseudopregnant rabbits: evidence for postimplantation recognition of pregnancy. Biology of Reproduction 23:1014-1019.

Bruce, H.M. 1959. An exteroceptive block to pregnancy in the mouse. Nature 184:105.

Bruce, N.W., J.R. Wellstead. 1992. Spacing of fetuses and local competition in strains of mice with large, medium and small litters. Journal of Reproduction and Fertility 95:783-789.

Bruckner, T.A., et al. 2015. Culled males, infant mortality and reproductive success in a pre-industrial Finnish population. Proceedings of the Royal Society B 282:20140835.

Brunton, P.J. 2013. Effects of maternal exposure to social stress during pregnancy: consequences for mother and offspring. Reproduction 146:R175-R189.

Bryden, M.M. 1969. Growth of the southern elephant seal, *Mirounga leonine* (Linn.). Growth 33:69-82.

Buchanan, G.D., et al. 1956. Implantation in armadillos ovariectomized during the period of delayed implantation. Journal of Endocrinology 14:121-128.

Buffenstein, R. 2008. Negligible senescence in the longest living rodent, the naked mole-rat: insights from a successfully aging species. Journal of Comparative Physiology B 178:439-445.

Bull, J.J., M.G. Bulmer. 1981. The evolution of XY females in mammals. Heredity 47:347-365.

Burton, F.D., et al. 1995. Preliminary report on *Presbytis francoisi leucocephalus*. International Journal of Primatology 16:311-317.

Buzzio, O.L., A. Castro-Vázquez. 2002. Reproductive biology of the corn mouse, *Calomys musculinus*, a Neotropical sigmodontine. Mastozoología Neotropical 9:135-158.

Callahan, J.R. 1981. Vocal solicitation and parental investment in female *Eutamias*. American Naturalist 118:872-875.

Cameron, E.Z. 2004. Facultative adjustment of mammalian sex ratios in support of the Trivers-Willard hypothesis: evidence for a mechanism. Proceedings of the Royal Society B 271:1723-1710.

Cann, R.L., et al. 1987. Mitochondrial DNA and human evolution. Nature 325:31-36.

Cannon, B., J. Nedergaard. 2004. Brown adipose tissue: function and physiological significance. Physiological Reviews 84:277-359.

Capellini, C. 2012. The evolutionary significance of placental interdigitation in mammalian reproduction: contributions from comparative studies. Placenta 33:763-768.

Carling, M.D., et al. 2003. Microsatellite analysis reveals multiple paternity in a population of wild pronghorn antelopes (*Antilocapra americana*). Journal of Mammalogy 84:1237-1243.

Carlini, A.R., et al. 2000. Energy gain and loss during lactation and postweaning in southern elephant seal pups (*Mirounga leonine*) at King George Island. Polar Biology 23:437-440.

Caro, T. 2005. Antipredator defenses in birds and mammals. University of Chicago Press, Chicago, IL.

Caro, T., et al. 2012. Pelage coloration in pinnipeds: functional considerations. Behavioral Ecology 23:765-774.

Carter, A.M. 2012. Evolution of placental function in mammals: the molecular basis of gas and nutrient transfer, hormone secretion, and immune responses. Physiological Reviews 92:1543-1576.

Carter, A.M., et al. 2013. A new form of rodent placentation in the relict species, *Laonastes aenigmamus* (Rodentia: Diatomyidae). Placenta 34:548-558.

Case, T.J. 1978. On the evolution and significance of postnatal growth rates in the terrestrial vertebrates. Quarterly Review of Biology 52:243-282.

Casida, L.E. 1968. Studies on the postpartum cow. Wisconsin Agricultural Experiment Station Research Bulletin 270:1-54.

CDC (Centers for Disease Control and Prevention). 2000. Birth to 36 months: girls. https://www.cdc.gov/growthcharts/data/set1clinical/cj41c018.pdf.

Cerqueira, R., M. Lara. 1991. Rainfall and reproduction of cricetid rodents in northeastern Brazil. Pp. 545-549 in Global trends in wildlife management (K. Bobek, et al., eds.).

Swiat Press, Kra´kow, Poland.

Cesario, M.D., S.M.M. Matheus. 2008. Structural and ultrastructural aspects of folliculo-genesis in *Didelphis albiventris*, the South-American opossum. International Journal of Morphology 26:113-120.

Cetica, P.D., et al. 2005. Morphology of female genital tracts in Dasypodidae (Xenarthra, Mammalia): a comparative survey. Zoomorphology 124:57-65.

Champagne, F.A., J.P. Curley. 2009. Epigenetic mechanisms mediating the long-term effects of maternal care on development. Neuroscience and Biobehavioral Reviews 33:593-600.

Chapais, B. 1995. Alliances as a means of competition in primates: evolutionary, develop-mental, and cognitive aspects. Yearbook of Physical Anthropology 38:115-136.

Chaplin, R.K., M. Follenbensbee. 1993. Milk composition and production from hand-milked muskoxen. Rangifer 12:61-63.

Chapman, C.A. 1991. Reproductive biology of captive capybaras. Journal of Mammalogy 72:206-208.

Chapman, H.C. 1881. Observations upon the hippopotamus. Proceedings of the Academy of Natural Sciences of Philadelphia 33:126-148.

Charlesworth, B., N.D. Dempsey. 2001. A model of the evolution of the unusual sex chro-mosome system of *Microtus oregoni*. Heredity 86:387-394.

Charnov, E.L. 1991. Evolution of life history variation among female mammals. Proceed-ings of the National Academy of Sciences 88:1134-1137.

Charnov, E.L. 1993. Life history invariants. Oxford Series in Ecology and Evolution, Oxford University, Oxford, Enlgland.

Chen, D.D. 2014. PAH-induced activation of aryl hydrocarbon receptor signaling and its effects on neural crest development in zebrafish. BA thesis, Smith College, Northamp-ton, MA.

Chevalier-Clément, F. 1989. Pregnancy loss in the mare. Animal Reproduction Science 20:231-244.

Christiansen, E., et al. 1978. Morphological variations in the preputial gland of wild bank voles, *Clethrionomys glareolus*. Holarctic Ecology 1:321-325.

Clancy, K.B.H., et al. 2009. Endometrial thickness is not independent of luteal phase day in a rural Polish population. Anthropological Science 117:157-153.

Clark, M.M., et al. 1994. Differences in the sex ratios of offspring originating in the right and left ovaries of Mongolian gerbils (*Meriones unguiculatus*). Journal of Reproduction and Fertility 101:393-396.

Clarke, F.M., C.G. Faulkes. 2001. Intracolony aggression in the eusocial naked mole-rat, *Heterocephalus glaber*. Animal Behaviour 61:311-324.

Clauss, M., et al. 2014. Low scaling of a life history variable: analyzing eutherian gestation periods with and without phylogeny-informed statistics. Mammalian Biology 79:9-16.

Clemente, M., et al. 2009. Progesterone and conceptus elongation in cattle: a direct effect on the embryo or an indirect effect via the endometrium. Reproduction 138:507-517.

Clements, M.N., et al. 2011. Gestation length variation in a wild ungulate. Functional Ecology 25:691-703.

Close, K. 2017. The world's oldest killer whale, Granny, is believed dead. Time Magazine January 3, 2017. https://time.com/4620481/oldest-killer-whale-granny-dead/?xid=time_socialflowfacebook.

Cloutier, D., D.W. Thomas. 1992. *Carollia perspicillata*. Mammalian Species 417:1-9.

Clutton-Brock, T.H., E. Huchard. 2013. Social competition and its consequences in female mammals. Journal of Zoology, London 289:151-171.

Clutton-Brock, T.H., et al. 2006. Intrasexual competition and sexual selection in cooperative mammals. Nature 444:1065-1068.

Cockcroft, V.G., W. Sauer. 1990. Observed and inferred epimeletic (nurturant) behavior in bottlenose dolphins. Aquatic Mammals 16:31-32.

Cohen, A.A. 2004. Female post-reproductive lifespan: a general mammalian trait. Biological Reviews 79:733-750.

Cohn, P., J.F. Kirkpatrick. 2015. History of the science of wildlife fertility control: reflection of a 25-year international conference series. Applied Ecology and Environmental Sciences 3:22-29.

Compagna, C., et al. 1988. Pup abduction and infanticide in southern sea lions. Behaviour 107:44-60.

Conaway, C.H. 1971. Ecological adaptation and mammalian reproduction. Biology of Reproduction 4:239-247.

Conley, A.J., et al. 2007. Placental expression and molecular characterization of aromatase cytochrome P450 in the spotted hyena (*Crocuta crocuta*). Placenta 28:668-675.

Conrad, P.A., et al. 2005. Transmission of toxoplasma: clues from the study of sea otters as sentinels of *Toxoplasma gondii* flow into the marine environment. International Journal of Parasitology 35:1155-1168.

Coopersmith, C.B., E.M. Banks. 1983. Effects of olfactory cues on sexual behavior in the brown lemming, *Lemmus trimucronatus*. Journal of Comparative Psychology 97:120-126.

Corona, R., F. Lévy. 2015. Chemical olfactory signals and parenthood in mammals. Hormones and behavior 68:77-90.

Cosgrove, K.P., et al. 2007. Evolving knowledge of sex differences in brain structure, function and chemistry. Biological Psychiatry 62:847-855.

Coureaud, G., et al. 2010. A pheromone to behavior, a pheromone to learn: the rabbit mammary pheromone. Journal of Comparative Physiology A 196:779-790.

Cowie, A.T. 1974. Overview of the mammary gland. Journal of Investigative Dermatology 63:2-9.

Coy, P., et al. 2012. Roles of the oviduct in mammalian fertilization. Reproduction 144:649-660.

Craig, S.F., et al. 1997. The "paradox" of polyembryony: a review of the cases and a hypothesis for its evolution. Evolutionary Ecology 11:127-143.

Crawford, J.C., et al. 2008. Microsatellite analysis of mating and kinship in beavers (*Castor canadensis*). Journal of Mammalogy 89:575-581.

Creel, S., N.M. Creel. 2002. The African wild dog: behavior, ecology and conservation. Princeton University Press, Princeton, NJ.

Creel, S., et al. 2009. Glucocorticoid stress hormones and the effect of predation risk on elk reproduction. Proceedings of the National Academy of Sciences 106:12388-12393.

Cretegny, C., M. Genoud. 2006. Rate of metabolism during lactation in small terrestrial mammals (*Crocidura russula*, *Mus domesticus*, and *Microtus arvalis*). Comparative Biochemistry and Physiology, Part A 144:125-134.

Crichton, E.G., P.H. Krutzsch. 1987. Reproductive biology of the female little mastiff bat, *Mormopterus planiceps* (Chiroptera: Molossidae) in southeast Australia. American Journal of Anatomy 178:369-386.

Cross, B.A. 1977. Comparative physiology of milk removal. Symposia of the Zoological Society of London 41:193-210.

Crowell-Davis, S.L. 2007. Sexual behavior of mares. Hormones and behavior 52:12-17.

Cunha, G.R., et al. 2003. Urogenital system of the spotted hyena (*Crocuta crocuta* Erxleben): a functional histological study. Journal of Morphology 256:205-218.

Cunha, G.R., et al. 2005. The ontogeny of the urogenital system of the spotted hyena (*Crocuta crocuta* Erxleben). Biology of Reproduction 73:554-564.

Dailey, M.D. 1985. Diseases of Mammalia: Cetacea. Pp. 805-847 in Diseases of marine mammals. Volume 4. Part 2. Reptilia, Aves, Mammalia (O. Kinne, ed.). Biologische Anstalt Helgoland, Hamburg, Germany.

Dalton, A.J.M., et al. 2014. Broad thermal capacity facilitates the primarily pelagic existence of northern fur seals (*Callorhinus ursinus*). Marine Mammal Science 30:994-1013.

Daszak, P., et al. 2000. Emerging infectious diseases of wildlife—threats to biodiversity and human health. Science 287:443-449.

Davies-Morel, M.C.G. 2008. Equine reproductive physiology, breeding and stud management, 3rd edition. CAB International, Wallingford, Enlgland.

Davis, D.D., H.E. Story. 1949. The female external genitalia of the spotted hyena. Fieldiana Zoology 31:287-283.

Deanesly, R., A.S. Parkes. 1933. The reproductive processes of certain mammals. Part 4: The oestrous cycle of the grey squirrel (*Sciurus carolinensis*). Philosophical Transactions of the Royal Society B 22:47-96.

Debier, C., et al. 2012. Differential changes of fat-soluble vitamins and pollutants during lactation in northern elephant seal mother-pup pairs. Comparative Biochemistry and Physiology A 162:323-330.

De Felici, M., F. Barrios. 2013. Seeking the origin of female germline stem cells in the mammalian ovary. Reproduction 146:R125-R130.

Degen, A.A. 1997. Ecophysiology of small desert mammals. Springer, Berlin, Germany.

Degen, A.A., et al. 2002. Energy requirements during reproduction in female common spiny mice (*Acomys cahirinus*). Journal of Mammalogy 83:645-651.

De la Iglesia, H.O., W.J. Schwartz. 2006. Timely ovulation: circadian regulation of the female hypothalamo-pituitary-gonadal axis. Endocrinology 147:1148-1153.

Delgado, R., et al. 2007. Paternity assessment in free-ranging wild boar (*Sus scrofa*): are littermates full-sibs. Mammalian Biology 73:169-176.

Demmers, K.J., et al. 2000. Production of interferon by red deer (*Cervus elaphus*) conceptuses and the effects of roIFN-τ on the timing of luteolysis and the success of asynchronous embryo transfer. Journal of Reproduction and Fertility 118:387-395.

Denker, H.-W. 2000. Structural dynamics and function of early embryonic coats. Cells Tissues Organs 166:180-207.

Derrickson, E.M. 1992. Comparative reproductive strategies of altricial and precocial eutherian mammals. Functional Ecology 6:57-65.

Derrickson, E.M., et al. 1996. Milk composition of two precocial, arid-dwelling rodents, *Kerodon rupestris* and *Acomys cahirinus*. Physiological Zoology 69:1402-1418.

Derocher, A.E., et al. 1993. Aspects of milk composition and lactation in polar bears. Canadian Journal of Zoology 71:561-567.

Deschner, T., et al. 2003. Timing and probability of ovulation in relation to sex skin swelling in the wild West African chimpanzees, *Pan troglodytes* verus. Animal Behaviour 66:551-560.

De Villena, F.P., C. Sapienza. 2001. Female meiosis drives karyotypic evolution in mammals. Genetics 159:1179-1189.

DeYoung, R.W., et al. 2002. Multiple paternity in white-tailed deer (*Odocoileus virginianus*) revealed by DNA microsatellites. Journal of Mammalogy 83:884-892.

Dhont, M. 2010. History of oral contraception. European Journal of Contraception and Reproductive Health Care 15:S12-S18.

Dickins, T.E., Q. Rahman. 2012. The extended evolutionary synthesis and the role of soft inheritance in evolution. Proceedings of the Royal Society B 279:2913-2921.

Diedrich, V., et al. 2014. Djungarian hamsters (*Phodopus sungorus*) are not susceptible to stimulating effects of 6-methoxy-2-benzoxazolinone on reproductive organs. Naturwissenschaften 101:115-121.

Dixson, A.F. 2013. Male infanticide and primate monogamy. Proceedings of the National Academy of Sciences 110:E4937.

Dixson, A.F., M.J. Anderson. 2002. Sexual selection, seminal coagulation and copulatory plug formation in primates. Folia Primatologica 73:63-69.

Dloniak, S.M., et al. 2006. Rank-related maternal effects of androgens on behavior in wild spotted hyaenas. Nature 440:1190-1193.

Dobzhansky, T. 1973. Nothing in biology makes sense except in the light of evolution. The American Biology Teacher 35:125-129.

Drake, A., et al. 2008. Parent-offspring resource allocation in domestic pigs. Behavioral

Ecology and Sociobiology 62:309-319.

Drake, S.E., et al. 2015. Sensory hairs in the bowhead whale, *Balaena mysticetes* (Cetacea, Mammalia). Anatomical Record 298:1327-1335.

Drea, C.M., et al. 1996. Aggression decreases as play emerges in infant spotted hyaenas: preparation for joining the clan. Animal Behaviour 51:1323-1336.

Drea, C.M., et al. 1998. Androgens and masculinization of genitalia in the spotted hyaena (*Crocuta crocuta*). 2. Effects of prenatal anti-androgens. Journal of Reproduction and Fertility 113:117-127.

Drews, B., et al. 2013. Free blastocyst and implantation stages in the European brown hare: correlation between ultrasound and histological data. Reproduction, Fertility and Development 25:866-878.

Druart, X. 2012. Sperm interaction with the female reproductive tract. Reproduction in Domestic Animals 47(Supplement 4):348-352.

Duchesne, D., et al. 2011. Habitat selection, reproduction and predation of wintering lemmings in the Arctic. Oecologia 167:967-980.

Dufour, C.M.S., et al. 2015. Ventro-ventral copulation in a rodent: a female initiative? Journal of Mammalogy 96:1017-1023.

Dufour, D.L., M.L. Sauther. 2002. Comparative and evolutionary dimensions of the energetics of human pregnancy and lactation. American Journal of human Biology 14:584-602.

Duke, K.L. 1951. The external genitalia of the pika, *Ochotona princeps*. Journal of Mammalogy 32:169-173.

Dunbar, R.I.M. 1980. Determinants and evolutionary consequences of dominance among female gelada baboons. Behavioral Ecology and Sociobiology 7:253-265.

Dwyer, P.D. 1963. Seasonal changes in pelage of *Miniopterus schreibersi blepotis* (Chiroptera) in north-eastern New South Wales. Australian Journal of Zoology 11:290-300.

Eadie, W.R. 1948. Corpora amylacea in the prostatic secretion and experiments on the formation of a copulatory plug in some insectivores. Anatomical Record 102:259-267.

East, M.L., H. Hofer. 1991a. Loud calling in a female dominated society. I. Structure and composition of whooping bouts of spotted hyenas, *Crocuta crocuta*. Animal Behaviour 42:637-649.

East, M.L., H. Hofer. 1991b. Loud calling in a female dominated society. II. Contexts and functions of whooping of spotted hyenas, *Crocuta crocuta*. Animal Behaviour 42:651-

669.

East, M.L., H. Hofer. 2001. Male spotted hyenas (*Crocuta crocuta*) queue for status in social groups dominated by females. Behavioral Ecology 12:558-568.

East, M.[L.], et al. 1989. Functions of birth dens in spotted hyaenas (*Crocuta crocuta*). Journal of Zoology, London 219:690-697.

East, M.L., et al. 1993. The erect "penis" is a flag of submission in a female-dominated society: greetings in Serengeti spotted hyenas. Behavioral Ecology and Sociobiology 33:355-370.

East, M.L., et al. 2003. Sexual conflicts in spotted hyenas: male and female mating tactics and their reproductive outcome with respect to age, social status and tenure. Proceedings of the Royal Society B 270:1247-1254.

East, M.L., et al. 2009. Maternal effects on offspring social status in spotted hyenas. Behavioral Ecology 20:478-483.

Eberhard, W.G. 1996. Female control: sexual selection by cryptic female choice. Princeton University Press, Princeton, NJ.

Ecke, D.H., A. R. Kinney. 1956. Aging meadow mice, *Microtus californicus*, by observations of molt progression. Journal of Mammalogy 37:249-254.

Ecroyd, H., et al. 2009. Testicular descent, sperm maturation and capacitation: lessons from our most distant relatives, the monotremes. Reproduction, Fertility and Development 21:992-1001.

Edson, M.A., et al. 2009. The mammalian ovary from genesis to revelation. Endocrine Reviews 30:624-712.

Ehrlich, P.R., J.P. Holdren. 1971. Impact of population growth. Science 171:1212-1217.

Eichel, E.W., R.J. Ablin. 2013. The female prostate: correcting the G-spot. Journal of Sex Medicine 10:611-619.

Eisenberg, J.F., et al. 1971. Reproductive behavior of the Asiatic elephant (*Elephas maximus maximus* L.). Behaviour 38:193-225.

Elchlepp, J.G. 1952. The urogenital organs of the cottontail rabbit (*Sylvilagus floridanus*). Journal of Mammalogy 91:169-198.

Ellis, H. 2011. Anatomy of the uterus. Anaesthesia and Intensive Care Medicine 12:99-101.

Els, D.A. 1991. Aspects of reproduction in mountain reedbuck from Rolfontein Nature Reserve. South African Journal of Wildlife Research 21:43-46.

ElWishy, A.B. 1987. Reproduction in the female dromedary (*Camelus dromedaries*): a review. Animal Reproduction Science 15:273-287.

Emera, D., et al. 2012. The evolution of menstruation: a new model for genetic assimilation. BioEssays 34:26-35.

Emmons, L.H., A. Biun. 1991. Malaysian tree shrews. Maternal behavior of a wild tree shrew, *Tupaia tana*, in Sabah. National Geographic Research and Exploration 7:70-81.

Enders, A.C., et al. 1958. Histological and histochemical observations on the armadillo uterus during the delayed and post-implantation periods. Anatomical Record 130:639-657.

Enders, A.C., et al. 2005. Structure of the ovaries of the Nimba otter shrew, *Micropotamogale lamottei*, and the *Madagascar hedgehog*, Echinops telfairi. Cells Tissues Organs 179:179-191.

Engelhardt, H., et al. 2002. Conceptus influences the distribution of uterine leukocytes during early porcine pregnancy. Biology of Reproduction 66:1875-1880.

Engh, A.L., et al. 2000. Mechanisms of maternal rank "inheritance" in the spotted hyaena, *Crocuta crocuta*. Animal Behaviour 40:323-332.

Engh, A.L., et al. 2002. Reproductive skew among males in a female-dominated mammalian society. Behavioral Ecology 13:193-200.

Engh, A.L., et al. 2003. Coprologic survey of parasites of spotted hyenas (*Crocuta crocuta*) in the Masai Mara National Reserve, Kenya. Journal of Wildlife Diseases 39:224-227.

Enjapoori, A.K., et al. 2014. Monotreme lactation protein is highly expressed in monotreme milk and provides antimicrobial protection. Genome Biology and Evolution 6:2754-2773.

Eppig, J.J., et al. 2002. The mammalian oocyte orchestrates ovarian follicular development. Proceedings of the National Academy of Sciences 99:2890-2894.

Erskine, M.S. 1989. Solicitation behavior in the estrous female rat: a review. Hormones and behavior 23:473-502.

Espinosa, M.B., et al. 2011. The ovary of *Lagostomus maximus* (Mammalia, Rodentia): an analysis by confocal microscopy. Biocell 35:37-42.

Estienne, M.J., et al. 2008. Dietary supplementation with a source of omega-3 fatty acids increases sperm number and the duration of ejaculation in boars. Theriogenology 70:70-76.

Ewer, R.F. 1973. The carnivores. Cornell University Press, Ithaca, NY.

Fadem, B.H., et al. 1982. Care and breeding of the gray, short-tailed opossum (*Monodelphis domestica*). Laboratory Animal Science 32:405-409.

Fagerstone, K.A., et al. 2006. When, where and for what wildlife species will contraception be a useful management approach? Proceedings of the Vertebrate Pest Conference 22:45-54.

Fair, P.A., P.R. Becker. 2000. Review of stress in marine mammals. Journal of Aquatic Ecosystem Stress and Recovery 7:335-354.

Fairbanks, L.A. 2000. Maternal investment throughout the life span in Old World monkeys. Pp. 341-367 in Old world monkeys (P.F. Whitehead, C.J. Jolly, eds.). Cambridge University Press, Cambridge, Enlgland.

Farah, Z. 1993. Composition and characteristics of camel milk. Journal of Dairy Research 60:603-626.

Farley, S.D., C.T. Robbins. 1995. Lactation, hibernation, and mass dynamics of American black bears and grizzly bears. Canadian Journal of Zoology 73:2216-2222.

Faulkes, C.G., N.C. Bennett. 2001. Family values: group dynamics and social control of reproduction in African mole-rats. Trends in Ecology and Evolution 16:184-190.

Faurie, A.S., et al. 2004. Peripartum body temperatures in free-ranging ewes (*Ovis aries*) and their lambs. Journal of Thermal Biology 29:115-122.

Favoretto, S.M., et al. 2015. Reproductive system of brown-throated sloth (*Bradypus variegatus*, Schinz 1825, Pilosa, Xenarthra): anatomy and histology. Anatomia Histologia Embryologia, doi:10.1111/ahe.12193.

Fay, F.H. 1985. *Odobenus rosmarus*. Mammalian Species 238:1-7.

Fenelon, J.C., et al. 2014. Embryonic diapause: development on hold. International Journal of Developmental Biology 58:163-174.

Ferguson-Smith, M.A., W. Rens. 2010. The unique sex chromosome system in platypus and echidna. Russian Journal of Genetics 46:1160-1164.

Fernandes, R.A., et al. 2012. Placental tissues as sources of stem cells—review. Open Journal of Animal Sciences 2:166-173.

Fernandez, R., et al. 2002. Mapping the SRY gene in *Microtus cabrerae*: a vole species with multiple SRY copies in males and females. Genome 45:600-603.

Fernández-Arias, A., et al. 1999. Interspecies pregnancy of Spanish ibex (*Capra pyrenaica*) fetus in a domestic goat (*Capra hircus*) recipients induces abnormally high plasmatic levels of pregnancy-associated glycoprotein. Theriogenology 51:1419-1430.

Ferner, K., et al. 2014. The placentation of Eulipotyphla—reconstructing a morphotype of the mammalian placenta. Journal of Morphology 275:1122-1144.

Ferretti, M.P. 2007. Evolution of bone-cracking adaptations in hyaenids (Mammalia, Carnivora). Swiss Journal of Geosciences 100:41-52.

Finkenwirth, C., et al. 2016. Oxytocin is associated with infant-care behavior and motivation in cooperatively breeding marmoset monkeys. Hormones and behavior 80:10-18.

Fisher D.O., et al. 2002. Convergent maternal care strategies in ungulates and macropods. Evolution 56: 167-176.

Flamini, M.A., et al. 2002. Morphological characterization of the female prostate (Skene's gland or paraurethral gland) of *Lagostomus maximus maximus*. Annals of Anatomy 184:341-345.

Fleming, T.H. 1971. *Artibeus jamaicensis*: delayed embryonic development in a Neotropical bat. Science 171:402-404.

Fletcher, Q.E., et al. 2012. Oxidative damage increases with reproductive energy expenditure and is reduced by food-supplementation. Evolution 67:1527-1536.

Flint, A.P.F., et al. 1990. The maternal recognition of pregnancy in mammals. Journal of Zoology, London 221:327-341.

Flint, A.P.F., et al. 1997. Blastocyst development and conceptus sex selection in red deer *Cervus elaphus*: studies of a free-living population on the Isle of Rum. General and Comparative Endocrinology 106:374-383.

Flowerdew, J.R. 1987. Mammals: their reproductive biology and population ecology. Edward Arnold, London, Enlgland.

Folch J., et al. 2009. First birth of an animal from an extinct subspecies (*Capra pyrenaica pyrenaica*) by cloning. Theriogenology 71:1026-1034.

Fouda, M.M., et al. 1990. Maternal-infant relationships in captive sika deer (*Cervus nippon*). Small Ruminant Research 3:199-209.

Fourvel, J.-B., et al. 2015. Large mammals of Fouvent-Saoint-Andoche (Haut-Saône, France): a glimpse into a late Pleistocene hyena den. Geodiversitas 37:237-266.

Fox, C.A., B. Fox. 1971. A comparative study of coital physiology, with special reference to the sexual climax. Journal of Reproduction and Fertility 24:319-336.

Francis, C.M., et al. 1994. Lactation in male fruit bats. Nature 367:681-692.

Frank, L.G. 1997. Evolution of genital masculinization: why do female hyaenas have such a large "penis"? Trends in Ecology and Evolution 12:58-62.

Frank, L.G., S.E. Glickman. 1994. Giving birth through a penile clitoris: parturition and dystocia in the spotted hyaena (Crocuta crocuta). Journal of Zoology, London 234:659-665.

Frank, L.G., et al. 1985. Testicular origin of circulating androgen in the spotted hyaena, Crocuta crocuta. Journal of Zoology, London 207a:613-615.

Frank, L.G., et al. 1989. Ontogeny of female dominance in the spotted hyaena: perspectives from nature and captivity. Symposia of the Zoological Society of London 61:127-146.

Frank, L.G., et al. 1990. Sexual dimorphism in the spotted hyaena (Crocuta crocuta). Journal of Zoology, London 221:308-313.

Frank, L.G., et al. 1991. Fatal sibling aggression, precocial development, and androgens in neonatal spotted hyenas. Science 252:702-704.

Frank, L.G., et al. 1995. Masculinization costs in hyaenas. Nature 377:584-585.

Frankenberg, S., L. Selwood. 2001. Ultrastructure of oogenesis in the brushtail possum. Molecular Reproduction and Development 56:297-306.

Frazer, J.F.D., A.S.G. Huggett. 1974. Species variations in the foetal growth rates of eutherian mammals. Journal of Zoology, London 174:481-509.

Fredga, K. 1994. Bizarre mammalian sex-determining mechanism. Pp. 419-431 in The differences between the sexes (R.V. Short, E. Balaban, eds.), Cambridge University Press, Cambridge, Enlgland.

Freeland, C.A. 1987. Aristotle on bodies, matter, and potentiality. Pp. 392-407 in Philosophical issues in Aristotle's biology (J.G. Lennox, A. Gotthelf, eds.). Cambridge University Press, Cambridge, Enlgland.

Freeman, M.E., et al. 2000. Prolactin: structure, function and regulation of secretion. Physiological Reviews 80:1523-1631.

Frick, W.F., et al. 2010. An emerging disease causes regional population collapse of a common North American bat species. Science 329:679-682.

Friebe, A., et al. 2014. Factors affecting date of implantation, parturition and den entry estimated from activity and body temperature in free-ranging brown bears. PLOS ONE 9(7):e101410.

Fuchs, E., S. Corbach-Söhle. 2010. Tree shrews. Pp. 263-275 in The UFAW handbook on the care and management of laboratory and other research animals, 8th ed. (R. Hubrecht, J. Kirkwood, eds.). Wiley-Blackwell, Oxford, Enlgland.

Fuchs, K., et al. 2000. Detection of space-time clusters and epidemiological examinations of scabies in chamois. Veterinary Parasitology 92:63-73.

Funkhouser, L.J., S.R. Bordenstein. 2013. Mom knows best: the universality of maternal microbial transmission. PLOS Biology 11(8):e10016131.

Galbreath, G.J. 1985. The evolution of monozygotic polyembryony in *Dasypus*. Pp. 243-246 in The evolution and ecology of armadillos, sloths, and vermilinguas (G.G. Montgomery, ed.). Smithsonian Institution Press, Washington, DC.

Garratt, M., et al. 2014. Female promiscuity and maternally dependent offspring growth rates in mammals. Evolution 68:1207-1215.

Garshelis, D.L. 2004. Variation in ursid life histories. Pp. 53-73 in Giant pandas: biology and conservation (D. Lindburg, K. Baragona, eds.). University of California Press, Berkeley, CA.

Gélin, U., et al. 2013. Offspring sex, current and previous reproduction affect feeding behaviour in wild eastern grey kangaroos. Animal Behaviour 86:885-891.

Gemmell, R.T., et al. 2002. Birth in marsupials. Comparative Biochemistry and Physiology 131B:621-630.

Gems, D. 2014. Evolution of sexually dimorphic longevity in humans. Aging 6:84-91.

Genoud, M., P. Vogel. 1990. Energy requirements during reproduction and reproductive effort in shrews (Soricidae). Journal of Zoology, London 220:41-60.

Gentry, R.L., G.L. Kooyman (eds.). 1986. Fur seals: maternal strategies on land and at sea. Princeton University Press, Princeton, NJ.

George, J.C., et al. 1999. Age and growth estimates of bowhead whales (*Balaena mysticetes*) via aspartic acid racemization. Canadian Journal of Zoology 77:571-580.

Georges, J.-Y., et al. 2001. Milking strategy in subantarctic fur seals *Arctocephalus tropicalis* breeding on Amsterdam Island: evidence from changes in milk composition. Physiological and Biochemical Zoology 74:548-559.

Gérard, P. 1932 Etudes sur l'ovogenèse et l'ontogenèses chez les lémuriens du genre *Galago*. Archives de Biologie, Liège 43:93-151.

Gero, S., H. Whitehead. 2007. Suckling behavior in sperm whale calves: observations and hypotheses. Marine Mammal Science 23:398-413.

Gervasi, M.G., et al. 2009. The endocannabinoid system in bull sperm and bovine oviductal epithelium: role of anandamide in sperm-oviduct interaction. Reproduction 137:403-414.

Gidley-Baird, A.A. 1981. Endocrine control of implantation and delayed implantation in rats and mice. Journal of Reproduction and Fertility 29(Supplement):97-109.

Giger, W., et al. 2003. Occurrence and fate of antibiotics as trace contaminants in wastewaters, sewage sludges, and surface waters. Chimia 57:485-491.

Gilbert, A.N. 1986. Mammary number and litter size in Rodentia: the "one-half rule." Proceedings of the National Academy of Science 83:4828-4830.

Gilbert, A.N. 1995. Tenacious nipple attachment in rodents: the sibling competition hypothesis. Animal Behaviour 50:881-891.

Gilbert, J.A., et al. 2014. The Earth microbiome project: successes and aspirations. BMC Biology 12.1:69.

Gilbert, S.F. 2014. Developmental biology, 10th edition. Sinauer, Sunderland, MA.

Gilg, O. 2002. The summer decline of the collared lemming, *Dicrostonyx groenlandicus*, in high arctic Greenland. Oikos 99:499-510.

Gill, J. 2012. Happy Ada Lovelace Day! Honoring Dr. Evelyn Chrystalla Pielou [blog]. https://contemplativemammoth.com/2012/10/16/happy-ada-lovelace-day-honoring-dr-evelyn-chrystalla-pielou/

Gitschier, J. 2010. The gift of observation: an interview with Mary Lyon. PLOS Genetics 6:e1000813.

Gittleman, J.L. 1988. Behavioral energetics of lactation in a herbivorous carnivore, the red panda (*Ailurus fulgens*). Ethology 79:13-24.

Givens, M.D., M.D.S. Marley. 2008. Infectious causes of embryonic and fetal mortality. Theriogenology 70:270-285.

Gjøstein, H., et al. 2004. Milk production and composition in reindeer (*Rangifer tarandus*): effect of lactational stage. Comparative Biochemistry and Physiology A 137:649-656.

Glickman, S.E., et al. 1987. Androstenedione may organize or activate sex-reversed traits in female spotted hyenas. Proceedings of the National Academy of Sciences 84:3444-3447.

Glickman, S.E., et al. 1998. Androgens and masculinization of genitalia in the spotted hyaena (*Crocuta crocuta*). 3. Effects of juvenile gonadectomy. Journal of Reproduction and Fertility 113:129-135.

Glickman, S.E., et al. 2005. Sexual differentiation in three unconventional mammals: spotted hyenas, elephants and tammar wallabies. Hormones and behavior 48:403-417.

Glickman, S.E., et al. 2006. Mammalian sexual differentiation: lessons from the spotted hyena. Trends in Endocrinology and Metabolism 17:349-356.

Golightly, E., et al. 2011. Endocrine immune interactions in human parturition. Molecular and Cellular Endocrinology 335:52-59.

Golla, W., et al. 1999. Within-litter sibling aggression in spotted hyaenas: effect of maternal nursing, sex and age. Animal Behaviour 58:715-726.

Gombe, S. 1985. Short term fluctuations in progesterone, oestradiol and testosterone in pregnant and non-pregnant hyaena, *Crocuta crocuta* (Erxleben). African Journal of Ecology 23:269-271.

Gomez-Lopez, N., et al. 2013. Evidence for a role for the adaptive immune response in human term parturition. American Journal of Reproductive Immunology 69:212-230.

Gosling, L.M., et al. 1984. Differential investment by female coypus (*Myocastor coypus*) during lactation. Symposia of the Zoological Society, London 51:273-300.

Gottschang, J.L. 1956. Juvenile molt in *Peromyscus leucopus noveboracensis*. Journal of Mammalogy 37:516-520.

Gowans, S., et al. 2001. Social organization in northern bottlenose whales, *Hyperoodon ampullatus*: not driven by deep-water foraging? Animal Behaviour 62:369-377.

Goymann, W., et al. 2001. Androgens and the role of female "hyperaggressiveness" in spotted hyenas (*Crocuta crocuta*). Hormones and behavior 39:83-92.

Grant, J., A. Hawley. 1991. Some observations on the mating behaviour of captive American pine martens *Martes americana*. Acta Theriologica 41:439-442.

Graves, J.A.M. 1996. Mammals that break the rules: genetics of marsupials and monotremes. Annual Review of Genetics 30:233-260.

Graves, J.A.M., M.B. Renfree. 2013. Marsupials in the age of genomics. Annual Review of Genomics and human Genetics 14:393-420.

Gray, C.A., et al. 2001. Developmental biology of uterine glands. Biology of Reproduction 65:1311-1323.

Gray, M.E., E.Z. Cameron. 2010. Does contraceptive treatment in wildlife result in side effects? a review of quantitative and anecdotal evidence. Reproduction 139:45-55.

Greene, R., et al. 1997. Long-term implications of cesarean section. American Journal of

Obstetrics and Gynecology 176:254-255.

Greenwald, G.S., R.D. Peppler. 1968. Prepubertal and pubertal changes in the hamster ovary. Anatomical Record 161:447-457.

Griffin, J., et al. 2006. Comparative analysis of follicle morphology and oocyte diameter in four mammalian species (mouse, hamster, pig, and human). Journal of Experimental and Clinical Assisted Reproduction, doi:10.1186/1743-1050-3-2

Griffin, P.C., et al. 2005. Mortality by moonlight: predation risk and the snowshoe hare. Behavioral Ecology 16:938-944.

Griffiths, M., et al. 1973. Observations of the comparative anatomy and ultrastructure of mammary glands and on the fatty acids of the triglycerides in platypus and echidna milk fats. Journal of Zoology, London 169:255-279.

Grosser, O. 1909. Vergleichende Anatomie und Entwicklungsgeschichte der Eihäute und der Placenta. W. Braumüller, Vienna, Austria.

Grosser, O. 1927. Frühentwicklung, Eihautbildung und Placentation des Menschen und der Säugetiere. J.F. Bergmann, Munich, Germany.

Grützner, F., et al. 2006. How did the platypus get its sex chromosome chain? A comparison of meiotic multiples and sex chromosomes in plants and animals. Chromosoma 115:75-88.

Guillette, J. J., Jr., M.P. Gunderson. 2001. Alterations in development of reproductive and endocrine systems of wildlife populations exposed to endocrine-disrupting contaminants. Reproduction 122:857-864.

Gustafsson, A., P. Lindenfors. 2004. human size evolution: no evolutionary allometric relationship between male and female stature. Journal of human Evolution 47:253-266.

Gyllensten, U., et al. 1991. Paternal inheritance of mitochondrial DNA in mice. Nature 352:255-257.

Haandrikman, K., L.J.G. van Wissen. 2008. Effects of the fertility transition on birth seasonality in the Netherlands. Journal of Biosocial Science 40:655-672.

Hafez, B., E.S.E. Hafez. 2000. Reproduction in farm animals, 7th edition. Lippincott Williams and Wilkins, Philadelphia, PA.

Haig, D. 1996. Placental hormones, genomic imprinting, and maternal-fetal communication. Journal of Evolutionary Biology 9:357-380.

Haig, D. 1999. What is a marmoset? American Journal of Primatology 49:285-296.

Hajian, M., et al. 2011. "Conservation cloning" of vulnerable Esfahan mouflon (*Ovis orientalis isphahanica*): in vitro and in vivo studies. European Journal of Wildlife Research 57:959-969.

Hamel, F. 1911. An eighteenth-century marquise: a study of Emilie du Châtelet and her times. James Pott & Co. New York, NY.

Hamilton, P.K., et al. 1998. Age structure and longevity in North Atlantic right whales *Eubalaena glacialis* and their relation to reproduction. Marine Ecology and Progress Series 171:285-292.

Hamilton, W.J., et al. 1986. Sexual monomorphism in spotted hyenas, *Crocuta crocuta*. Ethology 71:63-73.

Hammond, K.A., J. Diamond. 1992. An experimental test for a ceiling on sustained metabolic rate in lactating mice. Physiological Zoology 65:952-977.

Handley, L.J.L., H. Perrin. 2007. Advances in our understanding of mammalian sex-biased dispersal. Molecular Ecology 16:1559-1578.

Hansen, R.M. 1957. Development of young varying lemmings (*Dicrostonyx*). Arctic 10:105-117.

Harrison Matthews, L. 1935. The oestrous cycle and intersexuality in the female mole (*Talpa europaea* Linn.). Proceedings of the Zoological Society of London 105:347-383.

Harrison Matthews, L. 1939. Reproduction in the spotted hyaena, *Crocuta crocuta* (Erxleben). Philosophical Transactions of the Royal Society B 230:1-78.

Harrison Matthews, L. 1954. [No title.] Proceedings of the Zoological Society of London 124:198.

Hartman, C.G. 1924. Observations on the motility of the opossum genital tract and the vaginal plug. Anatomical Record 27:293-303.

Hartman, C.G. 1957. How do sperms get into the uterus? Fertility and Sterility 8:403-427.

Hartung, T.G., D.A. Dewsbury. 1978. A comparative analysis of copulatory plugs in muroid rodents and their relationship to copulatory behavior. Journal of Mammalogy 59:717-723.

Haselton, M.G., K. Gildersleeve. 2016. human ovulation cues. Current Opinion in Psychology 7:120-125.

Hasler, J.F., E.M. Banks. 1975. The influence of mature males on sexual maturation in female collared lemmings (Dicrostonyx groenlandicus). Journal of Reproduction and

Fertility 42:583-586.

Hasler, J.F., E.M. Banks. 1985. Reproductive performance and growth in captive collared lemmings (*Dicrostonyx groenlandicus*). Canadian Journal of Zoology 53:777-787.

Hasler, J.F., et al. 1974. Ovulation and related phenomena in the collared lemmings (*Dicrostonyx groenlandicus*). Journal of Reproduction and Fertility 38:21-28.

Hasler, J.F., et al. 1976. The influence of photoperiod on growth and sexual function in male and female collared lemmings (*Dicrostonyx groenlandicus*). Journal of Reproduction and Fertility 46:323-329.

Hastings, K.K., J.W. Testa. 1998. Maternal and birth colony effects on survival of Weddell seal offspring from McMurdo Sound, Antarctica. Journal of Animal Ecology 67:722-740.

Havera, S.P. 1979. Energy and nutrient cost of lactation in fox squirrels. Journal of Wildlife Management 43:958-965.

Hawkes, K. 2004. The grandmother effect. Nature 428:128-129.

Hawkes, K., J.E. Coxworth. 2013. Grandmothers and the evolution of human longevity: a review of findings and future directions. Evolutionary Anthropology 22:294-302.

Hawkins, C.E., P.A. Racey. 2009. A novel mating system in a solitary carnivore: the fossa. Journal of Zoology, London 277:196-204.

Hawkins, C.E., et al. 2002. Transient masculinization in the fossa, *Cryptoprocta ferox* (Carnivora, Viverridae). Biology of Reproduction 66:610-615.

Hawkins, C.E., et al. 2006. Emerging disease and population decline of an island endemic, the Tasmanian devil *Sarcophilus harrisii*. Biological Conservation 131:307-324.

Hay, M.F., W.R. Allen. 1975. An ultrastructural and histochemical study of the interstitial cells in the gonads of the fetal horse. Journal of Reproduction and Fertility, Supplement 23:557-561.

Haynie, M.L., et al. 2003. Parentage, multiple paternity, and breeding success in Gunnison's and Utah prairie dogs. Journal of Mammalogy 84:1244-1253.

Hayssen, V. 1984. Mammalian reproduction: constraints on the evolution of infanticide. Pp. 105-123 in Infanticide: comparative and evolutionary perspectives (G. Hausfater, S.B. Hrdy, eds.). Aldine, New York, NY.

Hayssen, V. 1985. A comparison of the reproductive biology of metatherian (marsupial) and eutherian (placental) mammals with special emphasis on sex differences in the behavior of the opossum *Didelphis virginiana*. PhD dissertation, Cornell University,

Ithaca, NY.

Hayssen, V. 1993. Empirical and theoretical constraints on the evolution of lactation. Journal of Dairy Science 75:3213-3233.

Hayssen, V. 2008a. Patterns of body and tail length and body mass in Sciuridae. Journal of Mammalogy 89:852-873.

Hayssen, V. 2008b. Reproductive effort in squirrels: ecological, phylogenetic, allometric, and latitudinal patterns. Journal of Mammalogy 89:582-606.

Hayssen, V. 2008c. Reproduction within marmotine ground-squirrels (Sciuridae, Xerinae, Marmotini): patterns among genera. Journal of Mammalogy 89:607-616.

Hayssen, V. 2009. *Bradypus tridactylus* (Pilosa: Bradypodidae). Mammalian Species 839:1-9.

Hayssen, V. 2010. *Bradypus variegatus* (Pilosa: Bradypodidae). Mammalian Species 42(850):19-32.

Hayssen, V. 2011. *Choloepus hoffmanni* (Pilosa: Megalonychidae). Mammalian Species 43(873):37-55.

Hayssen, V. 2016. Reproduction in grey squirrels: from anatomy to conservation. Pp. 115-130 in The grey squirrel: ecology and management of an invasive species in Europe (C. Shuttleworth, et al., eds.). European Squirrel Initiative, W.O. Jones, Llangefni, Wales.

Hayssen, V., D.G. Blackburn. 1985. α-Lactalbumin and the origins of lactation. Evolution 39:1147-1149.

Hayssen, V., T.H. Kunz. 1996. Allometry of litter mass in bats: comparisons with maternal size, wing morphology, and phylogeny. Journal of Mammalogy 77:476-490.

Hayssen, V., et al. 1985. Metatherian reproduction: transitional or transcending? American Naturalist 126:617-632.

Hayssen, V., et al. 1993. Asdell's patterns of mammalian reproduction: a compendium of species-specific data. Cornell University Press, Ithaca, NY.

Hearn, J.P. 1974. The pituitary gland and implantation in the tammar wallaby, *Macropus eugenii*. Journal of Reproduction and Fertility 39:235-241.

Heideman, P.D. 1989. Delayed development in Fischer's pygmy fruit bat, *Haplonycteris fischeri*, in the Philippines. Journal of Reproduction and Fertility 85:363-382.

Heideman, P.D., F.H. Bronson. 1992. A pseudo seasonal reproductive strategy in a tropical rodent, *Peromyscus nudipes*. Journal of Reproduction and Fertility 95:57-67.

Helle, S., et al. 2002. Sons reduced maternal longevity in preindustrial humans. Science 296:1085.

Hemminki, E., J. Meriläinenb. 1996. Long-term effects of cesarean sections: ectopic pregnancies and placental problems. American Journal of Obstetrics and Gynecology 174:1569-1574.

Henry, O. 1997. The influence of sex and reproductive state on diet preference in four terrestrial mammals of the French Guianan rain forest. Canadian Journal of Zoology 75:929-935.

Henschel, J.R., J.D. Skinner. 1991. Territorial behavior by a clan of spotted hyaenas Crocuta crocuta. Ethology 88:223-235.

Herbert, C.A. 2004. Long-acting contraceptives: a new tool to manage overabundant kangaroo populations in nature reserves and urban areas. Australian Mammalogy 26:67-74.

Herbst, M., et al. 2004. A field assessment of reproductive seasonality in the threatened wild Namaqua dune mole-rat (*Bathyergus janetta*). Journal of Zoology, London 263:259-268.

Hermes, R., et al. 2014. Reproductive tract tumours: the scourge of woman reproduction ails Indian rhinoceroses. PLOS ONE 9:e92595.

Herzing, D.L., C.M. Johnson. 1997. Interspecific interactions between Atlantic spotted dolphins (*Stenella frontalis*) and bottlenose dolphins (*Tursiops truncatus*) in the Bahamas, 1985-1995. Aquatic Mammals 23:85-99.

Heske, E.J., P.M. Jensen. 1993. Social structure in *Lemmus lemmus* during the breeding season. Pp. 387-395 in The biology of lemmings (N.C. Stenseth, R.A. Ims, eds.). Academic Press, New York, NY.

Hess (Baerwald), A.R., et al. 2000. Vascular characteristics of the human corpus luteum in the first trimester of pregnancy. Ultrasound International 6:2-10.

Hewson, R. 1976. A population study of mountain hares (*Lepus timidus*) in north-east Scotland from 1956-1969. Journal of Animal Ecology 45:395-414.

Hildebrandt, T.B., et al. 2011. Reproductive cycle of the elephant. Animal Reproduction Science 124:176-183.

Hill, A. 1980. Hyaena provisioning of juvenile offspring at the den. Mammalia 44:594-595.

Hinde, K., et al. 2009. Rhesus macaque milk: magnitude, sources, and consequences of individual variation over lactation. American Journal of Physical Anthropology 138:148-157.

Hinde, K., et al. 2014. Cortisol in mother's milk across lactation reflects maternal life history and predicts infant temperament. Behavioral Ecology 26:269-281.

Hobson, B.M., I.L. Boyd. 1984. Gonadotrophin and progesterone concentrations in placentae of grey seals (*Halichoerus grypus*). Journal of Reproduction and Fertility 72:521-528.

Hoeck, H.N. 1989. Demography and competition in hyrax: a 17 years [*sic*] study. Oecologia 79:353-360.

Hoelzel, A.R., et al. 1999. Alpha-male paternity in elephant seals. Behavioral Ecology and Sociobiology 46:298-306.

Hofer, H., M.L. East. 1993. The commuting system of Serengeti spotted hyaenas: how a predator copes with migratory prey. III. Attendance and maternal care. Animal Behaviour 46:575-589.

Hofer, H., M.L. East. 1997. Skewed offspring sex ratios and sex composition of twin litters in Serengeti spotted hyaenas (*Crocuta crocuta*) are a consequence of siblicide. Applied Animal Behaviour Science 51:307-316.

Hofer, H., M.L. East. 2003. Behavioral processes and costs of co-existence in female spotted hyenas: a life history perspective. Evolutionary Ecology 17:315-331.

Holekamp, K.E., S.M. Dloniak. 2011. Intraspecific variation in the behavioral ecology of a tropical carnivore, the spotted hyena. Advances in the Study of behavior 42:189-229.

Holekamp, K.E., L. Smale. 1990. Provisioning and food sharing by lactating spotted hyenas, *Crocuta crocuta* (Mammalia: Hyaenidae). Ethology 86:191-202.

Holekamp, K.E., L. Smale. 1991. Dominance acquisition during mammalian social development: the "inheritance" of maternal rank. American Zoologist 31:306-317.

Holekamp, K.E., L. Smale. 1993. Ontogeny of dominance in free-living spotted hyaenas: juvenile rank relations with other immature individuals. Animal Behaviour 46:451-466.

Holekamp, K.E., L. Smale. 1995. Rapid change in offspring sex ratios after clan fission in the spotted hyena. American Naturalist 145:261-268.

Holekamp, K.E., L. Smale. 1998. Behavioral development in the spotted hyena. BioScience 48:997-1005.

Holekamp, K.E., et al. 1993. Fission of a spotted hyena clan: consequences of prolonged female absenteeism and causes of female emigration. Ethology 93:285-299.

Holekamp, K.E., et al. 1996a. Rank and reproduction in the female spotted hyaena. Journal of Reproduction and Fertility 108:229-237.

Holekamp, K.E., et al. 1996b. Patterns of association among female spotted hyenas (*Crocuta crocuta*). Journal of Mammalogy 78:55-64.

Holekamp, K.E., et al. 1999a. Association of seasonal reproductive patterns with changing food availability in an equatorial carnivore, the spotted hyaena (*Crocuta crocuta*). Journal of Reproduction and Fertility 116:87-93.

Holekamp, K.E., et al. 1999b. Vocal recognition in the spotted hyaena and its possible implications regarding the evolution of intelligence. Animal Behaviour 58:383-395.

Holekamp, K.E., et al. 2007. Social intelligence in the spotted hyena (*Crocuta crocuta*). Philosophical Transactions of the Royal Society B 363:523-538.

Holekamp, K.E., et al. 2012. Society, demography and genetic structure in the spotted hyena. Molecular Ecology 21:613-632.

Holland, N., S.M. Jackson. 2002. Reproductive behaviour and food consumption associated with the captive breeding of platypus (*Ornithorhynchus anatinus*). Journal of Zoology, London 256:279-288.

Holt, W.V., A. Fazeli. 2016. Sperm selection in the female mammalian reproductive tract. Focus on the oviduct: hypotheses, mechanisms, and new opportunities. Theriogenology 85:105-112.

Holt, W.V., et al. 2003. Reproductive science and integrative conservation, volume 8. Cambridge University Press, Cambridge, Enlgland.

Hood, C.S. 1989. Comparative morphology and evolution of the female reproductive tract in macroglossine bats (Mammalia, Chiroptera). Journal of Mammalogy 199:207-221.

Hood, W.R., et al. 2014. Milk composition and lactation strategy of a eusocial mammal, the naked mole-rat. Journal of Zoology, London 293:108-118.

Hoogland, J.L. 1985. Infanticide in prairie dogs: lactating females kill offspring of close kin. Science 230:1037-1040.

Hooper, E.T. 1972. A synopsis of the rodent genus *Scotinomys*. Occasional Papers of the Museum of Zoology University of Michigan 665:1-32.

Hooper, E.T., M.D. Carleton. 1976. Reproduction, growth and development in two contiguously allopatric rodent species, genus *Scotinomys*. Miscellaneous Publications, Museum of Zoology, University of Michigan 151:1-52.

Hooper, L.V. 2004. Bacterial contributions to mammalian gut development. Trends in Microbiology 12:129-134.

Höner, O.P., et al. 2007. Female mate-choice drives the evolution of male-biased dispersal in a social mammal. Nature 448:798-801.

Hosken, D., T.H. Kunz. 2009. But is it male lactation or not? Trends in Ecology and Evolution 24:355.

Houston, A.I., et al. 2007. Capital or income breeding? A theoretical model of female reproductive strategies. Behavioral Ecology 18:241-250.

Hradecky, P. 1982. Uterine morphology in some African antelopes. Journal of Zoo Animal Medicine 13:132-136.

Hrdy, S.B. 1991 (1999). The woman that never evolved: with a new preface and bibliographical updates, revised edition. Harvard University Press, Cambridge, MA. [『여성은 진화하지 않았다』, 유병선 옮김, 서해문집, 2006.]

Hrdy, S.B. 1999. Mother nature: maternal instincts and how they shape the human species. Ballantine Books, New York, NY. [『어머니의 탄생: 모성, 여성, 그리고 가족의 기원과 진화』, 황희선 옮김, 사이언스북스, 2010.]

Hrdy, S.B. 2000. The optimal number of fathers. Evolution, demography, and history in the shaping of female mate preferences. Annals of the New York Academy of Sciences 907:75-96.

Hrdy, S.B. 2009. Mothers and others: the evolutionary origins of mutual understanding. Belknap Press of Harvard University Press, Cambridge, MA.

Hudson, R., H. Distel. 2013. Fighting by kittens and piglets during suckling: what does it mean? Ethology 119:353-359.

Huggett, A.S.G., W.F. Widdas. The relationship between mammalian foetal weight and conception age. Journal of Physiology 114:306-317.

Hughes, R.L. 1993. Monotreme development with particular reference to the extraembryonic membranes. Journal of Experimental Zoology 266:480-494.

Hughes, R.L., L.S. Hall. 1998. Early development and embryology of the platypus. Philosophical Transactions: Biological Sciences 353:1101-1114.

Humphrey, L.T. 2010. Weaning behavior in human evolution. Seminars in Cell and Developmental Biology 21:453-461.

Husson, A.M. 1978. Mammals of Suriname. E.J. Brill, Leiden, Netherlands.

Hyde, M.J., N. Modi. 2012. The long-term effects of birth by caesarean section: the case for a randomised controlled trial. Early human Development 88:943-949.

Ickowicz, D., et al. 2012. Mechanism of sperm capacitation and the acrosome reaction: role of protein kinases. Asian Journal of Andrology 14:816-821.

Jabbour, H., et al. 1997. Conservation of deer: contributions from molecular biology, evolutionary ecology, and reproductive physiology. Journal of Zoology, London 243:461-484.

Jainudeen, M.R., E.S.E Hafez. 1980. Reproductive failure in females. Pp. 449-470 in Reproduction in farm animals (E.S.E. Hafez, ed.). Lea and Febiger, Philadelphia.

Jamieson, D.J., et al. 2006. Emerging infections and pregnancy. Emerging Infectious Diseases 12:1638-1643.

Jarvis, J.U.M., P.W. Sherman. 2002. *Heterocephalus glaber*. Mammalian Species 706:1-9.

Jenkins, F.A., Jr. 1990. Monotremes and the biology of Mesozoic mammals. Netherlands Journal of Zoology 40:5-31.

Jenks, S.M., et al. 1995. Acquisition of matrilineal rank in captive spotted hyaenas: emergence of a natural social system in peer-reared animals and their offspring. Animal Behaviour 50:893-904.

Jenness, R. 1979. The composition of human milk. Seminars in Perinatology 3:225-239.

Jenness, R. 1984. Lactational performance of various mammalian species. Journal of Dairy Science 69:869-885.

Jenness, R., et al. 1981. Composition of milk of the sea otter (*Enhydra lutris/*). Comparative Biochemistry and Physiology 70A:275-379.

Jensen, P.M., T.O. Gustafsson. 1984. Evidence for pregnancy failure in young *Lemmus lemmus* and *Microtus oeconomus*. Canadian Journal of Zoology 62:2568-2570.

Jöchle, W. 1975. Current research in coitus-induced ovulation: a review. Journal of Reproduction and Fertility, Supplement 22:165-207.

Johnson, G., et al. 2010. Evidence that sperm whale (*Physeter macrocephalus*) calves suckle through their mouth. Marine Mammal Science 26:990-996.

Joly, D.O., F. Messier. 2005. The effect of bovine tuberculosis and brucellosis on reproduction and survival of wood bison in Wood Buffalo National Park. Journal of Animal Ecology 74:543-551.

Jones, K.T., S.I.R. Lane. 2013. Molecular causes of aneuploidy in mammalian eggs. Development 140:3719-3730.

Jones, M.E., et al. 2008. Life-history change in disease-ravaged Tasmanian devil populations. Proceedings of the National Academy of Science 105:10023-10027.

Jones, W.T. 1987. Dispersal patterns in kangaroo rats (*Dipodomys spectabilis*). Pp. 119-127 in Mammalian dispersal patterns (B.D. Chepko-Sade, Z.T. Halpin, eds.). University of Chicago Press, Chicago, IL.

Jönssson, K.I. 1997. Capital and income breeding as alternative tactics of resource use in reproduction. Oikos 78:57-66.

Joshi, C.K., et al. 1978. Studies on oestrus cycle in Bikaneri she-camel (*Camelus dromedaries*). Indian Journal of Animal Science 48:141-145.

Just, W., et al. 2007. *Ellobius lutescens*: sex determination and sex chromosome. Sexual Development 1:211-221.

Kaneko, T., et al. 2003. Mating-induced cumulus-oocyte maturation in the shrew, *Suncus murinus*. Reproduction 125:817-826.

Kanitz, W., et al. 2001. Comparative aspects of follicular development, follicular and oocyte maturation and ovulation in cattle and pigs. Archive Tierzucht Dummerstorf 44(Special Issue):9-23.

Kaňková, Š., et al. 2007. Influence of latent toxoplasmosis on the secondary sex ratio in mice. Parasitology 134:1709-1717.

Kappeler, P. 2015. Lemur behavior informs the evolution of social monogamy. Trends in Ecology and Evolution 29:591-593.

Kasuya, T., H. Marsh. 1984. Life history and reproductive biology of the short-finned pilot whale, *Globicephala macrorhynchus*, off the Pacific coast of Japan. Reports of the International Whaling Commission 6(Special Issue):259-310.

Kayanja, F.I.B., L.H. Blankenship. 1973. The ovary of the giraffe, *Giraffa camelopardalis*. Journal of Reproduction and Fertility 34:305-313.

Kellas, L.M., et al. 1958. Ovaries of some foetal and prepubertal giraffes (*Giraffa camelopardalis* (Linnaeus)). Nature 181:487-488.

Kelly, B.P., et al. 2010. Seasonal home ranges and fidelity to breeding sites among ringed seals. Polar Biology 33:1095-1109.

Kerth, G., et al. 2011. Bats are able to maintain long-term social relationships despite the high fission-fusion dynamics of their groups. Proceedings of the Royal Society B 278:2761-2757.

Keverne, E.B. 2015. Genomic imprinting, action, and interaction of maternal and fetal genomes. Proceedings of the National Academy of Sciences 112:6834-6840.

Keverne, E.B., J.P. Curley. 2008. Epigenetics, brain evolution and behavior. Frontiers in Neuroendocrinology 29:398-412.

Kevles, B. 1986. Females of the species: sex and survival in the animal kingdom. Harvard University Press, Cambridge, MA.

Kidder, D.L, T.R. Worsley. 2004. Causes and consequences of extreme Permo-Triassic warming to globally equable climate and relation to the Permo-Triassic extinction and recovery. Palaeogeography, Palaeoclimatology, Palaeoecology 203:207-237.

Kimura, J., et al. 2005. Three-dimensional reconstruction of the equine ovary. Anatomia, Histologia, Embryologia 34:48-51.

King, C.M. 1983. *Mustela erminea*. Mammalian Species 195:1-8.

Kinsley, C.H., et al. 2014. The mother as hunter: significant reduction in foraging costs through enhancements of predation in maternal rats. Hormones and behavior 66:649-654.

Kirkpatrick, J.F. 2007. Measuring the effects of wildlife contraception: the argument for comparing apples with oranges. Reproduction, Fertility and Development 19:548-552.

Kirkpatrick, J.F., et al. 2011. Contraceptive vaccines for wildlife: a review. American Journal of Reproductive Immunology 66:40-50.

Kirsch, J.A.W. 1977. The six-percent solution: second thoughts on the adaptedness of the Marsupialia. American Scientist 65"276-288.

Klein, C., M.H.T. Troedsson. 2011. Maternal recognition of pregnancy in the horse: a mystery still to be solved. Reproduction, Fertility and Development 23:952-963.

Knight, C.H., et al. 1998. Local control of mammary development and function. Reviews of Reproduction 3:104-112.

Kobayashi, T., et al. 2007. Exceptional minute sex-specific region in the XO mammal, Ryukyu spiny rat. Chromosome Research 15:175-187.

Koester, H. 1970. Ovum transport. Pp. 189-228 in Mammalian reproduction (H. Gibian, E.J. Plotz, eds.). Springer-Verlag, NY, NY.

Köhncke, M., K. Leonhardt. 1986. *Cryptoprocta ferox*. Mammalian Species 254:1-5.

Kokko, H., M.D. Jennions. 2008. Parental investment, sexual selection and sex ratios. Journal of Evolutionary Biology 21:919-948.

Kolowski, J.M., K.E. Holekamp. 2009. Ecological and anthropogenic influences on space use by spotted hyaenas. Journal of Zoology, London 277:23-36.

Koprowski, J.L. 1992. Removal of copulatory plugs by female tree squirrels. Journal of Mammalogy 73:572-576.

Koprowski, J.L. 1996. Natal philopatry, communal nesting, and kinship in fox squirrels and gray squirrels. Journal of Mammalogy 77:1006-1016.

Koprowski, J.L. 1998. Conflict between the sexes: a review of the social and mating systems of the tree squirrels. Special Publication, Virginia Museum of Natural History 6:33-41.

Korine, C., et al. 2004. Reproductive energetics of captive and free-ranging Egyptian fruit bats (*Rousettus aegyptiacus*). Ecology 85:220-230.

Koskela, E., H. Ylönen. 1995. Suppressed breeding in the field vole (*Microtus agrestis*): an adaptation to cyclically fluctuating predation risk. Behavioral Ecology 6:311-315.

Kraaijeveld-Smit, F.J.L., et al. 2002. Multiple paternity in a field population of a small carnivorous marsupial, the agile antechinus, *Antechinus agilis*. Behavioral Ecology and Sociobiology 52:84-91.

Kraaijeveld-Smit, F.J.L., et al. 2003. Paternity success and the direction of sexual selection in a field population of a semelparous marsupial, *Antechinus agilis*. Molecular Ecology 12:475-484.

Kress, A., et al. 2001. Oogenesis in the marsupial stripe-faced dunnart, *Sminthopsis macroura*. Cells Tissues Organs 168:188-202.

Krisher, R.L. 2004. The effect of oocyte quality on development. Journal of Animal Science 32(Supplement):E14-E23.

Kristal, M.B., et al. 2012. Placentophagia in humans and nonhuman mammals: causes and consequences. Ecology of Food and Nutrition, 51:177-197.

Król, E., et al. 2012. Strong pituitary and hypothalamic responses to photoperiod but not to 6-methoxy-2-benzoxazolinone in female common voles (*Microtus arvalis*). General and Comparative Endocrinology 179:289-295.

Kuhnlein, H.V., et al. 2006. Vitamins A, D, and E in Canadian Arctic traditional food and adult diets. Journal of Food Composition and Analysis 19:495-506.

Künkele, J. 2000. Energetics of gestation relative to lactation in a precocial rodent, the guinea pig (*Cavia porcellus*). Journal of Zoology, London 250:533-539.

Künkele, J., F. Trillmich. 1997. Are precocial young cheaper? Lactation energetics in the guinea pig. Physiological Zoology 70:589-596.

Kunz, T.H., D.J. Hosken. 2009. Male lactation: why, why not and is it care? Trends in Ecology and Evolution 24:80-85.

Kunz, T.H., K.S. Orrell. 2004. Reproduction, energy costs of. Encyclopedia of Energy 5:423-442.

Kunz, T.H., et al. 1994. Allomaternal care: helper-assisted birth in the Rodrigues fruit bat, *Pteropus rodricensis* (Chiroptera: Pteropodidae). Journal of Zoology, London 232:691-700.

Kunz, T.H., et al. 1996. Assessment of sex, age, and reproductive condition in mammals. Pp. 279-290 in Measuring and monitoring biological diversity: standard methods for mammals. (Wilson, D.E., et al., eds.). Smithsonian Institution Press, Washington, DC.

Kuroiwa, A., et al. 2011. Additional copies of CBX2 in the genomes of males of mammals lacking SRY, the Amami spiny rat (*Tokudaia osimensis*) and the Tokunoshima spiny rat (*Tokudaia tokunoshimensis*). Chromosome Research 19:635-644.

Kuruppath, S., et al. 2012. Monotremes and marsupials: comparative models to better understand the function of milk. Journal of Bioscience 37:581-588.

Kurta, A., T.H. Kunz. 1987. Size of bats at birth and maternal investment during pregnancy. Symposia of the Zoological Society of London 57:79-106.

Kurta, A., et al. 1989. Energetics of pregnancy and lactation in free ranging little brown bats (*Myotis lucifugus*). Physiological Zoology 62:804-818.

Kusinski, L.C., et al. 2014. Contribution of placental genomic imprinting and identification of imprinted genes. Pp 275-284 in The guide to investigation of mouse pregnancy (B.A. Croy, et al., eds.). Elsevier, New York, NY.

Kuyper, M.A. 1985. The ecology of the golden mole, *Amblysomus hottentotus*. Mammal Review 15:3-11.

Kvadsheim, P.H., J.J. Aarseth. 2002. Thermal function of phocid seal fur. Marine Mammal Science 18:952-962.

Kwiecinski, G.G., et al. 1987. Annual skeletal changes in the little brown bat, *Myotis lucifugus lucifugus*, with particular reference to pregnancy and lactation. American Journal of Anatomy 178:410-420.

Laakkonen J., et al. 1998. Dynamics of intestinal coccidia in peak density *Microtus agrestis*, *Microtus oeconomus* and *Clethrionomys glareolus* populations in Finland. Ecography 21:135-139.

Lacey, E.A. 2004. Sociality reduces individual direct fitness in a communally breeding rodent, the colonial tuco-tuco (*Ctenomys sociabilis*). Behavioral Ecology and Sociobiology 56:449-457.

Lacey, E.A., P.W. Sherman. 1997. Cooperative breeding in naked mole-rats: implications for vertebrate and invertebrate sociality. Pp. 267-301 in Cooperative breeding in mammals (N.G. Solomon, J.A. French, eds.). Cambridge University Press, New York, NY.

Lacey, E.A., et al. 2000. Life underground. University of Chicago Press, Chicago, IL.

Lambert, R.T. 2005. A pregnancy-associated glycoprotein (PAG) unique to the roe deer (*Capreolus capreolus*) and its role in the termination of embryonic diapause and maternal recognition of pregnancy. Israel Journal of Zoology 51:1-11.

Lamming, G.E. (ed.). 1994. Marshall's physiology of reproduction. Springer, New York, NY.

Langer, P. 2002. The digestive tract and life history of small mammals. Mammal Review 32:107-131.

Langer, P. 2008. The phases of maternal investment in eutherian mammals. Zoology 111:148-162.

Langer, P. 2009. Differences in the composition of colostrum and milk in eutherians reflect differences in immunoglobulin transfer. Journal of Mammalogy 90:332-339.

Larson, M.A., et al. 2001. Sexual dimorphism among bovine embryos in their ability to make the transition to expanded blastocyst and in the expression of the signaling molecule IFN-τ. Proceedings of the National Academy of Science 98:9677-9682.

Laurance, W.F., et al. 2014. Agricultural expansion and its impacts on tropical nature. Trends in Ecology and Evolution 29:107-116.

Laws, R.M. 1959. The foetal growth rates of whales with special reference to the fin whale, *Balaenoptera physalus/* Linn. Discovery Reports 29:281-308.

Lebl, K., et al. 2011. Local environmental factors affect reproductive investment in female edible dormice. Journal of Mammalogy 92:926-933.

Le Boeuf, B.J. 1972. Sexual behavior in the northern elephant seal *Mirounga angustirostris*. Behaviour 41:1-26.

Le Boeuf, B.J., S.L. Mesnick. 1990. Sexual behavior of male northern elephant seals: I. Lethal injuries to adult females. Behaviour 116:143-162.

Lee, K.Y., F.J. DeMayo. 2004. Animal models of implantation. Reproduction 128:679-695.

Lee, P.C. 1996. The meanings of weaning: growth, lactation, and life history. Evolutionary Anthropology: Issues, News, and Reviews 5:87-98.

Lee, P.C., et al. 2016. The reproductive advantages of a long life: longevity and senescence in wild female African elephants. Behavioral Ecology and Sociobiology 70:337-345.

Lee, S. van der, L.M. Boot. 1956. Spontaneous pseudopregnancy in mice II. Acta Physiologica et Pharmacologica Neerlandica 5:213-214.

Lefèvre, C.M., et al. 2010. Evolution of lactation: ancient origin and extreme adaptations of the lactation system. Annual Review of Genomics and human Genetics 11:219-238.

Lehrman, S.R., et al. 1988. Primary structure of pituitary prolactin. International Journal of Peptide and Protein Research 21:544-554.

Leiser, R., P. Kaufmann. 1994. Placental structure: in a comparative aspect. Experimental and Clinical Endocrinology 102:122-134.

Lesse, H.J. 1988. The formation and function of oviduct fluid. Journal of Reproduction and Fertility 82:843-856.

Lesse, H.J. 2012. Metabolism of the preimplantation embryo: 40 years on. Reproduction 143:417-427.

Lesse, H.J., et al. 2001. Formation of Fallopian tubal fluid: role of a neglected epithelium. Reproduction 121:339-346.

LeTallec, T., et al. 2015. Effects of light pollution on seasonal estrus and daily rhythms in a nocturnal primate. Journal of Mammalogy 96:438-445.

Levy, N., G. Bernadsky. 1991. Creche behavior of the Nubian ibex *Capra ibex nubiana* in the Negev desert highlands, Israel. Israel Journal of Zoology 37:125-137.

Lewis, R.J., P.M. Kappeler. 2005. Are Kirindy sifaka capital or income breeders? It depends. American Journal of Primatology 67:365-369.

Licht, P., et al. 1992. Hormonal correlates of 'masculinization' in female spotted hyaenas (*Crocuta crocuta*). 2. Maternal and fetal steroids. Journal of Reproduction and Fertility 95:463-474.

Licht, P., et al. 1998. Androgens and masculinization of genitalia in the spotted hyaena (*Crocuta crocuta*). 1. Urogenital morphology and placental androgen production during fetal life. Journal of Reproduction and Fertility 113:105-116.

Lidicker, W.Z. 1973. Regulation of numbers in an island population of the California vole, a problem in community dynamics. Ecological Monographs 43:271-302.

Liggins, G.C., et al. 1973. The mechanism of initiation of parturition in the ewe. Recent Progress in Hormone Research 29:111-159.

Lilia, K., et al. 2010. Gross anatomy and ultrasonographic images of the reproductive system of the Malayan tapir (*Tapirus indicus*). Anatomia, Histologia, Embryologia 39:569-575.

Lillegraven, J.A. 1975. Biological considerations of the marsupial-placental dichotomy. Evolution 29:707-722.

Lillegraven, J.A. 1979. Reproduction in Mesozoic mammals. Pp 259-276 in Mesozoic mammals (J.A. Lillegraven, et al., eds.). University of California Press, Berkeley, CA.

Lindberg, R.H., et al. 2007. Environmental risk assessment of antibiotics in the Swedish environment with emphasis on sewage treatment plants. Water Research 41:613-619.

Linnaeus, C. 1758. Systema naturae per regna tria naturae, secundum classes, ordines, genera, species, cum characteribus, differentiis, synonymis, locis. Editio decima, reformata. Volume 1. Laurentii Salvii, Stockholm, Sweden.

Lindenfors, P., et al. 2003. The monophyletic origin of delayed implantation in carnivores and its implications. Evolution 57:1952-1956.

Lindeque, M., J.D. Skinner. 1982. A seasonal breeding in the spotted hyaena (*Crocuta crocuta*, Erxleben), in southern Africa. Africa Journal of Ecology 20:271-278.

Lindeque, M., et al. 1986. Adrenal and gonadal contribution to circulating androgens in spotted hyaenas (*Crocuta crocuta*) as revealed by LHRH, hCG and ACTH stimulation. Journal of Reproduction and Fertility 78:211-217.

Linzey, D.W., A.V. Linzey. 1967a. Growth and development of the golden mouse *Ochrotomys nuttalli nuttalli*. Journal of Mammalogy 48:445-448.

Linzey, D.W., A.V. Linzey. 1967b. Maturational and seasonal molts in the golden mouse, *Ochrotomys nuttalli*. Journal of Mammalogy 48:236-241.

Lisenjohann T., et al. 2015. State-dependent foraging: lactating voles adjust their foraging behavior according to the presence of a potential nest predator and season. Behavioral Ecology and Sociobiology 69:747-754.

Liu, H., et al. 2003. Energy requirements during reproduction in female Brandt's voles (*Microtus brandtii*). Journal of Mammalogy 84:1410-1416.

Lloyd, S., et al. 1999. Reproductive strategies of a warm temperate vespertilionid, the large-footed myotis, *Myotis moluccarum* (Microchiroptera: Vespertilionidae). Australian Journal of Zoology 47:261-274.

Lochmiller, R.L., et al. 1962. Energetic cost of lactation in *Microtus pinetorum*. Journal of

Mammalogy 63:475-481.

Lombardi, J. 1994. Embryo retention and evolution of the amniote condition. Journal of Morphology 220:368.

Lombardi, J. 1998. Comparative vertebrate reproduction. Kluwer Academic Publishers, Boston, MA.

Loskutoff, N.M., et al. 1990. Reproductive anatomy, manipulation of ovarian activity and non-surgical embryo recovery in suni (*Nesotragus moschatus zuluensis*). Journal of Reproduction and Fertility 88:521-532.

Lowther, A.D, S.D. Goldsworthy. 2016. When were the weaners weaned? Identifying the onset of Australian sea lion nutritional independence. Journal of Mammalogy 97:1304-1311.

Lukas, D., T. Clutton-Brock. 2012. Cooperative breeding and monogamy in mammalian societies. Proceedings of the Royal Society B 279:2151-2156.

Lukas, D., E. Huchard. 2014. The evolution of infanticide by males in mammalian societies. Science 346:841-843.

Lummaa, V., T. Clutton-Brock. 2002. Early development, survival and reproduction in humans. Trends in Ecology and Evolution 17:141-147.

Lummaa, V., et al. 1998. Why cry? Adaptive significance of intensive crying in human infants. Evolution and human behavior 19:193-202.

Luo, S.-M., et al. 2013. Sperm mitochondria in reproduction: good or bad and where do they go? Journal of Genetics and Genomics 40:549-556.

Luo, Z.-X., et al. 2004. Evolution of dental replacement in mammals. Bulletin of the Carnegie Museum of Natural History 36:159-175.

Luo, Z.-X., et al. 2011. A Jurassic eutherian mammal and divergence of marsupials and placentals. Nature 476:442-445.

Lyamin, O., et al. 2005. Continuous activity in cetaceans after birth. Nature 435:1177.

Ma, W., et al. 1998. Role of the adrenal gland and adrenal-mediated chemosignals in suppression of estrus in the house mouse: the Lee-Boot effect revisited. Biology of Reproduction 59:1317-1320.

MacDonald, P.C., et al. 1978. Initiation of parturition in the human female. Seminars in Perinatology 2:273-296.

MacLean, S.F. Jr., et al. 1974. Population cycles in arctic lemmings: winter reproduction and predation by weasels. Arctic and Alpine Research 6:1-12.

MacLeod, K.J., T. H. Clutton-Brock. 2015. Low costs of allonursing in meerkats: mitigation by behavioral change? Behavioral Ecology 26:697-705.

MacLeod, K.J., D. Lukas. 2014. Revisiting non-offspring nursing: allonursing evolves when the costs are low. Biology Letters 10:20140378.

Maier, W., et al. 1996. New therapsid specimens and the origin of the secondary hard and soft palate of mammals. Journal of Zoological Systematics and Evolutionary Research 34:9-19.

Maingon, L. 2016. Comox Valley loses a tiny giant of an environmentalist. http://tide-change.ca/2016/07/20/comox-valley-loses-tiny-giant-environmentalist/.

Maklakov A.A., V. Lummaa. 2013. Evolution of sex differences in lifespan and aging: causes and constraints. BioEssays 35:717-724.

Mandalaywala, T.M., et al. 2014. Physiological and behaviour responses to weaning conflict in free-ranging primate infants. Animal Behaviour 97:241-247.

Manning, T.H. 1954. Remarks on the reproduction, sex ratio, and life expectancy of the varying lemming, *Dicrostonyx groenlandicus*, in nature and captivity. Arctic 7:36-48.

Markham, A.C., et al. 2014. Rank effects on social stress in lactating chimpanzees. Animal Behaviour 87:195-202.

Marmontel, M. 1988. The reproductive anatomy of the female manatee *Trichechus manatus latirostris* (Linnaeus 1758) based on gross and histologic observations. MS thesis, University of Miami, Coral Gables, FL.

Marsh, H., T. Kasuya. 1986. Evidence for reproductive senescence in female cetaceans. Reports of the International Whaling Commission Special Issue 8:57-74.

Marshall, C.D., J.F. Eisenberg. 1996. *Hemicentetes semispinosus*. Mammalian Species 541:1-4.

Martin, R.D. 1966. Tree shrew: unique reproductive mechanism of systematic importance. Science 152:1402-1404.

Martin, R.D. 1968. Reproduction and ontogeny in tree-shrews (*Tupaia belangeri*), with reference to their general behavior and taxonomic relationships. Zeitschrift für Tierpsychologie 25:409-495.

Martin, R.D., A.M. MacLaron. 1985. Gestation period, neonatal size and maternal investment in placental mammals. Nature 313:220-223.

Martinez-Bakker, M., et al. 2014. human birth seasonality: latitudinal gradient and interplay with childhood disease dynamics. Proceedings of the Royal Society B 281:20132438.

Maurus, M., et al. 1965. Cerebral representation of the clitoris in ovariectomized squirrel monkeys. Experimental Neurology 13:283-288.

Maxwell, C.S., M.L. Morton. 1975. Comparative thermoregulatory capabilities of neonatal ground squirrels. Journal of Mammalogy 56:821-828.

Mayor, P., et al. 2011. Functional anatomy of the female genital organs of the wild black agouti (*Dasyprocta fuliginosa*) female in the Peruvian Amazon. Animal Reproduction Science 121:240-257.

Mayor, P., et al. 2013. Functional morphology of the genital organs in the wild paca (*Cuniculus paca*) female. Animal Reproduction Science 140:206-215.

McAllan, B., et al. 2006. Photoperiod as a reproductive cue in the marsupial genus *Antechinus*: ecological and evolutionary consequences. Biological Journal of the Linnean Society 87:365-379.

McClintock, M.K. 1981. Social control of the ovarian cycle and the function of estrous synchrony. American Zoologist 21:243-256.

McCracken, G.F., M.K. Gustin. 1991. Nursing behavior in Mexican free-tailed bat maternity colonies. Ethology 89:305-321.

McCue, P.M. 1998. Review of ovarian abnormalities in the mare. American Association of Equine Practitioners Proceedings 44:125-133.

McEntee, K. 1990. Reproductive pathology of domestic mammals. Academic Press, New York, NY.

McGuire, B., S. Sullivan. 2001. Suckling behavior of pine voles (*Microtus pinetorum*). Journal of Mammalogy 82:690-699.

McLaren, A. 2003. Primordial germ cells in the mouse. Developmental Biology 262:1-15.

McLay, D.W., H.J. Clarke. 2003. Remodelling the paternal chromatin at fertilization in mammals. Reproduction 125:625-633.

McNab, B.K. 1986. The influence of food habits on the energetics of eutherian mammals. Ecological Monographs 56:1-19.

McPherson, F.J., P.J. Chenoweth. 2012. Mammalian sexual dimorphism. Animal Reproduction Science 131:109-122.

Mehrer, C.F. 1976. Gestation period in the wolverine, *Gulo gulo*. Journal of Mammalogy

57:570.

Menkhorst, E., L. Selwood. 2008. Vertebrate extracellular preovulatory and postovulatory egg coats. Biology of Reproduction 79:790-797.

Menkhorst, E., et al. 2009. Evolution of the shell coat and yolk in amniotes: a marsupial perspective. Journal of Experimental Zoology 312B:625-638.

Mihm, M., et al. 2011. The normal menstrual cycle in women. Animal Reproduction Science 124:229-236.

Millar, J.A. 1978. Energetics of reproduction in *Peromyscus leucopus*: the cost of lactation. Ecology 59:1055-1061.

Millar, J.S. 2001. Reproduction in lemmings. Ecoscience 8:145-150.

Miller, A.M. 2011. The effect of motherhood timing on career path. Journal of Population Economics 24:1071-1100.

Miller, D.L., et al. 2007. Placental structure and comments on gestational ultrasonographic examination. Pp. 331-348 in Reproductive biology and phylogeny of Cetacea (D.L. Miller, ed.). Science Publishers, Enfield, NH.

Miller, G., et al. 2007. Ovulatory cycle effects on tip earnings by lap dancers: economic evidence for human estrus? Evolution and human behavior 28:375-381.

Miller-Ben-Shaul, D. 1963. Short-tailed shrews (*Blarina brevicauda*) in captivity. International Zoo Yearbook 4:121-123.

Mills, M.G.L. 1982. *Hyaena brunnea*. Mammalian Species 194:1-5.

Mills, M.G.L. 1983. Mating and denning behavior of the brown hyaena *Hyaena brunnea* and comparisons with other Hyaenidae. Zeitschrift für Tierpsychologie 63:331-342.

Milner, J., et al. 1990. *Nyctinomops macrotis*. Mammalian Species 351:1-4.

Mira, A. 1998. Why is meiosis arrested? Journal of Theoretical Biology 194:275-287.

Moehlman, P.D., Hofer, H. 1997. Cooperative breeding, reproductive suppression, and body mass in canids. Pp. 76-127 in Cooperative breeding in mammals (N.G. Solomon, J.A. French, eds.). Cambridge University Press, Cambridge, Enlgland.

Montgomery, G.W., et al. 2014. The future for genetic studies in reproduction. Molecular human Reproduction 20:1-14.

Mor, G., I. Cardenas. 2010. The immune system in pregnancy: a unique complexity. American Journal of Immunology 63:425-433.

Moran, S., et al. 2009. Multiple paternity in the European hedgehog. Journal of Zoology,

London 278:349-353.

Morandini, V., M. Ferrer. 2015. Sibling aggression and brood reduction: a review. Ethology Ecology and Evolution 27:2-16.

Morbeck, M.E., et al. (eds.). 1997. The evolving female: a life history perspective. Princeton University Press, Princeton, NJ.

Morrison, D.W. 1978. Foraging ecology and energetics of the frugivorous bat *Artibeus jamaicensis*. Ecology 59:716-723.

Morrow, G., et al. 2009. Reproductive strategies of the short-beaked echidna—a review with new data from a long-term study on the Tasmanian subspecies (*Tachyglossus aculeatus setosus*). Australian Journal of Zoology 57:275-282.

Mossman, H.W., K.L. Duke. 1973. Comparative morphology of the mammalian ovary. University of Wisconsin Press, Madison, WI.

Mossman, H.W., I. Judas. 1949. Accessory corpora lutea, lutein cell origin, and the ovarian cycle in the Canadian porcupine. American Journal of Anatomy 85:1-39.

Mtango, N.R., et al. 2008. Oocyte quality and maternal control of development. International Review of Cell and Molecular Biology 258:223-290.

Mueller, N. 2015. The infant microbiome development: mom matters. Trends in Molecular Medicine 21:109-117.

Mullen, D.A. 1968. Reproduction in brown lemmings (*Lemmus trimucronatus*) and its relevance to their cycle of abundance. University of California Publications in Zoology 85:1-24.

Musser, G.C., M.D. Carleton. 2005. Superfamily Muroidea. Pp. 894-1532 in Mammal species of the world, 3rd edition (D.E. Wilson, D.M. Reeder, eds.). Johns Hopkins University Press, Baltimore, MD.

Myatt, L., K. Sun. 2010. Role of fetal membranes in signaling of fetal maturation and parturition. International Journal of Developmental Biology 54:545-553.

Mysorekar, I.U., B. Cao. 2014. Microbiome in parturition and preterm birth. Seminars in Reproductive Medicine 32:50-55.

Naaktgeboren, C. 1979. behavior aspects of parturition. Animal Reproduction Science 2:155-166.

Nagy, T.R., et al. 1995. Endocrine correlates of seasonal body mass dynamics in the collared lemming (*Dicrostonyx groenlandicus*). American Zoologist 35:246-258.

Nathanielsz, P.W. 1978. Parturition in rodents. Seminars in Perinatology 2:223-234.

Neaves, W.B., et al. 1980. Sexual dimorphism of the phallus in spotted hyaena (*Crocuta crocuta*). Journal of Reproduction and Fertility 59:509-513.

Negus, N.C., P.J. Berger. 1977. Experimental triggering of reproduction in a natural population of *Microtus montanus*. Science 196:1230-1231.

Negus, N.C., P.J. Berger. 1998. Reproductive strategies of *Dicrostonyx groenlandicus* and *Lemmus sibiricus* in high-arctic tundra. Canadian Journal of Zoology 76:390-399.

Neill, J.D. (ed.). 2006. Knobil and Neill's physiology of reproduction, 3rd edition. Elsevier, New York, NY.

Nelson, R. J. 1987. Photoperiod-nonresponsive morphs: a possible variable in microtine population-density fluctuations. American Naturalist 130:350-369.

Nelson, R.J. 2011. An introduction to behavioral neuroendocrinology. Sinauer, Sunderland, MA.

Neuhaus P. 2003. Parasite removal and its impact on litter size and body condition in Columbian ground squirrels (*Spermophilus columbianus*). Biology Letters 270:S213-S215.

Nicolás, L., et al. 2011. Littermate presence enhances motor development, weight gain and competitive ability in newborn and juvenile domestic rabbits. Developmental Psychobiology 53:37-46.

Nicoll, M.E., P.A. Racey. 1985. Follicular development, ovulation, fertilization and fetal development in tenrecs (*Tenrec ecaudatus*). Journal of Reproduction and Fertility 74:47-55.

Nishiwaki, M., H. Marsh. 1985. Dugong. Handbook of Marine Mammals 3:1-31.

Nitsch, A., et al. 2016. Sibship effects on dispersal behaviour in a pre-industrial human population. Journal of Evolutionary Biology 29:1986-1998.

Nixon, B., et al. 2011. Understanding the evolutionary significance of epididymal sperm maturation. Journal of Andrology 32:665-671.

Nordstrom, C.A., et al. 2013. Foraging habitats of lactating northern fur seals are structured by thermocline depths and submesoscale fronts in the eastern Bering Sea. Deep-Sea Research II 88-89:78-96.

Nowak, R.A., J.M. Bahr. 1983. Maternal recognition of pregnancy in the rabbit. Journal of Reproduction and Fertility 69:623-627.

Numan, M., T.R. Insel. 2003. The neurobiology of parental behavior. Springer, New York,

NY.

O'Donoghue, P.N. 1963. Reproduction in the female hyrax (*Dendrohyrax arborea ruwenzorii*). Proceedings of the Zoological Society of London 141:207-237.

Oftedal, O.T. 1997. Lactation in whales and dolphins: evidence of divergence between baleen- and toothed-species. Journal of Mammary Gland Biology and Neoplasia 2:205-230.

Oftedal, O.T. 2000. Use of maternal reserves as a lactation strategy in large mammals. Proceedings of the Nutrition Society 59:99-106.

Oftedal, O.T. 2013. Origin and evolution of the major constituents of milk. Pp. 1-42 in Advanced dairy chemistry. Volume 1A: proteins: basic aspects, 4th edition (P.L.H. McSweeney, P.F. Fox, eds.). Springer Science, New York, NY.

Oftedal, O.T., et al. 1987. The behavior, physiology, and anatomy of lactation in the Pinnipedia. Pp. 175-245 in Current mammalogy, volume 1 (H.H. Genoways, ed.). Plenum, New York, NY.

Oftedal, O.T., et al. 2014. Can an ancestral condition for milk oligosaccharides be determined? Evidence from the Tasmanian echidna (*Tachyglossus aculeatus setosus*). Glycobiology 24:826-839.

O'Gara, B.W. 1969. Unique aspects of reproduction in the female pronghorn (*Antilocapra americana* Ord). American Journal of Anatomy 125:217-231.

Olcese, J. 2012. Circadian aspects of mammalian parturition: a review. Molecular and Cellular Endocrinology 349:62-67.

Oliveira, S.F., et al. 2000. Advanced oviductal development, transport to the preferred implantation site, and attachment of the blastocyst in captive-bred, short-tailed fruit bats, *Carollia perspicillata*. Anatomy and Embryology 201:357-381.

Olsson, K. 1986. Pregnancy—a challenge to water balance. Physiology 1:131-134.

Opie, C., et al. 2013. Male infanticide leads to social monogamy in primates. Proceedings of the National Academy of Sciences 110:13328-13332, plus supplemental data.

Orr, T.J., P.L. Brennan. 2015. Sperm storage: distinguishing selective processes and evaluating criteria. Trends in Ecology and Evolution 30:261-272.

Orr, T.J., T. Garland, Jr. 2017. Complex reproductive traits and whole-organism performance. Journal of Integrative and Comparative Biology, in press.

Orr, T.J., M. Zuk. 2014. Reproductive delays in mammals: an unexplored avenue for post-copulatory sexual selection. Biological Reviews 89:889-912.

Orr, T. J., et al. 2016. Diet choice in frugivorous bats: gourmets or operational pragmatists? Journal of Mammalogy 97:1578-1588.

Osada, T., et al. Puromycin-sensitive aminopeptidase is essential for the maternal recognition of pregnancy in mice. Molecular Endocrinology 15:882-893.

Pachkowski, M., et al. 2013. Spring-loaded reproduction: effects of body condition and population size on fertility in migratory caribou (*Rangifer tarandus*). Canadian Journal of Zoology 91:473-479.

Packer, C., et al. 1992. A comparative analysis of non-offspring nursing. Animal Behaviour 43:265-281.

Padilla, M., et al. 2010. *Tapirus pinchaque/* (Perissodactyla: Tapiridae). Mammalian Species 42:166-182.

Padula, A.M. 2005. The freemartin syndrome: an update. Animal Reproduction Science 87:93-109.

Padykula, H.A., J.M. Taylor. 1982. Marsupial placentation and its evolutionary significance. Journal of Reproduction and Fertility 31(Supplement):95-104.

Pan, H., et al. 2005. Transcript profiling during mouse oocyte development and the effect of gonadotropin priming and development in vitro. Developmental Biology 286:493-506.

Pangas, S.A., A. Rajkovic. 2015. Follicular development: mouse, sheep, and human model. Pp. 947-995 in Knobil and Neill's physiology of reproduction (T.M. Plant, et al., eds.). Academic Press New York, NY.

Pangle, W.M., K.E. Holekamp. 2010. Lethal and nonlethal anthropogenic effects on spotted hyenas in the Masai Mara National Reserve. Journal of Mammalogy 91:154-164.

Papaioannou, G.I., et al. 2010. Normal ranges of embryonic length, embryonic heart rate, gestational sac diameter and yolk sac diameter at 6-10 weeks. Fetal Diagnosis and Therapy 28:207-219.

Parga, J.A. 2003. Copulatory plug displacement evidences sperm competition in *Lemur catta*. International Journal of Primatology 24:889-899.

Parker, G.A., T.R. Birkhead. 2013. Polyandry: the history of a revolution. Philosophical Transactions of the Royal Society B 368:20120335.

Parker, K.L., et al. 1990. Comparison of energy metabolism in relation to daily activity and milk consumption by caribou and muskox neonates. Canadian Journal of Zoology 68:106-114.

Parkes, A.S. 1977. H.M. Bruce. Journal of Reproduction and Fertility 49:1-4.

Patterson, B.D. 2007. On the nature and significance of variability in lions (*Panthera leo*). Evolutionary Biology 34:55-60.

Pellati, D., et al. 2008. Genital tract infections and infertility. European Journal of Obstetrics and Gynecology and Reproductive Biology 140:3-11.

Pennisi, E. 2004. The birth of the nucleus. Science 305:766-768.

Perry, J.S. 1964. The structure and development of the reproductive organs of the female African elephant. Philosophical Transactions of the Royal Society of London, B 248:35-51.

Perry, J.S., I.W. Rowlands. 1962. Early pregnancy in the pig. Journal of Reproduction and Fertility 4:175-188.

Perryman, W.L., et al. 2002. Gray whale calf production 1994-2000: are observed fluctuations related to changes in seasonal ice cover? Marine Mammal Science 18:121-144.

Perven, H.A., et al. 2014. A postmortem study on the weight of the human ovary. Medicine Today 26:12-14.

Petraglia, F., et al. 2010. Neuroendocrine mechanisms in pregnancy and parturition. Endocrine Reviews 31:783-816.

Petter-Rousseaux, A., F. Bourlière, 1965. Persistence des phénomènes d'ovogénèse chez l'adulte de *Daubentonia madagascariensis* (Prosimii, Lemuriformes). Folia Primatologia 3:241-244.

Philips, S.S. 2000. Population trends and the koala conservation debate. Conservation Biology 14:650-659.

Phoenix, C.H., et al. 1959. Organizing action of prenatally administered testosterone propionate on the tissues mediating mating behavior in the female guinea pig. Endocrinology 65:369-382.

Pielmeier, K.G., et al. submitted. Reproductive investment in canids and leporids: influences of ecology and neonatal development.

Pierson, R.A., et al. 2003. Ortho EVRA™/ EVRA™ versus oral contraceptives: follicular development and ovulation in normal cycles and after an intentional dosing error. Fertility and Sterility 80:34-42.

Pioz, M., et al. 2008. Diseases and reproductive success in a wild mammal: example in the alpine chamois. Oecologia 155:691-704.

Place, N.J., et al. 2011. The anti-androgen combination, flutamide plus finasteride, paradoxically suppressed LH and androgen concentrations in pregnant spotted hyenas, but not in males. General and Comparative Endocrinology 170:455-459.

Plant, T.M., A.J. Zeleznik (eds.). 2015. Knobil and Neill's physiology of reproduction, 4th edition. Academic Press, Waltham, MA.

Plard, F., et. al. 2013. Parturition date for a given female is highly repeatable with five roe deer populations. Biology Letters 9:20120841.

Plön, S., R.T.F. Bernard. 2007. Anatomy with particular reference to the female. Pp. 147-169 in Reproductive biology and phylogeny of Cetacea (D.L. Miller, ed.). Science Publishers, Enfield, NH.

Pocock, R.I. 1924. Some external characters of *Orycteropus afer*. Proceedings of the Zoological Society of London 94:697-706.

Poiani, A. 2006. Complexity of seminal fluid: a review. Behavioral Ecology and Sociobiology 60:289-310.

Pond, C.M. 1977. The significance of lactation in the evolution of mammals. Evolution 31:177-199.

Pond, C.M. 2012. The evolution of mammalian adipose tissue. Pp. 227-269 in Adipose tissue biology (M.E. Symonds, ed.). Springer, New York, NY.

Pope, C.E. 2000. Embryo technology in conservation efforts for endangered felids. Theriogenology 53:163-174.

Pope, C.E., et al. 2006. In vitro embryo production and embryo transfer in domestic and non-domestic cats. Theriogenology 66:1518-1524.

Pope, C.E., et al. 2012. In vivo survival of domestic cat oocytes after vitrification, intracytoplasmic sperm injection and embryo transfer. Theriogenology 77: 531-538.

Poppitt, S.D., et al. 1994. Energetics of reproduction in the lesser hedgehog tenrec, *Echinops telfarir* (Martin). Physiological Zoology 67:976-994.

Pournelle, G.H. 1965. Observations on birth and early development of the spotted hyena. Journal of Mammalogy 46:503.

Power, M.L., J. Schulkin. 2012. The evolution of the human placenta. Johns Hopkins University Press, Baltimore, MD..

Pratt, D.M., V.H. Anderson. 1979. Giraffe cow-calf relationships and social development of the calf in the Serengeti. Zeitschrift für Tierpsychologie 51:233-251.

Prince, A.L., et al. 2014a. The microbiome, parturition, and timing of birth: more questions than answers. Journal of Reproductive Immunology 104-105:12-19.

Prince, A.L., et al. 2014b. The microbiome and development: a mother's perspective. Seminars in Reproductive Medicine 32:14-22.

Prince, A.L., et al. 2015. The perinatal microbiome and pregnancy: moving beyond the vaginal microbiome. Cold Spring Harbor Perspectives in Medicine 16:1-14.

Profet, M. 1993. Menstruation as a defense against pathogens transported by sperm. Quarterly Review of Biology 68:335-386.

Promislow, D.E.L., P.H. Harvey. 1990. Living fast and dying young: a comparative analysis of life-history variation among mammals. Journal of Zoology, London 220:417-437.

Prugh, L.R., C.D. Golden. 2014. Does moonlight increase predation risk? meta-analysis reveals divergent responses of nocturnal mammals to lunar cycles. Journal of Animal Ecology 83:504-514.

Puente, A.E., D.A. Dewsbury. 1976. Courtship and copulatory behavior of bottlenosed dolphins (*Tursiops truncatus*). Cetology 21:1-9.

Puget, A., C. Gouarderes. 1974. Weight gain of the Afghan pika (*Ochotona rufescens rufescens*) from birth to 19 weeks of age, and during gestation. Growth 38:117-129.

Purvis, A., P.H. Harvey. 1995. Mammal life-history evolution: a comparative test of Charnov's model. Journal of Zoology, London 237:259-283.

Racey, D.N., et al. 2009. Galactorrhoea is not lactation. Trends in Ecology and Evolution 24:354-355.

Racey, P.A., A.C. Entwistle. 2000. Life-history and reproductive strategies of bats. Pp. 363-414 in Reproductive biology of bats (E.G. Crichton, P.H. Krutzsch, eds.). Academic Press, London, Enlgland.

Racey, P.A., J.D. Skinner. 1979. Endocrine aspects of sexual mimicry in spotted hyaenas *Crocuta crocuta*. Journal of Zoology, London 187:315-326.

Rachlow, J.L., et al. 2005. Natal burrows and nests of free-ranging pygmy rabbits (*Brachylagus idahoensis*). Western North American Naturalist 65:136-139.

Racicot, K., et al. 2014. Understanding the complexity of the immune system during pregnancy. American Journal of Reproductive Immunology 72:107-116.

Ralls, K., et al. 1986. Mother-young relationships in captive ungulates: variability and clustering. Animal Behaviour 34:134-145.

Ramsay, M.A., R.L. Dunbrack. 1986. Physiological constraints on life history phenomena: the example of small bear cubs at birth. American Naturalist 127:735-743.

Rasmussen, J.L., R.L. Tilson. 1984. Food provisioning by adult maned wolves (*Chrysocyon brachyurus*). Zeitschrift für Tierpsychologie 65:346-352.

Rasmussen, L.E., B.A. Schulte. 1998. Chemical signals in the reproduction of Asian (*Elephas maximus*) and African (*Loxodonta africana*) elephants. Animal Reproduction Science 53:19-34.

Rasweiler, J.J., IV, et al. 2000. Anatomy and physiology of the female reproductive tract. Pp. 157-219 in Reproductive biology of bats (E.G. Crichton, P.H. Krutzsch, eds.). Academic Press, New York, NY.

Rasweiler, J.J., IV, et al. 2011. Ovulation, fertilization and early embryonic development in the menstruating fruit bat, *Carollia perspicillata*. Anatomical Record 294:506-519.

Ratto, M.H., et al. 2005. Local versus systemic effect of ovulation-inducing factor in the seminal plasma of alpacas. Reproductive Biology and Endocrinology 3:29 (5 pages, not paginated).

Réale, D., et al. 1996. Female-based mortality induced by male sexual harassment in a feral sheep population. Canadian Journal of Zoology 74:1812-1818.

Reddy, M.L., et al. 2001. Opportunities for using Navy marine mammals to explore associations between organochlorine contaminants and unfavorable effects on reproduction. Science of the Total Environment 274:171-182.

Reidman, M.L. 1982. The evolution of alloparental care and adoption in mammals and birds. Quarterly Review of Biology 57:405-435.

Reijnders, P.J.H., et al. 2010. Earlier pupping in harbor seals, *Phoca vitulina*. Biology Letters 6:854-857.

Rekwot, P.I., et al. 2001. The role of pheromones and biostimulation in animal reproduction. Animal Reproduction Science 65:157-170.

Rendell, L., H. Whitehead. 2001. Culture in whales and dolphins. Behavioral and Brain Sciences 24:309-382.

Renfree, M.B. 2006. Life in the pouch: womb with a view. Reproduction, Fertility and Development 18:721-734.

Renfree, M.B. 2010. Marsupials: placental mammals with a difference. Placenta 31, Supplement A, Trophoblast Research 24:S21-S26.

Renfree, M.B., G. Shaw. 2000. Diapause. Annual Reviews of Physiology 62:353-375.

Renfree, M.B., et al. 2013. The origin and evolution of genomic imprinting and viviparity in mammals. Philosophical Transactions of the Royal Society B 368:20120151.

Revel, A., et al. 2009. At what age can human oocytes be obtained? Fertility and Sterility 92:458-463.

Reynolds, J.E., et al. 2005. Marine mammal research: conservation beyond crisis. Johns Hopkins University Press, Baltimore, MD.

Richards, J.S., et al. 2015. Ovulation. Pp. 997-1021 in Knobil and Neill's physiology of reproduction (T.M. Plant, et al., eds.). Academic Press, New York, NY.

Richardson, B.E., R. Lehmann. 2010. Mechanisms guiding primordial germ cell migration: strategies from different organisms. Nature Reviews 11:37-49.

Riedelsheimer, B., et al. 2007. Histological study of the cloacal region and associated structures in the hedgehog tenrec *Echinops telfairi*. Zeitschrift für Säugetierkunde 72:330-341.

Riffell, J.A., et al. 2008. Physical processes and real-time chemical measurement of the insect olfactory environment. Journal of Chemical Ecology 34:837-853.

Rinkenberger, J.L., et al. 1997. Molecular genetics of implantation in the mouse. Developmental Genetics 21:6-20.

Rismiller, P.D., M.W. McKelvey. 2009. Activity and behaviour of lactating echidnas (*Tachyglossus aculeatus multiaculeatus*) from hatching of egg to weaning of young. Australian Journal of Zoology 57:265-273.

Robert, K.A., et al. 2015. Artificial light at night desynchronizes strictly seasonal reproduction in a wild mammal. Proceedings of the Royal Society B 282(1816):20151745.

Robbins, C.T., et al. 2012. Maternal condition determines birth date and growth of newborn bear cubs. Journal of Mammalogy 93:540-546.

Robbins, J.R., A.I. Bakardjiev. 2012. Pathogens and the placental fortress. Current Opinions in Microbiology 15:36-43.

Robeck, T.R., et al. 2004. Reproductive physiology and development of artificial insemination technology in killer whales (*Orcinus orca*). Biology of Reproduction 71:650-660.

Roff, D.A. 2002. Life history evolution. Sinauer, Amherst, MA.

Romero, T., F. Aureli. 2008. Reciprocity of support in coatis (*Nasua nasua*). Comparative

Psychology 122:19-25.

Ross, P.S., et al. 2000. High PCB concentrations in free ranging pacific killer whales, Orcinus orca: effects of age, sex and dietary preference. Marine Pollution Bulletin 40:504-515.

Rossi, L.F., et al. 2011. Female reproductive tract of the lesser anteater (*Tamandua tetradactyla*, Myrmecophagidae, Xenarthra): anatomy and histology. Journal of Morphology 272:1307-1313.

Rothchild, I. 2002. The yolkless egg and the evolution of eutherian viviparity. Biology of Reproduction 68:337-357.

Rubio-Casillas, A., E.A. Jannini. 2011. New insights from one case of female ejaculation. Journal of Sex Medicine 8:3500-3504.

Russell, A.F., V. Lummaa. 2009. Maternal effects in cooperative breeders: from hymenopterans to humans. Philosophical Transactions of the Royal Society B 364:143-1167.

Rutberg, A.T. 1987. Adaptive hypotheses of birth synchrony in ruminants: an interspecific test. American Naturalist 130:692-710.

Rutland, A.T. 2013. Managing wildlife with contraception: why is it taking so long? Journal of Zoo and Wildlife Medicine 44:S38-S46.

Sadlier, R.M.F.S. 1969. The ecology of reproduction in wild and domestic mammals. Methuen, London, Enlgland.

Sadlier, R.M.F.S. 1982. Energy consumption and subsequent partitioning in lactating black-tailed deer. Canadian Journal of Zoology 60:382-286.

Saito, C. 1998. Cost of lactation in the Malagasy primate *Propithecus verreauxi*: estimates of energy intake in the wild. Folio Primatologica 69(Supplement 1):414.

Sale, M.G., et al. 2013. Multiple paternity in the swamp Antechinus (*Antechinus minimus*). Australian Mammalogy 35:227-230.

Sánchez-Villagra, M.R. 2010. Developmental palaeontology in synapsids: the fossil record of ontogeny in mammals and their closest relatives. Proceedings of the Royal Society B 277:1139-1147.

Santos, F.C.A., et al. 2003. Structure, histochemistry, and ultrastructure of the epithelium and stroma in the gerbil (*Meriones unguiculatus*) female prostate. Tissue and Cell 35:447-457.

Santos, F.C.[A.], et al. 2006. Testosterone stimulates growth and secretory activity of the female prostate in the adult gerbil (*Meriones unguiculatus*). Biology of Reproduction 75:370-379.

Sarmah, A.K., et al. 2006. A global perspective on the use, sales, exposure pathways, occurrence, fate and effects of veterinary antibiotics (VAs) in the environment. Chemosphere 65:725-759.

Scaramuzzi, R.J., et al. 2011. Regulation of folliculogenesis and the determination of ovulation rate in ruminants. Reproduction, Fertility and Development 23:444-467.

Schareff, C.M. 2007. Anatomy with particular reference to the female. Pp. 349-370 in Reproductive biology and phylogeny of Cetacea (D. L. Miller, ed.). Science Publishers, Enfield, NH.

Schatten, G., H. Schatten. 1983. The energetic egg. Sciences 23:28-34.

Schiebinger, L. 1993. Why mammals are called mammals: gender politics in eighteenth-century natural history. American Historical Review 98:382-411.

Schmerler, S., G.M. Wessel. 2011. Polar bodies—more a lack of understanding than a lack of respect. Molecular Reproduction and Development 78:3-8.

Schmidt-Nielsen, K. 1984. Scaling: why is animal size so important? Cambridge University Press, Cambridge, Enlgland.

Schulz, T.M., W.D. Bowen. 2005. The evolution of lactation strategies in pinnipeds: a phylogenetic analysis. Ecological Monographs 75:159-177.

Schwanz, L.E. 2008. Chronic parasitic infection alters reproductive output in deer mice. Behavioral Ecology and Sociobiology 62:1351-1358.

Secor, W.E., et al. 2014. Neglected parasitic infections in the United States: trichomoniasis. American Journal of Tropical Medicine and Hygiene 90:800-804.

Seebacher, F., C.E. Franklin 2012. Determining environmental causes of biological effects: the need for a mechanistic physiological dimension in conservation biology. Philosophical Transactions of the Royal Society of London B 367:1607-1614.

Semb-Johansson, A., et al. 1993. Reproduction, litter size and survival in a laboratory strain of the Norwegian lemming (*Lemmus lemmus*). Pp. 329-337 in The biology of lemmings (N.C. Stenseth, R.A. Ims, eds). Academic Press, New York, NY.

Şenayli, A. 2011. Controversies on clitoroplasty. Therapeutic Advances in Urology 3:273-277.

Shah, G.M., et al. 2009. Observations on antifertility and abortifacient herbal drugs. African

Journal of Biotechnology 8:1959-1984.

Sharman, G.B. 1976. Evolution of viviparity in mammals. Pp. 32-70 in Reproduction in mammals. Book 6: the evolution of reproduction (C.R. Austin, R.V. Short, eds.) Cambridge University Press, Cambridge, Enlgland.

Sharp, J.A., et al. 2011. Milk of monotremes and marsupials. Pp. 553-562 in Encyclopedia of dairy sciences, volume 1-2, 2nd edition (J.W. Fuquay, et al., eds.) Academic Press, New York, NY.

Sharp, S.P., T.H. Clutton-Brock. 2010. Reproductive senescence in a cooperatively breeding mammal. Journal of Animal Ecology 79:176-183.

Shaw, E., J. Darling. 1985. Female strategies. Walker, New York, NY.

Sherman, I.W. 2007. Twelve diseases that changed our world. American Society for Microbiology, Washington, DC.

Sherman, P.W. 1981. Kinship, demography, and Belding's ground squirrels. Behavioral Ecology and Sociobiology 8:251-259.

Sherman, P.W. 1985. Alarm calls of Belding's ground squirrels to aerial predators: nepotism or self-preservation? Behavioral Ecology and Sociobiology 17.4:313-323.

Sherman, P.W., J.U.M. Jarvis. 2002. Extraordinary life spans of naked mole-rats (*Heterocephalus glaber*). Journal of Zoology, London 258:307-311.

Sherman, P.W., et al. 1999. Litter sizes and mammary numbers of naked mole-rats: breaking the one-half rule. Journal of Mammalogy 80:720-733.

Sheriff, M.J., et al. 2010. The ghosts of predators past: population cycles and the role of maternal programming under fluctuating predation risk. Ecology 91:2983-2994.

Shindo, J., et al. 2008. Morphology of the tongue in a newborn Stejneger's beaked whale (*Mesoplodon stejnegeri*). Okajimas Folia Anatomica Japan 84:121-124.

Shome, B., A.F. Parlow. 1977. human pituitary prolactin (hPRL): the entire linear amino acid sequence. Journal of Clinical Endocrinology and Metabolism 45:1112-1115.

Shoop, W.L., et al. 2002. Transmammary transmission of *Strongyloides stercoralis* in dogs. Journal of Parasitology 88:536-539.

Sikes, R.S. 1995. Costs of lactation and optimal litter size in northern grasshopper mice (*Onychomys leucogaster*). Journal of Mammalogy 76:348-357.

Silk, J.B. 2007a. The adaptive value of sociality in mammalian groups. Philosophical Transactions of the Royal Society B 362:539-559.

Silk, J.B. 2007b. Social components of fitness in primate groups. Science 317:1347-1351.

Silk, J.B., et al. 2004. Patterns of coalition formation by adult female baboons in Amboseli, Kenya. Animal Behaviour 67:573-582.

Sillén-Tullberg, B., A.P. Møller. 1993. The relationship between concealed ovulation and mating systems in anthropoid primates: a phylogenetic analysis. American Naturalist 141:1-25.

Silva, M., et al. 2014. Ovulation-inducing factor (OIF/NGF) from seminal plasma origin enhances corpus luteum function in llamas regardless [sic] the preovulatory follicle diameter. Animal Reproduction Science 148:221-227.

Simmons, N.B. 1993. Morphology, function, and phylogenetic significance of pubic nipples in bats (Mammalia: Chiroptera). American Museum Novitates 3077:1-37.

Skibiel, A.L., et al. 2013. The evolution of the nutrient composition of mammalian milks. Journal of Animal Ecology 82:1254-1264.

Slijper, E.J. 1966. Functional morphology of the reproductive system in Cetacea. Pp. 277-318 in Whales, dolphins, and porpoises (K.S. Norris, ed.). University of California Press, Berkeley, CA.

Smale, L., K.E. Holekamp. 1993. Growing up in the clan. Natural History 102(1):43-45.

Smale, L., et al. 1993. Ontogeny of dominance in free-living spotted hyaenas: juvenile rank relations with adult females and immigrant males. Animal Behaviour 46:467-477.

Smale, L., et al. 1995. Competition and cooperation between litter-mates in the spotted hyaena, Crocuta crocuta. Animal Behaviour 50:671-682.

Smale, L., et al. 1999. Siblicide revisited in the spotted hyaena: does it conform to obligate of facultative models? Animal Behaviour 58:545-551.

Smale, L., et al. 2005. Behavioral neuroendocrinology in nontraditional species of mammals: things the "knockout" mouse CAN'T tell us. Hormones and behavior 48:474-483.

Smith, A.T. 1988. Patterns of pika (genus Ochotona) life history variation. Pp. 233-256 in Evolution of life histories of mammals: theory and pattern (M.S. Boyce, ed.). Yale University Press, New Haven, CT.

Smith, J.E., et al. 2008. Social and ecological determinants of fission-fusion dynamics in the spotted hyaena. Animal Behaviour 76:619-636.

Smith, J.E., et al. 2010. Evolutionary forces favoring intragroup coalitions among spotted hyenas and other animals. Behavioral Ecology 21:284-303.

Smith, K.K. 2001. Early development of the neural plate, neural crest and facial region of marsupials. Journal of Anatomy 199:121-131.

Smuts, B.B., R.W. Smuts. 1993. Male aggression and sexual coercion of females in nonhuman primates and other mammals: evidence and theoretical implications. Advances in the Study of behavior 22:1-63.

Södersten, P., et al. 2006. Psychoneuroendocrinology of anorexia nervosa. Psychoneuroendocrinology 31:1149-1153.

Songsasen, N., et al. 2006. Patterns of fecal gonadal hormone metabolites in the maned wolf (*Chrysocyon brachyurus*). Theriogenology 66:1743-1750.

Sowls, L.K. 1966. Reproduction in the collared peccary (*Tayassu tajacu*). Symposia of the Zoological Society of London 15:155-172.

Spady, T.J., et al. 2007. Evolution of reproductive seasonality in bears. Mammal Review 37:21-53.

Speakman, J.R. 2013. Measuring energy metabolism in the mouse—theoretical, practical, and analytical considerations. Frontiers in Physiology 4:34.

Speakman, J.R., E. Krol. 2010. Maximal heat dissipation capacity and hyperthermia risk: neglected key factors in the ecology of endotherms. Journal of Animal Ecology 79:726-746.

Speakman, J.R., E. Krol. 2011. Limits to sustained energy intake. 13. Recent progress and future perspectives. Journal of Experimental Biology 214:230-241.

Staedler, M., M. Riedman. 1993. Fatal mating injuries in female sea otters (*Enhydra lutris nereis*). Mammalia 57:135-139.

Stallman, R.R., A.H. Harcourt. 2006. Size matters: the (negative) allometry of copulatory duration in mammals. Biological Journal of the Linnean Society 87:185-193.

Stearns, S.C. 1993. The evolution of life histories. Oxford University Press, Oxford, Enlgland.

Stegmaier, T., et al. 2009. Bionics in textiles: flexible and translucent thermal insulations for solar thermal applications. Philosophical Transactions of the Royal Society A 367:1749-1758.

Stenseth, N.C., R.A. Ims. 1993. The evolutionary history and distribution of lemmings—an introduction. Pp. 37-43 in The biology of lemmings (N.C. Stenseth, R.A. Ims, eds.). Academic Press, New York, NY.

Stenseth, N.C., et al. 1997. Population regulation in snowshoe hare and Canadian lynx:

asymmetric food web configurations between hare and lynx. Proceedings of the National Academy of Science 94:5147-5152.

Stensland, E., et al. 2003. Mixed species groups in mammals. Mammal Review 33:205-223.

Stephenson, P.J., P.A. Racey. 1995. Resting metabolic rate and reproduction in the Insectivora. Comparative Biochemistry and Physiology 112A:215-223.

Sterck, E.H.M., et al. 1997. The evolution of female social relationships in nonhuman primates. Behavioral Ecology and Sociobiology 41:291-309.

Stevens, N.M. 1905. Studies in spermatogenesis with especial reference to the accessory chromosome. Carnegie Institution of Washington 36:1-74.

Stevenson, M.F. 1976. Birth and perinatal behaviour in family groups of the common marmoset (*Callithrix jacchus jacchus*), compared to other primates. Journal of human Evolution 5:365-381.

Stevenson, T.J., et al. 2015. Disrupted seasonal biology impacts health, food security and ecosystems. Proceedings of the Royal Society B 282:20151453.

Stockley, P. 2003. Female multiple mating behaviour, early reproductive failure and litter size variation in mammals. Proceedings of the Royal Society B 270:271-278.

Stockley, P., et al. 2002. Female multiple mating behaviour in the common shrew as a strategy to reduce inbreeding. Proceedings of the Royal Society B 254:173-170.

Story, H.E. 1945. The external genitalia and perfume gland in *Arctictis binturong*. Journal of Mammalogy 26:64-66.

Strassmann, B.I. 1981. Sexual selection, parental care, and concealed ovulation in humans. Ethology and Sociobiology 2:31-40.

Strassmann, B.I. 1996. The evolution of endometrial cycles and menstruation. Quarterly Review of Biology 71:181-220.

Suarez, S.S. 2015. Mammalian sperm interactions with the female reproductive tract. Cell Tissue Research 363:185-194.

Sukumar, R., et al. 1997. Demography of captive Asian elephants (*Elephas maximus*) in southern India. Zoo Biology 16:263-272.

Sun, Y., et al. 2012. Lethally hot temperatures during the early Triassic greenhouse. Science 338:366-370.

Sun, Y., et al. 2014. Occurrence of estrogenic endocrine disrupting chemicals concern in sewage plant effluent. Frontiers in Environmental Science and Engineering 8:18-26.

Swanson, E.M., et al. 2011. Lifetime selection on a hypoallometric size trait in the spotted hyena. Proceedings of the Royal Society B 278:3277-3285.

Swanson, W.J., et al. 2002. Positive Darwinian selection drives the evolution of several female reproductive proteins in mammals. Proceedings of the National Academy of Science 98:2509-2514.

Tague, R.G. 2016. Pelvic sexual dimorphism among species monomorphic in body size: relationship to relative newborn body mass. Journal of Mammalogy 97:503-517.

Tanabe, S., et al. 1982. Transplacental transfer of PCBs and chlorinated hydrocarbon pesticides from the pregnant striped dolphin (*Stenella coeruleoalba*). Agricultural and Biological Chemistry 46:1249-1254.

Tardif, S.D. 1994. Relative energetic cost of infant care in small-bodied Neotropical primates and its relation to infant care patterns. American Journal of Primatology 34:133-143.

Taylor, B.L., et al. 2013. Orcinus orca. The IUCN Red List of Threatened Species 2013 e.T15421A44220470.

Taylor, M.L., et al. 2014. Polyandry in nature: a global analysis. Trends in Ecology and Evolution 29:276-383.

Theis K.R., et al. 2013. Symbiotic bacteria appear to mediate hyena social odors. Proceedings of the National Academy of Science 110:19832-19837.

Thompson, R.C.A., et al. 2010. Parasites, emerging disease and wildlife conservation. International Journal of Parasitology 40:1163-1170.

Thonhauser, K.E., et al. 2013. Why do female mice mate with multiple males? Behavioral Ecology and Sociobiology 67:1961-1970.

Thorburn, G.D., J.R.C. Challis. 1979. Endocrine control of parturition. Physiological Reviews 59:863-918.

Thornhill, R. 1983. Cryptic female choice and its implications in the scorpionfly *Harpobittacus nigriceps*. American Naturalist 122:765-788.

Tilly, J.L., et al. 2009. The current status of evidence for and against postnatal oogenesis in mammals: a case of ovarian optimism versus pessimism? Biology of Reproduction 80:2-12.

Timm, R.M. 1989. Migration and molt patterns of red bats, *Lasiurus borealis* (Chiroptera: Vespertilionidae) in Illinois. Bulletin of the Chicago Academy of Sciences 14:1-7.

Tingen, C., et al. 2009. The primordial pool of follicles and nest breakdown in mammalian ovaries. Molecular human Reproduction 15:795-803.

Toesca, A., et al. 1996. Immunohistochemical study of the corpora cavernosa of the human clitoris. Journal of Anatomy 188:513-520.

Torres, B. 1993. Sexual behavior of free-ranging Amazonian collared peccaries (*Tayassu tajacu*). Mammalia 610-613.

Toufexis, D., et al. 2014. Stress and the reproductive axis. Journal of Neuroendocrinology 26:573-586.

Treves, A. 1997. Primate natal coats: a preliminary analysis of distribution and function. American Journal of Physical Anthropology 104:47-70.

Tripp, H.R.H. 1971. Reproduction in elephant-shrews (Macroscelididae) with special reference to ovulation and implantation 26:149-159.

Trivers, R.L. 1974. Parent-offspring conflict. American Zoologist 14:249-264.

Trott, J.F., et al. 2003. Maternal regulation of milk composition, milk production, and pouch young development during lactation in the tammar wallaby (*Macropus eugenii*). Biology of Reproduction 68:929-936.

Tsutsui, T., et al. 2002. Factors affecting transuterine migration of canine embryos. Journal of Veterinary Medical Science 64:1117-1121.

Tuckey, R.C. 2006. Progesterone synthesis by the human placenta. Placenta 28:273-281.

Tulsiani, D. (ed.). 2003. Introduction to mammalian reproduction. Kluwer Academic, Boston, MA.

Tung, C.K., et al. 2015. Microgrooves and fluid flows provide preferential passageways for sperm over pathogen *Tritrichomonas foetus*. Proceedings of the National Academy of Sciences 112:5431-5436.

Tyndale-Biscoe, C.H. 1973. Life of marsupials. Elsevier, New York, NY.

Tyndale-Biscoe, C.H., M. Renfree. 1987. Reproductive physiology of marsupials. Cambridge University Press, Cambridge, Enlgland.

Tyndale-Biscoe, C.H., J.C. Rodger. 1978. Differential transport of spermatozoa into the two sides of the genital tract of a monovular marsupial, the tammar wallaby (*Macropus eugenii*). Journal of Reproduction and Fertility 52:37-43.

Uhen, M.D. 2007. Evolution of marine mammals: back to the sea after 300 million years. Anatomical Record 290:514-522.

Uriarte, N., et al. 2012. Different chemical fractions of fetal fluids account for their attractiveness at parturition and their repulsiveness during late-gestation in the ewe. Physiology and behavior 107:45-49.

Vanden Brink, H., et al. 2013. Age-related changes in ovarian follicular wave dynamics. Menopause 20:1243-1254.

Van der Horst, C.J., J. Gillman. 1942. Pre-implantation phenomena in the uterus of *Elephantulus*. South African Journal of Medical Science 7:47-71.

Van Horn, R.C., et al. 2004. Behavioural structuring of relatedness in the spotted hyena (*Crocuta crocuta*) suggests direct fitness benefits of clan-level cooperation. Molecular Ecology 13:449-458.

Van Jaarsveld, A.S., J.D. Skinner. 1987. Spotted hyaena monomorphism: an adaptive "phallusy"? South African Journal of Science 83:612-615.

Van Jaarsveld, A.S., et al. 1988. Growth, development and parental investment in the spotted hyaena, Crocuta crocuta. Journal of Zoology, London 216:45-53.

Van Jaarsveld, A.S., et al. 1992. Changes in concentration of serum prolactin during social and reproductive development of the spotted hyaena (*Crocuta crocuta*). Journal of Reproduction and Fertility 95:765-773.

Van Kesteren, F. 2011. Reproductive physiology of Ethiopian wolves (*Canis simensis*). MSc. thesis, University of Oxford, Oxford, Enlgland.

Van Kesteren, F., et al. 2013. The physiology of cooperative breeding in a rare social canid: sex, suppression and pseudopregnancy in female Ethiopian wolves. Physiology and behavior 122:39-45.

Van Noordwijk, M.A., et al. 2013. Multi-year lactation and its consequences in Bornean orangutans (*Pongo pygmaeus wurmbii*). Behavioral Ecology and Sociobiology 67:805-814.

Vanpé, C., et al. 2009. Multiple paternity occurs with low frequency in the territorial roe deer, *Capreolus capreolus*. Biological Journal of the Linnean Society 97:128-139.

Van Tienhoven, A. 1983. Reproductive physiology of vertebrates. Cornell University Press, Ithaca, NY.

Vaughan, J. 2011. Ovarian function in South American camelids (alpacas, llamas, vicunas, guanacos). Animal Reproduction Science 124:237-243.

Vernon, R.G., C.M. Pond. 1997. Adaptations of maternal adipose tissue to lactation. Journal of Mammary Gland Biology and Neoplasia 2:231-241.

Verstegen-Onclin, K., J. Verstegen. 2008. Endocrinology of pregnancy in the dog: a review. Theriogenology 70:291-299.

Veyrunes, F., et al. 2008. Bird-like sex chromosomes of platypus imply recent origin of mammal sex chromosomes. Genome Research 18:965-973.

Veyrunes, F., et al. 2010. A novel sex determination system in a close relative of the house mouse. Proceedings of the Royal Society B 277:1049-1056.

Visser, M.E., et al. 2004. Global climate change leads to mistimed avian reproduction. Advances in Ecological Research 35:89-108.

Voltolini, C., F. Petraglia. 2014. Neuroendocrinology of pregnancy and parturition. Handbook of Clinical Neurology, third series 124:17-36.

Vonhof, M.J., et al. 2006. A tale of two siblings: multiple paternity in big brown bats (*Eptesicus fuscus*) demonstrated using microsatellite markers. Molecular Ecology 15:241-247.

Vorbach, C., et al. 2006. Evolution of the mammary gland from the innate immune system? BioEssays 28:606-616.

Vyas, A., 2013. Parasite-augmented mate choice and reduction in innate fear in rats infected by *Toxoplasma gondii*. Journal of Experimental Biology 216:120-126.

Wagner, G.P., et. al. 2012. An evolutionary test of the isoform switching hypothesis of functional progesterone withdrawal for parturition: humans have a weaker repressive effect of PR-A than mice. Journal of Perinatal Medicine 40:346-351.

Wahaj, S.A., K.E. Holekamp. 2006. Functions of sibling aggression in the spotted hyaena, *Crocuta crocuta*. Animal Behaviour 71:1401-1409.

Wahaj, S.A., et al. 2004. Kin discrimination in the spotted hyena (*Crocuta crocuta*): nepotism among siblings. Behavioral Ecology and Sociobiology 56:237-247.

Wahaj, S.A., et al. 2011. Reconciliation in the spotted hyena (*Crocuta crocuta*). Ethology 107:1057-1074.

Wai-Ping, V., M.B. Fenton. 1988. Nonselective mating in little brown bats (*Myotis lucifugus*). Journal of Mammalogy 69:641-645.

Walker, K.Z., C.H. Tyndale-Biscoe. 1978. Immunological aspects of gestation in the tammar wallaby, *Macropus eugenii*. Australian Journal of Biological Sciences 31:173-182.

Wang, X., et al. 2013. Indo-Pacific humpback dolphin (*Sousa chinensis*) assist a finless porpoise (*Neophocaena phocaenoides sunameri*) calf: evidence from Ziamen waters in China. Journal of Mammalogy 94:1123-1130.

Want, Z., et al. 2008. Sperm storage, delayed ovulation, and menstruation of the female Rickett's big-footed bat (*Myotis ricketti*). Zoological Studies 47:215-221.

Wasser, S.K., M.L. Waterhouse. 1983. The establishment and maintenance of sex biases. Pp. 19-35 in Social behavior of female vertebrates (S.K. Wasser, ed.). Academic Press, New York, NY.

Watts, H.E., et al. 2011. Genetic diversity and structure in two spotted hyena populations reflects social organization and male dispersal. Journal of Zoology 285:281-291.

Weidt, A., et al. 2014. Communal nursing in wild house mice is not a by-product of group living: females choose. Naturwissenschaften 101:73-76.

Weigl, R. 2005. Longevity of mammals in captivity; from the living collections of the world. A list of mammalian longevity in captivity. Klein Senckenberg-Reihe, Frankfurt, Germany.

Weil, Z.M., et al. 2006. Photoperiod differentially affects immune function and reproduction in collared lemmings (*Dicrostonyx groenlandicus*). Journal of Biological Rhythms 21:384-393.

Weir, B.J. 1971a. The reproductive physiology of the plains viscacha, *Lagostomus maximus*. Journal of Reproduction and Fertility 25:355-363.

Weir, B.J. 1971b. The reproductive organs of the female plains viscacha, *Lagostomus maximus*. Journal of Reproduction and Fertility 25:365-373.

Weir, B.J., I.W. Rowlands. 1973. Reproductive strategies of mammals. Annual Review of Ecology and Systematics 4:139-163.

Welbergen, J.A., et al. 2008. Climate change and the effects of temperature extremes on Australian flying-foxes. Proceedings of the Royal Society B 272:419-425.

Weller, T.J., et al. 2009. Broadening the focus of bat conservation and research in the USA for the 21st century. Endangered Species Research 8:129-145.

Wells, J.C.K. 2007. Sexual dimorphism of body composition. Best Practice and Research Clinical Endocrinology and Metabolism 21:415-430.

Wells, R.S., et al. 2005. Integrating life-history and reproductive success data to examine potential relationships with organochlorine compounds for bottlenose dolphins (*Tursiops truncatus*) in Sarasota Bay, Florida. Science of the Total Environment 249:106-110.

Werneburg, I., et al. 2016. Evolution of organogenesis and the origin of altriciality in mammals. Evolution and Development 18:229-244.

West, S.D. 1982. Dynamics of colonization and abundance in central Alaskan populations of the northern red-backed vole, *Clethrionomys rutilus*. Journal of Mammalogy 63:128-143.

Whateley, A. 1980. Comparative body measurements of male and female spotted hyaenas from Natal. Lammergeyer 28:40-43.

White, P.A. 2005. Maternal rank is not correlated with cub survival in the spotted hyena, *Crocuta crocuta*. Behavioral Ecology 16:606-613.

White, P.P. 2008. Maternal response to neonatal sibling conflict in the spotted hyena, *Crocuta crocuta*. Behavioral Ecology and Sociobiology 62:353-361.

White, Y.A.R., et al. 2012. Oocyte formation by mitotically active germ cells purified from ovaries of reproductive-age women. Nature Medicine 18:413-422.

Whitten, W.K., et al. 1968. Estrus-inducing pheromone of male mice: transport by movement of air. Science 161:584-585.

Wibbelt, G., et al. 2010. Emerging diseases in Chiroptera: why bats? Biology Letters 6:438-440.

Wildt, D.E., C. Wemmer. 1999. Sex and wildlife: the role of reproductive science in conservation. Biodiversity and Conservation 8:965-976.

Wilhelm, K., et al. 2003. Characterization of spotted hyena, *Crocuta crocuta*, microsatellite loci. Molecular Ecology News 3:360-362.

Williams, C.T., et al. 2013. Communal nesting in an "asocial" mammal: social thermoregulation among spatially dispersed kin. Behavioral Ecology and Sociobiology 67:757-763.

Wilsher, S., et al. 2013. Ovarian and placental morphology and endocrine functions in the pregnant giraffe (*Giraffa camelopardalis*). Reproduction 145:541-534.

Wilson, D.E., D.M. Reeder. 2005. Mammal species of the world, 3rd edition. Johns Hopkins University Press, Baltimore, MD.

Wilson, D.E., et al. 1991. Reproduction on Barro Colorado Island. Smithsonian Contributions to Zoology 511:43-52.

Wilson, D.S. 1979. Structured demes and trait-group variation. American Naturalist 113:606-610.

Wimsatt, W.A. 1975. Some comparative aspects of implantation. Biology of Reproduction 12:1-40.

Winternitz J., et al. 2012. Parasite infection and host dynamics in a naturally fluctuating rodent population. Canadian Journal of Zoology 90:1149-1160.

Wislocki, G. B. 1928. Observation on the gross and microscopic anatomy of the sloths (*Bradypus griseus* Gray and *Choloepus hoffmanni* Peters). Journal of Morphology and Physiology 46:317-397.

Wójcik, J.M., et al. 2003. The list of the chromosome races of the common shrew *Sorex araneus* (updated 2002). Mammalia 68:169-178.

Wolff, J.O. 1993. What is the role of adults in mammalian juvenile dispersal? Oikos 68:173-176.

Woodside, B., et al. 2012. Many mouths to feed: the control of food intake during lactation. Frontiers in Neuroendocrinology 33:301-314.

Wootton, J.T. 1987. The effects of body mass, phylogeny, habitat, and trophic level on mammalian age at first reproduction. Evolution 41:732-749.

Wourms, J.P., I.P. Callard. 1992. A retrospect to the symposium on evolution of viviparity in vertebrates. American Zoologist 32:251-255.

Wu, J., et al. 2014. Reproductive toxicity on female mice induced by microcystin-LR. Environmental Toxicology and Pharmacology 37:1-6.

Wurster, D.H., et al. 1970. Determination of sex in the spotted hyaena *Crocuta crocuta*. International Zoo Yearbook 10:143-144.

Yagil, R., Z. Etzion. 1980. Effect of drought condition on the quality of camel milk. Journal of Dairy Research 47:159-166.

Yamaguchi, N., et al. 2006. Female receptivity, embryonic diapause, and superfetation in the European badger (*Meles meles*): implications for the reproductive tactics of males and females. Quarterly Review of Biology 81:33-48.

Yordy, J.E., et al. 2010. Life history as a source of variation for persistent organic pollutant (POP) patterns in a community of common bottlenose dolphins (*Tursiops truncatus*) resident to Sarasota Bay, FL. Science of the Total Environment 408:2163-2172.

Young, A.J., et al. 2006. Stress and the suppression of subordinate reproduction in cooperatively breeding meerkats. Proceedings of the National Academy of Sciences 103:12005-12010.

Young, J.M., A.S. McNeilly. 2010. Theca: the forgotten cell of the ovarian follicle. Reproduction 140:480-504.

Young, W.C., et al. 1964. Hormones and sexual behavior. Science, New Series 143:212-218.

Youngman, P.M. 1990. *Mustela lutreola*. Mammalian Species 362:1-3.

Zainal-Zahari, Z., et al. 2002. Gross anatomy and ultrasonographic images of the reproductive system of the Sumatran rhinoceros (*Dicerorhinus sumatrensis*). Anatomia, Histologia, Embryologia 31:350-354.

Zamudio, S. 2003. The placenta at high altitudes. High Altitude Medicine and Biology 4:171-191.

Zaviačič, M. 1987. The female prostate: non vestigial organ of the female. A reappraisal. Sex and Marital Therapy 13:148-152.

Zenuto, R.R., et al. 2002. Bioenergetics of reproduction and pup development in a subterranean rodent (*Ctenomys talarum*). Physiological and Biochemical Zoology 75:469-478.

Zerbe, P., et al. 2012. Reproductive seasonality in captive wild ruminants: implications for biogeographical adaptation, photoperiodic control, and life history. Biological Reviews 87:965-990.

Zhang, G., et al. 2004. Evaluation of behavioral factors influencing reproductive success and failure in captive giant pandas. Zoo Biology 23:15-31.

Zhang, H., et al. 2009. Delayed implantation in giant pandas: the first comprehensive empirical evidence. Reproduction 138:979-986.

Zhang, X., et al. 2007. Wild fulvous fruit bats (*Rousettus leschenaulti*) exhibit human-like menstrual cycle. Biology of Reproduction 77:358-364.

Zhu, B., et al. 2003. The origin of the genetical diversity of *Microtus mandarinus* chromosomes. Hereditas 139:90-95.

Zoubida, B. 2009. behavior at birth and anatomo-histological changes studies of uteri and ovaries in the postpartum phase in rabbits. European Journal of Scientific Research 34:474-484.

Zuckerman, S. 1951. The number of oocytes in the mature ovary. Recent Progress in Hormone Research 6:63-108.

Zuk, M. 2002. Sexual selections: what we can and can't learn about sex from animals. University of California Press, Berkeley, CA.

통속명 찾아보기

【 마 】

마모셋Marmoset, 예컨대 비단마모셋속*Callithrix* 95, 187, 247, 272, 360

마카크Macaque, 원숭이의 일종. 예컨대 히말라야원숭이 128, 287-8, 294, 377, 384, 433

말Horse, 암말mare, 말*Equus caballus* 24, 54-5, 88, 93, 99-101, 108, 116, 128, 142, 152, 174, 175, 189, 194, 210-3, 218-9, 224, 248, 251, 252, 420

말루쿠윗수염박쥐Maluku myotis, *Myotis moluccarum* 225

매너티Manatee, 매너티속*Trichechus* 51, 178, 246, 273, 296

맥Tapir, 맥과Tapiridae, 1속(맥속*Tapirus*), 4종 54, 100, 256, 362

메뚜기쥐Grasshopper mouse, 북부메뚜기쥐*Onychomys leucogaster* 266

메리엄다람쥐Merriam's chipmunk, *Tamias merriami* 188

메리엄캥거루쥐Merriam's kangaroo rat, *Dipodomys merriami* 351

멕시코사슴쥐Mexican deer mouse, *Peromyscus nudipes* 351

멕시코자유꼬리박쥐Mexican free-tailed bat, *Tadarida brasiliensis* 248, 389

멧박쥐Noctule bat, 멧박쥐속*Nyctalus* 296

모래언덕두더지쥐Dune mole-rat, 나마콰모래언덕두더지쥐*Bathyergus janetta* 349

목걸이레밍Collared lemming, 북극레밍 *Dicrostonyx torquatus* 67

목화쥐Cotton rat, 목화쥐속*Sigmodon* 267

몬존Monjon, *Petrogale burbidgei* 258

몽골저빌Mongolian gerbil, *Meriones unguiculatus* 128, 223

몽구스Mongoose, 몽구스속*Herpestes* 220

몽크물범Monk seal, 몽크물범속*Monachus* 192, 421

무플런Mouflon, *Ovis orientalis* 418

물개Fur seal, 남방물개속*Arctocephalus*, 북방물개속*Callorhinus* 54, 88, 227, 230, 280, 289-90, 295, 317, 321, 344-5, 397, 446

물뒤쥐Water shrew, 갯첨서속*Neomys* 296

물소(버팔로와 케이프버팔로의 통칭)Water buffalo, *Bubalus bubalis* 421

물주머니쥐Water opossum, *Chironectes minimus* 47

미어캣Meerkat, *Suricata suricatta* 33, 246, 269, 296, 307, 358, 360, 393

민무늬풀밭쥐Unstriped grass mouse, 민무늬풀밭쥐속*Arvicanthis* 119, 184

밍크Mink, 아메리카밍크*Neovison vison*, 유럽밍크*Mustela lutreola* 106, 128, 184, 188, 230

【 바 】

바다사자Sea lion, 물갯과otariid 물개류seals 중 5속(큰바다사자속*Eumetopias*, 오스트레일리아바다사자속*Neophoca*, 남아메리카바다사자속*Otaria*, 뉴질랜드바다사자속*Phocarctos*, 바다사자속*Zalophus*) 54, 230, 258, 295, 297, 321, 397-8

바다코끼리Walrus, *Odobenus rosmarus*

【 사 】

생쥐Mouse, 다수 과, 흔히 쥣과Muridae에
속하는 소형 설치류를 가리키는 일반적
용어. 개별 통속명 참조

생쥐여우원숭이Mouse lemur, 작은쥐여우
원숭이속*Microcebus* 410

샤무아Chamois, 샤무아속*Rupicapra* 368, 412

세띠아르마딜로Three-banded armadillo,
세띠아르마딜로속*Tolypeutes* 109, 178

세발가락나무늘보Three-toed sloth, 세발가락
나무늘보속*Bradypus* 12-3, 54-5, 108,
112-3, 237, 254, 258, 276, 360

소Cattle, *Bos taurus*, 암소cow 36, 53-5,
99, 128, 146-7, 150, 170, 176, 182-
4, 194, 217, 218-20, 223-4, 248, 271,
280, 286, 308, 340, 419

소나무밭쥐Pine vole, *Microtus pinetorum*
266, 288, 351

솜꼬리토끼Cottontail, 솜꼬리토끼속*Sylvila-
gus* 113, 119, 184, 225, 242, 261, 297

쇠돌고래Porpoise, 쇠돌고래속*Phocoena*
54, 322

쇠족제비Least weasel, *Mustela nivalis* 307,
331

수달뒤쥐Otter shrew(텐렉tenrec의 일종),
애기뒤쥐속*Micropotamogale* 178

수마트라코뿔소Sumatran rhino, *Dicerorhi-
nus sumatrensis* 53

수미크라스트저녁쥐Sumichrast's vesper
rat, *Nyctomys sumichrasti* 296

수염고래Baleen whales, 수염고래아목Mys-
ticeti, 수염고래류mysticetes, 고래류의
하위군 4과 54, 98, 124, 128, 154-5,

170, 189, 223-5, 246, 251, 259, 264,
274, 301, 304, 308-11, 320-2, 334,
347, 384-5

순록Reindeer, *Rangifer tarandus*, 카리부
caribou 53, 175, 227, 267, 319, 329,
334, 340-1

숲레밍Wood lemming, *Myopus schisticol-
or* 67

숲쥐Woodrat, 팩쥐pack rat, 숲쥐속*Neoto-
ma* 400

스컹크Skunk, 돼지코스컹크속*Conopatus*,
줄무늬스컹크속*Mephitis*, 얼룩스컹크속
Spilogale 88, 230, 345

스텔러바다사자Steller sea lion, 큰바다사자
Eumetopias jubatus 230

스텔러바다소Steller's sea cow, *Hydrodama-
lis gigas* 407

스페인아이벡스Spanish ibex, *Capra pyre-
naica* 412

스피너돌고래Spinner dolphin, 긴부리돌고
래*Stenella longirostris* 309

시베리아갈색레밍Siberian brown lemming,
Lemmus sibericus 328

시베리아두더지Siberian mole, 알타이두더
지*Talpa altaica* 230

시카사슴/꽃사슴Sika deer, 일본사슴*Cervus
nippon* 272

시파카Sifaka, 베룩스시파카Verreaux's si-
faka, *Propithecus verreauxi*, 키린디시
파카Kirindy sifaka, 266, 300

식용겨울잠쥐Edible dormouse, 큰겨울잠쥐
Glis glis 350

【 자 】

학명 찾아보기

주제별 찾아보기

【 차 】

【 하 】

지은이 **버지니아 헤이슨**Virginia Hayssen, **테리 오어**Teri J. Orr

버지니아 헤이슨은 스미스칼리지의 생물학과 교수로서 포유류 전역에 걸쳐 번식의 진화를 탐구한다. 한배새끼수, 임신기간, 신생아기간, 젖분비기간 등에서 동물의 신체 특성뿐만 아니라 조상과 생태가 미치는 영향까지 탐사한다. 다면발현, 즉 단일 유전자가 다수 표현형에 영향을 주는 현상의 연구에도 힘쓰는 한편으로 개별 포유류 종의 종합적 리뷰들을 펴내고 있다. 테리 오어는 진화생태학자로서, 소형 포유류가 시간과 에너지 및 짝짓기 결정 면에서 번식에 자원을 어떻게 할당하는가에 관심이 많다. 번식과 영양이 얽힌 만큼 식이와 미소생물상도 함께 탐구한다. 헤이슨과 협업할 당시에는 스미스칼리지와 컨소시엄 관계인 매사추세츠대학 애머스트캠퍼스의 박사후연구원이었으나, 현재는 뉴멕시코주립대학 생물학과 조교수로 재직 중이다.

옮긴이 **김미선**

연세대학교 화학과를 졸업했으며 지금은 주로 뇌과학과 진화생물학 분야의 책을 옮기고 있다. 옮긴 책으로 『의식의 탐구』 『꿈꾸는 기계의 진화』 『뇌와 마음의 오랜 진화』 『과학철학』 『광기와 문명』 『진화의 키, 산소 농도』 『지구 이야기』 『걷는 고래』 『대멸종 연대기』 등이 있다.

감수 **최진**

건국대학교 축산대학을 졸업하고 이화여자대학교에서 동물행동학으로 석사를, 서울대학교에서 수의산과학으로 박사학위를 받았다. 스위스 베른대학교에서 동물행동학을 공부하고 지금은 국립생태원 멸종위기종복원센터에서 포유류 복원 및 연구를 하고 있다.

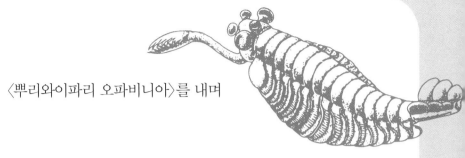

〈뿌리와이파리 오파비니아〉를 내며

지금부터 5억 년 전, 생물의 온갖 가능성이 활짝 열린 시대가 있었다. 우리는 그것을 캄브리아기 대폭발이라 부른다. 우리가 아는 대부분의 생물은 그때 열린 문들을 통해 진화의 길을 걸어 오늘에 이르렀다.

그러나 그보다 많은 문들이 곧 닫혀버렸고, 많은 생물들이 그렇게 진화의 뒤안길로 사라졌다. 흙을 잔뜩 묻힌 화석으로 발견된 그 생물들은 우리의 세상을 기고 걷고 날고 헤엄치는 생물들과 겹치지 않는 전혀 다른 무리였다. 학자들은 자신의 '구둣주걱'으로 그 생물들을 기존의 '신발'에 밀어넣으려고 안간힘을 썼지만, 그 구둣주걱은 부러지고 말았다.

오파비니아. 눈 다섯에 머리 앞쪽으로 소화기처럼 기다란 노즐이 달린, 마치 공상과학영화의 외계생명체처럼 보이는 이 생물이 구둣주걱을 부러뜨린 주역이었다.

뿌리와이파리는 '우주와 지구와 인간의 진화사'에서 굵직굵직한 계기들을 짚어보면서 그것이 현재를 살아가는 우리에게 어떤 뜻을 지니고 어떻게 영향을 미치고 있는지를 살피는 시리즈를 연다. 하지만 우리는 익숙한 세계와 안이한 사고의 틀에 갇혀 그런 계기들에 섣불리 구둣주걱을 들이밀려고 하지는 않을 것이다. 기나긴 진화사의 한 장을 차지했던, 그러나 지금은 멸종한 생물인 오파비니아를 불러내는 까닭이 여기에 있다.

진화의 역사에서 중요한 매듭이 지어진 그 '활짝 열린 가능성의 시대'란 곧 익숙한 세계와 낯선 세계가 갈라지기 전에 존재했던, 상상력과 역동성이 폭발하는 순간이 아니었을까? 〈뿌리와이파리 오파비니아〉는 두 개의 눈과 단정한 입술이 아니라 오파비니아의 다섯 개의 눈과 기상천외한 입을 빌려, 우리의 오늘에 대한 균형 잡힌 이해에 더해 열린 사고와 상상력까지를 담아내고자 한다.

포유류의 번식—암컷 관점

2021년 1월 29일 초판 1쇄 찍음
2021년 2월 24일 초판 1쇄 펴냄

지은이 버지니아 헤이슨, 테리 오어
옮긴이 김미선
감수   최진

펴낸이 정종주
편집주간 박윤선
편집 강민우 김재영
마케팅 김창덕

펴낸곳 도서출판 뿌리와이파리
등록번호 제10-2201호 (2001년 8월 21일)
주소 서울시 마포구 월드컵로 128-4 (월드빌딩 2층)
전화 02)324-2142~3
전송 02)324-2150
전자우편 puripari@hanmail.net

디자인 조용진

종이 화인페이퍼
인쇄 및 제본 영신사
라미네이팅 금성산업

값 28,000원
ISBN 978-89-6462-152-3 (93490)